森林生态与环境研究

——贺庆棠科技文集

肖文发　骆有庆　主编

中国林业出版社

图书在版编目（CIP）数据

森林生态与环境研究——贺庆棠科技文集／肖文发，骆有庆　主编. —北京：中国林业出版社，2007. 12

ISBN 978-7-5038-5108-7

I. 森…　II. ①肖…　②骆…　III. ①森林—生态系统—文集　②森林—生态环境—文集　IV. S718. 5-53

中国版本图书馆CIP数据核字（2007）第162100号

编 委 会

主　　编：肖文发　骆有庆

编　　委：（按姓氏拼音排序）

黄桂林　贾竟波　李海涛　李建国　陆佩玲　骆有庆　吕　星

慕长龙　牛树奎　石　强　宋从和　宋国华　田晓瑞　肖文发

徐　明　杨长国　余树全　张合平　张新献

中国林业出版社·环境景观与园林园艺图书出版中心

Tel: 66176967　66189512　　　Fax: 66176967

出　　版：中国林业出版社（100009　北京西城区德内大街刘海胡同7号）

网　　址：www.cfph.com.cn

E - m a i l：cfphz@public.bta.net.cn　电话：(010) 66184477

发　　行：新华书店北京发行所

印　　刷：三河市富华印刷包装有限公司

版　　次：2007年12月第1版

印　　次：2007年12月第1次

开　　本：787mm×1092mm　1／16

印　　张：29.75

插　　页：32

字　　数：750千字

印　　数：1～1000册

定　　价：220.00元

传　略

　　我1937年3月9日生，湖北省仙桃市人，中共党员，1960年毕业于北京林学院（现北京林业大学）林业专业并留校任教，1969年底调至贵州省正安县任林业局副局长，1975年回校任教。1981年至1983年公派赴德国留学，作为2年期的访问学者，因成绩卓著被慕尼黑大学授予林学博士学位。回国后继续在北京林学院任教，与此同时先后担任了林业系主任、资源与环境学院院长、副校长和校长等职，党内曾任系党总支副书记、校党委常委，兼任了原林业部科学技术委员会常委、中国林业教育学会副理事长、国务院学位委员会学科评议组成员、国家自然科学奖评审专家组成员、全国博士后流动站评审专家、国家气候变化协调小组成员、中国林学会常务理事、森林气象专业委员会主任、中国绿化基金会理事、中国林学会森林水文分会常务理事、森林旅游分会常务理事、森林生态分会常务理事、中国经济林协会常务理事、中国高等教育学会理事、林业高等教育分会理事长、中国防治荒漠化培训中心主任、中国老教授协会常务理事、常务副会长及林业专业委员会理事长、北京林业大学老教授协会理事长、北京市学位委员会委员、中国林业教育杂志主编、北京林业大学学报主编、澳门国际公开大学学报编委、生态学杂志编委等社会兼职。1988年升任教授，1992年享受国务院政府特殊津贴，1993年被国务院学位委员会评为博士生导师，2001～2004年任中华研修大学校长，现为中南林业科技大学旅游中心客座教授。

　　长期以来，我一直是双肩挑，从事教学、科研和培养研究生的工作，同时还承担了繁重的学校行政管理工作，也身负了大量社会与学术兼职。在专业建设上，我参与了我国第一个本科森林气象专业的筹建，并正式招生2届，在森林气象的研究和人才培养上做出了开创性工作。在教学上，先后开出"森林环境学""森林气候学""林业气象学"等多门课程，培养了硕士生、博士生、博士后共19名，主编全国林业院校统编通用教材《气象学》并2次获部级教材二等奖，1次获部级科技进步三等奖，主编出版了面向21世纪国家级重点教材《森林环境学》。在科研上，我一直以森林气象学与森林环境学的基本理论基础——森林的能量平衡、森林对环境的影响及森林植物气候生产力为主要研究方向，近几年来又对"气候变化与森林"这一全球热点问题进行了研究。在国内最先从事了林内太阳辐射、森林的热量平衡、城市绿化的环境效益、森林生物气候产量及森林气象生态学的研究；在德国慕尼黑大学所写论文《中国水量平衡和植物生产》（德文），受到了著名森林气象学家鲍姆加特纳（A.Baumgartner）等高度赞扬，并授予了博士学位。该文在国内是最先开展气候生产力研究的成果，开辟了研究生产力的新方向，曾被评为优秀论文。我参加了"七五"国家科技攻关项目"黄土高原水土保持林生态效益研究"，并获国家科技进步二等奖；作为主持人之一，主持"长江中上游典型流域防护林体系与水土保持、生态效益信息系统研究"、"三北防护林体系区域性生态效益研究"等"八五"国家科技攻关课题。这两项课题均获部级科技进步二等奖；参加了部级重点研究项目"山西太岳林区油松人工林生态系统定位研究"；参加"八五"国家重大基础研究项目即攀登计划中的"我国未来（20～50年）生存环境变化趋势的预测研究"，主持了其中的"未来环境与森林"部分，研究的"森林对地气系统碳素循环的影响"已被国家列入"八五"重大科技成果，多次获得了国家级、省部级奖励。累计发表论文100多篇，其中科技论文60多篇，教育研究论文40多篇，先后主编和副主编的著作有《中国森林气象学》《森林环境学》《园艺百科全书（昆明世博会汇编）》《西部大开发与生态建设》《中国水量平衡和植物生产》（德文）《中日合作水土保持项目论文集》等10多部，参编或有文章收入的书目有30多部（篇）。

收入此论文集的论文是我多年在科技方面研究成果的代表性文章，有一部分是合作之作。论文集按时间顺序排列，但归纳起来包括以下几个方面。

（一）森林气象学和森林环境学基本理论方面论文：如林内太阳辐射的研究；森林的热量平衡；森林生态系统能量流动；北京西山人工油松林林冠结构与能量平衡的研究等。

（二）森林对环境影响方面论文：如森林对环境能量和水分收支的影响；森林与空气负离子；城市绿化改善小气候的研究；防护林防风效应等。

（三）森林植物气候生产力方面的论文：如中国植物可能生产力——农业和林业产量；中国水量平衡与植物生产（德文）；用Lieth法估算北京地区的植物气候生产力；北京气候与林业生产等。

（四）未来气候变化与森林方面的论文：如气候变化与林业生产；气候变化对中国植被的可能影响；气候变化对我国红松林、马尾松林和云南松林的影响；气候变化与荒漠化防治等。

除上述四个方面外，还就全球环境污染与资源破坏及其治理对策问题、我国沿海防护林体系建设、中国岩溶山地石漠化防治对策、中国林业布局、发展生态林产业以及在1998年特大洪水后发表的《治水在于治山、治山在于兴林》等文章中提出了自己的见解。对森林气象学的研究与进展，现代林学、森林与林业的发展做了一些综述和介绍。因此，在这本论文集中不仅包括了森林气象学与森林环境学方面的论文，也包括了对林业方面的一些问题的研究成果。

我曾多次到美国、德国、法国、日本、奥地利、意大利、比利时、瑞士、荷兰、韩国、俄罗斯等十多个国家进行学术交流，考察和参加国际学术会议。也曾多次出差到国内主要林区及发展林业的各种地方，可以说走遍了祖国的山山水水，受益匪浅。在国内外的活动中，引起了同行的关注，是有较好声誉的专家、学者和学科带头人。曾被第三世界科学院聘为科技成果评审专家，美国纽约科学院聘为专家委员会成员。

我承担校系两级主要管理工作，前后达20多年，为北京林业大学建设和发展做出了一定贡献，曾被北京市评为先进工作者和十佳校长书记。由于在教育和学术上的成就，被许多国内媒体，如《人民日报》《中国教育报》《中华英才杂志》《光明日报》《中国林业报》（现为《中国绿色时报》）中央电视台以及德国《南德意志报》等采访或报道，列入多种名人传记大典，如分别被英国剑桥国际传记中心及美国纽约传记中心列入《世界名人传》。

时代在发展，科技在突飞猛进。这本论文集既展示了我和我的合作者们在森林气象学和森林环境学方面研究的历史进程，也是我个人成长步伐的真实记录，现在将它展示在读者面前，请大家评说。如果这些论文在某些方面能对读者有所启迪，对森林气象学与森林环境学的发展有所帮助，对林业建设尤其是对西部地区开发有益，那将使我感到十分欣慰，也是我出版此论文集的目的。今年正值我70寿辰，众弟子汇集，帮助我完成了出论文集的心愿，在此对他们包括在美国弟子：杨长国、徐明、宋从和、张新献和李建国等，国内弟子：肖文发、骆有庆、贾竟波、宋国华、李海涛、吕星、石强、慕长龙、张合平、余树全、黄桂林、牛树奎、陆佩玲、田晓瑞等表示衷心感谢。特别是肖文发研究员为此文集的出版全面操劳，付出了大量辛勤劳动，在此要对他特别致谢。

贺庆棠

2007年3月
于北京

1993年，陪同李岚清副总理参观学校展览

1997年，市委书记贾庆林会见北京市十佳校长

1. 1993年，向副总理姜春云及林业部部长徐友芳汇报工作
2. 1994年，陪同林业部部长陈耀邦与副部长刘于鹤参观校史展览
3. 1995年，陪同科技部部长徐冠华和林业部副部长王志宝参观学校
4. 1997年，在十佳校长书记表彰大会上发言
5. 1997年，获北京市十佳校长书记奖

1. 全家合影
2. 与夫人在天安门合影
3. 与家人游西湖
4. 与夫人及孙子在蓬莱阁

1. 校庆50周年，与同班同学在一起
2. 向世界林业联盟理事介绍北京林业大学
3. 与关君蔚院士在街头咨询

1. 黄山迎客松前
2. 考察石质山地现场
3. 与博士生石强在深圳
4. 与硕士生肖文发和邵海荣教授在山西壶口
5. 与硕士生吕星在云南昆明黑龙潭
6. 在山西吉县气象观测塔前

1. 考察小兴安岭原始林
2. 指导博士生慕长龙做长江防护林定位研究
3. 与研究生在校内实习
4. 考察大兴安岭落叶松林
5. 与博士生余树全考察池杉林

1. 考察新疆天山林场
2. 与记者参观江西庐山植物园
3. 2002年，与宁夏林业厅刘荣光副厅长考察宁夏第二代林网
4. 考察天山人工林
5. 与尹伟伦院士考察长白山

1. 考察四川蜀南竹海
2. 湖北神农架林区杉树王前
3. 与中共广东省原纪委书记、同学王宗春一起考察
   全国绿化先进县中山县
4. 与中南林学院章怀玉院长一起考察天目山
5. 长白山美人松下

1. 在草原上
2. 内蒙古大草原
3. 与牧民在蒙古包前
4. 与内蒙古农业大学荣布扎木苏书记考察草原
5. 考察新疆胡杨林死亡情况
6. 在戈壁滩上

1. 新疆塔里木沙漠公路
2. 考察宁夏沙漠地区
3. 陪同德国哥廷根大学副校长考察鄂尔多斯高原
4. 与河南农业大学校长蒋建平教授等考察鸡公山
5. 访问香港
6. 在澳门大三巴牌坊前

1. 在德国慕尼黑大学获林学博士后与导师合影
2. 在德国进行野外气象观测
3. 与德国同事一起做研究
4. 与德国同事讨论问题
5. 与导师夫妇共进午餐

1. 德国柏林国会大厦前
2. 柏林勃兰登堡门前
3. 柏林大街上
4. 身后为原东柏林电视台
5. 参观德国哥廷根市

1. 1983年，在德国农村农民家作客
2. 访问德国中部伐木场
3. 与哥廷根大学教授讨论林区问题
4. 1982年，在西柏林原柏林墙边
5. 1983年狂欢节，在慕尼黑街头与行人合影

1. 纽约唐人街
2. 纽约联合国大厦门前
3. 哈佛大学礼堂
4. 华尔街股市门前

1. 哈佛像前
2. 访问美国IOWA大学
3. 访问美国明尼苏达大学
4. 参观麻省理工学院
5. 纽约原世贸中心外

1. 旧金山风光——议会大厦

2. 在美国国会山下，与原华南农业大学校长骆世明教授合影

3. IOWA大学门前，与教育部原副部长周远清合影

4. 在从IOWA市去明尼苏达大学的飞机上

5. 中国十大农林院校校长代表团考察哈佛大学

6. 白宫南草坪前

1. 华盛顿大手大足
2. 宴谈后，与原驻美大使李肇星合影
3. 在华盛顿中国使馆前，与教育部原副部长周远清
   合影
4. 在华盛顿爱因斯坦塑像前合影
5. 巴黎凯旋门
6. 巴黎新城拇指雕塑

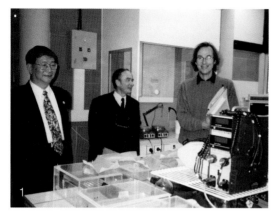

1. 参观法国波尔多大学
2. 法国农业试验中心海岸松试验地
3. 蒙特利安市地中海别墅区
4. 在意大利威尼斯市的船上
5. 意大利比萨斜塔

1. 罗马竞技场
2. 梵蒂冈广场
3. 奥地利维也纳自然博物馆
4. 意大利佛罗伦萨
5. 荷兰阿姆斯特丹大街

贺庆棠科技文集

1. 葡萄牙里斯本
2. 西班牙巴塞罗那海边
3. 瑞士日内瓦街头
4. 比利时布鲁塞尔王宫
5. 西班牙马德里

1. 荷兰阿姆斯特丹
2. 越南林学院门前
3. 在越南林学院做学术报告
4. 访问日本农林水产省
5. 参观日本筑波野外气象观测站

1. 考察日本筑波大学室内电子设备
2. 参观韩国林业博物馆
3. 参观韩国植物园森林景观
4. 会见韩国山林厅长
5. 1999年访问韩国尚州大学
6. 在韩国尚志大学作学术报告

1. 俄罗斯红场
2. 访问莫斯科大学
3. 俄罗斯冬宫门前
4. 圣彼得堡郊叶卡琳娜宫前
5. 参观莫斯科国立林业大学

1. 会见俄罗斯阿尔汉格斯克大学校长
2. 参观俄罗斯夏宫
3. 与欧洲林业研究所研究人员座谈
4. 参观俄罗斯北部泰加林
5. 参观圣彼得堡林学院动物标本室

1. 接受俄罗斯阿尔汉格斯克电视台采访
2. 参观阿尔汉格斯克大学树木园
3. 澳大利亚悉尼大桥前
4. 参观澳大利亚墨尔本大学林场
5. 访问澳大利亚堪培拉大学

1. 参观澳大利亚袋鼠养殖场
2. 在奥克兰市死火山口上
3. 新西兰森林公园
4. 与博士毕业生合影

序

 贺庆棠教授的科技文集——《森林生态与环境研究》即将付梓出版，这是一件可喜可贺的事情。此书既是贺教授从事林业科研教育工作几十年取得的丰硕成果的系统总结，也是后辈全面学习贺教授执著追求、不懈探索的科学精神的最好教材。

 贺教授是我国著名的森林生态学家、森林气象学家，长期从事森林的能量平衡、森林与环境关系及森林生产力的研究。在科学研究中，他治学严谨，不断推进学术创新，在许多方面取得了丰硕成果，为推动森林环境、森林气象学理论研究和创新做出了重要贡献。他参加的"七五"国家科技攻关项目"黄土高原水土保持林生态效益研究"获国家科技进步二等奖；主持"八五"国家科技攻关项目"三北防护林体系区域性生态效益研究"，获省部级科技进步二等奖。他高度关注气候变化与森林等全球热点问题，主持了国家重大基础研究项目即攀登计划"未来环境与森林"课题与"八五"攻关课题"森林对地气系统碳素循环的影响"，被列入国家"八五"重大科技成果。他坚持理论联系实际，深入到山区、林区进行科考和调研，全面地了解了我国的森林资源分布、森林环境与气象的关系等情况。他特别注重总结和提炼新的学术思想和观点，先后发表了60余篇科技论文、40多篇教育研究论文，主编了10多部专著。

 此书从一些侧面向我们展示了贺教授严谨治学、诲人不倦和勇于攀登科学高峰的精神。贺教授是我国森林气象本科专业的创始人之一，为森林气象专业人才的培养做出了开创性的工作。他开出并主讲"森林环境学""森林气候学""林业气象学"等骨干课程，主编了部级优秀教材《气象学》、面向21世纪国家级重点教材《森林环境学》等多部重点教材。作为博士生导师，他积极探索教学新思路，培养了包括19名研究生和博士后在内的大批高素质的森林生态学、森林气象学高级人才。

 贺教授不但是我国林业界著名学者、专家和学科带头人，也是一位出色的林业教育家。他长期从事学校的行政管理工作，担任过北京林业大学的副校长、校长等职务，为促进北京林业大学的发展、推进林业高等教育的改革做了大量富有成效的工作。他平易近人，密切联系群众，得到了师生员工的爱戴和赞赏，曾被北京市教育工会评为依靠教职工办学的先进校长、北京市先进工作者，享受国务院政府特殊津贴。近年来，他又担任了中国老教授协会常务副会长及林业专业委员会理事长，充分利用老教授协会这一平台，积极组织策划了多项重大活动，广泛开展教育培训、咨询服务、科技研发、学术交流等，取得了显著成效。

 天道酬勤。贺教授在林业科研和教育战线上已经辛勤耕耘了几十年，国内外媒体对他做过多次报道。在这位刚刚进入古稀之年的科学家身后，是一条执著追求、不懈探索之路。这本文集收录了贺庆棠教授多年来在科学研究、教育管理等方面具有代表性的论文及著作名录，记录下了他在这条路上留下的足迹。文集的内容涵盖了诸多研究领域，无论是在研究的深度上还是广度上，都具有重要的价值和重大的意义。收录在文集中的论文写作年代从1961 年到 2007 年，成为他几十年如一日，献身林业科研、教育管理事业的一个缩影。这部文集的出版，不仅对于森林环境学、森林气象学的探索研究者有很大的启发性，对于年轻的后来者也有很强的指导性。希望有更多的年轻人，积极投身到森林环境学与森林气象学的研究中来，努力发扬贺教授等老一辈科学家的优良传统，为林业科研和教育事业做出贡献。

桃李芬芳，壮士未老，佳作问世，可喜可贺。是以为序。

中国工程院院士

北京林业大学校长

2007 年 3 月

前　言

谨以此书献给尊师贺庆棠先生70华诞!

值此先生70寿辰,众弟子欢聚一堂,共感先生教育之恩,共祝先生健康长寿。数十年间,先生既曾在我国西南艰苦的基层林业机构刻苦工作,也曾远涉欧洲努力奋斗,2年内拿下德国慕尼黑大学林学博士学位;既作为一名普通教师于讲台之上辛勤培育千万学子,也作为一名高级管理人员和主要领导长期服务于自己的母校;既潜心学科建设,著书立说,严谨治学,开创我国森林—气象—生态学综合教学之先风,也奋力搏击于科研战线,勇于创新,大力推进森林—气象—生态学的科研创新。即便身离教学、科研和行政管理的第一线,但先生仍无时不关心事业之发展,学生和同志之进步,并努力在二线岗位开展教育培训、咨询服务、科技研发、学术交流活动,为人师表,勤于奉献,乃人之楷模。

在专业建设上,先生领导和参与建设了我国第一个本科森林气象专业,先后开出"森林环境学""森林气候学""林业气象学"等多门课程,培养了硕士生、博士生、博士后共19名,主编《气象学》、《森林环境学》全国性教材,多次获国家、省部级奖励。在科研上,先生一直以森林气象学与森林环境学的基本理论基础——森林的能量平衡、森林对环境的影响及森林植物气候生产力,以及气候变化与森林为主线展开了系统研究。在国内最先从事了林内太阳辐射、森林的热量平衡、城市绿化的环境效益、森林生物气候产量及森林气象生态学的研究;论文《中国水量平衡和植物生产》(德文),受到了著名森林气象学家鲍姆加特纳(A. Baumgartner)等高度赞扬,并被破格授予了博士学位。该文在国内是最先开展气候生产力研究的成果,开辟了研究生产力的新方向。先生先后参加了"七五""八五"国家科技攻关课题,先后获得部级科技进步二等奖和国家科技进步二等奖;在"八五"国家攀登计划"我国未来(20~50年)生存环境变化趋势的预测研究"中主持"未来环境与森林"部分,研究"森林对地气系统碳素循环的影响"已被国家列入"八五"重大科技成果,多次获得了国家级、省部级奖励。先生总共发表论文100多篇,其中科技论文60多篇,教育研究论文40多篇,先后担任主编和副主编的著作10多部。

先生不但是我国著名的森林生态学家、森林气象学家,也是一位出色的林业教育家。他长期从事学校的行政管理工作,担任过北京林业大学的副校长、校长等职务,为促进北京林业大学的发展、推进林业高等教育的改革做了大量富有成效的工作。他平易近人,密切联系群众,得到了学生、教职员工的爱戴和赞赏,曾被北京市教育工会评为依靠教职工办学的先进校长、北京市先进工作者,享受国务院政府特殊津贴。近年来,他又担任了中国老教授协会常务副会长及林业专业委员会理事长,在教育培训、咨询服务、科技研发、学术交流等方面取得了显著成效。

本书仅是对先生献身林业、探索科学的阶段性和部分总结,念吾辈之力,定不足以尽展完美,况先生仍于更广阔之领域继续耕耘,故应留待后续。我们编辑中之不足在所难免,敬请海涵。

再谢先生教导之恩,愿先生健康长寿!

肖文发　骆有庆

2007年6月5日　于北京

目　　录

科技论文选

城市绿化改善小气候效应调查研究工作总结[*]

李临淮　刘长乐　　陈健　贺庆棠
（北京市园林局）　　（北京林学院）

新中国成立以来，北京的城市绿化建设事业有了很大发展。随着树木的增多，绿化面积的扩大，城市小气候已经有了明显的改善，对于形成良好气候环境方面发挥了显著作用。为了总结各种绿地的小气候效应，进一步指导今后绿化工作，更好地发挥绿化功效，以适应城市绿化建设日益发展的需要，北京市园林局和北京林学院（森林气象教研组）合作，在1962年开展了城市绿化改善小气候效应的调查研究工作。

这项调查研究是一项新的、细致的科学研究工作，为了加强这一工作的领导，由北京市园林局臧文林、徐德权、李临淮、刘长乐、张婉芳、陈尔华，北京林学院陈健、贺庆棠等同志组成了指挥部，各区、绿化队、公园等也明确了专人负责，并按观测点组织了观测小组，抽调了60多名同志，参加了这项调查研究工作，北京中苏友谊医院、京棉三厂、北京医学院、宣武医院等单位也抽调了专人参加协助调查。

为了全面地研究不同绿地在不同季节对小气候的效应，我们在春、夏、秋、冬四季中选择了不同的天气类型，在城市中不同类型和不同分布地区的绿地，通过绿化与未绿化的比较，总结了植树绿化对改善城市气候的积极作用。

1　测点的基本情况

1962年城市绿化改善小气候效应的调查，共选择了不同类型（大、中、小绿地，行道树，防护林带，街坊绿地等）、不同分布地区（城区和近郊区）而具有一定代表性的22个测点，各测点的基本情况如下：

紫竹院公园：位于北京西直门外，长河穿园而过。1953年挖湖堆山，以后逐年绿化建园。目前全园总面积47.6hm^2，其中水面积15.1hm^2，绿化面积32.4hm^2，为全市大型公园之一。全园现有树木18969株，其中乔木9816株，占52%，树木茂密，生长良好，测点设在园东南部绿地上，西距湖面，北距长河约100m左右。

日坛公园：面积19.5hm^2，为区域性文化休息公园。现有树木25133株，其中以乔木为主，共19657株，占73%，树木已基本郁闭，一般行株距2~3m，胸径8~10cm。测点设在园西南部落叶乔木林中。

对照点设在日坛公园北侧的空荒地上，附近地势略有起伏，无树木生长，东、西、北三面50m以外为居住平房。

东单公园：位于繁华市区东长安街南侧，为小型街头公园，面积4.9hm^2。1955年开始绿化，现有树木13061株，其中乔木11512株，灌木1430株。公园的西、南两面靠近北京

---

* 北京市园林绿化工作年报，1961~1962年。

医院和同仁医院，园东部为崇文门内大街，中间栽有成片乔木林与马路隔离。测点设在园南部落叶树林中，树高一般 4 ~ 5m，行株距 2 ~ 3m。

对照点设在公园北面的广场中部，广场北侧为东长安街，栽有单行高大的毛白杨，东面临街，西面建筑情况和东单公园相似。

纪念碑松林：面积 1.3hm^2，1959 年成片栽植 40 ~ 50 年生大油松 500 多株，胸径 30cm 左右，行株距 5m×5m，松林边缘为 1m 高的桧柏绿篱，测点设在林内。

对照点设在天安门广场中部，下垫面为水泥铺装，西边为人民大会堂，东边为革命历史博物馆，北边为天安门，相距均在 200m 以外。

三里河路（南北向）：1958 年开始绿化，全长 2.5km，包括果树带共 11.9hm^2，现有树木 26627 株，其中乔木 18283 株，果树 1025 株，树种采用中性树和速生树相结合，而以速生树为主，多行种植，行株距 1.5 ~ 2m，测点和对照点分别设在南部密林（三行）及北部疏林（一行），快慢车道之间，距树木约 1m。

测点：东单公园

对照点：东单广场

测点：纪念碑松林

对照点：天安门广场

测点：三里河路密林　　　　　　　　　对照点：三里河路疏林

京门路(东西向)：位于北京西郊,由玉泉路至石景山钢铁厂东门,全长 7.1km。路树两行,为 1954 年种植的加拿大杨,目前树高约 10 余米,胸径 20cm 左右,路两侧均为菜田。

对照点设在与京门路平行相距约 500m 的西轴路上, 路旁有 1961 年秋季新植的小毛白杨高 2 ～ 3m, 胸径 2 ～ 3cm, 测点位置与京门路同。

东北郊林带：位于东北郊酒仙桥工业区与居住区之间, 主林带东西向共三条, 宽度分别为 30、30、40m。林带主要采用隔行混交形式, 主要树种有加杨、黑杨、刺槐、白蜡、侧柏等。测点设在林带西部、第二带的林内, 树高约 7m, 行株距 3m×2m。

对照点设在第一带外, 迎风面空旷农田上, 距林带约 500m。

北京医学院：位于西北郊文教区, 总面积 37.9hm², 已绿化面积 16hm², 院内由 1958 年开始, 根据密植原则种植树木 8 万余株, 其中乔木 21440 株 (主要是加拿大杨), 株距 1.6m。测点设在生化楼南面路边的加拿大杨树间, 树高 5m 左右。

对照点设在与北京医学院毗邻的北医附属三院住院楼南面的路旁花池中, 测点附近有些小灌木及绿篱, 无高大树木。

北京第三棉纺厂：位于朝阳门外八里庄, 京通公路南侧, 总面积 21hm²。1958 年开始绿化, 绿化面积 8.5hm², 主要分布在厂房四周, 现有树木 91500 株, 乔木占 60000 株, 大部分为杨、柳等快长树, 行株距约 3 ～ 4m, 树高 4m 左右。

对照点设在北京印染厂, 新建厂房的东侧空地上, 东边为京棉一厂, 在一厂厂房西边有 20 ～ 30m 宽的绿地带, 对测点的小气候有一定的影响。

友谊医院：位于外城的中心, 总面积 7.4hm², 绿化面积 2.3hm², 1954 年开始绿化, 测点设在病房南侧的毛白杨树林中, 其西、南两面均为建筑物。

对照点设在宣武医院主楼南侧, 大片庭院未进行绿化, 北边有建筑物, 西边有 2 ～ 3m 高的围墙。

幸福大楼：为新建居住区, 位于龙潭北部, 1959 年绿化, 总面积 5.4hm², 绿化面积 1.6hm²。测点设在居住区北部第二个庭院内, 四周是三层楼房, 日照时间较短。

化工部：在安定门外和平里, 总面积 8.6hm², 绿化面积 2.9hm², 测点设在生活区楼群之间的树林内，加拿大杨树高 5~6m，行株距 3~4m。

汽车局：在复兴门外，总面积 20hm²，绿化面积 10hm²，测点设在生活区的幼儿园运动场中，四周有侧柏绿篱，中有生长高大的落叶乔木，树高 4~5m。

2 各次观测资料的分析

2.1 冬季观测小结

城市绿化改善小气候效应调查第一次（冬季），观测工作，从 1 月 11 日 20：00 开始至 13 日 18：00 止，在 22 个测点同时连续进行两昼夜 18 次的观测。在观测时期内天气晴朗。

2.1.1 绿化对温度的影响

（1）地温：按照下垫面的性质，在一般情况下裸露土表的温度比覆盖层土表温度要低些，温度振幅要大些，这是因为裸露土表的受热与散热都比较快的缘故。但是冬天在平静无风的天气状况下，绿地内乱流交换较弱，冷空气下沉聚集在地表，所以使地表的平均温度低于未绿化地区。下面是 1 月 12 日的观测结果：

东单公园比未绿化的东单广场平均地温低 1.3℃。

日坛公园比未绿化的空旷地区平均地温低 0.1℃。

京棉三厂比未绿化的北京印染厂平均地温低 0.3℃。

京门路比未绿化的西轴路平均地温低 0.5℃。

（2）气温：150cm 高度的气温变化与地温相似，由于树木枝干的阻截，使绿地内的太阳辐射减少，因而绿地里的平均气温也略低于未绿化地区。

纪念碑松林比未绿化的天安门广场平均气温低 0.4℃。

日坛公园比未绿化的空旷地区平均气温低 0.9℃。

友谊医院比未绿化的宣武医院平均气温低 0.4℃。

京门路比未绿化的西轴路平均气温低 0.2℃。

（3）温度的垂直分布：在一般情况下，白天是日射型；夜间是辐射型，即白天温度随高度而减低；夜间地面温度较低，温度随高度而增加（逆温现象）。但在此次观测中发现，在冬季绿化地区 20cm 到 150cm 高度，日、夜一直保持逆温。

由于气温的垂直分布呈现逆温，在冬季绿化地区的最低温度有其明显的现象。在 20、50、150cm 等高度的最低温度，绿地内高于未绿化地区，尤其在 150cm 处更较明显，在 1 月 13 日调查中：

甲：纪念碑松林与天安门广场比较，20cm 处高 0.3℃，50cm 处高 0.2℃，150cm 处高 0.3℃。

乙：基本实现绿化的京棉三厂与未绿化的北京印染厂比较：20cm 处高 2.7℃，50cm 处高 3℃，150cm 处高 4.1℃。

丙：绿化较好的友谊医院与没绿化的宣武医院比较：20cm 处高 0.4℃，50cm 处相等，150cm 处高 0.4℃。

丁：栽有行道树的京门路与未绿化的西轴路比较：20cm 处高 0.7℃，50cm 处高 0.7℃，150cm 处高 0.7℃。

从以上结果中可以看出在冬季少有的晴朗、平静无风的天气状况下，绿地里的平均温度，最高温度虽然比没树的地方略低一些，但是最低温度却有了提高。特别是在寒冷、多风的天气，冷平流较强的情况下，绿地里的树木降低了风速，最低温度的提高可能更为明显，这说明树木即使在冬季落叶后，仍能造成有利的温度状况。

2.1.2　绿化对湿度的影响

绝对湿度：冬季绿地里的风速比较小，空气的乱流交换较弱，土壤和树木蒸发的水分不易扩散，因此绿地里的绝对湿度普遍高于未绿化地区（表1至表4）。

表1　各类型绿地与对照点绝对湿度比较

绿地类型	观测地点	绝对湿度增加值（mb＊）
公园绿地	东单公园	1.2
公园绿地	纪念碑松林	1.2
专用绿地	北京医学院	0.6
专用绿地	京棉三厂	0.55
专用绿地	友谊医院	0.3
行道树	三里河路	0.1

相对湿度：由于绿地里绝对湿度大，平均温度低，使空气容易接近饱和。因此，绿地内的相对湿度平均值也普遍高于未绿化地区。从1月12日（150cm高度）调查结果中可以看出：

表2　公园绿地较对照点高20％以上

观测地点	绿地内	绿地外	增加值%
东单公园	68	46	22
纪念碑松林	89	69	20

表3　林带、行道树较对照点高10％～20％

观测地点	绿带内	绿带外	增加值%
东北郊林带	44	33	11
京门路	67	43	24

表4　专用绿地较对照点高10％左右

观测地点	绿地内	绿地外	增加值%
北京医学院	70	61	9
友谊医院	70	62	8

其他如化工部、汽车局幼儿园、幸福大楼居住区等处的相对湿度都在60％以上，与东单广场比较，也都高10％以上。

2.1.3　绿化对风的影响

在一般情况下，空气平流遇到阻碍，发生摩擦，使风速减低，静风的时间也比较长。但在此次观测时间内，各测点风速都比较小，1月12日最大风速2.2m/s（京门路），1月13

＊　$1mb = 10^2 Pa$。

日最大风速1.4m/s（紫竹院），其他各测点风速都在0.3~0.8m/s，因此效果不甚明显，但从各测点与对照点比较中也能说明树木的防风作用（表5）。

表5 各类型绿地与对照点风速比较

调查日期	观测地点	降低风速%
1月12日12:00	东单公园	20
1月12日12:00	三里河密林	50
1月12日12:00	北京医学院	25
1月12日12:00	京棉三厂	100
1月13日14:00	纪念碑松林	25
1月13日14:00	京门路	20

绿地不但降低了风速，而且绿地内静风时间较未绿化地区也长，根据1月13日观测结果：东北郊林带内平静无风的时数为18h，而林带外为14h，延长了4h；东单公园内静风时数为22h，而东单广场为20h，也延长了2h。

表6 不同类型绿化地区风速和静风时间比较

观测日期	观测地点	风速最大数值（m/s）	平静无风时数
1月13日	纪念碑松林	1.1	16
1月13日	三里河路密林	0.5	22

三里河路密林不但较疏林降低了风速，比纪念碑松林的风速也小，静风时间也长（表6）。

表7 行道树不同时间风速比较

风速(m/s)　时间　测点	6:00	8:00	10:00	12:00
三里河路密林	0.2	0.2	0.3	0.3
三里河路疏林	0.3	0.3	0.5	0.6
降低风速%	33	33	40	50

从表7中还可说明：风速越大，树木的防风作用也就愈明显，1月12日三里河路最大风速为0.6m/s（12:00），密林较疏林降低风速达到50%。

2.2 春季观测小结

城市绿化改善小气候效应调查第二次（春季）观测工作，从5月7日20:00开始至9月18:00止，在22个测点同时连续进行了两昼夜18次的观测工作。在观测时期内，天气以晴为主，风力较大。

2.2.1 绿化对温度的影响

春季太阳辐射逐渐增强，地温随之逐渐升高，但由于绿地里树木枝叶的遮蔽，投射到地面的太阳辐射比没树的地方减少，因此，白天绿地里的地温比没树的地方低，夜间在绿地内由于树冠的阻挡，地面有效辐射减小，地温反而比没树的地方高。另外，由于树冠上冷空气夜间沿着稀疏的树冠下沉到地面附近，绿地里白天地温的降低往往超过夜间地温的提高，所以绿地的日平均地温比没树的地方低。绿地里的日温振幅也就大大减少，在一般情况下，地温日变化相差是很大的。根据我们这次在城市空旷地的观测，最高、最低温度差 19.7℃，从表 8 可以看出空旷地的温度日变化情况。

表 8　城市空旷地地温日变化情况

时间	2:00	8:00	14:00	20:00
温度（℃）	13.8	22	33.5	17.5

但从此次观测中可以明显的看出城市各类型绿地的温度振幅普遍小于未绿化地区，这种情况可由 5 月 9 日观测资料中说明。

表 9　绿地与未绿化地区地表温度比较

绿地类型	测点	最高温度降低数值（℃）	最低温度提高数值（℃）	日振幅减小值（℃）	日平均温度降低值（℃）
公园绿地	东单公园	12.9	1.3	14.2	7.0
	日坛公园	10.1	1.5	11.6	3.7
专用绿地	京棉三厂	7.4	0.5	7.9	3.5
	北京医学院	17.2	2.5	19.7	5.2
行道树	三里河路密林	6.2	0.1	6.3	2.3
	三里河路疏林	3.4	0.2	3.6	1.6
	幸福大楼	18.5	0.9	19.4	1.3
庭园绿地	汽车局幼儿园	13.4	0.6	14.0	6.8
	化工部	14.2	1.3	15.5	6.5

从表 9 说明：绿化面积愈大，树木密度愈大，树冠愈密对地温的影响就愈显著，其中公园绿地和专用绿地对地温的影响效应显著大于行道树，尤以北京医学院更为显著。因该校不仅绿化面积大，而且采取了加拿大杨密植方法，收到了较好的效果。行道树三行（密林）比一行（疏林）的效应也好，一行的行道树无论是对太阳辐射还是地面辐射的阻挡作用均比三行的要小。

春季绿地里的树木已经长出新叶，虽然树冠比较稀疏，但已经能阻挡一部分太阳辐射，因此绿地内气温比没树的地方低，下面就是 5 月 8 日公园绿地和专用绿地 150cm 高度的气温状况（表 10）。

表 10　绿地与未绿化地区气温比较

绿地类型	测点	最高气温降低数值（℃）	最低气温降低数值（℃）	日振幅减小值（℃）	日平均气温降低值（℃）
公园绿地	东单公园	0.2	1.1	0.9	0.6
	纪念碑松林	1.0	0.7	0.3	0.9
专用绿地	京棉三厂	0.4	0.1	0.3	0.3
	北京医学院	0.2	0.2	0	0.3

从表10可以看出，绿地比未绿化地区最高气温一般要低0.2~1℃，在夜间绿地里的气温也低于未绿化地区，这是由于夜间树冠上冷却的空气，沿着稀疏的树冠下沉，同时绿地内乱流交换较没树的地方弱，冷空气在绿地内地面附近聚集，因而夜间气温略低一些，在庭园绿地中也有类似情况。

表11　庭园绿地与对照点气温比较

测点	最高气温 降低值（℃）	最低气温 降低值（℃）	日振幅 减小值（℃）	日平均气温 降低值（℃）
幸福大楼	0	1.4	1.4	0.9
汽车局幼儿园	0.4	1.0	0.6	1.9
化工部宿舍	0.5	1.7	1.2	1.3

表11是幸福大楼、汽车局幼儿园、化工部宿舍等几处庭园绿地与东单广场比较，庭园绿地降低了最高气温，最低气温和日平均气温。

从表12中还可以看到三里河路南部三行路树和北部一行路树人行道上的气温比较。

表12　行道树对人行道气温的影响

观测地点	行道树行数	最高气温（℃）	最低气温（℃）	日振幅（℃）	日平均气温（℃）
三里河路（北）	1	29.7	14.0	15.7	21.2
三里河路（南）	3	28.9	14.5	14.4	20.6

三里河路三行行道树和只有一行行道树的人行道上气温相比，最高气温降低0.8℃，最低气温升高0.5℃，日振幅减少1.3℃，日平均气温降低0.6℃。这说明春季行道树有降低人行道最高气温，提高最低气温，减小日振幅的效应。这种效应三行行道树比一行行道树更明显。行道树所以能使人行道最低温度稍有提高，是因为行道树下不像片状的公园绿地夜间使冷空气在其下部停滞，而这里的空气经常处于自由交换之中，同时树冠还能阻挡一部分地面辐射和向附近空气辐射出一定热量，使气温有所提高，这就给城市居民造成了更有利的气候环境。

春季各类型绿地内气温的垂直分布，一般日射型持续的时间比未绿化地区缩短。日射型主要出现在中午前后几小时内，其他大多数时间呈现辐射型及过渡型，在纪念碑松林，甚至全天均为辐射型，没有日射型，这种情况和绿地的作用面移到了树冠表面有关。当早晚太阳斜射时绿地地面得不到太阳辐射，或者得到很少，此时树冠温度最高，由此向上向下均降低，树冠下仍保持和夜间一样的辐射型温度分布（温度随高度增加而增加）。仅中午前后几小时内，在树木较稀疏的绿地上，因太阳光线直射到地表，形成短时期的日射型温度分布，夜间的辐射型出现是因树冠上冷却空气下沉而造成的，表13是5月9日各类型绿地日射型持续时数的观测结果。

由表13可见，行道树无论是三行还是一行，其日射型持续时间都比较长，几乎和未绿化地区一样。由此说明，行道树对气温的垂直分布影响不大。

表 13　各类型绿地日射型持续时数

绿地典型	观测地点	日射型持续时数
公园绿地	紫竹院	4
公园绿地	日坛	4
公园绿地	东单	4
公园绿地	纪念碑松林	0
专用绿地	京棉三厂	4
专用绿地	北京医学院	4
庭园绿地	幸福大楼	2
庭园绿地	汽车局幼儿园	4
行道树	三里河路密林	10
行道树	三里河路疏林	14

另外，从温度梯度值来看，绿地内温度随高度变化较小，因此梯度比未绿化地区小，从 5 月 8 日 14:00 在日坛公园的观测资料中可以说明（表 14）。

表 14　绿地与对照点气温垂直梯度　　　　　　　　　　单位：℃/100m

高度（cm）	日坛公园		对照点	
	温度值	梯度	温度值	梯度
20	22.0	67℃	23.8	344℃
50	21.8	0	23.1	70℃
150	21.8		22.4	

2.2.2　绿化对空气湿度的影响

春季树木开始生长，从土壤中吸收大量水分然后蒸腾散发到空气中去，因此各类型绿地内比未绿化地区坚实的铺装场地和裸露的路面能蒸发较多的水汽，同时由于绿地内降低了风速，水汽不易扩散出去，因此绿地内绝对湿度比没树的地方有明显的增加。根据 5 月 8 日观测结果，在各类型绿地中一般绝对湿度都比未绿化地区高，日平均要高 2mb 左右，最大可高 10mb 以上（表 15）。

表 15　各类型绿地与对照点绝对湿度比较

绿地典型	观测地点	日平均绝对湿度差（mb）
公园绿地	纪念碑松林	2.0
公园绿地	东单公园	0.7
公园绿地	日坛公园	0.5
专用绿地	京棉三厂	2.5
专用绿地	北京医学院	2.0
专用绿地	友谊医院	4.5
庭园绿地	幸福大楼	4.8
庭园绿地	汽车局幼儿园	5.1
庭园绿地	化工部	3.0
行道树	三里河路密林	2.3

在各类型绿地中，以庭园绿地绝对湿度增高的最大，平均达到 4mb 左右，这与庭园闭塞，树木蒸散出来的水汽更不易和外界交换有关。

相对湿度在绿地内由于气温低于未绿化地区，绝对湿度高于未绿化地区，因此相对湿度也高于未绿化地区。但由于这次观测受天气状况的影响，在观测时期内有五、六级的大风，空气乱流较强，使树木蒸腾出的水汽，随风迅速扩散，因而观测结果没有第一次（冬季）显著，从具体的值来看，一般绿地较未绿化地区要高 20% ~ 30%。在风速较小的天气，各类型绿地对绝对湿度和相对湿度的影响还要大一些。

2.2.3 绿化对风的影响

春季是北京最多风的季节，最大风速可达到 7 级以上。5 月 8 日天安门广场最大风速曾达到 13.7m/s，5 月 9 日达到 5.4m/s。这两天的风速在北京的春天是有代表性的，在这次观测中可以看出各类型绿地树木的明显防风作用（表16）。

表 16 各类型绿地与对照点风速比较

测点	降低风速%	
	5 月 8 日	5 月 9 日
东单公园	77.6	66.7
纪念碑松林	73.7	53.7
京棉三厂	48.0	36.8
友谊医院	67.2	55.0
三里河路	76.5	100.0
汽车局幼儿园	60.9	60.0
化工部	53.1	55.0

各测点比对照点的风速普遍有显著的降低，特别是在风速大的 5 月 8 日更为明显。这说明绿地对风速减低的效应，随风速的增大而增加，在强风时减低风速作用大于中等风速，这是因为随着风速的增大，消耗于枝叶的摇摆和摩擦的功能增加。同时气流穿过绿地时，被树木的阻截、摩擦和过筛作用，将气流分成许多小涡旋，这些小涡旋方向不一彼此摩擦，消耗了气流的功能。由表16 说明，在中等风速（5 月 9 日）时绿地内风速平均减弱 1/2 ~ 2/3；在强风时绿地内风速减低 2/3 ~ 3/4。

由于绿地里的树木能使强风变为中等风速，中等风速变为微风，当风速小时，绿地内可以出现平静无风。因此，绿地里一日中平静无风的时数，比未绿化地区大大增加。

表 17 各类型绿地平静无风时数比较

观测地点	绿地内	对照点	静风时间增加时数（h）
东单公园	10	0	10
纪念碑松林	6	0	6
京棉三厂	14	0	14
友谊医院	10	1	9
汽车局幼儿园	12	1	11

在 5 月 9 日出现中等风速时，绿地里平静无风时数大大超过未绿化地区，东单公园在观测时间内有 10h 平静无风。而距公园仅有 100 余米的东单广场在观测时间内都有风。京棉三

厂绿地内有 14h 平静无风，而在与其邻近、条件相同的对照点则整个观测时间内也都有风（表 17）。

2.3 夏季观测小结

城市绿化改善小气候效应调查第三次（夏季）观测工作，从 7 月 30 日 20:00 开始至 8 月 1 日 18:00 止，在 22 个测点同时连续进行了两昼夜 20 次的观测工作。在观测时期内：7 月 31 日天气阴，云状积云性高积云；8 月 1 日天气由阴转多云。

2.3.1 绿化对温度的影响

夏季，太阳辐射绝大部分被绿地里树木稠密的树冠所吸收，而透射于绿地地表面的就很少；树冠吸收的辐射热量，又绝大部分用于蒸腾作用和光合作用，所以绿地温度增加的并不强烈，这就造成了夏天绿地里的良好小气候环境。从连续两天的观测中可以看出，各类型绿地里的地温、气温普遍低于未绿化地区，而且效果极其明显，表 18 是 8 月 1 日的观测结果。

表 18　各类型绿地平均温度与对照点比较

测点	低温降低值（℃）	20cm 气温降低值（℃）	50cm 气温降低值（℃）	150cm 气温降低值（℃）
东单公园	5.9	1.2	1.3	1.0
日坛公园	2.9	1.1	1.2	0.7
纪念碑松林	1.1	2.3	1.3	0.8
京棉三厂	4.7	1.2	0.7	1.0
北京医学院	3.8	0.6	0.7	2.4

从表 18 可以说明：由于太阳辐射透射到绿地地表热量较少，绿地内不同高度的温度也就有所不同，地表降温作用最显著，平均降低 3 ~ 5℃，150cm 高度平均降低 1 ~ 2℃。

在炎热的夏天城市没树的裸露地表温度极高，远远超过它的气温。8 月 1 日东单广场最高地温达到 43.0℃，而在同地 150cm 高度的最高气温仅有 31.2℃，相差 11.8℃。使人们处在日光直接照射和地表热量双重影响之下，更增加热的感觉。但在各类型绿地里的温度状况就显然不同：东单公园比东单广场最高地温低 15.8℃；京棉三厂比未绿化的北京印染厂最高地温低 17.8℃；其他各测点一般也要低 10℃以上（表 19）。

表 19　绿地与对照点最高温度比较

观测地点	地表最高温度降低值（℃）	150cm 最高气温降低值（℃）
东单公园	15.8	1.7
纪念碑松林	9.5	2.7
日坛公园	11.0	1.1
友谊医院	8.3	1.5
北京医学院	15.6	1.6
京棉三厂	17.8	2.7
东北郊林带	10.0	0.9

绿地里最高地温和最高气温比较，和未绿化地区相反，而是气温略高于地温，但又普遍比未绿化地区低。由此可见，绿地里的树木在温度最高的时候经受了考验，为人们创造了有利的小气候环境。

不同类型绿地的气温状况也有所不同，绿化面积愈大，降温作用愈明显。从 8 月 1 日调查资料中可以看出，最大的温度差出现在大型绿地和城市空旷地之间，在夏季150cm高度的平均气温相差1.6℃（表20）。

表20　不同类型绿地降温作用比较

绿地名称	类型	面积（hm²）	气温（℃）
紫竹院公园	大型公园	32.4	25.6
日坛公园	中型公园	19.5	25.9
东单公园	小型公园	4.9	26.2
东单广场	城市空旷地		27.2

在各类型绿地中，面积最大的紫竹院公园温度最低；日坛公园次之；东单公园最高，但三处又都低于未绿化的东单广场（表20）。从以上结果中不但可以说明绿化对改善空气温度的作用，同时也说明了绿化面积愈大，效果愈显著。更进一步证实了在城市里广植树木，对改善城市小气候的巨大作用。

由于树冠一方面减弱了太阳辐射，另一方面又有保护地面辐射的作用，既使日间不易受热，又使夜间不易冷却，每日的温度的日变化较小。另外树冠形成一个界面，界面内外空气不容易畅通，树冠内空气虽随树冠外层变化而变化，但变化时间较迟，变化程度也比较小，这就使绿地内温度日振幅大大减小。

表21　各类型绿地与对照点日振幅比较

测点	地温振幅减小值（℃）	气温振幅减小值（℃）
东单公园	14.3	1.5
纪念碑松林	8.0	1.7
日坛公园	12.9	0.2
友谊医院	8.6	2.5
三里河路	6.3	1.6

2.3.2　绿化对空气湿度的影响

夏季树木庞大的根系像抽水机一样，不断地从土壤中吸收水分，然后通过枝叶蒸发到空气中去，根据我们在城市里小片树林中的观测，每公顷油松林蒸腾量为43.6~50.2t/d，加拿大杨林的蒸腾量为57.2t/d。由于树木强大的蒸腾作用，使水汽增多，空气容易接近饱和，因此绿地里湿度应比未绿化地区显著增大。但此次观测因受天气影响，空气湿度较大。因此（7月31日阴天）效果并不明显，但从表22中也可以看到绿地增加，空气湿度的作用。

表22　各类型绿地比对照点空气湿度比较

观测地点	绝对湿度增加值（mb）			相对湿度增加值（%）		
	20cm	50cm	150cm	20cm	50cm	150cm
纪念碑松林	0.8	2.0	1.7	15	13	8
东单公园	1.3	1.1	1.3	9	9	1
友谊医院	0.7	0.7	0.3	2	0	2
京门路	4.5	4.3	7.6	10	8	8

但从湿度日变型来看，绿地内不同于未绿化地区，以绝对湿度而论，在一般情况，未绿化的空旷地区，下午温度升高，乱流较强，低空水汽被带至高空，低层空气中水汽减少，绝对湿度降低。东单广场最小绝对湿度就是出现在中午 12:00 到 16:00 之间。但是在东单公园里最大绝对湿度却在此时出现，这是由于绿地内水汽较多，乱流弱，水汽集中树冠下，增加了空气中的绝对湿度，这足以说明绿化对于空气湿度的良好影响。

2.3.3 绿化对风的影响.

夏季是北京风速最小的季节，在观测时期内，7 月 31 日天安门广场最大风速为 3.8m/s，而纪念碑松林的风速仅有 1.0m/s，降低风速 73%。8 月 1 日没绿化的北京印染厂最大风速为 1.8m/s，而基本实现绿化的京棉三厂风速仅有 0.3m/s，降低风速 83 %。其他各类型绿地里的风速，也都普遍降低。同时各绿地里平静无风的时间也都比未绿化地区要长一些（表 23）。

表 23　各类型绿地风速与静风时间比较

测点	7 月 31 日		8 月 1 日	
	最大风速（m/s）	静风时间（h）	最大风速（m/s）	静风时间（h）
观念碑松林	1.0	2	1.0	14
对照点	3.8	0	2.5	0
日坛公园	0.7	9	0.7	14
对照点	1.7	12	1.5	9
友谊医院	0.7	16	0.1	24
对照点	1.7	1	1.3	1
北京医学院	—	—	0.3	24
对照点	—	—	0.8	12
京棉三厂	—	—	0.3	24
对照点	—	—	1.8	1

2.4　秋季观测小结

城市绿化改善小气候效应调查第四次（秋季）观测工作从 10 月 8 日 20:00 开始至 9 日 20:00 止，在 22 个测点，同时进行了一昼夜（因受天气影响只观测一昼夜）9 次的观测工作。在观测时期内天空云量有时增多，天气阴间多云，云状层积云。

2.4.1　绿化对温度的影响

秋季，树木仍在生长期，树叶较春季稠密。因此，绿地里的小气候特点和春季有些相似。即：白天绿地里的地温比没树的地方低；夜间在绿地内由于树冠的阻挡地面有效辐射减小，地温反而比没树的地方高。因此绿地里地温日振幅显著减小。

从 150cm 高度的气温比较，也是绿地内比未绿化地区要低一些，但不十分明显，无论是最高，最低和平均温度均不超过 1℃。一般都是在 0.1 ~ 0.7℃（表 24）。

表24　绿地与对照点地表温度比较

绿地类型	测点	最高温度降低值（℃）	最低温度提高值（℃）	日振幅减小值（℃）	日平均温度降低值（℃）
公园绿地	东单公园	5.9	0	5.9	1.7
公园绿地	纪念碑松林	0.7	1.3	2.0	2.5
公园绿地	日坛公园	4.7	0.2	4.9	1.7
专用绿地	京棉三厂	4.2	1.2	5.4	2.3
行道树	三里河路	1.8	0.2	2.0	0.8
庭园绿地	幸福大楼	3.1	0.7	3.8	0.3
庭园绿地	汽车局幼儿园	4.2	1.3	5.5	
庭园绿地	化工部	2.9	0.7	3.6	

2.4.2　绿化对空气湿度的影响

秋季树木落叶前，树木逐渐停止生长，但蒸腾作用仍在继续进行，绿地内的空气湿度虽没有春、夏季大，但仍要高于没有绿化的地方，从实际观测结果中可以看出（表25）：

表25　各类型绿地与对照点空气湿度比较

观测地点	绝对湿度增加值（mb）	相对湿度增加值（%）
东单公园	0.7	3.4
纪念碑松林	1.3	6.5
京棉三厂	0.9	5.7
三里河路	1.5	6.8

从湿度（绝对湿度与相对湿度）的日变型来看，城市各类型绿地改变了湿度的日变型，在干燥气候的北京，最高温度出现（14:00～15:00）的时候，绝对湿度应下降，或者停止上升（呈双波日变型），这是因为午间未绿化的裸露地，上升气流很强，水汽带到高空，贴地层就比较干燥。但是在纪念碑松林、日坛公园以及三里河路等绿地内，在最高温度时，而绝对湿度却上升（呈单波日变型）。东单公园、友谊医院等处，在最高温度时，对照点绝对湿度停止上升，而绿地内的绝对湿度仍继续上升。这种绝对湿度的日变型，说明绿地内空气比较湿润，未绿化的地区空气干燥（图1至图4，其中，r 为相对湿度，t 为温度，e 为绝对湿度）。

从相对湿度来看，当最高温度的时候，相对湿度应最小，而纪念碑松林在下午最高温度时对照点相对湿度下降达到最低值，但松林内则保持与早晨相同的相对湿度或略有上升。其他如东单公园、友谊医院，当最高温度时绿地内相对湿度虽有些下降，但比对照点下降的缓慢，同时也比对照点的相对湿度要高，这主要是绿地内绝对湿度增大的原因。

2.4.3　绿化对风的影响

秋季是北京风力较小的季节。从这次观测结果来看，天安门广场最大风速为 6.6m/s，而纪念碑松林内最大风速仅为 1.5m/s，比林外风速减低77%，日坛公园比对照点降低风速66%，同时绿地里静风时间也普遍比对照点长（表26）。

表 26　绿地与对照点风速比较

观测地点	最大风速（m/s）	静风时间（h）
东单公园	1.4	14
对照点	1.5	0
纪念碑松林	1.5	3
对照点	6.6	0
日坛公园	0.3	15
对照点	0.9	3
北京医学院	0.7	8
对照点	1.0	3

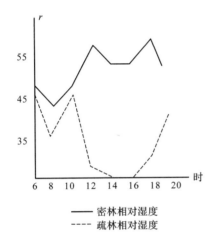

图 1　三里河路密林与疏林湿度变化

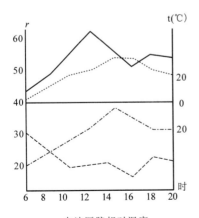

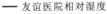

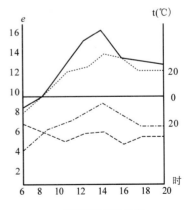

图 2　友谊医院与对照点相对湿度变化　　　　图 3　友谊医院与对照点绝对湿度变化

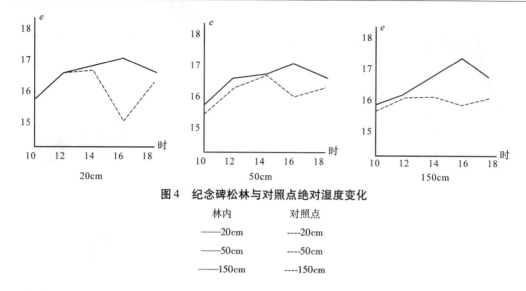

图4　纪念碑松林与对照点绝对湿度变化

林内	对照点
——20cm	----20cm
——50cm	----50cm
——150cm	----150cm

3　结论

北京地区是大陆性气候，夏季炎热，雨量集中；冬季干燥而寒冷，年温差极大；而暮春（四月、五月）气温猛升，风沙很大，只有秋季日丽风和，天高气爽，为一年中的较好季节。同时在城市里由于高大建筑和铺装路面较多，导热强，蒸发量少，因而温度高；由于排水良好，植被少，蒸发量小，因而湿度小；由于城市里的工厂和家庭燃烧煤炭，产生了大量灰尘，因而浑浊度大；由于城市人口集中、交通量大，因而噪音强等。所以北京地区，特别是城市的气候应加以改造，但改造气候目前只有从下垫面着手进行，植树绿化又是最好的办法。通过一年来对城市绿化改善小气候效应的调查研究，进一步证实：在市区以及城市附近大量植树造林，适当地增加绿化面积，对改善城市小气候，形成良好的气候环境等方面，有极其显著的作用。

在冬季树木可以提高最低温度1℃左右，使寒冷的气温不致降的过低；增加绝对湿度1mb左右，相对湿度10%～20%，使冬天不至于过分干燥；降低风速20%左右，减少了冷风的侵袭。

在春季树木可以减小地温日振幅10℃左右，缓和了温度日变化，使气温不致骤变；降低风速50%～70%，减少了风沙；增加绝对湿度2mb、相对湿度20%～30%，可以缓和春旱，有利于农业生产。

在夏季树木可以降低温度3～5℃，同时由于树木的蒸腾作用增加了绝对湿度1mb、相对湿度10%～20%，为人们生产、生活上创造凉爽、舒适的气候环境，降低风速50%以上，延长平静无风时间10h以上，减少了暴风吹袭。

在秋季虽然日丽风和，天高气爽，但树木同样也起到了一定的调节小气候和美化环境的作用。

此外，树木在净化空气、隔离噪音等方面的功能，在调查中虽也有所接触，看到了这方面的作用，但还需要进一步求得科学的数据。

在调查中还对不同树种、不同分布和不同绿化面积及其发挥效应的大小，进行了初步研究：

在城市里种植落叶乔木比常绿乔木对改善小气候的效果好。落叶乔木夏能遮荫、降温，冬能防风、增温；常绿乔木在冬季虽增高了最低温度，却降低了平均温度，从改善气候的作用看，常绿乔木不如落叶乔木。但既或是常绿乔木也比不绿化的地区，对改善小气候有明显的作用。

在城市里集中成片绿化不如分散普遍绿化效果好。大型公园绿地就其改善小气候效果来看虽调节温度明显，但其效益范围究属有限，受益面积和人数不如普遍绿化来得广。

在城市里点（公园绿地）的绿化不如线（行道树、林带）的绿化效果好，全市道路绿化纵横交错，联结成网，调节温度，降低风速效果显著。点、线、面如能结合，效果更好。

在城市里栽行道树，多行的比单行的效果好。单行行道树能保护路面，使机动车受益，而两行或两行以上行道树，使慢车道、人行道上更多的人得到好处。

总之，在调查研究工作中，初步摸清了城市绿化对改善小气候的效应。但由于缺乏经验，在天气选择，测点安排上还不够理想，又由于水平所限，在资料分析、问题看法也难免错误，希有关方面给予指正。

（附记：参加此项调查研究工作的有东城、西城、崇文、宣武、朝阳、海淀区等区绿化办公室的同志，园林局所属一、二、三大队、紫竹院公园和北京医学院、北京中苏友谊医院、京棉一厂和三厂、宣武医院等单位的部分同志，北京林学院森林气象学教研组的全体同志。）

油松和加拿大杨蒸腾强度的初步研究报告[*]

李临淮　刘长乐　　贺庆棠　刘祚昌
（北京市园林局）　　（北京林学院）

为了调查新中国成立以来，特别是 1958 年大跃进以来，北京城区绿化对城市小气候的影响，探讨各种树木在夏季对增加空气湿度、降低温度、减小日温振幅等调节城市气候的作用，分析不同绿化面积、不同树种的蒸腾强度，为今后绿化建设的合理布局、绿化树种的选择使用等方面提供科学依据，北京市园林局和北京林学院森林气象教研组合作，进行了油松（针叶树）和加拿大杨（阔叶树）两个树种蒸腾强度的研究工作。

1　研究地点和时间

研究地点选择在天安门广场油松林和陶然亭公园加拿大杨林两处。天安门广场油松林位于人民英雄纪念碑南部，面积约 $1 hm^2$，树木株行距 $5m \times 5m$，每公顷 400 株，均为 1958 年用大树移栽的，树龄 40～50 年生，树高平均 5m，平均胸径 30cm，分枝点高 2m，冠幅 $5m \times 5m$，林冠郁闭度 0.7。林下土壤因经常进行人工灌溉比较潮湿。陶然亭公园加拿大杨林，面积 $1.6 hm^2$，树木株行距 $3m \times 3m$，每公顷 1000 株，树龄 5 年生，树高平均 9m，平均胸径 8cm，林冠郁闭度 0.8。林下土壤因游人践踏板结，排水不良，雨后有积水。两处的观测架均设于林内中央部位，观测架从地面设立高出林冠上 2m 左右。

观测时间选在北京最炎热的季节进行，从 1962 年 7 月中旬开始至 7 月底结束，共半个月左右，参加此项研究工作的有北京林学院贺庆棠、刘祚昌、李连杰、赵瑞麟，北京市园林局李临淮、刘长乐等同志。室外观测在晴天、云天、阴天进行，雨天不观测。观测所用仪器全部经过重新鉴定。

---

* 北京市园林绿化工作年报，1961～1962 年。

2 研究方法和原理

此次树木蒸腾强度的测定是应用热量平衡原理进行的。热量平衡法就是首先从投射到树木上的太阳辐射能量中求出被树木吸收用在蒸腾上的热量，然后再用蒸腾 1g 水变为水汽所消耗的热量去求得蒸腾量。

其具体计算方法如下：

任意陆面的热量平衡方程为：

$$B_0 = LE_0 + P_0 + A_0 \tag{1}$$

式中：B_0——辐射平衡；

$\quad\quad LE_0$——蒸发耗热；

$\quad\quad P_0$——乱流热通量；

$\quad\quad A_0$——活动面与其下层热交换

在生长季节林冠层的热量平衡方程可写为：

$$B = LE + P + A + I_a \tag{2}$$

式中：B——林冠层吸收的辐射（林冠层的辐射平衡）；

$\quad\quad LE$——蒸腾耗热；

$\quad\quad P$——林冠和空气间的乱流热通量；

$\quad\quad A$——林冠储热量的变化；

$\quad\quad I_a$——光合作用消耗的热量。

根据已有资料可以肯定，夏季林冠将所吸收的辐射热量（B），绝大部分用于蒸腾过程（LE），少部分用于林冠与空气间乱流热交换（P），仅有 1% ~3% 的热量消耗于光合作用（I），而用于林冠储热量的变化（A）这对一天来说变化是不大的。从上述事实出发，考虑到 I_a 及 A 的量极小，因此这部分热量可以忽略。

所以林冠层的热量平衡方程可写为：

$$B = LE + P \tag{3}$$

林冠层的蒸腾耗热可写为：

$$LE = B - P \tag{4}$$

由式（4）可知，只要能精确地测定林冠层的辐射平衡和林冠与空气间的乱流热交换，那么就可以确定树林的蒸腾量。

由图 1 中可知，林冠上表面的辐射平衡方程为：

$$B_1 = Q_1 - R_1 + E_{a1} - E_{r1} \tag{5}$$

式中：B_1——林冠上表面的辐射平衡；

Q_1——为林冠表面上的总辐射；

R_1——林冠上表面的反射辐射；

E_{a1}——大气辐射；

E_{r1}——林冠向上的辐射；

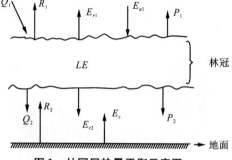

图 1　林冠层热量平衡示意图

$$\text{因为} \quad E_{n1} = E_{r1} - E_{a1} \tag{6}$$

$$\text{所以} \quad B_1 = Q_1 - R_1 - E_{r1} \tag{7}$$

E_{n1}——林冠的有效辐射。

林冠下的辐射平衡（B_2）为：

$$B_2 = Q_2 - R_2 - E_z + E_{r2} \tag{8}$$

式中：Q_2，R_2——透过林冠的总辐射和地面反射；

E_z——地面辐射；

E_{r2}——林冠向下的辐射。

$$\text{因为} \quad E_{n2} = E_z - E_{r2} \tag{9}$$

$$\text{所以} \quad B_2 = Q_2 - R_2 - E_{n2} \tag{10}$$

E_{n2}——地面有效辐射。

林冠层的辐射平衡方程为：

$$B = B_1 - B_2 = (Q_1 - Q_2) + (R_2 - R_1) + (E_{n2} - E_{n1}) \tag{11}$$

由观测资料证明，夏季白天，在林内为逆温分布，林冠表面以上为超绝热温度分布。故林冠与空气间乱流热交换，包括林冠向上和向下两部分乱流热交换。即：

$$P = P_1 + P_2 \tag{12}$$

最后树木的蒸腾强度可由下式表示：

$$E = \frac{B - P}{L} = \frac{(B_1 - B_2) - (P_1 + P_2)}{L} \tag{13}$$

林冠上下表面的辐射平衡方程式中的 Q_1、Q_2、R_1、R_2 是用仪器直接观测得到，E_{n1}，E_{n2} 用 M. E 别尔梁德公式计算。

$$E_n = \delta\lambda T^4 (0.39 - 0.058\sqrt{e})(1 - K_{1n_1} - K_{2n_2} - k_{3n_3}) \pm 4\delta\lambda T^3 (T_0 - T) \tag{14}$$

式中：δ——灰体系数，为 0.95；

λ——波尔兹曼常数，为 8.25×10；

T——林冠表面以上 2m 和地面以上 2m 的气温（K）；

e——林冠表面以上 2m 和地面以上 2m 的绝对湿度（mm）；

T_0——林冠表面和地表温度；

n_1——低云量；

n_2——中云量；

n_3——高云量。

$$K_1 = 0.8 \quad K_2 = 0.5 \quad K_3 = 0.2$$

P_1 和 P_2 根据下式计算:

$$P = \frac{(B - A)\Delta T}{\Delta T + 1.56\Delta e} \tag{15}$$

当 A 忽略不计时上式可写为:

$$P = \frac{B\Delta T}{\Delta T + 1.56\Delta e} \tag{16}$$

式中: ΔT——距林冠上下表面 0.5m 和 2m 处的温度差;

Δe——距林冠上下表面 0.5m 和 2m 处的湿度差(mb)。

将上述测算结果分别代入(13)式中,即可求得单位时间(1min)、单位面积(cm^2)、高等于林冠厚度的竖直柱体的蒸腾量,然后用下列公式计算出单位柱体的日蒸腾量:

$$W = \frac{1}{2}E_1(t_1 - t_0) + \frac{1}{2}(E_1 + E_2)(t_2 - t_1) + \frac{1}{2}(E_2 + E_3)$$
$$(t_3 - t_2) + \frac{1}{2}E_3(t_n - t_3) \tag{17}$$

式(17)的计算原理是由图 2 而来。

式中: E_1、E_2、E_3 分别为 9:30、12:30 和 15:30 的蒸腾量;

t_0——6:30;t_1——9:30;t_2——12:30;t_3——15:30;t_n——18:30。

一天的蒸腾时间是从 6:30 至 18:30;按 12h 计算的。

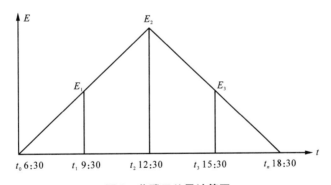

图 2　蒸腾日总量计算图

然后推出 $1hm^2$ 一天的蒸腾总量,用此数乘上林冠的郁闭度,即得出每公顷树木一天的实际蒸腾总量。

$$W_n = W \cdot P \cdot 10^2 \qquad (t/hm^2 \cdot d)$$

式中: W_n——实际蒸腾量;

P——郁闭度。

3　研究资料的分析

树木的蒸腾强度,一方面决定于树木的特性及状况,如树种、年龄、叶形,气孔的数目、大小、分布,以及叶绿素含量等;另一方面则决定于外部气象因子,如太阳辐射强度、温度、湿度、饱和差、风速等。表 1 是此次观测油松林和加拿大杨林的蒸腾强度和当时气象因子之间的关系。

表 1   树木蒸腾与气象因子的关系

树种	观测时间	天气状况	总辐射强度（cal */cm² · min）	林冠上 2m 气温（℃）	林冠上 2m 绝对湿度（mb）	林冠上 2m 饱和差	林冠上 1m 风速（m/s）	蒸腾强度（t/hm² · d）
油松	1962 7.18	晴间少云	0.9964	31.7	29.6	17.3	0.9	37.086
	7.20	晴	1.1498	32.3	18.2	30.4	1.7	43.638
加拿大杨	7.23	阴	0.5700	27.0	25.2	10.7	0	23.800
	7.28	晴间多云	0.9400	27.8	24.3	18.3	1.2	57.240

由表 1 中可以看出，无论是油松或加拿大杨的蒸腾强度，均随着太阳辐射强度、温度、风速的增加而增加；随着湿度的增大和饱和差的减小而减小。但当温度升高到一定限度以后，反而会引起气孔的关闭，使蒸腾降低。在此次观测中发现，当林冠温度升高到 33 ~ 35℃以上时，树木的蒸腾强度即有降低的趋势。

天气情况对蒸腾的影响很大。一般随着天气由晴转云以至阴天，蒸腾强度迅速下降。如每公顷加拿大杨在晴天的蒸腾量为 57.24t，而阴天为 23.8t，蒸腾强度相差 2.5 倍（见表 2）。

表 2   蒸腾与天气状况的关系

树种	观测日期	天气状况	每公顷树木蒸腾量（t/d）	每株树木蒸腾量（kg/d）	日蒸腾量（mm/d）
油松	1962.7.18	晴间少云	37.086	92.7	3.7
	7.19	晴	50.225	125.5	5.0
	7.20	晴	43.638	109.1	4.3
加拿大杨	7.23	阴	23.800	23.8	2.4
	7.26	多云（云量8）	25.900	25.9	2.6
	7.28	晴间多云	57.240	57.2	5.7

根据实际观测结果，夏季晴天油松林每日的蒸腾量为 43.6 ~ 50.2t/hm²，加拿大杨林的蒸腾量为 57.2t/hm²。由此结果证明，阔叶树的蒸腾强度大于针叶树，这主要是因两个树种的生理构造不同，针叶树树叶角质层厚，气孔数目少，并且下陷。同时，针叶树输导水分是用管胞，而阔叶树是用输导能力较强的导管。此外，针叶树的根系也没有阔叶树发达，须根也比较少，因而蒸腾强度针叶树比阔叶树要小。

从单株树木的蒸腾强度比较，油松每天为 109.1 ~ 125.5kg/株，加拿大杨为 57.2kg/株。油松比加拿大杨的蒸腾量大。这要和树木的年龄、冠幅的大小有关。

从以上对树木的蒸腾分析中，说明林冠将它所吸收的太阳辐射能，绝大部分（60% ~ 90%）用于林冠蒸腾，只有一小部分（9% ~ 38%）用于与空气发生乱流热交换（见表 3）。

---

* 1cal = 4.18J。

表3 蒸腾耗热与乱流热通量比较

树种	林冠辐射平衡 B	林冠上的乱流热通量		林冠下的乱流热通量		蒸腾耗热		备注
		实际值	%	实际值	%	实际值	%	
油松	0.7404	0.145	19.6	0.0206	3	0.5793	77.4	1962.7.18 晴天
	0.8857	0.335	37.8	0.0154	2	0.5020	60.2	1962.7.20 晴天
加拿大杨	0.3492	0.033	9.5	0.0014	0.4	0.3148	90.1	1962.7.23 阴天
	0.7162	0.170	23.7	0.0029	0.4	0.5431	75.9	1962.7.28 晴间多云

因此，在夏季城市内的小片林地必然能使其周围空气温度比没树的地方要低。从上表中可以看出，每日、每公顷的林地要向空气中输送大量水汽，这将提高其周围的空气湿度。一般像城市内的小片绿地，由于水汽的扩散，和林内外温差所产生的空气流动，影响范围能扩展到 20 倍树高的距离，使此范围内的空气湿润而凉爽。此外，由于空气含水量的增加，就使得空气的热容量及导热性变大，从而导致空气的增热和冷却都比较缓慢，使气温振幅减小。

由此可见，在城市里大量植树绿化后，夏季由于树木的蒸腾作用，气候会变得柔和，使城市气候接近海洋性气候，为城市人民创造良好的气候条件。

总之，通过这次研究工作、初步说明了树木的蒸腾作用。但由于时间比较短促，树种选择较少，所得资料不多，因此计算结果仅能作为参考。关于不同树种、不同季节的蒸腾强度比较，还有待进一步研究解决。

油松林的能量平衡[*]

肖文发 贺庆棠
（中国林业科学研究院林业研究所） （北京林业大学）

森林的能量平衡是森林气候形成的物理基础，也是决定和影响森林生产力的重要因素。关于森林气候的形成及森林中能量和水分及其再分配规律的研究，国内外都有不少报道，但对于偏远、地形复杂的黄土地区人工林小气候，特别是作为小气候形成基础的能最平衡方面的研究则很少报道。1988 年开始，作者等从能量平衡等角度出发，在晋西黄土地区人工林植被系统进行了这方面的研究，以期为森林蒸散、水热平衡及热资源开发等研究获得规律性和代表性的资料，同时，探讨人工林的水土保持气候效益。

1 样地条件与研究方法

1.1 样地基本状况

研究地为山西吉县红旗林场（110°27′~117°7′E，35°53′~36°21′N），吕梁山南端的黄土残塬沟壑区。属温带大陆性气候。冬季寒冷干燥，夏季温度较高，雨量集中，但水热失调，年平均温度 10℃，多年极端最高 38.1℃，极端最低 −20.4℃，日平均气温 ≥10℃ 积温 3358℃，全年无霜期 170 天左右，多年平均降水 579.1 mm，主要集中于 6~9 月，占全年的 69.5%，年蒸发量大于年降水量。

观测区土壤为黄土母质上发育的褐土，土质均一，土壤紧实，表层土壤密度 1.1·~1.3g/cm³，土壤养分缺乏，全氮量一般低于 0.1%。

研究样地设置在一个小流域的两块面积均大于 2000m² 的平坦残塬面上，海拔 1300m，坡度 0~5°，天然灌木虎榛子林（面积约 500m²）和刺槐林与油松林相距约 500m，基本地理条件一致。另外在油松林附近选择一块面积为 150m² 的空旷地作为对照样地。样地基本特征见表 1。

表 1 样地概况

项目 样地	年龄 （年）	平均树高 （m）	平均胸径 （cm）	密度 （n/hm²）	郁闭度	平均 冠幅 （m）	平均枝 下高 （m）	林木 长势	林下草 本长势	枯枝 落叶	土壤容量 （%）	总孔隙度 （%）	毛管孔隙 （%）
油松林	15	3.5	4.4	5233	0.84	1.7	0.8	一般	差	丰厚	1.15	54.3	49.5
刺槐林	21	11.6	9.4	1500	0.65	2.3	4.2	一般	较好	薄	1.07	47.5	42.3
虎榛子林	4	1.1	0.75*	570000	100%**	–	–	较好	–	丰厚	–	–	–

*指地径； **指盖度

---

* 本文在北京林业大学贺庆棠教授指导下完成。本文于 1990 年 12 月 28 日收到。

1.2 研究方法

（1）野外观测方法，野外观测于 1988 年 4～10 月进行，观测仪器全部为国产常规气象仪器，在观测开始及观测过程中定期（每两个月）进行标定，每次观测时间间隔为 1h。野外观测项目及高度见表 2。

（2）油松林净辐射方程及其计算[1-2]，油松林作用层（从林冠至林地土壤上层）的净辐射方程为：

$$R_0 = Q_0(1 - \alpha_0) - \varepsilon_0 \tag{1}$$

式中：Q_0——林冠上的总辐射；

α_0——油松林反射率；

ε_0——油松林的有效辐射。

同理，林地作用层（包括林地土壤上层）的净辐射为：

$$R_s = Q'(1 - \alpha_s) - \varepsilon_s \tag{2}$$

式中：Q'——到达林地的总辐射；

α_s——林地反射率；

ε_s——林地有效辐射。

在（1）、（2）两式中，Q_0，Q' 及 α_0，α_s 为实测值，有效辐射 ε_0 及 ε_s 采用 M. E 别尔梁德公式计算：

$$\varepsilon = \delta\sigma T^4(0.39 - 0.058\sqrt{e})(1 - cn^2) + 4\delta\sigma T^3(T_0 - T) \tag{3}$$

式中：T、e——林冠或林地作用层上 2.0m 高度的温度（K）和水汽压（hPa）；

n——云量；

c——云量订正系数，表示云层对有效辐射的影响，取 0.59；

δ——灰体系数，植被一般取 0.9～0.95，干燥的土壤约 0.92，湿润的土壤取 0.95，这里取 0.95；

σ——Stefan - Baltzman 常数，等于 5.668×10^{-8}W · m² · K⁻⁴；

T_0——油松林冠作用面或地表作用面的温度（K）。

（3）油松林能量平衡方程及其计算[1,3]，根据能量守恒原理，森林净吸收或净支出的热量即森林的辐射平衡，一定等于其支出或收入的热量，这就是森林的热量平衡或能量平衡。油松林的能量平衡方程可表示为

$$R_0 = LE_0 + V_O + M_0 + lA_0 + P_0 \tag{4}$$

式中：R_0——油松林净辐射；

LE_0——油松林总蒸散（包括林冠蒸腾和林地蒸发）；

V_0——油松林的湍流热交换；

M_0——油松林地土壤热交换；

P_0——油松林冠储热量；

l——同化单位重量 CO_2 的耗热量，约 10467J/g；

A_0——同化 CO_2 的量，其中 $lA_0 + P_0$ 之和小于 5%，忽略不计。

于是式（4）变为：

$$R_0 = LE_0 + V_O + M_0 \tag{5}$$

表2　野外观测项目及高度

项目 样地	高度	观测项目				
油松林	作用层上2.0m	太阳总辐射	反射辐射	气温	湿度	风速
	作用层上0.5m	气温		湿度		风速
	离地2.0m	气温		温度		风速
	离地0.5m	太阳总辐射	反射辐射	气温	湿度	风速
	地面0.0m,土中5、10、15、20cm	地温		土壤容重		土壤湿度
刺槐林	作用层上2.0m	太阳总辐射	反射辐射	气温	湿度	
	作用层上0.5m	气温		湿度		风速
	离地2.0m	气温		湿度		风速
	离地0.5m	气温		湿度		风速
	地面0.0m,土中5、10、15、20cm	地温		土壤容重		土壤湿度
空旷地	离地2.0m	太阳总辐射	反射辐射	气温	湿度	风速
	离地0.5m	气温		湿度		风速
	地面0.0m,土中5、10、15、20cm	地温				土壤湿度

式（4）也同样适合于刺槐林、灌木林。

油松林的潜热通量（LE_0）和显热通量（V_0）用波文比—能量平衡（BREB）方法计算，波文比 β 的定义为：

$$\beta = V_0 / LE_0 \tag{6}$$

假设在乱流扩散系数与水汽扩散系数相等的条件下，考虑海拔高度的影响，β 计算式为：

$$\beta = 0.64 \cdot \frac{\Delta T}{\Delta e} \cdot \frac{p}{p_0} \tag{7}$$

式中：ΔT——林冠作用层上 $0.5 \sim 2.0$m 气温差；

　　　Δe——林冠作用层上 $0.5 \sim 2.0$m 水汽压差；

　　　p——测点气压；

　　　p_0——标准大气压。

由（7）、（6）、（5）式可联立求解得

$$V_0 = \frac{R_0 - M_0}{1 + 1.56 \cdot \dfrac{\Delta e}{\Delta T} \cdot \dfrac{p_0}{p}} \tag{8}$$

$$LE_0 = \frac{R_0 - M_0}{1 + 0.64 \cdot \dfrac{\Delta T}{\Delta e} \cdot \dfrac{p}{p_0}} \tag{9}$$

即分别为潜热（LE_0）和显热（V_0）的计算式。

土壤热通量采用修正的 Д. л. 拉伊哈特曼方法计算[1,5]。

土壤导热率（λ）=土壤容积热容量（C_m）与土壤导温率（a）的乘积即 $\lambda = C_m \cdot a$，a 值采用 T. X 采金公式求算。

$$a = \frac{H^2 M(\Delta)}{2\Delta N(\Delta)} \ (\text{cm}^2/\text{h}) \tag{10}$$

这里，H 取 20 cm，Δ 为计算时段长度，取 12h。

$$M_0 = \frac{1}{H - H_0} \left\{ \int\int_{H_0}^{H} C_m(z) \cdot [T(z,t_2) - T(z,t_1)] \cdot (H - z) \cdot \mathrm{d}z \right.$$

$$+ \int_1^{H_0} C_m(z) \cdot [T(z,t_2) - T(z,t_1)] \cdot (H - H_0) \cdot \mathrm{d}z$$

$$- K \int_{t_1}^{t_2} [C_m(H) \cdot T(H,t) - C_m(H_0) \cdot T(H_0,t)] \cdot \mathrm{d}t$$

$$\left. + a \cdot K \cdot \int_{t_1}^{t_2} \int_{H_0}^{H} T(z,t) \cdot \mathrm{d}z \cdot \mathrm{d}t \right\} \tag{11}$$

$(t_2 - t_1 = 1\text{h}, H_0 = 10\text{cm}, H = 20\text{cm})$ 采用梯形积分即为土壤热通量的计算式。这里，假定 $C_m(z) = az + b$，积分下限 1cm 而不是 0cm，排除了因 $C_m(z) = C_m$ 的假设以及 0cm 地表温度使用不当造成的偏差。

2 研究结果分析

2.1 油松林的净辐射

（1）油松林的总辐射　投射到油松林的太阳总辐射大部分被林冠所吸收，约占 65% ~ 71%；其次被反射掉占 11% ~ 15%，以及小部分的透射 12% ~ 18%（如图 1 所示）。

（2）油松林的反射率　反射率大小除直接受太阳高度变化影响外，还与下垫面的颜色、湿度及粗糙度等密切相关。油松林的反射率 10% ~ 15%，刺槐林的反射率为 12% ~ 20%，灌木虎榛子林反射率为 9% ~ 14%，空旷黄土地 22.2%，具有丰厚枯枝落叶层的油松林地，反射率为 27% ~ 30%。反射率随太阳高度角的增大而减小，反之亦然。

（3）油松林的有效辐射　有效辐射的大小主要决定于作用面温度，同时，作用面湿度及天空云量（尤其夜间）对有效辐射的影响也较明显。晴朗的白天，油松林（及刺槐林、虎榛子林）的温度低于空旷地，故其有效辐射比空旷地小。

有效辐射的日变化不明显，各时刻差异不大，日变幅约 20 ~ 30W·m^{-2} 左右。另外，以我们有限的资料分析，可见 8 月晴天时温度较高，空气湿度较大，油松林的有效辐射反而较小，为春、夏、秋 3 季中最小值，见表 3。这主要是因为常温和常水汽压下，空气湿度对有效辐射影响更大。空气湿度降低 1mb 与空气温度上升 3℃对有效辐射的影响是等价的[*]。

（4）油松林的净辐射　白天，油松林的净辐射具有与总辐射相同的、明显的日变化。早晚日出和日落以后，出现负值，中午最大可达 752.173W·m^{-2}。如图 2 所示。

根据观测资料，由于油松林及刺槐林、灌木林的反射率与有效辐射均小于空旷地，因此，净辐射值，油松林及刺槐林和虎榛子灌木林均大于空旷地。而前三者净辐射值接近。油松林林地的净辐射累积值很小甚至为负值。

在观测资料中，净辐射值变化呈现一定季节性。8 月份两天的观测结果，净辐射占总辐射的比例较其他观测日大。其主要原因乃由于油松林的反射率季节变化不明显，而有效辐射在夏季生长期明显小所致。表 3 给出了净辐射各分量日总累计值比较。

---

[*] 吕星. 北京西山人工油松林冠结构和能量平衡的研究. 硕士学位论文，1988.

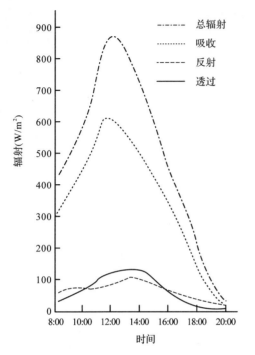

图1　辐射各分量日变化（4月28日晴）

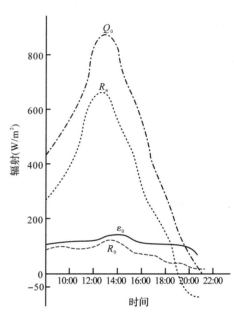

图2　油松林净辐射各分量日变化

2.2 油松林的能量支出

（1）油松林的土壤热通量　土壤的热力状况决定于土壤的热量交换，而一天或某个时段内土壤的热交换通量决定于土壤表面太阳辐射收支状况、地中温度梯度及土壤导热率等。温度梯度愈大，土壤热交换愈大。

油松林地表土壤热交换日总量在热量平衡方程中所占比例较小。据观测资料，变化范围在 4.5% ~ 15%。如表4所示，林地土壤较湿润，导热性能良好，因此土温梯度较小。而空旷地、刺槐林地土壤状况正相反，故油松林林地土壤热通量小于空旷地和刺槐林地。如空旷地最大可达到 194.284W·m^{-2}，而油松林地最大只有 130.175W·m^{-2}，如图3所示。

然而，土壤热通量的日变化是明显的，如图3所示，上午日出以后，土壤热通量不断增大，至中午12：00左右达到最大，最大值出现的时间比地面温度出现的时间（一般在午后14：00左右）提前2~3h，午后不断减少，至16：00以后，土壤热通量开始变为零而转变为负值。

（2）油松林湍流交换通量　作为近地层空气的一种不规则运动，湍流运动的强弱与空气温度铅直梯度、风速梯度及下垫面粗糙度有关。

在数值上，湍流热通量是油松能量平衡中一个较大的分量，但是远小于蒸散耗热。油松林一个白天的湍流热通量（V_0）为 1.5500kW·h·m^{-2}，占净辐射的 34.6%，刺槐林为 1.3600kW·h·m^{-2} 占净辐射的 30.7%；虎榛子林 V_0 值为 1.5300 kW·h·m^{-2}，占净辐射的 34.8%；空旷地 V_0 值为 1.7100 kW·h·m^{-2}，占净辐射的 50.147%，为热量主要支出项之一。

表3 各类型净辐射比较 单位：$kW \cdot h \cdot m^{-2}$

时间	类型	总辐射 Q_0	反射辐射 R_0	反射率 α （%）	有效辐射 ε_0	净辐射 R_n
4 月 28 日（晴间云）	油松林	6.6898	0.8898	13.3	1.3299	4.4698
	刺槐林	6.7001	1.1599	17.3	1.1099	4.4297
	虎榛子林	6.5100	0.8199	12.5	1.2899	4.3999
	空旷地	6.6397	1.4899	22.4	1.7400	3.4100
4 月 29 日 29 日（晴间云）	油松林	6.3795	0.9198	14.4	1.1096	4.4398
	刺槐林	6.4499	1.1099	17.2	1.0000	4.3398
	空旷地	6.2399	1.4799	23.7	1.9799	2.7798
5 月 19 日（晴少云）	油松林	6.2001	1.0097	16.3	0.8400	4.3498
	虎榛子林	6.2596	0.7100	11.3	0.7899	4.7597
5 月 20 日（晴）	油松林	6.9897	0.9399	13.4	0.8800	5.1698
	刺槐林	6.9800	1.2799	18.3	0.8700	4.8298
8 月 3 日（晴间云）	油松林	6.9900	0.9699	13.8	0.6897	5.3298
8 月 10 日（晴）	油松林	7.6700	0.9599	12.5	0.6199	6.0896
10 月 8 日（晴间云）	油松林	4.4698	0.5000	11.1	0.8700	3.0998
10 月 25 日（晴）	油松林	3.9701	0.4983	12.6	0.9157	2.5600
	油松林	0.7398	0.2000	27.0	0.6897	−0.1500
	空旷地	4.1198	0.9499	23.1	1.6499	1.5200
10 月 28 日（晴）	油松林	3.9901	0.4636	11.5	0.9198	2.6098

湍流热通量白天变化明显，午后 13:00 ~ 14:00 左右达最大值，如图 4 所示，最大值达 240.3 $W \cdot m^{-2}$ 在所观测林分中，V_0 值变化呈双峰曲线形式，第一峰值在上午 10:00 左右，第二峰值即午后。上午 10:00 左右，林冠作用层温度上升很快，而湿度则处在逐渐下降过程中，加上空气增热对流和风速，使湍流出现较大值，也反应在波文比 β（$\beta = 0.64 \dfrac{\Delta T}{\Delta e}$）的变化上。

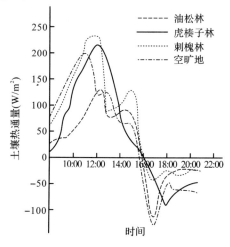

图 3　土壤热通量日变化比较（4 月 28 日）

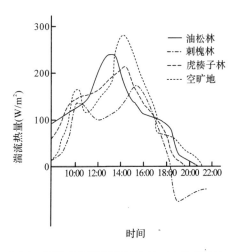

图 4　湍流热通量日变化比较（4 月 28 日）

（3）油松林的蒸散耗热　油松林的蒸散耗热是主要的热量支出项，晴天，油松林蒸散耗热约占净辐射的45%～64%，平均为56.2%。作用层表面植被覆盖情况也与作用面蒸散量有密切关系。4月，刺槐和虎榛子正值长叶，此时，常绿的油松林林分蒸散量明显比二者大。林木生长稳定阶段，外界热力条件也相当，林分总蒸散三者差异不大，均大于空旷地，是空旷地蒸散的2～3倍。因为和林冠作用层相比，空旷地高温低湿，反射率大，有效辐射强，净辐射收入小，土壤湿度相对较低，较小的净辐射分配于地表蒸发和相对林分而言并不弱的乱流交换（参见表4），导致了用于蒸发的热能总数明显小于净辐射收入大的油松林等林分。如4月29日，油松林蒸散耗热达2.6101kW·h·m^{-2}，而空旷地只有1.1700kW·h·m^{-2}。

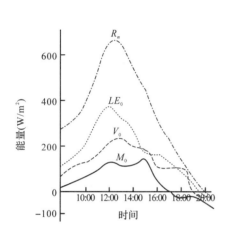

图5　油松林能量平衡各分量日变化

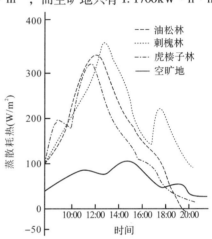

图6　蒸散耗热日变化比较

如图6所示，油松林的蒸散呈较好的单峰型日变化趋势，早晚较小，中午前后达到最大值（335～465W·m^{-2}），晚上20:00以后出现负值即有凝结现象发生。

不同季节的观测结果表明，随着太阳高度角的增加，夏季太阳辐射增强，油松林所获得的净辐射收入也不断增强，用于蒸散的能量及其占净辐射的比例也增加，故油松林的日蒸散量达到较大值，8月10日蒸散耗水达5.6mm，8月两日结果平均为5.1mm/d，体现了夏季油松林蒸散耗能和耗水量大的季节性特点。

另外，根据实测资料作初步分析还可以看到，4月份和5月份观测日平均，油松林日蒸散量为3.4mm/d，10月份平均为2.3mm/d，与夏季（8月）相比，呈夏季大于春季，春季又大于秋季的趋势。空旷地的蒸散量（土壤蒸发）明显小于油松林及刺槐林等，4月的两次平均仅为1.5mm/d。这主要与地面植被状况及树木生长的周期特性和当地气候季节性特点有关。

在忽略光合耗热和植被贮热的前提下，能量平衡的结果表明，油松林所捕获的能量净收入，有85%以上用于地表以上植被和空气系统所耗散，地表以下土壤热量交换只占15%以下。而能量收支分配各项指标已有各自特点（表4），具备了形成良好林分气候的基础。

图5给出了油松林能量平衡各分量的日变化，表4给出了研究林分能量平衡各分量的日总量及其所占比例的综合状况和水分蒸散量。

表4　研究样地能量平衡各分量及其比例　　　　　　单位:kW·h·m^{-2}

日期	作用层	R_n	LE_0		V_0		M_0		V_0+LE_0	β	蒸散水量
			LE_0	LE_0/R_n	V_0	V_0/R_n	M_0	M_0/R_n	R_n		（mm/d）
4月28日	油松林	4.4698	2.2400	0.501	1.5500	0.347	0.6800	0.152	0.848	0.6919	3.2
	刺槐林	4.2544	2.2801	0.536	1.3600	0.319	0.7899	0.186	0.855	0.5965	3.3
	虎榛子林	4.3999	2.0901	0.475	1.5300	0.348	0.6897	0.157	0.823	0.7320	2.9
	空旷地	3.4100	0.9101	0.267	1.7100	0.502	0.7899	0.232	0.768	1.8789	1.3
4月29日	油松林	4.3498	2.6101	0.600	1.1900	0.274	0.5400	0.124	0.874	0.4559	3.7
	刺槐林	4.3398	2.0698	0.477	1.1800	0.272	1.0801	0.249	0.749	0.5701	2.9
	空旷地	2.7798	1.1700	0.477	0.9599	0.345	0.6499	0.234	0.766	0.8204	1.7
5月19日	油松林	4.3498	2.3599	0.543	2.2000	0.386	0.5901	0.071	0.929	0.7118	3.4
	刺槐林	4.7597	2.4100	0.506	1.7798	0.373	0.5698	0.119	0.879	0.7385	3.5
5月22日	油松林	5.1698	2.3700	0.458	1.6800	0.426	0.3099	0.112	0.884	0.9283	3.3
	虎榛子林	4.8298	2.9100	0.603	0.8898	0.1842	1.0100	0.209	0.787	0.3058	4.2
8月3日	油松林	5.3298	2.2300	0.606	1.3900	0.260	0.7000	0.131	0.866	0.4303	4.6
8月10日	油松林	6.0896	3.9100	0.643	1.3400	0.220	0.8300	0.136	0.863	0.3427	5.6
10月8日	油松林	3.0998	1.7400	0.561	1.2000	0.387	0.1500	0.048	0.948	0.6897	2.5
10月25日	油松林	2.5600	1.5801	0.617	0.5601	0.219	0.4101	0.160	0.836	0.3544	2.3
10月28日	油松林	2.6098	1.3600	0.533	0.4799	0.184	0.7301	0.279	0.717	0.3451	2.0
平均			0.562		0.300		0.134		0.862	0.5500	2.4

注:表中平均值只限对油松林而言。

3　初步结论

（1）研究地区太阳能较丰富，所得热量也较大。研究林分为密度较大的中、幼林、林内辐射到达量很少，净辐射收入也很少。就整个林分来看，油松林的净辐射收入与刺槐林相当而大于空旷地。油松林的反射率在10%～15%内变化。

（2）油松林的蒸散耗热是热量主要支出项占净辐射的56.2%，其次为湍流交换量，占净辐射的30.0%，二者构成油松林辐射能净收支的主要耗散项，土壤热通量只占净辐射的13.4%。油松林作为水土保持林（在当地为第一效益林），虽然生长较差，林冠层结构并非优化，但林分各项耗热指标已有明显差异，为特殊的林分小气候形成打下了基础。

（3）油松林的蒸散量4、5两月平均约3.4mm/d，8月平均约5.1mm/d，10月平均约2.3mm/d，明显大于没有植被的空旷地，呈现夏季大于春季，春季又大于秋季的基本变化特点。可为水资源开发和研究及水土保持综合效益分析提供基本的参考。

参考文献

[1] 翁笃鸣等. 小气候和农田小气候. 北京：农业出版社，1981：69-80.

[2] N·J·罗森堡. 小气候—生物环境. 北京：科学出版社，1974：40.

[3] 贺庆棠，刘祚昌. 森林的热量平衡. 林业科学，1980（1）：24.

[4] 洪启发等. 马尾松幼林小气候. 林业科学，1963（4）：8-18.

[5] 高素华等. 橡胶林的热量平衡. 气象学报，1987（3）：329-337.

东北郊防护林带防风效应的观测报告[*]

李临淮　刘长乐　贺庆棠　刘祚昌
（北京市园林局）　（北京林学院）

1　前　言

为了了解城市里小型防护林带的防风效应，探求防护林带合理的布置，逐步改善人民的生活居住条件，北京市园林局和北京林学院森林气象教研组合作，于 1962 年 1 月 25 日和 1962 年 6 月 20 日在北京市东北郊林带进行了防风效应的观测。

本报告主要是根据两次观测资料及参考有关文献写成，由于观测的项目不多、时间较少，资料不足，加以缺乏经验，在观测方法上难免还有不妥之处，所提的论点也不一定恰当，仅能作为参考。

2　东北郊林带的基本情况

东北郊林带位于东北郊酒仙桥工厂区和居住区之间，于 1956 年栽植，全长 4000m，主林带东西走向，将北边的工厂区和南边的居住区分隔开来。

主林带共三条，在我们选择的观测点段上由北向南每条的宽度分别为 30m、30m、40m，林带间距离分别为 120m 和 110m，副林带沿道路两旁种植，宽度一般为 20m。林带主要采用隔行混交形式，行株距 3m×2m。由北向南第一条林带为刺槐、白蜡混交，林带平均高度为 7m。第二条林带为加拿大杨元宝枫混交，在第二层混有侧柏，林带平均高度 7m。第三条林带为加拿大杨纯林，平均高度为 9m。在离第三条林带以北 10m 处有二行柳树带，平均高度为 8m，株行距为 3m×4m。

由于道路及高压输电网纵穿林带南北，给林带造成了几个缺口。此外在第三条林带后从 7 倍树高的地方向南，地势逐渐升高约 3m。

3　观测方法

观测是在林带东部进行的，首先选择了一条垂直于三条主林带南北方向的测线，在测线的东西两边林带各有一个风口存在。这种地形环境尽管对观测结果有一定的影响，但考虑到城市中居住区、工厂区周围也普遍地具有类似的特点，因此它仍具有代表性。

该测线（附图 1~8）从第一条林带前 10 倍树高处开始，直到第三条林带后 25 倍树高止，沿测线共分布了 18 个测点，此外在空旷地设有一对照点，各测点都在距地 1.5m 处设置了国产轻便风速仪，同时连续地进行了五次观测，每次观测时间为 10min，最后用五次观测的平均值进行分析比较。

---

* 北京市园林绿化工作年报，1961~1962 年。

为了测定林带的透风系数，分别在空旷地和林带背风林缘2m处各设一观测点，风速表分别设置在距地1.5m、3.5m和6.5m三个高度上，林带的透风系数用下式确定：

$$K = \frac{n'_1 + n'_2 + n'_3}{n_1 + n_2 + n_3}$$

式中：K——林带的透风系数；

n'_1，n'_2，n'_3——距背风林缘2m处高1.5m、3.5m和6.5m处的风速；

n_1，n_2，n_3——在空旷地上与背风林缘相应高度的风速。

式中3种不同高度的选定是决定于林带平均高度的，第一高度距地1.5m一般是固定不变的，而第二、第三高度的确定分别采用了树高的二分之一和树冠高度的二分之一。

为了进一步了解林带对气流结构的影响，我们用发烟罐施放了烟幕，观测了林带前后气流结构的变化状况，同时拍摄了烟幕运动的状况（附冬、夏照片两套见图1至图8）。

图1 冬季在林带迎风面施放烟雾

图2 烟雾到达林带边缘

图3 一部分烟雾由林冠上越过，一部分
烟雾由林冠下缓慢通过

图4 通过林带的烟雾在林
带背风面开始下沉

图 5　夏季在林带迎风面施放烟雾

图 6　烟雾到达林带边缘

图 7　烟雾沿林带边缘逐渐上升

图 8　烟雾由林冠上翻越林带

4　观测资料的初步分析

当风吹向林带时，在距迎风林缘 10 倍树高处就开始降低，愈近林缘风速愈小，在林带的迎风面平均能降低风速 15%～25%。

当气流到迎风林缘时，有一部分气流穿过林带，另一部分气流由于受林带阻挡被迫抬升，从林冠上翻越林带，由于林冠上流线密集，风速增大，经树冠后在林带背风面 10～15 倍树高处开始下沉（见图 1～8）。穿过林带的这部分气流，由于气流和树干、枝叶的摩擦作用，消耗了气流的能量，当气流穿过林带时被分割成许多小的涡旋，由于小涡旋流动方向不一，彼此间的摩擦作用也消耗了气流的动能，从而使穿过林带的气流速度大为降低，平均能降低风速 7%～73%。如果从降低风速 7% 的地方为防风效能的界限，则在林带的背风面最大防风距离可达树高的 25 倍。在紧接林带两侧的林缘附近都有一个弱风区，并且林带愈紧密其弱风区愈显著（见表 1、表 2）。

表 1　夏季林带间距地面 1.5m 处的风速　　　　　　单位：m/s

项目	对照点	林带前			第一条林带后				第二条林带后			第三条林带后					
		10H	5H	1H	1H	5H	10H	15H	5H	10H	15H	1H	5H	10H	15H	20H	25H
实际风速	3.92	3.38	3.33	2.29	2.01	1.09	3.05	2.30	2.05	2.52	2.73	2.17	2.28	2.87	3.96	3.75	3.95
相对风速	100	86	84	58	51	27	77	58	52	64	69	54	58	73	100	95	93

表 2　冬季林带间距地面 1.5m 处的风速　　　　　　单位：m/s

项目	对照点	林带前			第一条林带后			第二条林带后				第三条林带后				
		10H	5H	1H	5H	10H	15H	1H	5H	10H	15H	1H	5H	10H	15H	20H
实际风速	5.5	4.9	4.2	4.0	2.2	3.3	3.6	1.5	2.5	3.3	3.1	2.6	2.9	3.5	3.6	3.2
相对风速	100	89	76	73	40	60	66	27	46	60	56	50	53	64	65	58

注：风向与林带的垂直偏角小于 30°；H——林带的平均高度为 7m。

根据表 1 和表 2 可以看出，在冬季（北京地区风最强盛的季节）林带的防风效能比夏季显著。把冬季和夏季各对应测点相比，冬季各测点的相对风速除个别测点外，大多数测点都比夏季小。其主要原因是由于冬季的林带结构比夏季时的结构优越，按照这种设计的林带结构冬（春）即树木落叶时的防风效果比夏季有树叶时的防风效果更好些。

根据理论上的推导，林带结构上下均匀，透风系数为 0.58 的林带，其防风效能最高，过密的林带（即透风系数太小的林带）或过稀疏的林带（即透风系数太大的林带）其防风效能都有所降低。当林带过密时，就使穿过林带的气流减小，而大部分从树冠上翻越过去，所以使气流受林带的摩擦作用减小，防风效应当然也要降低；而林带过稀时，虽然有大部分气流穿过林带，由于林木稀疏，也不能使气流充分受到摩擦作用，其防风效能也有所降低。只有在林带结构比较均匀，透风系数在 0.58 左右时，既能保证大部分气流穿过林带，又能使其产生充分的摩擦作用，大量消耗气流的能量，使其防风效能达到最大。

根据我们两次观测记录的计算结果表明，在冬季林带的透风系数为 0.61，和理论上最适宜的透风系数相近，夏季由于林冠的枝叶茂密，使林带结构紧密，此时的透风系数为 0.44。所以在冬季林带既能使大部分气流穿过林带（见冬季照片），又能使其产生充分的摩擦作用（包括气流和树木的摩擦和被分割的小涡旋的摩擦）。而夏季由于林带紧密，只能使小部分气流穿过林带（见夏季照片），因而也就减小了摩擦作用，因此在冬季林带的防风效能要比夏季的防风效能高。

以第三条林带后各测点的风速为例，冬季比夏季要提高防风效应 4% ~ 35%（见表 3）。

表 3　冬季和夏季防风效应的比较

季节	透风系数	距背风林缘的距离				
		1H	5H	10H	15H	20H
冬季	0.61	50	53	64	65	58
夏季	0.44	54	58	73	100	95

在北京地区大风季节都在冬季和春季，而此时林带的防风效能又最大，由此而言我们有充分理由说明，东北郊林带在树种搭配上以及林层结构设计上是比较成功的。不过，该林带的平均年龄约为 9～10 年，正在迅速成长，如不注意适当的疏伐来保持其较适宜的结构，那么，在今后几年内将会降低其防风效能。

从观测资料中还可以看出，往往在距第一、第二林带背风林缘 15 倍树高处的风速反而比距第一、第二林带背风林缘 10 倍树高处的风速小，这是由于 15 倍树高测点正处于后一条林带的迎风林缘附近，因此它除受前一条林带的影响外，还受后一条林带的影响。由此可见，由几条林带组成的林带体系，比单条的林带防风效能要高，它不但能使林带间有较稳定的风速，同时还能增大其防风距离。

再应该说明一点，由于林带的缺口较多，第三条林带（即最南面的）后地势增高，必然会影响到林带的防风效能及防风的距离，否则该林带的防风效应将会比现在更显著些。

5 对今后工厂区、居住区防护林设计的几点意见

依照上述分析，我们认为北京东北郊林带，冬、夏季两次观测结果可以概述为以下几点：

（1）该林带在迎风面的防风距离为树高 10 倍左右，平均降低风速 15%～25%，在背风面防风距离为树高 25 倍，平均降低风速为 10%～70%；

（2）由几条林带组成的林带体系比单条林带的防风效能高；

（3）该林带在冬季的透风系数为 0.61，在夏季的透风系数为 0.44；

（4）该林带在冬季的防风效能比夏季的防风效能高，冬季比夏季能提高防风效能 4%～35%。

北京地区大风季节多在冬季和春季，此时该林带的防风效应又最高，所以该林带的树种搭配是合理的，结构设计是比较成功的。我们的意见是东北郊林带今后还要适当地注意疏伐，避免树木长得过密，以保持现在的最适宜的林带结构。

另外根据两次观测结果还可以看出，该林带的防风效应比一般的农田防护林带的效应小。如一般疏透结构林带的防风效应在背风面可达树高 40 倍，在树高 10～15 倍处风速可以降低到 15%～20%。而东北郊林带防风效应在背风面仅有树高 25 倍、在树高 10 倍处风速已经恢复到 60% 以上。其主要原因是因为地形变化大，林带缺口过多，以上两点也是城市林带不可避免的缺点。因此如果单从防风的作用看，我们认为由于城市的特点，营造像东北郊林带这样较大面积的林带网是值得研究的：第一，它所起的防风作用比单条林带虽高但相差不多；第二，占据了大面积的土地；第三，营造和维护都需要较多的劳动力和资金。

此外，城市绿化除防风外，还要调解温度、湿度、防尘、防烟和防止工厂所排出的有害气体，由于这次我们未对以上作用进行观测研究，还不能肯定其具体效应如何，但一般认为分散绿化，要比集中绿化效果显著。因此我们认为应该围绕居住区或工厂区营造紧密结构的单条隔离防护林带，并在工厂和居住区进行全面绿化，而不必花费较大力量和占据大片土地去营造复杂的林带网。因而在工厂区和居住区营造单条的隔离林带并注意全面绿化，估计所起的作用可能比现在的林带更好些，其防护效应也会更全面些。此外根据城市绿化的要求，以及绿化在国防安全上的意义，全面绿化结合营造小型的隔离林带比东北郊林带有更多的优越性。

从林带的防风效应、防尘、防烟、防止工厂排出的有害气体等方面考虑，我们的意见是城市防护林带最好采用混交林的结构形式。东北郊林带由于在结构上布置合理，采取了不同树种的混交，林带配置上下均匀，因而能充分地发挥树木地防护作用，在冬季起到了良好的防风效果，而且透风系数也很接近理想的理论数值。在今后的工厂区、居住区隔离防护林带树种选择上可仿效东北郊林带以速生树种作为主层林的配置，但切忌千篇一律，应因地制宜地予以考虑（图9、图10）。

以上只是经过两次的防风观测所看出的一些问题，很不全面，不能作为结论，只能作为一个意见提出，仅供有关单位参考。

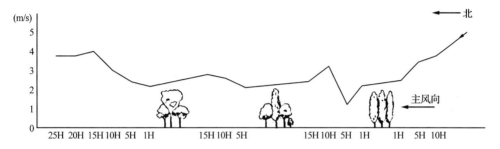

图9 东北郊林带夏季防风作用图

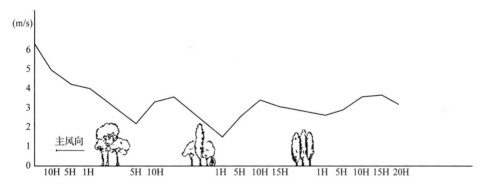

图10 东北郊林带冬季防风作用图

林内太阳辐射的初步研究[*]

贺庆棠　刘祚昌

（北京林学院）

1963 年 5～6 月和 1964 年 4～7 月，我们在小兴安岭原始林区北京林学院红旗林场内，进行了此项研究。研究对象为塔头泥炭藓落叶松林、草类落叶松林、榛子蕨类红松林及真藓臭松林。对照点设在林中空旷地上。观测项目有总辐射、散射辐射、林内光斑、半阴影和全阴影占林地面积的比例和辐射强度、草类落叶松林冠层内太阳辐射的分布、林内光性质等。观测用仪器为苏式天空辐射表，光性质用 53 型照度计加德制滤光片测定。于晴天及阴天，在当地时间 6:00、8:00、10:00、12:00、14:00、16:00、18:00 每日观测 7 次。

1　林内太阳辐射测定方法的探讨

我们在各林型内选择了面积为 20m×20m（臭松林 16m×16m）的标准地，在标准地上用机械抽样法及光级比例法，同时进行了对比观测，以比较其优缺点及求出在一定精度要求下理论上得出的应有测点数。机械抽样法是沿标准地对角线每隔 4m 设一木桩，围绕木桩设四个测点，全标准地共设 48 个测点（臭松林为 40 个测点），每次观测在 10 分钟内测完。林内太阳辐射强度取其平均值。由于实测测点数足够大，根据中限定理，可用公式 $n = \dfrac{P^2 \sigma^2}{\Delta^2}$ 计算应有测点数 n（P 为置信界限，取可靠性为 95% 时 P 为 1.96，σ 为标准差，Δ 为离差，取相对误差为 10%）。结果见表 1。光级比例法是将林下光分为光斑、半阴影及全阴影三级，用绘有方格的木板数方格法，抽样确定各光级占林地面积的比例，然后，在各光级上测一定数量光强的数据。由各光级的光强及面积比例乘积之和，求得林内平均太阳辐射强度值。各光级上应该测定的测点数，是用小样本 t 分布确定的（见表 1）。

用机械抽样法和光级比例法对比观测得到的结果彼此是很接近的，差值小于 5%。而在晴天用光级比例法只要测少量测点（6－12），就能得到较精确的结果，机械抽样法则需较多测点（40－80），因此，光级比例法是一种多快好省的方法。

2　林内太阳辐射随时间的变化

观测证明，林冠上的太阳辐射与空旷地差别极小，可以相互代替。但到达林内的太阳总辐射则显著减弱。一天中林内外太阳总辐射的变化规律相同，均以中午最大，早晚减小。林内太阳辐射随郁闭度增加而减少。生长季落叶松林的透光度为 31.9%，红松林为 22.6%，臭松林为 5.6%。从生长前到生长季，各林型透光度都逐渐减小。一天中随太阳高度增加而透光度增大，中午达最大值。

---

* 林业科学，1965.11. 第 4 期。

表 1　机械抽样法与光级比例法所需测点数

林型	机械抽样法			光级比例法			
	日光状况	12:00	8:00	光斑	半阴影	全阴影	合计
塔头泥炭藓落叶松林(郁闭度0.6)	θ^2	77	39	4	6	2	12
	$\varPi$	15	5				
榛子蕨类红松林(郁闭度0.7)	θ^2	64	23	3	4	2	9
	$\varPi$	7	4				
真藓臭松林(郁闭度0.8)	θ^2	41	19	2	3	1	6
	$\varPi$	6	1				

注：θ^2—晴朗无云；$\varPi$—阴天。

　　林内散射辐射占总辐射比例比空旷地大，林分郁闭度愈大占的比例愈大。在太阳高度低时，散射辐射是林内太阳辐射的主要成分。林冠对散射辐射遮挡比总辐射小，这是因为散射辐射来自整个天空的关系。从生长前到生长季，林内散射辐射量是逐渐减少的。

3　林内太阳辐射的水平分布

　　在个别情况下，同一时间内差别是很大的。例如，晴天中午，当空旷地总辐射为 $1.40\mathrm{cal/cm^2 \cdot min}$ 左右时，落叶松林内水平方向的变化范围为 $1.29 \sim 0.13\mathrm{cal/cm^2 \cdot min}$，红松林的变化范围为 $1.12 \sim 0.10\mathrm{cal/cm^2 \cdot min}$，臭松林为 $0.56 \sim 0.03\mathrm{cal/cm^2 \cdot min}$。这是因为林内在水平方向存在光斑、半阴影及全阴影差别的关系。各林型内都是全阴影占的比例最大，而其辐射强度最小；光斑占的比例最小，而其辐射强度最大；半阴影介于二者之间。光斑及半阴影的比例随太阳高度增加而增大，全阴影则相反，是减少的。各光级的辐射强度是随太阳高度增加而增大的（表2）。

表 2　生长季林内光级比例及占林外辐射强度的百分率

林型	光斑		半阴影		全阴影	
	比例	强度（%）	比例	强度（%）	比例	强度（%）
塔头泥炭藓落叶松林	12.3	67.7	39.1	36.7	48.6	19.7
榛子蕨类红松林	11.1	45.2	37.9	27.9	51.0	15.5
真藓臭松林	4.9	21.6	40.9	10.9	54.2	3.7

4　林冠层内太阳辐射的垂直分布

　　生长季晴天测得：落叶松林树冠对太阳辐射的透射率为13.6%，反射率为12.7%，吸收率为73.7%。其中树冠2/3高度至冠表这一层吸收最多，占总吸收量的78.4%，这与马尾松幼林特性相同。林冠层内太阳辐射的垂直分布遵守指数递减律。可用 $Q_1 = Qe^{-Kasecz}$ 表示（Q 为空旷地上或冠上的太阳辐射，a 为冠厚，z 为天顶距，Q_1 为林冠下的太阳辐射，K 为决定于林分特征的系数）。经计算生长季日平均 K 值，落叶松林冠为 0.069，红松林为 0.074，臭松林为 0.265。因此可用上式计算林内太阳辐射。

5 林内太阳辐射的光谱特性

观测证明，林冠主要吸收的是橙光，其次为红光和蓝光，绿光吸收最少。透过最多的是绿光，反射主要在波长 505～609nm 范围内。在我们观测的林分中，都获得了类似的结果（表3）。

表3 落叶松林冠对各种光谱成分的吸收率、反射率及透过率

波长	红（668nm）	橙（609nm）	黄（559nm）	绿（505nm）	蓝（455nm）
反射率	1.8	3.5	2.7	2.3	2.2
透过率	15.5	12.7	26.2	31.8	20.4
吸收率	82.7	83.8	71.0	65.9	77.4

乌桕的优良品种——凤尾乌桕[*]

贺庆棠　　王仲明　　马建华

（贵州省正安县林业局）

乌桕是我县的重要特产。为了选育良种，繁殖推广，我们对全县乌桕品种进行了初步调查。通过对比分析，获得了一个优良高产的自然品种——凤尾乌桕。

凤尾乌桕在我县目前还仅有一株，生长在黄渡公社中心大队金坪生产队。这株凤尾乌桕生长地的海拔高度为 800m，坡向南坡，土壤为黑色石灰质壤土，pH 值 7.5，土层厚度 50cm。树高 12.9m，胸径 52cm、冠幅 6.4m、树龄约 50 年。与当地一般乌桕相比较，凤尾乌桕具有树形高大、枝叶茂密、分枝多、叶片大、果穗长、果实成熟迟（比一般乌桕迟 1 个月左右，11 月中旬才成熟）、结果多、不歇年、生长壮、寿命长（50 年生仍处于盛果期，一般乌桕 40 年左右已开始衰老）等特点。从外形上看，其最显著特征是果穗特别长，形如凤尾，果穗平均长度 35cm，最长可达 45cm，结实数量多（每穗平均有果实 150 个，最多可达 250 个），果穗下垂（见下图）。

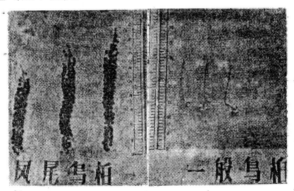

凤尾乌桕与一般乌桕比较图

凤尾乌桕的单穗产量比一般乌桕单穗产量高 30 倍，单株产量高 1 倍以上，可见凤尾乌桕确实是一个优良高产的好品种。

下表是凤尾乌桕与当地盛果期一般乌桕的比较表。

----

* 林业科技通讯，1973.5. 第 5 期

凤尾乌桕与盛果期一般乌桕对比表

品种			凤尾乌桕	一般乌桕
树形			高大，树高可达12m以上	树高6~8m
分枝特点			分枝多	分枝少
叶			阔卵形，叶长8cm，宽8cm	三角状卵形，叶长5cm，宽5cm
花序			柔荑花序，雌花占花序全长2/3	柔荑花序，雌花占花序全长1/4
果 穗		长度	平均35cm，最长45cm	平均2cm，最长3cm
		直径	5cm	2.5cm
		结果数	每穗平均150个，最多250个	每穗平均5个，最多10个
果实			直径0.8cm、长度0.7cm	直径0.6cm、长度0.5cm
种子			偏球形、直径0.5cm、长0.3cm	偏球形、直径0.4cm，长度0.3cm
新中国成立以来单株产量（净种）		最高	年产35kg	年产17.5kg
		平均	年产25kg	年产10kg
出油率			30%左右	30%左右

油桐丰产栽培经验[*]

贺庆棠　王仲明　朱行方

（贵州省正安县林业局）

我县龙岗公社龙江大队素有"油桐之乡"的称号，1963 年达到了每户千株桐，被评为全国林业先进单位。近 10 年来，这个大队在毛主席"以粮为纲，全面发展"的方针指引下，油桐生产又有了新发展，与 1963 年相比新栽桐树 2 万多株，株数增加了 22%，桐籽产量增长了 58%，做到了连年稳产丰产。1973 年在 684 亩（1 亩 = 666.7m²）粮桐间作的土地上，又获得了粮桐双丰收，共收粮食 16 万 kg，桐籽 0.25 万 kg，平均亩产粮食 233kg，桐籽 77kg。仅桐籽收入一项达 24150 元，占全大队总收入的 40% 多，每户平均收入 210 元。他们夺得油桐稳产丰产的主要技术经验是：

1　适地适树

龙江大队栽培油桐一般选择海拔在 800m 以下的向阳山坡，土壤多为砂质壤土。这些地方日照时间长，土壤深厚疏松、排水良好，最利于油桐生长。

2　精选良种

从 1963 年以来，龙江大队十分注意选择良种。1963～1965 年 3 年直播的良种，现已进入盛果期。蔺家沟生产队 3 亩（1 亩 = 666.7m²）8 年生良种桐，平均亩产桐籽达到了 225kg，比未选种的同龄树增产近 3 倍。他们评选优良母树原则是：

（1）在当地以小米桐结实多，籽粒饱满，含油率高，故从小米桐优中选优。

（2）优树生长的立地条件应是向阳山坡，深厚肥沃、排水良好的砂质壤土。

（3）年龄应是中壮龄即 8～12 年生。

（4）要有良好树体结构。树高 2～3m，树冠伞形，树干端正，直径 10～15cm，主干高 1m 左右。主枝分枝低，轮距短、枝角大、冠幅广。主枝间距：第一轮与第二轮为 80cm，第二轮与第三轮为 60cm。第一轮主枝 4～5 根，第二轮 3～4 根，第三轮 2～3 根。分枝粗壮，小枝疏密适当，短而苗壮，结果枝多，徒长枝和纤细不结果枝少。叶片分布均匀，不要过密过多，大小差别不大。

（5）适应性及抗病虫害能力强，本身无病虫危害，在不同灾害的年份，产量较稳定。

（6）具有连年丰产的特点。大小年不甚明显，小枝着果率在 70% 以上，果大皮薄，光滑端正，子粒饱满，丛生果占结果总数 60% 以上。单株产量高出同龄树 30% 以上。

从优树上采果时，还要再进行一次果选。即摘丛生果，不要单生果；摘果形端正果大皮薄的，不要果小皮厚的；摘果实饱满的，不要缺籽的。桐果摘下后用稀眼背篼盛装，每背篼

---

* 林业科技通讯，1974.8. 第 9 期。

约装 40kg，贮藏在室内阴凉通风处，留待翌年播种。

3 分瓣带壳直播

在早春将桐果分成瓣，连果壳一起播入土中。这样做效果很好，成活率在 95% 以上。其优点是可以避免剥壳时种子受到机械损伤，影响发芽率；带壳的种子播入土中，果壳可以吸收更多水分供给种子提早萌芽，在土壤干旱时，又能起到保护种子，防止种子过多失水干枯丧失发芽力；果壳在土中腐烂后，可以增加幼苗生长所需的养分，还可以节省剥壳的劳动工时。采用分瓣造林简单易行工效高，可避免起苗移栽使苗根受到机械损伤和人为的不良影响，也不需要经过一个缓苗期，这样，加快了桐苗生长。

分瓣直播每穴播种 2 粒，覆土深度 6～10cm。播后在穴的上方插扦，既作标记，又保护出土幼苗的成长。

4 科学间作

龙江大队地形起伏大，耕地都在山坡上，全部实行了粮桐间作。其作法是：

（1）全面规划，合理安排　在山坡上部及山顶培育用材林。山坡中部发展油桐，间作粮食，作到粮桐兼顾。对山坡下部的耕地，以粮为主适当间作油桐。

（2）因地制宜，密度恰当　种植密度本着坡度大密栽，坡度小稀栽，土瘦栽密，土肥栽稀；坡上密点，坡下稀点的原则。在以粮为主的耕地上沿田埂梯田边 6～8m 植 1 株桐，在坡土上种植密度为 4m×8m 或 5m×10m。

（3）配搭好粮食作物　选择茎秆、根系扩展不广，粮桐互相影响较少的作物，并尽量将茬口挫开。冬季间作蚕豆、油菜、荞麦、小麦；夏季间作玉米、豆类、红薯等。

5 不断培育"接班树"

不断培育"接班树"是夺取油桐大面积稳产高产的主要措施之一。其作法是在桐树进入盛果期后，即着手在其左右 2～3m 处直播桐籽，培育"接班树"。等到"接班树"开始大量结果后，即将衰老桐树砍去。这样做可以经常保持在大面积上青壮龄桐占多数，避免新老更替不及时造成油桐减产。

6 认真管护

除采取间种粮食对桐树施肥和土壤管理等措施外，在每年冬春油桐休眠季节，进行适当整形和修剪。注意扭转主枝方向，使其树冠顺田埂梯土边配置，不影响粮食产量，同时剪去徒长枝、病虫枝、枯死枝，打掉寄生包。对于危害较大的天牛用人工捕杀，用涂白剂涂刷树干。采收桐果尽量不损伤小枝，这也是保证来年丰产的必要措施。

森林的热量平衡[*]

贺庆棠   刘祚昌
（北京林学院）   （中国科学院遗传研究所）

森林的热量平衡是森林气候形成的物理基础，也是影响森林生态系统生产力的重要因素。为了探讨森林热量平衡各分量的特点与变化规律，我们于 1960 年至 1965 年，在黑龙江省小兴安岭林区红旗林场（48°19′N，129°29′E）进行了此项研究工作。

观测点设在坡度 5° 以下、地势较平坦的落叶松林、红松林和臭松林中。落叶松林（*Larix gmelini* Rupr.）林龄 60 年，平均高 24m，平均胸径 23.7cm，郁闭度 0.45。红松林（*Pinus koraiensis* Sieb. et Zucc.）林龄 180 年，平均高 25m，平均胸径 42.5cm，郁闭度 0.71。臭松林（*Abies nephrolepis* Maxim.）林龄 45 年，平均高 8m，平均胸径 13.2cm，郁闭度 0.87。观测用的标准地面积为 20m×20m。

对照点设在林区空旷地上的气象观测站内。

观测项目及高度：在红松林和臭松林内，观测 0.5m 和 2.0m 高度的温度和湿度，1.0 米高度的太阳辐射和风速。在落叶松林内，搭有高 26 米的梯度观测架，从林地至林冠观测 0.5m、1.0m、2.0m、林高 1/2、林冠下部、2/3 冠厚处、冠中、冠面、林冠以上 0.5m 和 2.0m 的温度、湿度和风速；在林冠上、林冠中、2/3 冠厚处、冠下及林地上 1.0m 测太阳辐射。地温测定深度为 0cm、5cm、10cm、15cm 和 20cm。用通风干湿表测温度和湿度；用轻便风速表（林内用热线微风仪）测风速；用天空辐射表测太阳辐射；用 53 型照度计和滤光片测林内光性质；用曲管地温表测地温。树温的测定是在树干 2.0m 和冠中主干上钻孔放入温度表。土壤湿度测定用取土烘干法。为了避免林内太阳辐射和光级比例（光斑、半阴影和阴影占的面积比例）测定的偶然性，在三个林分中分别划出 20m×20m（臭松林 16m×16m）的标准地，用数理统计方法确定测点数，机械布点，多点观测求平均值。测光级比例用 50cm×50cm 木板，上绘有方格，在林内多点统计各光级所占面积的比例。对照点观测高度为 0.5m 和 2.0m，项目与林内相同。观测时间在 4 月至 7 月，选择典型的晴天白天，每两小时观测一次。

1 森林的热量平衡方程

1.1 森林的辐射平衡方程及其计算

森林作用层（包括从林冠表面至林地土壤上层）的辐射平衡（也称为辐射差额）是森林吸收的太阳辐射与森林有效辐射之差。可表示为：

$$R_0 = Q(1 - \alpha_0) - \varepsilon_0 \tag{1}$$

式中：R_0——森林作用层的辐射平衡；

---

* 林业科学，1980.2. 第 1 期。

Q——林冠上的太阳总辐射；

α_0——森林的反射率；

ε_0——森林的有效辐射，是林冠及林地透过林冠向大气放射的长波辐射与被森林吸收的大气逆辐射之差。

林地作用层（包括林地土壤上层）的辐射平衡 R_s，是到达林地上的太阳总辐射 Q' 被吸收的部分与林地有效辐射 ε_s 之差。可表示为：

$$R_s = Q'(1 - \alpha_s) - \varepsilon_s \tag{2}$$

式中：α_s——林地反射率；

ε_s——林地放出的长波辐射与被林地吸收的大气逆辐射和林冠向下的辐射差。

以式（1）减去式（2），即为森林植物层的辐射平衡 R_k。如果用 P 代表林冠对太阳辐射的透射率，令 P 为：

$$P = \frac{Q'}{Q(1 - \alpha_0)} \times 100\%$$

则：

$$R_k = R_0 - R_s = Q(1 - \alpha_0)[1 - P(1 - \alpha_s)] - \varepsilon_k \tag{3}$$

式中：$\varepsilon_k = \varepsilon_0 - \varepsilon_s$，它是林冠向上及向下放射的长波辐射减去被林冠吸收的大气辐射和林地辐射。

式（1）和式（2）中 ε_0 和 ε_s 用别尔梁德（M. E. Берлряд）公式计算，即

$$\varepsilon = \delta a T^4 (0.39 - 0.058\sqrt{e})(1 - Cn^2) + 4\delta a T^3 (T_0 - T)$$

式中：T、e——林冠上 2.0m 或林地上 2.0m 高度的极端温度（K）和绝对湿度（mm）；

n——云量；

C——系数，其值为 0.72；

δ——灰体系数，0.95；

a——波尔兹曼常数，等于 8.25×10^{-11}；

T_0——林冠或林地表面温度。

式（1）、式（2）中其余各项用仪器直接测得。

1.2 森林的热量平衡方程及其计算

森林净吸收或净支出的热量即森林的辐射平衡，一定等于其支出或收入的热量，这就是森林的热量平衡。白天，森林收入的热量为辐射平衡 R_0，支出的热量：一部分用于森林与大气间乱流热交换 V_0 上；一部分用于森林总蒸发（包括蒸腾）耗热 LE_0 上；再一部分用于森林储热量的变化 B_0 上；还有小部分（约为太阳总辐射的1%）用于森林光合作用耗热 lA_0 上。夜间，正相反，森林支出的热量为辐射平衡 R_0，收入的热量为：T_0、B_0 及森林呼吸作用释放的热量 lA_0，在有水汽凝结时，还有森林凝结释放出的潜热 LE_0。因此森林的热量平衡方程可写为：

$$R_0 = LE_0 + V_0 + B_0 + lA_0 \tag{4}$$

式中：l——同化单位重量 CO_2 的耗热量，约为 2.500cal/g；

A_0——同化 CO_2 的量；

LE_0——森林蒸腾耗热 LE_k 与林地土壤蒸发耗热 LE_s，两项之和，即：$LE_0 = LE_k + LE_s$；

B_0——森林植物体内储热量的变化 B_k、和林地土壤热交换 B_s 两项之和，即 $B_0 = B_k + B_s$；

V_0——林冠与大气间乱流热交换 V_k 与林内乱流热交换 V_s 之和。

林地热量平衡方程同理可写为：

$$R_s = LE_s + R_s + V_s \tag{5}$$

森林植物层的热量平衡方程可用(4)式减去(5)式得到：

$$R_k = LE_k + B_k + V_k + lA_0 \tag{6}$$

森林热量平衡各分量的计算采用下列公式：

(1)森林乱流热交换的计算：森林和大气间乱流热交换用热量平衡法计算，其公式为：

$$V_0 = \frac{(R_0 - R_0)\Delta t}{\Delta t + 1.56\Delta e}$$

式中：Δt、Δe——分别为林冠上 0.5m 和 2.0m 的温度差和湿度差(mb)。

林内乱流热交换计算式为：

$$V_s = C \cdot \Delta t \cdot u_1$$

式中：Δt——林内 0.5m 和 2.0m 高度的温度差；

u_1——林内 1.0m 高度的风速；

C——比例系数，求法见文献[1]。

我们根据 10 多种情况求得 C 值在 $0.2 \sim 0.3$，取其平均值为 0.26。

(2)林地土壤热交换的计算：采用采依金(Г. Х. Цейтин)公式，即：

$$B_s = \frac{C}{\tau}\left(S_1 - \frac{k}{10}S_2\right)$$

(3)森林植物体内储热量的变化计算式：

$$B_k = C_\rho \cdot \Delta T \cdot h$$

式中：C_ρ——林木容积热容量，平均为 0.70cal/cm³；

ΔT——相邻两时间深度为 h 的 1/2 处树温差；

h——植物体循环层厚度，它是一定面积林地上植物体积与林地面积之比。实测落叶松林的 h 等于 1.6cm。

(4)森林总蒸发耗热及林地蒸发耗热的计算式为：

$$LE = \frac{R - B}{1 + 0.64\dfrac{\Delta t}{\Delta e}}$$

森林蒸腾计算式为 $LE_k = LE_0 - LE_s$。

(5)森林光合作用耗热量的计算：采用布德科 М. И. БУДЫКО 公式，即

$$lA_0 = \frac{1.2R_0}{770(q_s - q) + 1.2 + 0.62(t_w - t)}$$

经计算 lA_0 很小，在以后热量平衡的分析中未加以考虑。

2　森林热量平衡分量的变化规律

2.1　森林的辐射平衡

决定于太阳总辐射、反射率和有效辐射三个组成分量值的大小，并随着它们的变化，辐射平衡也相应地发生变化。

2.1.1 林内的太阳辐射

投射到林冠上的太阳辐射与空旷地差别很小。据1963年6月15日晴天在落叶松林冠上测得：中午12：00，林冠上的太阳辐射为1.39cal/cm² · min*，空旷地为1.36cal/cm² · min，差值仅为0.03cal/cm² · min；早上6：00测不出差别。多次观测的结果基本规律是一致的。由于差别很小，一般可用空旷地的太阳辐射代替林冠上的太阳辐射。

（1）林内的太阳总辐射　由于林冠对太阳辐射的吸收、反射和过滤作用，到达林内的太阳总辐射比空旷地显著减小。图1是1964年5月28日至6月1日几个晴天太阳总辐射资料绘成的。它说明3个林型内太阳总辐射及其日变幅均小于空旷地。各林型相比较，随着郁闭度增加，林内太阳总辐射逐渐减小。由于用郁闭度不能完全反映出林内实际太阳辐射状况，因此常采用透光度来说明林冠透光性能。透光度是投射到林内的太阳辐射与空旷地太阳辐射之比的百分数。透光度随太阳高度、郁闭度、冠厚、树冠透光空隙数量、叶的透光性能等因子而变化。图2是用1964年5月至6月资料绘成的3个林型总辐射及散射辐射透光度与太阳高度的关系。

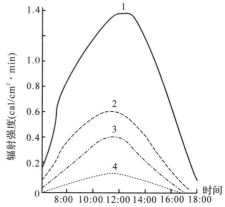

图1　林内太阳总辐射的日变化
1. 空旷地；2. 落叶松林；3. 红松林；4. 臭松林

从图2中1、2、3可见，落叶松林的透光度最大（图2中1），红松林次之（图2中2），臭松林最小（图2中3）。随着太阳高度角增大，透光度增大。在太阳高度角小于10°时，透光度急剧增大，10°以上时变化稍缓和，在50°以上时变化就平缓了。

生长期与非生长期相比较，到达林内的总辐射量是不同的（表1）。无论是生长期还是非生长期，落叶松林内的总辐射日总量和透光度均大于红松林，更大于臭松林。落叶松林在针叶放齐后，林内总辐射日总量及透光度均比放叶前显著减小。红松林及臭松林是常绿树种，由生长前到生长期，林分状况虽也有些变化，如长出部分枝叶，能阻挡部分太阳辐射到达林内，但它与太阳高度角在这段时间的增大所引起的林内太

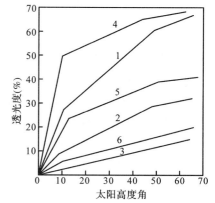

图2　三个林型的透光度
1. 落叶松林；2. 红松林；3. 臭松林；
4、5、6分别为落叶松林、红松林、臭松林对散射辐射的透光度

表1　林内总辐射日总量和透光度

林型	生长前（4月）		生长期（6月）	
	日总量（cal/cm²）	透光度（%）	日总量（cal/cm²）	透光度（%）
落叶松林	275.40	51.2	233.72	31.9
红松林	147.48	27.5	163.27	22.6
臭松林	33.05	5.8	68.15	5.6

---

* 辐射单位现已改为瓦/米²（W/m²）。1cal/cm² · min ＝697.8W/m²。

阳辐射量的增加相比较要小些，因此，其总辐射日总量仍然是增大的。而它们的透光度仍然与落叶松林一样，从生长前到生长期是减小的，这是因为在生长期，林冠枝叶增多及林冠进行旺盛的蒸腾作用和光合作用等生理过程，从而阻挡和消耗了投射到林上的大量太阳辐射的结果。

（2）林内的散射辐射　森林作用面的抬高及林冠的阻挡，有使林上及林内散射辐射减小的作用。图3表明：投射到林上的散射辐射比空旷地略小，而林内最小。林上和林内散射辐射之差，以图3下部表示，差值以早上及傍晚大，中午小，这是因为早上及傍晚林冠遮蔽度更大所造成的。

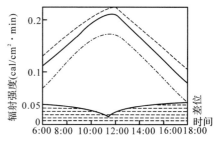

图3　林内散射辐射的日变化
----空旷地；——林上；-·-·- 林内

林内散射辐射在一天中也是随太阳高度角的增加而增大的，其值以中午最大，早晚减小。散射辐射透光度比总辐射透光度大（图2中4、5、6），三个林型相比，落叶松林（图2中4）大于红松林（图2中5），红松林大于臭松林（图2中6）。产生这种现象的原因，在于总辐射是由直接辐射和散射辐射两部分组成，林冠对直接辐射阻挡能力大，而对传播方向性差的散射辐射阻挡能力较小，同时经林冠多次反射作用，补充了一部分被林冠截持的散射辐射。

由于散射辐射中生理辐射含量最多，生长期被林木大量用于生理过程，因而从生长前到生长期林内散射辐射是逐渐减少的。例如落叶松林的散射辐射日总量由生长前（4月）的127.52cal/cm² 减少到生长期（6月）的 87.50cal/cm²；红松林由 79.70cal/cm² 减少到58.91cal/cm²；臭松林由 23.56cal/cm² 减少到了 15.95cal/cm²。

林内散射辐射占林内总辐射的比例大于空旷地的比例，并且随着太阳高度角增加，林内散射辐射所占比例减小，尤其在太阳高度角小于30°时，随太阳高度角增大减小更急剧。在30°以上时变化渐缓，50°以上时变化更平缓。早上及傍晚，太阳斜射，林冠遮蔽性大，直接辐射射入林内很少，此时林内主要是散射辐射，在3个林型中散射辐射所占比例都在60%以上；中午前后林冠遮蔽性减小，3个林型的散射辐射所占比例均减小到30%以下。在空旷地上，日出以后一直是直接辐射为总辐射的主要成分（见图4）。

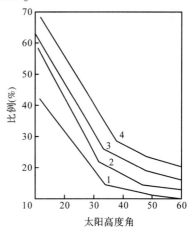

图4　林内散射辐射占总辐射比例
1. 空旷地　2. 落叶松林
3. 红松林　4. 臭松林

（3）林冠层内太阳辐射的垂直变化　根据我们1964年5月31日晴天在落叶松林冠层不同部位多点观测结果表明：到达林冠上的太阳辐射日总量为613.55cal/cm²，其中林冠反射为 78.00cal/cm²，占 12.7%；透过为82.53cal/cm²，占13.6%；吸收为452.98cal/cm² 占73.7%。由下而上，从冠底至1/2 冠厚层吸收量占总吸收量的12.2%；由1/2 冠厚至2/3 冠厚层吸收量占9.4%；2/3 冠厚至冠表面层吸收量占78.4%。可见绝大部分太阳辐射在2/3 冠厚以上被吸收了。这说明落叶松林的主要作用面仍在2/3 冠厚以上。图5是以同一天资料绘成的，它说明投射到林冠上的太阳辐射，经过林冠层的吸收，从上到下发生了明显的减弱，这种减弱呈指数递减规律。

（4）林内太阳辐射在水平方向的变化 1964年6月25日中午12：00，我们在三个林型中同时测得，太阳辐射在水平方向的变化范围，落叶松林为 1.29cal/cm² · min 至 0.13cal/cm² · min；红松林为 1.12cal/cm² · min 至 0.10cal/cm² · min；臭松林为 0.56cal/cm² · min 至 0.03cal/cm² · min。这是因为在水平方向上林内存在光斑、半阴影、阴影的差别而引起的。

据1964年5月底至6月中旬中午前后测得结果，不同林型内，光斑、半阴影及阴影占的比例以及它们的辐射强度占空旷地辐射强度的百分数是不同的（表2）。其共同特点是：林内阴影占的比例最大，光斑占的比例最小。林内光斑上太阳辐射强度与空旷地相比较，落叶松林平均为67.7%；红松林为45.2%；臭松林为21.6%。这是由于太阳辐射穿过林冠空隙时，林冠空隙的小孔衍射和放大作用，使小孔影像在林地上被放大了，造成了光斑上太阳辐射强度的减弱。光斑面积愈小，减弱愈甚。臭松林林冠密集空隙小，光斑面积也小，其辐射强度也最小；落叶松林林冠稀疏空隙较大，光斑面积也较大，光斑上的辐射强度也最大；红松介于二者之间。

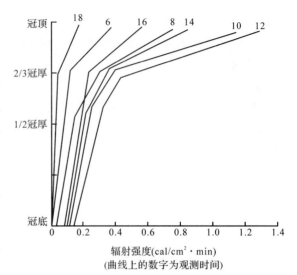

图5　林冠层内太阳辐射的分布

表2　林内光级比例及辐射强度

林型	光斑		半阴影		阴影	
	比例	强度（%）	比例	强度（%）	比例	强度（%）
落叶松林	12.3	67.7	39.1	36.7	48.6	19.7
红松林	11.1	45.2	37.9	27.9	51.0	15.5
臭松林	4.9	21.6	40.9	10.9	54.2	3.7

（5）林内太阳辐射光谱　表3是1964年5月在落叶松林上及林内测得的结果，它说明：落叶松林冠吸收最多的是橙光，吸收率83.8%，其次为红光，吸收率82.7%，蓝光吸收率77.4%，吸收最少的为绿光，吸收率65.9%。透过林冠最多的是绿光，透过率31.8%，最少的是橙光，透过率12.7%。因此林内太阳辐射光谱中以含生理辐射较少的绿光为多。林冠反射的光主要是波长505nm至609nm。在红松林和臭松林中也观测到与上述相一致的结果，发现林内绿光多于空旷地。

表3　落叶松林内的光谱特性　　　　　　　　单位：nm

波长	红668	橙609	黄559	绿505	蓝455
反射率（%）	1.8	3.5	2.7	2.3	2.2
透过率（%）	15.5	12.7	26.2	31.8	20.4
吸收率（%）	82.7	83.8	71.0	65.9	77.4

2.1.2 森林的反射率

森林和空旷地的反射率也有很大差别。1963 年 6 月 15 日和 16 日两天平均资料说明(表4),森林的反射率平均为 17%,空旷地为 21%。这种差别产生的原因是,林冠颜色较深,林冠粗糙性引起多次反射,增加了林冠对太阳辐射的吸收和透过量;林冠透光空隙的黑体效应,林木生理过程如蒸腾作用和光合作用,选择吸收了其所需光谱的太阳辐射等等。所有这些因子都有减小林冠反射率的作用。

表 4　森林反射率的日变化

反射率(%)　时间 测点	6:00	8:00	10:00	12:00	14:00	16:00	18:00	平均
森林	19	14	13	11	12	15	21	17
空旷地	20	17	16	15	19	23	24	21

2.1.3 森林的有效辐射

空旷地的地表温度,白天高于林冠表面温度,更高于林地表面温度,因此有效辐射空旷地大于森林作用层,林上又大于林内。白天森林的有效辐射,据观测最大值可达 $0.20cal/cm^2 \cdot min$,林地仅为 $0.10cal/cm^2 \cdot min$,而空旷地为 $0.23cal/cm^2 \cdot min$。

综上所述,决定森林作用层与空旷地辐射平衡差别的主要原因,在于森林反射率及有效辐射小于空旷地,而总辐射又稍大,因此森林作用层的辐射平衡大于空旷地。决定林内与森林作用层或空旷地辐射平衡差别的主要原因,是林内总辐射显著减小,而有效辐射也有减小,从而造成林内辐射平衡小于森林作用层及空旷地(图6)。据 1963 年 5 月 20 日至 6 月 16 日测得的平均资料,中午森林作用层的辐射平衡值可达 $1.20cal/cm^2 \cdot$

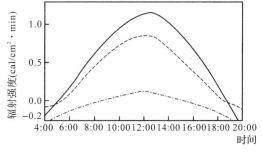

图 6　森林辐射平衡的日变化
——森林；----空旷地；– · – · – 林地

min,空旷地为 $0.87cal/cm^2 \cdot min$,林内仅为 $0.14cal/cm^2 \cdot min$。白天辐射平衡总量,森林作用层可达 $526.1cal/cm^2$,空旷地为 $438.7cal/cm^2$,林内仅为 $38.7cal/cm^2$,说明森林作用层所收入的热量,比空旷地要多约大 10% 以上,而林内则比空旷地大大减少。辐射平衡正负转变的时间,林上与空旷地相同,林内早上推后 $1\sim1.5h$,傍晚提前 1h 左右。

2.2 森林的乱流热交换

乱流热交换主要受大气稳定度及风速的制约。当大气处于稳定状态时,特别是温度层结为逆温分布时,乱流方向由大气指向作用面为负值,这时乱流表现很微弱;当温度层结为超绝热梯度时,这时大气处于不稳定状态,乱流增强,方向由作用面指向大气为正值;中性层结时乱流主要决定于风速。林内一般呈逆温分布,当空旷地风速为 $1\sim4m/s$ 时,林内几乎平静无风,因此,林内乱流热交换主要决定于热力作用(方向由林冠指向林地为负值),绝对值小于 $0.1cal/cm^2 \cdot min$。图 7 是森林乱流热交换日变曲线,它说明:森林和大气间乱流热交换白天各小时均大于空旷地,且午后比午前显著增大。这是由于林上风速大于空旷地的原因。白天森林和空旷地乱流热交换最大值出现在午后风速最大的 14：00，林上可达 $0.47cal/cm^2 \cdot min$，空旷地为 $0.40cal/cm^2 \cdot min$。白天乱流热交换总量林上平均为 $198.59cal/cm^2$，空旷地为 $141.48cal/cm^2$，林内为 $-12.29cal/cm^2$。如果以森林作用层的乱流热交换作为 100%，那么空旷地为 70%，林内为 6%。可见，森林作用层乱流热交换比空旷地显著增大，林内乱流热交换是很微弱的。

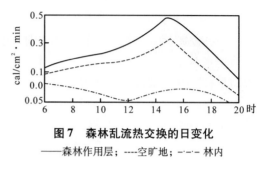

图 7　森林乱流热交换的日变化

——森林作用层；----空旷地；—·—·— 林内

2.3　森林储热量的变化

它由森林植物体储热量的变化 B_k 和林地土壤热交换 B_s 两部分组成。B_k 值随树温变化，一般树温比气温变化缓和，这是因为树木热容量比空气大，同时树木通过蒸腾作用能保持体温，因此，树木体内储热量的变化是不大的。B_k 值白天以 8：00 至 10：00 为最大值，可达 $0.05cal/cm^2 \cdot min$，可见其量是很小的。对于一昼夜来说，它几乎等于零。林地土壤热交换因林冠遮挡太阳辐射，林地土壤湿度较空旷地大，其值也很小。它的变化规律是早上 8：00 至 10：00 最大，空旷地平均可达 $0.09cal/cm^2 \cdot min$，林内为 $0.07cal/cm^2 \cdot min$。林内 B_s 值一般大于 B_k 值。

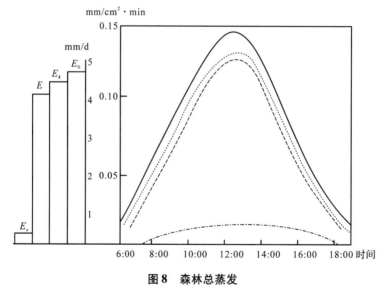

图 8　森林总蒸发

——森林总蒸发（E_0）；……森林蒸腾（E_k）；

—·—·— 林地蒸发（E_s）；----空旷地蒸发（E）

2.4　森林的总蒸发

包括林地蒸发和森林蒸腾两部分。图 8 是 1964 年夏季观测的结果。它说明林地蒸发量是很小的，森林总蒸发量主要决定于森林蒸腾量。森林蒸发和蒸腾的日变化规律是中午最大，向早晚减小。图 8 左边直方图是蒸发日总量，说明森林总蒸发最大，夏季平均为：$4.8mm/d$，森林蒸腾次之，平均为 $4.5mm/d$，林地蒸发平均为 $0.30mm/d$，空旷地平均为 $4.0mm/d$，森林总蒸发比空旷地大 $0.8mm/d$。

2.5 森林热量平衡各分量间比例关系

图 9 和图 10 是森林作用层和林地热量平衡各分量日变化曲线。图 9 说明：森林作用层的热量平衡白天主要消耗项是森林总蒸发耗热，占辐射平衡的 55%，森林和大气间乱流热交换占 37%，森林储热量的变化仅占 8%。图 10 说明，林地热量平衡中，林内乱流热交换向林地输送的热量差不多等于林地土壤热交换消耗的热量，林地辐射平衡收入的热量主要消耗在林地蒸发上。表 5 是以森林作用层热量平衡各分量为 100，林地及空旷地占森林热量平衡各分量的百分数。它说明林地热量平衡各分量都比森林作用层大大减小，其值均不到 10%，空旷地与森林相比较也有减小。

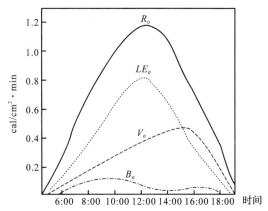

图 9 森林热量平衡分量的日变化

R_0. 森林作用层的辐射平衡；LE_0. 森林总蒸发热；V_0. 森林和大气间乱流热交换；B_0. 森林储热量的变化

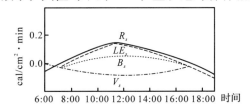

图 10 林地热量平衡分量的日变化

R_s. 林地的辐射平衡；LE_s. 林地的蒸发耗热；V_s. 林内乱流热交换；B_s. 林地土壤热交换

表 5 热量平衡分量的比值（%）

测点	R	LE	V	B
森林作用层	100	100	100	100
林地	7.4	8.3	6.1	6.6
空旷地	81	93	71	83

注：R. 辐射平衡；LE. 蒸发耗热；V. 乱流热交换；B. 土壤热交换或森林储热量的变化

3 初步结论

（1）投射到林内的太阳总辐射、散射辐射都比空旷地减小，并且随着林分郁闭度增加而减小。林内太阳辐射在水平方向上变化很大；在垂直方向上，从林冠向下呈明显的指数递减率。林内太阳辐射光谱中，以绿光最多，林冠吸收最多的是橙光，其次是红光和蓝光。森林的反射率和有效辐射小于空旷地，而辐射平衡比空旷地大，约大 10%，林内则比空旷地大大减小。

（2）森林和大气间乱流热交换大于空旷地，林内由于一般呈逆温分布，乱流很微弱。

（3）森林储热量的变化值很小，一般在 $0.1 cal/cm^2 \cdot min$ 以下。

（4）森林的总蒸发主要决定于森林蒸腾，夏季测得森林总蒸发日平均为 4.8mm，其中森林蒸腾为 4.5mm，林地蒸发较小，而空旷地为 4.0mm。

（5）森林热量平衡各分量间的比例，以森林的辐射平衡为 100%，森林总蒸发耗热占 55%，森林与大气间乱流热交换占 37%，森林储热量变化仅占 8%。

参考文献

［1］Раунер Ю. Л. ，森林的热量平衡(水热平衡及其在地理环境中的作用问题)第三集. 北京：科学出版社，1962：50 - 70.

［2］Раунер Ю. л. ，К методу оцределения，составляюших теплового баланса леса，1962：1 - 10.

［3］Алексеев В. А. ，Световой режим леса. 1975：30 - 40.

森林生态系统的能量流动[*]

贺庆棠

（北京林学院）

森林生态系统的能量流动，是指太阳辐射能被森林生态系统的吸收、固定、转化与消耗的物理化学过程，以及能量的收支状况。它直接影响到森林生态系统的结构、演替和生产力。因此，研究森林生态系统的能量流动，对于提高森林生产率有着十分重要的意义。

1　森林生态系统的能量流动与能量平衡方程

在大气上界，处于日地平均距离时的太阳辐射强度为一常数，称为太阳常数，其值为 $1.94cal/cm^2 \cdot min$。进入地球大气的太阳辐射能量约有 37% 被大气散射、云层和地球表面反射消失于大气圈外，这部分能量称为地球的行星反射率；约有 20% 能量被大气吸收，剩下的 43% 到达地球表面，被植物、水面和地表吸收。被地球表面吸收的这部分太阳辐射能量中，80% 的能量用于蒸发（包括植物蒸腾），余下的 20% 能量中，大部分以地球表面辐射热的形式传给大气，仅有百分之几的能量被植物进行光合作用所利用，转变为化学能。这就是太阳辐射能在生物圈内的流动概况。

太阳辐射能在森林生态系统内的流动，是生物圈内能量流动的一种具体表现形式。如果以到达森林生态系统表面的太阳辐射能作为 100%，那么被森林生态系统反射的太阳辐射能为 10%～20%，被森林生态系统吸收的为 80%～90%，其中 60%～75% 的能量被森林植物层吸收，5%～20% 的能量透过森林被林地吸收。被森林植物层吸收的太阳辐射能中，60% 以上用于蒸腾耗热，剩下的能量大部分用以增加森林植物体的体温，然后以辐射和乱流交换方式，增热空气和地面。利用于森林光合作用的太阳辐射能也只占百分之几。光合作用进入森林植物体内的能量，相当多的量以森林植物体的呼吸作用形式消耗掉。据研究，呼吸作用消耗的能量约为光合作用吸收能量的 60%～75%，只有 25%～40% 光合作用吸收的能量用于建造森林植物体，以积累生物量。形成森林植物体的能量，一部分被植食动物食用；一部分死亡后成为土壤有机物，大部分为增长生物量。被植食动物食用的能量，一部分作为排泄物排出体外，一部分被同化在体内，并由呼吸作用和肉食动物食用所消耗，其余的死掉和排泄物一起成为土壤有机物。肉食动物的能量转化也和植食动物的情况是一样的。土壤有机物通过分解者（主要是微生物等）被分解，能量作为分解者的呼吸和土壤呼吸所消耗。森林生态系统的上述能量流动过程，可用下列模式图表示（图 1）。

如取一定面积、一定期间，在达到稳定和平衡的森林生态系统中，生产者、消费者、分解者及土壤有机物的现存量可视为常定的，同时流动在其间的能量收支也可视为是平衡的。

---

[*]　自然资源，1980. 7. 第 3 期。

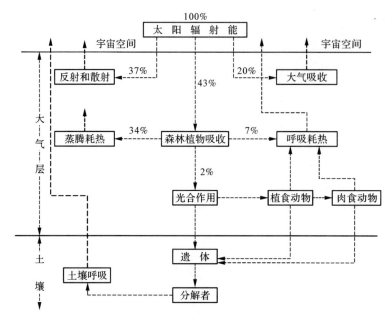

图1　森林生态系统能量流动模式图

根据能量守恒定律,森林生态系统收入的能量,一定等于其积累和消耗的能量,这就是森林生态系统的能量平衡。因此,森林生态系统的能量流动,可用数学模型表达。森林生态系统能量流动的数学表达式,称为森林生态系统的能量平衡方程。它可表示为[2]:

$$R_0 = LE_0 + V_0 + B_0 + IA_0 \tag{1}$$

林地能量平衡方程可表示为:

$$R_s = LE_s + V_s + B_s \tag{2}$$

森林生态系统中森林植物层的能量平衡方程由(1)式减(2)式得到,即:

$$R_K = LE_k + V_k + B_k + IA_0 \tag{3}$$

由于 $LE_k = -LK \dfrac{\Delta e}{\Delta Z}$; $IA_0 = IK \dfrac{\Delta C}{\Delta Z}$; $V_k = -C_p \rho \dfrac{\Delta T}{\Delta Z}$

代入(3)式可得(4)式为[2]:

$$R_k = -LK \frac{\Delta e}{\Delta Z} + IK \frac{\Delta C}{\Delta Z} - C_p \rho \frac{\Delta T}{\Delta Z} + B_k \tag{4}$$

式中 K 为乱流扩散系数; $\dfrac{\Delta e}{\Delta Z}$ 、 $\dfrac{\Delta T}{\Delta Z}$ 、 $\dfrac{\Delta C}{\Delta Z}$ 分别为湿度梯度、温度梯度和 CO_2 浓度梯度; $C_p = 0.24$, $\rho = 1.2 \times 10^{-3} \mathrm{g/cm^3}$ 。

森林生态系统的能量平衡方程可用图2说明。

森林生态系统能量平衡方程中,辐射差额这一项是能量的收入项,它的大小直接决定支出项 LE_0 、 V_0 、 B_0 、 IA_0 。森林生态系统的辐射差额可用下列方程表示:

$$R_0 = Q(1 - \alpha_0) - \varepsilon_0 \tag{5}$$

林地的辐射差额方程可表示为:

$$R_s = Q'(1 - \alpha_s) - \varepsilon_s \tag{6}$$

令 β 为林冠对太阳辐射的透射率并表示为:

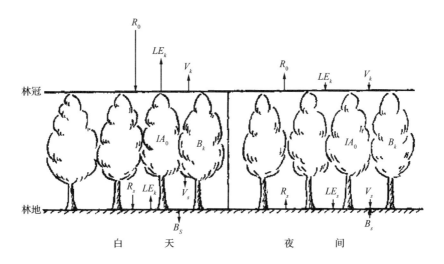

图 2　森林生态系统能量平衡分量简图

$$\beta = \frac{Q'}{Q(1 - \alpha_0)} \times 100\% \tag{7}$$

以(5)式减去(6)式,并将(7)式代入,即为森林植物层的辐射差额,其方程可写为[2]

$$R_k = Q(1 - \alpha_0)\left[1 - \beta(1 - \alpha_s)\right] - \varepsilon_k \tag{8}$$

据森林植物层能量平衡方程(3)和辐射差额方程(8),即得出一日中森林植物层能量收支表,这样可更明显地看出能量收支情况(表1)。

表 1　森林生态系统中森林植物层能量收支

白天		夜间	
收入	支出	收入	支出
A:太阳总辐射	D:森林植物层反射辐射	B:大气辐射	E:森林植物层长波辐射
B:大气辐射	E:森林植物层长波辐射	C:林地辐射	H:呼吸作用耗热
C:林地辐射	F:森林植物层贮热	J:森林植物与大气间乱流交换的热	
	G:净同化作用耗热		
	H:呼吸作用耗热		
	I:蒸腾耗热		
	J:森林植物与大气间乱流交换耗热		
$A + B + C = D + E + F + G + H + I + J$		$B + C + J = E + H$	

森林生态系统的总同化耗热量 IA_0,其一部分用于呼吸作用耗热 r;一部分为森林植物层的净同化耗热量 T,故:

$$IA_0 = r + T \tag{9}$$

净同化耗热量为森林植物建造本身,积累生物量所用的能量,由它形成森林植物的净第一性生产率。净同化耗热量中,一部分被植食动物食用,被食用的热量用 K 表示;一部分为枯死凋落物,被分解者分解,其含热量用 m 表示,大部分用于增长生物量,这部分含热

量用 n 表示，所以 T 可写为：

$$T = K + m + n \qquad (10)$$

被植食动物利用的热量 K 中，有一部分被肉食动物所利用，这部分热量用 p 表示；一部分被分解者分解，这部分热量用 q 表示。被植食动物和肉食动物等利用的能量形成森林的第二性生产率。这样 K 又可写为

$$K = p + q \qquad (11)$$

被分解者分解的植物和动物遗体及分解者本身的遗体中所含能量，则最终进入林地，变成土壤含热量，通过土壤呼吸进入大气中，一部分可散失到宇宙空间。

将(11)式、(10)式代入(9)式，则

$$IA_0 = r + m + n + p + q \qquad (12)$$

将(5)式、(12)式代入(1)式得到森林生态系统的能量平衡方程的全部分量表达式，即

$$Q(1 - \alpha_0) - \varepsilon_0 = LE_0 + V_0 + B_0 + r + m + n + p + q \qquad (13)$$

将(8)式和(12)式代入(3)式得到森林植物层的能量平衡方程的全部分量表达式，即

$$Q(1 - \alpha_0)[1 - \beta(1 - \alpha_s)] - \varepsilon_k = LE_k + V_k + B_k + r + m + n + p + q \qquad (14)$$

2 森林生态系统的结构与能量分配

太阳辐射能是森林生态系统生活的源泉，也是形成森林生态系统不同结构的根本原因。而森林生态系统的结构又反过来使能量发生再分配。因此，太阳能与森林生态系统的结构是相互影响的。在北半球，由低纬向高纬，太阳能逐渐减少，森林生态系统的结构也由复杂到简单，由多层结构到单层结构。森林生态系统的结构不同，影响到垂直方向上的能量分配也不同。由于森林生态系统的同化器官——叶子集中在上层，而非同化器官——茎干越下层越多，造成了在垂直方向上森林的光能分布，是从林冠表面向下呈指数递减，在叶量集中的地方减弱最厉害，而在非同化器官树干处，几乎无变化(图3)[3]。

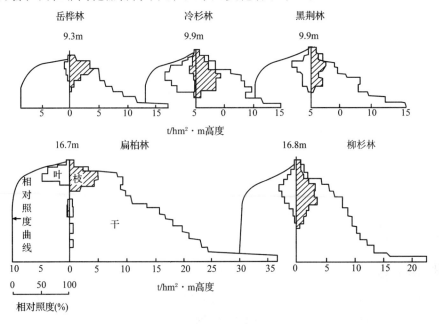

图3 几种森林生产结构图

太阳辐射能在森林生态系统中的这种指数分布特点，根据 Beer-Lambert 定律，可用 Monsi 和 SaeKi 公式表达，即

$$I = I_0 e^{-KF} \tag{15}$$

式中：F——叶面积指数；

　　　K——叶层消光系数；

　　　I_0——林冠表面太阳辐射强度；

　　　I——林内太阳辐射强度。

按照光能在森林生态系统中的指数分布律，可将森林生态系统的林冠结构分为四个区：受光树冠区、阴蔽树冠区、无叶轴心区和茎干区（图4）。最强的辐射能变化是在树冠受光区。

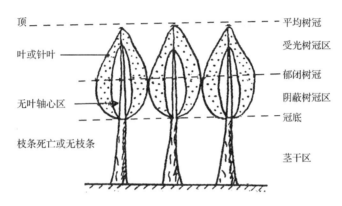

图4　森林垂直结构是能量分配的结果

由此向下，辐射变化迅速减少。如以林地高度为0，以树顶平均高度作为1.0，则森林生态系统中太阳辐射能的分配，一般可用表2表示：

表2　森林生态系统能量垂直分配[4]

相对高度	0～0.2	0.2～0.4	0.4～0.6	0.6～0.8	0.8～1.0	1.0以上
辐射变化(%)	6	1	5	46	40	2

在0.6高度附近辐射变化有一个大的梯度，88%的能量在森林生态系统的上半部转换了，而只有12%的能量在下半部转换。

据 A. Baumgartner 研究[4]，树顶和受光树冠区上部是最大蒸腾作用区；受光树冠区下部和阴蔽树冠区上部光合作用条件最好，这里的光照强度常在30000lx 至 50000lx 或者太阳辐射强度为 $0.5～0.6cal/cm^2 \cdot min$，是光合作用最适的光照强度。阴蔽树冠区以下呼吸作用超过光合作用；茎干区和无叶轴心区是一个物质和能量消耗区。

3　森林生态系统能量平衡分量的变化规律

3.1　森林生态系统的辐射差额

辐射差额是由太阳总辐射（包括直接辐射和散射辐射）、反射率和有效辐射3个分量组成，随着它们的变化，辐射差额也发生相应的变化。

在中纬度地区，太阳辐射的日变化和年变化规律是，中午或夏季辐射强度大，早晚或冬季辐射强度小。我国绝大部分地区处于中纬度，因此，投射到各地森林生态系统表面的太阳总辐射，也是中午或夏季大，早晚或冬季小。同时，在同一地区投射到森林生态系统表面的太阳总辐射与其他生态系统相比较，几乎完全是一样的。造成各种生态系统太阳能收入量存在差别的主要原因，在于不同生态系统对太阳能的反射率不同（表3）。

表3　几种生态系统表面反射率[5]

土地类型	草地	森林	农田	海洋
表面反射率(%)	20~26	10~20	8~25	3~13

森林生态系统由于树种组成、郁闭度等的不同，反射率也有变化，从而使吸收的能量也存在差别（表4）。

表4　几种森林的反射率

种类	阔叶林	橡树林	落叶松林	松树林	云杉林
反射率(%)	20	18	17	14	13

森林的反射率是随太阳高度增大而减小的，因此，一天中森林反射率是中午小，早晚大；一年中是夏季小，冬季大。这样一来，中午或夏季总辐射强度大，反射率小；早晚或冬季总辐射强度小，并且反射率大，从而造成了森林生态系的能量收入，对一天来说是中午多早晚少，对一年来说是夏季多冬季少的特点。

森林生态系统收入的太阳能，除去大部分可被森林植物层吸收外，还有一部分以直接辐射和散射辐射形式到达林地上。到达林地的太阳能的数量首先决定于林冠透光度。在一天中透光度是随太阳高度改变的。由早上到中午太阳高度增大，透光度逐渐增大，从中午到傍晚，太阳高度又逐渐减小，透光度也逐渐减小。一年中，虽然夏季太阳高度最大，冬季最小，而透光度与太阳高度并不一致，出现夏季透光度小，冬季透光度大的特点，这是因为叶量是夏季比冬季多的缘故。当森林郁闭度每改变0.1时，到达林地上的太阳总辐射变化为6%~10%。

森林生态系统的有效辐射，是由于森林吸收太阳辐射后，本身具有了一定温度，而放出长波辐射，它与大气逆辐射之差，即为森林生态系统以温度辐射形式实际失去的热量。有效辐射最大值出现在温度最高时，因此，一天中以14:00~16:00最大，日出时最小，一年中夏季最大，冬季最小。据观测森林生态系统的有效辐射值可达 $0.20cal/cm^2 \cdot min$，而林地有效辐射值最大可达 $0.10cal/cm^2 \cdot min$。森林生态系统有效辐射白天失去的能量约占收入的太阳能的10%左右，可见其数量也是不大的。

除去森林生态系统反射太阳辐射10%~20%，有效辐射失去能量10%左右，透过林冠到林地的太阳能5%~20%，那么森林植物层吸收的净太阳能即辐射差额约为50%~65%。

3.2　森林生态系统的乱流热交换

森林生态系统净吸收的辐射能中，大约有20%~30%消耗于乱流热交换上。森林生态系统的乱流热交换大于空旷地。如果以空旷地的乱流热交换作为100%，那么森林生态系统的乱流热交换约为空旷地的140%。这是由于林冠上风速通常较空旷地大，林冠粗糙不平，引起强烈乱流的结果。林内由于风速小，且一般呈逆温分布，大气常处于稳定状态，因此林内乱流热交换很小，方向由林冠指向林地为负值。其数值仅为空旷地的百分之几。森林生态系统乱流热交换最大值出现在午后温度最高风速最大时，向早晚逐渐减小。

3.3　森林生态系统的总蒸发耗热

森林生态系统净吸收的能量中，大约有50%～60%消耗于森林总蒸发耗热上。森林总蒸发耗热中，消耗于林地蒸发的能量是很少的，大部分消耗在森林植物蒸腾上。林地蒸发耗热约占森林生态系统总蒸发耗热的10%左右；而森林植物蒸腾耗热占到90%以上。这是因为林地温度通常比裸露地低，而风速又较小，湿度相反比较大，造成蒸发量大大减少的缘故。虽然林地蒸发耗热量小，但它是林地能量流动中的主要支出项。无论是森林生态系统总蒸发耗热，还是林地蒸发耗热及森林植物蒸腾耗热的变化规律都是中午大，向早晚减小，夏季大，冬季小。

3.4　森林生态系统储热量的变化

森林生态系统储热量的变化包括森林植物体储热量的变化(B_k)和林地土壤热交换(B_s)两项。B_k决定于森林植物体本身的温度变化，B_s决定于林内土壤温度的高低。据观测，森林植物体体温的变化比气温的变化缓和，林内土壤温度的变化比裸地土壤温度的变化要小得多。这是因为森林植物体的热容量比空气大，又有一层较绝热的树皮保护，同时还可通过蒸腾作用保持体温，所以短时间森林植物体储热量变化很小，其值约为$0.05\text{cal/cm}^2 \cdot \text{min}$，约占森林生态系统辐射差额的2%～5%林地由于白天温度比裸地低，夜间比裸地高，林内短时间的土壤热交换也很小，约占森林生态系统辐射差额的2%～3%。所以森林生态系统储热量的变化是很小的，其能量约占辐射差额的5%～8%。对于一昼夜来说，它近于零，对于更长的时间，则可将它视为零，在计算长时间森林生态系统的能量流动中可省去此项。

表5　柯树—赤皮桐光能利用率

测定年月		CO$_2$（kg/hm^2 · d）			光能利用率
年	月	P_g	R_F	P_S	（%）
1968	8	106	60	46	0.67
	11	107	107	0	1.11
1969	2	167	45	122	1.87
	7	181	130	51	1.24
	12	124	53	71	1.80
1970	3	141	41	100	0.61
	4	157	141	16	1.43

3.5　森林生态系统的总同化耗热

森林生态系统吸收的辐射能约有1%～2%（最多5%～8%）用于森林总同化耗热。日本学者依田恭二[6]对这个问题有详细的论述。表7是在日本水俣以柯树和赤皮桐为主的阔叶林中测得的日生产总量(P_g)、日呼吸量(R_F)、日净生产量(P_s)和太阳能利用效率。

森林生态系统总同化耗热的日变化规律是中午前后达一天中最大值，向早晚减小（图5）。

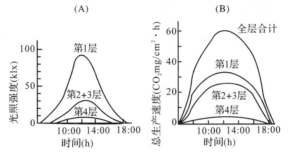

图5　热带常绿林各层光强和总生产速度日变化[6]

综上所述，森林生态系统的辐射差额 R_0 如以 100% 表示，那么 LE_0 占 50% ~ 60%，V_0 占 20% ~ 30%，B_0 为 5% ~ 8%，IA_0 为 2% ~ 5%。

4 初步结论

（1）森林生态系统的能量流动，可用数学模型表达，其数学表达式称为森林生态系统的能量平衡方程，可表示为

$$R_0 = LE_0 + V_0 + B_0 + IA_0$$

或：$Q(1 - \alpha_0) - \varepsilon_0 = LE_0 + B_0 + V_0 + r + m + n + p + q$

森林生态系统中森林植物层的能量平衡方程可表达为：

$$R_k = LE_k + V_k + B_k + IA_0$$

或：$Q(1 - \alpha_s)[1 - \beta(1 - \alpha_0)] - \varepsilon_k = LE_k + V_k + B_k + r + m + n + p + q$

（2）森林生态系统的结构影响能量分配，能量在垂直方向的分布，在森林生态系统中呈指数律。绝大部分太阳辐射能被林冠上部吸收了。

（3）森林生态系统能量平衡分量随一天和一年中的时间发生变化。如以辐射差额 R_0 作为 100%，那么 LE_0 占 50% ~ 60%，V_0 占 20% ~ 30%，B_0 为 5% ~ 8%，IA_0 为 2% ~ 5%。

参考文献

[1] G. E. 赫钦逊等著. 生物圈. 华北农业大学译. 北京：科学出版社，1974：25 – 35.

[2] 贺庆棠，刘祚昌，森林的热量平衡，林业科学，1980. 16(1)：24 – 26.

[3] 只木良也著. 森林の生态. 共立出版株式会社，1975. 40 – 50.

[4] A. Baumgartner 著. 植物群落垂直能量分配的生态意义. 阳含熙等译. //植物生态学译丛，第三集. 北京：科学出版社，1977：124 – 127.

[5] K. Я. 康德拉捷夫著. 太阳辐射能. 李怀瑾等译. 北京：科学出版社，1962：461 – 480.

[6] 依田恭二著. 森林の生態学. 东京：共立出版社，1975：120 – 130.

皆伐迹地小气候的初步研究[*]

刘祚昌   贺庆棠
（中国科学院遗传研究所）   （北京林学院）

本文的小气候资料是于 1963 年和 1964 年夏季在小兴安岭北京林学院试验林场（48°19′N，129°29′E）观测的。迹地类型为 $60m^2 \times 60m^2$、$100m^2 \times 1000m^2$ 和 $330m^2 \times 1000m^2$。$60m^2 \times 60m^2$ 迹地的林墙为草类落叶松林，平均树高 23m，郁闭度 0.5～0.6。后两种迹地的林墙为灌木蕨类红松林，平均树高 25m，郁闭度 0.8。

设置的测点，在 $330m^2 \times 1000m^2$ 迹地上，设在距南北林墙 25、50、100m 和 150m 处；在 $100m^2 \times 1000m^2$ 迹地上，设在距南北林墙 10、25m 和 50m 处；在 $60m^2 \times 60m^2$ 迹地上，设在距南北林墙 15m 和 30m 处；同时在林区空旷地及林墙内设有对照测点。

观测项目有 0、5、10、15、20cm 深度的土壤温度，20、50、100cm 高度的空气温度和湿度，1m 高度的风速及太阳辐射。迹地日照时数是用计算方法得到的。设林墙高度 25m。

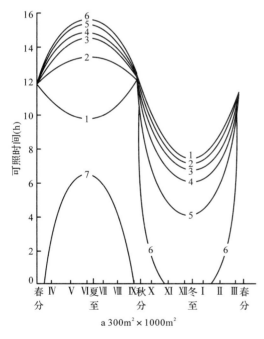
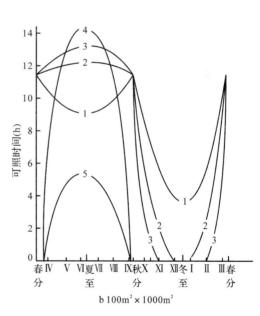

a 300m² × 1000²

1、2、3、4、5、6、7 分别为距北林墙
0、50、100、150、200、250m 处的日照变化

b 100m² × 1000²

1、2、3、4、5 分别为距北林墙
0、25、50、75、100m 处的日照变化

图1　水平地段不同宽度迹地上日照的时空变化

* 林业科学，1980.10. 第 16 卷增刊。

1 皆伐迹地上的日照和辐射状况

皆伐迹地上的日照除随季节和迹地所在的纬度而变化外，主要受迹地周围林墙高度、迹地面积、方向和迹地所处的地形地势所影响。图1～图4是小兴安岭地区，不同坡度和坡向上100m和300m宽度采伐带上日照时数的时空分布。夏半年迹地上日照时数，在距南林墙30m以外的区域，从北林墙到南林墙逐渐增长。冬半年从北林墙到南林墙日照时数逐渐缩短。这是由于林墙的遮蔽作用所引起。夏半年北林墙遮蔽了早晚的日照，南林墙对中午前后的日照在全年内都有影响。夏至时南林墙的遮蔽范围为12m，冬至为84m，春分和秋分为29m。不同坡度和坡向对迹地上的日照影响是不相同的。南坡迹地夏半年内坡度愈大日照愈短。冬半年坡度愈大日照愈长。北坡与此相反。东坡和西坡的日照是对称的。其全年日照时数都是随坡度增加而缩短。

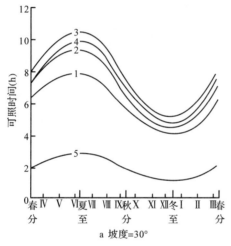
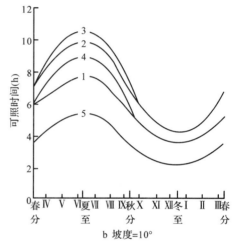

a 坡度=30°　　　　　　　　　　　　b 坡度=10°

1、2、3、4、5分别为垂直等高线距上部
林墙0、25、50、75、100m处的日照变化

图2　东(西)坡不同坡度 $100m^2 \times 1000m^2$ 迹地上日照的时空变化

a 坡度=30°

b 坡度=10°

（1、2、3、4、5同图2）

图3　北坡不同坡度 $100m^2 \times 1000m^2$ 迹地上日照的时空变化

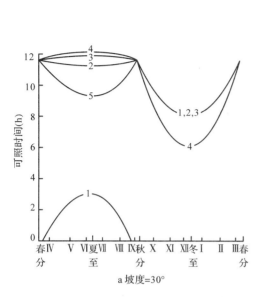
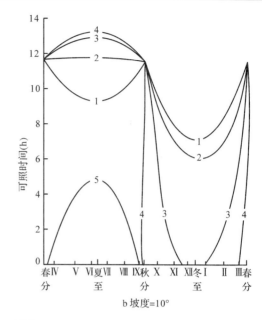

a 坡度=30°　　　　　　　　　　　b 坡度=10°

（1、2、3、4、5 同图 2）

图 4　南坡不同坡度 $100m^2 \times 1000m^2$ 迹地上日照的时空变化

森林采伐后迹地上的太阳辐射发生剧烈变化。以 $60m^2 \times 60m^2$ 迹地为例，其周围林墙内的总辐射仅为迹地的 56%。散射辐射为迹地的 61%。但是迹地的太阳辐射又少于空旷地（表1）。例如 $100m^2 \times 1000m^2$ 迹地中央总辐射日总量为空旷地的 85%，散射辐射为空旷地的 78%。$60m^2 \times 60m^2$ 迹地上的总辐射和散射辐射分别为空旷地的 71% 和 63%。随着迹地面积缩小迹地上的太阳辐射而减弱。这主要是由于林墙遮蔽了迹地上部分区域的直接辐射和减弱了迹地上的散射辐射而起的。

迹地上太阳辐射的组成也有所变化，散射辐射占总辐射的比例小于林内和空旷地。以 $60m^2 \times 60m^2$ 迹地为例，林墙内为 26.7%，空旷地为 25%，而迹地只有 22.2%。

表 1　$100m^2 \times 1000m^2$ 迹地中部与空旷地总辐射与散射辐射的比较　　　单位：cal/cm^2

项目	时间 测点	6:00	8:00	10:00	12:00	14:00	16:00	18:00	日总量
总辐射	迹地	0.4412	0.9646	1.3511	1.4515	1.3788	0.9775	0.0709	776
	空旷地	0.4608	1.0012	1.3786	1.4726	1.4240	1.0368	0.3515	914
散射辐射	迹地	0.0727	0.0969	0.1868	0.4498	0.2941	0.2751	0.0709	177
	空旷地	0.0761	0.0972	0.3305	0.4617	0.3208	0.3108	0.1199	228

1963 年 6 月 1 日

迹地的太阳辐射的水平分布极不均匀。这主要是林墙的影响。首先它遮蔽了迹地上部分地段的直接辐射，同时也遮蔽了散射辐射，使迹地上散射辐射强度距林墙愈近愈弱。此外向阳林墙的反射作用，使其附近的辐射强度得以增加。如表 2 所示，在 $100m^2 \times 1000m^2$ 迹地上，距北林墙 10、50 和 90m 处的总辐射日总量分别为 $730cal/cm^2 \cdot$ 日、$776cal/cm^2 \cdot$ 日和 $274cal/cm^2 \cdot$ 日。在个别时刻迹地上辐射强度的分布又有所不同。

中午时刻太阳直射北林墙，由于反射作用，使北林墙附近的辐射强度大于迹地中央。但其他时间由于林墙对散射辐射的减弱作用，则迹地中央的辐射强度均高于其他部分。至于南林墙附近，冬半年全天都得不到直接辐射。夏半年只有早晚有较弱的直接辐射，其他时间均为散射辐射。

迹地上的反射辐射略大于空旷地。有效辐射白天大于空旷地，夜间小于空旷地。

表2 $100m^2 \times 1000m^2$ 迹地总辐射的水平分布　　　　单位：cal/cm^2

时间\测点	6:00	8:00	10:00	12:00	14:00	16:00	18:00	日总量
迹地中央	0.4412	0.9646	1.3511	1.4515	1.3788	0.9775	0.9709	776
距北林墙10m	0.0623	0.9515	1.5103	1.6418	1.3529	0.9359	0.0496	730
距南林墙10m	0.4187	0.8892	0.2214	0.3668	0.2145	0.2045	0.0589	274

1963年6月1日

2　皆伐迹地的辐射平衡和热量平衡

迹地上所得到的太阳总辐射小于空旷地，而迹地的反射率又略大于空旷地。因此迹地的辐射平衡（净收入的辐射能）必然小于空旷地。其日总量为空旷地的89%（表3）。

森林采伐后由于下垫面突然变化，迹地上所得到的太阳辐射热量必然进行重新分配。迹地上热量平衡各分量的日变化如表4所示。土壤热交换是最小的一个分量，其日总量只占辐射平衡日总量的3.0%。此乃迹地地表导热性差所致。土壤热交换只在8:00~14:00为正值，即土壤收入热量。从16:00到次晨6:00均为负值。在一昼夜中土壤中热量的收入略大于支出，只积累少许热量维持土壤温度逐渐升高。这些热量到冬半年逐渐散失，土壤温度下降。由于林墙的阻挡，减弱了迹地的风速。所以迹地的乱流热交换小于空旷地。随着温度升高迹地上的乱流热交换逐渐加强，到12:00最强。此时乱流热交换超过蒸发耗热。从18:00到次晨4时前一直维持负值。乱流热交换指向地面，向地面输送热量。迹地上消耗热量最多的是土壤蒸发和植物蒸腾耗热，其日总量占辐射平衡日总量的67.2%，它只在夜间部分时间由于水汽凝结放热。

表3 $100m^2 \times 1000m^2$ 迹地中央有效辐射和辐射平衡　　　　单位：cal/cm^2

项目	测点	2:00	4:00	6:00	8:00	10:00	12:00	14:00	16:00	18:00	20:00	日总量
有效辐射	迹地	-0.0561	-0.0650	-0.0601	-0.1043	-0.1163	-0.1412	-0.1423	-0.1080	-0.0667	-0.0697	-111.762
	空旷地	-0.0576	-0.0443	-0.0613	-0.0328	-0.1096	-0.1241	-0.1167	-0.1038	-0.0897	-0.0663	-106.422
辐射平衡	迹地	-0.0561	-0.0350	0.3108	0.6698	0.9647	0.9909	0.9607	0.6871	0.0043	-0.0697	516.155
	空旷地	-0.0576	-0.0443	0.3505	0.7920	0.9993	1.0245	1.0165	0.7098	0.1876	-0.0663	581.812

1963年6月1日

表4　$100m^2 \times 1000m^2$ 迹地中央地表热量平衡各分量　　　单位：cal/cm^2

项目＼时间	2：00	4：00	6：00	8：00	10：00	12：00	14：00	16：00	18：00	20：00	日总量
辐射平衡	− 0.0561	− 0.0350	0.3108	0.6698	0.9647	0.9909	0.9607	0.6871	− 0.0043	− 0.0697	516.155
蒸发耗热	− 0.0050	0.0042	0.2241	0.4542	0.5775	0.3705	0.6130	0.5808	0.0803	− 0.0095	346.379
乱流热交换	− 0.0159	0.0109	0.1096	0.1238	0.2846	0.5087	0.3441	0.1119	− 0.0601	− 0.0259	151.122
土壤热交换	− 0.0354	− 0.0501	− 0.0229	0.0629	0.1029	0.1223	0.0043	− 0.0053	− 0.0246	− 0.0311	14.584

1963 年 6 月 1 日

通过对热量平衡各分量分配、消耗方式和变化规律的分析，不但能给迹地近地气层气象要素的变化找出可靠的物理学依据。还可以从迹地上热量的分配和更新苗木在各发育阶段对热量需要的分析中，找出适合苗木生长的合理措施。给苗木生长发育创造良好的环境条件。所以说对迹地热量平衡各分量变化规律的分析是研究环境条件对更新影响的一个重要方面。

3　皆伐迹地的温度状况

3.1　土壤温度

森林采伐后林冠的遮蔽和调节作用消失，引起迹地土壤温度剧烈变化，尤其是地表温度。由于采伐后地面的枯枝落叶层加厚和含水量降低，导热性也随之降低。因而在白天热量聚集土壤表层，不易向下传送，地表温度剧增。例如在 1963 年 6 月 18 日测得迹地地表最高温度达 61℃。而此时空旷地与林内则分别为 43.7℃ 和 34.4℃。夜间土壤表层迅速失热，而下层热量不易向上补充，迹地地表温度剧烈下降。使迹地表最低温度低于林内和空旷地（表5）。因此迹地地表温度的日较差也大于林内和空旷地。

从表6中可以看出，在夏半年迹地土壤下层的温度均高于林内。

表5　林内 $100m^2 \times 1000m^2$ 迹地和空旷地地表温度

测点＼项目	最高温度（℃）	最低温度（℃）	0℃ 以下持续时数	4：00～8：00 时温度回升速度（℃/h）	日较差（℃）	日平均（℃）
林内	34.1	4.6	0	1.1	29.5	17.4
迹地	48.0	− 1.4	3	7.5	49.4	20.1
空旷地	40.0	− 0.5	2	4.8	40.5	19.2

1963 年 5 月 30 日

表6　林内和 $100m^2 \times 1000m^2$ 迹地的土壤温度比较　　　单位：℃

测点＼深度	0cm				5cm				10cm				15cm				20cm			
项目	最高	最低	日较差	日平均	最高	最低	日较差	日平均	最高	最低	日较差	日平均	最高	最低	日较差	日平均	最高	最低	日较差	日平均
林内	15.7	2.3	13.4	8.5	7.0	4.5	2.5	5.5	5.5	4.0	1.5	5.0	4.0	3.5	0.5	3.7	3.0	2.5	0.5	2.5
迹地	37.5	− 1.0	38.5	16.1	10.8	6.0	4.8	8.4	10.0	6.3	3.7	8.0	9.0	6.0	3.0	7.8	8.0	6.8	1.2	7.5

1963 年 5 月 31 日

3.2 空气温度

森林采伐后，迹地上昼间的太阳辐射及夜间的有效辐射都显著的增加。也就是说迹地上白天得到的热量与夜间失去的热量都多于林内，所以迹地上的气温昼间高于林内，夜间低于林内，气温日较差增大。但是周围林墙的遮蔽和调节作用又使迹地上昼间的太阳辐射及夜间的有效辐射都低于空旷地。因而迹地上昼间的气温低于空旷地，夜间高于空旷地，日较差小于后者。

迹地上的气温除受下垫面的影响外，还受林墙调节作用的影响。由于林墙和迹地之间的气流交换。提高了迹地上夜间的最低温度，降低了昼间的最高温度，减小迹地的气温日较差。这种调节作用距离林墙愈近愈显著（表7）。

随着迹地面积增大，林墙的遮蔽和调节作用愈弱，使迹地的温度变化趋向剧烈，逐渐接近空旷地的温度变化特征。例如在 $330m^2 \times 1000m^2$ 迹地中央测得最高气温为 29.5℃，最低气温为 16.5℃，日较差为 13.1℃。在 $100m^2 \times 1000m^2$ 中央测得最高气温为 27.0℃，最低气温为 17.9℃，日较差为 9.1℃，但是当迹地面积很小，而林缘又有稠密灌木时，由于灌木减弱了林墙与迹地的气流交换，从而降低了林墙对迹地气温的调节作用。小面积皆伐迹地上风速和湍流都很弱，使昼间得到的热量不易扩散，夜间冷空气得以在迹地上沉积。因而迹地上气温变化加剧，日较差增大（表8）。这类迹地的温度变化与洼地相似，当迹地面积进一步缩小时，由于林墙的调节作用占优势，反而使迹地的温度变化趋于缓和，而近于林内小气候特征。这个临界面积究竟多大，有待进一步研究。

表7　$330m^2 \times 1000m^2$ 迹地上气温的水平分布　　单位：℃

项目＼测点	林墙内	距林墙25m	距林墙50m	距林墙100m	距林墙165m	空旷地
最高温度	25.6	27.0	27.3	27.7	29.5	29.6
最低温度	17.7	17.0	16.7	16.5	16.4	13.7
日较差	7.9	10.0	10.6	11.2	13.1	15.9

1960 年 8 月 5 日

表8　$60m^2 \times 60m^2$ 迹地与空旷地气温比较　　单位：℃

测点＼时间	6	8	10	12	14	16	18	较差
迹地	8.0	15.9	24.5	26.6	31.2	28.9	23.3	23.2
空旷地	8.6	16.9	26.1	26.3	29.2	28.5	23.3	20.6

1963 年 6 月 5 日

4　皆伐迹地上的湿度状况

迹地上的空气湿度变化规律同空旷地相似。相对湿度夜间大于白天，最大值出现在日出前（3:00），最小值出现在气温最高的13:00。并且夜间低于空旷地与林内，2:00分别相差11%与13%。白天高于空旷地而低于林内，16:00比空旷地高24%，比林内低21%。

绝对湿度日变化为双波型分布。在4:00及13:00分别出现两个最小值，前者是由于气温低蒸发弱所致，后者是由于13:00湍流最强，将近地气层水汽带入高空所致。8:00和

17:00分别出现两个最大值，此时蒸发较强，湍流还较弱，使近地气层易保持较多的水汽，迹地上绝对湿度全天都高于空旷地而低于林内，在出现最大值时与空旷地的差值最大，分别为2.8与4.1mb，而与林内的差值最小，分别为0.7与0.4mb。在出现最小值时，与空旷地的差值最小，分别为0.7与1.0mb，而与林内相差最大，分别为2.2与2.4mb。

迹地上空气湿度高于空旷地的主要原因，首先是迹地上风速与湍流较弱，较多的水汽得以在迹地上停留，其次是周围林墙和迹地间的气流交换，将林内湿润的空气带到迹地。因此随着迹地面积增大，迹地上风速及湍流愈强，空气湿度也就愈小。例如在$100m^2 \times 1000m^2$迹地上测得的绝对湿度比$330m^2 \times 1000m^2$高$0.5 \sim 2.0$mb。相对湿度在夜间前者低于后者，2:00相差5%。白天高于后者，在13:00相差10%。

如何正确评价森林与气候的相互作用[*]

贺庆棠　邵海荣

森林与气候有着密切的关系，气候能影响森林，森林也会对气候产生影响，这是人所共知的。但是森林对气候的影响有多大，却存在不同的看法。而对于这一问题的正确认识，在林学理论上和对于指导林业生产实践都是十分重要的。现根据我们收集的一些资料，试作初步探讨。

1　气候对森林的作用是主导的

森林作为一个自然生态系统，它是以林木为主体，各个组成部分间相互作用和整体发展变化的复杂统一体。它的组成部分有：

（1）生产者——以林木为主的森林植物。

（2）消费者——森林动物。

（3）分解者——以微生物为主。

（4）环境条件——包括气候、土壤和地形等条件。

上述四个组成部分是处于紧密联系，互相影响、互相作用和发展与变化之中的。其中任何一个发生变化，都会引起连锁反应，形成重重叠叠的反馈关系。森林作为一个"系统"[1]就是在这种复杂的相互作用中向前发展的。但是，必须指出的是：在森林这个系统的组成部分中，环境条件往往起着主导和决定的作用[2]。因此，在森林与气候的相互作用中，气候对森林的影响和作用也是主导的。这可由下列事实加以说明。

在自然界随着气候条件的变化，森林也随之变化。在我国从南方到北方，由于气候条件从热带气候、亚热带气候依次变为暖温带气候、温带气候和寒温带气候，森林类型也由热带森林顺序变为亚热带常绿阔叶林、暖温带落叶阔叶林、温带针阔混交林、寒温带针叶林。从我国的东南沿海向西北内陆，气候条件由季风气候变为内陆气候，降雨量逐渐减少，地理景观也由森林顺序变为森林草原、草原和荒漠。我国从南到北、从东到西森林类型或地理景观的这种变化，其形成原因主要决定于气候条件。气候条件变了，那么森林类型或地理景观也随之发生变化。当气候条件变到不适宜于森林生长时，就会出现其他类型的地理景观如草原、沙漠等。

从全世界森林的地理分布来看，森林的分布界限，也主要决定于气候条件，特别是温度和降水量[3]（图1）。世界森林的水平分布界限，北半球在海洋性气候条件下达到50°N，在大陆性气候条件下更偏北，可达70°N，再往北由于温度的限制，为冻原。森林的垂直分布界限也主要决定于气候条件[2]。以世界屋脊喜马拉雅山为例，从山下到山顶，随着海拔高度的增加，温度和降水等气候因子发生了急剧变化，气候带由亚热带、温带变为寒带，自然

---

* 北京林学院学报，1981.3.第1期。

景观顺序也由亚热带常绿阔叶林变为针阔混交林、针叶林、灌丛、高山草甸、高山寒漠带，再向上则为永久积雪带。在这里海拔高度的变化，代替了纬度的变化，虽然垂直方向上高差不足10km，却再现了水平方向长达几千千米的南北气候带的分布和地理景观，它的变化规律与世界森林水平分布规律是一致的。据现有资料的初步统计分析，森林水平分布和垂直分布界限的气候指标，大约为年平均气温－5℃和7月平均气温10℃，年降水量热带为500mm，温带为300～400mm，干燥度小于1.5。我国西北广大荒漠地区及内蒙古草原地区，由于气候指标达不到（主要是降水指标），不具备森林生长发育的气候条件，因此才没有森林生长。

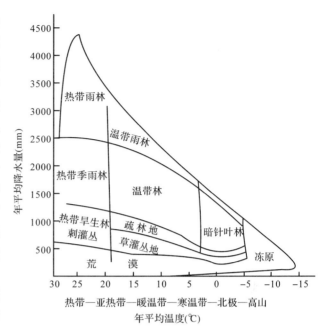

图1　气候与世界森林的分布

随着气候的变迁，森林也随之变化。当气候变暖和变潮湿时，森林北移，当气候变冷和变干时，森林南移[4]。

在具备森林生长的气候条件下，有什么样的气候，就有可能具有与之相适应的森林类型和森林生产率（表1）。

表1　热带和温带森林生产率[3]

生产率与生物量 森林类型	净第一性生产率平均值 （kg/m² · a）	单位面积生物量 （t/m²）
热带森林	2000	45
温带森林	1800	30

大量事实证明：在森林与气候这对矛盾中，气候对森林起着主导和支配作用，是矛盾的主要和决定方面。气候条件影响到森林的存在、生长发育和产量，不具备一定的适于森林生长的气候条件，就不会有森林生长。当然，不言而喻，森林的存在、生长发育和产量也还决定于其他环境条件（如土壤、地形及其他地理因子等）和人为因子的影响。

2　森林对气候的作用是局地的和有限的

虽然气候条件对森林的作用是主导的，但是在森林与气候这对矛盾中，森林对气候的作用也是客观存在的，只不过处于矛盾的次要方面和被支配地位，森林对气候的作用是局地的和很有限的。

森林对气候的作用，据已有的大量文献资料[3,5-8]，比较一致的看法是：有了森林以后，森林会对其生长地方的局地气候产生一定的影响和作用，形成一种特殊的森林气候。它的特点表现为林地比无林地空气相对湿度提高2%～10%；气温在白天或夏季降低1～3℃，夜间或冬季提高1℃，风速减小25%以上，蒸发增强；水平降水（包括雾、霜、露、雾凇等）增多等。据世界各国及我国各地对防护林带防护范围的研究[9-11]：林带对小气候影响的水平范围为25～30倍树高的距离[12-14]。森林的存在确实能对森林及其邻近地方近地层局地气候带来一定的有益变化，这是毫无疑问的。而森林对大气候（即气候）的影响怎样呢？有着很不同的看法，不少人认为这种影响是很大的，我们认为这种影响是很有限的，特别是当森林面积小时，更是几乎显示不出来。这是因为：大气候的形成决定于太阳辐射、大气环流和下垫面三大因子，而局地气候或小气候的形成决定于作用面的构造特性。森林作为一种特殊的作用面，可形成一种局地气候即森林气候，而对形成大气候的三大因子影响很有限，而且这种很有限的影响主要表现在对下垫面状况这一因子的作用上，当森林面积不大时，森林对地球下垫面状况的改变很少，引起气候的变化就很难显示出来。森林所形成的局地气候与大气候的关系是局部与整体，个性与共性的关系。森林气候是在大气候的背景上产生的，为大气候所制约和决定，因此它也就必然反应出当地大气候的一般特点。但同时它又在某些方面与当地大气候存在一些差异，这些差异是叠加在当地大气候的气候要素变化上表现出来的，从而使当地大气候要素如温度、湿度、风等有了某些量的改变，但不会根本改变当地大气候特点。由于森林特别是小面积森林对大气候形成因子不可能产生根本的影响，因此，森林不可能根本上改变一个地区的大气候特点。例如，在温带气候条件下产生了温带针阔混交林，当这种森林形成后，它能引起林区气候要素的某些量的变化，但它不可能将温带气候特点根本改变为寒带气候或热带亚热带气候特点，同样，生长在较干燥地区的森林，如我国西北地区的有林地，也不可能将该地区气候改变成我国江南地区湿润多雨的季风气候特点，也只能使林区某些气候要素发生有限的量变。当这些地区的森林破坏后，同理也只能引起该地区气候要素的有限量变，也不可能根本上改变当地大气候特点。

关于森林对气候的作用是很有限的这一论点，也可由大量事实说明。据估计，到目前为止，全球破坏森林的面积已达地球陆地面积的20%～30%。我国森林从古至今减少的面积虽然没有人作过估计，但可以肯定面积是很大的。从历史资料记载，我国过去也是多林的国家，[15]现存森林覆盖率仅为12.7%，森林大面积减少对大气候带来了多大影响呢？据竺可桢对中国近五千年来气候变迁的初步研究[16]：近五千年来我国气温的变化幅度仅4℃左右，呈现冷暖周期变化，有时变暖，有时变冷。这种变化主要是由于太阳活动引起海陆分布及大气环流等因子波动而造成的，森林破坏造成的影响显而易见是很有限的（图2）。据王九龄的研究，[15]黄河流域（包括华北地区）是历史上我国森林破坏极其严重的地区，森林的破坏是否对这一地区的气候带来了明显的变干旱呢？据竺可桢、丁江文等[16]的研究，并没有发现这种情况，却发现与各地一样的干湿更迭的规律。18世纪初温湿，18世纪中叶干

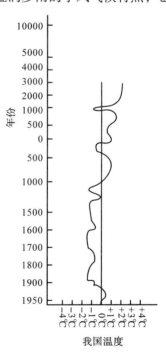

图2 我国近五千年气温变化

燥，18 世纪末叶与 19 世纪初又变湿润，19 世纪中又趋干燥。19 世纪末湿润，20 世纪又趋干燥。以北京为例也能看出华北地区干湿变化情况，同样也没有一直变干旱的任何象征，从 1841 ~ 1972 年期间，干湿期也是更迭的（表 2）。

表 2 北京干湿期的平均雨量

湿 期（年份）	雨量（mm）	干 期（年份）	雨量（mm）
1841 ~ 1845	705.5	1874 ~ 1878	605.8
1892 ~ 1896	799.0	1917 ~ 1921	478.3
1922 ~ 1926	714.9	1941 ~ 1945	463.8
1955 ~ 1959	926.7	1968 ~ 1972	569.0

据张家诚等对世界各地的气候变迁情况的研究[4]，也没有发现因全球森林大面积的破坏，对气候变迁带来很显著的影响。

据我们对云南省西双版纳的实地考察及西双版纳州气象台提供的资料，也说明森林对气候的作用是很有限的。西双版纳在 20 世纪 50 年代有森林 1288 万亩，森林覆盖率为 55.7%，到 1974 年森林被毁得只剩 973 万亩，森林覆盖率降到 33.9%，森林面积减少 300 多万亩，覆盖率减少 20% 以上[17]。森林减少如此之多，对于西双版纳的气候有多大影响呢？从西双版纳州的景洪、大勐陇、勐腊等气象站的资料看，从 20 世纪 50 年代以来，各站的温度、湿度、降水量的变化，均呈现起伏更迭的规律，并未因森林的破坏出现明显的影响。各站温度 10 多年来的变化幅度不超过 1.5℃，湿度变化幅度不超过 6%，降水量变幅主要受大气环流的影响，时多时少，未见到因森林破坏使气温升高，湿度和降水量有规律的减少的现象（图 3 至图 5）。仅仅在森林破坏最严重的景洪和大勐陇雾日有所减少，雾的浓度有所降低，雾时有所缩短（表 3）。

表 3 景洪和大勐陇雾日变化

测站 \ 年份	1954	1955	1956	1957	1958	1959	1960	1961	1962	1963	1964	1965
景洪	184	154	179	173	149	159	162	121	142	116	134	136
大勐陇	—	—	—	—	154	168	125	130	133	126	149	128

测站 \ 年份	1966	1967	1968	1969	1970	1971	1972	1973	1974	1975	1976	1977
景洪	110	110	132	124	120	124	113	134	120	119	105	105
大勐陇	123	101	126	111	92	113	109	131	105	126	94	110

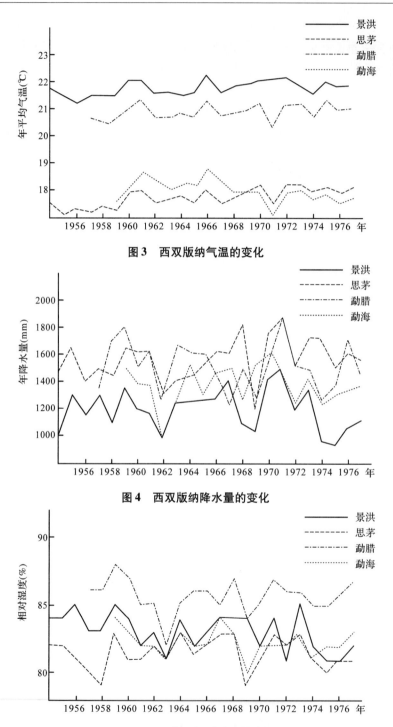

图3　西双版纳气温的变化

图4　西双版纳降水量的变化

图5　西双版纳相对湿度的变化

　　综上所述，无论从气候的形成理论上还是从历史到现实气候变化与森林破坏的关系上来看，森林对气候的作用，主要表现在对局地气候有一定影响，而对大气候的影响是很有限的。到目前为止，地球气候变化的主要动力仍然是太阳及其活动[4]，森林对气候的作用无疑是无法与太阳及其活动相比拟的，与形成气候的三大因子相比森林的作用很有限，它产生的净效果也就必然是很有限的。因此，过高估计森林对气候的作用，甚至夸大它的作用是不恰当的，而看不见森林对局地气候的影响，完全否认森林对气候的作用也是不符合客观事实的。我们的任务是正确的认识森林对气候特别是对局地气候的影响和作用，充分利用森林的这种有益作用，保护好现有森林，用更多营造新的森林的方法为手段，来更大规模改造地球下垫面状况，为改善气候特别是各地的局地气候发挥更大作用。

3 几个问题的讨论

3.1 关于森林能否增加垂直降水的问题

这个问题实际上也是对森林对气候作用大小的估计和正确认识问题。近百年来，世界各国都先后对这个问题进行过观测和研究[18]，到目前为止，还没有取得一致意见。有的人从林地与无林地的对比观测中获得，林地比无林地降水量增加10%～15%[5]。并且认为这种增加是由于森林蒸发量大，使得林区湿度增高，温度降低，林冠上空乱流增强，从而易兴云致雨。有的人认为：虽然有时也可观测到林区降雨量比无林地有所增加的事实，但这种增加是由于林区风小，雨量筒接收到的降雨比无林地多的关系，或者是因为森林多生长在山地，由于地形抬升，气团运动受到阻滞减慢，地形雨增多而造成的，如果消去这些因素的影响，森林对降水的增加是不显著的，大约可增加1%[18]。

在我国也有人认为：森林能增加降水[19]，森林破坏后降雨量大量减少，甚至可减少近50%[20]。

对于这一问题，我们从关于森林对气候的作用是局地的和很有限的这一观点出发，提出一点看法。

从气象学的基本理论可知，降雨的产生原因：或者是因暖湿气团遇到地形阻挡被迫上升，绝热冷却在山的迎风坡形成地形雨，或者是由于台风过境产生的台风雨；或者是在气旋等天气系统过境时产生的气旋雨；或者是由于暖季地面剧烈受热引起强烈对流形成的对流雨，又称为热雷雨。森林对台风雨及气旋雨没有影响是显而易见的，因为森林不可能改变大气环流状况。森林对地形雨的影响甚小，这是因为虽然林区蒸发出的水汽较无林地多，对于过境的气团含水量会有所影响，但由于气团本身的水平范围一般都在几百上千千米以上，垂直高度亦可达数公里，森林蒸发出的水汽分布到气团如此广大的空间，对其含水量的提高是甚微的，同时森林本身的高度不超过30～50m，它对气团阻挡抬升作用与山脉的阻挡抬升作用无法相比，故森林对增加地形雨的作用也是很微小的。森林地区由于暖季温度比无林地区稍低，空气稳定度增大，也不可能对热雷雨的产生有显著影响。所以从降水的成因来分析，森林不可能对垂直降水产生多大影响，当然森林也就不可能引起降水的明显增加，同理，当森林破坏后降水量也不会有显著的减少。

从下列事实同样可以说明森林对垂直降水的影响是不显著的。图6是20世纪我国大范围降雨正负距平比值的多年变化。图6中纵坐标为降水正负距平次数之比取9年滑动平均值。比值大于1为正距平（多雨）占优势，比值小于1为负距平（少雨）占优势。从图6可见，20世纪我国大范围降雨正负距平比值的多年变化情况，并未因20世纪以来森林的大量被破坏或砍伐，气候显著变干及降雨量减少，而是冷暖、干湿气候呈明显的周期性振动（表4）。

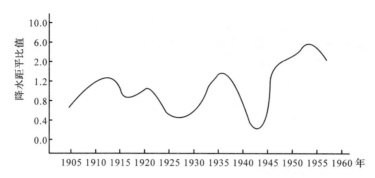

图6 20世纪我国大范围降水正负距平比值的多年变化[4]

表4 我国冷暖、干湿气候周期性振动

年份	1901～1910	1911～1920	1921～1930	1931～1940	1941～1950	1951～1960	1961～1970
降雨气温	干暖	湿冷	干暖	湿冷	干暖	湿冷	干冷

从西双版纳州各气象站新中国成立后降雨变化图（图4）亦可说明：虽然西双版纳的森林大面积减少了，而降水量未见明显减少，它与我国大范围内降水距平变化规律是一致的，也是干湿更迭的。

由此可见，森林对垂直降水的影响是不明显的，如果有影响也是很有限的。

3.2 关于西双版纳和北京是否会变成沙漠的问题

近年来，有的人提出如果把西双版纳森林破坏了，就会成为热带沙漠。世界沙漠会议上也有人把北京列为受到沙漠化威胁的城市。对于这个问题我们有不同看法。当然如果把西双版纳的森林破坏了，就会破坏生态平衡，带来水土冲刷、洪水泛滥、土地贫瘠、农业减产等严重恶果，这是值得我们十分重视和应采取坚决措施加以防止的。但是，我们认为，假若将森林全部采伐了，西双版纳也不会变为沙漠，北京也不会变成沙漠化城市。这是因为沙漠和沙漠化的产生，并不是决定于是否有森林，而是决定于气候条件。全世界沙漠面积占陆地面积的1/3。这些沙漠产生的原因，或者是地处"副高"控制，长年高温少雨形成的副热带沙漠如撒哈拉沙漠等；或者是地处远离海洋的内陆，长年少雨形成的内陆沙漠如我国西北的沙漠。沙漠地区降水量少，一般年水量不足100mm，蒸发量远远超过降水量，甚至超过几十倍。沙漠化地区多在沙漠边缘地区，年水量在250mm以下。也就是在干旱和半干旱地区。正是由于这些地区气候干旱才产生了沙漠，也正是由于这些地区气候干旱才没有森林生长，绝不是因为这些地区没有营造森林或者森林被破坏了，于是出现了沙漠。自然景观是沙漠还是森林都与气候条件密不可分，气候条件是决定森林存在与景观类型的主要因素之一。有的人认为沙漠的出现原因是由于森林的破坏造成的，这种看法显然是不恰当的。如果说森林破坏后就会出现沙漠，那么世界各地凡是森林破坏了的地方就应该都变成沙漠，我国各地如大小兴安岭、长白山、西南山区以及西双版纳的大面积皆伐过森林的地方也都应该变成了沙漠，然而事实并非如此。这种看法实际也是夸大了森林对气候的作用。西双版纳地处热带边缘，年水量1500mm左右，北京地处暖温带，年水量680mm左右，都不属于干旱和半干旱地区，有这样多的降水量，如果森林破坏后，虽不可能靠天然更新短时间恢复成林，会影响生态平衡，带来不良后果，但是这里的水热条件是能满足各种植物生长的要求的，因此不会寸草不生变成沙漠。同时，由于森林不能改变大气环流状况，假若西双版纳森林全部破坏了，也不可能改变其南亚热带季风环流所形成的气候特点，每年5月从孟加拉湾来的赤道高温高湿气团也不会因没有森林就不来了，西双版纳的热带湿润气候特点当然也不可能改变为沙漠气候特点，不具备形成沙漠的气候条件，沙漠也就不可能产生。同样，如果不是由于大气环流的根本改变，引起北京降雨量减少到250mm以下，北京也永远不会变为沙漠化城市。

3.3 一个国家森林覆盖率达30%以上，是否会风调雨顺

认为一个国家森林覆盖率达30%以上，并且分布均匀，会使气候变得风调雨顺，这一观点是苏联学者提出来的[21]，我国也有人同意这一看法[20]。但是，关于这个问题，到目前为止，尚无任何事实证明。以苏联为例，其森林覆盖率为34%，同样存在气象灾害。据世界气象组织的年度报告中指出，1972年的气候是历史上最异常的年份之一。苏联1971年冬出现旱象，1972年大部分地区又连旱一年，苏联欧洲部分，7~8月出现四、五十天高温，曾引起泥炭层自焚和森林火灾，是近数年中罕见的。美国的森林覆盖率为32%，在1972年遭受了严重的涝灾，美国东部、中部洪水涝灾波及13个州区，为50年所没有的水患，1973年美国南部又提前出现暴雨，密西西比河、密苏里河泛滥，受灾8个州，打破129年记录。菲律宾的森林覆盖率为42%，1972年中部平原6~7月连降大雨，7月雨量达1751mm，造成严重水灾。加拿大的森林覆盖率为35%，1971年12月到1972年2月气温比常年低8℃。日本的森林覆盖率为64%，也同样存在气象灾害，1972年日本的东北地方和新泻因受冷害而影响了大米产量。分析世界各国气候异常的情况发现，虽然在森林覆盖率超过30%的国家，也没有风调雨顺的，与少林国家一样，同样存在各种气象灾害的影响。各地出现的气候异常情况，一般都与太阳活动、大气环流的异常相联系，各地区气候变迁的不同趋势，也都可从太阳活动与大气环流中得到解释。1972年的全球气候异常，也是由于无论中高纬度还是低纬度，大气环流形势都有不同于常年平均情况的变化。由于森林不能影响大气环流形势，森林覆盖率的大小，对于气候的异常也就不会产生多大影响，当然也就难保证风调雨顺。因此，我们认为，森林覆盖率的大小，不是决定一个国家是否风调雨顺的决定因素。认为森林覆盖率30%以上的国家就会风调雨顺的这种观点，也是夸大了森林对气候的作用的结果。至于说到森林覆盖率高，能起到较好的涵养水源，保持水土，改善局地气候，保护环境，净化大气，维持生态平衡，防护农田，为四个现代化提供大量林副产品，造福子孙后代，这是不容置疑的。我们绝不应该因为客观的实事求是的估计森林对气候的作用是很有限的和局地的，而忽视森林的其他多种效益和功能，以及森林对改造自然的其他重要作用。

参考文献

[1] 钱学森. 大力发展系统工程, 尽早建立系统科学的体系. 光明日报, 1979 – 11 – 10.

[2] 北京林学院编. 森林学（上册）. 北京: 农业出版社, 1961.

[3] 云南林学院编. 气象学. 北京: 农业出版社, 1979.

[4] 张家诚等著. 气候变迁及其原因. 北京: 科学出版社, 1976.

[5] Костюкевич Н. N. Лесная Метеорология, 1975.

[6] 么枕生编著. 气候学原理. 北京: 科学出版社, 1959.

［7］ Молчанов А . А . Лес N Климат, 1961.

［8］ Geiger. R Das Klima der Bodennahen Luftschicht , 1950.

［9］ 马恰金著. 护田林带与小气候. 北京：科学出版社，1956.

［10］ 关君蔚，陈健等. 冀西砂地防护林带防护效果观测报告. 北京林学院科研集刊，1957.

［11］ 江爱良著. 华南植胶区防护林气象效应的试验考查报告. 北京：科学出版社，1958.

［12］ 朱廷曜. 东北西部地区防护林的防风效应// 中国林学会. 1962 年学术年会论文选集. 北京：农业出版社，1964.

［13］ 新疆林业科学研究所. 新疆农田防护林的营造及其防护效益. 林业科学，1976（1）.

［14］ L. 莱顿著. 生物系统的流体动性. 北京：科学出版社，1980.

［15］ 王九龄著. 我国是怎样由多林变为少林的. 中国林业科学研究院情报所，1978.

［16］ 竺可祯. 中国近五千年来气候变迁的初步研究. 中国科学，1973（1）.

［17］ 吴征镒. 必须尊重自然规律. 光明日报，1980 – 3 – 7.

［18］ Китредж . Dж . Влияние леса На Клчмаг. почвы N Вogньü Режим，1951.

［19］ 乐天宇著. 森林生态学. 北京：中国林业出版社，1958.

［20］ 罗玉川. 我国林业必须有一个大发展. 光明日报，1979 – 12 – 12.

［21］ 聂斯切洛夫著. 森林学. 北京：中国林业出版社，1957.

北京的气候与林业生产[*]

贺庆棠　邵海荣

（北京林学院）

北京位于华北大平原的北端，地处北纬 39°23′~41°、东经 115°20′~117°30′之间，面积约 16800km²。地势西北高，东南低，西部、北部和东北部是山地，中部、南部和东南部是平原。由北京向西北不远是辽阔的蒙古高原，向东南距离渤海仅 150km，具有背山面海的地形特点。境内山地占总面积的 2/3。北有燕山、西有西山，一般海拔高度 400~500m，较高的山峰有门头沟的灵山、百花山，延庆的海陀山和怀柔的云蒙山，其中灵山海拔高 2303m，是北京的最高峰。平原地区海拔高度在 100m 以下，且越往东南地势越低，城区为 51.3m，南部的大兴为 30m，东南部的通县仅 20m。

北京冬季受蒙古高压和海上阿留申低压的影响，来自中高纬度的寒冷干燥的极地大陆气团，常长驱直入，故盛行西北风即冬季季风。一般从 10 月开始至翌年 3 月，都是在冬季季风控制下，1 月蒙古高压达到鼎盛时期，西北风也最强盛，从而形成了冬季寒冷干燥、晴朗少雪的天气。夏季北京和我国广大地区一样，被印度低压所盘据，在太平洋副热带高压的影响下，温暖而潮湿的热带海洋气团向北挺进，因而盛行偏南风即夏季季风或东南季风。夏季季风一般从 6 月开始，7 月最强盛，8 月下旬开始退出。当东南季风和北方冷空气相遇时，就会产生降水，雨区随着夏季风的进退而进退。当副热带高压的位置较常年偏南时，雨区停滞在长江流域，造成北京干旱少雨；反之，当副热带高压偏北时，雨区就会停留在华北地区，形成北京水涝；而常年北京的夏季为炎热多雨天气。春季北京仍受冬季风控制，且常有一股股从北而来的冷空气活动，但因太阳高度已逐渐变大，地面增热很快，又由于降水稀少，土壤干松，有风吹来，沙尘随之风扬，所以北京春季干旱少雨，多风沙天，同时还常伴有霜冻。9 月上旬北京进入秋季，此时北京处于暖湿气团已南移，冷气团尚未到来的过渡季节，秋高气爽，天气晴好，冷暖适宜，但季节短暂，到 10 月下旬冬季风就占了优势，开始进入冬季。

北京的地理纬度决定了北京的太阳高度（冬至的太阳高度 26°37′，夏至为 73°31′）和日射状况；北京的环流形势，影响到气团活动和天气状况；而北京的下垫面状况特别是地形特点，对北京的气候有很大影响。在它们的共同影响和作用下，气候的主要特点是：大陆性季风气候，四季分明；春旱少雨，多风沙天；夏季湿热，雨量集中；秋高气爽，暖湿适宜；冬寒地冻，干燥少雪。

北京的气候冬干夏雨，冬冷夏热，这种雨热同季、水热共济的现象，对北京的林业生产是十分有利的。因为冬干而冷对于已停止生长越冬的林木影响不大，而夏热多雨却为林木的旺盛生长提供了优越丰富的水热资源，同时也有利于开展雨季造林和整地。由于北京属大陆

* 北京林业，1981.7.第 3 期。

性季风气候，春季温度回升快，林业生产的春季作业如育苗、造林等可提早进行，林木的生长季也相应地增长，秋季暖湿适宜，为秋季造林提供了良好的条件。这些也正是北京气候的优点。春季风大雨水特少，十年九旱；春夏之交局部地区有冰雹和焚风危害；夏雨不稳定，时有旱涝；春末秋初又常受北方冷空气的突然侵袭，出现短期降温，易遭受霜冻之害，则是北京气候对林业生产的不利方面，是在林业生产中值得注意的一个问题。

1 北京的气候概况

1.1 温度

1.1.1 平均温度

北京南北纬距仅差 1°37′，气温分布受纬度的影响不大，主要受地形的影响。其分布特点是从东南部平原向西北部山区温度逐渐降低，平原地区年平均气温为 11.8℃，山区为 10.3℃，二者相差 1.5℃ 左右。山区大约海拔高度每升高 100m，年平均气温降低 0.6℃。山前背风向阳地带温度较高，如怀柔、昌平的山前边缘，城区、门头沟的平原区、丰台、房山的近山边缘，比其他地区年平均气温要高出 0.5℃ 左右；山后背阴挡风地带温度较低，如西部深山区，西北部和北部山区，是北京的低温区，年平均气温要低 1~3℃。例如延庆年平均气温为 8.4℃，密云为 10.9℃，古北口为 10.2℃，霞云岭为 10.8℃。

一年中以 1 月份最冷，1 月的平均气温平原区为 -4.7℃，山区为 -6.3℃（图 1）；7 月份最热，7 月平均气温平原区为 26.0℃，山区为 24.7℃（图 2）。最热月与最冷月温度相差约 31℃。北京的年温差与纬度相近的美国纽约相比，高出 10.8℃（纽约年温差为 20.2℃），而在林木生长旺盛的 6~8 月，北京又比纽约平均气温高出 4~6℃，与我国秦岭南麓的汉中、广元气温接近，因此与纽约相比，北京的气候对林木生长更为有利，与秦岭南麓相比也毫不逊色。

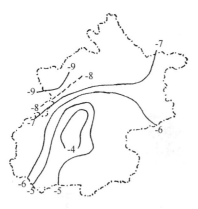

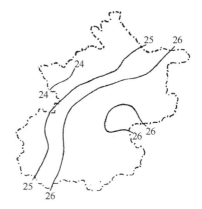

图 1　1 月平均气温　　　　　　　　图 2　7 月平均气温

1.1.2 极端温度

北京大部分地区极端最高气温都曾达 40℃ 以上，仅西部的霞云岭（极端最高温 39.3℃）、西北部的延庆（39.0℃）和北部的古北口（38.3℃）等深山区在 40℃ 以下。房山南部山前平原极端最高气温曾达 43.5℃（1961.6.10），它比城区的极端最高气温 42.6℃（1942.6.15）还高 0.9℃，与我国南方最热城市重庆（44.0℃）相差不多。北京大部分地区极端最低气温都曾达到 -20℃ 以下。影响最低气温的因素，在平原地区主要是冬季冷平流的强度，在 1966 年 2 月 22 ~ 23 日一次强大的寒潮使通县、大兴、平谷、朝阳、丰台和西郊海淀都出现了多年未有的低温，大兴和西郊海淀达到了 -27.4℃，这是北京有记录以来的极端最低温度。西北部山区冬季最低气温主要受地形影响，谷地、洼地，冬季夜间冷空气下沉堆积，形成了低温寒冷中心，如延庆盆地极端最低气温曾达到过 -25.3℃（1964.2.12）。在冷平流强大的年份，平原地区的冬季低温要低于山区，而在冷平流弱的年份，山区的最低气温往往低于平原地区。而在向阳背风的西部、西北部和北部山前区极端最低气温同样也较其他地区高一些，如昌平仅 -19.6℃，怀柔 -20.9℃，门头沟 -22.9℃。

1.1.3 霜期

由东南向西北，由平原向山地，由浅山向深山，霜期逐渐增长，生长季逐渐缩短。平原地区的初霜期在 10 月中旬，山区在 9 月下旬或 10 月中旬，即山区要早 10 ~ 20 天，深山地区要早一个月左右。终霜期平原地区在 3 月下旬，山区在 4 月上旬，深山区更晚在 4 月中旬以后，比平原地区晚结束 10 ~ 20 天以上。平原地区平均霜期长达 5 个月左右，山区特别是深山高山区可长达半年以上。平原地区无霜期长达 6 ~ 7 个月，山区可达 5 个半月至 6 个月。北京无霜期最长，相应的生长季也最长的地区与年平均气温最高的地区相一致，也就是在西部、西北部山前的背风向阳地带，特别是从昌平、南口沿西部山区边缘，向南到门头沟一带和城区以及房山南部山前边缘背风向阳的地区，无霜期最长的，可达 210 天左右。

1.1.4 界限温度与积温

一般以日平均温度 0℃ 表示土壤开始冻结或解冻，0℃ 以上的持续期为温暖期，0℃ 以下持续期为寒冷期。北京平原地区，日平均气温稳定通过 0℃ 的持续期为 260 天左右，山区为 240 ~ 250 天，日平均气温稳定通过 0℃ 的起始日期，平原地区平均在 3 月 6 日，山区平均在 3 月 15 日，终止日期，平原地区平均在 11 月 22 日，山区平均在 11 月 15 日，≥0℃ 的积温，平原地区平均为 4485.5℃，山区平均为 3786.7℃。

日平均温度 5℃ 与大多数树种开始生长和停止生长相一致，通常把日平均气温 ≥5℃ 的持续期作为林木生长期。北京平原区日平均无气温 ≥5℃ 的天数平均为 234 天，山区平均为 215 天。≥5℃ 的起始日期，平原地区平均为 3 月 20 日，山区平均为 4 月 1 日，终止期平原地区平均在 11 月 9 日，山区平均在 11 月 1 日。≥5℃ 的积温平原地区平均为 4416.5℃，山区平均为 3699.2℃

日平均气温 ≥10℃，表示林木生长旺盛，通常把 ≥10℃ 的持续期，称为活跃生长期。北京平原地区，日平均气温 ≥10℃ 的天数平均为 196.5 天，平均从 4 月 9 日开始到 10 月 21 日终止，≥10℃ 的积温平均为 4113.3℃。山区 ≥10℃ 的持续期平均为 176.8 天，起始日期和终止日期分别较平原地区落后和提早 10 天左右，≥10℃ 的积温平均为 3394.1℃。

日平均气温 ≥15℃ 的持续期的长短是喜温树种能否栽培的指标，一般称这一时期为喜温树种的活跃生长期，北京平原地区，日平均气温 ≥15℃ 的天数平均为 159 天，其持续期平均从 4 月 29 日到 10 月 4 日，积温平均为 3539.7℃，山区 ≥15℃ 的持续期平均从 5 月 6 日至 9 月 20 日为 138 天，较平原地区平均少 21 天，积温平均仅 2497.7℃。

上述林木生长的界限温度的持续天数，起止日期及积温，还与海拔高度有关。西部和北部山区较平原地区各界限温度起始晚，终止早，积温少。海拔愈高，相差愈多。据研究，西部山地每升高 100m，≥10℃ 积温降低 90℃，北部山地每升高 100m 约减低 170 ~ 180℃。由此推算，西部山地海拔1000m处，积温约3300℃，海拔2000m处为2400℃左右，北部山地海拔1000m处为2500℃。北京生长期中热量条件最好的地方是在西部，西北部和北部向阳背风的山前区，其≥10℃的积温比平原地区还要多出60~100℃。

1.1.5 土壤冻结与解冻

平原及海拔高度在100m以下的近山地区，11月上旬即进入夜冻日消的不稳定冻结期，12月10日左右开始进入封冻期，山区封冻期约比平原地区提早半个月。

冻土最大深度，平原地区平均为54cm，山区平均可达79cm，延庆最大冻土深度可达1m，高山地区则可达1m以上。

平原地区2月下旬开始解冻，3月上旬即可完全解冻，山区较平原地区约晚15~20天。

1.2 降水

1.2.1 年平均降水量

北京是华北平原上多雨区之一，多年平均降水量为682.9mm，与纬度接近的美国纽约相比，虽然年平均降水量少了367.3mm（纽约为1050.2mm），但在林木生长旺盛的夏季（6~8月），北京的降水量比纽约却多出了141.1mm，与秦岭南麓的汉中（年平均降水量689.5mm）很接近。因此对林木的速生丰产是极其有利的。

北京全年降水量在各月的分配是很不均匀的，降水量主要集中在夏季，约占全年降水量的70%~75%，最多雨的月份为7月，平均雨量为234.5mm，占全年降水量的35.7%。冬季各月降水量很少，月平均降水量都在5mm以下，只占全年降水量的2%左右。春季降水量大约占10%，秋季占14%。

年降水量的分布是东南部平原多，向西北部逐渐减少（见图3）。西北部和北部山区年降水量最少，如延庆的年平均降水量只有521.8mm，是北京降水量最少的地区之一。西部和西南部山前，地处夏季东南季风的迎风坡前，如门头沟东南部和房山山前大部分地区，年平均降水量可达七、八百毫米，妙峰山前的北京林学院实习林场年平均降水量为878.5mm，（1955~1963年平均资料），成为北京的多雨区。

1.2.2 降水强度和变率

北京全年降水日数，平均只有76.3天。降水强度一般不大，达到暴雨标准（日降雨量≥50mm）的暴雨日数，平均仅有3.4天，但暴雨强度却很大，1963年8月8日朝阳区出现过一日最大暴雨量达401mm的记录。

北京西部有3座最高的山峰，就是延庆西北部的海陀山、门头沟西部的灵山和百花山，它们呈东北、西南的走向，像一堵墙似地耸立在西部边境，成为北京的天然屏障，冬季阻挡西北冷平流的侵袭，夏季对东南季风的暖湿气流起抬升作用，在这里很容易发生暴雨。因此北京的暴雨地区大多在这3座高峰的迎风坡前。如灵山

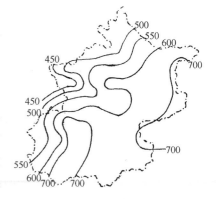

图3 全年平均降水量图

前的青白口出现过273mm/d的暴雨，海陀山前的昌平响潭曾出现过252mm/d的暴雨，百花山前的良乡葫芦垡出现过410mm/d的特大暴雨。同时，由于这些山区地形复杂，春夏之交，山坡受热不均，对流旺盛，常常有冰雹出现。雹灾严重的地区有怀柔北部、密云东部、平谷和顺义东部、房山西部山区。

降水变率是降水量变动程度的指标。它是降水距平值（距平是某地实际降水量与同期多年平均降水量之差）与多年平均降水量的百分比。降水变率大说明降水变动大，可靠程度小，不稳定，发生旱涝灾害的机会多。北京的降水变率平均为51%，是很大的。一般情况下，降水变率达到20%以上，林木生长发育期就或多或少受到水旱灾害的威胁。北京郊区历史上以1959年雨量最多达1408mm，和多雨的江南一般，而又像1891年少到168.5mm的记录，简直是沙漠地区的雨量。北京的降水变率平原地区大于山区，平原一般为40%～60%，山区为30%～50%，这是因为平原地区受夏季风的影响更大，夏季风到来的迟早，强弱不同都会使降水变率增大。

正常年份，北京6月份降雨量开始显著增加，到7月份急剧增多，并成为全年降水量最多的月份，8月下旬降雨量开始减少，9月份大幅度减少。个别年份，当夏季风来的特别早或特别晚时，雨季开始的也相应特别早或特别晚，使雨季较常年长或较常年短，出现偏涝或偏旱。根据近百年的气象资料，北京偏涝的年份有过21年次左右，而偏旱的年份有过40年次左右。偏旱的年份显著比偏涝的年份多。北京东南部和南部地区如大兴南部、通县永乐店、房山琉璃河等地势低洼地方，包括永定河、潮白河河谷地带，即使正常年景，夏季降水后，常常来不及宣泄，是北京水涝的机会最多的地方。

1.3 湿度

北京城区年平均相对湿度为59%。冬季在极地大陆性气团寒冷干燥的空气控制下，空气中水汽很少，1月份平均相对湿度只有50%。春季更加干燥，4月份的平均相对湿度只有45%。夏季是北京的雨季，空气中的水汽含量丰沛，全年以7月份相对湿度最大，可达80%。在北部和西北部山区相对湿度随海拔高度增加而增大。

1.4 日照

北京平原地区日照时数年平均为2778.7h，相对日照百分率为60%左右，也就是有40%的日照时数被云层遮蔽。山区的日照时数比平原地区全年要少100～200h。一年中日照最多的月份为5～6月，最少为11～12月，但日照百分率以冬季为多约70%，夏季最少约57%。

1.5 风

（1）风向：北京平原地区常年风向，冬季以西北风为主，夏季以偏南风为主。山区风向较为复杂，受地形的影响，改变了季节性的风向，使风向与河谷，山脉走向一致。如古北口、密云一带河谷是东北、西南走向的，因此，冬季以东北风为主，夏季以西南风为主，全年以东北风为主。又如延庆盆地周围群山环抱，仅西南方没有高山，东南方有不太高的山口和昌平相通，因此，冬季以偏西南风为主，夏季以东南风为主，全年以偏西南风为主。

除了季节性常定风向外，北京的风向在一天之内的变化，受到地形的明显影响。一般白天多偏南风，夜间多偏北风。白天风由南部平原吹向北部山地，夜间由山地吹向平原，形成山谷风。

（2）风速：平原地区年平均风速为2.4m/s。以冬春两季风速最大，夏秋两季风速最小。以月计4月份平均风速最大，为3.2m/s。北京最大风速各地都在7级以上。山的峡谷风口地带，不仅风大而且大风天数也多。如昌平西部峡谷风口地带，曾出现过每秒30m的最大风速（相当于11级风）。平原地区的大兴1968年3月4日出现过最大风速达10级风即28.3m/s。一年中大风天数（以一日中瞬时风速达到8级或17m/s以上时称为大风日），平均有 20.9 天，尤以春季为多，冬季次之。

春季或春夏之交，当风吹向山地，气流爬越高山时，在山的迎风坡常常消耗了大量水汽，同时其温度在上升过程中也逐渐降低，平均每上升 100m 降低 0.5℃ 左右。当它在向背风坡下沉的过程中，每下降 100m 温度却升高 1℃ 左右，这样使原来的气流在山的背风坡下部变得又干又热，远看像青白色夹着黄色的绸幔围绕着山麓，它所到之处，农作物、果树及幼嫩林木像火烤过一样，故北京称为"火雾"也就是焚风。北京的焚风出现在东北、北部和西部的山前区，如房山、怀柔、昌平和门头沟等地，在这些地区有时会给农林业及果树生产带来危害。

2　北京气候资源的开发和利用

北京多山具有优越而丰富的水热气候资源，发展林业生产潜力很大，应充分开发和利用，同时北京的气候也存在一些不利方面，值得在林业生产中注意和改善。为了加速绿化首都，把北京建设成为优美、清洁、具有第一流水平的社会主义现代化城市，现就首都的林业建设和林业生产中如何开发和利用北京的气候资源问题，提出一些看法和意见。

2.1　根据气候资源状况，合理配置林种

从上述北京的气候概况分析可知，造成全市范围内气候差异的主要原因是地形，地形不同，气候也不相同，这特别明显地表现在降水、气温和无霜期等气候要素上。因此可根据地形着重考虑以上 3 个要素，把北京的气候区划为深山气候区、浅山气候区、山前气候区、平原气候区、城区气候区 5 个气候区，相应地在林业建设上配置不同的林种，做到合理的开发和利用其气候资源。

2.1.1　深山气候区

包括长城以外的山区、门头沟的灵山和百花山等高寒山地和密云东北部的高山地带。此区海拔高度在 800m 以上，年平均气温低于 10℃，年降水量 500mm 以下，≥10℃ 的积温小于 3400℃，无霜期 150~160 天。这里地处永定河、潮白河及其支流的上游，山高坡陡，热量条件较差，不利于农业的发展，但有利于林木生长。应在经营改造好现有林分的基础上发展以涵养水源、保持水土、改善生态条件为主要目的，兼顾用材需要的森林，以调节永定河、潮白河等北京主要河流的流量，防止山洪及河水泛滥。同时本区是北京易降暴雨的地方，通过造林提高其森林覆盖率，对于防止水土流失、保护平原地区农田及促进农业高产稳产将会起到良好的作用，也会对北京的地方气候的改善产生一些有益的影响。

2.1.2　浅山气候区

包括海拔高度在 800m 以下的山地，如长城以内的山区，密云、怀柔以北的山地，房山、门头沟以西的山地。年平均气温在 10~11℃ 之间，年降水量 500~600mm，≥10℃ 的积温为 3500~4000℃，无霜期 160~190 天。水热条件优于深山气候区，但不如平原气候区。这里山地的阳坡土壤干燥瘠薄石头多，阴坡较阳坡水肥条件好，在山麓、沟谷地带土壤肥厚，条件最好，耕地及果树多集中于此。本区由于耕地有限，不适于以发展农业为主，而有利于发展果林业。在水肥条件较好的地方应当以发展干鲜果及木本油料为主，适当发展农业，在干旱阳坡发展薪炭林，种植护土灌木，及观赏用的风景林，阴坡可营造用材林和水土保持林。在有焚风产生的地方，在果树及木本油料林的上部，应营造大片森林，以预防焚风的产生和危害。本区也是北京市多冰雹的地方，绿化这里的荒山，改造其下垫面状况对于预

防雹灾，也会起到一定的作用。

2.1.3 山前气候区

包括西部、西北部和北部的山前向阳背风地区。海拔高度在 200m 以下，年平均气温为 12℃以上，年降水量 700mm 以上，≥10℃的积温为 4200℃以上，无霜期可达 210 天。这里的水热条件是北京最好的。但所占面积不大。应充分利用其向阳背风、年温高、无霜期长、降水较多的气候特点，因地制宜发展鲜果及经济林，建立速生丰产林，引种和繁殖优良树种，种植香料植物，栽培喜温、珍贵树种。

2.1.4 平原气候区

包括海拔高度 100m 以下的全部平原地区。年平均气温在 11 ~ 12℃之间，年降水量 600 ~ 700mm，≥10℃的积温 4000 ~ 4200℃，无霜期可达 200 天，这里的水热条件是北京市比较好的，为本市的主要农业区。为了保护农田，防止冬春大风及干旱的危害，应有计划地建立以防风为主的农田防护林网。据我们对北京东北郊防护林带的研究，林带可使其背风面树高 25 倍距离内农田的风速降低 20% ~ 50%，相对湿度提高 5% ~ 10%，对抵御大风和干旱的威胁，作用是很明显的。显然在平原区大搞防护林建设是很必要的，过去北京农田防护林网的建设发展比较缓慢值得引起重视。在山前区向平原地区过渡的峡谷风口地带，也应营造成片的防风林，以减少和防止大风危害。平原地区的南部和东南部低洼地、河滩沙地，应充分利用来种植耐水湿的树种。同时还要进一步做好四旁绿化工作。由于本区水热条件优越，土壤肥沃，林木生长条件好，因此应十分重视和充分发挥此区林木生产潜力，要使平原地区的林木既起到防护农田和改善小气候的作用，又能速生丰产，为建设首都提供更多的用材。

2.1.5 城区气候区

其水热气候资源也是很优越的。它与平原气候区自然气候条件相当，但城市人口、车辆、工厂密集、年平均温度比平原区高 0.5 ~ 1.0℃，树木生长期也要稍长些，城区及其周围应营造环境保护林，以净化空气，消除噪音为主，同时考虑到美化、香化及游览需要。

2.2 根据北京的气候特点采取不同的营林技术措施

2.2.1 早春造林，抢墒育苗

早春土壤刚化冻时，墒情较好，趁此有利时机，进行造林和育苗工作比晚春或盛春好。因为春季北京气温回升快，风大蒸发强，降雨稀少，在早春化冻和抢墒造林及育苗，可延长苗木生长季，减轻或适当避免春旱的威胁。由于北京各气候区气温的差异，化冻时间的早晚不同。早春开始造林、育苗的时间也应不同。即使在同一气候区，由于地形和海拔高度的影响，开始造林、育苗的时间也应有先有后，同时具体开始造林、育苗的日期还随每年的天气状况而有所不同。但一般的造林、育苗顺序应是先城区气候区、山前气候区和平原气候区，然后浅山气候区，最后是深山气候区，彼此相差 7 ~ 10 天。通常平原地区可在 3 月中旬开始，浅山区在 3 月下旬，深山区在 4 月上旬。在春季造林中应避免现整地现造林，因为春季土干且硬，整地不仅费劲，且跑墒严重，不利于苗木的成活。春季北京仍有晚霜冻出现，育苗工作中应采取措施预防霜冻危害。

2.2.2 掌握有利天气，开展雨季造林

夏季北京湿热多雨，雨量集中为开展雨季造林提供了良好条件。雨季造林应选择萌芽性强、易发根、蒸腾强度小的树种，如油松、侧柏、杨树等，但要掌握好造林时机，注意收听

当地天气预报，造林前要下透雨，造林时选连阴天或小雨天进行，造林后不两天要有适量降雨，才能保证苗木成活。夏季进行整地，土壤湿润疏松，费工少，效率高，还可以消灭杂草，积蓄雨水。为防止水土流失，在坡地上整地方式最好采用水平条及鱼鳞坑等。苗圃作业要根据北京夏季降水不稳定、时有旱涝的特点，注意灌溉或排水。夏季温度高也是抚育幼林，中耕除草促进林木生长的好时节。

2.2.3　提倡秋季造林

北京秋季可达2个月左右，秋高气爽，暖湿适宜。此时雨季刚过，土壤和空气湿度都较大，气温也不太低，秋季造林的气候条件比春季优越很多，是北京开展造林的良好时期，对提高造林成活率，将产生明显的效果，应成为北京的主要造林季节，值得今后注意提倡。秋季造林可采取大粒种子直播造林、植苗造林等方式，有些阔叶树的植苗造林可截干，有些树种还可埋土防寒便于越冬。秋季育苗作业中还要注意预防早霜冻。

从西双版纳的气候变化看森林
对气候的影响（摘要）[*]

邵海荣　贺庆棠

西双版纳位于我国云南省的最南部，为温暖、湿润、静风的热带、亚热带气候，分布着茂密的热带雨林、季雨林以及人工栽培的橡胶林。近年来，西双版纳森林遭到很大破坏，据统计1949年森林覆盖率为69.4%，到了1980年森林覆盖率仅为30.0%。

西双版纳地区森林资源遭到如此严重的破坏，对气候发生了多大影响呢？下面我们对西双版纳州位于林区附近的景洪、大勐陇、勐腊、勐海、勐遮5个国家站的气候资料来进行统计分析。

1　年降水量的变化

景洪、大勐陇、勐腊、勐海、勐遮5个站的年降水量变化曲线（图1）均是干湿交替出现的。23年中，5个站年降水量出现6个峰值和6个谷值。各站峰值和谷值的位相、变化幅度以及周期都有相似的规律，没有因各地毁林情况不同而产生差异。1974～1978年西双版纳的森林破坏极其严重而年降水量并没有逐年减少，从1975年到1978年降水量反而逐年有所增加。如果用加权滑动平均（所用滑动平均值均系三角式加权滑动平均值）的方法，把年降水量变化曲线上的不规则扰动减少或平滑以后，其所得年降水量的滑动平均曲线，仍然为一条有升有降的曲线。这种干湿交替现象主要是由于每年夏季来自印度洋的西南季风和来自太平洋的东南季风的强弱和进退的迟早不同以及气旋的活动所造成的，与森林覆盖率之间没有明显的相关关系。

2　雨季长短的变化

我们对西双版纳5个国家站的降水资料进行了统计得出，各站雨季一般为5月开始，9月结束，个别年份雨季开始和结束的特别早或特别晚，如大勐陇1973年3月份雨季已经开始，月雨量达156.1mm，占年雨量的1/10，而1967年11月雨季还尚未结束，月雨量还有161.8mm，占年雨量的11%。雨季长短各地各年不一，一般为5个月至6个月，个别年份可长于6个月或短于5个月，如大勐陇1974年雨季长达8个月，而景洪1969年2季只有3个月。另外，各地雨季长短和雨量多少都是交替出现的，并没有逐年缩短的趋势。这是因为，在季风气候区，雨季的长短与夏季风的进退有密切关系，即由大气环流状况所决定的，森林覆盖率的大小难以改变大气环流状况。所以"森林大面积破坏以后，使两季缩短"的提法显然是不能成立的。1974年以来西双版纳确实出现了连续少雨干旱现象，这种森林大面积破坏和同期气候的连续干旱相呼应的现象应如何解释呢？我们从降水量的时空变化来看，同

＊ 地理知识，1982.1. 第1期。

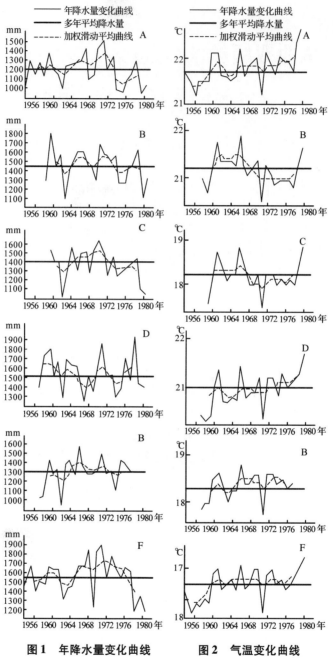

图1 年降水量变化曲线　图2 气温变化曲线
（A. 景洪，B. 大勐陇，C. 勐腊，D. 勐海，E. 勐遮，F. 思茅）

是西双版纳地区，不同时期中，多雨期与少雨期是交替出现的。图1中，年降水量的滑动平均曲线表明，1974年以来为少雨期，而20世纪60年代初期到中期，这一时段也为少雨期，这两个少雨期之间为一多雨期。因此，我们认为，1974年以来的连续少雨干旱属于历史上以数年为周期的干湿交替的自然现象，只是这次干旱持续时间稍长而已。从同一时期的不同地区来看，1974年以来，思茅、昆明也出现了干旱，而且我国70年代大范围地区的平均雨量都较60年代少，说明这次的连续干旱是大气环流起主导作用，决非森林覆盖率减少这一局地因素所能造成的。

3 气温的变化

从西双版纳几个站的年平均气温的变化来看（见图 2）都存在着 2~4 年为周期的冷暖交替现象，从 1958 年至 1980 年共出现 6 个峰值和 6 个谷值。各站的峰值和谷值的位相、变化幅度以及周期都有相似的规律。年平均气温的加权滑动平均曲线仍然是一条变化幅度不大的、有升有降的曲线，并没有出现随着森林覆盖率逐年减少而气温逐年升高的趋势。相反大勐陇和勐海从 1969~1976 年的年平均气温的 5 年滑动平均值是逐年下降的（见图 2B、C），1976~1978 年虽为升温，但仍低于多年平均值，而大勐陇是近年来森林破坏最严重的地方。景洪和勐腊 1969 年以来，年平均气温虽有上升趋势，但 1969 年至 1973 年仍低于多年平均值，1973 年以后高于多年平均值，升高幅度为 0.1~0.3℃，同期思茅的年平均气温的变化与景洪、勐腊有相同的规律，说明上述的变化是属于较大范围的，是正常的冷暖交替，和森林破坏并无内在联系。

近年来，连续出现低温，造成大面积橡胶林受灾冻死，这一事实与森林遭到破坏有没有关系呢？橡胶的寒害指标是日最低气温≤5℃，西双版纳属于热带的北缘，北部虽有横断山脉阻挡南下的冷空气，但强大的冷空气南下时，不同地区还是会不同程度地受到一些影响的。历史上西双版纳地区也出现过偏冷年，据统计从 1367~1977 年中共出现过 81 个偏冷年。自大面积植胶以来，已经发生过 7 次低温寒害，即 1954~1955 年，1961 年，1963~1964 年，1966~1967 年，1968 年，1973~1974 年，1975~1976 年。与这 7 次寒害同时，两广也出现了严寒，说明造成西双版纳地区橡胶遭受寒害的主要原因不是森林覆盖率的减少。

森林对环境能量和水分收支的影响 *

贺庆棠

　　森林受到环境的强烈影响，而环境也会受到森林一定的影响和反作用。至于森林对环境影响的范围，反作用之大小，目前在我国如同在世界上许多国家一样，存在着分歧和争论，作者也曾对此发表过看法[1-2]。

　　为了正确揭示森林对环境的影响，掌握其影响和作用的规律，充分发挥森林对人类环境良好影响的福利作用，研究森林与环境之间的能量和水分交换作用、森林对局地和全球能量平衡和水量平衡的影响，有着重要意义。

　　本文在计算全球水分和能量平衡分量的基础上，探讨了森林对全球能量、水分、大气中O_2和CO_2收支的影响；我国现有森林及在将来森林覆盖率达到30%以后，森林对我国能量、水分、O_2和CO_2收支的影响，并从数量上作了初步估算。

1　森林是影响地球和大气边界层交换作用的一个因素

　　地球和大气间相接触的一个薄层叫做边界层。在边界层中，地球和大气间不断进行着能量和物质交换过程。森林生长在边界层中，它作为边界层中影响交换的因素，影响到地气系统内的能量和物质交换。其影响作用之大小，决定于森林在边界层中的数量、结构和特性。首先与地球上森林覆盖率有关。

　　全球总面积为$510 \times 10^6 km^2$，其中海洋面积为$361 \times 10^6 km^2$占71%，陆地面积为$149 \times 10^6 km^2$占29%。全球森林面积大约为$50 \times 10^6 km^2$，占陆地面积的33%，占全球面积的10%左右（表1）。

　　在地气系统的交换过程中，森林以占全球面积10%参与交换过程，与占全球面积71%的海洋相比，作用是有限的。但在陆地上，占有近1/3面积的森林，是一个主要生态系统，是不可忽视的影响交换的因素。

　　对于大气环流与地球表面之间的交换作用，森林面积随纬度的分布也是有意义的。图1是每5°纬度带森林面积的分布，它说明：世界森林主要分布在南纬23°至北纬23°范围内，占热带面积的42%，暖温带森林面积仅占9%，寒温带占6%，北纬50°~70°范围占32%。因此，在地气系统的交换中，热带和北纬50°~70°的森林占有面积大，起的作用也稍大，其他地方森林不多，起的作用则较小。

＊北京林学院学报，1984.6. 第2期

　　本文是作者在联邦德国慕尼黑大学生物气候与应用气象教研室2年工作期间所作的一部分工作，得到A. Baumgartner教授指导和帮助，特此致谢。

表1　地球上各类土地面积

全球总面积（$\times 10^6 km^2$）	510	100%
海洋面积（$\times 10^6 km^2$）	361	71%
陆地面积（$\times 10^6 km^2$）	149	29%

陆地部分			
地类	面积（$\times 10^6 km^2$）	占陆地面积%	占全球面积%
森林	50	33	10
农地	14	10	3
苔原、草原	38	26	7
沙漠	32	21	6
冰、冰川	15	10	3
合计	149	100	29

　　我国国土面积为 $9.6 \times 10^6 km^2$，占全球面积2%，占陆地面积7%。现有森林面积为 $1.22 \times 10^8 hm^2$，覆盖率为12.7%，占全球森林面积的2.4%。我国国土面积大部分分布在中纬度，这里是世界上少林的地方（见图1），我国是中纬度少林地带中之少林国家，比亚洲平均森林覆盖率19%还低，而且全国森林分布极不均匀，西部和西北部森林极少（见图2）。从全球范围看，我国森林在地气系统交换中所起的作用是微不足道的，与国土面积在交换中所起的作用相比，森林的作用仅占有一成左右。

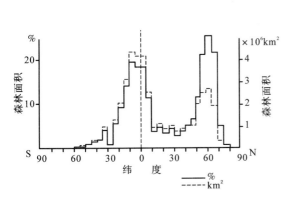

图1　不同纬度森林面积的分布

图2　中国的森林分布
（据《中国建设》，1978.6）

　　在地气系统交换过程中，不仅森林面积，森林所具有的生物量也会有影响。生物量愈大，森林的生理活动及与环境间的物理作用也愈强，能量及物质交换也愈多。表2是 Li-eth[3] 计算得到的地球有机干物质年产量，其中全球生物量是作者根据单位有机干物质中含有碳素平均为0.45个单位，以全球碳素贮量推算得到的。

表2 全球生物量干物质年产量和生产率

地类	面积		碳素贮量		生物量		干物质年产量		生产率
	$\times 10^6 km^2$	%	$\times 10^9 t$	%	$\times 10^9 t$	%	$\times 10^9 t$	%	$\times 10^3 t/km^2 \cdot$ 年
森林	50	10	1012	34	2249	44	65	42	1.30
草地、苔原	38	7	314	11	698	14	15	9	0.67*
农地	14	3	165	5	366	7	9	6	0.65
其他	47	9	89	3	198	4	11	7	0.25
陆地	149	29	1580	53	3511	69	100	64	0.67
海洋	361	71	703	24	1562	31	55	36	0.15
大气	—	—	683	23	—	—	—	—	—
合计	510	100	2966	100	5073	100	155	100	0.31

* 仅草地和放牧地

全球生物量为 $5073 \times 10^9 t$ 干物质，每平方米面积的干物质量平均为 9.9kg，或相当于全球铺上 2cm 厚的一层干物质。森林生物量为 $2249 \times 10^9 t$ 干物质，占全球生物量的 44%，占陆地生物量的 64%，全球平均每平方米面积的森林干物质量为 4.4kg，或相当于地球表面铺上近 1cm 厚的森林干物质。全球水分总贮量为 $1348 \times 10^6 km^3$（见表 11），如果均匀铺在地球表面，相当于 2.7km 深的水层。全球生物量和森林生物量与地球水量相比是很少的。但它们在地气系统交换过程中，却有着水没有的特殊功能。这首先在于生物系统特别是森林是一个具有高生产力的生态系统。由表 2 可见，全球年植物产量 $155 \times 10^9 t$ 干物质，森林年产量为 $65 \times 10^9 t$ 干物质，占全球植物年产量的 42%，每公顷森林年平均干物质量为 13t 左右，而农地仅为 6.5t，只有森林生产率的 1/2。森林不仅生产率高，而且是可以重复多年生长的系统。从数量上分析，水域在地气系统交换中，特别是能量与水分交换中是起主导作用的，但在气体交换如 O_2、CO_2 等的交换及物质生产与能量固定中，植物，尤其是森林是起主导作用的。

森林还具有立体结构的特点，在垂直方向上可分为乔木树冠层、下木幼树层、草本活地被物层、枯枝落叶死地被物层等几层。因此，森林在参与地气系统交换过程中，不是一个水平几何面，而是一个多层次的立体空间。森林地上部分的表面积可达其覆盖土地面积的 25 倍以上，叶面积系数一般为 20～25（见表 3），森林的地下部分可深入到土壤中几米甚至更深的地方。这一特点，显然提高了森林在地气系统交换中所起的作用。而农地、草地等虽也有类似的作用，但其高度层次有限，叶面积系数仅为森林的 1/2～1/3，地下部分深入土壤中也不过 1～2m 深。

表3 森林的叶面积系数与热性质[5]

地类	高度 （cm）	重量 （g/cm^2）	叶面积系数 （cm^2/cm^2）	热容量 （$cal/cm^3 \cdot ℃$）
绿地	-50	0.05～0.2	3～7	0.03～0.1
农地	-250	0.2～0.5	5～10	0.3～0.5
森林	-4000	-10	-25	-0.6

据 Droste[4] 的研究，一棵 70 年生的云杉，有针叶 1 千万个，每公顷约有 25 亿片针叶，每片针叶平均重 5mg，1cm² 表面积。它们不断与大气进行能量和物质交换，其作用无疑比其他植物覆盖要大。如果森林的平均高取 25m，那么陆地上空 0.1% 的大气质量包含在森林中，以全球而论，则森林内包含 0.02% 的大气质量。

森林与环境之间的交换作用还具有选择性的特点。当环境因子发生改变时，在一定限度内，森林能自动适应和调节。如果这种改变超过了森林本身的负载能力，就会使森林遭到破坏甚至死亡。

此外，森林的物理属性如热容量（见表 3）、粗糙度和垂直混合速度（见表 4）都比其他植被大。热容量大则森林温度变化缓和，粗糙度和垂直混合速度大，影响到森林上空物质和能量的转移和扩散，因此它们也是形成森林作用的重要因素。

表 4   森林的粗糙度和垂直混合速度[6]

地类	水面	砂地	草地	绿地	谷物	森林
粗糙度（cm）	0.01	0.2	1.0	5.0	10.0	300.0
混合速度（cm/s）	15	18	20	30	50	60

2   森林对地气系统能量交换的影响

关于地球表面、大气和地气系统能量收支，在 Будыко[7] 计算的基础上，根据新的观测资料[8]，作者作了适当修正，通过计算得出表 5、表 6、表 7。

下面以表 5、6、7 为基础来估算森林对地气系统能量交换的影响。

地表能量平衡方程可表示为：

$$B = rV + L + M \tag{1}$$

式中：B 是辐射差额；rV 是蒸发耗热，V 是蒸发量，r 是使 1g 水蒸发所消耗之热量，通常取 $r = 600 \text{cal/g}$ 水；L 是地面与大气间可感热；M 是土壤或水体内含热量的改变，对于年平均取 $M = 0$，故（1）又可写为：

$$B = rV + L \tag{2}$$

表 5   全球能量平衡分量年平均值

项　　　目	$\times 10^3 \text{cal/cm}^2 \cdot$ 年	$\times 10^{21} \text{cal/}$全球 $\cdot$ 年
到达地面的太阳总辐射	140	714.0
地面反射的太阳辐射	23	117.3
地面吸收的太阳辐射	117	596.7
地面向宇宙放出长波辐射	43	219.3
地面辐射差额	74	377.4
地面蒸发耗热	62	316.2
地面与大气间可感热	12	61.2

森林的能量平衡方程则可写为：

$$B_W = rV_W + L_W + F_W + M_W \tag{3}$$

式中：B_W——森林的辐射差额；

rV_W——森林的蒸发耗热（包括森林蒸腾、林冠截持蒸发和林地蒸发三项之和）；

L_W——森林与大气间可感热；

M_W——林地、林木体内和林内空气含热量的改变，年平均 $M_W = 0$；

F_W——森林光合作用固定之能量。

表 6　陆地和海洋的能量平衡

地类	辐射差额		蒸发耗热		可感热	
	$\times 10^3$ cal/cm^2·年	$\times 10^{21}$ cal/年	$\times 10^3$ cal/cm^2·年	$\times 10^{21}$ cal/年	$\times 10^3$ cal/cm^2·年	$\times 10^{21}$ cal/年
陆地	47	69.6	26	38.3	21	31.3
海洋	85	307.8	77	277.9	8	29.9
全球	74	377.4	62	316.2	12	61.2

一般辐射差额方程为：

$$B = Q(1 - \alpha) - \varepsilon \tag{4}$$

式中：Q——投射到地面的太阳总辐射；

　　　α——地面反射率；

　　　ε——地面长波有效辐射。

首先讨论森林对辐射差额的影响。大量观测已证明[9-10]，投射到林上的总辐射（Q_W）与空旷地太阳总辐射（Q_F）是不存在差别的，也就是

$$\frac{Q_W}{Q_F} = 1 \tag{5}$$

表 7　地气系统年平均每平方厘米的能量收支

能量收支项目	太阳辐射		能量收支项目	长波辐射或热量	
	$\times 10^3$ cal/cm^2·年	占大气上界%		$\times 10^3$ cal/cm^2·年	占大气上界太阳辐射%
1. 地气系统			1. 地气系统		
大气上界	250	100	向宇宙放出长波辐射	-160	-64
反射	-90	-36	其中：地面放射	-43	-17
其中：地面反射	-23	-9	大气放射	-117	-47
云等反射	-67	-27			
吸收	160	64			
其中：大气吸收	43	17			
地面吸收	117	47			
2. 地球			2. 地球		
到达地面太阳总辐射	140	56	地面蒸发耗热	-62	-25
地面反射	-23	-9	大气与地面可感热	-12	-5
地面吸收	117	47	向宇宙放出长波辐射	-43	-17
			地面合计失热	-117	-47
3. 大气			3. 大气		
大气上界	250	100	大气获得蒸发潜热	62	25
到达地面太阳总辐射	-140	-56	向宇宙放出长波辐射	-117	-47
云等反射	-67	-27	大气获得可感热	12	5
大气吸收	43	17	大气合计失热	-43	-17

而森林的反射率（α_W）与空旷地（α_F）相比较，则有明显减小，故

$$\frac{\alpha_W}{\alpha_F} < 1 \qquad (6)$$

除水面外森林比其他表面有着较小的反射率[11]，这已由人造卫星的观测所证实，卫星照片上热带地区大面积森林，几乎像海洋一样，有着暗的地表。森林反射率小，使森林比其他植被能获得较多的热量，它是形成林区地方气候有其特殊性的主要原因。

森林对全球地表反射率的影响，据 M. Kirchner[12] 的计算得到：如果将全球森林砍去变为草地后，地球表面年平均反射率仅能提高 0.6%；如果全球沙漠变成了草地，地球年平均反射率的降低也只有 0.4%。由此推算，如果全球无森林，因反射率的提高，年平均可使地球少获得太阳能为 4.28×10^{21} cal（$714 \times 10^{21} \times 0.6\%$，见表5）；如果全球沙漠变成了草地，地球可多得太阳能为 2.86×10^{21} cal（$714 \times 10^{21} \times 0.4\%$）。

森林白天或夏季温度比空旷地低，夜间或冬季比空旷地高，年平均温度森林比空旷地低 1℃ 左右。因此森林的长波有效辐射（ε_W）比空旷地（ε_F）稍小[10]，故

$$\frac{\varepsilon_W}{\varepsilon_F} < 1 \qquad (7)$$

以全球而论，地面逸散到宇宙空间的长波辐射为 219.3×10^{21} cal/年（见表5），每平方千米年平均为 0.43×10^{15} cal，以年平均温度森林比空旷地低 1℃ 来计算，那么森林可减少地面长波辐射，年平均为 1.43×10^{21} cal，占地面放出长波辐射量的 0.65%。

由于反射率和有效辐射，森林都比空旷地减少了，因此森林的辐射差额（B_W）比空旷地（B_F）大，局部地方可大 10%~30%[12]，即：

$$\frac{B_W}{B_F} > 1 \qquad (8)$$

全球合计，森林因辐射差额的增大可多得能量约为 5.71×10^{21} cal/年（$4.28 \times 10^{21} + 1.43 \times 10^{21}$ cal/年），占地球辐射差额 377.4×10^{21} cal/年（见表6）的 1.5%。

森林比其他地面覆盖多得的能量主要消耗于蒸发上，大量观测证明，森林蒸发比其他植被类型大，局部地区差值可达 5%~30%[13-14]。与空旷地相比较：

$$\frac{rV_W}{rV_F} > 1 \qquad (9)$$

通常在森林能量平衡方程中，森林蒸发耗热占辐射差额的 60%~70%，可感热占 20%~30%[9]。以此推算，全球森林蒸发耗热的增加值为 3.33×10^{21} cal/年，它占全球蒸发耗热量 316.2×10^{21} cal/年（表6）的 1.05%，占陆地蒸发耗热量 38.3×10^{21} cal/年的 8.7% 或相当于森林多蒸发水量 5.55×10^3 km³ 或水层厚度 11mm。

森林对可感热（L）的影响，因森林的年平均温度稍低于空旷地，森林上空热力乱流交换比空旷地稍弱，但由于森林的粗糙度和垂直混合速度大，森林的动力乱流交换显著大于空旷地，所以森林的可感热（L_W）比空旷地（L_F）大[6]，即：

$$\frac{L_W}{L_F} > 1 \qquad (10)$$

以森林的可感热比其他地面覆盖平均大 20%，陆地年平均可感热为 31.3×10^{21} cal/年（见表6），每平方千米陆地可感热年平均为 0.21×10^{15} cal，那么年平均森林可感热增大值可达 2.1

×10²¹cal/年，占全球值61.2×10²¹cal/年的3.4%，占陆地可感热的6.7%。

在森林能量平衡方程中，森林同化所固定的能量是很少的。据 Lieth[3] 计算得到，全球森林年固定的太阳能为 0.277×10²¹cal，占全球植物年固定能量的40%，占陆地植物年固定能量的65%。

综上所述，作者得到森林对全球能量平衡各分量影响的估计值列于表8和表9中。

表8　森林对全球辐射差额的影响

项　目	反射辐射	有效辐射	辐射差额
改变量（×10²¹cal/年）	4.28	1.43	5.71
占该分量全球值的%	3.65	0.65	1.50

表9　森林对全球能量平衡分量的影响

项　目	B	L	rV	F_W
改变量（×10²¹cal/年）	5.71	2.10	3.33	0.28
占陆地值的 %	8.2	6.7	8.7	65
占全球值的 %	1.5	3.4	1.0	40
占陆地总辐射的 %	2.7	1.0	1.6	0.13
占全球总辐射的 %	0.8	0.3	0.46	0.04

由表8和表9说明，森林对全球辐射差额和能量平衡各分量的影响，均小于投射到地球表面太阳总辐射总量的1%，占投射到陆地表面太阳总辐射总量的2.7%以下。就其本身相对量的改变看，一般占全球值的4%以下，占陆地值的8.7%以下。影响最大的是植物固定的太阳能量，没有森林，植物固定的太阳能全球减少40%和陆地减少65%。由此可得出：森林对全球能量平衡各分量的影响是很微小的，对整个陆地能量平衡各分量的影响是有限的。

如果全球没有森林，地球因反射率提高，长波辐射增大，辐射差额将减小1.5%，即少得能量5.71×10²¹cal/年左右。它将引起地面蒸发和可感热减少，使空气温度和湿度有所降低。据 Manbe 和 Wetherald[15] 的研究，地面附近气温将降低0.7K，且一直影响到离地面30km高度。进一步可能影响到大气中云量的减少，甚至造成降水量的改变。关于因森林对全球能量平衡的影响，可能引起的大气物理现象和过程的变化，还有待于今后深入研究。但可以从森林对全球能量平衡只有微小影响的事实推测，这种改变是不大的。

作者根据中国年总辐射分布图[16]计算了我国森林对环境能量收支的影响，我国年平均总辐射值为140×10³cal/cm²，全国年平均获得太阳总辐射总量约为13.44×10²¹cal，除去沙漠及高山荒漠等不适于森林生长的地区外，森林生长地区的年平均太阳辐射为120×10³cal/cm²。如果以森林反射率比草地小10%，地面长波有效辐射按森林温度年平均低1℃求出森林多得的净辐射，然后以森林可感热比草地大20%，蒸发耗热占净辐射的60%～70%森林对太阳能利用率平均取0.5%，可估算出我国现有林及将来我国森林覆盖率达到30%后，森林对我国能量平衡的影响（见表10）。

表 10 森林对我国能量收支的影响

森林覆盖率	能量平衡分量	反射辐射	有效辐射	辐射差额	可感热	蒸发耗热	同化固定能
12.7%（现有）	改变值（×10^{21}cal/年）	0.146	0.035	0.181	0.0513	0.1224	0.0073
	占全国总辐射%	1.09	0.26	1.35	0.38	0.92	0.05
30.0%（将来）	改变值（×10^{21}cal/年）	0.345	0.083	0.428	0.121	0.290	0.0173
	占全国总辐射%	2.57	0.62	3.19	0.90	2.16	0.13

我国现有森林使辐射差额增加了 0.181×10^{21}cal/年，占全国地面太阳总辐射总量的 1.35%；可感热增大了 0.0513×10^{21}cal/年；同化固定能量 0.0073×10^{21}cal/年。将来森林覆盖率达到 30% 后，可使辐射差额增大 0.428×10^{21}cal/年，占全国太阳总辐射量的 3.19%；可感热增大 0.121×10^{21}cal/年；同化固定能量为 0.0173×10^{21}cal/年。我国现有森林多消耗于蒸发上的能量为 0.1224×10^{21}cal/年，相当于多蒸发水量 0.204×10^{3}km^3 或等于增加年平均蒸发量 21mm。将来森林覆盖率达 30% 后，蒸发多消耗的能量为 0.29×10^{21}cal/年，相当于多蒸发水量 0.483×10^{3}km^3，或等于增加年平均蒸发量 50mm（见表 10）。

3 森林对地气系统水分交换的影响

据 Hoinkes[17] 估计，地气系统的水量如表 11。世界生物中含水量约为 1120km^3，占全球水量的 0.0001%[21]，这些水分如果均匀铺在地球表面，仅有 2mm 深的水层，数量很少，故在表 11 中未列入。

表 11 地气系统的水分

水分种类	水量（km^3）	占水分总量%
世界海洋	1 348 000 000	97.390
极地冰、海洋冰、冰川	27 820 000	2.009
地下水、土壤水	8 062 000	0.580
湖和河流	225 000	0.020
大气中	13 000	0.001
总计	1 1384 120 000	100.0
其中淡水量	36 020 000	2.6

一般水量平衡方程为

$$N = V + A + \Delta W \tag{11}$$

式中：N——降水量；

A——径流量；

V——蒸发量；

ΔW——土壤和植物体内或水域中水量的改变量，对于年平均 $\Delta W = 0$，故长时间平均水量平衡方程可写为

$$N = V + A \tag{12}$$

全球水量平衡方程为

$$N_G = V_G \tag{13}$$

式中：N_G——全球年平均降水量；

     V_G——全球年平均蒸发量。

    水量平衡分量，作者以表 6 中蒸发耗热量换算为蒸发量，并以降水和径流量的观测值[18]，在 Baumgartner 等[19]研究的基础上作了补充和修正，通过电子计算机的计算，求得大陆和海洋的降水量和径流量，蒸发量作为水量平衡方程余项处理，所得结果与由表 6 换算求得的蒸发量很接近，经过误差调整，所得全球、陆地和海洋水量平衡分量值与其他作者得到的结果列于表 12 中，以便比较。以水层厚度表示的值列于表 13 中，其中 N_L、V_L、A_L 和 N_S、V_S、A_S 分别代表陆地和海洋的降水量、蒸发量和径流量。

表 12   不同作者计算得出的世界水量平衡分量值   单位 $\times 10^3\,km^3$

作者	年份	N_L	V_L	$A_L = A_S$	N_S	V_S	$N_G = V_G$	$N_G = V_G$ (mm)
JACOBS	1951				379	449	880	
PRIVETT	1960				428	498	975	
ALBRECHT	1960				378	411	478	940
KNOCH	1961				396		506	990
БУДЫКО	1963	107	61	46/48	404	452	512	1000
MIRA ATLAS	1964	108	72	36	412	448	520	1020
MATHER	1970	106	69	37	382	419	488	955
БУДЫКО	1970				412	455	519	1020
FORTAK	1971	107	62	45	405	450	510	1000
BAUMGARTNER	1973	111	71	40	385	425	496	973
贺庆棠	1983	110	64	46	417	463	527	1033

表 13   世界水量平衡分量值

分量	N_L	V_L	A_L	A_S	V_S	N_S
水量（$\times 10^3\,km^3$）	110	64	46	−46	463	417
水层厚度（mm）	738	430	308	−127	1282	1155

全球 $N_G = V_G = 527 \times 10^3\,km^3 = 1033\,mm$

    图 3 是以表 13 中数值所绘之世界水分循环图。

    全球年平均降水量 1033mm 或 $527 \times 10^3\,km^3$，相当于大气中水量 $13 \times 10^3\,km^3$ 的 40 倍，由此可知，一年中全球水分循环次数为 40 次，大约平均 9~10 天循环一次。

    下面分别就森林对水量平衡各分量的影响进行讨论。

    森林蒸发量比空旷地大，这在前面已讨论过，它适合于

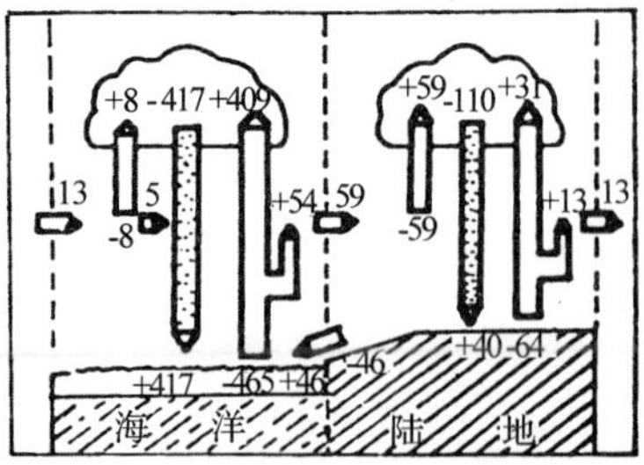

图 3 全球水分循环（以 1000km³）

$$\frac{V_W}{V_F} > 1 \qquad (14)$$

    森林蒸发量大的生物学原因在于，森林获得较多的净辐射；有着较大的蒸发表面积；具有较深的根系和巨大吸水力。

据表9，森林使全球蒸发耗热量改变为 3.33×10^{21} cal/年或相当于 5.55×10^3 km³ 水量。如果全球没有森林，大陆蒸发量将减少 8.7% 或年平均 37mm；以全球而论，蒸发量将减少 0.05% 或年平均 11mm（见表14）。与巨大的海洋蒸发相比，森林对蒸发的影响是有限的。

表14　森林对蒸发量的影响

地类	蒸发量		改变量		改变后		占现在量的%
	$\times 10^3$ km³	mm	$\times 10^3$ km³	mm	$\times 10^3$ km³	mm	
陆地	64	430	5.55	37	58.45	393	8.7
全球	527	1033	5.55	11	521.45	1022	1.05

关于森林对降水量的影响，即森林能否增加降水问题，世界上各国的科学家经过100多年的研究，现在仍存在分歧。不过多数人已趋向于森林对降水量影响很小或很有限，一般不超过 3% ~ 5% [20]。对于小面积森林，不少人的研究已肯定，降水是没有改变的。

从全球范围看，森林增加的蒸发量无疑等于全球降水量的增加量。也就是可增加 5.55×10^3 km³ 降水量，占全球降水量 527×10^3 km³ 的 1.05%。

森林对整个陆地降水量的影响，除受到森林增加的蒸发量数量影响外，主要决定于陆地降水量中有多少水分来自海洋蒸发的水汽，有多少来自陆地本身蒸发的水汽。陆地降水量中，来自陆地蒸发的水汽愈多，因森林蒸发而形成对降水的影响也愈大。对于陆地来说，来自海洋的水汽降水称为外源水汽降水（N_a），来自陆地蒸发的水汽降水称为内源水汽降水（N_i）；对于海洋来说正相反，前者称为内源水汽降水，后者称为外源水汽降水。据 Булыко 等[21]的研究，世界海洋上的降水以内源水汽为主，陆地上的降水则以外源水汽降水为主。他们曾计算大范围（1500km 以上至以洲为单位）大气中的水汽输送量，并得到了世界陆地各洲外源水汽降水占总降水量的比值。据此，我们以加权平均法求得了整个陆地蒸发量在形成内源水汽降水最中的比值，并得出，陆地蒸发量中约有 58% 形成内源水汽降水，内源水汽降水量占陆地总降水量平均为 36%，外源水汽降水量占 64%。在内陆腹地干燥地区，外源水汽降水占 89%，内陆腹地蒸发量仅有 13% 形成内源水汽降水（表15）。以此为标准，推算森林对整个陆地降水量的影响。如果全球没有森林，蒸发量将减少 5.55×10^3 km³，原来这些水汽在形成陆地内源水汽降水中仅有 58% 参加，没有森林后降水量的减少也只有蒸发量减少值的 58%，即 3.219×10^3 km³，相当于陆地降水量年平均减少 21.6mm，占陆地年平均降水量 738mm 的 2.9%，据水量平衡方程（12）式，可得到陆地径流量相应增加量为 2.331×10^3 km³，或相当陆地年平均径流量增加 15.6mm，或占陆地径流量 308mm 的 5.1%（见表16）。

表15　陆地内源水汽降水量与蒸发量的关系

洲 名	总降水量 N（km³）	外源水汽降水量 N_a（km³）	内源水汽降水量 N_i（km³）	N_a/N	蒸发量 V（km³）	N_i/N
欧洲	7540	5310	2230	0.70	4745	0.47
亚洲	25700	15860	9840	0.62	15138	0.65
非洲	21410	15080	6330	0.70	15439	0.41
北美	16150	9790	6360	0.61	9217	0.69

（续）

洲　名	总降水量 N （ km^3 ）	外源水汽降水量 N_a（ km^3 ）	内源水汽降水量 N_i（ km^3 ）	N_a/N	蒸发量 V （ km^3 ）	N_i/N
南美	28400	16900	11500	0.60	15132	0.76
大洋洲	34700	3040	430	0.88	3071	0.14
极地大陆	119.6	114.4	5.2	0.97	52	0.10
整个大陆	102789.6	66094.4	36695.2	0.64	62794	0.58
内陆腹地	6089	5432	657	0.89	5054	0.13
亚洲内陆腹地	2600	2200	400	0.85	2000	0.20

表 16　　没有森林陆地水量平衡分量的变化

地类	分量值	降水量		蒸发量		径流量	
		$\times 10^3 km^3$	mm	$\times 10^3 km^3$	mm	$\times 10^3 km^3$	mm
陆地	现有值	110	738	64	430	46	308
	改变后	106.8	716.4	58.5	392.8	48.2	323.6
	改变量	−3.22	−21.6	−5.55	−37.2	+2.33	+15.6
	占现有值%	−2.9		−8.7		+5.1	
全球	改变率	−1.05		−1.05		—	

如果全球没有森林，造成全球水量平衡的改变可见表17。

表 17　　没有森林时全球水量平衡的变化　　　　　　　单位： $\times 10^3 km^3$

名称	N_L	V_L	A_L	A_S	V_S	N_S
现有值	110	64	46	46	463	417
改变后	106.78	58.45	48.33	48.33	463.9	415.57
改变量	3.22	5.55	2.33	2.33	0.9	1.43
改变率	−2.9	−8.7	+5.1	+5.1	+0.2	−0.3
全球	$N_G = V_G = 522.35 \times 10^3 km^3 = 1024$　　改变率 $= 0.9\%$					

如果全球没有森林，不仅陆地水分平衡发生了改变，而且也将引起海洋水量平衡的变化。因来自陆地的外源水汽减少，海洋降水量也有减少。海洋向陆地上空的水汽输送量（ A_S ）将有增加（表17）。由于海洋向陆地上空的水汽输送量增加，可能又有使陆地降水量增加的趋势，以阻止因无林引起的陆地降水量的减少。这一系列连锁反应说明：像自然界所有功能系统一样，地气系统内部各个因素是相互影响和相互制约的，而且存在反馈和自动控制与调节过程。地球上巨大的海洋面积对地气系统的能量和水分收支以及地球边界层气候起着主要控制和调节作用，具有决定性的影响。人类活动使森林覆盖率改变后，仅能引起地气系统水分和热量收支有少量变化，给地球边界层气候带来一些量的改变，但不可能产生根本质的影响。

关于森林对大陆局部地区降水的影响，包括对林区、林区附近及无林区降水量的影响，这些情况比较复杂，很难抽象地作出肯定或否定的回答。因为大气作为流体是处于连续的、不断运动和变化之中的，局部地区降水的产生主要受到大气环流和天气系统的影响。从降水成因分析，无论是台风雨、气旋雨，还是地形雨和热雷雨，它们产生的原因主要不是因为森林的存在。对降水形成来说，森林仅能比无林地在生长季通过蒸发多提供一些水汽给大气，森林面积愈大，覆盖率愈高，提供的水汽更多一些。小面积森林提供的水汽有限，对于往往上百千米范围的气团和天气系统所提供的水汽是微不足道的。至于森林多提供给大气的水汽，能否参加降水的形成也是不一定的。因为从水汽到形成降水，还要经过凝结、成云、云滴增长到成为降水落到地面一系列物理过程，受到许多因素的影响，即使能促进降水形成，由于气团和天气系统处于不断运动中，降水也不一定落在林区，也可能降在林区以外的地方。因此有可能林区降水量并不增加，而林区以外的无林地反而有所增加；也有可能林区降水量有所增加，但并非森林的影响造成的，而是过境的低压系统强度和数量变化的结果。同样，林区以外的无林地降水量的增多，也可能不是森林的影响，而是天气变化的结果。当然也存在受森林影响林区降水量增加的可能性。当森林面积足够大，大到几百上千千米范围，如果气团和低压天气系统移动缓慢；或在大气环流的某种阻塞形势下，气团或低压系统在大范围林区作短暂停滞或成准静止状态；或者是多气旋与锋面过境的林区；或者林区处于地球上常定低压带内，这些地方森林多蒸发的水汽有可能有一部分成为降水，降在林区及其附近，降水量有可能增加，但因森林通过蒸发多提供的水汽有限，而且也不可能全部成为降水，有相当一部分随天气系统而移向林区以外，故这些地区森林所增加的降水量也是很少和很有限的。

世界上的森林主要分布在热带和北纬 50°~70°范围，这里是地球上常定的低压带，降水较多适于森林生长，形成了较大面积森林；而此地大面积森林反过来也可能会对降水产生影响。迄今为止，大量在热带雨林地区对降水量观测结果，森林对降水量的增加仅有 1%~2%[22-23]。在北纬 50°~70°多林地区的观测所得结果，一般也只有 1%~2%，最多为 3%~5%[20]。仅 Нестеров[24]等个别人测定结果在 10%以上。Geiger 等认为[22-23]这是由于林区风小，雨量筒测定误差包含在内的结果。我们目前的科学水平和研究手段还不能对局部地区降水量是否受到森林的影响，从影响局部地区降水量的错纵复杂的因素中加以分辨，这是目前解决这一问题的主要障碍。

根据上述分析得出，森林对全球和陆地降水量均有少量影响；对局部地区降水量的影响情况比较复杂，有的大面积森林有可能使降水量有少量增加，而小面积森林不能改变当地降水量。随着气团和天气系统的移动，大气环流的影响，可使森林对降水量的少量影响到达无林区以至海洋上，使那里的降水量可能也有少量增加。林区降水量(N_W)与空旷地降水量(N_F)的关系可表示为：

$$\frac{N_W}{N_F} \geq 1 \tag{15}$$

由于森林蒸发消耗大量水分，通常森林地区的径流量(A_W)比空旷地(A_F)减小。

$$\frac{A_W}{A_F} < 1 \tag{16}$$

据 A. A. Молчанов 得到[23]随流域森林覆盖率增大，径流系数减小，森林覆盖率每增加 10%，径流量减少 2%~5%，从表 16 和表 17 可见，如果全球没有森林，陆地径流量将增

加 $2.33 \times 10^3 \text{km}^3$ 或等于 15.6mm。

我国水量平衡各分量值，作者[26]曾计算得到表 18。关于森林对我国水量平衡的影响，以表 10 中森林对我国蒸发耗热量的改变值换算为蒸发量，再以表 15 中亚洲的 N_i/V 平均比值 0.65 作为森林蒸发的水汽参与形成降水的比值，求得森林对我国降水量的改变量，径流量的改变作为水平衡方程的余项处理，得到表 19。

表 18　中国的水量平衡

分量名称	水量		占降水量%	占陆地量%	占全球量%
	$\times 10^3 \text{km}^3$	mm			
降水量	5.66	589.4	100	5.2	1.1
蒸发量	3.58	372.5	63	5.6	0.7
径流量	2.08	216.9	37	4.5	—

表 19　森林对我国水量平衡的影响

森林覆盖率	分量值	降水量		蒸发量		径流量	
		mm	$\times 10^3 \text{km}^3$	mm	$\times 10^3 \text{km}^3$	mm	$\times 10^3 \text{km}^3$
现有 12.7%	现有值	589.4	5.66	372.5	3.58	216.9	2.08
	无林后	575.4	5.53	351.5	3.38	223.9	2.15
	改变量	14	0.133	21	0.204	7	0.071
	改变率	−2.4		−5.6		+3.2	
将来 30%	无林值	575.4	5.53	351.5	3.38	223.9	2.15
	改变后	608.4	5.84	401.5	3.86	206.9	1.98
	改变量	33	0.314	50	0.483	17	0.17
	改变率	+5.7		+14.2		−7.6	
	占现有值%	+5.6		+13.4		−7.8	

由表 19 可知，如以我国森林增加的蒸发量 65% 参加水分小循环形成降水，并全部降在国土上，那么现有森林使降水量提高了 2.4%，径流量减少了 3.2%。当我国森林覆盖率达到 30% 以后，估计我国降水量比现在可能提高 5.6%，蒸发量增大 13.4%，径流量减少7.8%。实际上，我国森林可能增加的降水量不一定能全部降在本国国土上，因此，森林对我国降水量的影响估计小于表 19 中的数值。在比较干旱地区，大面积造林，使蒸发量增大较多，而这些地区本来降水不多，空气比较干燥，森林蒸发所增加的大气中水汽量，很少能使当地降水增多。由表 15 可见，内陆腹地内源水汽降水量全球平均仅占内陆蒸发量的13%。亚洲内陆腹地内源水汽降水量仅占内陆蒸发量 20%。这样在较干旱地区，由于森林蒸发，使水分消耗增多，可能造成河流径流量及地下水贮量减少，带来地区水分状况更为不良，这是在指导林业建设中值得注意和研究的问题。

我国东南部(包括东北地区)和西南部在生长季有来自太平洋和印度洋的暖湿气团，降水丰沛，水分充足，这里具有森林生长的极有利条件。在这些地区利用一切可造林绿化的四旁和荒山荒地，大力营造新林，不仅森林生长快、周期短，能较迅速地解决我国"四化"建设所需的林副产品，而且在改善环境、调节气候、保持水土等方面将起到有益作用。在夏季，森林对大气的影响(增加空气湿度、缓和气温变化等)随着夏季风影响到我国西部和西北部夏季风可到达的地区。所以无论从获得更多林副产品上，还是从利用森林改善环境调节气候上，把我国东南部和西南部作为林业建设的重点地区是最经济又有利于环境改善的。至于我国西部和西北部地区，在具备一定水分条件的地区，因地制宜的适当营造各种防护林也是必要和可行的。

4 森林对地气系统气体交换的影响

森林与大气的交换，主要是 O_2 和 CO_2 的交换。通常光合作用放出的 O_2 比呼吸作用消耗 O_2 多，大约为它的 20 倍，因此，森林是 O_2 的生产者。在光合作用中，植物吸收 1g 分子 CO_2 放出 1g 分子 O_2。也就是森林在光合作用中吸收 1g CO_2，可放出 0.73g O_2。形成 1g 干物质产量需 1.83g CO_2，可放出 1.34g O_2。根据这个关系，以表 2 中地球干物质年产量计算得出地球上植物年吸收 CO_2 量和放出 O_2 量(表 20)。

表 20　全球 O_2 年产量和植物对 CO_2 年消耗量

地类	干物质年产量 $\times 10^9$ t	氧年产量 $\times 10^9$ t	占全球产量%	二氧化碳年消耗量 $\times 10^9$ t	占大气中 CO_2 量 %
森林	65	87	42	119	6.6
农地	9	12	6	17	0.9
草地等	15	20	10	27	1.5
其他	11	15	7	20	1.1
陆地合计	100	134	65	183	10.1
海洋合计	55	74	35	101	5.6
全球总计	155	208	100	284	15.7

尽管全球仅有 10% 左右的森林覆盖率，但大气中 O_2 的再生，森林占 42%。地球大气中 O_2 的含量约为 1.3×10^{15} t，全球每年生产的 O_2 为 208×10^9 t，前者比后者大 6250 倍。每天每人呼吸需 O_2 量为 500g 左右(约需 10~20 株林木或 1~2 株孤立木生产的 O_2)，地球人口以 47 亿计，人类呼吸需 O_2 量为 8.6×10^8 t/年，燃烧消耗 3×10^9 t/年，大约年生产 O_2 的 1/5 用于有机物分解的氧化上。因此，地球上 O_2 的年消耗量仅是其年产量的一小部分。人们不必担心地球大气会发生缺乏 O_2 的问题。森林 O_2 的年产量与大气中 O_2 含量相比，仅占它的十万分之七。

目前大气中 CO_2 量为 1.8×10^{12} t，为大气总重量 5.14×10^{15} t 的 0.03%。植物光合作用年固定大气中 CO_2 总量为 284×10^9 t(表 20)，占大气中 CO_2 重量的 15.7%，其中森林固定量为 119×10^9 t/年，占大气中量的 6.6%，占全球植物固定 CO_2 量的 42%。因此森林对减少空气中由于工业燃烧等进入大气中 CO_2 的量是有显著作用的。

关于我国森林及将来森林覆盖率达 30% 后，对于 O_2 生产和大气中 CO_2 的消耗量，以表

10 中我国森林年同化固定的能量，除以形成 1g 森林干物质在我国约需 4.7kcal 能量，求得干物质年产量，然后计算出 O_2 年产量和 CO_2 年消耗量（表 21）。

表 21　我国森林 O_2 年产量和 CO_2 年消耗量

森林覆盖率	干物质年产量 $\times 10^9 t$	O_2 年产量 $\times 10^9 t$	占全球 O_2 年产量 %	CO_2 年消耗量 $\times 10^9 t$	占大气中量 CO_2 %
12.7%（现有）	1.55	2.08	1.0	2.84	0.16
30%（将来）	3.68	4.93	2.4	6.73	0.37

我国现有森林对 O_2 的年产量估计可达 $2.08 \times 10^9 t$，以十亿人口计，我国人民年呼吸需 O_2 量的 $0.183 \times 10^9 t$，占森林 O_2 年产量的 8.8%。我国现有森林 CO_2 年消耗量 $2.84 \times 10^9 t$，占大气中 CO_2 含量的 0.16%，如果我国森林将来达到 30% 覆盖率后，年消耗 CO_2 量可提高到占大气中 CO_2 量的 0.37%。

5　初步结论

（1）人类活动使地球上森林覆盖率改变，可引起地球上局部地区、整个大陆以至全球范围能量平衡、水量平衡、大气中 O_2 和 CO_2 含量的改变。但这种改变对全球来说是微小的，对整个大陆是有限的，在局部地区较明显。而地球上巨大的海洋面积对地气系统的能量和水分收支起着主要控制和调节作用，具有决定性的意义。

（2）我国现有森林和将来森林覆盖率达到 30% 后，使我国地面能量收入增加量占地面总辐射总量的 1.35% ~ 3.19%；森林同化固定能量由占 0.05% 增大到 0.13%；蒸发量的增加为 5.6% ~ 13.4%；径流量减少 3.2% ~ 7.8%；降水量可能增加 2.4% ~ 5.6%；空气中 O_2 和 CO_2 含量也会受到一定影响。

（3）我国林业建设重点地区应在我国东南部（包括东北地区）和西南部。西部和西北部地区，在具有森林生长所需的条件，主要是水分条件的地区，可因地制宜地适当营造各种防护林。

参考文献

［1］贺庆棠，邵海荣. 如何正确评价森林与气候的相互作用，北京林学院学报，1981（1）：63.

［2］邵海荣，贺庆棠. 从西双版纳的气候变化看森林对气候的影响（摘要）. 地理知识，1982（1）：28.

［3］H. Lieth. Ba sis und Grenze für die Menschheitsentwicklung. Staffproduktion der Pflanzen Umschau，1974（6）：169 – 174.

［4］V. Droste, Stuktur und Biomasse eines Fichtenbestandes auf Grund einer Dimensionsanalyse an Oberirdischen Baumorganen Z. Uni. München 1969：198 – 199.

［5］A. Baumgartner. Wald als Austauschfaktor in der Grenzschicht Erd/Atmosphäre Forstw. Cbl. 1971（90）：174 – 182.

［6］A. Baumgartner. Einfluss energetische Faktor auf Klima, Produktion und Wasserumsatz in bewaldeten Einzugsgebieten IOFRO – KNOF camsvill USA，1971（34）.

［7］М. И. Будыко. АТЛАС теплового Баланса земиого ЩАРА изл. межд. геоф. комитета，1963.

［8］W . Rudloff. World – Climates With tables of climatic and practical suggestions. 1982：275 – 284.

［9］贺庆棠，刘祚昌. 森林的热量平衡，林业科学，1980(1)：24－33

［10］A. Baumgartner. Untersuchung über der Wärme und Wasserhaushalt eines jungen Wald Bericht. d. dt. Wetterdienstes，1956(5).

［11］贺庆棠. 森林生态系统的能量流动. 自然资源，1980(3)：64－71.

［12］M. Kirchner, Anthropogene Einflüsse auf die Oberflachenalbedo und die Parameter des Austausches an der Grenze Erd/Atmosphäre. Uni. München Meteo. Institut，W. Mitt. Nr. 1977(31).

［13］贺庆棠等. 油松、加杨蒸腾强度的研究，北京市园林绿化年报，1961.

［14］R . Keller. Gewässer und Wasserhaushalt des Festlandes Berlin，1961(520).

［15］S. Manabe, R. Wetherald. Thermal equilibrium of the atmosphere with a given distribution of relative humidity J. Atmos. Sci，1967(24)：241－259.

［16］中央气象局. 中华人民共和国气候图集. 北京：地图出版社，1976.

［17］H. Hoinkes. Das Eis der Erde Umschau，1968：301－306.

［18］Frits von Leeden. Water resources of the world selected statistico.

［19］A. . Baumgartner, E. Reichel. Die Weltwasser Bilanz R. Oldenbourg Verlag，1975：17－19.

［20］G . Flemming. Wald, Wetter, Klima VEB Berlin，1982：64－65.

［21］М. И. Будыко, Мировой Бодный Баланс и Водные Ресурси Земли Гидомет，1974：91－104.

［22］R . Geiger. Das Klima der Bodennahen Luftschicht Vieweg Braunschweig，1961.

［23］J . Kittredge. , Forest influences, Mc Graw－Hill Book New York，1948.

［24］聂斯切洛夫［苏］著. 森林学. 蔡以纯译. 北京：中国林业出版社，1957.

［25］А. А. Молчанов. Pecularities of hydrology of Catchment basino and the determination of the optimum land use, Madri Pap，1966：Ⅸ6－29.

［26］He Qingtang, Wasserbilanz und Pflanzenproduktion in China Uni. München，1983.

国外森林气象学的发展概况[*]

贺庆棠

1 森林气象学的概念

森林气象学是研究森林与大气间相互影响和作用的科学。其中研究气象或气候条件对森林生长、发育和产量的影响；灾害性天气对林木的危害等，属于气象学在林业范围的应用，为应用气象学的范畴，正如同农业气象学，医疗气象学等应用气象学一样，可把这部分研究内容，称为林业气象学[1][2]；其中研究森林(包括树丛、林带等)对大气的影响，即把森林作为对大气物理现象和过程的影响因子来研究，也正如地形气象学、热带气象学等各个气象学分支一样，它不属于应用气象学范畴，而是气象学本身的一部分，故也可把研究森林对大气影响问题，称为森林气象学[1]。为了避免名词过多和应用起来发生混乱，国际上建议将上述两方面的研究内容统一在森林气象学这一名称下，并推荐用 Silvimeteorology(森林气象学)这个统一名称[1]。实际上世界各国从事森林气象研究的单位和学者，多年来所从事的研究工作，也主要是从上述两方面着手的[3]。具体说森林气象学的研究主要包括：

(1)研究森林植物和林木生长地表和空间的大气和大气现象；

(2)大气对树木和森林的影响；

(3)森林对大气的反作用。

2 国外森林气象学的发展概况

从 1745～1783 年间 Hunter 和 Schaepff 在美国纽约开始研究树干内温度的变化算起，森林气象学的研究已有200多年的历史了[3]。但直到今天，仍未形成一个较完整的学科体系，也还没有一本较全面系统的包括整个森林气象学内容的教科书[4]。其进展迟缓的原因，主要是由于这个问题的复杂性，目前的科学技术水平还无法把森林的影响从影响大气的错综复杂的因素中区分出来。现在，由于地球环境的日益变坏，大气愈来愈被工业的高度发展所污染，人们普遍感到保护地球环境、维持和改善生态平衡的重要性和迫切性，森林影响问题，更加引起了人们的重视，研究这个问题的人越来越多，并利用电子计算机进行了一些模拟，使这一问题的研究有了一些新进展和突破。

2.1 森林气候的研究

可分为3个阶段，第一阶段是以树干为研究对象；第二阶段为树干空间气候的研究；第三阶段为林分气候的研究。

2.1.1 关于树干温度的研究

树干是森林气象学最早的研究对象。直到今天在林业生产上仍有价值。在 Hunter 和

---

* 北京林学院学报，1984.9. 第3期

Schaepff 之后，1796～1800 年，Pictet 和 Maurich 在瑞士的日内瓦进行了树干温度的测定[3]。他们得到树干温度比周围气温平均低 0.5℃，同时随时间和季节而有变化。在以后的半个世纪，具有类似成果的观测，在不同地点重复进行着。如 Bourgeau 在加拿大，Becquerel 在巴黎等[3]。1860～1900 年间，几乎在所有欧洲国家都建立了森林对比观测站，并对林缘树木树皮的日灼和冻害，夏季近地层过热造成幼年植物的干旱危害，以及堆积木材的干裂危害进行了研究。以后 Gerlach[5]、Haarlvo[6]、Petrov[7]、Mahrlnger[8]、Mayer[9] 等不仅研究树干内部温度，进一步研究了树皮及树干表面温度。从大量的研究得知：树干的热运动主要决定于太阳辐射强度、周围气温、树皮厚度、颜色和粗糙度等因子。由此可得出：可能出现多高的树干温度，对树干形成层、形成层与木材之间以及木材内部会带来什么影响，以及树皮过热时对物质生产有怎样的影响。现在已知，热量在木材内的传导速度大约为每小时 2cm，中午的热波进入到直径半米的树干中心，大约在午夜，而且在这里温度日振幅已消失。一天中树干表面温度最高值出现在下午，树干的西南向表面。冬季太阳高度低，树干得到的太阳辐射比夏季多。

Forster[10] 曾试图用数学模型来解决树干内的热量流动问题。由于树干的热流除了 x、y、z 三个方向流动外，还有辐射方向的流动，并随木材密度、结构、水分含量、年轮宽窄及水分在导管或管胞中的流动所引起的热流变化而变化，使问题变得很复杂，虽未得到十分满意的结果，但开辟了一个新的研究树干内热流的新方向，使树干内温度和热量从用各种类似温度表的测定进入到了理论模拟的计算阶段。

2.1.2 关于树干空间气候的研究

森林气象学发展的第二阶段是从 20 世纪中叶开始的。由于工业的发展，森林破坏加速，人们十分关心由有林地变为无林地后，气候因子的变化，许多国家纷纷建立森林气象对比观测站。其目的是试图找出森林气候与空旷地气候的差别，森林对地方气候的影响。Krutzsch1862 年第一个在德国萨克森建立了 9 个对比站，1866 年 Rivoli 在波兰的波森，1868 年 Ebermayer 在德国巴伐利亚和捷克的波希米亚，1874～1877 年 Müttrich 在法国南锡先后建起了对比站。1876 年在瑞士和俄国也开始了大量建站。1884 年奥地利在对比站的基础上，发展为"辐射状"的对比观测站，即一个站在林内，另外四个站在围绕林内站的四周不同距离的空旷地上。1879 年在罗马召开的第二次国际气象学术会议上，组织了一个委员会共同编写了植物与气象因子相互影响的观测规范，对对比站的观测工作起到了良好指导作用。通过这些对比站的观测，获得了大量树干空间气候与空旷地气候差别的资料。Ebermayer[11]、Müttrich、Schubert 等先后发表了关于森林对空气和土壤的物理影响方面的文章。1893 年 Fernow 和 Harrington[12] 写了《森林的影响》一书，这是森林气象学最早的著作。

从观测得到的新知识是：森林内有一种特殊气候，它不同于空旷地气候。森林树干空间的气温年平均比空旷地低 1℃，10 月至 2 月林内比空旷地高 0.6℃，3 月至 9 月则低 1℃。林冠的遮蔽使林内气温日振幅减小，夏季可达 4℃。森林土壤在所有深度的年平均温度都比空旷地低，温度振幅亦减小。绝对湿度林内外差别很小，但相对湿度林内较高，月平均高出 10% 左右，针叶林与有叶期间的阔叶林，无明显差别。此外，树干空间气候主要受到林分密度、郁闭度等林分因子的影响。

森林气象对比站的存在，前后有近 100 年，今天几乎没有了，然而其研究结果却为研究林分气候打下了基础。由于树干空间气候仅是林分气候的一部分，因此它并没有也不可能完全达到人们在建立森林气象对比站时的预期效果。

2.1.3 关于林分气候的研究

森林气象学发展的最近阶段是研究从森林土壤至林冠以上整个林分空间的气候。全面观测林分空间气候是 1924 年 Geiger 在德国开始的，以后 Burger[14]、Baumgartner[15]、Lützke[16] 等都做了大量工作。Geiger 在对林分气候长期研究工作的基础上，综合了各国研究成果，于 1961 年出版了《近地层气候》一书，书中第四章"森林气象学的气候问题"，对林分气候作了全面论述，是对森林气象学的一个重要发展。以后还有 Lee 的《森林小气候》和 Молчанов 的《森林气候》等书，对林分气候有进一步论述。

从林分空间的结构和气象要素分布，人们已知林分气候可分为：森林表面、林冠空间、树干空间和森林土壤四个气候带。白天，林冠吸收、反射和透射太阳辐射，是林分最热的带；夜间，林冠放出长波辐射，是最冷的带；林冠蒸腾放出水汽，是水汽的源地；林冠粗糙，使林内风速减小，提高了林分上空的空气湍流强度；因此，林冠是森林的主要作用面，而林地则起着次要作用面的作用。

从 20 世纪 50 年代以来，林分气候的研究主要倾向于分析林分空间气象要素的分布及其产生原因，分析林分参数如叶面积系数等的作用，由此进一步发展为对林分气候进行数学模型描述，并与研究林分生产率紧密结合在一起。例如 Monsi 和 Saeki[17] 得到林分相对光照强度随叶面积系数增大成线性减少的规律，提出了著名的光廓线公式。Isobe、Kuroiwa、Wit 等人还对叶子的倾角从理论进行了考虑，当叶子水平时，叶面积系数等于 3，林分下的光照强度 5% 是林分生产的最低条件[3]。Begg 和 Philipp 关于林分温度和湿度的垂直分布，Poppendick、Recfsngder、Saito、Takeda[18] 等关于林分的风廓线，Lemon、Inoue 和 Uchijima 关于交换因子的分布都作过研究，现在已知林分气象要素的分布与林分参数一系列因子的关系，并可初步用数学模型加以描述。

2.2 森林的热量收支和能量平衡的研究

根据能量守恒定律，一个物体所得到的能量，一定等于消耗于内能的改变和物体对外作功上。森林的热量收支和能量平衡的研究，主要是研究在一定时间内能量怎样在森林中流动，流往何处，以及多少被森林利用。

1930 年 Albrecht[20] 提出了森林的能量平衡方程，即：

$$S = B + P + L + V + K$$

式中：S——辐射平衡；

$\quad\quad B$——土壤热交换；

$\quad\quad P$——森林植物体内含热量和林分空间内空气热量；

$\quad\quad L$——空气可感热；

$\quad\quad V$——蒸发耗热；

$\quad\quad K$——光合作用耗热。

森林的能量平衡方程给森林中能量的流动提供了检验和研究的可能性。由于森林的能量流动是森林植物生长的动力，也是林分中气象要素分布和森林气候形成的物理基础，因此从 20 世纪 50 年代以来，森林中能量的流动，引起了很大重视，在国外不少人从事这方面的研究。

1952 ~ 1956 年 Baumgartner[15] 第一个系统地测定了森林的能量平衡分量值。以后 Payhep[21-22]1960～1972 年又对此问题作了大量研究，发表了《森林的热量平衡》等著作。1977年 Руднев 在森林的辐射平衡方面也出版了专著[23]。Ross[24]最近的著作，对森林的辐射状况用数学方法进行了大量理论分析，使森林能量流动的研究，从野外观测进入到了理论分析和数学模拟的新阶段。

根据这些研究确认，林内辐射平衡所有项在数量和质量上均发生改变。与其他地类相比，森林反射率是较小的，通常针叶林约为 10%，阔叶林 15%，相反绿地为 25%，夏天的谷物地 35%。森林反射率较小，吸收较多的太阳辐射，它影响到地方光照气候。太阳辐射透过林冠时，受到吸收，反射等使林冠向树干空间太阳辐射急骤减低。由于太阳辐射分布在整个林分空间范围内，由此造成白天森林表面比空旷地有较低温度。夜间因长波辐射森林表面比空旷地减少，故其温度又比空旷地稍高。森林的辐射平衡(S)比空旷地大。生长季 B 和 P 约占 S 的 10%，L 占 20%～30%，V 占 60%～70%，K 占 2% 以下，森林具有较多的净辐射，并主要消耗于水分蒸发上。

3 森林水文气象和森林水量平衡的研究

森林的水量平衡通常用下式描述

$$N = A + V + R + B$$

式中：N——降水量；

V——蒸发量；

A——径流量；

R——土壤贮水量；

B——植物体内结合水量。

落到森林土壤上的降水量(N_0)，包括通过林冠空隙落到地面的降水量(N_f)，从林冠滴落到林地的降水量(N_t)，沿树干流到林地的降水量(N_s)。故

$$N_0 = N_f + N_t + N_s$$

径流量(A)包括地表径流(A_0)，地下径流(A_I)及渗漏水(S_I)。渗漏水是由毛管上升水和土壤水中水汽的扩散部分组成。故

$$A = A_0 + A_I + S_I$$

蒸发量(V)包括森林蒸腾(T)，森林截持水的蒸发(I)和林地蒸发(E)。故

$$V = T + I + E$$

森林水量平衡的所有这些分量均随林分种类、结构、密度等因子而变化。

森林的水量平衡是森林气象学研究较早的内容。经过 100 多年的观测和研究，现在多数人认为森林很少能增加大气垂直降水。Müttrich[25]、Schubert[26]、Penman[27] 和 Kittredge[28]等在这方面曾作了大量研究，他们一致认为森林对大气垂直降水影响很小。山脊上的森林和多雾地区的森林，能捕获或截持雾滴等，使水平降水量增多，这是众所周知的事实。

通过林冠截持降水，仅有 2/3 降水量到达林地。林冠相对截持量随降水量增加而减少，而绝对截持量通常为 3～10mm 降水。随林分郁闭度增加截持量增多，阔叶林截持量少于针叶林。Hoppe[29]得到云杉林截持降水 41%，松林 24%，山毛榉林 20%。林冠截持量还决定于降水强度，降水强度愈大，截持量愈小。

森林蒸发量是森林水量平衡的主要项目。Baumgartner[30]综合了大量关于森林蒸发的研

究成果，与其他地类进行比较，得出森林蒸发通常比低矮植被蒸发量大，大约大 10% ~ 30%，几乎与水面蒸发一样。通过蒸发不仅影响到地区的水量平衡，而且影响到地区的热量收支。随着地区造林绿化后林分年龄的增长，以及流域森林覆盖率的增加，森林蒸发量增大，从而使林区径流量减少。森林通过蒸发大量消耗水分，在干燥地区，特别是副热带少雨地区，盲目扩大森林面积会带来地区的严重水分缺乏，以致破坏其生态平衡，带来生态灾难。在过湿地区，如斯堪的纳维亚和北方森林地区，这里水分过剩，森林作为大量的水分消耗者而受到欢迎，砍去这里森林如不及时采取措施，更新或造林，土壤就会发生沼泽化[30]，这种情况在我国东北小兴安岭林区也可以见到。

关于森林是否是水的生产者，国际上也曾有过争论，目前已趋于统一。有的人曾从小面积水平衡场观测得出，造林后地区河流流量有所增加，似乎森林是水的生产者。以后许多国家进行大面积的流域水量平衡试验研究，一致得出森林并不能生产水，相反由于森林的蒸发消耗大量水，使流域的河流流量减少了，并随着流域绿化面积的增加流量减少。从水量平衡方程可见，在一定地区降水量是一定的，当消耗于蒸发上的水分越多，径流量也愈少。从理论到实践都证实森林不可能生产水。但森林可涵养水分，防止洪水泛滥，在地区受到短时间干旱影响时，森林中流出的小溪，仍不断流，可使旱情缓和。但遇长期干旱时，森林因蒸发大可使地方更为干旱，旱灾更重。由于森林以其巨大的蒸发消耗水分，因此在美国等有的地方，为了获得更多水分用于工农业，有人采取砍伐森林以增加地表径流的方法，来满足水分的需要。显然这是不利于水土保持和生态平衡的杀鸡取卵之策。

近年来，除了研究森林对水分的数量影响外，关于森林对水质影响的研究也比较注意。许多研究者认为，从森林里流出的水，洁净适于饮用。森林能过滤含硝酸盐等化学成分及其他污染物的水，使其净化。

2.4 森林的气体、动量和物质交换的研究

森林与大气间除了进行能量和水汽交换外，还经常进行着气体、能量和物质交换。森林通过光合作用吸收大气中 CO_2 使它成为 C 素储存于植物体中，这对于目前由于工业和民用燃烧使大气中 CO_2 含量的急剧增高，将起到一定的抑制作用。Baumgartner[31]计算过光合生产中 CO_2 和 O_2 的状况，得出生产一个单位干物质需利用 1.83 个单位 CO_2，放出 1.32 个单位 O_2。一片每公顷年产量 10t 干物质的森林，每年每公顷从大气中吸收 18.3tCO_2，放出 13.2tO_2。现在全球森林占地球面积的 10% 左右，占陆地面积 30% 以上，森林与大气中 CO_2 和 O_2 的交换作用，对全球的影响是不可忽视的。因此有人把森林称为"绿色的肺脏"。

大气中的气溶物质，包括天然的和人为来源的物质如有害气体、离子、尘埃、烟气等，被林冠截持后，通过林冠的吸收、过滤和吸附等作用，可使大气发生净化，同时也有一部分被结合为森林生物成分。森林与大气在物质交换过程中，其有利的一面是起到净化大气作用，并获得一部分空气养分(如空气中的 N、P、K、Ca、Na 等)；其不利的一面是某些有害气体和物质在浓度超过一定限度时，会给森林生长甚至森林生存带来严重危害，在工业发达的国家，酸雨已造成和正在造成部分林木的死亡。因此关于"森林与大气污染"问题的研究，也是当今比较注意的研究课题之一。由于这个问题与森林空气的湍流特性有关，促使不少人在进行森林湍流和动量交换的研究。

森林作为地球和大气间的边界面，影响到大气流场。林冠是摩擦层，它接受的动量流，通过树木的摇摆摩擦而大量消耗，同时经过粗糙的林冠，使空气乱流增强，乱流垂直混合增

大，这是森林和林带能消除空气污染和保护农田防止风沙危害的一个重要原因。关于森林与大气间动量交换的空气动力学的研究，由最初研究防护林带的防风效应，已发展到目前着手森林湍流机制和空气净化效应的研究。

此外，森林对于声波的作用及人为噪音的消除，对核辐射的作用等已经开展了研究。森林能过滤声波，特别是对高频声波有良好的消除作用。一个 200m 至 250m 宽的林带，对交通噪音能减低 35~45dB，这相当于声波经过空旷地 1.8~2.0km 后所减少的噪音。森林对"声波气候"影响的研究，近年来正在深入开展，仅联邦德国目前就有 30 多人在进行这方面工作。

2.5 森林立地气候的研究

气候对森林生长、发育和产量有着巨大影响。在同一气候条件下，不同立地条件有着不同的小气候特点；森林生长和产量也不同。因此研究森林的立地气候，对于造林、引种和良种选育、森林经营、林产品的生产有着很大意义。在同一气候条件下，森林立地气候的差异，主要是地形、海拔高度等因子的差异造成的。因此森林立地气候的研究，主要包括研究气候的地形特征，其次包括森林生长地区气候资料的加工整理。

森林生长地区气候资料，可以从收集气象站观测资料、气候图表、气候年鉴、气候图集等得到，然后加工整理，并参考物候和植物生长资料。

森林立地的地形气候特征的研究，通常采用的方法有：

(1) 设立临时的地形气候调查断面进行实地调查；

(2) 路线立地气候调查，用汽车、飞机等携带仪器进行路线调查，将得到资料与气象站观测资料对照并补充订正；

(3) 理论模拟，即根据气候因子与海拔高度、坡向、坡度、季节等因子关系，采用数学模型用电子计算机进行计算。

最早进行森林立地气候调查的是慕尼黑森林气象研究所的 Geiger[32]，他于 1927~1929 年在德国作了第一次地形气候断面调查。以后 Banmgartner[33-34] 用电的遥测仪在高差 700m、距离 7km 范围内设 120 个点作了立地气候调查。现在在立地气候断面调查中，多用无线电遥测，包括降水量、降雪密度、温度等气候要素。

路线立地调查做得最早的是 Schmidt[35]，他用汽车装载仪器进行。此外 Schnell 用目测雾带和霜冻界限勾绘地形气候图，Weischet 从风树的方向绘地形风向图等。

理论模拟方法在森林立地气候研究中运用是刚开始不久的，它是今后立地气候调查中值得推广的。Baumgartner 和 Lee[36] 根据地形与太阳辐射关系的理论计算图解，在德国作了立地气候调查，他们用地形图每 $10hm^2$ 面积调查一个坡向和坡度值，并绘在图上，然后以"地形与太阳辐射图解"，通过查算绘出了该地区年辐射等值线图。瑞士、奥地利也有人用类似方法作过立地气候调查。

2.6 森林对气候影响的研究

森林对气候的影响问题，150 多年来一直是林学家和森林气象学家们重视的问题，也是长期存在争论的问题。森林的存在能形成一种特殊的林分气候（或称为森林小气候），并对森林生长地区附近的地方气候产生一定影响，这是众所周知的。至于森林对大气候及全球气候的影响是目前争论的焦点。

关于森林对地方气候的影响，Baumgartner[3] 曾绘了下列示意图。

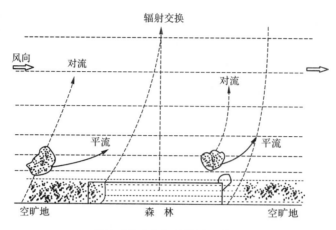

森林对地方气候的影响示意图

由上图可见，在森林的上风方向，空旷地气候特征流入林内，它大约在 5 倍林高的距离内与森林气候特性相混合，继续向前它已失去了空旷地气候特性。在林上，由空旷地流来的空气在垂直交换的影响下，强烈扩散，使空旷地气候特性在相当范围内带到了森林上空。森林气候特性的影响可伸展到下风方向较远的空旷地上空。森林对其周围空旷地和地方气候的影响范围，对于每个气候和水文因子是不同的。森林对太阳辐射的影响，首先是森林的反射率较小，约为 10% ~ 15%；森林对直接辐射的影响可达森林周围距离，为林高的 1 ~ 2 倍，冬天由于太阳高度低，辐射的遮蔽可达 5 倍林高距离，对于长波辐射的影响，因森林空气水汽含量较多，可达森林以外 100m 或更远距离，从而也影响到这一距离内的空气温度[36]。林冠对于风是一个粗糙表面，它具有大约 300cm 的粗糙度，与某些大城市类似，当气流越过森林时，乱流增强，风速减低，影响到背风面 10 ~ 20 倍甚至 30 倍以上林高的林外距离。此外，由于白天森林气温比空旷地低，夜间高，形成一日为周期的林风，加强了林内与林外空气交换，扩大了森林对地方气候的影响范围。

关于森林对大范围包括全球气候的影响，Potter[37]经过模拟计算认为：如果砍去地球上的热带森林，可能使热带对流层中部和上部变冷，南北两半球的 5° ~ 25°纬度范围内降雨量将增多，45° ~ 85°N 和 40° ~ 60°S 降雨量将减少，赤道和两极温度降低，全球变冷，地球气候将有显著变化。Baumgartner[38]也曾通过水量平衡的计算得到：如果地球上森林减少 10%，可使陆地蒸发量减少 1/5，地表径流量增加 3%；如果地球上没有森林，陆地对太阳辐射反射率将提高 0.5%。但是，他认为：由于占地球面积 71% 的海洋面积阻碍着人类活动对地球边界气候和水分收支的过度影响，人类活动的影响是在地球边界层可负荷范围内，不会使气候和水分收支状况发生显著的变化。

2.7 森林生物气象的研究

气候条件与森林生长和产量有密切关系。森林生物气象的研究最早是从物候观测开始的，以后进一步测定气象要素与林木生长发育各个阶段的关系，测定立地气候对不同树种高和直径生长与种实产量的关系，营林与气象条件的关系等。近 10 多年来森林生物气象的研究，发展为从森林生态系统的角度研究气象或气候因子与森林生态系统生产力的关系，以寻求最佳森林结构和最佳产量模型，Baumgartner 在这方面做了不少工作。

此外，森林生物气象的研究，目前已出现另一个新的研究方向，那就是研究森林气候与人类健康、疗养、休息和娱乐的关系。森林气候的舒适、卫生有利于健康已引起人们极大的兴趣，因而正在吸引着人们进行深入研究。

2.8　森林大气灾害的研究

　　森林的天气灾害不仅破坏森林的正常生长，影响森林对环境的效益，而且有很大经济影响，造成林副产品减产和巨大损失。因此历来受到人们的重视。森林的天气灾害主要有霜冻、雪倒、风折、雹灾、炎热、干旱、日灼、雷击、火灾、洪水等。研究灾害发生原因，预测预防措施，也属于森林气象学的重要任务。目前对森林危害最严重的是森林火灾，各国森林气象工作者，在不同国家和地区均很注意研究火灾与气象条件的关系，制定了不同火险气象指标，进行预报和预测工作。随着森林的进一步集约经营，森林灾害的研究也将随之深入。

参考文献

［1］　G. Flemming　Waldmeteorologie　und　Forstmeteorologie　－　Definition　und　Einteilungsfragen Arch. Forstwis. 1968. Bd17 H3：303－311.

［2］北京林学院. 林业气象. 北京：农业出版社，1961：1－3.

［3］A. Baumgartner Entwicklungslinien der forstlichen Meteorologie Forstw. cbl. 1967. Bd86 156－175，201 －220.

［4］H. Mayer. Forstmeteorologie Meteorologie Fortbildung，1982，3/4：22－29.

［5］E. Gerlach. Untersuchung über die Wärmerhälnisse der Bäume Diss. Uni. Leipzig, 1929.

［6］N. Haarlvo. Temperaturmessungen in Rinde und Holz von Sitkafichten Das Forstl. Vers. — Wesen in Dänemark. 1952 Kopenhagen 21：23－91.

［7］P. J. Petrov. über den Wärmehaúshalt von Baumstämmen Bot. j. Moskau, 1956：584－587.

［8］W. Mahringer. über. die Oberflächentemperatur eines Baumstämmenes in Verschiedene Jahreszeiten Wetter u. Leben 1961 13，159－165.

［9］H. Mayer. Oberflächentemperatur in einem Fichtenwald Wiss. Mitt. Uni. München, 1979 N. 35 26－30

［10］H. Forster über das asymptotische Verhalten der Besselschen Funktion längs einer well der durch z = jλ (X) in x－λ－z－Raum definierten Wellenfläche Mathem. Z. 54，1953 217－233 u. 1951 428－455

［11］E. Ebermayer Die P. hysikalischen Einwirkungen des waldes auf Luft und Boden Aschaffenburg, 1873.

［12］B. E. Fernow，M. W. Harrington. Forest influences U. S. Dept. of Agric. Forestry Div, Bull. Nr. 7 Washington, 1893.

［13］R. Geiger. Untersuchungen über das Bestandklima，1925 47，629－644；848－854，1926 48，337－349，495－505，523－531，749－758.

［14］H. Burger. Waldklimafragen Mitt. Schweiz Outr Anst. f. d. forstl. Ver. Wesm, 1932，17，92－149，1933 18，7－54，153－192，1951 27，17－55.

［15］A. Baumgartner. Untersuchungen über der Wärme－und Wasserhaushalt eines jungen Walds Beri. d. Dt. Wett. 5，Nr28 Bad Kissingen, 1956.

［16］R. Lützke. Der Einfluss Von Bestandsdichte－und－Struktur auf das Kleinklima im Wald Arch. f. Forstwes，1956，5：487－572.

［17］M. Monsi，T. Saeki. The light factor in plant association its importance in dry production Japan J. Bot，1953，14：22－52.

［18］K. Takeda. Turbulence in plant canopies J. of Agric. Neteo. Tokio，1956，21：11－14.

［19］Z. Uchijima. Micrometeorological evaluation of integrsl exchange coefficient of foliage surfaces and surfaces strengths within a corn canopy Bull. Meteo. inst. Agric. Sci. Japan，1966，Nr. 13：81－93.

［20］ F. Albrecht über den Zusammenhang zwischen täglichem Temperaturgang und StrahIungshaushalt Gerl. Beitt. Z. Geophs，1930，25：1 – 35.

［21］Ю. Л. Раунер. Теиловой баланс леса изв Анссср Срия географ，1960.

［22］Ю. Л. Раунер. Теиловой баланс растительного Покрова Л. Гилрометеоиздат，1972.

［23］Н. И. Руднев. Радиациоииый баланс Леса изл "наука" 1977.

［24］ J. Ross. The radiation regime and architecture of plant stands London Dr Junk. publ，1981.

［25］ A. Müttrich. Bericht über die Untersuchung：Einwirkung des Walds auf die Menge der Niederschläge，1903.

［26］J. Schubert. Niederschlag，Bodenfeuchtigkeit，Schneedecke in Waldbestanden und im Frein Meteo. Z，1917，34：145 – 153.

［27］L . H，Penman Vegtation and hydrology.

［28］J. Kittredge. Forest influences Mc Graw Hill，New York

［29］ E. Hoppe. Regenmssung unter Baumkronen Mitt. a. d. Forstl，wers. – Wessen Österreichs H 21，Wien，1896.

［30］ A. Baumgartner Energietic bases for differential Vaporization from forest and agricultural stands In int. symposum on forest hydrology. Pergamon press. Londen，1966：381 – 389.

［31］A. Baumgartner Klimatische Funktion der Wälder Quantifizierung der klimatischen und hygienischen Funktion der Wälder Bericht über Landwir. Bd 55 1977/1978 H. 4 708 – 717. Ver1. P. p. Hanmberg u. Berlin.

［32］R. Geiger Messung der Expositionsklimas Forstw，cbl 49，50，51，1927 – 1929.

［33］A. Baumgartner. Klimatische Standortfaktoren am Gr. Falkanstein Forstw. cbl 75，77，78，1958.

［34］ A. Baumgartner. Elektrische Fernmessung der Luft – und Bodentemperatur in einem Bergwald Arch. f. Meteo. Geoph. u. Bioklim，B 1957：215 – 230.

［35］W. Schmidt. Klimatische Aufnamen durch Messfahren Meteo. Z. 1930，47：92 – 106.

［36］H. Turner. Der heutige Stand der Forschung über den Einfluss des Waldes auf das Klima.

［37］G. L. Petter. Possible climatic impacts of tropical deforestation Nature Bd 258 1975：697 – 689.

［38］A. Baumgartner. Wald und Biosphyre Blätt. f. Nat. u. unw. Schutz，1972，4.

用 LIETH 法估算北京地区的植物气候生产力[*]

贺庆棠　　邵海荣

（北京林学院）

近年来随着人口的增长和工业的发展，粮食和木材短缺的压力与日俱增，环境也日趋恶化。这一问题引起了人们的忧虑。欲使粮食和木材产量增加并使环境得到改善，其途径有两条。扩大种植面积无疑是一条行之有效的途径，但是随着社会的发展，可供开垦的土地面积日渐缩小。因此，这一途径不可避免地将要受到一定的限制，另一条途径是尽力发挥自然生产潜力，这一方向已经受到人们的关注，成为现今生物学和生态学研究的重要课题之一。

植物的生产潜力主要表现在植物的可能生产量上，它是指一定的气候条件下，植物每年在单位面积上可能生产的有机干物质量，相当于净植物生产量（NEP），即植物通过光合作用形成的粗生产量（GPP）减去呼吸作用的消耗量（Ra）和枯落物量（Rn）后的生物量。植物产量的形成，是在人类生产劳动参与下，植物按其自身的生物学特性与外界环境因子相互作用的结果。因此，影响产量形成的因子应该包括人的生产劳动；植物自身的生物学特性和外界环境因子。其中环境因子又包括光、热、水、气（氧气和二氧化碳含量）和土壤等。显然，植物的生物学特性、空气中氧气和二氧化碳含量以及土壤等对植物产量的影响都是比较稳定的因子。一个地区，植物种类确定后，在自然条件下决定产量的主要因子就是光、热和水分。不同的气候区，太阳辐射、温度和降水情况不同，产量也就不同。我们研究植物气候生产力的目的就在于，气候生产力指出了植物生产中各主要气候因子存在的、尚可利用的余力及其限制因子，从而为生产技术的发展指出方向，以便于充分合理地利用气候资源，扬长避短，充分发挥气候的潜力，达到最大限度地提高植物产量的目的。

北京地区光能资源丰富，对植物产量形成起主要作用的因子是热量和水分。本文根据北京地区的热量和水分状况，用 Lieth 法对北京地区的植物气候产量进行如下的定量估算。

1　估计方法

Lieth 根据世界各地植物产量与年平均温度、年平均降水量之间的关系，得到下列计算公式：

$$TSP_t = \frac{3000}{1 + e^{1.315 - 0.119t}} \tag{1}$$

$$TSP_N = 3000\,(1 - e^{-0.000664N}) \tag{2}$$

（1）式和（2）式中，t 为年平均温度（℃）；N 为年平均降水量（mm）；TSP_t 和 TSP_N 分别为以温度和降水量计算得到的植物干物质产量（g/m² · a）。Lieth 把（1）式和（2）式称为 Miami 模型。

＊ 北京林业，1985. 第1、2期

    Miami 模型仅考虑了温度和降水量对植物产量的影响，实际上植物产量除受温度和降水量影响外，还要受到其他气候因子的作用。Lieth 估计，用 Miami 模型计算的结果，其可靠性只有60%～75%。于是他又提出了用实际蒸散量（蒸发与蒸腾的总量）来估算植物产量的公式。因为蒸散量受太阳辐射、温度、降水量、饱和差、气压、风等一系列气候因子的影响。因此蒸散量能把水热平衡联系在一起，它是一个地区水热状况的综合表现。同时，蒸散量中因为包括蒸腾在内，与植物的光合作用密切相关。通常蒸散作用愈强，光合作用也愈强，植物产量就愈高。如果采取人为措施（如灌溉），使蒸散作用加强，产量也会相应增高。因此，蒸散量与植物产量之间有着密切关系。Lieth 在 Thornthwaite 研究基础上，提出了公式(3)，取名为 Thornthwaite Memorial 模型。

$$TSP_V = 3000 \left[1 - e^{-0.0009695(V-20)} \right] \tag{3}$$

(3)式中 TSP_V 是以实际蒸散量计算得到的植物产量（$g/m^2 \cdot a$），(1)、(2)、(3)式中的3000这个数值，是 Lieth 经过统计得到的地球上自然植物在每平方米面积上，每年的最高干物质产量值；V 是年平均实际蒸散量，可用下面的 Turc 公式计算：

$$V = \frac{1.05N}{\sqrt{1 + \left(\dfrac{1.05N}{L} \right)^2}} \tag{4}$$

(4)式中 N 是年平均降水量（mm）；L 为年平均最大蒸散量，它是温度 t 的函数，L 与 t 之间存在着下列关系：

$$L = 300 + 25t + 0.05t^3 \tag{5}$$

只有当 $N > 0.316L$ 时，(5)式才适用，若 $\dfrac{N}{L} < 0.316$，则 $N = V$。

    根据上述(1)、(2)、(3)式计算的植物产量均系植物所有干物质量，包括植物地上部分和地下部分生物量的总和。对于农作物和树木来说，人们关心的是经济产量，如稻麦的籽粒，树木的木材等。植物的经济产量在植物产量中所占的比重，称为经济产量系数。不同种类的植物，经济产量系数不同；同一种植物栽培条件不同，经营措施不同，其经济产量系数也不同。就一般情况来看，粮食作物的经济产量系数为50%。由(3)式计算出来的植物产量乘以50%后，所得即为由实际蒸散量所确定的谷物量 G，即

$$G = 0.5TSP_V \tag{6}$$

对于树木，其经济产量系数平均为60%。但树木的经济产量不以重量表示，而以材积表示。利用(3)式计算出来的植物产量可通过下式换算成材积（$m^3/hm^2 \cdot a$）

$$H = \frac{0.6TSP_V(1 + Mg)}{Wg} \tag{7}$$

(7)式中 H 为木材产量（$m^3/hm^2 \cdot a$）；TSP_V 为由实际蒸散量确定的植物产量（$kg/hm^2 \cdot a$）；Mg 为木材含水量。我们根据中国主要树种含水量资料，对93个树种统计平均得到 Mg 等于100%；Wg 为生材单位体积重量（kg/m^3），计算式为：

$$Wg = 1000Sg \left(1 + \frac{Mg}{100} \right) \tag{8}$$

(8)式中 Sg 为每立方厘米干材重量。以中国27个树种的干材容重平均等于0.5 和 $Mg = 100\%$代入(8)式，求得中国207个树种平均每立方米湿材的重量 Wg 等于1000kg。

对北京地区植物气候生产力的具体估算方法是：

北京现有 14 个气象台站具有 10 年以上观测资料，主要分布在东南部平原区及西部、北部的浅山区。由于北京地区地形复杂，各地的热量和水分条件差异较大，为了说明问题，我们又以等间距机械抽样法，选择了 47 个点，共 61 个点进行估算。这样，每个点平均代表 250km² (16×16km²) 的面积。再从北京地区年平均温度和年平均降水量等值线图上，用内插法读取各点的温度和降水量的数值，代入(1)、(2)、(3)式，分别计算出由温度、降水量和蒸发量所决定的植物产量。

2 北京地区的植物气候产量

根据上述模型计算的结果，绘成图 1、图 2 和图 3，并将北京地区具有 10 年以上气象观测资料的 14 个台站所在地的植物产量列于表 1。

表 1 北京地区由不同气候因子确定的植物产量

项目 站名	TSP_t		TSP_n		TSP_V		谷物产量 G	木材产量 H
	g/m²·a	kg/亩·a	g/m²·a	kg/亩·a	g/m²·a	kg/亩·a	kg/亩·a	m³/hm²·a
北京	1531.20	1020.80	942.29	628.19	1009.36	672.91	336.46	12.1
大兴	1557.95	1038.63	960.52	640.35	1028.24	685.49	342.75	12.3
通县	1522.27	1014.85	962.29	641.53	1018.53	679.02	339.51	12.2
顺义	1540.12	1026.75	978.96	652.64	1038.80	692.53	346.27	12.5
朝阳	1549.03	1032.69	969.44	646.29	1030.86	687.24	343.62	12.4
怀柔	1549.03	1032.69	1055.47	703.65	1078.22	718.81	359.41	12.9
昌平	1557.95	1038.63	969.17	646.11	1033.42	688.95	344.48	12.4
丰台	1540.12	1026.75	971.46	647.64	1029.31	686.21	343.11	12.4
房山	1549.03	1032.69	1002.47	668.31	1049.80	699.87	349.94	12.6
密云	1468.73	979.15	1012.92	675.28	1028.87	685.91	342.96	12.3
平谷	1522.27	1014.85	1005.65	670.43	1042.87	695.25	347.63	12.5
古北口	1415.27	943.51	1041.61	694.41	1024.05	682.70	341.35	12.3
霞云岭	1477.65	985.10	1047.84	698.56	1049.29	699.53	349.77	12.6
延庆	1265.39	843.59	760.65	507.10	825.44	550.29	275.15	9.9

北京地区由温度决定的植物产量（指全部干物质量，下同）平均为 950.65kg/亩·a。其地理分布趋势是从东南向西北逐渐减少（图 1）。城区、东南部平原区及西部、西北部的山前背风向阳地带可达 1000kg/亩·a 以上，而西部和北部长城以北的深山区，不足 1000kg/亩·年。最高值出现在地势平坦和山前向阳背风地带，如城南的大兴和西北部山前地带的昌平，产量最高，为 1038.63kg/亩·a，而西部山区的最高峰（海拔 2，303m）一带，因海拔高，温度低，由温度确定的植物产量最低，为 763.56kg/亩·a，比大兴和昌平低 275.07kg/亩·a。

北京地区由年降水量确定的植物产量（指全部干物质量，下同）平均为 641.42kg/亩·a。其地理分布趋势仍为从东南向西北逐渐降低（图 2）。东南部平原区大约为 600～700kg/亩·a。平原区及浅山区中有三个高值中心：门头沟、霞云岭一带为一个高值区；怀柔、八道河一带为另一高值区；第三个高值区为平谷以北及以东的将军山一带。三个高值区的产量均在 700kg/亩·a 以上。形成高值的原因，是这三个地区均系东南季风的迎风坡，由于地形对夏

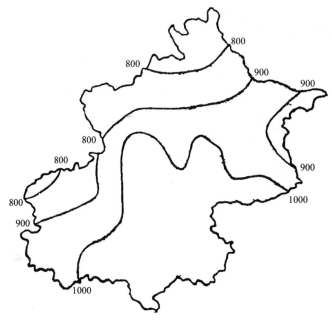

图1 由年平均温度确定的北京地区植物气候产量(干物质量 kg/亩·a)

季暖湿气流的抬升作用,使得这三个地区成为北京的三个多雨区,雨量的增加,使得植物产量增高。喇叭沟门、汤河口以西及以北地区为低值区,植物产量在500kg/亩·a以下。

上述结果表明,利用(1)式、(2)式计算出来的植物产量相差甚大,雨量产量平均只为温度产量的2/3。说明北京地区对于植物生长发育来说,热量条件较充足,而水分条件不足。所以水分是限制北京地区植物产量的主要因子。实际上,北京地区年平均降水量为600~700mm,与植物生长发育对水分的需求相差不太大,但是由于北京地区年降水变率大,约为51%,因此风调雨顺的年份不多,不是涝年,就是旱年,一般旱年多于涝年。降水的季节分配也不均匀,年降水量主要集中在夏季,而夏季降水又主要集中在7、8两月,约占

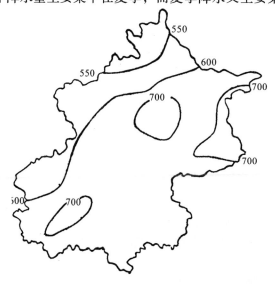

图2 由年降水量确定的北京地区植物气候产量(干物质量 kg/亩·a)

全年降水量的65%。年降水量往往集中于几次暴雨或连阴雨过程。基于上述种种原因，使得降水量不能充分发挥其作用。北京地区水分潜力是很大的，只要采取合理的技术措施，如早春利用融化的冰雪水；多雨季节利用各种措施把多雨时段的水分调剂给少雨时段使用；秋末冬初利用土壤蒸发缓慢，抓紧进行秋耕整地，以保持土壤水分等。这些措施，都可以提高水分利用率，从而提高植物产量。所以北京地区发挥气候生产力的中心环节是蓄水保墒，提高降水的利用率。

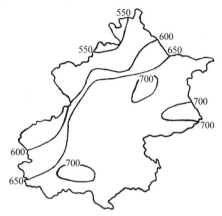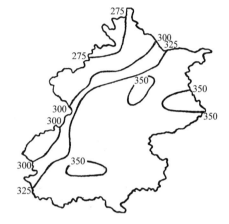

图3　由实际蒸散量确定的北京地区植物　　　图4　由实际蒸散量确定的北京地区谷物
　　　　气候产量干物质量(kg/亩·a)　　　　　　　　气候产量干物质量(kg/亩·a)

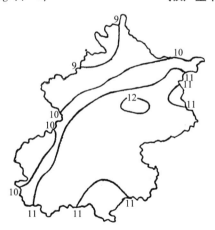

图5　由实际蒸散量确定的北京地区木材气候产量(m³/hm²·a)

如前所述，Thornthwaite Memorial 模型比 Miami 模型精度高，可靠性大。因此，我们以实际蒸散量确定的植物产量作为气候产量，并由气候产量根据(6)、(7)式计算北京地区的谷物气候产量和木材气候产量，计算结果见表1。北京的植物气候产量(指全部干物量，下同)接近并稍高于由降水量确定的植物产量，平均为 656.07kg/亩·a，谷物气候产量(指经济产量，下同) 平均为 328.04kg/亩·a，木材气候产量(指经济产量，下同)平均为12.24m³/hm²·年(或 0.8m³/亩·年)。其地理分布趋势，与由温度和降水确定的植物产量分布趋势一致(图3~图5)。由图还可以看出，西部和北部山区植物、谷物、木材的气候产量的水平梯度都较大，明显的大于东南部平原区。城区、平原区及浅山区的植物气候产量为

600~700kg/亩·a，谷物气候产量为 300~350kg/亩·a，木材气候产量为 12~13m³/hm²·年(或0.8~0.85m³/亩·a)。西部、西北部深山区植物气候产量均在 600kg/亩·a 以下，谷物气候产量均在 300kg/亩·a 以下，木材气候产量均在 10m³/hm²·年(或 0.7m³/亩·a)。怀柔、八道河，平谷以北将军山一带，房山、霞云岭一带为北京的三个气候产量高值区，植物气候产量最高可达 724.7kg/亩·a 以上，谷物气候产量最高可达 362.35kg/亩·a，木材气候产量最高可达 13.04m³/hm²·年(或 0.87m³/亩·a)。喇叭沟门、汤河口以西和以北地区为北京的最低值区，植物的最低气候产量为 543.19kg/亩·a，谷物的最低气候产量为 271.6kg/亩·a，木材的最低气候产量为 9.78m³/hm²·年(或 0.6m³/亩·a 左右)。

由(1)、(2)、(3)式确定的植物产量都有从东南向西北逐渐减少的趋势，但以由降水量确定的植物产量最低。只要供给植物足够的水分，使植物的蒸散量接近或达到最大蒸散量(又叫可能蒸散量)，植物的气候产量就可以达到最大值。下面就来计算北京地区植物的最大气候产量。

首先根据 Thornthwaite 公式：

$$Vp = \sum_{m=1}^{12} [16(10t_m/I)^a F] \tag{9}$$

计算北京各地的可能蒸散量。式中 Vp 为可能蒸散量(mm)；t_m 为各月的平均温度，F 为可能日照时数的纬度订正值；I 为月热量指数 i 的年总和，而 $i = (t_m/5)^{1.514}$，则 $I = \sum_{m=1}^{12} [(t_m/5)^{1.514}]$；$a$ 为与 I 有关的指数，可由下式确定：

$$a = 0.000000675I^3 - 0.0000771I^2 + 0.01792I + 0.49239$$

由上述 Thornthwaite 公式计算的北京地区可能蒸散量列于表2。然后把计算出来的各地可能蒸散量代入(3)式，即可得到各地在充分满足植物对水分需要的条件下所能达到的植物产量(TSP_{Vp})。计算结果列于表3。就北京地区平均状况来看，由可能蒸散量确定的植物产量比

表2　北京地区可能蒸散量　　　　　　　　　单位：mm

项目 站名	蒸散量		所需灌溉量	蒸散比 V/Vp
	可能蒸散量	实际蒸散量		
北京	758.17	443.06	315.11	0.58
大兴	773.67	452.89	320.78	0.59
通县	758.76	447.82	310.94	0.59
顺义	765.41	458.43	306.98	0.60
朝阳	769.30	454.26	315.04	0.59
怀柔	773.08	479.37	293.71	0.62
昌平	772.26	445.60	316.66	0.59
丰台	765.55	453.45	312.10	0.59
房山	778.48	464.23	314.25	0.60
密云	830.47	453.22	377.25	0.55
平谷	768.23	460.57	307.66	0.60
古北口	726.13	450.70	275.43	0.62
霞云岭	730.14	463.96	266.18	0.64
延庆	663.43	351.91	311.52	0.53

由温度、降水量、实际蒸散量确定的植物产量都高，平均为1022.97kg/亩·a。比由温度确定的平均植物产量要高72.32kg/亩·a；比由实际蒸散量确定的平均植物产量高366.9kg/亩·a，增产率约为56%。说明当热量和水分条件均能满足植物需要时，植物的产量最高。

由可能蒸散量确定的植物产量以密云、怀柔、昌平、房山等近山地区最高，为1030kg/亩·a以上。这些地区地处山前的向阳背风地带，热量条件较好，若水分再能得到充分满足，产量就可达到最高。城区、大兴、丰台、顺义等地次之，为1022~1030kg/亩·a。古北口、延庆等深山区最低，均在1 000kg/亩·a以下。这些地区，热量条件差，水分满足以后，温度又会成为植物产量的限制因子。由表3还可以看出，通过灌概，充分满足植物所需水分后，各地植物的增产百分率，延庆的增产百分率最大为69%。因延庆盆地，海拔高，降水少，年降水量不足500mm，温度又低，使得实际蒸散量很小，年实际蒸散量只有351.91mm，由实际蒸散量确定的植物产量也就最低。当水分条件改善以后，产量可较大幅度地提高，但实际植物产量仍为最低，只是与其他地区相比，差距有所减小。密云的增产率次之，密云地处北部山区的山前地带，背风向阳，热量条件较好，故水分潜力较大，由可能蒸散量确定的植物产量可达到1 088.45kg/亩·a。

北京地区实际蒸散量平均只为可能蒸量的59%（见表2），欲达到最大气候产量，尚需补充41%的水分。用北京地区的可能蒸散量减去实际蒸散量就可得到北京地区需要的灌溉量B，即：

$$B = Vp - V$$

由表2可以看出，北京地区每年平均需要灌溉量为310.26mm，即每公顷平均需要灌溉3102.6t 水。以密云需要灌溉量最大，为377.25mm，霞云岭需要灌溉量最少，为266.18mm。

表3　植物灌溉后的产量及增产量　　　　　　　　　单位：kg/亩·a

项目 站名	灌溉后植物产量	植物气候产量	可能增产量	增产百分率
北京	1022.26	672.91	349.35	52
大兴	1037.11	685.49	351.62	52
通县	1022.81	679.02	343.79	51
顺义	1029.09	692.53	336.56	49
朝阳	1032.75	687.24	345.51	50
怀柔	1036.29	718.81	317.48	44
昌平	1035.52	688.95	346.57	50
丰台	1029.23	686.21	343.02	50
房山	1041.32	699.87	341.45	49
密云	1088.45	685.91	402.54	59
平谷	1031.75	695.25	336.50	48
古北口	991.41	682.70	308.71	45
霞云岭	995.32	699.53	295.79	42
延庆	928.20	550.29	377.91	69

3 北京地区植物生产的水分利用率和太阳能利用率

植物生产 1g 干物质，需要蒸散的水量，叫做蒸散系数；消耗 1t 水所能生产的干物质量（kg），叫做水分利用率。消耗同样的水分，生产的干物质愈多，水分利用率就愈大。由表 4 看出，北京地区生产 1g 干物质需要蒸散 420~440g 水，生产 1t 谷物需要蒸散 850~880t 水，生产 1m³ 木材需要蒸散 280~450t 水，也就是消耗 1t 水能生产植物干物质 2.27kg，生产谷物 1.12~1.17kg 或生产木材 0.27m³。

表 4　北京地区太阳能利用率和水分利用率

项目\站名	实际蒸散量（mm）	蒸散系数			水分利用率			太阳能利用率（%）			
		克水/克干物质	1t 谷物需水吨数	1m³ 木材需水吨数	kg 干物/吨水	kg 谷物/吨水	m³ 木材/吨水	农业	林业	谷物	木材
北京	443.06	438.95	877.90	366.17	2.28	1.14	0.27	0.296	0.339	0.148	0.203
大兴	452.89	440.45	880.90	457.46	2.27	1.14	0.27	0.301	0.345	0.151	0.207
通县	447.82	439.67	879.35	364.08	2.27	1.14	0.27	0.298	0.342	0.149	0.205
顺义	458.43	441.31	882.61	372.71	2.27	1.13	0.27	0.304	0.349	0.152	0.209
朝阳	454.26	440.66	881.32	352.14	2.27	1.13	0.27	0.302	0.346	0.151	0.208
怀柔	479.37	444.59	889.19	386.59	2.25	1.12	0.27	0.316	0.362	0.158	0.217
昌平	455.60	440.87	881.73	364.48	2.27	1.13	0.27	0.303	0.347	0.152	0.208
丰台	453.45	440.54	881.08	368.66	2.27	1.13	0.27	0.301	0.346	0.151	0.208
房山	464.23	442.21	884.42	380.52	2.26	1.13	0.27	0.307	0.352	0.154	0.211
密云	453.22	440.50	881.01	351.33	0.14	1.13	0.27	0.301	0.345	0.151	0.207
平谷	460.57	441.64	883.27	371.43	2.27	1.13	0.27	0.305	0.350	0.153	0.210
古北口	450.70	440.12	880.23	366.42	2.27	1.14	0.27	0.300	0.344	0.150	0.206
霞云岭	463.96	442.17	884.33	368.22	2.26	1.13	0.27	0.307	0.352	0.154	0.211
延庆	351.91	426.33	852.66	279.29	2.35	1.17	0.28	0.242	0.277	0.121	0.166

关于北京地区太阳能的利用情况，植物在光合作用中吸收的主要是太阳辐射中的可见光部分，可见光约占太阳总辐射能量的 40%~50%。由于植物对太阳辐射的反射作用，落在植物非光合器官上一部分辐射能，透射到地面上一部分辐射能，以及呼吸作用消耗一部分辐射能，再加上植物生长发育的某些阶段光合作用很弱等原因，使得植物对太阳能的利用率很低。我们利用下式计算了北京地区太阳能的利用率。

$$F = \frac{bTSP_v}{Q} \tag{10}$$

式中 Q 为年平均太阳总辐射量，单位是 kcal/hm²·a；b 为形成 1g 干物质消耗的太阳能量，据 Lieth 的资料，我们取 4.1kcal/a 作为农作物形成 1g 干物质需要消耗的太阳能，4.7kcal/g 作为森林形成 1g 干物质需要消耗的太阳能；TSP_v 的单位取 g/hm²·a，计算结果列于表 4。北京地区农业气候产量的太阳能利用率只为 0.25%~0.30%，林业气候产量的太阳能利用率为 0.27%~0.36%，谷物为 0.12%~0.16%，木材为 0.15%~0.22%。木材的太阳能利用率稍高于谷物。也就是太阳总辐射能量中，只有 0.2%~0.4% 转化为植物的干物质，0.1%~0.2% 转化为谷物或木材。据 Lemon 研究，精耕细作的农业，可使太阳总辐射中的 0.6%~1.0% 的能量转化为干物质，理论上限可达到 8%~10%。北京地区太阳能利用率与理论上限之间差距很大。应通过一定的农业技术措施增大植物的叶面积系数，使尽可能多的太阳辐射能被植物的叶截获，或形成合理的群体结构，使太阳辐射在群体中合理分配，立体受光等来增大太阳能利用率。

4 小结

（1）用 Miami 模型计算结果表明，对植物生产来说，北京地区的热量条件较好，而水分不足。水分是限制北京地区植物产量的主要因子。

（2）用 Thornthwaite Memorial 模型计算结果表明，北京地区植物、谷物、木材的气候产量均为由东南向西北逐渐减少。怀柔、八道河，将军山一带，房山、霞云岭为北京的三个高产区；喇叭沟门、汤河口以西和以北地区为低产区。

（3）北京地区各地的实际蒸散量均小于可能蒸散量。欲满足植物对水分的需要，尚需灌溉 310.26mm 的水。当水分充分满足以后，植物产量平均可提高 50%。

（4）北京地区植物生产的水分利用率和太阳能利用率都较低。每 1t 水平均可以生产 1.14kg 谷物或 0.27m^3 的木材。太阳能利用率只为 0.1% ~ 0.2%。

（5）北京地区气候条件下，木材年生长量可达每亩 0.6 ~ 0.8m^3。

一门新的边缘科学——森林气象生态学[*]

贺庆棠

（北京林学院）

1 森林气象生态学的概念

森林气象学一词是 1927 年由德国气象学家盖格尔（R. Geiger）在他的名著《近地层气候》一书中第一次提出来的，但森林气象的研究工作则很早就开始了，至今已有 200 多年的历史。早期的森林气象工作附属于造林学、森林学等林业学科之中，到欧洲工业革命后，森林气象学才具备一门学科所应有的特定内容和方法。因此，现代森林气象学的产生和发展与林业和林学有着密切关系。森林气象学的主要研究内容是：一方面研究森林植物群落中的气象场结构和特性，以及这种局部的特殊气象场对其周围大气场的影响范围和影响强度，另一方面是研究综合气象条件对森林生长发育和产量的保证作用。所以，森林气象学是研究森林与气象相互作用规律的科学。

森林生态学是研究森林与环境条件综合关系的科学，也就是关于森林生态系统的科学。它的任务是研究森林生态系统的结构、功能和特性，以促进林业与工农业等生产的协调发展，充分发挥森林的最大经济效益和对环境良好作用的生态效益。

由上可知，森林气象学与森林生态学都包括了研究森林与气象之间关系的内容，但是森林气象学在与森林有关的天气、气候和微气候规律方面研究得比较深入，而对气象条件与森林之间的内在生理生态关系却研究得很不够。森林生态学则不论在个体或群体关系和水平上对森林植物与环境因子之间的生理生态关系都有较深入研究，而对森林气象、气候条件和微气候规律的研究一般并不深入。因此近十几年来森林气象学与森林生态学之间相互结合，出现了一些新的研究成果。如鲍姆加特纳（A. Baumgartner）的气象—森林生物产量模式；佩特松（S. S. Paterson）的气候—森林植被生产力指数（CVP）；亮布契可夫的生物水热潜力模式；尼特（H. Lieth）的气候—生产力模式等等。我国一些森林气象学家也开展了多方面的森林气象生态研究。已经初步形成了一门森林气象学与森林生态学相结合的新的边缘科学——森林气象生态学。

森林气象生态学是研究气象条件怎样影响和制约森林生态系统，在森林生态系统中怎样充分合理利用气候资源，克服不利气象因素的科学。它的研究对象与森林气象学和森林生态学一样，都是森林生态系统，而研究方法则包括了森林气象学和森林生态学二者的方法。它的研究内容着重于研究与森林有关的气象生态问题。包括研究森林生态系统的"能量流"，即太阳辐射在森林生态系统中的吸收、分配、利用与转化，外来动能（风）的消耗与变化；"物质流"即水与 CO_2 在森林生态系统中的吸收、分配和转化，O_2 的生产与利用，污染物

---

[*] 生态学杂志，1985.6. 第 5 期。

(包括气体、液体和固体污染物)的净化和转移,沙粒与土粒的固定与流失等;"信息流"即森林气象和天气变化与气候和微气候差异的各种信息在森林生态系统中的影响与作用。研究这三个流的规律,以便提高森林生态系统的光能利用率、水分利用率、CO_2 利用率,随时掌握气象变化的信息,对森林生态系统加以调节和控制,以达到充分利用气候资源,克服不利气象因素,为人类生产更多林副产品,获得最佳经济效益,同时充分发挥森林生态系统对保护和改善环境,维持地球生态平衡的多种功能,获得最好的生态效益。

正因为森林气象生态学是森林气象学与森林生态学紧密结合形成的边缘科学,所以它可以发挥二者之所长而克服二者之所短,能将森林与气象间内在生理生态机制以及与森林有关的气象、气候和微气候规律密切结合起来,从而更有效服务于林业生产和环境改良工作。

2 森林气象生态学的研究任务

森林气象生态学的任务包括两方面。在实践上它要从气象生态角度出发,提出森林合理布局、林种配置、森林结构、森林立地类型划分、森林培育、林木引种和育种、森林经营和产量以及森林灾害预防等方面最佳方案及相应的科学依据和措施;在理论上它要研究森林生态系统的结构与功能,也就是要研究"三大流"规律(能量流、物质流和信息流),研究森林与气象间的生理生态关系、数量关系和系统关系等。具体说有以下任务:

2.1 森林合理布局的气象生态

合理的在我国国土上布局森林,因地制宜的安排林种和树种,尽块增加我国森林覆盖率,可更充分利用水热气候资源,防御不利气象因子的影响和危害,实现森林的稳定优质高产,并对国土整治与改造不良环境起到良好作用,收到经济和生态双重效益。因此研究森林合理布局的气象生态有着很大意义。

在我国年降雨量 400mm 等雨量线以西的土地面积占国土面积的 51%,属于干旱和半干旱或高山寒漠地区。不少地方是沙漠、戈壁、盐碱滩和高原冻土带,造林十分困难。仅局部地区具有森林生长所需水分条件可供造林绿化,在这些地区应营造和发展以起防护效能为主兼顾用材和经济收益的森林。树种选择上应以速生耐旱、抗沙、抗碱型为主,有的地方则只适宜栽植灌木或种草。天山和祁连山北坡水分条件较好,可营造针叶林为主的森林,如云、冷杉林、松林等。由于受水分条件限制,在我国西北半壁估计森林覆盖率只能达到3% ~ 5%。年等雨量线 400mm 以东的我国东南半壁,占国土面积的 49%,属于森林气候和森林草原气候区,水热条件优越,具有森林生长的极有利条件,应是我国林业建设和发展森林的重点区。在这个区域内,利用一切可能造林的地方,大力发展森林,不仅森林生长快,成材周期短,能迅速解决"四化"建设和人民生活所需林副产品,而且也能起到调节气候、净化大气等多种森林生态效益。并且随着夏季风将森林对环境的效益扩大到我国西北部夏季风能到达的地区。在具体布局上,例如平原地区应大搞农田林网化,南方低山丘陵可布局为以经济林为主的森林,长江以南山区可作为速生用材林基地及营造水源涵养林,北方山地则以营造水土保持林和防护林为主兼顾用材的森林,城镇附近应营造环境保护林,并搞好四旁绿化,使全国森林尽可能分布均匀些。

2.2 森林组成结构的气象生态

每个树种都要求一定的生态条件,都有它适宜的分布区,并且形成与当地生态环境特别是气候条件相适应的森林结构。例如在我国热带气候条件下形成树种繁多、结构层次复杂的热带雨林或季雨林；在亚热带则形成常绿阔叶林或以杉木或马尾松等针叶树种与常绿阔叶树种组成的针阔混交林；在温带则形成针叶树与落叶阔叶树种组成的森林，如华北则有松橡混交林，东北则有红松阔叶林等。在我国从南向北随着气候条件变化，森林组成结构和层次由复杂逐渐过渡到单纯，这是森林生态适应性的具体体现。同时不同组成层次结构的森林对环境的影响和反作用大小也有差别。因此研究森林组成结构气象生态，将为因地制宜，适地适树营造新林，充分利用气候资源和地力，形成优良高产最佳功能结构的森林生态系统提供科学依据。

2.3 森林培育的气象生态

森林培育的任务是调节环境与森林之间的关系，采取适宜的栽培管理技术措施，使森林成活和迅速生长，在一定的环境条件下达到稳定，并收到速生丰产和改良环境的良好防护作用和多种效益。因此，气象生态是森林培育的十分重要的基础。研究气象生态可为森林培育提出一系列最优设计，如适宜的地理种源，最佳播种期，最优立地条件和造林季节，适宜的栽植密度，最优树种搭配和混交方案，最优防护林和环境保护林的结构、走向和树种，最优抚育伐和主伐方式，最优产量结构模式，最佳管理措施如施肥、灌溉、消灭病虫害及火灾预防等等。

2.4 林木引种和育种的气象生态

林木引种工作必须了解被引种树种在原产地和引种地区的气象生态条件。根据“气候生态相似原则”和“逐步迁移原则”等引种原则着手引种工作，并且要研究被引种树种在引种地区的气象生理生态反应，采取有效措施才能使引种成功。例如油橄榄在原产地地中海沿岸国家是一个产油量高的树种，那里气候夏干冬雨，而引种到我国，气候条件为冬干夏雨，虽能成活但产油量尚不高，这就牵涉到气象生理生态等问题，有待进一步研究；而原产澳大利亚的桉树引种到我国后表现很好。

林木育种工作也与气象生态有密切关系。要育成一个优良树木品种，首先在于育种目标的正确制定，它是育种工作成败的关键，而育种目标按其实质来说是一个气象生态问题。因为环境因子中，气象或气候条件是人力不易改变的，只能通过培育适宜的品种来适应它并充分利用它。也就是说培育的新种，只能在适宜的一定气象条件下才能表现出它的优良性状来。例如育成的抗旱树木品种在干旱气候条件下才能显出它的优良性状，而非抗旱的优良品种在干旱条件下则往往还不如当地原有品种，就不宜采用。又如要培育高产树木品种，就要涉及群体结构、株型、抗性、光合、呼吸等一系列与气象有关的生理生态问题。因此无论引种还是育种工作一系列问题都必须严格建立在研究气象生态学的基础上。

2.5 森林立地的气象生态

森林立地为森林生长提供光、热、水、气（CO_2、O_2 等）及养分等条件，是森林生长和形成多种效益的基础。在这些条件中，光、热、水、气与气象生态直接有关，而养分条件也间接与气象生态有关。因此，气象生态是研究森林立地的依据和出发点，是很重要的。

我国森林多生长在山区，地形对气象和微气象条件的影响很复杂，与平原相比，山地具有气温较低、生长期短、云雾和降水较多、风较强、局地差异很大的特点，在林种和树种选择上和森林培育利用上，受到它们的强烈影响和限制。研究森林立地的气象生态，为合理开发利用山区，发展林业有着重要意义。

2.6　森林环境效益的气象生态

森林具有涵养水源、保持水土、调节河流流量、防风固沙、净化大气和水质、减低噪声、杀菌、增加负离子量、美化环境、调节地方气候和有利于人类休憩和健康等多种生态效益。为了充分发挥森林对环境的多种效益和功能，维持和改善地球生态平衡，必须从森林气象生态观点来进行研究。以便为在不同地区制定营造各种环境保护林和防护林的规划设计提供理论依据和提出有效的经营管理这些森林的技术措施。

2.7　森林灾害防御的气象生态

森林火灾、病虫害、霜冻害、林木风倒、风折、日灼、干裂等等各种危害森林的灾害的发生发展都与天气、气候和微气候条件有密切关系，同时也与森林树种特性、森林结构、林木生理特性等密切相关。因此，对森林灾害的防御必须应用气象生态的观点进行研究，才能求出既能克服不利的气象条件，又能使林木良好生长，避免各种灾害的有力措施。

3　结语

森林气象生态学是一门新的边缘科学，刚处于形成阶段，有许多问题有待今后的发展和深入研究。由于它与林业和环境保护以及国土整治有着密切关系，因此它有着十分广阔的发展前景。它的发展必将使我国林业摆脱传统的生产木材和林副产品的状况，使我国林业更快地向现代林业大步迈进，获取森林的最佳生态效益和经济效益。

苗木排列方向对苗圃光照分布影响的探讨[*]

袁嘉祖　贺庆棠

1 苗圃中不同行向间的光照条件

在苗圃中，苗木是按一定行向行距排列的，构成了不同行向前后行苗木之间的相互遮荫，影响苗木的光照条件。合理的种植行向和株行距排列能提高光能利用率，并通过光合效应积累干物质，从而提高苗木的产量和质量。

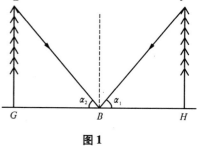

图 1

若不考虑枝叶的透光作用，在行间任意高度任何一点的光照条件是不同的。对于某一固定点来说，光照时间在理论上是可以计算的。

设苗高为 FH、EG（$FH = EG$），并由上在下计量，行距为 GH，若计算行间正中点 B（图 1）的全天光照时间，可以把 B 看成坡面上的点，然后利用计算山地光照时间的公式[1]计算行间日出和日没时角 ω_s，则：

$$\omega_s = \cos^{-1}\left[\frac{-uv\tan\delta \pm \sin\beta\sin\alpha\sqrt{1 - u^2(1 + \tan^2\delta)}}{1 - u^2}\right] \quad (1,a)$$

$$\omega_s = \sin^{-1}\left[\frac{-u\sin\beta\sin\alpha\tan\delta \mp v\sqrt{1 - u^2(1 + \tan^2\delta)}}{1 - u^2}\right] \quad (1,b)$$

式中：　　$U = \sin\varphi\cos\alpha - \cos\varphi\sin\alpha\cos\beta$ ；

　　　　　$V = \cos\varphi\cos\alpha + \sin\varphi\sin\alpha\cos\beta$ 。

α 为坡度；β 为坡向，顺时针计算，南坡为 $0°$，西坡为 $90°$，北坡为 $180°$，东坡为 $270°$；φ 为纬度，北京地区 $\varphi = 40°N$；δ 为太阳赤纬，北京地区夏半年各节气的太阳赤纬和正午时刻的太阳高度角 h_θ 列于表 1；ω_s 为坡地太阳辐射强度正负值转变时理论计算的临界时角，时角与地方时间的关系如表 2。

表 1　1984 年北京地区夏半年各节气的太阳赤纬及正午的太阳高度角

节气	春分	立夏	夏至	立秋	秋分
日期	3 月 20 日	5 月 5 日	6 月 21 日	8 月 17 日	9 月 23 日
δ	$0°$	$16.3°$	$23.4°$	$16.4°$	$0°$
h_θ	$50°$	$66.3°$	$73.4°$	$66.4°$	$0°$

* 北京林学院学报，1985.3.第 1 期。

表 2　时角与地方时间的换算表

地方时 t	6:00	8:00	10:00	12:00	14:00	16:00	18:00
时角 ω	$-90°$	$-60°$	$-30°$	$0°$	$30°$	$60°$	$90°$

由(1)式可求得两个根分别为 ω_{s1} 和 ω_{s2}，且 $\omega_{s2} > \omega_{s1}$，加上式中的正负号，就有 4 个根，其中有两个是有效根，所以由(1，a)式确定两个根的绝对值，由(1，b)式确定两个根的符号。计算日出时角 ω_{s1} 时，(1，a)式分子第二项根号前取正号，求日没时角 ω_{s2} 时取负号，用(1，b)计算时，根号前取的符号与(1，a)式相反。

日出、日没时角求出后，两者相减，则行间全天的光照时间就可以求得，这只是行间某一点的全天光照时间。至于行间全天平均光照时间的计算，可用下式计算日出和日没平均时角 ω_s，即

$$\overline{\omega}_s = \frac{1}{\frac{\pi}{2} - \alpha_i} \int_{\alpha_i}^{\pi/2} \overline{\omega}_x \mathrm{d}x \tag{2}$$

将(1，a)式代入(2)式，则得

$$\overline{\omega}_s = \frac{1}{\frac{\pi}{2} - \alpha_i} \int_{\alpha_i}^{\pi/2} \cos^{-1}\left[\frac{-uv\tan\delta \pm \sin\beta\sin\alpha \sqrt{1 - u^2(1 + \tan^2\delta)}}{1 - u^2} \right] \tag{3}$$

式中，ω_x 为行间 x 点的临界时角；φ，δ，β，为常数；坡度 $\alpha_i = \alpha_1$ 或 α_2，故对 α_i 求积分，就可求得日出和日没平均时角，行间全天平均光照时间也就可以求得。(3)式中的被积函数较为复杂，需用电子计算机进行计算。通常在行间取若干点(如图2)求取日出和日没的平均时角值，就可满足实际工作的要求。

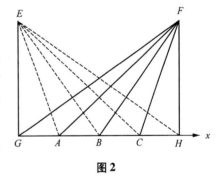

图 2

由(1)式可知，行间的光照时间是随坡向、坡度、纬度和太阳赤纬而改变。但是，坡地的实际日出时角 ω_1 和日没时角 ω_2 不完全由理论计算的临界时角 ω_s 来确定，还必须同时考虑水平面上的日出和日没时角 ω_0 配合来确定。求算水平面上的日出和日没时角公式可根据太阳高度公式：

$$\sin h_\theta = \sin\varphi\sin\delta + \cos\varphi\cos\delta\cos\omega_0$$

由于日出日没时，$h_\theta = 0$，因此

$$\omega_0 = \cos^{-1}(-\tan\varphi\tan\delta) \tag{4}$$

因为，坡地上要受到太阳照射，必须是太阳辐射强度 $S_{\beta\alpha} \geqslant 0$，即

$$S_{\beta\alpha} = I(u\sin\delta + v\cos\delta\cos\omega + \sin\beta\sin\alpha\cos\delta\cos\omega) \geqslant 0 \tag{5}$$

式中 I 为与阳光垂直面上的太阳辐射强度。所以坡地上实际日出时角 ω_1 和日没时角 ω_2 必须满足下列条件：

当 $\omega_{s1} \leqslant \omega \leqslant \omega_{s2}$，$S_{\beta\alpha} \geqslant 0$ 时，则 $\omega_1 \geqslant \omega_{s1}$，$\omega_2 \leqslant \omega_{s2}$；

当 $\omega < \omega_{s1}$ 与 $\omega > \omega_{s2}$ ，$S_{\beta\alpha} > 0$ 时，则 $\omega \leqslant \omega_{s1}$ ，$\omega_2 \geqslant \omega_{s2}$ 。

同时，由于坡地本身遮蔽，坡地上的日出、日没时角总是小于或最多等于水平面上的日出和日没时角，即 $|\omega| \leqslant |\omega_0|$ 时才有可能受到光照。所以坡地上的日出时角 ω_1 和日没时角 ω_2 还必须满足条件：$\omega_1 \geqslant -|\omega_0|$ ，$\omega_2 \leqslant +|\omega_0|$ 。

由于坡地的实际日出和日没时角必须同时满足上述两个条件，综合起来，就得到下列几条判别规则：

（1）当 $|\omega| < |\omega_s|$ ，即 $|\omega_1|$ 、$|\omega_2| \leqslant \omega_s$ 时，

若 $|\omega_s| < |\omega_0|$ ，$S_{\beta\alpha} \geqslant 0$ 时，则 $\omega_1 = -\omega_{s1}$ ，$\omega_2 = +\omega_{s2}$ ；

若 $|\omega_s| > |\omega_0|$ ，$S_{\beta\alpha} \geqslant 0$ 时，则 $\omega_1 = -\omega_0$ ，$\omega_2 = +\omega_0$ 。

即坡地实际日出时角 ω_1 取 ω_{s1} 和 $-\omega_0$ 中数值较大（即绝对值较小）的一个来确定，而日没时角 ω_2 取 ω_s 和 ω_0 中数值较小的一个来确定。

（2）当 $|\omega| > |\omega_s|$ ，$S_{\beta\alpha} \geqslant 0$ 时，则有三种情况：

① 若 $|\omega_s| < |\omega_0|$ ，则 ω_1 和 ω_2 有两组值，一组是：$\omega_1' = -\omega_0$ ，$\omega_2' = -\omega_{s1}$ ；另一组是：$\omega_1'' = +\omega_s$ ，$\omega_2'' = +\omega_{2s}$ 。表示坡地每天有两次日出和日没时角，两个光照时段。

② 若 $|\omega_s| > |\omega_0|$ ，$S_{\beta\alpha} > 0$ 时，而 $\omega_{s1} > -|\omega_0|$ ，$\omega_{s2} > +|\omega_0|$ ，$\omega_1 = -\omega_0$ ，$\omega_2 = \omega_{s1}$ ；反之，若 $|\omega_s| < |\omega_0|$ ，$S_{\beta\alpha} > 0$ 时，且 $\omega_{s1} \leqslant |\omega_0|$ ，$\omega_{s2} < +|\omega_0|$ ，则 $\omega_1 = \omega_{s2}$ ，$\omega_2 = +|\omega_0|$ 。表示 ω_1 、ω_2 不存在，全天遮荫无日照。

③ 若 $|\omega_s| = |\omega_0|$ ，则 $|\omega_1| = |\omega_2| = |\omega_s| = |\omega_0|$ 表示日出和日设时角相重合，坡地全天无光照。

（3）若 ω_s 不存在，说明（1）式的 $\cos|\omega_s| > 1$ 或为虚数，则有以下两种情形：

① 若（1）式中 ω 无论为何值，$S_{\beta\alpha} \geqslant 0$ ，则 $\omega_1 = -|\omega_0|$ ，$\omega_2 = +|\omega_0|$ 。表示坡地无遮蔽，日出和日没时角与水平面上相同，全天有光照。如北京地区立夏那天，当 $\alpha = 50°$ 时，单独一行东西向苗木北侧的日出、日没时角就属于这个类型。因为，对于北坡，$\beta = 180°$ ，北京地区 $\varphi = 40°N$ ，代入（1）式则有

$$u = \sin\varphi\cos\alpha + \cos\varphi\sin\alpha = \sin(\varphi + \alpha) = 1 ;$$

$$v = \cos\varphi\cos\alpha - \sin\varphi\sin\alpha = \cos(\varphi + \alpha) = 0 ;$$

$$\omega_s = \cos^{-1}\left[\frac{-uv\tan 16.3°}{1 - u^2}\right] = \cos^{-1}(0)$$

说明纬度 $40°N$ ，在 $50°$ 北坡上，立夏日的临界时角 ω_s 是不存在的。但是，ω 无论为何值，$S_{\beta\alpha} > 0$ ，即

$$S_{180°,\alpha} = I\cos(\varphi + \alpha)\cos[\tan(\varphi + \alpha)\tan\delta + \cos\omega]$$
$$= I\sin(\varphi + \alpha)\sin\delta + \cos(\varphi + \alpha)\cos\delta\cos\omega > 0$$

则表示坡地本身对阳光无阻挡，故坡地上的日出和日没时角与水平面上一样。

① 式在（1）式中，无论 ω 为何值，$S_{\beta\alpha} < 0$ ，表示坡地背着太阳，全天无光照。

关于确定单独一行苗木（或林带）两侧光照时间的实际日出和日没时角 ω_1 、ω_2 的具体规则如下：

（1）北坡，相当于单独一行东西向苗木（或林带）对其北侧的遮蔽角。这时，$\beta = 180°$ ，在夏半年，$\delta > 0$ ，于是

$$u = \sin\varphi\cos\alpha + \cos\varphi\sin\alpha = \sin(\varphi + \alpha) ;$$

$$v = \cos\varphi\cos\alpha - \sin\varphi\sin\alpha = \cos(\varphi + \alpha);$$

$$\omega_s = \cos^{-1}[-\tan(\varphi + \alpha)\tan\delta] \tag{6}$$

$$S_{180°,\alpha} = I(u\sin\delta + v\cos\delta\cos\omega + \sin\beta\sin\alpha\cos\delta\sin\omega)$$

$$= I\cos(\varphi + \alpha)\cos\delta[\tan(\varphi + \alpha)\tan\delta + \cos\omega]$$

$$= I\cos(\varphi + \alpha)\cos\delta(\cos\omega - \cos\omega_s) \tag{7}$$

①在春分和秋分日　由于太阳东升西落，这时 $\delta = 0$，则

$$\omega_0 = \omega_s = \cos^{-1}0° = \mp 90°$$

由（7）式可以看出：当 $\alpha < 90° - \varphi$，则当 $|\omega| < |\omega_s|$ 时，$S_{180°,\alpha} > 0$，故 $\omega_1 = -\omega_0$，$\omega_2 = +\omega_0$，表示测点的实际日出和日没时角与水平面上一样；当 $\alpha = 90° - \varphi$，则 ω 无论为何值，$S_{180°,\alpha} = 0$，则 $\omega_1 = -\omega_0$，$\omega_2 = +\omega_0$，表示阳光整天与坡面平行，全天有光照；当 $\alpha > 90° - \varphi$，则当 $|\omega| > |\omega_s|$ 时，$S_{180°,\alpha} > 0$，按前面第2条规则（3），测点日出与日没时角同时出现，全天无光照。

② 在春秋分以外的时间　当测点仰角（即坡度） $\alpha \leq 90° - \varphi + \delta$ 时，$\omega_1 = -\omega_0$，$\omega_2 = +\omega_0$。表示测点的日出和日没时角与水平面上相同；当 $\alpha > 90° - \varphi + \delta$ 时，测点每天日出和日没时角有两组，一组是：$\omega_1' = -\omega_0$，$\omega_2' = \omega_{s1}$；另一组是：$\omega_1'' = +\omega_{s2}$，$\omega_2'' = +\omega_0$。因为，在夏季北回归线以北地区，由于日出和日没方位偏北，在早晚时刻，北侧有光照，到正午前后，太阳方位偏南，阳光被苗木本身所阻挡，北侧无光照，所以早晚各有一次光照时段。

③在冬半年，这时 $\delta < 0$　当 $\alpha \leq 90° - \varphi + \delta$ 时，$\omega_1 = -\omega_{s1}$，$\omega_2 = +\omega_{s2}$；当 $\alpha > 90° - \varphi + \delta$ 时，全天无光照。

（2）南坡，相当于单独一行东西向苗木（或林带）对其南侧农田的遮蔽角，这时 $\beta = 0°$，在夏半年，$\delta > 0$，于是

$$u = \sin\varphi\cos\alpha - \cos\varphi\sin\alpha = \sin(\varphi - \alpha);$$

$$v = \cos\varphi\cos\alpha + \sin\varphi\sin\alpha = \cos(\varphi - \alpha);$$

$$\omega_s = \cos^{-1}[-\tan(\varphi - \alpha)\tan\delta] \tag{8}$$

$$S_{0,\alpha} = I\cos(\varphi - \alpha)\cos\delta[\cos\omega + \tan(\varphi - \alpha)\tan\delta] \tag{9}$$

①在夏半年　当 $\varphi + \delta - 90° \leq \alpha \leq \varphi - \alpha + 90°$ 时，$\omega_1 = -\omega_{s1}$，$\omega_2 = +\omega_{s2}$，ω_s 由（8）式来确定；当 $\alpha > \varphi - \delta + 90°$ 时，则全天无光照。

②在冬半年　南坡上的日出和日没时角与水平面上相同，$\omega_1 = -\omega_0$，$\omega_2 = +\omega_0$，ω_0 由（4）式来确定。

（3）东坡，相当于单独一行南北向苗木（或林带）在下午对其东侧农田的遮蔽角，这时 $\beta = 270°$，则 $\omega_1 = -\omega_0$，$\omega_2 = \omega_{s2}$，ω_s 由（1，a）式根号前取负号或（1，b）式根号前取正号来确定。

（4）西坡，相当于单独一行南北向苗木（或林带）在上午对其西侧农田的遮蔽角，这时 $\beta = 90°$，则 $\omega_1 = -\omega_{s1}$，$\omega_2 = +\omega_0$，ω_s 由（1，a）式根号前取正号或（1，b）式根号前取负号来确定。

但是，对于苗圃中两行苗木行向间的实际日出和日没时角与上述略有不同，必须同时考虑两行苗木对行间光照的共同影响。规则如下：

（1）对于东西苗木行向间的 ω_1、ω_2 的确定

①在春秋分时，当行间测点仰角 $\alpha \leqslant 90° - \varphi$，则 $\omega_1 = -\omega_0$，$\omega_2 = +\omega_0$；当 $\alpha > 90° - \varphi$，则测点无光照。

②在春秋分以外的时间。在夏半年，行间每天日出和日没时角都有两组，一组是：$\omega' = -\omega_{s1}$，$\omega_2' = -\omega_{s2}$；另一组是：$\omega_1'' = +\omega_{s1}$，$\omega_2'' = +\omega_{s2}$。$\omega_s$ 均由（1）式来确定。虽然每天也是两次光照时段，但出现的时刻与单独一行苗木不同，在早晚时刻，北行使行间遮荫，到正午前后，南行又使行间遮荫，通常在午前或午后才有光照，必须分上下午计算两次，若苗高相等，则全天可照时数分成等长且对算于正午的两段，等于 $2|\omega_{s1} - \omega_{s2}|$。在冬半年，只有南行苗木对行间光照有影响，确定 $|\omega|$ 方法与单行苗木相同。

（2）对于南北苗木行向间的 ω_1、ω_2 的确定

上午东行苗木对行间遮荫，下午受西行苗木遮荫，因此，$|\omega|$ 总是小于 $|\omega_0|$，故 $\omega_1 = -\omega_{s1}$，$\omega_2 = +\omega_{s2}$。上下午行间各照射到一半，把两半加起来，才是全天的光照时间，等于 $2|\omega|$。

设苗高为 y（由上往下计量），行距为 x，坡度为 $\alpha = y/x$，α 是随测点在行间的位置和苗高不同而改变的函数。根据上述计算方法，我们计算了北京地区夏半年在各种 α 条件下，东西苗木行向与南北苗木行向间的全天可照时数列于表3。

表3　北京地区不同苗木行向间的全天可照时数（计算值）

节气	可照时数\行向	α							
		10°	20°	30°	40°	50°	60°	70°	80°
春分 $\delta = 0°$	东西行	12.000	12.000	12.000	12.000	12.000	0	0	0
	南北行	10.266	8.611	6.933	5.653	4.266	3.181	2.077	1.025
立夏 $\delta = 16.3°$	东西行	13.296	12.815	12.394	12.000	11.750	11.185	5.832	2.164
	南北行	12.116	10.318	8.573	6.922	5.381	3.941	2.581	1.276
夏至 $\delta = 23.4°$	东西行	13.929	13.208	12.583	12.000	11.416	10.792	10.071	3.634
	南北行	13.035	11.164	9.314	7.547	5.874	4.307	2.823	1.397

注：（1）立秋各行向间的可照时数与立夏日相同；（2）秋分各行向间的可照时数与春分日相同。

由表3可以看出，东西苗木行向间的光照条件比南北苗木行向间优越得多，最多可达7个多小时，无疑对苗木生长发育是有益的。我们在山西省太岳山森林经营局院内苗圃中调查了不同行向东北榆苗木的生长情况如表4。说明在相同管理条件下，东西行向的苗木生长量比南北行向优越。

表4　不同行向的苗木生长量

品种	株行距（cm）	播种日期	调查日期	查苗株数
东北榆	35×30	1983年7月	1984年6月	一畦34株
苗高（cm）	东西行	88.0	地径（cm）	东西行	0.91
	南北行	86.3		南北行	0.76

注：在太岳山林业局院内，我们调查了同一树种，在相同管理条件下，不同行向栽植的苗木，该苗圃占地半亩，东西向与南北向栽植各占一半，株行距30cm×35cm。随机调查了东西行向和南北行向各一畦苗（34株）的高度和地径，未调查分枝高及侧枝密度。因该苗圃为非合同研究用地，不能毁苗称重。

2 苗木间的光能分布

现在考虑枝叶的透光作用，在苗木间垂直方向上任何一点的透光量也是不同的，对于某一固定点来说，到达该点的透光量是可以计算的[2]。

影响苗木间光的反射、吸收和透射的主要因子，除天文和地理因子外，主要是叶面积系数和枝叶的几何结构。若以 a、b、c 分别表示叶层对光的反射率、吸收率和透射率，则 $a + b + c = 1$，显然，它们是随叶面积系数和叶面与入射光线的交角而改变。

设苗木叶层表面的光强为 I_0，由图 3 可见，光线通过 dr 距离所包含的叶层数与叶面法线上 dn 距离内的叶层数相当，则射入光线穿过 dr 的叶层数在法线方向上的投影距离为：

$$dn = \cos i \, dr$$

式中 i 为射入光线与叶面法线的交角，则被削弱的光强为：

$$dI = -(a + b)I \, dn = -(a + b)I\cos i \, dr \tag{10}$$

若以 dF 表示光线经过 dr 在垂直方向所遇到的叶层数，h_0 表示太阳高度，则

$$dF = \cos(90° - h_0)dr = \sin h_\theta \, dr$$

$$dI = -(a + b)i\cos i \, csch_0 \, dF \tag{11}$$

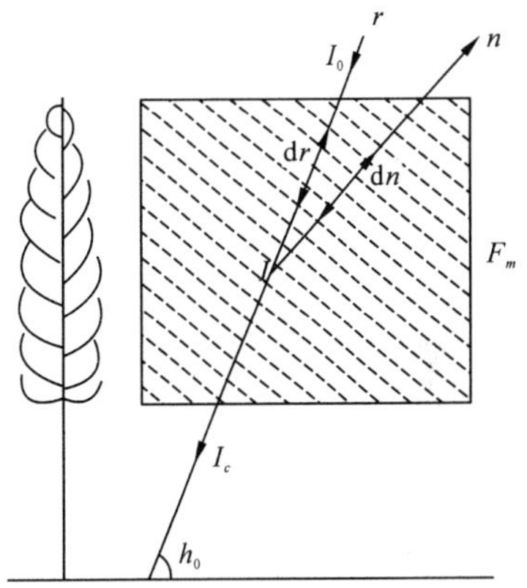

图 3

可见，被叶层削弱的光强与投射到叶层上的光强 I、叶层的几何结构 $\cos i$、太阳高度 h_θ 以及射入光线穿过的叶层厚度 dF 有关。

通常，自然界各种苗木叶面的仰角 α 和方位角 β 呈随机分布，因此，叶面法线 n 与入射光线的夹角 i 所呈的各种角度概率均等，α 变化在 $0° \sim 90°$，β 变化在 $0° \sim 360°$ 之间。容易证明平均的 $\cos i$ 值为 $\dfrac{2}{\pi}$，则（11）式可改写为：

$$dI = -(a + b)I \, csch_\theta \frac{2}{\pi} dF$$

对整个苗木叶层积分，积分限取 $z_0 - z_m$，则透射到苗木叶层下的直射光强 I_c 为：

$$I_C = I_0 \exp\left[-(a + b)\frac{2}{\pi}F_m csch_\theta\right] \tag{12}$$

式中 E_m 表示叶面积系数。

若以 $C = I_c/I_0$ 表示透射率，则有

$$C = \exp\left[-(a + b)\frac{2}{\pi}F_m csch_\theta\right] \tag{13}$$

可见，苗木间的透光率与反射率，吸收率、叶面积系数和太阳高度角有关。

根据我们在北京林学院实验苗圃中，对同一行向不同密度的山桃苗所测得的 a、b、F_m 和用天文公式计算的太阳高度 h_θ 代入（13）式所得到透光率如表 5。

从表 5 看出，当 $F_m = 5$ 时，C 变化较小，对苗木生长有利。

苗木间光的垂直分布，对苗木的光能利用关系很大。若植株过稀，叶层的消光作用虽

小，光合强度增高，但漏光太多，光能利用不充分，影响苗木产量；若植株过密，消光作用很大，光合强度减弱，使苗木生长不良，影响苗木质量。只有当叶面积系数按算术级数增加，透光量按几何级数减少，消光系数 $K = -(a+b)$ 接近于 1 时，才能保证苗木的光合功能及其产量和质量。必须指出，各种树种在不同生长阶段的需光量是不同的，所以合理的密植应根据苗木的生物特性来确定。

表 5 不同叶面积系数山桃苗木下的透光率(%)

树种			行向		反射率 a		吸收率 b		太阳高度 h_θ	
山桃			南北		0.028		0.739		73.4°	
F_m	0.7743	1	2	2.7405	4	5	6	7	8	
C(%)	0.6743	0.6008	0.3609	0.2464	0.1303	0.0783	0.0470	0.0282	0.0170	
苗高(cm)	58.0			62.4						
地径(cm)	0.603			0.594						

3 不同苗木行向间的日平均透光率

苗圃中的苗木虽然是按一定行向行距布置的，由于苗木生长状况各不相同，使行间的实际光照条件与上述理论计算值有所差异，因为，在不同太阳视位置下，阳光透过植株行数不等，到达测点的直接光强和散射光强是不同的。如图 4 所示，当阳光直射时，到达行间的光强只受侧向叶片的影响，削弱很少；而斜射时，透过的行数较多，削弱显著，所以有必要对不同行向间的日平均透光率给予总的评定。

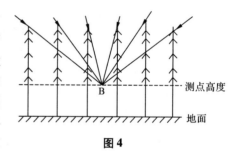

图 4

对于每天只有一个光照时段的苗木行间任意高度测点的日平均透光率，可用下列半经验半理论公式[3]来计算，即

$$\bar{K} = \frac{1}{2}(K_a - K_b)(\sin\omega_2 - \sin\omega_1) + K_b \tag{14}$$

式中 $\bar{K}$ 为行间日平均透光率；K_a、K_b 分别为正午时刻总光强透射率和散射光强透射率。

设 Q_0、Q_a'、D_b' 分别表示正午时刻空旷地的总光强、行间的总光强和散射光强，则有

$$K_a = \frac{Q_a'}{Q_0} \qquad K_b = \frac{D_b'}{Q_0}$$

对于苗行间每天有两个光照时段的日平均透光率的计算式为：

$$\bar{K} = (K_a - K_b)(\sin\omega_2 - \sin\omega_1) + K_b \tag{15}$$

为了消除苗木生长条件的差异，可取各行向间实测 K_a、K_b 的平均值 $\bar{K}_a$、$\bar{K}_b$ 代入(14)、(15)式进行计算，结果为表 6。

表6　1984年7月5日苗木行间日平均透光率(%)

行向	树种	苗高(cm)	行宽(cm)	计算值	实测值
南北行	山桃	60.2	63.5	0.3641	0.4089
东西行	山桃	60.2	63.5	0.4398	

可以看出，东西行向间的日平均透光率仍然比南北行向优越。

4　结论与建议

综合上述分析，可以得到两点结论如下：

(1)苗木行向对可照时数影响极为显著。夏半年东西行向间的可照时数、日平均透光率及其苗木生长量均比南北行向优越。

(2)苗木的疏密程度对苗木间的透光条件影响也很明显。当叶面积系数 $F_m = 5$ 时，其光能分布对苗木生长最有利。

我们调查了北京地区九个主要苗圃，普遍是南北种植行向，对于耐阴性树种来说，可以保留这种设计，但对于喜光树种来说，为了提高苗木产量和质量，建议改为东西行向为宜。

本文资料是由北京林学院林业专业82(1)班部分同学所收集。承南京大学气象系傅抱璞教授、卢其尧副教授、中国科学院林业土壤研究所朱劲伟同志对本文初稿提出了宝贵意见，仅此一并致谢！

参考文献

[1]傅抱璞. 山地气候. 北京：科学出版社, 1983：5.

[2]崔启武, 朱劲伟. 林冠结构和光的分布. 地理学报, 1981, 76(2)：196 - 207.

[3]翁笃鸣等. 小气候和农田小气候. 北京：农业出版社, 1981：351.

中国植物的可能生产力[*]

——农业和林业的气候产量

贺庆棠　　　　　A. Baumgartner

（北京林业大学）　（慕尼黑大学）

植物的可能生产力是在一定的气候条件下，植物单位面积每年可能生产的有机干物质量。包括植物地上部分和地下部分生物量之和。在自然界，对于植物或植物群落的生产力起重要作用的因子是适宜的温度和充足的水分条件，但与地形和土壤肥力等因子也有关。由于各地气候条件不同，首先是热量和水分条件不同，形成植物产量也不同。因此，可根据气候因子来定量估算植物可能产量，称为气候产量。有了它，对于人为的经营管理措施的实施，气候资源的充分利用，植物产量的提高，都会起到良好的作用。

关于中国植物可能生产力，除竺可桢[1]、王天铎[2]等研究过稻麦气候产量外，全国范围的植物气候产量，特别是农、林业气候产量，到目前为止报道不多。

本文根据中国的热量和水分状况，用 Lieth-Box 模型[3]，对中国各地植物气候产量作了定量计算，绘制了中国植物气候产量分布图；估算了中国各地农业和林业气候产量，蒸发系数和太阳能利用率。

1　研究方法

Lieth[4] 根据世界各地植物产量与年平均温度和年平均降水量之间的关系，得到计算植物气候产量的公式为：

$$TSP_t = \frac{3000}{1 + e^{1.315-0.119t}} \tag{1}$$

$$TSP_N = 3000 (1 - e^{-0.000664N}) \tag{2}$$

（1）和（2）式中，t 是年平均温度（℃）；N 是年平均降水量（mm）；e 是自然对数的底值；TSP_t 和 TSP_N，分别为以温度和降水量算得的植物干物质年产量（$g \cdot m^{-2} \cdot a^{-1}$）。利用（1）和（2）式同时计算某地气候产量，所得结果可能差值较大，也可能是接近的。如果当地产量主要受到水分条件限制，即水分不足而热量充分，那么计算所得 $TSP_N < TSP_t$，反之则 $TSP_N > TSP_t$；如果当地水分和热量条件均能满足植物需要，那么植物产量最高，而且 $TSP_N \approx TSP_t$。以（1）和（2）式同时计算当地产量，并取二者中较低值作为该地植物气候产量，则称这个值为决定于温度和降水量的植物产量。（1）和（2）式 Lieth 合称为 Miami 模型。

Miami 模型仅考虑了温度和降水对植物产量的影响，实际上植物产量还受到其他一些气

---

*　本文得到 G. Enders 博士、G. Gietl 林业硕士和 M. Teichmann 气象硕士在计算中的协助，特此致谢。

北京林业大学学报，1986. 6. 第 2 期. 此文于 1985 年 8 月 29 日收到。

候因子的作用，Lieth[4]估计，用它计算所得结果，可靠性为60% ~ 75%。于是他又提出了用蒸发量（包括了蒸腾量）计算植物产量的公式，即

$$TSP_V = 3000 [1 - e^{-0.0009695(V-20)}]\tag{3}$$

（3）式 V 是年平均蒸发量（mm）；TSP_V 是以蒸发量计算得到的植物产量。Lieth[5]称（3）式为 Thornthwaite Memorial 模型。（1）、（2）和（3）式中3000是 Lieth 经过统计得到的地球上自然植物最高年干物质产量为3000g/m² · a。

与 Miami 模型相比，（3）式以蒸发量计算植物产量可靠性更高更精确些。这是因为蒸发量受到太阳辐射、温度、降水量、饱和差、气压和风速等一系列气候因子的影响，且蒸发过程（包含了蒸腾）与植物光合作用密切相关。

Lieth 与 Box[3]合作用 Miami 和 Thornthwaite Memorial 模型用电子计算机计算和绘制了全球植物产量分布图，因此也将上述两个模型合称为 Lieth—Box 模型。

Sharpe[6]和 Burgess[7]在北美和东非莫三鼻给、Huber[8]在南美智利、Enders[9]在联邦德国阿尔卑斯山国家森林公园中分别用 Lieth—Box 模型做过植物或森林产量的计算，都获得了较满意的结果。Enders[9]还将其计算结果与 Hager[10]用 CO_2 平衡法在同一森林所得产量进行了比较，其差值仅为6%，证明 Lieth—Box 模型计算的结果是可靠的。因此，我们以 Lieth—Box 模型作为计算中国植物可能生产力的方法。

计算时，我们先在用透明纸绘的中国空白地图上用方格法定点，全国共定1827个点，每个点代表4900km²（70×70km²）面积。然后以此图蒙在中国年平均降水量和年平均温度分布图上[11]，分别读取每个点的温度和降水量值，每个点的蒸发量值取自贺庆棠计算结果[12]。将这些数据输入 IBM3081 大型电子计算机，以（1）、（2）和（3）式计算出各点的相应产量值，并绘出植物产量等值线图。

农业谷物产量是以各地干物质年产量乘以经济产量系数（取50%）而得到的，计算式为

$$G = 0.5TSP_V\tag{4}$$

式中 G 为谷物产量（t · hm^{-2} · a^{-1}）；TSP_V 单位为 t · hm^{-2} · a^{-1}。

木材产量 H（m³ · hm^{-2} · a^{-1}）的计算式为

$$H = \frac{0.6TSP_V(1 + M_g)}{W_g}\tag{5}$$

式中 TSP_V 单位为 kg · hm^{-2} · a^{-1}；M_g 是木材含水量，我们对中国93个树种含水量资料[13]统计平均得到 $M_g = 100\%$；W_g 是湿材单位体积重量（kg · m³），计算式[13]为：

$$W_g = 1000S_g\left(1 + \frac{M_g}{100}\right)\tag{6}$$

式中 S_g 是每立方厘米干材重量，以中国207个树种干材容重[13]平均为0.5。以 $S_g = 0.5$，$M_g = 100\%$ 代入（6）式，求得中国主要树种平均每立方米湿材重量 $W_g = 1000$kg。

如果通过灌溉使中国各地蒸发量等于可能蒸发量，这时植物产量可达最大值。故我们以贺庆棠[12]计算得到的中国各地可能蒸发量代入（3）式中，求得中国各地最高气候产量（TSP_P），由此探讨了灌溉对产量的影响。

蒸发系数 L_W 是形成1g干物质产量蒸发（包括蒸腾）所消耗的水量，计算式为

$$L_W = \frac{V}{TSP_V}\tag{7}$$

太阳能利用率(F)的计算式为：

$$F = \frac{b \cdot TSP_V}{Q} \tag{8}$$

式中 Q 是年平均太阳辐射量（kcal·hm^{-2}·a^{-1}）；b 是形成 1g 干物质消耗的太阳能量，据 Lieth[5] 资料，我们取 4.1kcal·g^{-1} 作为农作物消耗太阳能值，4.7kcal/g 作为森林的消耗太阳能值。Q 值取自中国年总辐射资料[11]。

2 中国植物可能生产力

图 1 是根据年平均温度用公式（1）求得的植物产量；图 2 是根据年平均降水量用公式（2）求得的植物产量；图 3 是根据温度和降水量以（1）式和（2）式同时计算后，取其中较低值得到的植物产量（称为据温度和降水量决定的植物产量）；图 4 是根据年平均蒸发量，以（3）式求得的植物产量。从图 1 至图 4 可见，由不同气候因子求得的中国植物产量的分布趋势是很一致的，都是从南向北和从东向西植物产量是逐渐减少的，但以蒸发量确定的植物产量最低（图 4）；以温度确定的植物产量最高（图 1）；以降水量确定的植物产量（图 2）和以温度与降水量确定的植物产量（图 3）对大部分地区是一致和相同的（这可由表 1 更明显看出），由此可说明，水分条件是限制中国大部分地区植物产量的主要因子。仅仅在我国东北地区，那里降水充沛，但温度较低，热量条件是限制植物产量的主要因子。

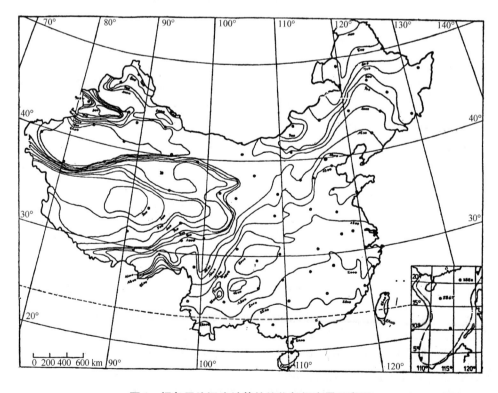

图 1 据年平均温度计算的植物气候产量示意图

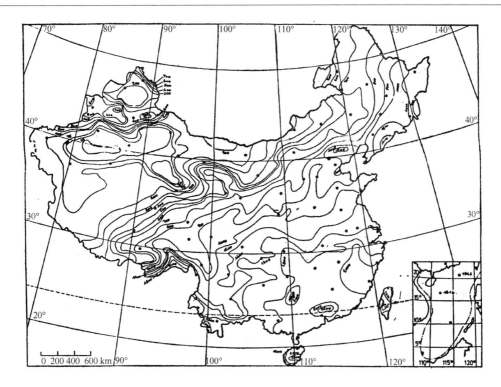

图2　据年平均降水量计算的植物气候产量示意图

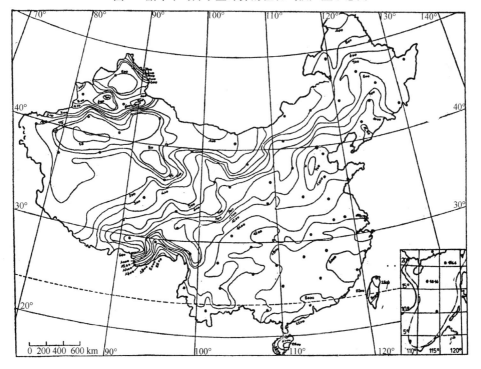

图3　据温度和降水量计算的植物气候产量示意图

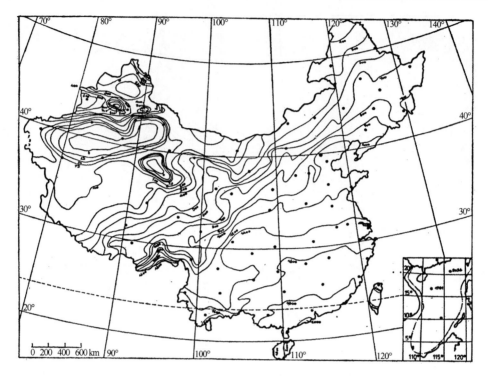

图4 据年平均蒸发量计算的植物气候产量示意图

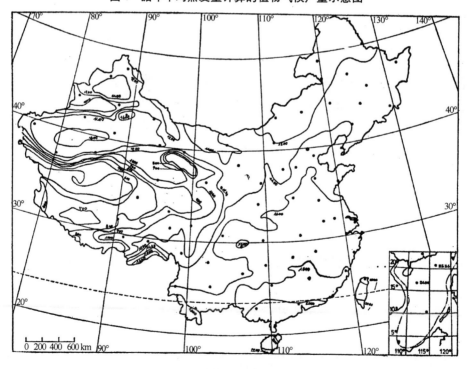

图5 据年平均可能蒸发量计算的植物气候产量示意图

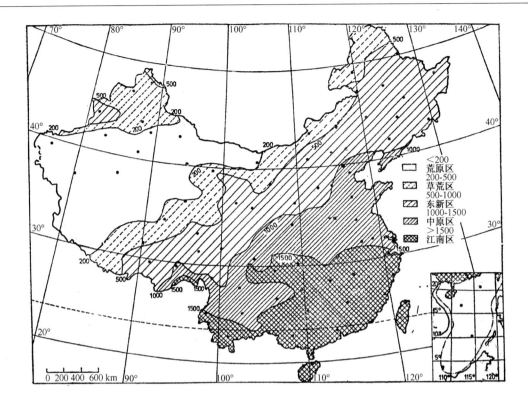

图6　植物气候产量分区示意图

由于 Thornthwaite Memorial 模型比 Miami 模型精度高，可靠性大，因此我们以蒸发量确定的产量作为中国植物气候产量。在本文后面凡是提到植物气候产量均是指以蒸发量确定的产量。

由图4可见，中国植物气候产量最高值出现在台湾省和海南岛为 $2100g/m^2 \cdot a$ 左右；最低值在内陆荒漠地区，产量近于或等于零。东北地区的最北部如漠河，植物产量为 $400g/m^2 \cdot a$ 以下，小兴安岭和三江平原为 $600 \sim 700g/m^2 \cdot a$，长白山区 $700 \sim 1000g/m^2 \cdot a$，大兴安岭 $400 \sim 600g/m^2 \cdot a$，东北平原 $700 \sim 900g/m^2 \cdot a$，华北平原 $1000 \sim 1200g/m^2 \cdot a$，秦岭、淮河一线 $1200 \sim 1300g/m^2 \cdot a$，长江流域 $1400 \sim 1600g/m^2 \cdot a$，南岭山地 $1700 \sim 1800g/m^2 \cdot a$，南岭以南的珠江三角洲 $2000 \sim 2200g/m^2 \cdot a$，闽南 $1800 \sim 2000g/m^2 \cdot a$，云贵高原和四川盆地 $1300 \sim 1500g/m^2 \cdot a$，滇南 $1600 \sim 1900g/m^2 \cdot a$，喜马拉雅山迎风坡 $900 \sim 1800g/m^2 \cdot a$，藏东包括拉萨至昌都一带 $700 \sim 900g/m^2 \cdot a$，内蒙古草原 $500 \sim 600g/m^2 \cdot a$，藏北高原、塔里木盆地、柴达木盆地等均在 $200g/m^2 \cdot a$ 以下。

通过灌溉充分满足植物对水分需要后可达到的植物产量可见图5。

由图5可见，灌溉后的我国最高产量仍然出现在台湾省及海南岛可达 $2200g/m^2 \cdot a$ 以上，最小值出现在藏北高原为 $700g/m^2 \cdot a$ 左右。

由表2可见，灌溉后内蒙古草原的植物产量可增产一倍，华北平原和黄土高原可增产 $40\% \sim 50\%$，长江流域平均增产 10% 左右，北疆部分地区也可增产一倍。干旱和半干旱地区如有灌溉条件，产量可达到秦岭、淮河流域产量，个别地方可达长江流域的产量。可见干

表1 不同气候因子确定的植物产量比较 单位：g/m² · a

地点 ＼ 产量	据温度算	据降水算	据温度和降水算	据蒸发算
漠河	400 以下	700 以下	400 以下	400 以下
小兴安岭	600 ~ 800	900 ~ 1000	600 ~ 800	600 ~ 700
大兴安岭	400 ~ 700	600 ~ 800	400 ~ 700	400 ~ 600
长白山区	700 ~ 1200	900 ~ 1400	700 ~ 1200	700 ~ 100
东北平原	700 ~ 1000	800 ~ 1200	700 ~ 1000	700 ~ 900
内蒙古草原	600 ~ 800	500 ~ 700	500 ~ 700	500 ~ 600
华北平原	1500 ~ 1800	1000 ~ 1200	1000 ~ 1200	1000 ~ 1200
黄土高原	1100 ~ 1600	800 ~ 1000	800 ~ 1000	700 ~ 1000
秦岭山地	1600 ~ 1800	1300 ~ 1400	1300 ~ 1400	1200 ~ 1300
长江流域	1800 ~ 2000	1500 ~ 1800	1500 ~ 1800	1400 ~ 1600
南岭以南	2200 ~ 2400	2000 ~ 2200	2000 ~ 2200	1800 ~ 2000
云贵高原	1600 ~ 2000	1400 ~ 1600	1400 ~ 1600	1300 ~ 1500
滇南地区	2000 ~ 2300	1800 ~ 2100	1800 ~ 2100	1600 ~ 1900
藏东地区	800 ~ 1100	800 ~ 1000	800 ~ 1000	700 ~ 900
藏北高原	300 ~ 500	50 ~ 200	50 ~ 200	50 ~ 200
塔里木盆地	800 ~ 1500	20 ~ 100	20 ~ 100	0 ~ 100
柴达木盆地	700 ~ 800	50 ~ 100	50 ~ 100	0 ~ 100
北疆部分地方	800 ~ 1100	600 ~ 700	600 ~ 700	500 ~ 600
台湾岛	2200 ~ 2400	2200 ~ 2600	2200 ~ 2400	2000 ~ 2100
四川盆地	2000 ~ 2100	1300 ~ 1500	1300 ~ 1500	1300 ~ 1500

旱和半干旱地区，如果水分条件能得到改善，植物生产潜力是很大的。所以无论从提高中国植物生产上，还是从改善环境上着眼，解决中国干旱和半干旱地区缺水问题有着深远的影响。实现南水北调这一战略决策，将不仅能扩大植物种植面积，提高植物产量，而且能使中国西北广大地区的自然环境发生人为的良好变化，才有可能绿化全中国和实现沙漠变绿洲和良田的宏伟目标。

表2 中国主要地区灌溉后增产量 单位：g/m² · a

地点	灌溉后产量	气候产量	可能增产量	增产%
内蒙古草原	1100 ~ 1200	500 ~ 600	600	100 ~ 120
华北平原	1500 ~ 1600	1000 ~ 1200	400 ~ 500	40
黄土高原	1100 ~ 1400	700 ~ 1000	400 ~ 500	40 ~ 50
秦岭淮河	1500 ~ 1700	1200 ~ 1400	300	20 ~ 25
长江流域	1600 ~ 1700	1400 ~ 1600	100 ~ 200	7 ~ 13
长江以南	1700 ~ 1900	1600 ~ 1800	100	5 ~ 6
南岭以南	1900 ~ 2100	1800 ~ 2000	100	5 ~ 6
四川盆地	1500 ~ 1800	1300 ~ 1500	200 ~ 300	15 ~ 20
云贵高原	1500 ~ 1600	1300 ~ 1500	100 ~ 200	7 ~ 13
藏东地区	1000 ~ 1300	700 ~ 900	300 ~ 400	43
塔里木盆地	1400 ~ 1600	0 ~ 100	1400 ~ 1500	1400
柴达木盆地	800 ~ 1000	0 ~ 100	800 ~ 900	800
准噶尔盆地	1400 ~ 1500	200	1200 ~ 1300	600 ~ 650
北疆部分地区	1000 ~ 1200	500 ~ 600	500 ~ 600	100

3 中国植物气候产量区

植物气候产量是各地水、热条件好坏的具体反映，是气候条件的指示计。因此，以气候产量划分产量区，可直接反映各地气候条件对植物可能生产力的影响和限制，便于心中有数地指导农、林业等植物生产。由于各地气候产量是当地气候条件下的基础产量，也是实施人为经营管理措施的依据和出发点，有了它可避免指导农、林业等植物生产中主观和片面性，能较好地从实际出发，采取各种人为措施，夺取较高植物产量。同时对于研究、普及和推广农、林业等植物生产的先进技术也是十分必要和有利的。

为此，我们以植物气候产量的高低为标准以表3中等产量线为界线，划分了五个产量区（见表3及图6）。各产量区特点见表4。

表 3　中国植物气候产量分区

名称	气候产量界线		占国土面积%
	$g/m^2 \cdot a$	$t/hm^2 \cdot a$	
江南区	1500 以上	15 以上	18
中原区	1000 ~ 1500	10 ~ 15	17
东新区	500 ~ 1000	5 ~ 10	28
草荒区	200 ~ 500	2 ~ 5	15
荒原区	200 以下	2 以下	22

江南区　北与中原区相接，界线为 $1500g/m^2 \cdot a$ 等产量线。范围包括南海诸岛，中国台湾省、广东、广西、湖南、福建和浙江等省全部，以及江苏、安徽、湖北、四川、云南和贵州等省一部分地区及藏南喜马拉雅山迎风坡一部分。此区占国土面积的18%。年总辐射量 $90 \sim 140kcal/cm^2$，年均温15℃以上，年降水量1100mm以上，年蒸发量700mm以上，年干物质产量可达 $15t/hm^2$ 以上。谷物可能产量每公顷 7.5 ~ 10.5t，平均每亩谷物产量可达600kg左右。木材年生长量每公顷 $18 \sim 25m^3$，平均每亩可达 $1.5m^3/$ 年。

表 4　各产量区气候特征和经济产量

名称	气候条件				经济产量			
	年总辐射	年均温	年降水量	年蒸发量	谷　物	平均	木材	平均
	$kcal/cm^2$	℃	mm	mm	$0.5kg/$亩·a		$m^3/hm^2 \cdot a$	$m^3/$亩·a
江南区	90 ~ 140	15 以上	1100 以上	700 以上	1000 ~ 1400	1200	18 ~ 25	1.45
中原区	80 ~ 140	8 ~ 15	600 ~ 1100	400 ~ 700	668 ~ 1000	834	12 ~ 18	1.00
东新区	110 ~ 150	-3 ~ +8	300 ~ 600	200 ~ 400	334 ~ 668	501	6 ~ 12	0.60
草荒区	130 ~ 200	-6 ~ +4	100 ~ 300	100 ~ 200	134 ~ 334 *	234 *	2.4 ~ 6 *	0.3 *
荒原区	140 ~ 240	-8 ~ +10	100 以下	100 以下	—	—	—	—

＊仅局部可从事农林业生产地区的产量

中原区　南以江南区为界，北界为 $1000g/m^2 \cdot a$ 等产量线与东新区接壤。范围包括山东、河南、江苏北部、湖北西北部、安徽省大部、华北平原、秦岭及淮河流域、成都平原、云贵高原大部，川西山地和藏南部分地方。面积占国土面积17%。年总辐射 80～140kcal/cm²，年均温 8～15℃，年降水量 600～1100mm，年蒸发量 400～700mm。年干物质产量 10～15t/hm²。谷物年产量可达 7～7.5t/hm²，平均亩产 400kg 左右。木材年生长量为 12～18m³/hm²，平均每亩 1.0m³ 左右。

东新区 北与草荒区以 500g/m²·a 等产量线为界，南与中原区相接。范围包括东北大部分地区，内蒙东部、河北北部山区、山西省、陕西北部和宁夏一部分，甘肃省大部、青海东部、藏东地区及北疆一小部分地区，占国土面积的 28%。年总辐射 110～150kcal/cm²，年均温度 −3～8℃，一年降水量 300～600mm，年蒸发量 200～400mm。每公顷干物质产量 5～10t，谷物年产量 2.5～5.0t，平均亩产 250kg。木材年生长量 6～12m³，平均每亩 0.6m³ 左右。

草荒区 南与东新区相接，北为 200g/m²·a 等产量线与荒原区为界。范围包括东北的海拉尔和漠河、内蒙古草原、宁夏甘肃和青海一部分，西藏高原中部、北疆大部分地区，占国土面积最少，仅 15%。年总辐射 130～200kcal/cm²，年均温 −6～4℃，年降水量 100～300mm，年蒸发量 100～200mm。每公顷干物质年产量 2～5t。此区属草原和荒漠草原地带，主要从事畜牧业生产。只有靠近 500g/m²·a 等产量线附近水分条件较好的极少地方，可从事少量农业生产，产量也很低，谷物年产量每亩平均仅 100kg 左右，木材年生长量每亩约为 0.3m³。

荒原区 包括我国西北的荒漠地区和青藏高原荒漠地区。占国土面积的 22%。年总辐射 140～240kcal/cm²，年均温 −8～10℃，年降水量 100mm 以下，年蒸发量等于降水量。年干物质产量在 200g/m²·a 以下，有的地方完全是沙漠，戈壁或高山雪原，不能生长植物。各产量区蒸发系数和太阳能利用率，由表 5 可见各区蒸发系数差别不大，形成 1g 干物质量需蒸发水量约 450～500g，生产 1t 谷物需水量为 1000t，生产 1m³ 木材需 400t 左右水。

各产量区农林业太阳能利用率和经济产量太阳能利用率见表 6。

由表 6 可见，农林业太阳能利用率和经济产量（谷物、木材）太阳能利用率均小于 1%，但林业太阳能利用率稍高于农业。由此可见，农林业太阳能利用率还有很大潜力。由表 6 可推算出，在中国生产一吨谷物需太阳能为 8.2×10^6 kcal；每吨谷物固定太阳能为 4.1×10^6 kcal；生产 1m³ 木材需 3.9×10^6 kcal 太阳能，1m³ 木材中固定的太阳能为 2.35×10^6 kcal。

表 5 各产量区蒸发系数

名称	蒸发系数 （g水/g干物质）	一吨谷物需水 （t）	1m³ 木材需水 （t）
江南区	519	1000	440
中原区	434	880	370
东新区	450	930	390
草荒区	450	860 *	360 *
荒原区	500	—	—

* 仅局部适于农林业生产的地方。

表 6　各产量区太阳能利用(％)

名称	农业	林业	谷物	木材
江南区	0.65	0.75	0.33	0.45
中原区	0.48	0.55	0.24	0.33
东新区	0.23	0.26	0.12	0.16
草荒区	0.08	0.10	0.04	0.06
荒原区	—	—	—	—

4　初步结论

（1）以 Miami 模型计算结果表明：中国大多数地区热量条件是十分丰富的，水分条件是限制中国植物产量的主要因子。

（2）中国植物可能生产力是从中国东南沿海向西北内陆逐渐减低的，最高产量在中国台湾省和海南岛可达 2100g/m^2·a。

（3）以植物气候产量为标准，划分了五个产量区。各区蒸发系数差别不大为 450～500。在中国生产 1t 谷物需 900～1000t 水和 8.2×10^{6}kcal 太阳能，每吨谷物固定太阳能为 4.1×10^{6}kcal；生产 1m^3 木材需 400t 水和 3.9×10^{6}kcal 太阳能，1m^3 木材中固定太阳能为 2.35×10^{6}kcal。中国各植物产量区植物太阳能利用率均小于 1％，但林业稍高于农业太阳能利用率。

参考文献

［1］竺可桢. 中国气候几个特点和粮食生产的关系//竺可祯文集. 1978：455－465.

［2］王天铎. 稻麦群体研究论文集. 上海：上海科技出版社. 1961.

［3］Lieth. H. Box. E. . Evapotranspiration and primary productivity C. W. Thornthwaite Memorial model on selected in topics in climatalgy, J. R. Mathor Herausg Thornthwaite Menorial vol. Z. Elmer. N. T. 1972.

［4］Lieth. H. . Modeling the primary productivity of the world Natur and Resources UNESCO Paris, 1972：5－10.

［5］Lieth, H. , 1974, Basis und Grenze fur die Menschheitsentwicklung Stoffproduktion der Pflanzen. Umschau 74 H. 6 169－174.

［6］Sharpe. D. M. , The C. W. Thornthwaite Memorial modal for computing net primary production from actual evapotranspiration developed by Lieth and Box.

［7］Burgess. R. L. , Kern. L. H. , （Hrsg）, 1971－1972, Eastern Deciduons Forest Biome Progress Repot 1971－1972 IBP－73－5 207 Oak Ratl. Natl. Lab. 326.

［8］Huber. A. . Beitrag zur Klimatalogie und Klimaökologie von Chile. Munchen, Inangural－Dissertation 1975：67－77.

［9］Enders. G. . Theoretische Topoklimatallgie Nationalpark. Berchtesgaden Forschungsberichte, 1979：70－77.

［10］Hager. H. , 1975, Kohlendioxydkonzetration-Flusse und-Bilanzen in einem Fcihtenwald. Uni. Munchen Met. Inst. Wiss. Witt. 1975：26.

［11］中央气象局. 中华人民共和国气候图集. 北京：北京地图出版社，1978.

［12］He Qingtang. Wasserbilanz und Pflanzenproduktion in China. Uni. Munchen 1983.

［13］江西木材研究所. 木材生产手册. 北京：农业出版社，1976.

用生物量法对植物群体太阳能利用率的初步估算*

贺庆棠

大量研究表明[1]，光合作用固定的能量约有 1/3 被呼吸作用所释放，因此净固定和贮存在植物体内的能量只有光合作用利用的能量 2/3 左右，这些能量用于植物生物量的积累和增长上。没有减去呼吸作用能量消耗的光合产物称为植物的总生产；减去呼吸作用能量消耗后净余的光合产物称为植物的净生产。净光合产物所固定和贮存的太阳能占投射到植物上太阳能的百分率，称为植物太阳能利用率。由于各地投射到地面的太阳能量均可从气象台站太阳辐射观测资料获得，因此如果能将植物在同期积累的生物量折算为能量（这里忽略了枯死量及被植食性动物的取食量，因为它们数量很少，在通常情况下，可不予以考虑）即可求得植物太阳能利用率。这种根据生物量折算为植物净光合所固定和贮存的能量，然后估算出植物太阳能利用率的方法，我们称为生物量法。用生物量法估算植物太阳能利用率是一种较简单的方法，特别是对估计植物群体如森林这种复杂的生态系统的太阳能利用率，在现今由于其他方法如生理学方法等运用在植物群体上都还存在不少困难，而且误差较大，生物量法是比较可行和可靠的一种方法。这种方法的估算精度主要决定于生物量的测算精度，生物量的测算精度愈高，则估算结果的精度愈高。

本文从光合作用反应方程出发，导出了将生物量折算为能量的折算系数如光合耗热（I）、碳素积累耗热（I_C）、生物量耗热（I_B）等，以及形成 $1g$ 生物量（用干物质重量表示）植物所需吸收的二氧化碳量（M_{CO_2}）、放出的氧量（N_{O_2}）和水的化合量（W_{H_2O}）。以此为基础，用生物量法估算了全球植物太阳能利用率，CO_2 年消耗量、O_2 的年生产量和水的年化合量；同时对我国森林对太阳能利用率也作了估算。

1 植物的光化学反应与 CO_2 消耗量、O_2 生产量、H_2O 化合量及太阳能固定量

植物的光化学反应方程为

$$6CO_2 + 12H_2O \xrightarrow[\text{叶绿体}]{673\text{kcal 光能}} C_6H_{12}O_6 + 6O_2 + 6H_2O \tag{1}$$

$$C_6H_{12}O_2 + 6O_2 \longrightarrow 6CO_2 + 6H_2O + 673\text{kcal} \tag{1}'$$

方程 (1)' 是呼吸作用反应过程。虽然光合作用反应过程与呼吸作用反应过程的化学进程差异很大，且呼吸作用并不涉及叶绿素，但方程 (1)、(1)' 表示了物质和能量的数量关系。因此，可以方程 (1)、(1)' 为出发点导出光合作用或呼吸作用过程中物质和能量的定量关系。

由方程 (1) 可见，光合作用形成 1 个克分子的碳水化合物（$C_6H_{12}O_6$），需 6 个克分子 CO_2，利用 673kcal 太阳能；呼吸作用 [见方程 (1)'] 分解一个克分子碳水化合物（$C_6H_{12}O_6$），

---

* 北京林业大学学报，1986.9. 第 3 期。此文于 1985 年 8 月 29 日收到。

可放出 6 个克分子 CO_2，将 673kcal 能量释放出来。因此，光合作用吸收 1g 的 CO_2 或呼吸作用中放出 1g 的 CO_2 所固定或释放的能量，可表示为：

$$I = \frac{673 \times 10^3 cal}{6CO_2 g} = \frac{673 \times 10^3 cal}{6 \times 44 g} = 2550 cal/g \tag{2}$$

式中：为光合(或呼吸)耗热，单位为 cal/g；44 是 CO_2 的分子量。

由方程(1)也可得到，光合作用在植物体内积累 1g 碳素(C)所需能量。因为

$$I_C = I \frac{CO_2}{C} = 2550 \times \frac{44}{12} = 9435 cal/g \tag{3}$$

式中：I_C 为碳素积累耗热，即在植物体内积累 1g 碳素可固定太阳能 9.4kcal 左右。

据方程(1)可知，由 6 个克分子 CO_2 在光合作用中形成含有 6 个 C 的碳水化合物($C_6H_{12}O_6$)，那么在光合产物中形成含有 1g 碳素的生物量需要吸收 CO_2 的量为：

$$M_C = \frac{6CO_2}{6C} = \frac{6 \times 44}{6 \times 12} = 3.67 gCO_2 \tag{4}$$

式中：M_C 为形成含碳素 1g 的生物量所吸收的 CO_2 量，它等于 $3.67gCO_2$。

如果以 1g 生物量为单位，其中含有碳素量用 C_B 表示，则形成 1g 生物量吸收的 CO_2 量(M_{CO_2})为：

$$M_{CO_2} = M_C \cdot C_B = 3.67 C_B \tag{5}$$

由于不同植物群落 1g 生物量中含碳素量(C_B)是不同的，故形成 1g 生物量需吸收的 CO_2 量(M_{CO_2})也不同(见表1)。一般 C_B 变化于 0.4~0.52g 之间，故 M_{CO_2} 变化于 1.54~1.90g 之间。通常木本植物碳素含量(C_B)多于草本植物，所以木本植物形成 1g 生物量需吸收的 CO_2 量(M_{CO_2})多于草本植物。

同理，由方程(1)可知，光合作用形成一个克分子碳水化合物($C_6H_{12}O_6$)，可放出 6 个克分子 O_2，那么形成 1g 碳素所放出的 O_2 量(N_C)应为：

$$N_C = \frac{6O_2}{6C} = \frac{6 \times 32}{6 \times 12} = 2.67 gO_2 \tag{6}$$

即形成含碳素 1g 的生物量放出的 O_2 量 N_C 约等于 2.67g。

如果用 1g 生物量中所含碳素量来推算，可得出植物形成 1g 生物量时放出的 O_2 量(N_{O_2})，即：

$$N_{O_2} = N_C \cdot C_B = 2.67 C_B \tag{7}$$

由(7)式可见，N_{O_2} 随 C_B 而变化，其变化范围为 1.15~1.39g 之间(见表1)，同样也是木本植物 O_2 的生产量多于草本植物。

由方程(1)还可知，光合作用形成 1g 碳水化合物($C_6H_{12}O_6$)，需化合 6 个克分子水，形成含 1g 碳素的生物量需化合的水量应为：

$$W_C = \frac{6H_2O}{6C} = \frac{6 \times 18}{6 \times 12} = 1.5 gH_2O \tag{8}$$

即形成含 1g 碳素的生物量被化合的水量为 1.5g。形成 1g 生物量化合的水量为：

$$W_{H_2O} = W_C \cdot C_B = 1.5 C_B \tag{9}$$

式中 W_{H_2O} 是光合作用以水为原料合成碳水化合物时所化合的水量，它是植物生产用水，也可称为光合作用有效利用水。W_{H_2O} 也是随 C_B 变化而变化的，它的范围为 0.63~0.78g 之间

（见表1）。

如果已知1g生物量中的含碳素量C_B，那么植物生产1g生物量固定和贮存的能量（I_B）为：

$$I_B = I_C \cdot C_B = 9435 C_B \text{cal/g} \tag{10}$$

I_B可称为生物量耗热（见表1）。用I_B可将生物量折算为净光合固定和贮存能量（Q_B），如以B代表生物量，则

$$Q_B = I_B \cdot B \tag{11}$$

以Q表示投射到植物上的太阳能，则植物群体的太阳能利用率（P_S）可表示为：

$$P_S = \frac{Q_B}{Q} \times 100\% \tag{12}$$

同理，可根据生物量计算O_2生产量（P_{O_2}）、CO_2消耗量（P_{CO_2}）和H_2O的化合量（P_{H_2O}），可分别表示为

$$P_{O_2} = N_{O_2} \cdot B \tag{13}$$

$$P_{CO_2} = M_{CO_2} \cdot B \tag{14}$$

$$P_{H_2O} = W_{H_2O} \cdot B \tag{15}$$

表1是根据不同植物群落生物量中C_B含量算出的M_{CO_2}、N_{O_2}、W_{H_2O}、I_B值。有了这些基本折算数据，我们即可用生物量B求P_S、P_{O_2}、P_{CO_2}、P_{H_2O}了。

表1

植物群落种类	1g生物量中含碳量 * C_B（g）	形成1g生物量需吸收CO_2量 M_{CO_2}（g）	形成1g生物量需化合水量 W_{H_2O}（g）	形成1g生物量生产的O_2量 N_{O_2}（g）	形成1g生物量固定太阳能 I_B（kcal）
热带雨林	0.43	1.58	0.65	1.15	4.1
雨绿林	0.44	1.61	0.66	1.17	4.2
夏绿林	0.49	1.80	0.74	1.31	4.6
硬阔叶林	0.52	1.90	0.78	1.39	4.9
温带混交林	0.50	1.83	0.75	1.34	4.7
亚寒带森林	0.51	1.87	0.77	1.36	4.8
热带及温带草原	0.42	1.54	0.63	1.12	4.0
农地	0.43	1.58	0.65	1.15	4.1

* 据Lieth资料推算出的[2]。

2 用生物量法对植物群体 O_2 生产量、CO_2 消耗量、水化合量及太阳能利用率的估算

首先，我们根据Lieth[2]对全球植物年生物量产量的计算结果，以表1中的数据用公式（10）~（15）估算全球植物O_2的年生产量、CO_2年消耗量、水分年化合量、固定太阳能量及太阳能利用率。估算结果见表2。

表 2

植物群落	面积 ×10^6 km^2	年平均产量 g/m^2·a	总产量 ×10^9 t/a	固定太阳能 ×10^18 cal/a	CO_2 消耗量 ×10^10 t/a	O_2 生产量 ×10^10 t/a	H_2O 化合量 ×10^10 t/a
陆地合计	149.0	669	100.2	426.1	16.3	11.9	6.8
森林	50.0	1290	64.5	277.0	10.7	7.8	4.4
热带雨林	17.0	2000	34.0	139.4	5.4	3.9	2.2
雨绿林	7.5	1500	11.3	47.2	1.8	1.3	0.7
夏雨林	7.0	1000	7.0	32.2	1.3	0.9	0.5
硬阔叶林	1.5	800	1.2	5.9	0.2	0.2	0.1
温带混交林	5.0	1000	5.0	23.5	0.9	0.7	0.4
亚寒带森林	12.0	500	6.0	28.8	1.1	0.8	0.5
疏林地	7.0	600	4.2	19.6	0.7	0.5	0.3
矮而稀荆棘	26.0	90	2.4	10.2	0.4	0.3	0.2
苔原	8.0	140	1.1	4.8	0.2	0.1	0.1
丛生荒地	18.0	70	1.3	5.4	0.2	0.2	0.1
草地	24.0	600	15.0	60.0	2.3	1.7	0.9
热带草地	15.0	700	10.5	42.0	1.6	1.2	0.6
温带草地	9.0	500	4.5	18.0	0.7	0.5	0.3
极端荒漠	24.0	1	—	0.1	—	—	—
干沙漠	8.5	3	—	0.1	—	—	—
冰原	15.5	0	—	—	—	—	—
农地	14.0	650	9.1	37.8	1.4	1.0	0.6
陆地水域	4.0	1250	5.0	21.4	0.8	0.6	0.4
泥炭和沼泽	2.0	2000	4.0	16.8	0.6	0.5	0.3
河和湖	2.0	500	1.0	4.6	0.2	0.1	0.1
海洋合计	361.0	155	55·0	260.8	10.3	7.6	4.3
暗礁和海口	2.0	2000	4.0	18.0	0.7	0.5	0.3
海岸	26.6	350	9.3	42.6	1.6	1.2	0.7
世界公海	332.0	125	41.5	199.2	7.9	5.8	3.2
浅海地带	0.4	500	0.2	1.0	0.1	0.1	0.1
地球总计	510.0	303	155.2	686.9	26.6	19.5	11.1

由表 2 可见，以 Lieth 算出的全球植物年生物量产量为 155.2×10^9 t，可得到全球植物年固定的太阳能量为 686.9×10^{18} cal，其中陆地植物年固定太阳能为 426.1×10^{18} cal 占 62%；海洋植物年固定太阳能为 260.8×10^{18} cal，占 38%。在陆地植物固定的太阳能中，森林固定的太阳能量为 277.0×10^{18} cal，占陆地植物固定的太阳能的 65%，占全球植物固定的太阳能的 40%。因此，森林不仅是陆地植物固定太阳能最多的，而且也是全球最多的，它比整个海洋植物固定的太阳能还要多。

如果以全球年平均到达地面的太阳能量为 $100 \times 10^3 cal/cm^2$ 计算，那么全年到达整个地球表面的太阳能为 $510 \times 10^{21} cal$，即可求得全球植物的太阳能利用率为 0.13%。同样也可分别求出陆地、海洋及各种植物群落的太阳能利用率(表3)。

表3

植物	到达太阳能 $\times 10^{21} cal$	固定太阳能 $\times 10^{18} cal$	太阳能利用率%
全球	510	686.9	0.13
陆地	149	426.1	0.30
海洋	361	260.8	0.07
森林	50	277.0	0.50
农地	14	37.8	0.27
草地	24	60.0	0.25

由表3可知，陆地植物平均太阳能利用率为0.3%，海洋植物为0.07%是最低的。在陆地上，森林的太阳能利用率为0.5%是最高的，其次为农地0.27%，草地为0.25%。

从表3还可得到，全球植物年消耗 CO_2 量为 $26.6 \times 10^{10} t$，为大气中 CO_2 含量 $1.8 \times 10^{12} t$ 的15%左右，其中全球森林年消耗 CO_2 量为 $10.7 \times 10^{10} t$，占大气中 CO_2 含量的6%左右。全球植物 O_2 的年生产量为 $19.5 \times 10^{10} t$，占大气中 O_2 含量 $1.3 \times 10^{15} t$ 的0.015%，全球森林对 O_2 的年生产量为 $7.8 \times 10^{10} t$，占大气中 O_2 含量的0.006%。全球植物年化合水量仅有 $11.1 \times 10^{10} t$，与全球水量 $1348 \times 10^{21} t$ 相比，少得很。全球森林年化合水量为 $4.4 \times 10^{10} t$，与全球森林年蒸发散量[3] $27.1 \times 10^{12} t$ 相比，约占0.16%，可见森林有效利用水也是很少的，大量水分用于蒸散上了。

我国现有森林面积为 $1.15 \times 10^8 hm^2$，森林覆盖率为12%，森林年生物量产量约为 $1.47 \times 10^9 t$[4]。以森林生长地区年平均太阳辐射为 $120 \times 10^3 cal/cm^2$ 计算，取 $I_B = 4.7 \times 10^3 cal$、$M_{CO_2} = 1.83g$、$N_{O_2} = 1.34g$、$W_{H_2O} = 0.75g$，可估算出我国森林年生产 O_2 量、年消耗 CO_2 量、年水分化合量及平均太阳能利用率(表4)。

表4

森林面积	$1.15 \times 10^8 hm^2$	太阳能利用率	0.5%
年生物量	$1.47 \times 10^9 t$	O_2 年生产量	$2.0 \times 10^9 t$
太阳辐射到达量	$1.38 \times 10^{21} cal/a$	CO_2 年消耗量	$2.7 \times 10^9 t$
太阳能固定量	$0.0069 \times 10^{21} cal/a$	水分年化合量	$1.1 \times 10^9 t$

下面引用国内在几个不同地区所测得的生物量。用生物量法以公式(10)~(15)进行估算得出的结果(见表5)。

表5

森林	杉木林			华山松林		油松林	
地点	湖南会同	湖南桃源	湖南朱亭	陕西西安	甘肃天水	河北承德	山西太岳山
年生物量(t/hm^2)	8.98	11.07	8.57	13.50	10.80	8.05	10.08
到达太阳能($kcal/cm^2$)	90	95	100	115	105	125	130
固定能量(cal)	464.8	520.3	402.8	634.5	507.6	378.6	473.8
太阳能利用率(%)	0.52	0.55	0.40	0.55	0.48	0.30	0.36
O_2年生产量($t/hm^2 \cdot a$)	12.0	14.8	11.5	18.1	13.5	10.8	13.5
CO_2年消耗($t/hm^2 \cdot a$)	16.4	20.3	15.7	24.7	19.8	14.7	18.4
水化合量($t/hm^2 \cdot a$)	6.7	8.3	6.4	10.1	8.1	6.0	7.6
备　　注	年生物量是据中国科学院林土所资料			年生物量是据西北林学院资料		年生物量是据北京林业大学资料	

3　小结

(1)从植物光合作用反应方程导出了：光合作用吸收 1g CO_2 或呼吸作用释放 1g CO_2 固定或释放的能量(I)为 2550cal/g；植物形成 1g 生物量固定的能量(I_B)为 $9435C_B$(C_B 为 1g 生物量中碳素含量)；形成 1g 生物量吸收的 CO_2 量(M_{CO_2})为 $3.67C_B$；植物形成 1g 生物量放出的 O_2 量(N_{O_2})为 $2.67C_B$；形成 1g 生物量化合的水量(W_{H_2O})为 $1.5C_B$；求出 C_B 即可导出 I_B、M_{CO_2}、N_{O_2}、W_{H_2O}。在我国一般木本植物 C_B 可取 0.5，草本植物或农作物 C_B 可取 0.43。

(2)根据测定的生物量资料，估算了植物群体太阳能利用率，我国森林 O_2 的年生产量，CO_2 年消耗量及水分年化合量。

(3)用全球生物量及我国森林生物量进行了估算。

参考文献

[1] N. J. 罗森堡. 小气候—生物环境. 北京：科学出版社，1982：224 - 235.

[2] H. Lieth. Basis und Grenze für die Menschheitsentwicklung：Stoffproduktion der Pflanzen. Umschau，1974：169 - 174.

[3] 贺庆棠. 森林对环境能量和水分收支的影响. 北京林学院学报，1984(2)：17 - 35.

[4] He Qingtang. Wasserbilanz und Pflanzenproduktion in China. Uni. München，1983.

中国蒸发量的地理分布与干湿气候区划[*]

贺庆棠　　　　　　　　A. Baumgartner
（北京林业大学）　　　（联邦德国慕尼黑大学）

1　计算方法

　　蒸发可分为蒸发力（也称为可能蒸发量）与蒸发量（或称为实际蒸发量）。蒸发力是指自然表面经常保持湿润状态，最大可能蒸发的水量。蒸发量则是自然表面实际蒸发的水量。由于受地方水分条件的限制，蒸发量往往小于蒸发力。自然表面蒸发量在有植物覆盖的地方是由三部分组成的，即土壤蒸发量、植物蒸腾量和植物截持降水的蒸发量。

　　年平均蒸发力（V_p），以 Thornthwaite[(1)] 公式计算，即

$$V_P = \sum_{n=1}^{12} \left[16(10t_m/I)aF \right] \tag{1}$$

式中：t_m 为月平均温度（℃）；F 是可能日照时间的纬度改正值，可查表得到[1]，I 是月热量指数（i）的年总和。

$$i = (t_m/5)^{1.514} \tag{2}$$

$$I = \sum_{n=1}^{12} i = \sum_{n=1}^{12} (t_m/5)^{1.514} \tag{3}$$

a 是与 I 有关的指数，即

$$a = 0.000000675I^3 - 0.0000771I^2 + 0.0179I + 0.49239 \tag{4}$$

年平均蒸发量；Wundt[2] 曾根据世界各地 220 个流域的降水量、蒸发量和径流量与年平均温度的关系，得到了计算年平均蒸发量的公式。Turc[3] 对 Wundt 的公式作了进一步补充得到公式（5），称为 Turc 公式。以（5）式计算中国各地蒸发量（V）。即

$$V = \frac{1.054N}{\sqrt{1 + \left(\dfrac{1.054N}{L}\right)^2}} \tag{5}$$

式中 N 是年平均降水量（mm）；L 是年平均最大蒸发量（mm），即

$$L = 300 + 25t + 0.05t^3 \tag{6}$$

式中 t 为年平均温度。

　　用 Turc 公式计算时，适合于 $\dfrac{N^2}{L^2} > 0.1$ 或 $N > 0.316L$ 时，如果 $\dfrac{N}{L} < 0.316$，则取 $N = V$。

　　以 Turc 公式计算结果与 A. Baumgartner[4] 等、М. N. БУДЫКО[5] 计算结果及世界水量平衡图集[6]中我国一些地区蒸发量的数值是很接近的。

---

　*　内蒙古林学院学报，1986.12. 第 2 期

由蒸发力减去蒸发量可得到蒸发差 i，蒸发量与蒸发力之比称为蒸发比。二者可作为植物最大缺水量（或最大灌溉量）的指标。

干燥度（K）为年平均蒸发力与年平均降水量之比。计算式为：

$$K = \frac{V_P}{N} \tag{7}$$

利用公式（1）至（7）进行计算时，首先在用透明纸绘的中国空白地图上，采用方格法定点，全国共定 1872 个点，每个点代表 70km×70km 即 4900km² 面积，然后以此空白图分别覆在中国温度和降水量分布图[7]上，分别读取每个点的温度和降水量值，输入 IBM3081 大型电子计算机，以公式（1）至（7）分别算出各点相应值，并绘制成分布图。

2 中国蒸发量的地理分布

2.1 蒸发力

蒸发力的大小，首先决定于热量条件，温度愈高，蒸发力也愈强。由于中国年平均温度的分布是从南向北和从东向西降低的[7]，因此蒸发力的地理分布也是从南向北和从东向西减少的（图1）。

中国蒸发力最大值出现在西沙群岛，可达 1678mm，海南岛南端和台湾省部分地方可达到 1400mm 以上。最小值在藏北高原，那里年平均温度是全中国最低的地方（−8℃）[7]，蒸发力也最小，仅 300mm。其次是东北北部地区为 500mm。

蒸发力的地理分布是：大、小兴安岭为 500～600mm，东北平原 600～700mm，华北平原和黄河下游 700～800mm 以上，秦岭和淮河流域 800～900mm，长江流域 900mm 左右，南岭山地约为 1000mm，珠江流域 1100～1200mm 以上，藏南喜马拉雅山迎风坡可达 1000mm 以上，云贵高原 800～900mm，四川盆地 700～900mm，滇南 900～1100mm，黄河中游包括河套地区 500～600mm，新疆塔里木盆地和准噶尔盆地为 700～800mm，青海柴达木盆地为 400～500mm，内蒙古草原 500～600mm，西藏高原的拉萨、昌都一线以南地区在 500mm 以上。

2.2 蒸发量

在自然界除水面、沼泽和低洼地水湿地等地方外，土壤不可能经常保持湿润状态，因而蒸发量在一般情况下均小于蒸发力。土壤愈潮湿，蒸发量愈接近蒸发力；相反，土壤愈干燥，蒸发量愈小于蒸发力。而土壤的干湿状况，主要决定于降水和温度等气候条件。随降水量增多和温度升高，蒸发量增大。在中国由于降水量和温度的分布趋势都是从西北向东南增大的，故蒸发量的地理分布亦有同样的特点，由西北向东南沿海增大，而蒸发差相反，是由西北向东南减小的（见图 2 和图 3）。

中国年平均蒸发量最大值出现在降水量大而温度又高的东南沿海岛屿上。如台湾岛和海南岛的部分地方，蒸发量达 1200mm 以上，东沙和西沙群岛在 1100mm 以上。全国蒸发量最小值出现在西北沙漠地区，在 25mm 以下，有的地方甚至等于 0。

年平均蒸发量的地理分布是：瑷珲和海拉尔一线以北的地区，年平均蒸发量在 200mm 以下，大、小兴安岭 200～300mm，三江平原和东北平原为 300～400mm、长白山区为 400mm 左右，内蒙古草原 200～300mm，华北平原和黄河下游 400～500mm，秦岭、淮河一线为 600mm，长江流域 700～800mm，四川盆地 600～800mm，南岭山地 900mm 左右，珠江流域 1000～1100mm，云贵高原 600～700mm，黄河上游 200～300mm，黄土高原 300～400mm，天山以北的乌鲁木齐和伊宁一带 200～300mm，西藏高原的拉萨、昌都一线以东地区在 300mm 以上，藏北高原、塔里木盆地、准噶尔盆地、柴达木盆地、内蒙古、宁夏和甘肃西北部等沙漠地区均在 100mm 以下。

2.3 蒸发差和蒸发比

在中国最大蒸发差出现在西北沙漠地区，年平均蒸发差一般均在 500mm 以上，个别地方如新疆的塔克拉玛干沙漠可达 800mm 以上（图 3）。最小值出现在台湾省在 50mm 以下。蒸发差的地理分布，是从东南沿海向西北内陆增大的。中国江南地区年平均蒸发差一般在 100mm 以下，东北地区为 200～300mm，华北平原为 300mm 左右，秦岭淮河一线以南至长江流域为 100～200mm，西藏高原大部分在 200mm 以下，云贵高原和川西地区在 100mm 以下，但西昌以南的金沙江河谷地区蒸发差较大为 200mm 以上，滇南地区 200～300mm，鄂西及湖西山地及广西桂林以北地区，蒸发差较小，在 100mm 以下，形成一个闭合低值区。内蒙草原为 300～400mm，黄土高原为 200～300mm，天山以北准噶尔盆地以南的部分地区为 200mm 以下，是北疆水分条件最好的地方。南海诸岛如西沙及东沙群岛，这里虽然年平均降水量不少，但年平均温度较高，蒸发差仍较大，可达 300～500mm。

以蒸发比而论，中国东北大部分地区和广大的江南地区为 0.8～0.9，华北地区和黄土高原为 0.6～0.8，西北内陆沙漠地区均在 0.2 以下，个别地方如塔克拉玛干沙漠蒸发比等于 0，西藏高原中部为 0.7～0.9，台湾省 0.8～0.9，全国蒸发比分布见图 4。

3 中国平燥度分布和干湿气候区划

干燥度是各地水分状况度量的指标，用它能反映各地气候的干湿状况。我们取干燥度 1.0 作为干湿气候的分界线。干燥度大于 1.0 时，数值愈大气候愈干旱；干燥度小于 1.0 时，数值愈小气候愈潮湿。图 5 是中国各地干燥度之分布，它的特点是从东南向西北增大的。东南沿海地区干燥度一般为 0.5～0.8，西北沙漠地区如塔克拉玛干沙漠的干燥度最大，可达 80 以上。

根据中国干燥度的分布，我们把中国气候按干湿状况划分为下列五个干湿气候区（表 1）。

各干湿气候区的界线和分布范围见图 6。

表 1 中国的干湿气候区

气候区	干燥度	年降水量（mm）	干湿状况	占国土面积（%）
森林气候	<1.0	600 以上	湿润	40
森林草原气候	1.0～1.49	400～600	亚湿润	24
草原气候	1.5～1.99	200～400	微干旱	6
荒漠草原气候	2.0～4.0	100～200	亚干旱	8
荒漠气候	>4.0	100 以下	干旱	22

3.1 森林气候区

干燥度小于 1.0，年平均降水量在 600mm 以上。此区与森林草原气候区的界线为 1.0 等干燥度线。它北起黑龙江省的瑷珲县附近，以哈尔滨、长春、沈阳至山海关附近，此线以东地区不包括三江平原属于森林气候区。然后 1.0 等干燥度线，从山东半岛的烟台附近起，经徐州沿淮河经伏牛山区、秦岭北坡、西安附近，再折向四川盆地北缘，经白龙江向北，在东经 95°附近穿过巴彦喀拉山至西藏的班戈，向东至林芝后折向西南边境。此线以南的广大地区，包括台湾省、海南岛及南海诸岛均属于森林气候区。它占有土地面积为国土面积的 40% 左右。

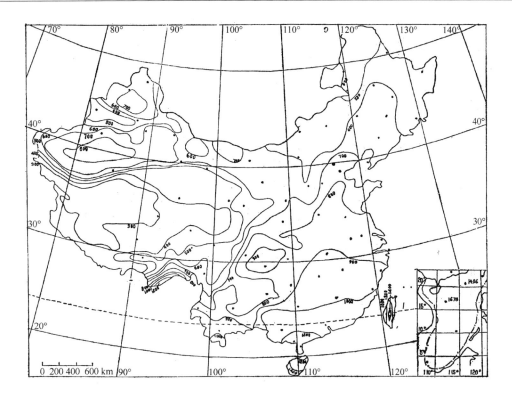

图1 蒸发力分布示意图

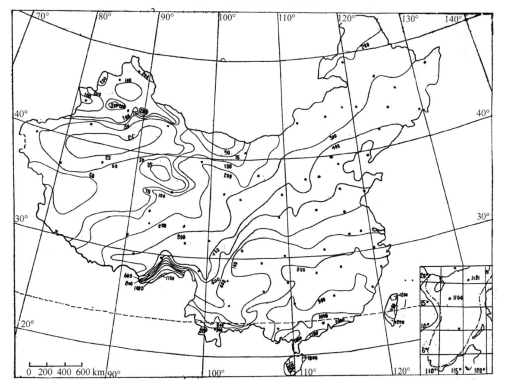

图2 蒸发量分布示意图

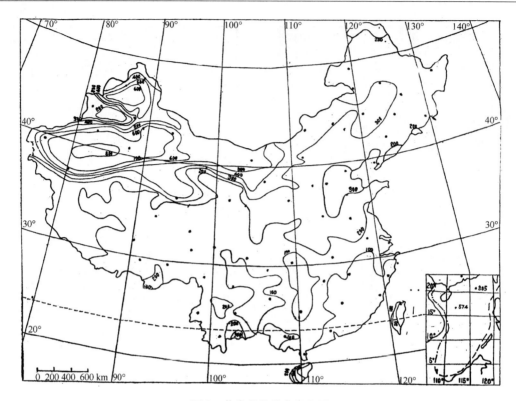

图3 蒸发差的分布示意图

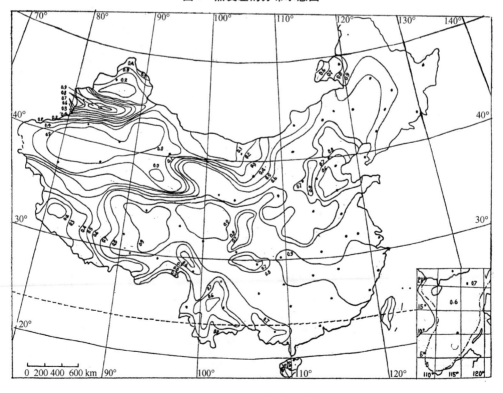

图4 蒸发比的分布示意图

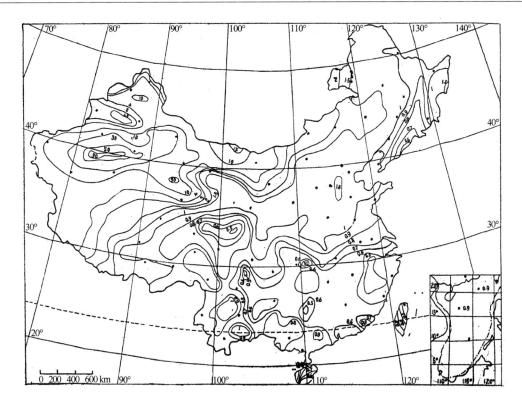

图 5 干燥度的分布示意图

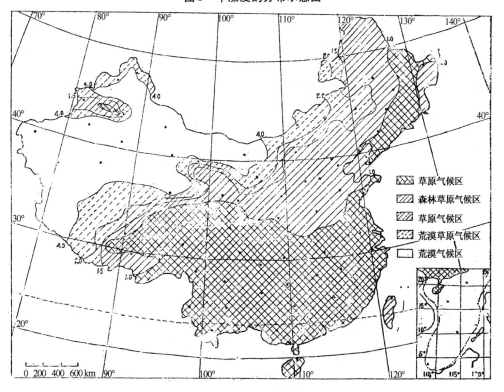

草原气候区
森林草原气候区
草原气候区
荒漠草原气候区
荒漠气候区

图 6 干湿气候区

3.2 森林草原气候区

干燥度 1.0 ~ 1.49，年平均降水量 400 ~ 600mm。它的东南界线是森林气候区，西北以 1.5 等干燥度线与草原气候区为界，并包括三江平原及天山以北一小部分地区。1.5 等干燥度线北起海拉尔，经大兴安岭南端、松辽平原的西缘，沿张家口以北的内蒙古草原边缘、长城附近，经六盘山区至兰州以北折向西北，经酒泉以南的地区折向东经 100° 附近，再沿格尔木与沱沱沿河之间至西藏的帕里。此线的东南属森林草原气候区。此区占有国土面积的 24% 左右。

3.3 草原气候区

干燥度 1.5 ~ 1.99，年平均降水量为 200 ~ 400 mm。范围包括呼伦贝尔盟草原、内蒙古草原，以及平行于 1.5 等干燥度线的小范围地区和北疆部分地区，面积仅占国土面积的 6%。

3.4 荒漠草原气候区

干燥度 2.0 ~ 4.0，年平均降水量为 100 ~ 200mm。它是荒漠区与草原区的过渡地带。4.0 等干燥度线是从乌兰布和沙漠边缘向西南经腾格里沙漠边缘，然后沿长城附近至甘肃酒泉与嘉峪关之间，再转向与 2.0 等干燥度线平行至格尔木附近，经藏北高原折向西南。此线紧靠沙漠及高山荒漠地区边缘，此区还包括北疆一小部分地方。面积占国土面积的 8%。

3.5 荒漠气候区

干燥度大于 4.0，年平均降水量 100mm 以下，它包括塔里大盆地、准噶尔盆地和柴达木盆地的荒漠区，内蒙古、宁夏和甘肃西北部的沙漠区与藏北高原的高山荒漠区。面积占国土面积的 22% 以上。

按干燥度划分的上述干湿气候区与各地地理景观相对照基本是吻合的。

4 不同干湿气候区的开发与利用

中国大部分国土面积分布在中纬度。除东北北部和西藏高原部分地区外，全国的热量条件对于植物生产是十分丰富的，而水分条件则是从东向西形成各种地理景观和限制植物生产的主导因子[8]。中国有句俗语叫做"风调雨顺，人寿年丰"，可见水分条件，特别是降水量是十分重要的。因此按干燥度划分干湿气候，有利于按各区干湿状况，发展农林业等植物生产、畜牧业生产和对沙漠等景观的改造，以维持和改善生态平衡；也有利于采取有利于农林业等植物生产的防旱措施和各种人为经营管理措施；为合理的土地开发和利用提供了依据。

很明显，根据上述干湿气候区的划分，在开发利用上，森林气候区和森林草原气候区适宜发展农林业等植物生产，应规划为我国主要农业区和林区。在这两个气候区内的山区和半山区应以发展林业（包括水土保持林、用材林、薪炭林、经济林、水源涵养林、调节气候林等）为主，平原地区以农为主建立农田林网生态体系，城市和村镇四旁附近则应大力营造环境保护林、风景林和开展四旁绿化。在其他气候区内，如果局部地区有丰富的水源如地下水、融雪水、天然淡水湖泊以及河流等也可适当发展农林业生产，但这种地方的面积是很少和很有限的。因此，在森林气候区和森林草原气候区以外的其他气候区，由于比较干旱，大面积发展农林业等植物生产是困难的，在目前和不久的将来是不太可能的。如果在这些地区盲目地大面积发展农林业，就会破坏生态平衡，带来环境灾难，这是值得注意的。在草原气候区则应以畜牧业为主，经营管理好草场，努力提高草场生产力。荒漠草原气候区是荒漠气候与草原气候之间的过渡地带。这个地带具有特殊的生态不稳定性，如果采取一定的有效措施如植灌种草等，它可改变为草地，反之则稍有不慎就可能受到沙漠侵袭而沙漠化，变为荒漠。这一地区是我们进行荒漠改造的着手点，也是与荒漠争夺的前缘阵地。中国目前正在进行三北防护林的规划和营造，看来要使林带规划得当，迅速成活起到防护效益，林带应布置在森林草原气候区与草原气候区之间的边界附近水分条件适于林木生长的地区。据 A. Baumgartner[9]、贺庆棠[10]等研究，森林蒸发量比草地和农地大 10% ~ 30%，为了减少林带对水分的过量消耗，不致破坏当地生态平衡，林带的设计宽度应以收到防护效益为宜，不宜过宽。因为这些地区属水分不足地区，也是森林生长的边界线。

5　初步结论

（1）中国年平均蒸发量的地理分布特点是从东南向西北减少的。最大值在海南岛和台湾岛为 1200mm，最小值在西北沙漠地区为 25mm 以下。

（2）中国干燥度的地理分布特点是从东南向西北增大的。最大值在塔克拉玛干沙漠为 80，最小值在台湾山地为 0.3。

（3）以干燥度为标准，划分全国为五个干湿气候区，即森林气候区、森林草原气候区、草原气候区、荒漠草原气候区、荒漠气候区。

（4）在开发利用上，森林气候区和森林草原气候区应是中国的主要农业区和林业区；草原气候区应是牧业区；荒漠草原气候区具有生态不稳定性，应注意植灌种草，防止沙漠化。

参考文献

[1]Thornthwaite C. W.. An approach towards a rational, classification of climate Geograph. Rev. 1948(38)：55 – 94.

[2]Wundt W.. Die Verdunstung von den Ländf lachen der Erde in Zussammenhang mit der Temperatur und den Niederschlägen Z. F. angw. Meteo. 56Jg. 1939(1).

[3]Turc L.. Le bilan d´eau des Sols, Relation entre Les precipitations. I´evaporation et I´ecoulement Ann. Agron. 1954：(5).

[4]Ba mgartner A., Reichel E.. Die Weltwasser Bilanz R. Oldenbourg Verlag, 1975.

[5]Вудыко М. И.. Атлас Мирового Бодного Валанса Гидрометеоцздат, 1974.

[6]USSR national committee for the international Hydrologial Decade. Atlas of world water balance, 1977.

[7]中央气象局. 中华人民共和国气候图集. 北京：地图出版社, 1978.

[8]He Qingtang。Wasserbilanz and Pflanzenproduktion in China。Munchen Uni, 1983.

[9]Baumgartner A. Einfluss energetische Faktor auf Klima, Produktion und Wasserumsatz in bewaldeten Einzugsgebieten IUFRO — KNOF Camsville USA, 1971.

[10]贺庆棠. 森林对环境能量和水分收支的影响. 北京林学院学报, 1984(2).

建立和发展更加适合人类生存的人工生态平衡系统*

吴桂生　贺庆棠

（北京林业大学）

在当今世界上，哪里要建核电站、要建工厂、要修水库、要筑水坝、要开发森林、要利用草场，总之，要改变土地现有利用方式，那里就有人反对。他们认为，这会破坏生态平衡，会给人类带来灾难。国际上有人借口维持生态平衡，反对干预自然和改造自然，甚至有人鼓吹恢复原始大自然的平衡。国内也有人过于强调维持生态平衡，认为对自然的任何干预，都会破坏生态平衡，有人甚至反对提木材生产，似乎木材生产就是破坏生态平衡。我们认为，这种观点是极端片面的，对我国的四个现代化建设是有害的，对改善当今世界的生态环境也是不利的。因此，有加以讨论的必要。

从事物的发展规律看，任何一种生态平衡都不可能永恒不变，原始自然的生态平衡是不可能也不应该恢复的。唯物辩证法告诉我们，平衡与不平衡是事物发展过程中的两种状态。平衡之中包含着局部的不平衡，不平衡中包含着局部的平衡。由于事物内部的矛盾性，事物总是由平衡向不平衡转化，而不平衡又总要被新的平衡所代替。"一切平衡都只是相对的和暂时的"（恩格斯），而不平衡则是绝对的。这是事物发展的普遍规律，是不依人们的意志为转移的。生态系统也是如此。所谓生态系统，按照一般的定义是指一定面积上的生物成分和非生物成分的相互作用、相互制约而形成的具有一定结构和功能的集合体。关于生态平衡概念的理解，尽管存在不同的认识［如有些同志认为，所谓生态平衡是指一个生态系统内，各组成部分（如生产者、消费者和分解者）通过能量和物质的转化、循环和制约，生物种群之间及以生物与环境之间形成相对的稳定状态。或者从量上讲，是指生态系统内，能量和物质的连续输入输出保持相等的状态，有的同志认为，生态平衡是一种非平衡的稳］，但是，人们都承认，任何生态系统的演化也是存在着平衡（稳态）和非平衡（非稳态）两种状态的。生态平衡是动态平衡。任何一种生态系统，都有不同程度的自我调节能力，当外界条件使其生物种类或数量比例或营养结构发生变化时，它可以在一定限度内保持生态系统的稳定状态（即生态平衡）。如果这种变化超过一定的限度（即所谓阈值）时，生态系统就要由平衡态（或稳态）向非平衡（即非稳态）转化。一般说来，自然生态系统即没有人为干预的生态系统，特别是生物数量巨大、种群复杂的生态系统，由于种群之间、生物与环境之间的复杂的相互作用，经过长期演化过程所形成的生态平衡，自我调节能力很强，不易破坏，持续时间较长，如森林生态系统的顶极群落。但是，生物系统内部的各种因素，总是处于不停地变动之中，如气象的变迁、地质的活动、山火的燃烧等，这些变化，总要超过生态系统自身的调节能力，促使生态系统从平衡向不平衡发展，使新的生态系统代替旧的生态系统。生态系统的这

* 农林辩证法杂志，1987.3. 第1期

种转化趋势是不可逆的。自然科学已经证明，从生命在地球上的产生到人类出现之前，没有任何一种自然生态系统是亘古未变的，没有任何一种生态系统的平衡是万古长存的。森林顶极群落也只是森林演化过程中的一个暂时阶段。人类出现后，在自然生态系统生物链条的消费环节上增加了一个能动的因素。如果说，动物的消费不会对自然生态系统造成多大影响的话，人却不同。他不仅干预某些自然生态系统的演化过程，如焚林狩猎、毁林开荒等，而且按照自己生存和发展的需要不断创建各种人工生态系统如农田生态系统、城市生态系统等，这就大大加速了生态平衡与不平衡交替发展的周期。有些生态系统消失了，有些生态系统产生了。经过人类几百万年特别是近几百年的改造，这个地球更加适合人类生存和发展。这个发展趋势更是不可逆转的。因此，任何一种生态系统的平衡都是维持不住的。要求恢复原始自然生态平衡，不仅是逆自然发展之潮流，而且是在社会发展的对立面，是根本办不到的。

从我们祖先改造自然的经验教训看，为了维持生态平衡而反对改造自然的观点也是片面的，错误的。说它是片面的，这是因为，他们只看到我们祖先在改造自然过程中，打破生态平衡造成今日生态危机的过失，没有看到，正是因为打破旧的生态平衡而建立了今天世界上更高级、更适应人类生存和发展的人工生态系统；他们只看到了我们祖先留下恶化的生态环境，没有看到，同时也为我们打下了解决生态危机的物质基础和科学技术手段。说它是错误的，这是因为，我们祖先造成生态危机的根本原因并不在于没有维持生态平衡更不在于干预自然、改造自然，而是由于当时历史条件的限制，没有认识到改造自然所引起的长远的生态后果尤其是全球性的生态规律以及按照生态规律改造自然的社会条件和技术手段。我们的祖先要生存、要发展，在当时的历史条件下，必须打破原始的或旧的生态平衡，才能建立更加适应人类生存和发展的人工生态系统。远古时的人们，不毁林是不能发展农业的，只靠采摘野菜是不能培养已经发展了的人口的，更不可能积累起社会再生产的物质手段；没有对自然资源"掠夺性"的开发，就不会有产生革命，就没有近代工农业的巨大发展。在当时的条件下，生产的发展必然要出现生态环境的恶化问题。我们的祖先如果为了不给后代留下恶化的环境，维持当时的原始自然的生态平衡，不去改造自然，那也就没有今天这样巨大的物质财富和精神财富，当然也就不可能有人类社会的存在与发展。问题是明摆着的；人类要生存要发展，就必须改造自然，要改造自然就必须或必然打破旧的生态平衡，建立适合人类生存和发展的生态系统，就难免带来副作用。副作用有多大，是同人们的生产条件、认识水平以及其他社会条件有关的。如果我们为了避免副作用的产生，不去改造自然，不去创建更加适合人类生存和发展的生态系统，这岂不是因噎废食吗！

从治理和改善已经恶化的生态环境来看，也不应反对干预自然、改造自然。要治理和改善已经恶化了的生态环境，除社会条件下，没有高度发达的科学技术、没有生产的高度发展，是根本办不到的。当前生态环境恶化表现在许多方面：全球性森林覆盖面锐减，水土流失严重，沙漠面积扩大，草原退化，环境污染，气候异常，自然资源枯竭等。要治理这些问题首先要以经济发展为基础。非洲一些国家连温饱都解决不了，哪有力量去治理水土流失？西方一些国家治理污染取得了一定的成绩，如联邦德国对莱茵河、英国对泰晤士河的治理，都是以国家的巨大投资为后盾的。日本为了保护本国森林，要花费大量外汇进口木材。我国甘肃省近几年已基本停止了植被破坏，这是因为国家投资鼓励农民种草植树、退耕还林。"三北"防护林第一期工程已完工，"八年期间，中央和地方共投资 17.1 亿多元，人民群众和驻军投入劳动 7 亿个工作日，完成人工造林 6055000 公顷"。生态经济学家认为，为了保护经济效益和生态效益的统一；在一定时期内，社会用于生态环境再生产的劳动量有个最低限度，只有保证这个最低标准数量，才能使生态环境的再生产正常进行。并且这个最低限量不是固定不变的，而是要随着生产力的发展增加投入生态环境再生产的劳动量。（参看马传栋：《生态经济学》，山东人民出版社）很显然，治理生态环境必须以生产力的发展为前提，发展生产力，就要开发新的能源，就要建立工厂，就要开发森林，就要利用草原，就要干预、改造自然。治理已经恶化的生态环境必须发展科学技术。高度发达的科学技术是改善生态环境的主要手段。改善生态环境首先是一个科学认识问题，要把改善生态环境的各种措施建筑在科学的认识基础之上，其次要高度发达的技术手段。没有一定的技术力量和技术手段，环境污染是不可能治理的，森林也不可能得到迅速的恢复和发展的。生态环境改善到什么程度，在一定意义上决定于当时的科学技术水平。据人们研究，当前在兴起的新技术革命，对治理已经恶化的生态环境、促进人与自然的协调发展将会起重大作用。例如，变非再生能源石油、天然气、煤为再生能源（太阳能、核能、氢能等）不仅能消除环境的重大污染源，而且能从根本上解决能源问题；生物工程的发展将会源源不断地供应更加适合人类需要的新的生物品种，这对农业、林业以致工业的发展将产生难以预料的深远影响。向海洋生态系统的进军，将会大大降低陆地生态系统为人类人口增长提供食物的压力，据世界未来学会预测，海洋农业终将超过陆地农业。特别是人工智能的发展，将对协调人与自然的发展，提供最有效的手段。可见没有科学技术的高度发展，生态环境的根本改善是不可能的。科技技术的发展又是以经济发展为基础的，可见，不改造自然，不发展经济，根本不能治理恶化了的生态环境，甚至也保不住现有的某种生态平衡。

这是不是说只要发展经济建设，可以不要考虑生态平衡呢？当然不是。唯物辩证法并不否认平衡在事物发展过程中的重要意义。恩格斯指出："平衡是和运动分不开的"。"物体相对静止的可能性，暂时的平衡状态的可能性，是物质分化的本质条件，因而也是生命的本质条件。"（《自然辩证法》1984年版145页）就全球范围讲，没有某种生态平衡，人类既不可能生存更不可能发展。人类向自然索取的一切物质生活资料，都是地球这个生态系统物质循环和能量转化的产物，人类不可能不受到这个生态系统演化规律的制约。同时，人类又反作用这个系统，不可能不影响它的生态平衡问题，今天全球性生态环境的恶化，主要是人类不良的影响长期积累的结果。因此，人类改造自然，进行经济建设，不能不考虑生态系统的演化规律，不能不考虑到生态平衡问题，但是，人类的生存和发展不仅涉及生态规律而且还涉及经济规律，人类从事改造自然的活动，总是以获取最大经济利益为出发点的。这里的问题是如何把二者很好地结合起来。结合到什么程度是受历史条件限制的。生态经济学家们提出，发展经济要以生态规律为基础，要把生态规律与经济规律、生态效益与经济效益统一起来。就是说既要不断满足人类日益发展的生活需要，又要促使生态环境向良性循环方向发展。这种观点是完全正确的，这里讲的发展经济要以生态规律为基础并不简单地维持生态平衡的问题。所谓经济发展以生态规律为基础是指不论某个地区的经济发展或某项改造自然的工程建设如建核电站、建工厂、修水库、筑水坝、开发森林、利用草原等，都要预测这些建设会给生态环境带来什么影响，要遵循生态平衡的要求，采取相应的措施。如在建设的同时要建立防止污染、防止水土流失、防止草原退化的设施等。而不是不准打破原来的生态平衡。因为不是任何一种生态平衡都是有利于人类的生存和发展的。也不能笼统地认为越稳定、越持久、生物量越大的生态平衡对人类也最有利。如荒草地、烂泥塘、杂树丛生的植物群落都可能是处于某种平衡的生态系统，维持这类生态平衡系统并非我们改造自然的原则。过熟的原始森林往往是森林的顶极群落，它处于最稳定的平衡状态中，维持这种生态平衡系统不一定对人类最有利。农田生态系统往往不如森林生态系统的平衡稳定、持久、生物量大，然而，我们绝不会因此而无条件的以森林生态系统代替一切农田生态系统。打破旧的或原来的生态平衡系统，并不意味着就是违背生态规律，不遵循生态平衡的原则，因为它可以创立更加适合人类生存和发展的新的生态平衡。葛洲坝的建立必然要破坏长江中下游流域原来的生态平衡，但却创立了更加有利于四化建设发展的新的生态平衡。可见，在一定的条件下，维持已有的生态平衡是遵循生态原则，在另外一定条件下，打破原有生态平衡，建立新的生态平衡，也是遵循生态平衡的原则。我们不应该从所谓维持生态的原则出发，而反对干预自然、改造自然。我们应该在可能的条件下，大力改善已经恶化的生态条件的同时，强调创造更加适合四化要求的人工生态平衡系统。具体讲，就是根据我国四化建设的全局部署，针对一个地区、一个生产系统存在的生态环境问题，按照生态规律，人为创造一定的条件，采取相应的技术措施，促使该生态系统朝着良性循环的方向发展，更充分地利用自然力。这种人工生态平衡系统正在我国大地上蓬勃发展着。像有名的"桑基鱼田"生态平衡系统、黄淮海平原的农田林网人工生态平衡系统、海南岛橡胶树与经济作物间作的人工生态平衡系统等。1986年11月在江苏高邮县召开的复合生态系统学术讨论会上，专门研讨了这类人工生态系统有关的理论问题。会议表明，在生产实践中，人们创建了多种类型的林农复合生态系统的经营形式，如林粮、林牧、林茶、林渔、林副等经营形式已得到较大面积的推广。这种森农复合生态系统的发展，对于我们这个少林国家来讲，具有重大的生态意义。如果按照这个方向发展下去，我国的生态环境一定会得到较大的改善，四化建设特别是农林现代化的发展将有新的突破。

参考文献

[1]陈贻安. 关于"生态平衡"的科学考察与哲学想考. 生态学杂志，1985(5).

[2]林可济. 新技术革命中人与自然的关系. 福建论坛(文史哲版)，1984(4).

[3]复合生态系统真灵，粮多花青鱼肥森茂. 人民日报，1976 – 11 – 2

[4]林业部西北、华北、东北防护林建设局编. 建设中的"三北"防护林体系工程.

用相关分析法推算北京地区的热量资源[*]

邵海荣　贺庆棠

（北京林业大学）

　　森林与环境之间是相互作用的。森林作用于环境，形成森林的生态效益；环境作用于森林，形成森林的产量。森林的环境因子主要包括光、热、水、空气、土壤养分等。其中前四项均属气象因子。各气象因子与森林的生态效益及产量之间都存在着一定的定量或定性关系。因此，目前多直接或间接地使用气象资料来评价森林的各种生态效益及估算森林的产量。同时，在安排林业生产及进行林业区划等各项工作时，也都离不开气象资料。

　　林业工作大部分在山区或边远地区进行，由于这些地区气象台站网点稀疏，现有气象台站的资料远远不能满足上述要求。短期流动气候考察，限于人力、物力及时间，也很难满足林业工作上的需要。因此，利用现有少数气象台站的资料，调查推算无资料地区的气候状况，就成为当前林业工作上迫切需要解决的问题之一。

　　对林木生长发育起主要作用的气候因子是热量和水分。本文首先推算无资料地区的热量状况。热量状况的推算方法很多，如相关分析法、估计大小地形作用的方法和物候法等。本文利用现有气象台站的资料，使用相关分析法，推算北京及其附近无气象资料地区的热量状况，以供该地区林业工作者参考。相关分析法简单易行，只要范围不是很大，地形比较单一，如山脉的同一坡向等，使用这一方法都可取得较为满意的效果。

1　各种平均温度的推算

　　与林业生产有密切关系的热量条件，主要是热总量、生长期的长短、热量的季节分配及热量强度（即最热月平均温度）等。推算这些热量指标都必须以各种平均温度为基础。下面首先进行各种平均温度的推算。

　　推算各种平均温度的基本原理：

　　影响气温变化的主要因子是纬度、地形条件和距海远近等。对于距海较远的地区，距海远近的影响不大，可以忽略不计；在山区，气象台站一般都设在平坦的地段上，小地形的影响也可忽略。因此，在中、小地区，气温产生差异的主要原因是纬度和海拔高度的不同。气温是随纬度和海拔高度升高而降低的。如果已知气温随纬度和海拔高度的递减速率。那么，将现有各气象台站的平均温度按纬度递减率订正到纬度 $0°$（对于中小范围地区也可订正到附近某一纬度上）。再按高度递减率，订正到海平面上。把经过纬度和高度订正后所得到的温度数值，作为基准温度 T_0。推算点的基准温度 T_0，可由现有气象台站的 T_0 值，用内插方法得到。气温的纬度和高度递减率可由现有气象台站的资料求出。某推算点的基准温度 T_0 再按求出的纬度递减率和高度递减率，订正到该点所在纬度和高度上，即得到该推算点的相应

────────────────

　　[*]　北京林业科技，1987，第 18 期。

平均温度值。推算点的平均温度值可表示为下式：

$$T = T_0 - r_\psi \cdot \Delta\psi - r_H \cdot \Delta H \tag{1}$$

式中：r_ψ——平均温度的纬度递减率；

r_H——平均温度的高度递减率，即温度的垂直递减率。

按上述基本原理，将推算步骤归纳如下：

(1)利用现有气象台站资料求纬度递减率和高度递减率；

(2)按纬度递减率和高度递减率求现有气象台站的基准温度 T_0，并用内插方法求推算点的 T_0 值；

(3)将推算点的 T_0 值，按纬度递减率和高度递减率，订正到推算点所在纬度和高度上，即得到了推算点的相应平均温度值。

下面按照该方法推算北京无气象资料地区的月、年平均温度。

年平均温度的纬度递减率：Ferbes 提出，北半球年平均温度与纬度之间存在着下列关系

$$\overline{T}年 = 27.1 - 44.9\sin^2(\varphi - 6.5) \tag{2}$$

式中：$\overline{T}$年——年平均温度；

φ——纬度；

6.5——热赤道的平均位置。

根据(2)式计算 40°N 附近的平均温度值，即纬度每变化 1°，年平均温度变化 0.72℃。

各月平均温度的纬度递减率：根据兰州高原大气所的研究，亚洲地区各月平均温度随纬度的递减率 r_ψ，如表 1 所示。

表 1　亚洲地区月平均温度的纬度递减率

月	1	2	3	4	5	6	7	8	9	10	11	12
r_ψ(℃/纬度)	1.2	1.1	1.0	0.7	0.5	0.2	0.1	0.2	0.5	0.8	1.1	1.2

温度的高度递减率：经纬度订正后的各气象台站的平均温度差异，就是由于海拔高度不同而产生的。为了求得北京及其附近地区的气温垂直递减率，选用了北京现有十年以上资料的气象台站 14 个，也为了提高计算精度及扩大使用范围，又在北京以西、以北地区选择了13 个气象台站，将 27 个气象台站经纬度订正后的各平均温度值和气象台站所在海拔高度分别点在不同的温度—高度座标图上(图略)。由图可以看出，经过纬度订正后的年、月平均温度与海拔高度之间有很好的直线相关关系。所建一元回归方程的截距 a、斜率 b、相关系数 r 列于表 2。

表 2　回归方程系数及相关系数

月	1	2	3	4	5	6	
a	-4.9076	-2.5557	4.9914	13.4940	21.0852	25.0416	
b	-0.0055	-0.0054	-0.0055	-0.0058	-0.0060	-0.0059	
r	-0.99	-0.96	-0.98	-0.98	-0.98	-0.98	
月	7	8	9	10	11	12	年
a	26.5911	25.1934	19.7634	12.9246	4.1493	-3.9015	11.8854
b	-0.0055	-0.0055	-0.0059	-0.0056	-0.0055	-0.0052	-0.0056
r	-0.98	-0.99	-0.99	-0.99	-0.98	-0.95	-0.99

回归方程的斜率 b，即为该地区平均温度随高度的递减率 $r_H(℃/∞)$。

由表 2 所列各相关系数可以看出，经过纬度订正后的年、月平均温度与高度之间有着极好的相关关系，相关系数大都在 0.98 以上。为了检验总体相关程度，对相关系数 r 进行显著性检验。置信度取 0.001，自由度为 $N-2=25$。查 t 分布数值表得 t 表中值为 3.725。t 计算值列于表 3。

表 3 t 计算值

月	1	2	3	4	5	6	7
t 计算值	35.08	17.14	24.62	24.62	24.62	24.62	24.62
月	8	9	10	11	12	年	
t 计算值	35.08	35.08	35.08	24.62	15.21	35.08	

由表 3 可以看出，年及各月的 t 计算值均远远大于表中 t 值，说明总体相关显著。

将 27 个气象台站的年、月平均温度按表 1 所列平均温度的纬度递减率 $r_ψ$ 和表 2 所列平均温度的高度递减率订正到纬度 40° 及高度 0m（即海平面）上，得到各站的基准温度 T_0，各气象台站 T_0 值如表 4 所示。

表 4 各气象台站 T_0 值

站名	1	2	3	4	5	6	7	8	9	10	11	12	年
大同	-5.5	-2.3	5.8	14.5	22.2	26.3	27.6	26.0	20.6	13.8	4.7	-3.6	12.5
五台山	-4.1	-2.4	3.9	12.6	19.9	23.5	25.4	24.3	19.7	12.7	4.1	1.7	11.4
阳泉	-2.8	-0.8	6.5	14.7	22.6	26.8	28.1	26.2	20.5	13.9	5.9	-0.9	13.5
太原	-4.9	-1.7	5.9	14.0	21.3	25.9	27.5	25.8	19.4	12.6	3.9	-3.5	12.2
晋城	-4.6	-1.9	4.7	12.6	20.5	26.1	27.9	26.1	19.5	12.7	4.2	-2.8	12.2
围场	-6.4	-4.0	3.8	12.9	20.6	23.7	25.5	24.1	18.8	12.5	3.3	-4.4	10.9
承德	-5.8	-3.0	5.3	14.1	22.0	24.8	26.5	25.3	19.9	13.1	3.8	-4.2	11.8
张家口	-5.1	-2.3	5.6	14.5	22.3	26.0	27.4	25.8	20.6	13.5	4.3	-3.4	12.4
保定	-5.6	-3.1	4.4	12.8	20.4	25.2	36.1	25.2	19.6	12.5	3.5	-3.7	11.5
石家庄	-4.6	-3.4	5.2	13.2	20.9	25.8	27.0	25.3	19.5	12.6	4.2	-2.8	12.0
涞源	-5.7	-3.3	4.5	13.3	21.3	25.2	26.4	25.1	9.4	11.9	3.8	-3.9	11.6
蔚县	-7.6	-4.2	4.7	13.7	21.7	25.1	27.3	25.8	20.1	12.8	-3.1	-5.7	11.5
顺义	-4.6	2.5	4.6	13.1	20.6	24.4	26.0	24.8	19.9	12.9	4.2	-2.8	11.7
古北口	-4.6	-2.0	5.4	14.1	21.4	25.0	26.4	25.1	20.2	13.7	5.1	-2.5	12.2
丰台	-4.8	-2.6	4.6	13.2	20.5	24.3	26.1	25.0	19.6	12.4	3.8	-3.2	11.6
房山	-5.5	-2.9	4.7	13.3	20.9	25.0	26.5	25.1	19.7	12.8	3.6	-3.7	11.7
昌平	-3.5	-1.7	5.4	13.8	21.1	24.7	26.3	25.1	20.1	13.5	4.7	-2.0	12.4
朝阳	-4.5	-2.5	4.5	13.1	20.5	24.2	26.1	25.0	19.6	12.8	4.0	-2.8	11.7
怀柔	-4.3	-2.1	5.4	13.8	21.3	25.2	26.4	25.4	20.5	13.7	5.0	-2.5	12.3
延庆	-5.6	-3.0	4.7	13.2	21.0	24.5	26.1	24.7	19.5	12.6	3.9	-3.8	11.4
门头沟	-3.8	-1.9	5.4	13.7	21.2	29.4	26.4	25.1	19.9	13.1	4.5	-2.3	12.2
平谷	-5.3	-2.9	4.7	13.5	21.1	24.8	26.5	25.1	19.9	13.1	4.0	-3.5	11.8
密云	-5.4	-3.0	4.9	13.6	21.0	24.6	26.5	25.0	19.6	12.8	3.9	-3.7	11.6
通县	-5.2	-3.0	4.4	12.9	20.4	24.3	26.1	24.8	19.5	12.5	3.7	-3.4	11.4
大兴	-5.4	-3.1	4.1	12.7	20.4	24.4	26.2	24.9	19.5	12.5	3.8	-3.4	11.3
霞云岭	-3.3	-1.0	6.0	14.6	22.3	25.9	26.8	25.1	20.2	13.8	5.5	-1.6	12.9
定县	-7.2	-3.0	4.6	13.0	20.5	25.4	26.7	25.1	19.4	12.4	3.7	-3.7	11.6

为了便于广大林业工作者使用，本文对北京南部的百花山、西部的妙峰山，北部的军都山黑坨岭不同高度的年、月平均温度，进行了推算，推算结果列于表5。

为了说明推算的可靠性，又选择了该地区范围内，八个未参加高度递减率计算的站进行验证。验证结果列于表6和表7。表6列出了年平均温度的验证结果。由表6可以看出，年平均温度的推算值与实测值相差约不到1℃。表7列出北京地区佛爷岭和汤河口两站各月平均温度的推算值与实测值。由表7可以看出，误差大多小于1℃。计算过程中，如减少四舍五入次数，或取小数四位进行计算，推算误差还可减小（注：表6、表7中所用实测资料年代均小于10年）。

表5　推算点的年月平均温度　　　　　　　　　　　　　单位：℃

推算点	纬度	高度（m）	年、月平均温度推算值												
			1	2	3	4	5	6	7	8	9	10	11	12	年
妙峰山	40°5′	300	−5.50	−3.06	3.92	11.65	18.66	22.91	24.69	23.13	18.24	11.75	3.16	−3.41	10.61
		600	−7.15	−4.68	2.27	9.91	16.86	21.14	23.04	21.48	16.47	10.07	1.51	−4.97	3.93
		900	−8.80	−6.30	0.62	8.17	15.06	19.37	21.39	19.83	14.70	8.39	−0.14	−6.53	7.25
		1200	−10.45	−7.92	−1.03	6.43	13.26	17.60	19.74	18.18	12.93	6.71	−1.79	−8.09	5.57
百花山	39°51′	300	−4.96	−2.215	4.66	12.85	20.10	23.76	24.88	23.14	18.46	12.13	3.68	−2.94	11.17
		600	−6.61	−3.835	3.01	11.11	18.30	21.99	23.23	21.49	16.69	10.45	2.03	−4.50	9.49
		900	−8.26	−5.455	1.36	9.37	16.50	20.22	21.58	19.84	14.92	8.77	0.38	−6.06	7.81
		1200	−9.91	−7.075	−0.29	7.63	14.70	18.45	19.93	18.19	13.15	7.09	−1.28	−7.62	6.13
		1500	−11.56	−8.695	−1.94	5.89	12.90	16.68	18.28	16.54	11.38	5.41	−2.93	−9.18	4.45
		1800	−13.21	−10.315	−3.59	4.15	11.10	14.91	16.63	14.89	9.61	3.73	−4.58	−10.74	2.73
		1991	−14.26	−11.935	−4.64	3.04	9.95	13.78	15.57	13.84	8.48	2.66	−5.63	−11.73	1.70
黑坨岭	40°37′	300	−7.18	−4.11	3.29	11.69	18.84	22.54	24.50	23.14	18.10	11.26	2.28	−5.19	9.27
		600	−8.83	−5.73	1.64	9.95	17.04	20.77	22.85	21.49	16.33	9.58	0.63	−6.75	7.59
		900	−10.48	−7.35	−0.01	8.21	15.24	19.00	21.20	19.84	14.56	7.90	−1.02	−8.31	5.91
		1200	−12.13	−8.97	−1.66	6.47	13.44	17.23	19.55	18.19	12.79	6.22	−2.67	−9.87	4.23
		1500	−13.78	−10.59	−3.31	4.73	11.64	15.46	17.90	16.54	11.02	4.54	−4.32	−11.43	2.55
		1800	−15.43	−12.21	−4.96	2.99	9.84	13.69	16.25	14.89	9.25	2.86	−5.97	−12.99	0.87
		2100	−17.08	−13.83	−6.61	1.25	8.04	11.92	14.59	13.24	7.48	1.18	−7.62	−14.55	−0.81

表6　年平均温度验证结果　　　　　　　　　　　　　单位：℃

站名	实测值	推算值	误差
佛爷岭	4.8	5.1	0.3
马道里	6.7	6.5	−0.1
汤河口	9.3	9.3	0.0
海淀	11.6	11.5	−0.1
石景山	11.9	11.1	−0.8
斋堂	10.1	9.7	−0.4
集宁	3.6	3.2	−0.4
右玉	3.5	4.2	0.7

2 界限温度及积温的推算

界限温度对林业生产具有重要意义，是标志林业生产活动开始、终止或转折点的温度，如5℃是大多数树木开始生长和停止生长的界限。通常把日平均温度稳定通过5℃以上，到冬季稳定下降到5℃这一时期称为生长期。常用的界限温度有0℃、5℃、10℃、15℃、20℃等。

根据分析，各界限温度的平均初日、终日和其所在月份的月平均温度累积年值有很好的相关关系。利用这种关系，只要根据上述方法计算出推算点的月平均温度值，用相关分析法即可得到该地各界限温度的平均初、终日期。初日与终日之间的间隔日数即为界限温度的持续期。再用月平均温度直方图法，即可得到大于或等于该界限温度的积温。

下面具体推算北京地区0℃、5℃、10℃的初日、终日、持续日数和积温。

利用上述27个现有气象台站资料，对0℃初日与3月平均温度；0℃终日与11月平均温度；5℃初日与3月平均温度；5℃终日与11月平均温度；10℃初日与4月平均温度；10℃终日与10月平均温度分别建立回归方程。建立回归方程时，界限温度的初、终日期需要用一个数来表示。该数可采用下述方法确定。选定一个基本日，界限温度的初、终日距离基本日的累积天数，即为初、终日的数值。所选基本日及所建回归方程的截距 a、斜率 b 及相关系数 r 列于表8。

表7　月平均温度验证结果　　　　　　　　　单位:℃

月　份	佛爷岭			汤河口		
	实算值	计算值	误差	实算值	计算值	误差
1	−10.9	−13.0	−2.1	−8.2	−8.8	−0.6
2	−8.6	−10.2	−1.6	−4.3	−5.8	−1.5
3	−2.6	−2.7	−0.1	3.0	2.4	−0.6
4	−4.1	5.7	1.6	11.3	11.4	0.1
5	12.9	13.4	0.5	18.1	19.5	1.4
6	17.1	17.1	0.0	21.8	22.7	0.9
7	19.1	19.3	0.2	24.1	24.5	0.4
8	17.1	17.8	0.7	22.4	23.2	0.8
9	12.5	12.0	−0.5	17.4	17.5	0.1
10	6.5	5.3	−1.2	10.6	10.5	−0.1
11	−1.3	−3.5	−2.2	1.4	0.6	−0.8
12	−8.1	−10.8	−2.7	−6.1	−7.1	−1.0

表8　回归方程系数及相关系数

项目		基本日	a	b	r
0℃	初日	3月1日	21.9498	−4.5698	−0.99
	终日	11月1日	11.2266	3.8992	0.98
5℃	初日	3月1日	42.9075	−4.9073	−0.99
	终日	11月1日	−6.7684	4.6108	0.99
10℃	初日	4月1日	81.9809	−5.8261	−0.98
	终日	10月1日	−40.3910	5.0860	0.99

表 8 所列相关系数均在 0.98 以上，说明界限温度的平均初、终日与所在月的平均温度具有极好的相关关系。由 t 检验可知总体相关也是极显著的。

为了计算方便，把回归方程列出。只要已知北京地区推算点的相应月平均温度，即可由 (3) 式计算出各界限温度的平均初、终日期。

$$0℃平均初日 = 21.9498 - 4.5698\bar{T}_3$$

$$0℃平均终日 = 11.2266 + 3.8992\bar{T}_{11}$$

$$5℃平均初日 = 42.9075 - 4.9073\bar{T}_3$$

$$5℃平均终日 = -6.7684 + 4.0108\bar{T}_{11} \tag{3}$$

$$10℃平均初日 = 81.9809 + 5.8261\bar{T}_4$$

$$10℃平均终日 = -40.3910 + 5.0860\bar{T}_{10}$$

由 (3) 式计算出的结果，需分别加在各自的基本日上，才能得出初日的日期和终日的日期。

用 (3) 式计算北京地区百花山、妙峰山和黑坨岭 ≥0℃、≥5℃、≥10℃ 的初日、终日及持续日数，列于表 9。

表 9　百花山、妙峰山及黑坨岭 ≥0℃、≥5℃ 和 ≥10℃ 的积温计算结果

推算点	0℃				5℃				10℃			
	初日（日/月）	终日（日/月）	持续期（天）	积温℃	初日（日/月）	终日（日/月）	持续期（天）	积温℃	初日（日/月）	终日（日/月）	持续期（天）	积温℃
妙峰山 300m	5/3	25/11	265	4214.3	25/3	7/11	227	4065.9	15/4	20/10	188	3568.1
妙峰山 600m	13/3	18/11	260	3705.3	2/4	2/11	214	3553.9	25/4	12/10	170	3272.3
妙峰山 900m	20/3	12/11	237	3327.5	10/4	24/10	197	3029.6	5/5	3/10	150	2552.8
妙峰山 1200m	28/3	5/11	222	2912.9	18/4	17/10	182	2658.6	16/5	25/9	132	2029.3
百花山 300m	2/3	27/11	270	4398.7	21/3	9/11	233	4229.1	8/4	25/10	197	3210.6
百花山 600m	9/3	20/11	256	3884.2	29/3	2/11	218	3789.7	18/4	14/10	179	3308.0
百花山 900m	17/3	14/11	242	3475.4	6/4	26/10	203	3166.4	28/4	5/10	160	2897.4
百花山 1200m	24/3	7/11	228	3060.3	14/4	19/10	188	2752.6	9/5	27/9	141	2131.8
百花山 1500m	1/4	1/11	214	2631.1	22/4	12/10	173	2413.2	19/5	18/9	122	1810.0
百花山 1800m	8/4	25/10	200	2225.3	1/5	6/10	158	1935.3	29/5	10/9	104	1507.3
百花山 1991m	13/4	21/10	191	2044.4	6/5	2/10	149	1730.8	5/6	4/9	91	1123.2
黑坨岭 300m	8/3	21/11	258	4140.6	27/3	3/11	221	4007.1	15/4	18/10	186	3531.2
黑坨岭 600m	15/3	15/11	245	3740.9	5/4	27/10	205	3363.3	25/4	9/10	167	3155.6
黑坨岭 900m	23/3	8/11	230	3272.8	13/4	20/10	200	2925.4	5/5	1/10	149	2516.8
黑坨岭 1200m	31/3	2/11	216	2877.0	21/4	14/10	176	2605.6	15/5	22/9	130	1951.6
黑坨岭 1500m	7/4	26/10	202	2423.4	29/4	7/10	161	2257.2	25/5	14/9	112	1677.7
黑坨岭 1800m	15/4	20/10	188	2077.8	7/5	30/9	146	1719.7	5/6	5/9	92	1196.3
黑坨岭 2100m	22/4	14/10	175	1740.7	15/5	24/9	132	1431.6	15/6	25/8	71	1115.2

为了检验推算结果的准确程度，用 (3) 式计算了北京地区斋堂、汤河口两站 ≥0℃、≥5℃、≥10℃ 的平均初、终日，作为验证，验证结果列于表 10。由表 10 可以看出，推算值与实测值是十分接近的。因此对北京无资料地区可以采用上述方法推任意界限温度的平均

初、终日期。但需要注意的是当现有台站的初、终日跨两个月份时，应选择初、终日所在较多的月份，建立回归方程。

将推算点的各月月平均温度点在坐标纸上画直方图，在直方块上连接温度的年变曲线。某界限温度初日和终日之间年变曲线下所包围的面积即为该界限温度的积温。百花山、妙峰山、黑坨岭≥0℃、≥5℃、≥10℃的积温计算结果列于表9。

用相关分析法还可推算无资料地区的月平均最高、月平均最低温度。

表10　斋堂及汤河口0℃、5℃和10℃平均初终日的推算值及实测值

项目	斋堂		汤河口	
	推算值	实测值	推算值	实测值
0℃平均初日	3月4日	3月4日	3月9日	3月12日
0℃平均终日	11月22日	11月21日	11月18日	11月18日
5℃平均初日	3月25日	3月29日	3月29日	3月29日
5℃平均终日	11月5日	11月9日	11月1日	10月30日
10℃平均初日	4月13日	4月14日	4月17日	4月13日
10℃平均终日	10月17日	10月18日	10月15日	10月16日

林业气象学的研究与进展*

贺庆棠

（北京林业大学林业系）

1 林业气象学的研究范围和任务

林业气象学是研究林业与气象或气候条件之间相互关系的科学，是气象学与林学之间的一门边缘科学，也是应用气象学的一个分支。

林业是世界各国国民经济中的重要组成部分，按产值算虽然占的比例不很大，但它有着特殊地位。这是因为林业不仅可为人类提供林副土特产品，是可再生的物质资源，也是以乔木为主体包括木本和草本植物、动物、真菌、微生物的生产业和综合加工利用业；而且可为改善人类生存和生活环境，维持和改善地球生态平衡，丰富人类精神文化生活和起卫生保健等多种作用。因此，目前世界各国，特别是发达国家，对林业的认识正在或已经发生了很大变化，林业的现代概念再不仅仅是木材生产业了，而是一个以乔木为主体的生态经济系统或产业了。在这个系统或产业中，包括有种植业、养殖业、采集业、加工利用业、环保业以及风景旅游业等等。同时，这个系统或产业的功能和效益是多方面的，它具有经济效益、生态效益和社会效益，还具有保存生物物种和基因库等功能。林业建设的任务就是充分发挥和利用其多功能和多效益，以满足人类生产和生活的需要。

随着林业概念的现代发展和变化，研究林业与气象或气候条件相互关系的林业气象学，它的研究范围也大大拓宽了。林业气象学的任务也就不仅仅是研究气象或气候因子与森林或木材生产的相互关系和影响了，而应包括研究以乔木为主体的生态经济系统或者是林产业与气象或气候因子之间相互关系和影响了。因此，林业气象学的研究范围和任务应是研究气象或气候因子与充分发挥和利用林产业的多功能和多效益的相互关系。具体说，林业气象学的任务有如下几方面：

（1）研究气象或气候因子对造林、森林培育和各种林副土特产品生产的经济效益的影响；确定经济效益最好，各种林副土特产品生产数量最多，质量最佳的最优化气象或气候指标以及林业气候生产力的推算和预估。此外，对影响林业产量和质量的不利气象或天气条件和气象灾害进行预测预报和防治，也是林业气象学的一个重要任务。

（2）研究各种类型森林、林带、灌木林、绿地、经济林木对气象或气候条件和局地气候的影响，对改善环境的作用，研究这些森林或树木对净化大气、水质和土壤以及对光、声、电和各种辐射的影响；研究林业布局、林业气候区划、森林分布与数量对全球、陆地以及各个国家不同地区气候和小气候的影响等等。以充分发挥林业的生态效益。

（3）研究森林气候与人类健康、疗养、休憩、娱乐和旅游的关系；研究森林气候与工

* 北京林业大学学报，1988.3. 第 1 期。此文于 1987 年 2 月 21 日收到。

业、农业、牧业、渔业、城市布局和建设、国土整治的关系。以充分发挥林业的社会效益。

（4）研究森林生物气候，特别是对稀有珍贵的森林生物物种保存和繁殖的气象或气候条件的研究，是当前值得十分注意的问题，同时也要注意研究森林生物一般物种的最佳生态位的微气象或小气候条件。

2　林业气象学的研究概况与进展

2.1　国外概况与进展[1-2]

从 1745～1783 年间 J. H. Hunter 和 A. W. Schaepff 在美国纽约开始研究树干内温度的变化以来，国外林业气象学的研究已有 200 多年的历史了。但真正系统的研究，开始于 19 世纪中叶。当时，随着工业的发展，世界历史上第三次产业革命在欧洲兴起，加速了对森林的砍伐和破坏。人们十分关心由有林地变为无林地后，可能引起的气候变化。于是在欧洲一些国家如德国、瑞士、法国、捷克、奥地利等，为了研究森林对地方气候的影响，先后建立了一批林内外对比气象观测站，称为双联森林站（Duphoate Forest Station）。1884 年这种观测站在奥地利发展为"辐射状"的观测站，即在林内设一个站，另外四个站设在围绕林内站的四周空旷地上，进行气象要素的比较观测。通过这些站的观测，获得了大量资料。E. Ebermayer、A. Müttrich、J. Schubert 等先后发表了森林对气候影响方面的文章。1893 年 B. E. Fernow 和 M. W. Harrington 写了《森林的影响》一书，这是林业气象学最早的著作。

德国是最早对林业气象进行系统研究的国家。1924 年德国巴伐利亚州林业科学研究院森林气象研究所（即现在的慕尼黑大学生物气候和应用气象教研室）在 A. Schmauss 指导下，在巴伐利亚的 Ostmark 地方的松林中建造了第一座森林气象观测塔，开始进行林分气象要素垂直分布的研究。从此，林业气象研究，从研究"树干空间气候"（用双联森林站观测）走向了"林分气候"（用观测塔观测）的研究更加广阔的领域。1927 年该所的 R. Geiger 又在一块成熟橡树林中建造了两座高 27m 的观测塔，同时 C. Schmidaurtins 也在高 20m 的云杉林中建立了观测塔，研究森林气候的保健作用。R. Geiger 曾对森林气候作过较系统的观测和研究，他的主要工作有林分结构对森林气候的影响；皆伐和择伐迹地的气候特征；林缘、林中空地的气流运动以及林地到冠层气象要素分布等。他在 1927 年出版了《近地层气候》专著，至 1961 年此书第四版，其中有七章涉及林业气象学的内容。他是近代林业气象学的奠基人，从此林业气象学才具备了一门独立学科的特点。

德国对林分气候的研究做得较系统和深入[3]，R. Geiger 第一个提出了关于作用面和作用层的概念，并根据林冠是林分气候形成的主要作用面，林地是次要作用面，将林分气候划分为：林冠表面以上、林冠空间、树干空间和森林土壤四个不同的森林小气候垂直分布带。从此，在德国很注意研究林冠作用层。R. Geiger 的学生，著名林业气象学家 A. Baumgartner 于 1952～1956 年第一个系统地研究了森林林冠作用层的能量平衡，把林分气候的研究引向了研究其形成的物理基础，后来发展为冠层气象学，具有很大特色。从 20 世纪 50 年代以来，联邦德国的 A. Baumgartner、G. Mitscherlich、J. V. Eimmern、H. Mayer，民主德国的 G. Flemming 等人，在林业气象的研究上都做了大量工作。G. Mitscherlich 的专著《森林、生长和环境》其第二分册《森林气候和水量平衡》（1971）是一本很好的森林气候著作。G. Flemming 也于 70 年代出版了《气候、环境和人类》及《森林气候》两本书。A. Baumgartner 的《森林和生物圈》、《阿尔卑斯山水文学》、《森林的气候和卫生保健作用》等论文和著作，都大大充实和丰富了林业气象学的内容。目前在联邦德国从事林业气象研究的单位主要有慕尼黑大学林学院生物气候与应用气象教研室（即巴伐利亚州林科院森林气象研究所）、哥廷根大学生物气候研究所、黑森州林科院森林水文研究所和符赖堡大学气象研究所；在民主德国有德列斯登大学森林气象研究所。近年来他们着重研究森林对环境的影响。具体内容有：森林的辐射特性、森林空气动力学特性、森林水文学特性、森林生物气候特性、年轮气候学、森林与酸雨、森林对大气与水质的净化及噪音的消除、森林气候生产力的估算、立地气候和森林对欧洲及全球的影响气候等等。

苏联的林业气象研究工作开始也较早。早在 19 世纪末俄国气象学家 B. H. Каразин 发表了《森林与气象》的论文，为世界上最早的林业气象学论文之一。近代，林学家 A. A. Молчанов 作过林业气象的系统研究，他的专著有《松林和水分》、《森林的水文作用》和《森林气候》等。Ю. Л. Раунер 曾系统研究过森林和植被的热量状况，先后于 60 年代至 70 年代发表了《森林的热量平衡》和《植被的热量平衡》专著。H. И. Костюквеч 于 1975 年出版了《森林气象学》教科书，内容包括林业气象观测方法、林木与各气象因子的关系、森林对地方气候的影响、树木年轮与气候等，是一本系统论述森林气象的好书。1977 年 H. И. Руднев 发表了《森林的辐射平衡》专著，1981 年 J. Ross 也出版了植被辐射状况的专著，是关于森林和植被辐射状况的新成果，在他们的著作中用数学分析方法作了新的理论分析，使这方面的研究出现了新进展。苏联在林业气象研究方面，虽然涉及范围也很广，但大量工作偏重于研究防护林气象。早在 1882 年俄国科学家 A. A. Бычихин 就开始研究林带的防风作用。目前苏联中亚及周围地区的各加盟共和国均有从事防护林气象效应的研究机构。从 20 世纪 50 年代以来，他们的研究成果有 T. E. Матякин 的"防护林带小气候"、A. Смальвко 的"不同结构林带的防风特性"、A. P. Константинов 的"林带与农作物产量"等。苏联从事林业气象研究的单位主要有苏联中央地球物理观象台、国立水文研究所、全苏林业研究所及各高等林业院校。

美国对林业气象的系统研究是从 20 世纪 20 年代才开始的。由于生产的需要，近年来才得到了较快发展。美国早期的研究虽然偏重于林火气象，但在森林水文、防护林气象、年轮气候等方面的研究也开展较早。1968 年美国气象学会和林学会共同召开了第一次林火和森林气象会议，以后每两年在西北太平洋区域召开一次年会。这些年会交流的学术论文主要内容有：林冠气象学、林火气象、森林与气象灾害、气象与自然资源经营及土地利用、森林蒸散、森林的辐射和水文特性、森林与大气污染、林业气象模型分析与资料传递等。比较有影响的专著和论文有：J. Kittredge 的《森林的影响》，R. Lee 的《森林小气候学》和《森林水文学》，H. C. Friffs 的《年轮与气候》，D. M. Gates 的《植物气候》和 H. C. Wilm《森林水文研究》等。目前在美国大部分州均有涉及林业气象研究的大学、研究所、试验站或实验室。华盛顿大学田纳西州橡树岭（Oak Ridge）大气湍流和扩散实验室，加利福尼亚大学土地、大气和水资源系等都对林业气象作了较深入研究。

日本的林业气象研究从 30 年代开始[4]。平田德太郎设计了纸面蒸发器以模拟叶面蒸腾。原田泰在 20 世纪 50 年代出版了《森林气象学》，对光的研究有独到之处。门司正三和佐伯敏郎 1953 年发表了《对群体光能分布和同化作用的研究》的著名论文，开创了用教学分析方法对群体光能利用规律的研究。日本对林业气象观测网点的建设作了很多工作，30 年代就在北海道和东北地方建了 20 余处林区气象站，到 60 年代施行了 Amedes 气象资料传递系统，又增建了不少林区气象站，因此能较好的为农林业服务。目前日本林业气象偏重于生理和生态气象研究，很注意蒸散、光合作用与产量关系及气候生产力的估算和预测。他们在林副产品产量与质量和气象条件关系方面以及森林与环境保护关系方面都作了不少研究。在日本从事林业气象研究的单位有京都大学、北海道大学及日本农林试验场等。

法国林业气象的研究主要在四个林业科研中心、生态中心和有关大学进行。南方的阿维尼翁林业科研中心，蒙比利埃法国国家昂贝热植物群落和生态研究中心主要研究林火气象、防护林气象、生物气象、森林水文等；偏东北部的南锡林业科研中心则以研究生物气候为主；中部的奥乐杨林业科研中心研究污染与气象为主；西南沿海的波尔多林业科研中心和有关部门在阿尔卑斯山建有森林气候站以研究生物气候为主。值得提出的是法国林学家T. Francois 对森林影响效益评价的研究在国际上是较早的。

英国的林业气象研究也是在大学及研究机构进行。L. H. Penman 著有《植被和水文学》，J. L. Monteith 著有《环境物理学》和《植被与大气原理》，他们对林业气象的基础理论如湍流扩散，蒸散、能量和 CO_2 流动、光合作用的生理生态气象等方面做了许多出色工作。英国陆地生态研究所在这些方面也作了不少工作。

瑞士联邦林研所，为解决高山恶劣气候条件下造林问题，着重研究生物气候问题，此外还有森林水文、年轮气候、森林与大气污染等方面的研究。

加拿大的林业气象着重研究林火气象问题。有人用水量平衡法研究出全国通用林火预报指标以及使用干旱码和闪电次数绘制分布图，预测雷击火。

意大利对地中海地区的针阔叶林的森林气候特征作过大量研究工作。近年来着重研究杨树生长与气象条件关系。

其他如澳大利亚、瑞典、奥地利、荷兰、比利时、捷克、斯洛伐克、印度等国也都在某些方面作过比较深入的研究。

为了综合各国研究成果，联合国粮农组织（FAO）曾请有关专家合写了一本《森林的影响》专著。

目前世界上一些林业气象发展较快的国家，也是工业发达的国家，如西欧和北美，由于酸雨的影响使大面积森林受害甚至死亡，研究酸雨与森林的关系，几乎成了林业气象学研究的中心课题，其次是研究大气污染与森林的净化作用、森林作为 CO_2 的源和汇对世界气候变化所起的重要作用，所有这些成了林业气象学家、林学家、生态学家、环境问题专家们所共同关心的问题。此外，还注意研究观测和试验仪器的改进以及计算机的广泛利用上。这些国家的观测手段已完全从人工定点定时观测改为有线或无线遥感遥测，有的采用了卫星和飞机观测，观测结果自动输入计算机，进行整理、加工、运算和贮存，或自动打印输出，或遥控与传递；有些野外实验已搬入试验室小宇宙，进行模拟试验、室外露天风洞试验、人工气候室试验，并进入了系统分析与用计算机数学模拟相结合的阶段。林业气象学的研究一方面向微观深入，进到研究树木生理与气象的关系；另一方面则向宏观扩展，研究长远的、系统的、大范围的包括整个洲、整个大陆以致全球的问题。研究领域与许多学科产生了交叉，如与环境物理学、生态学、生理学、系统学与系统工程学、生物数学、经济学等等。

20 世纪 60 年代以来，由于全球出现了人口、能源、资源和环境危机，林业引起了人们的关注并对林业有了新的认识，使林业气象学的研究有了更加迅猛发展。世界气象组织农业气象委员会（WMO CAGM）1974 年 10 月在华盛顿召开的第六次会议上成立了森林气象组，并确定研究森林类型，特别是热带和亚热带森林类型的气象效应；1979 年 9 月在索非亚召开的第七次会议上，成立了森林对全球 CO_2、水分和能量平衡作用的研究组，同时还确定进行林火气象问题的研究。1983 年 3 月在日内瓦召开的第八次会议上，又确定 1984～1993 年研究森林采伐和更新为主的林业气象问题及酸雨对森林的影响，森林对 CO_2 交换的影响等。国际林业研究组织联盟（IUFRO）也成立了森林对环境影响组，包括研究大气环境和森林水文两部分，并于 1983 年会同世界气象组织、美国气象学会与林学会等 8 个组织在美国橡树岭召开了森林大气环境和测量会议，着重讨论了适于森林环境测量仪器与观测技术，包括微电子计算机野外观测控制系统、示踪技术和各种数学模型的探讨等。

2.2　国内概况与进展[3,5]

我国林业气象研究，其萌芽可追溯到 2000 多年以前。在西汉刘歆时期的《周礼·考工记》云："橘逾淮而北为枳"，表明当时我国人民已意识到由于南北气候的不同而引起了树木的变化。以后有关林业气象研究工作，都是零星分散在林学家、植物学家和气象学家们的研究工作当中。例如我国卓越的气象学家竺可祯、林学家梁希和陈嵘等都有过论述。但是真正系统的开展林业气象研究，还是在新中国成立后。1952 年中国科学院地理研究所江爱良等首先在海南岛对橡胶林小气候和防护林小气候作了广泛研究，以后出版了第一本有关林业气象内容的专著。1954 年北京林学院陈健等对冀西防护林气象进行了观测；与此同时中国科学院林业土壤研究所王正非等在东北小兴安岭林区建立了森林气象观测站，并设有梯度观测塔，对红松、落叶松和皆伐迹地进行长期定位观测，也对林冠下红松育苗的小气候作了观测。1955 年中国科学院林业土壤研究所、中央林业科学研究所、北京林学院和黑龙江省林业厅联合考察大、小兴安岭和长白山林区的林火气象。1958 年中国科学院林业土壤研究所等单位提出了林火预报方法，以后出版了专著《森林气象观测和林火预报方法》；中国林业科学研究院林业研究所宋兆民等在福建南平杉木林区也于 1958 年建立了森林水文气象观测站，研究人工林小气候。1959 年秋在四川成都召开了第一次森林防火与森林气象学术讨论会。从 60 年代起中国科学院林业土壤研究所王正非、崔启武、朱劲伟和北京林学院贺庆棠等相继进行了林业气象物理基础——太阳辐射、蒸散和热量平衡的研究。北京林学院和东北林学院都在小兴安岭设立了林业气象研究站；中国科学院林业土壤研究所、黑龙江省林科院和黑龙江省水文总站在小兴安岭建了森林水量平衡观测场；林业土壤研究所朱廷曜等与中国科学院兰州沙漠研究所分别开展了林带模型的风洞试验；中国林业科学研究院与北京林学院合作对甘肃省兴隆山森林与降水作了调查研究，北京林学院还对小兴安岭林区五营与鹤岗森林对降水影响进行了探讨。中国林业科学研究院马雪华等与四川省林业科学研究所（现四川省林业科学研究院）合作对川西米亚罗林区开展了森林小气候和森林对河川径流影响的研究。南京大学傅抱璞对林带动力效应和崔启武对林带附近水汽输送进行了理论分析。林业土壤研究所还试制了用于林业气象观测的温湿隔测仪、辐射平衡表等仪器。在森林雷击火的研究方面，黑龙江省森林保护研究所和中国科学院大气物理研究所合作，研制出了我国第一部三点交叉天电定位仪。中国科学院地理所和云南省热带作物所作了橡胶林小气候和霜冻预防的研究。北京林学院与北京市园林局合作开展了北京市城市绿化改善小气候效应的研究。1963 年春在沈阳召开了第二次全国林业气象学术讨论会，这次会议对森林的水、热平衡；防护林气象效应；林火气象和雷击火天气预报；天然林和人工林小气候；营林包括抚育采伐小气候等内容进行了广泛的学术交流。从 70 年代末至今，大量的林业气象工作是围绕着环境学、生态学、林学为中心进行的。有代表性的主要成果有，王正非等编著的我国第一本《森林气象学》专著；朱劲伟、刘家冈等关于森林中光分布理论的数学模式研究；崔启武等关于森林中降水再分配的数学模式；朱廷曜关于林带的风洞试验研究和对林带防风作用的数量化理论分析研究；高素华等对海南岛人工橡胶林生态系统的气象生态研究；宋兆民、卫林和张冀等关于黄淮海农田防护林体系的气象效应的研究；曾庆波等对海南岛尖峰岭热带雨林水热状况、气候特征和开发对生态平衡影响的研究；贺庆棠关于森林对局地和全球能量与水分影响及农林植物气候生产力的研究；陆鼎煌等对城市绿化气象效应的研究；恩禾关于林火预报的研究；迟文彬等关于东北林区森林气象观测方法及规范的制定以及苗木播种期和霜冻的预报；黄寿波、邢树本关于经济林气象和产量预测的研究；蔡天麒关于南京树木净化大气的研究；袁嘉祖用模糊数学法对林业气候区划的探讨；王汉杰关于森林影响降水的研究等等。在这期间于 1982 年 10 月和 1985 年 12 月分别在江苏省江都县和云南省昆明市召开了第三次和第四次林业气象学术讨论会，1987 年 2 月又在广东省新会县召开了第五次林业气象学术讨论会并正式成立了中国林学会林业气象专业委员会。最近几年来，我国林业气象研究有了突飞猛进的发展，其特点表现为研究队伍壮大了，据粗略统计已约有近 500 人的专业队伍；研究领域更宽广了，数学模拟、计算机、室内模型试验、遥感遥测等新技术已引入到林业气象研究之中；研究范围已涉及到了从宏观到微观，研究课题与生产和改善环境结合更加紧密；研究成果这几年几乎等于 70 年代以前 20 多年成果的总和，在防护林气象、林火气象方面的研究已达到国际水平，取得了可喜的成就。

参考文献

[1]A. Baumgartner. Entwicklungslinien der forstlichen Meteorologie Forstw. cbl. Bd 1967，86：156 – 175，201 – 220.

[2]G. Fleimming. Klima – Umwelt – Mensch. V·G·Fischer Verlag，1979：1 – 14.

[3]王正非等. 森林气象学. 北京：中国林业出版社，1985：1 – 7.

[4]贺庆棠. 国外森林气象学的发展概况. 北京林学院学报，1984，5(3)：50 – 58.

[5]王正非，宋兆民. 林业气象的概念、发展和内容//林业气象论文集. 北京：气象出版社，1984：1 – 5.

全球性环境污染和资源破坏的现状与对策[*]

贺庆棠

（北京林业大学林业资源学院）

地球生态环境正在日益恶化。地球大气被污染，"温室效应"在增强，臭氧层变薄已出现"空洞"，酸雨愈来愈普遍；地球气候异常，水旱灾害频繁出现；土壤及水域污染严重，水资源危机；水土流失，土地荒漠化面积扩大；草场退化，森林资源锐减；物种不断绝灭；垃圾污染成灾等等。生态环境恶化使人类的生存和发展面临着严重威胁和前所未有的严峻挑战。

一个多世纪以来，随着科学技术日新月异的进步，全球工业迅猛发展，同时世界人口膨胀超过50亿，带来了人类对地球资源更加肆无忌惮的掠夺和蹂躏。尽管人类取得了征服自然的一个个伟大胜利，造就了从未有过的现代文明，但自然界也随之燃起了复仇火焰，自然灾害不断向人类袭来，对人类进行着严厉的报复和惩罚。如果现在我们对自然界向人类敲响的警钟还不警觉，不采取有力措施，那么地球生态环境的恶化将逐渐酿成为除核战争之外的最重大的灾难，有可能成为下世纪对人类安全的最大威胁。因此，地球生态环境问题已成为当今既紧迫又现实和举世关注的问题。国际科学联合会主席、英国著名科学家肯珠说："在所有的科学新领域，科学家们最应关注的是全球环境变化的问题。"

人类只有一个地球。拯救地球，综合治理地球生态环境，开展"绿色革命"保护和发展森林资源，以拯救我们人类自己的呼声响彻全球。人类的命运如何，是持续发展还是自我毁灭，取决于我们现在的行动。

1 地球生态环境日益恶化

1.1 大气污染严重

由于人类的生产和生活等原因，大量燃烧煤、石油、天然气以及工厂向大气排放各种化学气体和工业粉尘，已造成大气的严重污染。大气污染物的成分中已产生危害并引起注意的有100多种，其中影响范围广、对人类和生物界环境威胁最大的主要有各种工业粉尘、SO_2、CO_2、CO、氮氧化合物、氯化物、氟化物、甲烷等等。

据统计，全球每年排放到大气中的 SO_2，近1亿 t；氧化氮约3000万 t；工业粉尘10亿 t；甲烷6.5亿 t；氯氟烃70万 t。我国年 SO_2 排放量已达1700万 t，工业粉尘约518万 t。据美国国家大气研究中心的报告，全球 CO_2 的年排放量约为60亿~70亿 t。自1958年开始，美国在夏威夷及在全球(包括南极极点在内)20多个 CO_2 观测站测定的结果表明：1958年大气中 CO_2 浓度为 $315mL/m^3$，1984年已达 $343mL/m^3$（图1）。从1968~1978年间，平均每年 CO_2 浓度增长率大于 $1mL/m^3$。

* 北京林业大学学报，1989. 10. 第4期。

因大气污染，全球每年有 30% 的人致病，如引起较普遍的孝喘、荨麻疹、皮炎等；有的动植物也因此感染病虫害而濒临灭绝。

大气污染，还带来了温室效应增强、臭氧层破坏及酸雨等问题。

1.1.1 温室效应增强

大气中 CO_2 等气体能透过太阳辐射又能强烈吸收地球放出的长波辐射，使地球放出的热量大部分截留在大气层内，不散逸到宇宙空间，因而对地球有保温作用，这种作用称为大气的温室效应。大气中各种污染气体和

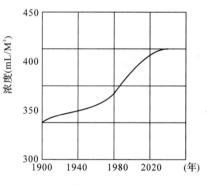

图1　地球 CO_2 含量的变化

物质的猛增，特别是 CO_2 等气体的增多，温室效应也随之增强，造成地球气温升高。据英国权威气象学家在 1989 年 2 月初的 1 项声明指出：本世纪以来，地球气温在逐渐升高，1988 年是本世纪以来气温最高的年份。1985 年 10 月在奥地利召开的有 29 个国家的专家参加的会议认为：按当前大气中 CO_2 及温室效应气体增长的趋势，到 2030 年，仅 CO_2 排放量将增加到 1.491 亿 t，可引起地球温度升高 1.5 ~ 4.5℃，可能导致极冰融化海平面上升。1988 年 11 月世界气象学家在汉堡会议分析，由于 CO_2 等各种化学气体排放到大气中，使温室效应增强，到 21 世纪中叶，全球平均气温将升高 2 ~ 4℃，到 2050 年世界洋面将上升 40 ~ 140cm，占世界人口 1/3 的 35 个世界大城市中的 20 个沿海城市将会被淹没。我国国家海洋局 1989 年 3 月 28 日宣布，根据数 10 个海洋观测站长期观测表明：近 100 年特别是近 60 年，我国近海海域已增温 0.5℃，全球海平面上升了 14.4cm，我国沿海海平面已上升 11.5cm，年变率 0.115cm。到 2000 年大部分沿海海平面将继续上升，广东、广西、海南的海平面上升最大，高于 4.8cm；苏南、浙江和福建沿海海平面上升 2.0 ~ 4.5cm。

1988 年 9 月 15 日召开的第 22 届国际科学协会理事会上，专家们惊呼：不制止温室效应对全球环境冲击，将不亚于爆发一场全球性热核战争。

也有人认为：大气中 CO_2 等温室效应气体增多的同时，大气中飘尘亦同步增多。飘尘能起到阻挡和反射太阳光的"阳伞效应"以削弱温室效应；其次植物因大气中 CO_2 浓度增加，光合作用也会增强，使大气中 CO_2 浓度增加不致很快；地极冰融化能导致地球蒸发量及降水量增加，能缓和气温上升。因此温室效应不会引起地球温度及洋面水位大幅度上升。

1.1.2 臭氧层遭破坏

离地面 10 ~ 50km 的大气层中有一层臭氧层。臭氧层能吸收太阳投射来的 99% 以上的紫外线，以保护地球上的生物免遭紫外线的杀伤。因此，臭氧层是地球生物的"保护伞"。近 50 年来，由于工厂生产制冷剂、发泡剂和洗净剂等的猛增，向大气中大量排放氯氟烃，它飘浮入臭氧层，在紫外线作用下分解出氯原子，氯原子夺走臭氧中一个氧原子，将 O_3 还原成 O_2，使其丧失吸收紫外线能力。目前，臭氧层正在遭到严重破坏。

1984 年科学家们首次发现南极上空臭氧层出现了空洞。后来美国"云雨—7 号"气象卫星探测到这个洞大如美国，高似珠峰，洞中心有一小白斑，白斑中 O_3 含量不到 100 个多布森单位(图2)。北极上空的情况也令人担忧，美国航空和航天局长罗伯特·沃森博士新近说："北极还未出现空洞，但与 1974 年测试结果比较，臭氧层已被吞掉 19 ~ 24km 深。"美国宇航局资料表明：自 1969 年以来，横跨美国、加拿大、日本、中国、苏联、西欧等国广阔

地带的臭氧层已减少 3%。近 10 年北半球 O_3 含量冬季减少 4%，夏季减少 1% ~ 1.5%。因此，1989 年 123 国在伦敦召开的保护臭氧层会议强烈呼吁，尽快停止生产和使用氯氟烃，普遍采用代用品，拯救臭氧层。

O_3 层被破坏，"无影杀手"紫外线可长驱直入。科学家们证实，大气中 O_3 每减少 1%，照射到地面的紫外线就增加 2%，皮肤癌发生率增加 4%。O_3 层的变化还会损害人的免疫系统，增多白内障及呼吸系统疾病。同时也损害各种生物，阻碍植物茎叶生长。

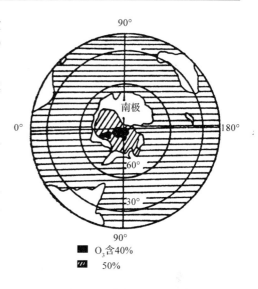

图 2　南极上空臭氧层空洞示意图

1.1.3　酸雨增多

由于燃烧煤、石油及汽车排泄尾气，使大气中 SO_2 剧增，SO_2 在大气中某些催化物作用下生成 SO_3，与水滴结合为 H_2SO_4，降落地面，其 pH 值小于 5.6，这样的降水称为酸雨。酸雨也包括 pH 值小于 5.6 的雾、霜、露等凝结物及酸性污染物颗粒等。酸雨被人们称为"空中死神"，它使森林枯萎，湖泊及河流中鱼类、生物绝迹，农田及土壤酸化，生物遭殃，建筑物腐蚀。酸雨已造成全球性灾害。大气无国界，现在不仅发达的国家遭受着酸雨危害，发展中国家也不能幸免。据报导，欧洲大陆个别地区降水的 pH 值有时高达 2.1，美国平均为 4 ~ 4.5。在西欧和北美如联邦德国、奥地利、瑞士、美国、加拿大等国家，酸雨已造成大面积森林枯萎和死亡。联邦德国受酸雨危害的森林面积为 370 万 hm^2，占全国森林面积的 50%；奥地利森林受害面积约 100 万 hm^2，占 30%。

根据我国 27 个省（自治区、直辖市）189 个监测站调查，在秦岭淮河以南包括四川、贵州、湖南、广东、广西、江西、上海、浙江、福建的城市，普遍存在酸雨，严重的城市 pH 值小于 4.5，与北美、欧洲和日本重酸雨区相近，贵阳市雨水中硫酸根离子浓度是纽约的 6 倍，是澳大利亚的 100 多倍。酸雨给森林带来的危害，在我国也日趋严重，四川万县 97 万亩华山松林，受害 57 万亩，22 万亩枯死；重庆南山 2.7 万亩马尾松林，有半数枯死；峨嵋山金顶一带酸雨造成 87.3% 的冷杉死亡。我国每年有 4000 多万亩农田遭酸雨污染，造成近 20 亿元的经济损失。

1.2　水域污染，水资源危机

水，特别是淡水是人类和生物生存不可缺少的。由于工业发展，人口猛增，使需水量增大，而江河湖海的水被普遍污染，使供水量大量减少，造成水的供需矛盾十分尖锐，全球普遍感到了水资源危机。目前，全世界 60% 的地区面临淡水不足，有 100 多个国家缺水，严重缺水的有 40 多个国家。

由于污水的任意排放，现在全世界有 18 亿人饮用受污染的水，5 亿多人使用不洁水致病，其中有 1000 多万人丧生。因缺水和饮用不卫生的水死亡的人数，全球平均每天 2.5 万人。

世界海洋的污染也十分严重。每年往海里倾倒的垃圾达 200 亿 t。油轮漏油及事故造成每年有上千万吨石油进入海洋。北海及波罗的海污染最严重。欧洲的莱茵河、易北河、默兹河每年向北海注入 3800 多万 t 锌、1.35 万 t 铅、5600t 铜及砷、镉、水银，还有放射性废料；北海海面星罗棋布着 4 000 口油井和 150 个钻井平台，由 8045km 长管道与海岸设施连接，每年渗漏约 3 万 t 石油，致使联邦德国和荷兰西海岸 76% 海豹死亡，大马哈鱼、鲟、牡蛎、鳍刺和黑绒鳕几乎完全消失。由于排放到海水里的硝酸盐、磷酸盐大量增加，为某些有毒的红色海藻繁衍提供了生境。这种海藻一接触鱼鳃就放出毒素致鱼以死。斯堪的纳维亚一带海域近年出现的"红潮"（即红色海藻），造成鱼类大量死亡，有些海洋哺乳动物死亡也与这种海藻有关。

我国水资源总量 2.8 亿 m³，人均占有量只有苏联的 1/7，美国的 1/5，世界人均占有量的 1/4，是严重缺水的国家。全国有 5000 万人饮水困难，农村有一半人饮不到达到卫生要求的水。全国每年有 348 亿 t 污水排入江河湖泊，使全国 80% 河流已受到污染。长江干流岸边污染长达 420km，黄浦江每年黑臭期达百天以上，四川省因排放"三废"使水域遭受了不同程度的污染，其污染负荷高于全国 3 倍，高于世界平均值的 7 倍。据建设部资料，目前我国缺水城市 200 多个，超过城市总数的一半以上，其中严重缺水城市 40 ~ 50 个。200 多缺水城市日缺水达 1200 多万 t。

1.3 水土流失，土地荒漠化扩大

世界人口的剧增，人类对生活品的需求超过了生物系统的负载能力。过度放牧、滥伐森林、开荒种地，造成森林和植被的破坏，已引起了全球性的水土流失、土地贫瘠、加速了土地荒漠化的发展。全世界平均每分钟有 4.7 万 t 土壤流失，每 10 年因土壤侵蚀丧失 7% 表土；35% 耕地土壤侵蚀速度超过了新土壤形成速度。地球上已经沙漠化和受其影响的地区高达 3843 万 km²，目前世界上以平均每分钟有 10hm² 土地变为沙漠的速度在发展，估计到 2000 年全世界将有 1/3 土地成为荒漠。据 1988 年美国世界观察研究所的报告，现在非洲 2/5、亚洲 1/3 和拉丁美洲 1/5 的面积的土地正面临着沙漠化的危险。与此同时，全球土壤变劣也是世界各国面临的一大威胁。土壤侵蚀、板结、盐碱化，有机质丧失带来的恶果日益严重，非洲是世界上最严重的。专家认为：如果不作出使非洲这块土地康复的重大努力，经常性饥荒将变成长期饥荒，高度国际化经济的出现，又使一国饥荒影响另一国。粮食是全球性商品，丧失过量表土国家需进口更大量粮食，必然增加另一些国家的土壤压力。

在我国水土流失和沙漠化问题也很突出。黄土高原每年流失表土 0.2 ~ 0.7cm 厚。山东省近 30 年已流走 10 ~ 15cm 厚的一层表土，裸岩面积年增加 242 万亩。长江流域包括 10 个省市，水土流失面积已由 50 年代的 36 万 km² 扩大到 56 万 km²，年流失土壤 24 亿 t，年损失 N、P、K 肥约 2 500 万 t。现在长江流域水土流失面积已占流域总面积的 40%。全国水土流失总面积达到了 153 万 km²，每年全国损失表土 50 亿 t。我国沙漠面积有 110 万 km²，50 年代沙漠化土地 10 亿亩，现已发展到 19.2 亿亩，全国每年有 150 万亩土地荒漠化，有 5900 万亩农田、7400 万亩草场和 2000 多 km 铁路和公路受到沙漠化威胁。由于水土流失，使大量土壤流入江河造成河床淤积，使全国 1/10 国土面积的高程在江河洪峰水位以下。水库淤塞也很严重，全国水库淤积年损失库容 10 多亿 m³。内河航运里程由于河道淤塞比 50 年代缩短 6.4 万 km，计减少了 37%。长江上游金沙江的含沙量已超过黄河。

1.4 气候异常，水旱灾害频繁

由于大气被污染、森林和植被的破坏、水土流失、土地沙化等一系列自然环境的恶化，必然导致地球能量收支的改变，造成地球气候异常。据国际科学协会理事会 1988 年 6 月公布的报告，今后几十年内全球气候的变化将使北半球冬季缩短，气温升高，夏季变长，湿度减少。热带湿度增大，亚热带地区湿度可能减小，各大陆腹地更加干旱，沿海地区更加潮湿，热带风暴加剧，极地冰雪融化，海平面升高。日本气象厅在 1989 年公布的"异常气象白皮书"，即《近年世界异常气象和气候变动实态及其预见》一书中指出"由于大气中 CO_2 和氯氟烃类气体增加而造成温室效应增强，O_3 层破坏以及人为的使森林惨遭破坏，世界范围内的气象正出现异常。地球上半干燥地带的旱情将更严重，降雨量会减少。今后数十年内，人类将经历一场从未经历过的考验：由于地球气温的急剧变化，将对产业、生态系统及社会生活产生重大影响。"

事实也正是如此，近几年来世界各国水旱灾害更加频繁，受害面积也在扩大。印度、孟加拉、巴基斯坦三国每年有 5 亿人受到洪水灾害侵袭。30 年前全印度受水灾面积 2500 万 hm^2，现扩大到 4000 万 hm^2。1988 年孟加拉国水灾使 3000 万人倾家荡产。欧洲的阿尔卑斯山及南美的安第斯山脉附近国家水灾也在增多；目前全球有 1/3 陆地受到干旱的威胁，非洲的干旱日益严重，引起了世界关注。美洲近些年水旱灾害也十分频繁。

我国的情况也不例外，近 10 年水旱灾害次数也在增多。1981 年四川的特大洪水，1986 年海南岛连续 23 个月的干旱以及素有铜邦铁底之称的松花江五年二泛，松辽平原受旱面积增加了一倍，三江平原内涝面积扩大了 90% 都说明了这一问题。全国水旱灾害面积年均已达 4.7 亿亩，比新中国成立初期增加了 65%，其中成灾面积增加了 24.6%。

1.5　森林惨遭破坏

全球森林面积，从人类文明初期的 80 亿 hm^2 减少到现在为 28 亿 hm^2，占世界陆地覆盖率的 22%。现在世界森林每年减少 18 万 ~20 万 km^2。据联合国粮农组织的报告，全球热带森林每年减少 1150 万 hm^2，过去 30 年 40% 的热带雨林已被毁。全世界每年造林面积约为 150 万 hm^2（不含中国），不到毁林面积的 1/10。美国的《公元 2000 年的地球》一书预测，到 2000 年世界森林面积将下降到占陆地面积的 1/6，2020 年将减少到 1/7。如不制止毁林，那么 170 年后全世界森林将消失殆尽。

全世界不仅森林面积在急剧减少，其质量也在迅速下降。现在全球森林蓄积量约为 3100 亿 m^3，年生长量为 20 亿 ~25 亿 m^3，年森林"赤字"达 10 亿 ~15 亿 m^3，成过熟林的蓄积量逐年下降。据联合国粮农组织（FAO）预计，到 2000 年薪材需求量将达 26 亿 m^3，工业用材将达 22 亿 ~25 亿 m^3，森林"赤字"可能翻番。据联合国环境规划署资料，1980 年发展中国家农村缺柴严重的有 9600 万人，到 2000 年将达 30 亿人。森林资源的供需矛盾，会使森林破坏加剧，将使生态环境受到巨大威胁，潜伏着巨大危机。

我国现有森林面积 1.15 亿 hm^2，覆盖率 12%。新中国成立以来砍伐森林约 6000 万 hm^2，等于现有林面积的一半以上。我国现有林木总蓄积量约为 102.6 亿 m^3，新中国成立以来消耗森林资源近 100 亿 m^3，年消耗量约有 2.9 亿 m^3，年生长量比消耗量小得多，森林"赤字"，由 70 年代的 2 000 万 m^3，扩大到现在的 1 亿 m^3。森林面积每年减少 2000 万 ~3000 万亩。据近 10 年统计，全国可采伐蓄积量减少了一半。南方 9 省（区）集体林区提供商品材的县比 50 年代减少 59%。国有林区的 131 个林业局，近 10 年来森林面积减少了 21.3%，蓄积量减少 28.1%。有 25 个局资源已枯竭，还能采伐 5 ~10 年的有 40 个局，能采 15 年的只有 24 个局，到 2000 年仅有 1/3 林业局能维持采伐。东北、内蒙古林区 81 个林业局，单位面积出材量由 50 年代每公顷 115.2 m^3 下降到现在的 77.1 m^3，单株材积由 0.81 m^3

下降到 0.48m³，林分质量和林地生产率明显下降。按目前森林锐减速度，可采伐的近、成熟林，到本世纪末将由现在的 26 亿 m³ 减为 12.48 亿 m³，到 2010 年被提前消耗的中龄林也将基本用光。我国森林减少的速度也是惊人的。

1.6 生物物种在减少

全球估计约有 1000 万种生物，人类叫得出名字的生物不过才 100 万~150 万种。人类有史以来利用的物种仅 3000 种，栽培作物只有 175 种，其中 16 种提供人类 1/3 食物。半数以上的生物都栖息在森林生态系统之中，单是热带雨林中就有 400 万个物种。达尔文在《物种起源》一书中早就指出，物种之间形成一个生命之网，它们相互依存，相互联系，处于自然平衡状态。随着大气、水域和土壤的污染，森林的锐减，使生物的食物链受到破坏，造成物种也随之消失。据世界保护监测中心估计，地球上 35 万~40 万种植物中有 6 万种植物受到不同程度的威胁，平均每天都有一个物种灭绝。英国剑桥保护监测中心 1986 年估计，世界处于灭绝边缘和处于严重威胁中的哺乳动物有 406 种，鸟类有 593 种，爬行动物 209 种，鱼类 242 种，其他如昆虫、蝴蝶等 867 种。在未来的 30~40 年中，将有 6000 种植物在地球上消失，不为人知的正在消失的物种数目要比这个数目大得多。大型动物如大象年捕杀量达8 万~12 万只，如此下去下个世纪非洲无大象。如不保护，本世纪末大猩猩、孟加拉虎、犀牛等也将不复存在。

我国是动植物种类较丰富的国家，植物种类占全世界的 1/10 以上。据中国科学院植物研究所陈心启、傅立国提供的报告，我国物种减少的情况已达到相当危急的地步，我国高等维管束植物约 2.8 万种，其中约 1/10 即 2 800 种濒临灭亡或受到威胁。云南西双版纳有 500多种植物濒临灭绝。珍贵动物貉、麝鼠、紫貂也濒临灭绝，东北虎、华南虎种群衰落，大象越来越少。

一个物种从生物网络中消失，会影响其他物种的生存和繁荣，后果无法估计。物种的减少对人类生活和生产所带来的损失及对地球生态平衡的影响和威胁也是极其巨大和深远的。

2 保护和发展森林资源

森林是陆地生态系统的主体，是一种可永续利用的多功能资源。它具有丰富的物种组成，复杂的层次结构，巨大的生物生产量（占全球生物产量的 60% 以上）和强大的物质与能量交换能力，对满足人类物质和精神生活的需要，维持生态平衡具有重要作用。

森林既是地球生物资源库和生物生产的主要基地，也是大自然进行自我调控、环境自净、保护和改善地球生态环境的主体。森林具有净化大气和水质、保护土壤、防风固沙防止水土流失、涵养水源、调控水分循环和地球能量平衡、改善当地气候、保护生物物种资源、提供人类必需的多种林副土特产品的功能；同时森林还具有美化环境、提供人类休憩、旅游、娱乐，丰富人类精神生活及具有卫生保健医疗等多种功能。地球生态环境的恶化，尽管因素是多方面的，是综合作用的结果，但不少方面与地球森林和植被惨遭破坏有着直接或间接的关系。从这个意义上讲，森林是人类赖以生存的地球的卫士，大自然的保护神，也是人类财富的聚宝盆。没有森林就没有人类，毁灭森林无异于毁灭人类自己。因此，保护和发展森林，是人类生存的需要，是维持地球生态平衡、改善环境的需要。森林的功能与作用是地球上其他任何生态系统无法比拟和不能取代的。1984 年罗马俱乐部在赫尔辛基召开的年会上，科学家们强烈呼吁：要拯救地球生态环境，首先要拯救世界上的森林。联合国粮农组织把 1985 年定为"国际森林年"。第九届世界林业大会向世界各国政府和人民呼吁：要充分认识森林对生物圈和人类生存的意义，为保护和发展全球森林资源作出贡献。

目前世界各国正在发动世界性的"绿色革命"——林业革命，以解决森林危机，作为拯救地球生态环境的一个重要措施。具体表现在愈来愈多的国家和人民正在改变人与森林关系，改变对森林的观念。从单纯的向森林索取木材及林副产品，盲目的破坏森林转向日益重视森林的生态效益和社会效益，转向培育、保护、发展和合理利用森林。这场林业革命在指导思想上以保护和扩大森林资源为核心，以建立结构合理、功能较强、兼顾森林的经济、生态和社会效益的森林生态经济系统为目标；林业生产从采伐为中心转向以营林为中心，由人类对森林只取不予或重取轻予转向投入产出互相协调、加强投入，集约经营合理利用，进行科学的生态经济管理，以求青山常在，永续利用，使宜林荒山荒地加快森林化。要解决全球性的木材供需矛盾及烧柴紧张，制止毁林破坏生态环境，使森林走向在发展中利用、在利用中继续更大发展的良性循环。在森林经营上正在转向按森林功能和作用分别划块经营。最突出的表现为工业人工林的兴起，以较短周期的集约经营、定向培育的工业人工林逐步代替天然森林承担的工业用材重担。到 1980 年世界共有工业人工林 1.38 亿 hm^2，占世界森林的 4.6%，1985 年增加到 1.62 亿 hm^2，平均每年增长 480 万 hm^2。以新西兰为例，用占森林面积 14% 的工业人工林，满足了 95% 的木材需要。其次在第三世界国家，为解决烧柴而普遍发展了薪炭林；为保护改良和合理利用土地资源，提高农作物产量并获得更多产品而发展起来了农地林业（农林复合生态系统）；为保护生物物种建立了森林自然保护区以及担任各种生态防护任务的公益林如防护林、环境保护林、风景林、都市林、森林公园等等。所有这些正在向人们展示变森林恶性循环为良性循环的美好前景和希望。

只要全人类都行动起来，综合治理环境污染，维护地球生态平衡，积极保护和发展森林资源，地球——这个人类的摇篮将会变得美好宜人。

参考文献

[1] 关于 CO_2 问题及其对气候与环境的影响. 未来与发展，1986(3)：36 – 40.

[2] 国际评 CO_2 问题专门会议声明稿. 未来与发展，1986(2)：28 – 31.

[3] 林业部科技情报中心. 第九届世界林业大会论文选集. 1986：65 – 72.

[4] 拯救臭氧层. 保护臭氧层伦敦会议报导. 光明日报，1989 – 3 – 17.

[5] 中国林学会学术部编. 林业发展战略文集. 1988：148 – 149.

[6] 李景卫. 大海的呼喊. 人民日报，1989 – 3 – 21.

[7] 魏宝麒等. 走向 21 世纪的林业. 世界林业研究，1989，2(2)：110.

[8] 顾凯平. 21 世纪：人类与森林关系将发生变革的世纪. 世界林业研究，1989，2(2)：56 – 59.

[9] Ahlheim. K. H. Wie funktioniert das Klima Die Umwelt des Menschen. Meyers LexiKouverlag, 1981：48 – 70.

[10] Wentze . K. F. Hife für den Wald. Alkel verlag, 1984：80 – 93.

用生态经济观点探讨森林的合理布局[*]

贺庆棠

我国森林的合理布局问题，对国土整治、维持和改善生态平衡、保护环境、抵御各种自然灾害、保证农业稳产高产、充分利用土地生产潜力和气候与水资源，开辟生物能源，扩大生物资源，做到永续利用，以促进社会主义建设蓬勃地发展，提高生态经济效益和人民物质文化生活水平和健康水平，为子孙后代谋福利等都具有十分重要的战略意义。必须引起高度重视。

森林的合理布局的依据和出发点，应从我国林业实际和现状出发，以生态学规律为基础，生态经济学规律为依据，充分发挥森林的生态效益和经济效益。

为了探讨这一问题，下面分为几个问题进行讨论。

1 我国林业及其布局的现状和问题

1.1 森林资源少，分布不均，生产力低

全国现有森林面积约为 $11.5 \times 10^9 \text{hm}^2$（$17.33 \times 10^9$ 亩）。人均占有 0.1hm^2 左右（1 亩 7分），为世界人均 0.9hm^2（14 亩）的 1/9 左右，在世界 160 多个国家和地区中占 121 位。全国森林覆盖率仅为 12%，在世界上名列 120 位。森林蓄积量全国合计约为 9.2 亿 m^3，人均占有 9.2m^3，为世界人均占有量 65m^3 的 1/7，其中可供采伐利用的成熟林，只有 34 亿 m^3，人均占有量为 3.4m^3。

我国森林资源不仅缺少，而且分布也很不均。全国森林主要分布在偏远的东北及西南地区，占全国森林总面积的 43.1%，占全国总蓄积量的 68%。西北和其他一些地区森林资源很少。我国仅有 8 个省森林覆盖率在 30% 以上，有 13 个省（自治区）如山西、河北、内蒙古等森林覆盖率在 10% 以下。新疆、宁夏和青海三省（自治区）森林覆盖率不到 1%。

与先进的林业国家相比，我们对森林的经营管理比较粗放，因此森林生产率也较低。全国森林年生长量约为 $2.3 \times 10^9 \text{m}^3$，平均每公顷年生长量不到 2m^3，只有联邦德国每公顷年生长量 5.6m^3 的 1/3 左右。单位面积蓄积量我国仅为 $79\text{m}^3/\text{hm}^2$，还达不到世界每公顷平均 110m^3 的水平。因此森林生产力也较低。

1.2 严重的过量采伐

我国森林资源年消耗量为 $2.9 \times 10^9 \text{m}^3$，消耗量超过森林年生长量 54 万多立方米，入不敷出。采伐量比资源年增长量多，造成资源逐年减少。在"五五"期间比"四五"期间资源减少了 600 多万 hm^2（9000 多万亩），使森林覆盖率由 12.7% 下降到只有 12%。由于严重过伐，森林质量也有很大下降，如东北红松大量减少。20 世纪 50 年代 1m^3 木材，大约在 10 根以下，现在 1m^3 木材为 20~30 根，径级减小，中、幼林比例增大。

农业生态经济通讯，1990. 第 22 期

1.3 木材利用率低

我国木材综合利用水平很低，这与林业加工企业的不合理布局，关系甚大。据估计，采伐和加工剩余物只利用了 14% 左右。而林业发达国家高达 90% 以上，美国、加拿大和芬兰等国正朝全树利用的方向发展。

1.4 林种比例不够合理

全国防护林面积只有 785 万 hm^2，占全国森林总面积的 6.4%，占国土面积 0.8%。显然对于我国这样一个幅员广大，各种自然灾害频繁的国家，防护林面积太少，不能充分发挥森林对抵御各种自然灾害的良好生态效益。

1.5 国家建设和人民生活用材极为短缺

这是造成严重过伐的主要原因。为了使森林永续利用，一般年采伐量小于年生长量。以此计算，现在每年缺材 5000 多万 m^3。随着国家四化建设的发展和人民生活水平的提高，需材量将更大，木材将成为更为短缺商品。

1.6 森林的过伐、植被和草场的破坏

造成了一些地区生态性灾难。建国初期，我国水土流失面积为 116 万 km^2，现在已扩大到 150 万 km^2。每年损失的土壤达 50 多亿 t，如果用这些泥沙修筑一条高宽各 1m 的长堤，则可绕地球 32 圈，折算为 N·P·K 被水冲走量达 4000 多万 t。黄河是世界上有名的蓄含泥沙河流，在洪水期间的含泥沙量可达 50% 以上，最高可达 56.5%。沙化面积建国以来扩大了 600 万 hm^2（9000 多万亩）。水库淤塞情况也很严重，据有关部门测算，黄河中游大型水库，每年淤积泥沙约 1 亿 m^3，四川省大中型水库共 102 座，每年淤塞 $1600m^3$，相当于每年报废一个中型水库。水旱灾害面积增大，与建国初期相比增加 365%，已达 4.0074×10^9 亩。全国内河通航里程缩短了 6400km，减少了 37%，虽然因修铁路、公路、水堤去掉了一些，但相当主要的原因是由于森林破坏，泥沙淤积河床而不能通航。

不仅如此，森林的过伐，还造成了一些珍贵的动物和植物资源减少。近 50 年来，我国就有 10 多种珍稀鸟兽绝灭了。西双版纳森林的破坏，使许多大象迁居国外，珍贵树种局桂花、花梨木、坡垒等也濒于灭绝。同时森林的破坏还带来了地方气候的变劣，影响国家地区环境恶化。

建国以来，尽管采取了很多措施，大量植树造林，新造林保存面积才有 $2.8 \times 10^8 hm^2$（4.2 亿亩）。我国还有大面积荒山荒地和四旁没有绿化。因此爱护森林，发展森林，做到合理布局，充分发挥森林的多种功能和效益，是关系到国计民生的重大和迫不及待的任务。

2 合理布局对发挥森林的基本功能的重要作用

从 60 年代以来，世界面临着五大问题，即人口剧增、能源危机、资源短缺、粮食不足和环境恶化。世界各国纷纷寻找解决这些问题的途径。现在越来越多的人认识到，森林作为地球陆地主要生态系统，它占有面积大（占大陆面积的 1/3 左右），生物量贮量多（占全球 44% 和陆地的 64%），生产率也是生物圈中最高的（年有机干物原产量占全球产量的 65%）。森林是具有多功能的再生资源，只要合理布局，科学管理，不仅可永续利用，而且对解决世界五大问题中除人口问题外的其他四大问题都有重大作用。

（1）森林产品包括主产品木材和各种副产品，是人类生产和生活的重要原料。许多工业的发展，森林产品是不可缺少的原料。随着科学技术的发展，木材和林副产品将可逐步代替

更多工业所需原料。因此，发展森林是解决资源短缺问题的一个有前途的重要途径。

（2）森林作为能再生和永续利用的生物资源，将是解决矿质能源危机的一个途径。目前世界矿质能源（如石油、煤等）越开采越少，人们已开始开拓新的能源途径，如太阳能、原子能的开发利用等，同时也开始着手研究生物能的利用和开发。森林作为生物能源的重要来源，不仅可再生和永续利用，而且对环境的污染也较少，已得到很大重视。

（3）森林可直接或间接作为解决食物（包括粮食、油料、果品和肉类等等）不足的重要途径。间接的森林可以防予各种自然灾害，确保农田稳定高产和不污染的农业生态系统，森林可为野生动物繁殖和生长、畜牧业的发展提供场所和丰富的饲料；直接的可通过各种经济林为人类提供大量食物。

（4）森林是维持地球生态平衡，保护和改善环境的卫士。森林具有涵养水源，保持水土，防洪抗旱，防风固沙，净化大气、水质和土壤，减低噪音，杀菌吸毒，调节地方气候，美化环境，为人类休憩、娱乐、健康长寿提供良好环境和场所等多种效益和作用。

综上所述，在经济上森林是国家和人民的宝贵资源和财富，是绿色的金子，发展森林是建设社会主义物质文明和使人民致富的重要途径；从生态学上看，森林有维持和改善国家和地方生态平衡，保护环境，改造大自然的多种功能。因此，只有确定合理森林布局，才能充分发挥森林巨大的经济效益和生态效益。

3 我国森林合理布局的基本原则问题

为了改变我国林业现状，以适应我国四化建设和人民生产和生活的需要，充分发挥森林的巨大经济效益和生态效益，使我国森林做到合理布局，有着十分重要的意义。

在森林合理布局中，应以生态规律为基础，经济规律为依据，使森林的生态效益和经济效益相协调，获得二者兼备的最佳效果。生态规律反映了生物与环境间的关系，它是人类从事经济活动的重要基础。也就是说，人类的经济活动只能符合生态规律的要求而不能违背，才能取得良好的效果，否则，人类的经济行为不仅不能取得良好的效果，甚至还会由于生态系统的崩溃而导致建立在其上的经济系统彻底崩溃。而生态经济规律反映了人类经济行为与生态系统间的关系。我们发展森林，合理布局森林的目的，是希望不断改善人民生存状况和环境，从森林索取越来越多越好的森林主副产品，如何协调人类与生态系统的关系，在维持和改善生态平衡，使森林生态系统稳定的向前发展的前提下，更好的实现人类的经济目的，这就要以生态经济规律为依据。

从生态经济各观点看，我国森林合理布局上应遵循的基本原则为：

3.1 森林与环境相适应的原则

在森林合理布局上要做到因地制宜，宜林则林，适地适树适林，才能形成稳定的森林生态系统，收到经济和生态双重效益。违背这一原则，不仅森林发展不起来，而且会造成人力物力财力的巨大浪费和损失。

在我国年降雨量400mm等雨量线以西的土地面积占国土总面积的51%，属于干旱、半干旱或高山寒漠地区，多数是沙漠、戈壁、盐碱滩、高山冻土带和雪原，造林十分困难。仅局部地区具有森林适宜生长的条件，例如具有森林生长所需的水分条件的地区（如地下水、融雪水、天然淡水湖、河流沿岸等）可供造林绿化。在这些局部地区可营造以起防护作用为主兼顾用材和其他经济收益的森林。树种选择上应以速生耐旱型为主，天山北坡水分条件较好，可营造云杉、冷杉针叶林。年等雨量线 400mm 以东的我国东南半壁，占国土面积 49%，属于森林气候和森林草原气候区，水热条件比较优越，具有森林生长极有利的条件，应是我国发展森林的重点区。在这个区域内，利用一切可能造林绿化的地方大力营造新林，搞好封山育林和新老采伐迹地更新，不仅森林生长快，成材周期较短，能迅速解决四化建设和人民生活所需林副产品，而且能收到良好生态效益，并且随着夏季风将森林对环境的效益扩大到我国西部和西北部夏季风能到达的地区。所以无论从改善环境有利于维持我国生态平衡上还是从获得良好经济效益上看都是最经济合算的。

3.2 森林尽可能均匀分布的原则

在森林与环境的相互关系上，环境对森林的存在和发展起着决定性的作用，森林对环境（包括自然环境和人为环境的污染）的影响和反作用是处于从属地位的，是有一定范围和限量的。因此从充分发挥森林的生态效益考虑，全国要有一定面积和数量的森林，而且要做到在宜林地区尽可能分布均匀而合理。

据初步估计，全国现有宜林荒山荒地 14 亿亩；现有林地 17.3 亿；15 亿亩农田搞农田林网和适量林粮间作，可能造林面积按 10% 计为 1.5 亿亩；城镇、村庄、交通和工矿用地 10 亿亩中，按可能造林绿化面积 20% 计可达 2 亿亩；合计全国可供林业用地约为 35 亿亩，占全国总国土面积 144 亿亩的 25% 左右。因此，除沙漠、戈壁和石骨裸露山地等 22.9 亿亩目前难以利用的土地外，实际绿化一切可利用的荒山荒地和四旁后，我国森林覆盖率约可达 25%，东南半壁的森林覆盖率平均只能达到 50%，西北半壁只能达到 3%。这是根据我国适宜造林的面积推算得到的。至于各省可能达到的森林覆盖率则根据各省宜林面积来确定。

我国现有森林覆盖率为 12%，到 2000 年实现中央提出的森林覆盖率达到 20% 这一宏伟目标，则在今后 16 年中共需造林保存面积 11.5 亿亩。平均每年需造林保存面积 700 万亩以上，以 70% 成活保存率计，则每年实际造林面积应在 1 亿亩以上。建国 35 年来，全国新造林保存面积 4.2 亿亩，平均每年造林保存面积只有 1200 万亩，因此今后每年新造林保存面积应是前 35 年年平均造林保存面积的 6 倍，今后 16 年总共造林保存面积是前 35 年的 2.7 倍。这是一个十分艰巨的任务。由于我国西北半壁宜林地只占 3% 左右，故主要造林任务在东南半壁。要实现全国森林覆盖率达到 20%，则需使东南半壁的森林覆盖率平均达到 40% 左右。在布局上要尽可能使东南半壁 40% 的森林覆盖率均匀合理分布。为此应按山系、水系逐步进行绿化造林。

3.3 因害设防、预防为主的原则

为了制止一些地区生态性灾害，恢复其生态平衡，在森林布局上是仍因害设防、预防为主的原则。尽快绿化黄土高原和搞好三北防护林建设，在主要水系中上游布局水源涵养和水土保持林，在城镇和工矿区为净化环境建立环境保护林。

3.4 充分利用气候和水资源和充分发挥土地生产潜力的原则

为了解决国家建设和人民生活用材极为短缺的现状，充分利用我国南方优越的气候、水和土地资源，建立好速生用材林基地。并在所有布局为森林的地区，为使林副产品高产、优质、收获期短，获得最好的经济效益，应注意树种选择和搭配，营造混交林，形成多层次优良稳定结构，改变纯林作业不能充分利用地力的状况。

3.5 多快好省的原则

做到投资少，收效快，生产率高。保证党的十一届四中全会提出的发展林业的五项重点建设项目的落实。也就是多快好省的完成：①三北防护林体系建设；②华北、中原、东北等地农田林网化和四旁绿化；③长江以南10省(自治区)的建立用材林基地建设；④南方经济林基地建设；⑤东北等地老林区的迹地更新。

根据上述原则，对我国森林合理布局的初步设想是：

(1)到2000年实现全国森林覆盖率达到20%。要求在我国西北半壁实现森林覆盖率3%；东南半壁平均达到40%。在东南半壁根据具体地形，水分、热量和土壤条件，在山区使森林覆盖率达60%以上，丘陵地区40%~50%，平原地区10%~15%。

(2)完成老林区迹地更新，做到砍一片更新一片，保证青山常在永续利用。

(3)搞好三北防护林建设。

(4)实现平原地区农田林网化和搞好四旁绿化。

(5)建立城镇及其附近的环保林。

(6)完成江南10省(自治区)速生用材林基地建设。

(7)建立南方经济林基地。

(8)建立沿海防护林体系。

(9)绿化黄土高原。

(10)做好按山系和水系全面绿化。如天山、阴山、太行山、燕山、秦岭、伏牛山、大别山、大巴山、南岭、苗岭、武夷山、武陵山、南岭、长江中上游、云贵高原、横断山区等等。

我国沿海防护林体系建设的构想[*]

贺庆棠　陆鼎煌

（北京林业大学）

1　我国沿海是个多灾地区

我国疆域辽阔，海岸线绵延 18000 多千米，跨越温带、亚热带、热带 3 大气候带，贯穿辽宁、河北、天津、山东、江苏、上海、浙江、福建、广东、海南、广西 11 个省（自治区、直辖市）的 195 个县（区、市），总面积达 2 466.7hm²。这里人口众多，经济较发达，但自然灾害严重，林—农业生态环境至今尚未形成良性的结构系统。主要自然灾害有：

台风　西北太平洋地区每年平均有台风 28 个，我国是受台风危害最严重的国家[1]。从广西到辽宁的 12 个沿海省、市、自治区（包括台湾）均有台风登陆，仅 7、8、9 这 3 个月，每年平均就有 6.3 个台风在我国登陆，几乎占全球登陆台风总数的一半。受登陆台风影响最严重的是广东省，尤其是珠江口以西地区，其次是台湾和福建。伴随台风而来的还有暴雨、海潮等。

干旱　我国华南沿海虽是雨水丰沛的地区，但降水分配不均，经常发生冬春旱和春旱。如广东在 1951～1972 年间，仅冬连旱春旱就发生了 15 次，其发生频率接近 70%，是我国多旱地区之一。长江下游地区夏旱、夏秋连旱频率也高达 50%，即有一半年份有夏旱。华北沿海夏旱频率也达 40%。

寒露风、霜冻　寒露风和霜冻亦是我国华南和华东沿海地区经常出现的灾害。

水土流失　沿海很多地区水土流失严重，如福建省沿海水土流失面积占沿海土地总面积的 22.5%。福清县水土流失面积达 1866.7hm²，占其总面积的 34.2%，每年土壤肥份流失量达 4.5 万 t。

此外，我国沿海地区还缺少木材和烧柴。如福建沿海农村，当地所能提供的木材，仅占需要量的 10%，薪材也只及需要量的 30%，缺烧柴 3 个月至半年的农户占 55%。莆田市缺柴 3 个月以上的农户占 78%。大量秸秆、树叶被当做烧柴烧掉，致使农田有机质得不到补充，土地退化，肥力下降，生态条件恶化。

2　沿海地区防护林现状

我国沿海防护林建设起步较晚。20 世纪五、六十年代沿海一些省区曾先后营造海岸防护林，大多为单一纯林林带，以防风为主要目的，并取得了一定的效益。如福建省福清县江阴乡下堡、赤厝 60 年代营造林带 64.3hm²，长 12.8km，70 年代即发挥效益，使风力减小 6.4%。它不仅保护了 27.6hm² 农田正常生产，而且还使亩产提高了 100kg。林网化较好的

＊　世界林业研究，1991. 11. 第 4 期。本文于 1991 年 3 月 18 日收到。

东阁华侨农场甘蔗风折率仅5%，比相邻地区减少20%，水稻也增产18%。又如大连市永宁镇地区70年代初营造林带220km，主林带4~5行，宽8~10m。8509号台风袭击时，21.3m/s的大风持续6h以上，林带保护区内玉米亩产近400kg，比无林带地区增产16.6%[2]。

1980年前后，各地再次掀起建设沿海防护林热潮，到1984年全国沿海流动沙地上建立起来的海岸固沙林带达6000多千米。山东省沿海防护林面积最大，约有21.3万hm²，广东为16.5万hm²，辽宁为16.4万hm²，福建为10.3万hm²，浙江2.7万hm²，江苏2.1万hm²，广西约1.33万hm²，河北不足8000hm²。主要造林种树，长江口以北以刺槐、杨树类、紫穗槐、松类为主；长江以南至北部湾，以木麻黄、湿地松、火炬松、桉类、马尾松、木荷、台湾相思、红树类、黑荆等为主。

近10年来营造的所谓第二代防护林，具有因地制宜、科学造林、合理规划等特点：

2.1　因地制宜

广东近海前沿高潮线向内延伸的潮沙土，由于土质疏松，透水性强，含盐量高，适于木麻黄生长，即营造连片木麻黄丰产林，以治沙固土。在内缘较平坦的风积固定沙地，土层透水性差，地下水位高，酸性较强，木麻黄则生长极差，而湿地松、加勒比松、沙松、大叶相思生长良好。广东湖东林场9年半生加勒比松，平均树高7.4m，最高9.5m，胸径14.3cm，最大18.5cm；东海岸林场的湿地松，平均树高8.7m，最高10m，胸径15.1cm，最大17.5cm，均因因地制宜而获得速生丰产。湿地松不仅生长迅速，且抗风能力极强，中幼龄林木经过几次台风袭击，没有发生风倒、风折现象。

2.2　科学造林

广东在滨海潮积沙土上，营造木麻黄采取了选育抗青枯病良种、营养土容器育苗、雨季造林等措施后，5年生木麻黄平均高13.7m，最高15.5m，年平均高生长2.74m；平均胸径11.3cm，最大12.5cm，年平均生长2.26cm。[3]辽宁在低洼易涝地区采取台田整地造林、杨柳类深根造林和青杨与樟子松混交造林等措施，也取得了良好的效果。广东湛江市郊滨海地区采取窿缘桉与木麻黄1∶1混交，株行距2m×2m，结果窿缘桉干形生长获得改善，生长也优于纯林，木麻黄青枯病也大大减轻。福建在沿海流动沙丘和临海第一线沙滩上营造固沙林，采取了①设置屏障御风造林，采用筑沙堤、插石条、围杆草（篱笆）等办法形成屏障，减弱风沙危害；②基肥拌根，适当密植，用红泥浆拌渗适量的过磷酸钙和农盐沾在栽植前的苗根上，每亩植600~700株；③横向采伐，梯形更新，确保新造林木受到原有防护林的保护，大大提高了第一线造林的成活率。

2.3　合理规划

海防林规划已开始注意到多种经营，生态效益和经济效益并重。1987年，福建省南安县梅山镇建设立体林业基地333hm²，种湿地松23万株，余甘子32.5万株，杨梅105万株，芒果1400株，龙眼、桃、李8.1万株，林地内还套种菠萝，采取以耕代抚。晋江县在平整土地的基础上，对境内田、林、路、渠统一规划，以最佳防护效益为依据，把农田重新划片，形成规格化小网格，其经验主要是：①林带走向与主风向垂直；②少行窄带，主林带宽4m，带距180m（10~15H），副林带2m，带距250~300m（16~20H），林带占地3.4%；③林带疏透度30%左右。取得了很好的生态和经济效益[4-5]。

从总体上来看，经40多年的努力，沿海地区已经有了上千万亩的防护林[6]，并发挥了一定的生态经济效益，在防护林营造、管护、利用等方面也取得了一批典型经验。但这些防护林多半是零星分散，不相连接，不成带或片，离形成防护林体系差距甚远，且各省防护林营造工作发展也很不平衡。总体上缺乏全面规划、统一部署，还不可能形成良好的效益。

3 关于沿海防护林体系建设的构想

沿海防护林体系建设是一项规模宏大、影响深远的生态经济工程，也是一项新开发的产业，它的建成必将带来巨大的生态效益、经济效益和社会效益，促进沿海社会经济发展，造福子孙后代，因此既有重大的现实意义，又有长远的战略意义。为使这一工程早日完成，获得最佳效果，在其起动之初，认真研讨并开展必要的科学试验，为制定最佳建设实施方案奠定扎实基础，是十分必要的。为此，我们想就建设怎样的沿海防护林体系谈点看法，供商讨。

3.1 建设生态经济型沿海防护林体系

传统的防护林的概念是指发挥防护功能或生态功能的林带、林网或成片的森林。它的理论基础、经营方向、技术措施、效益评价、经济利用等等，都是以发挥防护功能为依据，并以此作为其出发点和归宿。而对它的多功能多效益，特别是直接经济效益和社会效益，则不予重视。传统的防护林的营造和经营管理，净投入土地、劳力、资金和物质，而回收不仅周期很长，且无论近期还是长期经济效益都很有限，群众获得经济利益不显著、不及时，因而积极性不高。新中国成立以来，尽管国家和群众都进行了大量的投入，在沿海营造防护林，并且也收到了一定的效果，但进展仍然缓慢，且不断受到乱砍偷伐、放牧糟踏，形不成良好的防护效能。主要原因就是这种传统的防护林概念，重生态功能，忽略社会经济效益，没有与群众切身经济利益挂上钩。用群众的话说，生态效益不能当饭吃、当衣穿和当钱花。虽然这一说法难免失之偏颇，但亦不无道理。总结以往 40 多年的历史经验，应从中吸取教训，必须以更新了的观念来指导今天沿海防护林的建设，否则难以达到预期效果。

从我国国情看，我国经济尚不发达，人民刚解决温饱，以经济建设为中心，促进经济和社会发展是我国人民的根本任务。同时，经济的发展，又必须考虑生态环境的改善。因此，以经济建设为中心，做到社会经济发展与环境改善同步，是我们进行社会主义建设的根本指导思想。我们进行沿海防护林体系建设，也应以此为指导思想。从国际上看，林业界已从过去强调某一林种经营目的单一性，忽视该林种本身多效益的传统林业转变为重视和提倡多效益的现代林业[7-9]。所以，防护林的概念，就现代林业观念和我国国情而论，都应理解为不仅发挥其生态防护效益，也应充分发挥其社会经济效益，生态和经济功能并重，同步发展。

我们认为，现代防护林概念的内涵应包括生态和经济等多效益。但在具体运用上，根据因地制宜的原则，也不应排除以发挥其防护功能为单一经营目的的防护林类型。因此，我们建议将防护林划分为生态防护型防护林和生态经济型防护林两种类型。而在沿海防护林建设上，从总体上讲是建设一个防护林体系，它应是多效益的生态经济型防护林体系。

生态经济型防护林体系是一个人工生态系统，它是以系统工程理论和方法为基础，以林学、生态学、经济学理论和技术为指导，对当地土地利用合理规划，农、林、牧、副、渔、工商等各业优化配置，社会和经济发展与生态改善并举，充分发挥当地光、热、水、气、土、生物、智力、劳力等多种资源的生产潜力，组成防护林体系各林种的合理配置与优化组合，充分发挥多林种、多树种、多种用途植物和多种生物(包括动物、昆虫、家禽、家畜)组合成的生物群体的效益，建成功能完善、生物学稳定、生态经济高效的人工生态系统。这种生态系统是一个复合的生态系统,其物流、能流处于良性循环之中。当地林业与各项生产事业分工协作,各取所需,共生互利,功能互补,循环再生,物尽其用,协调发展,不断增长。我们建设的沿海防护林体系应是这种稳定高效的生态经济型体系。

3.2 沿海防护林体系应作为生态经济产业进行开发和建设

林业是具有巨大的自我再生产能力的综合经济产业和公益事业。现代林业既包括种植业、养殖业、加工工业、林产化工工业,又包括旅游、娱乐、休憩等服务业,它具有第一产业、第二产业、第三产业3种产业属性,同时还具有生态和社会效益,故又是公益事业。沿海防护林体系应作为生态经济产业进行开发和建设。要充分开发和利用当地自然资源、人财物和智力与经济发达的优势,组织好林业、农业、水产养殖、畜牧业、工业、副业、加工业、旅游观光、出口创汇等多种行业,互利互补,协调配合,互相渗透,互相促进、综合开发和发展。要把沿海防护林建设作为生态经济产业,纳入当地经济和社会发展、资源开发利用之中,形成生态经济的良性循环和快速运转,以改善当地生态环境,繁荣经济,满足当地人民群众日益增长的物质文化需要。同时还要把沿海防护林体系这个林业产业的建设,作为群众致富的门道,组织好林副特产的培植、管护、加工、利用与出口创汇。要从沿海防护林体系中不断获取木料、燃料、饲料、干鲜果品、油料、茶、笋、药、食用植物与食用菌以及烤胶、紫胶、染料、涂料、香料、活性炭、松脂、纤维等各种各样工业原料。要把沿海防护林经营为种植业、养殖业、加工利用业、轻工业、食品工业、木材业等多种产业,要以林促工、促农、促商,带动各项产业的发展,促进各种产业的繁荣。要改变就防护林论防护林的传统观念,把防护林纳入当地经济开发和发展之中,同样当做占有一定地位的经济产业,自觉投入,加快其周转,获取高经济效益。因此,对沿海地区来说,建设防护林既是生态屏障,又是新开发的产业和群众致富的门道。

3.3 关于沿海防护林体系的组成和结构

从系统论观点看,防护林体系的组成和结构,即是系统的组成要素与要素排列组合方式(或称结构),它们决定了系统的性质和本质特征,也决定了系统的功能和效益。因此,沿海防护林体系合理的组成,优化的结构,是实现其稳定高效多功能的关键。作为生态经济产业和公益事业的沿海防护林体系的组成,应该是多林种、多树种、多种用途植物和多种生物配置的生物群体与多种产业(农、林、牧、副、渔、工商等)的结合,做到从实际出发,因地制宜,因害设防,照顾系统与全局,讲求实效。在结构上应是林带、林网、片林相结合;多林种如用材林、经济林、薪炭林、风景林、防护林相结合;乔木、灌木、草本植物相结合;果树、油料、香料、药材、茶、竹、工业原料植物及食用植物等多用途植物相结合;山、水、田、林、路、渠、四旁绿化综合经济开发与开发庭院绿化美化生产化相结合;水生树木植物与陆生树木植物相结合;长生长周期树木与短生长周期植物相结合等等。这些结合都应从当地实际出发,因地制宜,科学配置,优化组合,各据恰当比例,各占适合位置,使其总体形成良好功能和效益,特别是要注意区域性总体优化功能和效益。为了使沿海防护林体系获得良好的功能和效益,沿海地区的省(自治区)市县乡对建设沿海防护林体系要领导重视,切实加强领导,林业部门当好参谋和助手,事先作好规划,制定出优化组成和结构的方案,从总体上按生态经济原则作好部署和配置,有计划有步骤地作为生态经济产业,采取高质量的工程施工方法,并付诸实施,才能达到预期的目的。

参考文献

［1］盛承禹等．中国气候总论．北京：科学出版社，1986.

［2］孙义选．从台风袭击中看农田防护林的效益及其营造林木措施．辽宁林业科技，1986（2）.

［3］郭坚城．滨海地区窿缘桉与木麻黄混交造林试验．广东林业科技，1986（2）.

［4］曾世钧，李祥贵．必须加快建设沿海防护林体系．福建林业，1987（5）.

［5］陈伙法，谢再钟．福建省沿海防护林体系建设工程介绍．福建林业，1988（2）.

［6］中国林业年鉴.1986 - 1988 年卷，北京：中国林业出版社.

［7］高志义．试论生态经济型防护林体系—三北防护林体系工程的启示．长江中上游防护林体系工程学术会议交流论文，1990，10.

［8］徐化成．林业的目标、原则和发展道路．世界林业研究，1991，4（1）.

［9］赵士洞，陈华．新林业—美国林业一场潜在的革命．世界林业研究，1991，4（1）.

森林气象学的研究与进展*

贺庆棠　　邵海荣

（北京林业大学）

森林气象学是研究森林与气象或气候相互作用和影响的一门学科，是林学与气象学之间的一门边缘科学。

森林与气象或气候相互关系的研究,始于 18 世纪。在 19 世纪末和 20 世纪初,随着工业化和城市的发展,森林大面积减少,环境问题日益突出,自然灾害频繁发生,使人们对森林气象问题的研究进一步重视,并得以发展。1927 年德国气象学家 R. Geiger 在他出版的《近地层气候》专著中,总结以往研究成果,首先提出了森林气象学的概论和任务,森林的气象或气候效应与福利作用,并用 7 章篇幅论述了森林气象学问题,他是近代森林气象学的奠基人。[1]

20 世纪 50 年代以来,各国学者对森林气象学问题展开了更加广泛深入的研究。如德国的 A. Baumgartner、G. Mitscherlich、G. Flimming;美国的 R. Lee;前苏联的 Ю. Л. РАУНЕР、Н. И. РУДНЕВ、J. Ross;日本的门司正三和佐伯敏郎;英国的 J. L. Monteith;我国的王正非、崔启武、朱庭曜、宋兆民、贺庆棠等。在这期间,各国学者对森林气象学的研究涉及的主要内容有:林冠层气象学;森林气象学的基础理论,包括森林的能量平衡、水量平衡和动量平衡的研究;森林的气候和防护林气象效应;立地气候和生物气候特征;林火气象学;森林与大气污染及酸沉降;森林对气候的影响;营林气象和经济林气象;森林气候生产力测算与预估;森林气象观测手段和模拟研究等等。通过这些研究大大丰富了森林气象学的内容。现在森林气象学已是一门较完整的独立学科。[2]

近 20 年来,森林气象学的研究又有了新的进展,其研究动向,归纳起来,主要有下列几个方面。

1　关于森林对气候的影响

长期以来,关于森林对气候影响问题的研究,比较多的是研究森林对小气候或局地气候的影响。如前苏联学者 А. А. МОЛЧАНОВ 所著《森林和气候》、Н. И. КОСТЮКВЕЧ 著的《森林气象学》、美国 R. Lee 著的《森林微气候学》、日本原田泰著的《森林气象学》、我国王正非等著的《森林气象学》以及联合国粮农组织出版的《森林的影响》等代表性著作中,均较全面系统地阐述了森林对局地气候的影响。[2] 森林能使局地气候要素如太阳辐射、温度、湿度、风及蒸发散等发生变化,形成一种特殊的局地气候——森林气候（包括林分气候、林缘气候和防护林带气候等）,并能起到改善局地气候的作用,这已成为共识。

从 20 世纪 70 年代以来,关于森林对气候影响的研究,已从研究对局地气候的影响发展到研究森林对区域性气候乃至全球气候的影响。A. Baumgartner[3]描述了当今世界森林对全

---

* 世界林业研究, 1993. 6. 第 3 期. 收稿日期: 1992 – 10 – 20。

球气候的影响；M. Kirchner[4]计算了森林对全球地面反射率和动力粗糙度的影响；R. Lee (1978)研究了森林对全球蒸发量和降水量的影响；贺庆棠(1984)研究了森林对地球水热平衡和碳循环的影响；E. Bruenig(1990)研究了热带森林面积减少对气候的影响；H. Grabl (1990)探讨了热带雨林对气候的作用等等。已有的研究成果初步表明：森林对区域性气候和全球气候是有影响的，但其影响程度和作用的大小尚待进一步深入研究。这也是当今森林气象学研究的热点和普遍关注的问题。森林对区域性气候和全球气候产生影响的原因是：森林是除海洋外占地球陆地面积较大的一种特殊下垫面，是陆地生态系统的主体。森林能改变地表对太阳辐射的吸收和反射量，影响地表能量平衡；森林能不断向大气蒸发散水分，影响地表水量平衡；森林能使地表动力粗糙度增大，引起气流动量改变，影响环流特征并形成局地环流；森林还能散发气态化合物和特殊物质，在一定程度和范围内有净化大气的作用；森林能通过光合作用固定和贮存大气中 CO_2 和释放 O_2 等等。森林的这些作用的大小取决于：

(1)森林种类、面积和覆盖率，尤其热带森林有重要意义；

(2)森林组成树种，特别是优势树种的生理生态特性，如对能量、水分、CO_2 等的吸收转化能力；

(3)林冠结构特征，如粗糙度、叶片大小与分布、对水、气及烟尘等截持能力；

(4)树种季相特征，如常绿或落叶；

(5)叶面积指数、生长速度、生物量和生产力[5]。

根据已有的一些研究结果，较多的人认为森林对全球气候的影响与海洋相比是次要的或较小的。但也有人持不同意见，认为上述结论为时尚早，有待进一步研究。但森林对区域性气候的影响却是显著的，也是不可忽视的。A. Baumgartner[6]等在德国慕尼黑用飞机遥测所得到的资料及高素华等(1990)用卫星遥感资料研究的结果，都说明森林对区域性气候有明显的影响。高尚武(1990)、朱庭曜(1991)采用地面观测和系留气球与卫星照片进行分析，结果也是肯定的。虽然如此，对这个问题也还有进一步研究的必要。

2 关于森林与气候变化的关系

温室效应及与其相联系的全球变暖和气候变化，是当今世界普遍关心的问题。森林与气候变化的关系很自然是森林气象学当前研究的热点。世界各国相继开展了这方面的研究，尤其是发达国家美、德、法、英、日等国，我国也已列入攀登计划，正在从事研究。目前国际上与森林植被直接发生关系的大型研究计划有：国际地圈与生物圈计划(IGBP)、水循环的生物圈问题研究(BAHC)、人与生物圈计划(MAB)、全球变化与陆地生态系统(GCTE)等，其规模之大是前所没有的。

尽管目前利用全球气候模式(GCM)对气候变化进行预测还没有把握，但自工业革命以来大气中温室气体(CO_2、CH_4、N_xO、CFC 等)的浓度迅速上升，温室效应在增强。从 1860 年至今气温已上升了 $0.5 \sim 0.7℃$，这是普遍接受的事实。[8]CO_2 是温室气体中数量最多、影响最大的，它占全部温室气体总温室效应的 61%。大气中 CO_2 浓度已由工业革命前的 $270mL/m^3$ 增至 1990 年的 $353mL/m^3$。造成 CO_2 浓度上涨的重要原因，第一位的是人类大量使用化石燃料，第二位的是大规模砍伐和破坏森林。IPCC 的报告预测，到下世纪中叶，大气中 CO_2 浓度可能倍增，全球气温有可能提高 $1.5 \sim 4.5℃$。[9]

全球森林约占陆地面积的 1/3，森林生物量约占整个陆地生态系统的 90%，净生产量占

65%。森林在生长过程中，通过光合作用吸收、贮存、和积累大气中的 CO_2。森林每生产 1g 干物质需吸收 1.84g CO_2，放出 1.34g O_2，或每生产 $1m^3$ 木材吸收 850kg CO_2，放出 620kg O_2，以此估算全球森林年固定大气中 CO_2 约为 1196 亿 t 或 323 亿 t 碳，占大气中 CO_2 量的 4.6%，放出 O_2 约为 873 亿 t。[10]森林被砍伐和破坏后，不仅不能吸收、固定 CO_2，而且将通过其燃烧和腐烂把贮存的碳还原为 CO_2，重新返回大气中。

许多学者如 Baumgartner(1978)、Houghton[11]、Hall 和 Uhoig[12]等，对森林破坏造成的 CO_2 排放量作了研究，所得数据为 4 亿~80 亿 t 碳，差距很大，没有得到公认。究其原因，一是对世界范围森林变化的资料统计不确实，二是不同作者估计和计算的方法不同。但大多数学者认为，森林对大气碳循环和平衡是存在明显影响的，人们通过保护和扩大森林，集约经营管理森林，控制采伐和防止毁林，可在一定程度上遏制大气中 CO_2 浓度增加，减弱温室效应，对缓解和控制地球气候变暖将能起到积极作用。也有另一种观点，认为森林从大气中吸收 CO_2，木材燃烧和腐烂又使 CO_2 归还大气，森林不可能不采伐，也不可能无限制扩大，从长时间尺度看，森林吸收和排放的 CO_2 量将达到平衡，因而森林对 CO_2 量的影响几乎为零，但短时间森林大量减少，将会对大气中 CO_2 的浓度产生影响。

贺庆棠[13]根据现在大气中 CO_2 年增长率为 0.5%，每年全球森林面积减少约为 0.2 亿 hm^2，即年递减率 0.4% 估算得到，大气中 CO_2 年增长量为 35 亿 t 碳，其中由于森林面积减少，CO_2 排放量的增长量为 8 亿~10 亿 t，占大气中 CO_2 年增加量的 25%~30%。徐德应也曾计算世界及中国森林对 CO_2 的吸收量。[14]

关于气候变化对森林的影响，由于森林是全球生态环境的核心问题，很自然也是研究的热点。目前的研究工作，是根据各种全球环流模型预测未来温度和降水变化来估计对不同树种和各种类型森林的影响。由于各种气候模型预测结果差异大、不准确，所以关于气候变化对森林的影响的预测有很大任意性和不可靠性，还处于探索阶段。[15]Cohn(1989)预测，由于气候变暖，到下世纪中叶美国的山毛榉、铁杉等树种将北移 500km。Harrington(1991)的研究认为，由于未来气候变暖，加拿大北方森林将北移代替泰加林。现在气候变化对森林影响的基础性研究，如室内模拟生理生态变化实验，利用古气候变化与树木关系作预测及根据气候变化研制森林动态模型预测等等，正在广泛开展。

3 关于森林与大气污染和火灾

大气污染及森林火灾是对森林威胁最大的问题，是世界各国都很重视的问题。森林气象学在这方面的研究工作也很多。对林火气象的研究，美国开展得较早，美国气象学会和林学会每两年开一次研讨会，主要研究林火发生的天气形势、环流特征、预测预报和防止方法。美国林火预报采用双指标火险等级预报法，根据森林火险易燃等级及森林火险天气等级双重指标综合进行预报。日本则用实效湿度法。我国在大兴安岭火灾后，林火预防预测预报已采用了较先进的手段和方法，达到了国际水平。现在林火气象研究，各国均在从机理到模拟和应用上开展更深入的研究工作。

关于森林与大气污染，从 70 年代开始比较多的是研究大气污染造成对森林危害的机理。欧洲尤其是德国等国家做了大量工作，发表了许多论文。大量研究表明，低浓度的大气污染对森林生态系统并不造成伤害，反而对森林生长有一定的促进作用。在大气污染浓度超过森林的"安全阀值"时才产生危害。森林对大气污染物有一定吸收和减缓作用。美国环境保护局用模拟法计算森林植物和森林土壤对气态污染物和吸收潜力为：每公顷森林年吸收能力为 SO_2748t、$NO_X0.38t$、$CO_22.2t$。[16]森林对净化大气作用的研究，目前正向深入发展，重点在选育一批抗污染植物和树种在营林工作中实际应用。

4　关于森林气象研究的手段

研究手段一直是影响森林气象研究工作深入开展的重要因素，世界各国均非常重视研究手段的改进和观测设备的研制。近十多年，在这方面有了飞速进步。目前，发达国家的研究手段已完全从人工观测改成了有线或无线遥测，有的采用卫星遥感和飞机观测，观测结果自动输入计算机，进行贮存加工打印输出。有些野外试验已搬入室内的"人工小宇宙"实验室，大型风洞也建在室外，数据处理已完全用计算机，并在计算机上进行系统分析与数学模拟，微型电子计算机野外观测控制系统和示踪技术也在森林气象观测中得到日益广泛应用，用先进的野外考察装备车作流动观测，各种测试仪器的灵敏度和精度也有了很大提高，遥远的观测设施测定结果，通过网络技术可以在室内获取，已实现观测自动化、遥测化和数据处理计算机化，室内模拟法包括结构与功能模拟已得到普遍应用。

除上述以外，对于森林气象基础理论、各种树种及不同类型森林与气象或气候的关系的研究，涉及的面更广泛更深入。总的趋势是：森林气象研究范围一方面向微观扩展，深入到树木生理生态与气象关系，另一方面则进一步向宏观扩展，研究长远未来的，带有地区、国家、整个洲以至整个大陆到全球性的森林与气象和气候问题。研究领域与许多学科产生了交叉，如环境物理学、环境化学、生态学、生理学、生物数学、系统工程学及植物地理学等等。

我国森林气象学的研究，有一支人数众多的队伍，在森林气象各个领域都做了大量工作。有些领域，如防护林气象、林火气象、森林气象基础理论、森林气候生产潜力、森林对环境的影响等等，均已达到了较高水平，可与发达国家相并列，而且在森林气象研究促进和提高林业生产和改善环境服务上，发挥着越来越明显的效益和作用，对我国林业建设作出了一定贡献。但与发达国家相比，我们在观测和研究手段上还比较落后，这是我们今后要努力赶上的。

参考文献

[1]贺庆棠. 国外森林气象学发展概况. 北京林学院学报，1984(3)：50-58.

[2]贺庆棠. 林业气象学的研究与进展//中国林业气象文集，北京：气象出版社，1989：1-5.

[3]Baumgartner A. Klimatische Funktionen Der Walder Ber. Landw, 1978(55)：708-717.

[4]Kirchner M. Anthropogene Einflusse auf Die Oberflachenalbedo Jnd Parameter Des Austausches an Der Grenze Erd/ Atmosphare. Uni Munchen Metao, Institut, W. Mitt Nr. 31, 1977.

[5]Bruenig E.F. 研究森林与气候关系的新范畴和新观点. 陶青译.//第十届世界林业大会选编. 北京：中国林业出版社，1992：108-114.

[6]Baumgartner A. Stadt Klima und Wailder. Uni. Munchen Metao. Institut. W. Mitt. Nr. 51, 1986.

[7]高素华. 保护森林是控制地球变暖的有利对策. 中国气候变化对农业影响的试验研究. 北京：气象出版社，1991：25~30.

[8]徐德应. 温室效应，全球变暖与林业. 世界林业研究，1992(1)：25-32.

[9]IPCC, WGI. Policymakers Summary of the Scientific Assessment of Climate Change. Report of WGI to the IPCC, 1990.

[10]贺庆棠. 森林对环境能量和水分收支影响. 北京林学院学报，1984(2)：17－35.

[11]Houghton R. A. , Skole D. L. Changes in the Global Carbon Cycli Between 1700 and 1985, in the Earth Transformed by Human Action. B. L. Trner ed. Cambridge Univ. Press, New York, 1990.

[12]Hall C. A. S. , Uhlig. J. Refining Estimate of Carbon Released From Tropical Land－use Change. Can J. For. Res. , 1991(21)：118－131.

[13]贺庆棠. 森林对地气系统碳循环的作用. 1992.

[14]徐德应. 世界森林消灭与全球大气 CO_2//气候变化与环境问题全国学术论讨会论文汇编，中国科协，1991.

[15]薛建辉. 森林功能及其综合效益//第十届世界林业大会选编，北京：中国林业出版社，1992：101－107.

[16]Smith H. W. 大气污染与森林. 北京：气象出版社，1986.

森林对地气系统碳素循环的影响*

贺庆棠

（北京林业大学林业资源学院）

地球变暖已成为全球关注的重要问题。由于人类大量使用化石燃料，大规模砍伐森林，致使大气中 CO_2 含量急剧增加。19 世纪初产业革命前大气中 CO_2 浓度为 $270mL/m^3$，1990 年已增到 $353mL/m^3$。在产业革命前的一百多年间（1750 ~ 1860 年），大气中 CO_2 浓度仅增加 $6mL/m^3$，但从 1940 ~ 1985 年的 45 年间却增加了 $46mL/m^3$，平均年增长 $1mL/m^3$ 左右。目前大气中 CO_2 年增长已达 $1.8mL/m^3$ [1]。以目前增长速度计算，到 2050 年，大气中 CO_2 浓度将达到 $550mL/m^3$，为产业革命前大气中 CO_2 浓度的 2 倍。大气中 CO_2 浓度的不断增长，导致大气温室效应增强，可能是造成地球变暖的重要原因。政府间气候变化委员会（IPCC）报告[2]指出，近百年来，地球已增暖 0.3 ~ 0.6℃，预计到下世纪中期，CO_2 倍增后，全球很可能增温 1.5 ~ 4.5℃。据赵宗慈的研究[3]，我国近 39 年气温已增高 0.23℃，到下世纪中叶可能提高 2 ~ 3.5℃。

森林是陆地生态系统的主体，森林面积占陆地面积近 30%，约占地球表面积的 10%。地球植物年生物产量约为 $1.55 \times 10^{11}t$，其中 $1.0 \times 10^{11}t$ 为陆地植物生产量。森林年生物产量约为 65×10^9t，占陆地生物产量的 65%，占全球的 42%。森林生产率年平均约为 $13t/hm^2$，而农地及草地还不到森林生产率的 $1/2$ [4]。森林不仅生产率高、产量多，而且是重复多年生长的可再生系统，累积了大量生物量，在地气系统太阳能固定、气体交换（如 CO_2、O_2 等）及物质生产中，森林起着重要作用。

森林在生长过程中，通过光合作用吸收大量大气中 CO_2，加以固定和贮存；采伐和破坏森林，不仅使其失去吸收和固定大气中 CO_2 的作用，而且将其贮存的碳素还原为 CO_2 重新返回大气中。因此，森林对地气系统碳素循环有着重要影响。随着大气中 CO_2 浓度增加，温室效应增强，地球变暖，使人们对森林在调控地气系统碳素循环的作用愈来愈重视，森林的环境生态效益很自然地成了最受全世界关注的问题。

1 森林对地气系统碳素循环的调控作用

地气系统碳素循环可用图 1 表示[5]。由图 1 可见，在地气系统碳素循环中，海洋的作用最大，海洋从大气中吸收碳素年平均可达 1000 亿 t，占大气中碳贮量的 1/7，从海洋中返回大气的碳素量，年平均为 970 亿 t，海洋年平均可净吸收碳素 30 亿 t，占通过化石燃料燃烧排放到大气中碳素量的 3/5。

虽然海洋在地气系统碳素循环中处于主导和支配地位，但目前人们还无法控制和管理。除海洋外，地气系统碳素循环还受植物、土壤和化石燃料燃烧作用的影响，其中影响最大的

---

* 北京林业大学学报，1993.7. 第 3 期. 1992 – 09 – 08 收稿。本文是国家攀登计划"未来 20 ~ 50 年我国生存环境变化趋势预测"中三级课题研究成果的一部分。

是植物(见图1)。森林植物是地球植物的主体,因此森林在地气系统碳素循环中有着重要作用。科学地育林护林,扩大森林面积,提高森林生产率,增加森林生物量,可更多的吸收和固定大气中碳素于森林中;相反,大量砍伐和破坏森林,将导致大气中碳素含量增多。由此可见,通过人们对森林的数量和质量的调控和管理,可影响地气系统碳素循环。

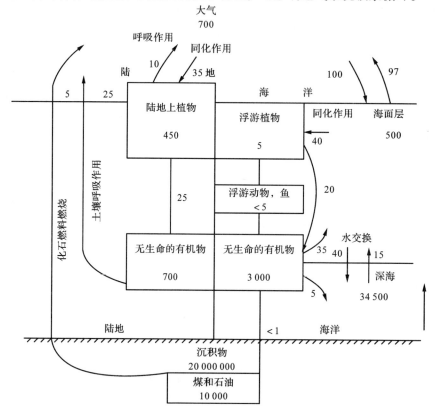

图1　地气系统碳素循环(单位:10 亿 t 碳)

由图1可知,陆地植物吸收大气中碳素有1/3 左右通过呼吸作用返回到大气中,净积累于植物体中的约占2/3。当植物死去变为无生命的有机物后,有的在土壤中腐烂分解,通过土壤呼吸作用返回大气;有的埋入地中经过相当长时间成为化石燃料,经过开采燃烧又返回大气。它们也能对碳素循环产生一定影响,同样可通过人为管理加以调控。

在目前海洋对碳素循环的影响尚不能人为管理和调控的条件下,通过调控和管理森林及减少化石燃料燃烧向大气中释放碳素的量,可在一定程度上减少大气中 CO_2 浓度增加,防止地球变暖。

森林对地气系统碳素循环的影响,主要是通过森林植物的光合作用进行的。植物光合作用的光化学反应式为:

$$6CO_2 + 6H_2O \xrightarrow[\text{叶绿素}]{\text{太阳光量子}} C_6H_{12}O_6 + 6O_2 \tag{1}$$

从式(1)可知,森林植物进行光合作用吸收 CO_2,制造碳氢化合物(生物量),以有机碳形式固定大气中 CO_2 于森林植物体中,使森林成为大气中 CO_2 消耗者或吸收者,也是固定和贮存者,起汇集 CO_2 于植物体的作用,故称森林植物是大气中 CO_2 之"汇"。(1)式的逆反应是呼吸作用,它还原被森林植物固定和贮存的1/3 左右 CO_2,使其重新返回大气中,故森林植物净固定和贮存 CO_2 2/3 左右。如果森林被砍伐或破坏，不仅不能起"汇"的作用，相反将向大气中释放已被固定和贮存的碳素，使之成为向大气中放出 CO_2 之"源"。所以，人为管理和调控森林面积、蓄积量、生长量及生物量的增减，可以达到调控大气中 CO_2 量的作用。

根据(1)式可得到

$$M_{CO_2} = \frac{6CO_2}{6C} \times C_B = \frac{6 \times 44}{6 \times 12} \times C_B \approx 3.67 C_B (g) \qquad (2)$$

(2)式中 M_{CO_2} 是植物生产 1g 生物量(以干重计)所吸收的 CO_2 量；$6CO_2/6C$ 是植物生产一克碳素含量的干物质需吸收 CO_2 量；C_B 是 1g 生物量(干物质)中含碳素量，C_B 值变化不大，平均值为 0.5[6]，则：

$$M_{CO_2} = 3.67 C_B \approx 1.84 \ (g) \qquad (3)$$

即植物生产 1g 生物量(干物质)需吸收固定 1.84g CO_2，以此可推算出地球上植物每年从大气中固定和贮存 CO_2 量(见表 1)。

表 1　全球植物年固定大气中 CO_2 量

地类	面积		年生物产量(t)		生产率	年固定		占大气中 CO_2 量的
	$\times 10^6 km^2$	%	$\times 10^9 t$	%	$t/hm^2 \cdot a$	$CO_2 \times 10^9 t$	$C \times 10^9 t$	%
森林	50	10	65	42	13.0	119.6	32.3	4.6
农地	14	3	9	6	6.5	16.6	4.5	0.6
草地	24	5	15	9	6.0	27.6	7.5	1.1
其他	61	11	11	7	2.5	20.2	5.4	0.8
陆地合计	149	29	100	64	6.7	184.0	49.7	7.1
海洋合计	361	71	55	36	1.5	101.2	27.3	3.9
总计	510	100	155	100	3.1	285.2	77.0	11.0

由表 1 可知，全球植物年固定大气中 CO_2 量为 2852 亿 t 或 770 亿 t 碳素，占大气中 CO_2 量的 11% 左右，其中森林年固定 CO_2 为 1196 亿 t 或 323 亿 t 碳素，占大气中 CO_2 的 4.6%，是陆地植物年固定 CO_2 量的 2/3。陆地上有机物(包括无生命有机物)中碳素贮量为 11500 亿 t(见图 1)，其中 90% 贮存在森林中，约为 10000 亿 t 碳，活森林植物体中碳素贮量约为 4000 亿 t，占大气中碳素贮量 7000 亿 t 的 57%。由此可见，森林中贮存的和每年从大气中固定的碳素都是十分可观的，是陆地上植物贮存和固定大气中 CO_2 的主体，是 CO_2 之"汇"。森林数量和质量的变化将直接引起大气中 CO_2 浓度变化，影响地气系统碳素循环。

现在大气中 CO_2 年增长率已达 0.5%[1]，以此推算大气中 CO_2 年增长量为 130 亿 t 或 35 亿 t 碳素。目前全球森林面积每年减少约 2000 万 hm^2，年递减率为 0.4%，以此推算，森林从大气中每年少吸收和固定 CO_2 量为 4.8 亿 t 或 1.3 亿 t 碳素。在年减少 2000 万 hm^2 森林中，森林植物体内含碳素约为 16 亿 t，无生命有机物(包括土壤中有机物)含碳素量为 24 亿 t，合计为 40 亿 t 碳。这些碳素在森林被砍伐后，仅有少量被加工为木制品较长时间保存，大部分在不长时间内通过燃烧或腐烂，又以 CO_2 形式返回大气中，成为大气中 CO_2 之"源"。据粗略估计，由于森林被砍伐或破坏，使森林失去光合作用而少吸收的大气中 CO_2 量以及森林通过燃烧或腐烂排放出其贮存在森林有机物中的 CO_2 量，每年可达 8 亿～10 亿 t 碳，约占大气中 CO_2 年增加量的 25%～30%。由此可见，森林被采伐或破坏是引起大气中 CO_2 增加的不可忽视因素。

如果全球森林被砍光，森林中贮存的 10000 亿 t 碳素排放到大气中，大气中 CO_2 浓度将要比现在增加 1.5 倍。大气中 CO_2 年增长率仅因失去森林吸收 CO_2 作用，就可达 4.6%，是现在 CO_2 年增长率的近 10 倍。因此，保护森林并积极进行植树造林，增加森林对大气中 CO_2 的吸收量，强化森林对大气中 CO_2 所起的"汇"的作用，控制或减少起"源"的作用，是防止大气中 CO_2 浓度增加，大气温室效应增强，引起地球变暖的重要对策之一。

2　我国森林与大气中 CO_2

我国现有森林面积 1.29 亿 hm^2，森林覆盖率 13.4%，活立木蓄积量 108.68 亿 m^3（据 1992 年林业部统计资料）。据此推算，我国森林总生物量约为 206 亿 t，折算为碳素贮量约为 103 亿 t，占大气中碳贮量的 1.47%。我国森林年生物产量以 16.8 亿 t 估计，约合每年从大气中吸收固定 31 亿 tCO_2 或 8.4 亿 t 碳，占全球森林年固定 CO_2 量的 2.6%，占大气中 CO_2 量的 0.12%，约占我国上空大气中 CO_2 量的 6.3%。随着我国大规模造林绿化工作的开展，森林覆盖率将逐步提高，森林生物量将逐年增加，我国森林对大气中 CO_2 的影响将会更大（见表 2）。如果以现在森林生物量年增长量水平预估，未来我国森林覆盖率达 15% 时，年固定 CO_2 量可达 34 亿 t 或 9.4 亿 t 碳；森林覆盖率达到 30% 时，可固定 69 亿 tCO_2 或 18.7 亿 t 碳，年固定 CO_2 量为现在量的 2.25 倍。

表 2　我国森林与大气中 CO_2

森林覆盖率%	森林面积 $\times 10^8 hm^2$	总生物量				年生物量			
		$\times 10^9$ t	CO_2 贮量 $\times 10^9$	C 贮量 $\times 10^9$ t	占大气中 CO_2 量%	$\times 10^9$ t	年吸收 CO_2 量 $\times 10^9$ t	年固定 C 量 $\times 10^9$ t	占大气中 CO_2 量%
13.4	1.29	20.6	37.9	10.3	1.47	1.68	3.1	0.84	0.12
15.0	1.44	23.0	42.4	11.5	1.64	1.87	3.4	0.94	0.13
20.0	1.92	30.7	56.5	15.4	2.20	2.50	4.6	1.25	0.18
30.0	2.88	6.1	87.8	23.1	3.30	3.74	6.9	1.87	0.27

3　结　论

森林是除海洋外对地气系统碳素循环影响最大和最重要的自然因素；与海洋不同，森林可由人们管理和调控，人们通过保护和发展森林资源，扩大森林面积，提高森林生产率，控制采伐和防止毁林，可在一定程度上遏制大气中 CO_2 浓度增长和温室效应增强，对减缓和控制地球变暖将会起到积极作用。

参考文献

［1］徐德应等．温室效应、全球变暖与林业．世界林业研究，1992，5(1)：25－32.

［2］IPCC，WGI．Climate change. Cambridge University Press，1990. 365.

［3］赵宗慈．近 39 年中国气温变化与城市化影响．气象，1990，17 (4)：14－17.

［4］H. Lieth. Basis und Grenze für die Menschheitsentwicklung：Stoffproduktion der Pflanzen. Umschau. 1974，169－174.

［5］朱炳海等．气象学词典．上海：上海辞书出版社，1985. 959～960.

［6］贺庆棠．用生物量法对植物群体太阳能利用率的初步估算．北京林业大学学报，1986，8(3)：52－59.

气候变化对林业生产的影响[*]

贺庆棠　　　　　徐　明

（北京林业大学）　（北京市气象局）

引言

　　森林是以林木为主体，在一定空间内森林植物、动物和微生物与它们生存的环境条件之间，通过能量流动、物质循环与信息传递而相互影响、相互作用的有机整体。森林作为自然生态系统，是陆地生态系统的主体，是地球生物圈的重要组成成分。森林的存在、分布、结构、生长、生产率以及其发展和变化，都在很大程度上受到气候条件的影响和制约，随着气候条件的变化而发生变化。同时森林的存在能引起下垫面反射率、粗糙度、水热平衡状况发生变化，森林能大量吸收 CO_2，净化大气，减少大气污染，从而也会对气候产生一定的反作用，影响气候及气候变化的程度和性质。因此，森林与气候二者相互依赖和影响，有着密切的关系。林业生产是在一定气候条件下，以森林为基础和对象而进行的，是人类有目的地营造森林、经营管理森林、保护和开发利用森林、以充分发挥森林的生态效益、经济效益和社会效益，满足人类不断增长的物质和文化需要，维护生物圈的生物多样性和地球生态平衡，为人类生产的生活提供良好的生态环境。

　　由于气候与森林和林业生产有密切的关系，未来地球气候的变化，必将影响森林或林业生产，给森林或林业生产带来变化。

1　气候变化与森林

　　气候是在自然因子、太阳辐射、大气环流和下垫面状况作用下形成的，随着自然因子变化而变化。由于人类社会的发展，人类活动的深度和广度日益扩大，人为因子对气候的影响越来越大，逐渐成为不可忽视的影响气候的因子。现在气候的变化，不仅受自然因子的影响，也受到人类活动的影响，在它们的共同作用下，使气候发生变化。

　　人类活动对气候的影响是多方面的，归纳起来，其影响途径有：

　　第一，改变下垫面的性质和状况。如营造大面积森林，种植各种防护林和水土保持林，恢复和发展植被；城市居民点和道路设施，增加人工灌溉面积；或者大面积砍伐破坏森林，盲目开荒破坏植被等，使地表状况发生大面积剧烈变化。还有现代出现的海洋石油污染有可能改变海洋蒸发量及海水温度等，都能影响气候。

　　第二，改变大气成分和组成数量。随着工业和城市的发展，大规模开发自然，向大气中排放大量废气、烟尘和粉尘等有害物质，改变了大气组成成分，增加了新成分，不断污染着大气。在大气中已产生危害并引起注意的污染物质有 100 多种，其中影响范围广，对生物和

---

　　* 气候变化对中国农业生产的影响．北京：北京科学技术出版社，1993.9

人类环境威胁较大的主要有各种粉尘、CO_2、SO_2、NO_x 及氟氯化物等。大气成分和数量的变化，引起了大气状况的改变，带来了大气温室效应增强、臭氧层破坏及酸性沉降等问题，从而影响到气候的变化。

第三，向大气中释放热量。人类的生产和生活在大量消耗能量的同时，把大量热量散失到大气中。此外，森林火灾、核爆炸试验、油井燃烧等也向大气中释放热量，引起大气热量的变化，给气候带来影响。

现在地球上的森林和植被正在大面积消失，沙漠化土地不断增加，大气中 CO_2 等温室气体急剧增多，人类向大气中释放热量越来越多，人为因子对气候的影响总的趋势是使大气增热变暖。据专家预测，到下世纪中叶，我国气候的变化与全球的变化趋势是一致的，也将增温变暖，各地降水虽有增有减，但大部分地区有可能增加。

随着未来气候的这种变化，将会对森林和林业生产产生影响，使森林的分布、森林类型和森林生产率等发生变化。

1.1 气候变化与森林分布

气候条件是决定森林分布的重要因子之一。气候变化必将引起森林分布范围的变化。无论是从全球还是从我国的森林分布看，由于气候条件存在经度地带性、纬度地带性、山地垂直地带性和非地带性的局地气候，严格限制着森林分布范围和界限，或者也可以说主要是受到地球陆地上各地区的温度和降水量的限制和影响。世界森林的水平分布界限，以北半球为例，在海洋气候条件下，北纬50°左右为森林北界，在大陆性气候条件下，则更偏北，可达北纬70°左右(图1)。

从森林分布北界再向北，就不能生长森林了。其主要原因是受温度限制，尽管这些地区有的地方降水量仍能满足森林生长的需要，但生长季温度太低，不能满足森林生长对热量的要求。故这里形成了冻原景观(图2)。这是由气候的纬度地带性差异所决定的。

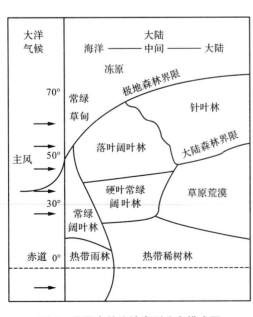

图1 世界森林植被类型分布模式图

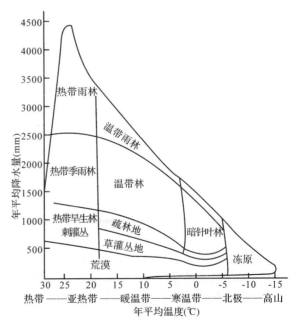

图2 气候与世界森林的分布

森林的分布也受到经度地带性气候差异的影响。从沿海到大陆腹地，气候条件的变化，主要是降水量的减少，成为森林向大陆腹地分布的限制因子。在我国从东南沿海向西北内陆地区，随着降水量的减少，干湿气候带依次为森林气候带、森林草原气候带、草原气候带、荒漠草原气候带和荒漠气候带。森林的分布主要在森林和森林草原气候带内，其分布界限一般只能及森林草原气候带。

非地带性局地气候对森林分布的影响，在我国西北地区有明显的例子，如在沙漠、戈壁中个别河流、湖泊的周围及有融雪水滋润的地方以及有丰富浅层地下水的地方，也以见到有零星的森林分布。

山地森林垂直分布界限，也主要决定于气候条件。以世界屋脊喜马拉雅山为例，从山下至山顶，随着海拔高度的增加，气候带由热带、亚热带、温带变为寒带，自然景观为顺序由热带雨林、亚热带常绿阔叶林变为针阔混交林、针叶林、灌丛、高山草甸、高山寒漠带，再往上为永久积雪带。从喜马拉雅山南坡向上至海拔 4000m 左右都生长着不同类型的森林。海拔 4000m 左右是其南坡森林分布的最高界限。限制森林垂直分布的主要因子仍然是温度。喜马拉雅山垂直高度不到 9km，却再现了水平方向从南向北长达几千千米的南北气候带的分布和森林的纬度分布。我国不同山地森林分布界限见表 1。由表 1 可见，随着纬度增加，气候条件适于森林分布的海拔高度是降低的。

在地球上无季风影响的副热带高压地区，如非洲撒哈拉沙漠地区，还有其它内陆沙漠地区由于降水稀少，气候条件限制了森林生长，一般没有森林分布。

地球上森林分布最多的地区在热带，其次是副极地低压带，这里正是地球上降水量较多的地方。

由上可知，森林在地球上的分布，水平分布的北界和垂直分布的上界，主要决定于气候条件中的温度条件，温度过低，热量不足是其限制因子。森林在内陆的分布界限则主要决定于气候因子中的降水量。

表 1　我国不同地区山地森林分布界限

山脉	森林分布界限高度(m)
大兴安岭	1000
小兴安岭、长白山	1800
山西五台山	2500
阿尔泰山	2700
天山	2800
秦岭	3500
台湾山地	3500
云南玉龙山	3800
珠穆朗玛峰	4000

据现在资料统计分析，森林分布界限的气候指标，大约为年平均气温 -5℃ 左右，7 月平均温度 10℃，年降水量热带为 500mm，温带为 400mm，干燥度小于 1.5。

随着未来气候的变化，森林的分布也必将变化。如果未来气候变暖变潮湿，森林分布界限将向北、向内陆及垂直方向向上延伸，地球上森林分布范围将扩大，我国森林分布范围也将随之扩大；反之，如果未来气候变化是变冷、变干，森林界限南移和从内陆向沿海及从山上向山下退缩，森林分布范围将缩小。

历史上气候的变迁对森林分布的影响是这一结论的最好证明。在距今 8000～3000 年这一延续 5000 年的时期内，我国各地温度显著增高和湿润期，称为"仰韶温暖期"。那时我国境内大部分地区年平均温度比现在高出 2℃，冬季一月平均温度比现在高出 3～5℃，我国气候带也相应比现在偏北。北亚热带向北曾达到华北平原北部京津一带，我国最北的大兴安岭为温带气候，较今温湿，无现今的寒温带气候。亚热带北界已越过当前人们熟知的秦岭－淮河一线，那时西安有大面积竹林，并能栽培柑橘。由于气候带北移，森林和植被带有程度不等的向北向西向山上延伸的现象。总的来看，当时天然森林和草原的分布面积较今少。青海的柴达木盆地那时的植被为暖温带稀树草原，新疆罗布泊是荒漠草原而不是现今的荒漠。

如果下世纪中期平均气温上升2℃（有的估计为1.5～4.0℃），我国可能再现3000年以前温暖气候的前景，届时亚热带北界将由秦岭扩大到黄河以北，冬季徐州、郑州一带，温度将和现在的杭州、武汉相似，长江以南夏季更趋酷热。由于气温增高，季风将增强，降水量将在大范围内有增加的趋势，其中我国西北地区的降水量将由于季风增强，向西推进，而有所增加。这将导致森林分布范围的扩大。从这种意义上看，气候变暖和潮湿对发展农林业将带来一定的好处。

然而气候变暖与森林分布范围的扩大不会是同步的，一般具有较长的滞后期，因为在新扩大的宜林地区真正形成森林，其自然演变过程至少要几十年、上百年，乃至更长的时间。即使人工营造森林也需要几十年的时间。并且还要求气候的增暖趋势具有较长时间的稳定状态。否则，如果气候处于波动状态，森林分布范围的扩大也难以稳定。

据初步估算，如果到下世纪中叶，地球平均气温升高2℃，北半球森林分布将向北推进3～5个纬距，约300～500km。我国热带、亚热带和温带森林的分布范围将向西扩大。估计到那时我国森林的分布向西可推进100～200km。

2　气候变化与森林类型及森林生产率

在具备森林生长的气候条件下，有什么样的气候，就有可能具有与之相适应的森林类型和森林生产率。未来气候的变化，也将会对各地的森林类型和森林生产率产生影响。

由于太阳辐射提供给地球的热量有从南向北的规律性变化，因而形成不同气候带。与此相应，地球上森林也形成带状分布，森林类型和森林生产率由南向北也有规律地变化。

无论从全球还是从我国看，从南向北气候条件从热带气候、亚热带气候，依次变为暖温带气候、温带气候和亚寒带气候等。森林类型也由热带雨林顺序变为亚热带常绿阔叶林、暖温带落叶阔叶林、温带针阔混交林、亚寒带针叶林。相应的森林组成树种，林分结构由南向北也由树种众多、结构复杂变为树种单一、结构简单。森林的生产率也由高到低（见表2）。

表2　森林类型和森林生产率随气候带的变化

森林类型	面积($10^6 km^2$)	年平均产量 （$g/m^2 \cdot a$）	总产量 （$10^9 t/a$）	平均生物量 （kg/m^2）
热带雨林	17	2000	34.0	44
热带季雨林	7.5	1500	11.3	36
亚热带常绿阔叶林	7	1300	9.1	34
温带落叶阔叶林	7	1000	7.0	30
亚寒带针叶林	12	500	6.0	15

我国从北到南的森林类型和森林生产率可见表3。

由于海陆分布、大气环流和地形的综合作用，从沿海到内陆，降水量总的趋势是减少的。因此在同一热量带内，各地水分条件是不同的，森林的组成、结构和生产率也发生明显的变化。从沿海到内陆，一般树种组成和结构也是从较复杂到简单，森林生产率也有所下降。例如在我国随着季风影响范围的不同，从东向西，气候由湿润变为干旱，森林也由较复杂变为简单，植被类型由森林带、疏林带变为灌丛、草地和荒漠，森林生产率也依次下降。如在华北山地森林的生产率可达 $1000 \sim 1200 g/m^2 \cdot a$，黄土高原的森林生产率减为 $800 \sim 1000 g/m^2 \cdot a$，到青海、新疆山地则仅为 $500 \sim 600 g/m^2 \cdot a$。

表3 中国森林类型和森林生产率

森林类型	分布地区	气候条件				年平均生产率 ($g/m^2 \cdot a$)
		≥10℃积温 （℃）	年平均温度 （℃）	无霜期 （天）	年降水量 （mm）	
寒温带针叶林	大兴安岭北部山地	1000～1600	-2～-6	80～100	400～550	400～600
温带针阔叶混交林	小兴安岭、长白山	1600～3200	2～8	100～160	600～800	600～800
暖温带落叶阔叶林	淮河以北，辽东半岛、山东丘陵、黄土高原山地	3200～4500	8～14	140～220	500～1000	800～1200
北亚热带落叶、常绿阔叶林	秦岭、淮河以南长江中下游山地	4500～5000	14～18	210～250	800～1200	1200～1600
南亚热带常绿阔叶林	四川盆地、江浙、两广、福建、台湾北部	5000～8000	14～22	220～330	1000～2000	1600～1800
热带雨林	台湾南部、海南、云南南部	8000～10000	25～30	全年无霜	2000～4000	1800～2000

森林类型和森林生产率也随海拔高度的变化，在垂直方向上发生变化。随海拔高度增加，温度降低，一般森林类型由复杂变为简单，生产率降低。同一气候带内，由于距海洋的远近不同而引起干旱程度的差异，森林垂直分布类型的带谱也不同，因而可把森林垂直分布带谱分为海洋型垂直带谱与大陆型垂直带谱。一般大陆型垂直带谱，每一森林类型带所处的海拔高度，比海洋型垂直带谱中同一森林类型带的高度要高些，而且垂直带厚度变小。不同气候带森林类型的垂直带谱差异更大。一般从低纬山地到高纬山地，构成森林类型的垂直带谱的数量逐渐减少，同一垂直带的海拔高度逐渐降低（见图3）。

未来气候的变化，也将会造成森林类型和森林生产率的改变；如果未来气候向暖湿变化，有可能造成从南向北分布的各种类型森林带向北推进，水平分布范围扩展；山地森林垂直带谱向上延伸；结构复杂、树种繁多的高产森林面积扩大，地球森林覆盖率提高，森林生物产量和蓄积量增加。森林适生面积扩大，这有利于营林及林业生产。

据我们用气候生产力模型计算得到，如果未来气候变暖，到下世纪中叶地球气温升高 2℃，那么森林生物量年产量可能将由现在的 $6.5 \times 10^{10} t$，占地球陆生物产量的 65% 左右，提高到 $8.09 \times 10^{10} t$，占地球陆地生物产量的 70% 左右。反之，如果未来气候变暖干或冷干，有可能使森林类型变得简单，生产率降低，面积减小。

据年平均温度与年降水量和森林生产率的关系，可以得到未来我国年平均温度升高 2℃ 的各地森林生产率（见表4）。

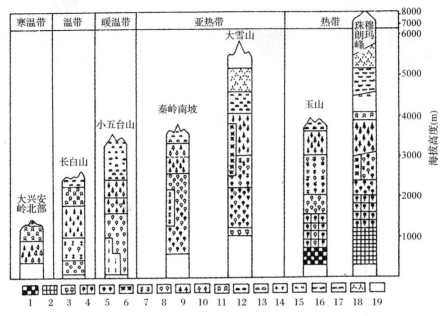

图3　中国不同气候带山地植被垂直带谱

（据侯学煜等，略加修改）

　　1. 季风林，雨林；2. 季雨林；3. 肉质多刺灌丛；4. 季风常绿阔叶林；5. 常绿阔叶林；6. 硬叶常绿阔叶林；7. 温性针叶林；8. 落叶阔叶林；9. 寒温性阔叶林；10. 寒温性落叶针叶林；11. 矮曲林；12. 亚高山常绿落叶灌丛；13. 亚高山落叶阔叶灌丛；14. 常绿针叶灌丛；15. 亚高山草甸；16. 高山嵩草；17. 高山冻原；18. 亚冰雪稀疏植被；19. 高山冰雪带

表4　气候变化对我国森林生产率的影响

森林类型	年平均温度 （℃）	年平均产量 （g/m²·a）	升高2℃后的年平均温度 （℃）	未来年平均产量 （g/m²·a）
寒温带针叶林	-2 ~ -6	400 ~ 600	0 ~ -4	500 ~ 800
温带针阔混交林	2 ~ 8	600 ~ 800	4 ~ 10	800 ~ 1000
暖温带落阔叶林	8 ~ 14	800 ~ 1200	10 ~ 16	1000 ~ 1400
北亚热带落叶常绿阔叶林	14 ~ 18	1200 ~ 1600	16 ~ 20	1400 ~ 1800
南亚热带常绿阔叶林	14 ~ 22	1600 ~ 1800	16 ~ 24	1400 ~ 2000
热带雨林	25 ~ 30	1800 ~ 2000	27 ~ 32	2000 ~ 2400

　　由表4可知，如果未来我国年平均温度升高2℃，各地森林生产率都有提高，其提高幅度为10% ~ 30%。森林生物量年产量，由目前的全国总计 1.55×10^9 t，增至 $1.7 \sim 2.1 \times 10^9$ t。

3　气候变化与林业生产

　　未来气候变化对林业生产的影响，主要表现在对林木生长的影响、对育林和森林经营的影响以及对森林保护和灾害防治等的影响。

3.1 气候变化与林木生长

林木生长是通过林木光合作用进行的。植物或林木的光化学反应方程为：

$$6CO_2 + 12H_2O \xrightarrow[\text{叶绿素}]{2.818 \times 10^6 J\, 太阳光} C_6H_{12}O_6 + 6O_2 + 6H_2O \tag{1}$$

林木以太阳光为能源，吸收水分和 CO_2，在叶绿素的作用下进行光合作用，积累干物质，进行生长和发育，形成生物产量。因此，光照、水分和 CO_2 是林木生长的三个基本要素。植物或林木光化学反应的速率也与温度有密切的关系，随着温度升高，光合作用增强。当光照、温度、水分和 CO_2 浓度改变时，林木光合作用随之发生变化，从而影响林木生长和初级生产力。未来气候变暖，大气中 CO_2 浓度增加，则有利于提高林木光合速率，加快林木生长及增加林木生产力。

CO_2 是林木进行光合作用，生产生物量的原料，直接影响到林木的生长。一般认为现在大气中 CO_2 的浓度仅是林木光合作用的最适浓度的四分之一。因此，随着大气中 CO_2 浓度的增加，光合作用强率将不断增加。据大量观测资料表明，大气中 CO_2 浓度在不断增加，工业化前（1750 年前后），大气中 CO_2 浓度为 $270mL/m^3$，1985 年已增到 $345mL/m^3$。1960 ~ 1984 年大气中 CO_2 浓度年平均增加 $1.04mL/m^3$。据专家预测，到下世纪中叶大气中 CO_2 浓度将增至 $660mL/m^3$ 以上，甚至可能达到 CO_2 浓度加倍。大气中 CO_2 浓度增加，一方面增强了大气的温室效应，引起未来气候变暖，使地球温度升高，从而促使光合速率加快，影响林木生长；另一方面大气中 CO_2 浓度升高，可直接为光合作用提供更丰富的 CO_2 作为林木光化学反应过程的原料，使林木光合生产率增加。据实验室试验得到，当 CO_2 浓度上升一倍时，植物的呼吸作用速率降低 34%，光合速率加快，水分利用效率增加，植物生长和产量可提高 10% ~ 50%，其实际增产量的大小取决于植物种类和生长条件。据近 40 年来资料统计结果，由于大气中 CO_2 浓度增加，林木生长率和林木对水分的利用率比过去都有所增加。所以，未来大气中 CO_2 浓度上升，可使林木个体光合速率加快，个体能更有效地利用水分，对林木生长和生产充将起着直接有利的影响。

水分也是林木进行光合作用制造有机物质的直接原料，是林木生命活动所不可缺少的。林木吸收的水分，绝大部分都用于蒸腾作用上，仅有少量水分作为原料被用来进行光合作用，生产碳水化合物。从（1）式可引出下列公式（2），即：

$$W_{H_2O} = \frac{6H_2O}{6C} \times C_B = 1.5C_B(g) \tag{2}$$

式中 W_{H_2O} 为光合作用中以水为原料，形成 1g 生物量（以干物质重量为单位）所化合的水量；$6H_2O/6C$ 比值是植物体累积 1g 碳素需化合的水量；C_B 是 1g 生物量中所含碳素量，其值变化在 $0.42 ~ 0.52$ 之间，如取平均值为 0.5，则 $W_{H_2O} = 0.75g$。这就是说林木形成 1g 生物量需化合 0.75g 水，它是光合作用有效利用的水。而蒸腾作用的耗水量，以生产 1g 干物质计约耗水 500g 左右。蒸腾作用的耗水量是光合作用化合水量的几百倍。无论是林木的蒸腾作用，还是光合作用以及其他生命活动，水分都是必需的，水分不足，都会影响林木的生长及产量。未来气候如果趋于湿润，降水量、土壤和空气湿度增加，有利于林木生产；反之，则不利于林木生长，甚至威胁到某些地方森林的存在。

温度影响林木吸收 CO_2 和水分，影响林木进行光化学反应的速率，从而影响林木的生长和生产力。一般林木进行光合作用的低温界限，针叶树种为 $-5 ~ -7℃$，阔叶树种为 $5℃$

左右；各类树种光合作用的最适温度为 25~30℃，温度达到 35~40℃时，光合作用即停止。温度在林木进行光合作用的低温与高温界限之间，随温度升高，林木吸收水分、CO_2 和进行光合作用的速率几乎成线性增加，林木生长加速。未来气候变暖，如果以地球平均温度升高 2℃计，按照气温平均升高 1℃，我国各地生长季延长 7~30 天，那么各地生长季将延长 14~60 天，≥10℃的积温将增加 300~1000℃。各地林木将随生长季延长，积温增加，干物质积累增多，林木生长量提高。随着林木生长速度加快，将影响到木质和木材材性等发生变化。

光照是林木进行光合作用及其他生命活动的能源，直接决定着林木的生长发育和生产力。林木光合作用主要利用的是太阳可见光部分的生理有效辐射。一般情况下，林木光合作用强度随光照强度的升高而增加。据研究，目前各种天然林对太阳能的利用率是很低的，一般还不到 1%~2%，高产的人工林也不过 5%。理论计算所得结果，在优良的生态条件下林木光能利用率也只能达到 8% 左右。所以，各地太阳光对林木生长是非常充裕的，不会成为林木产量的限制因子。未来气候变化，如果云量及降水量增加，空气污染加重，大气混浊度增加，使光照减少，一般也不会对林木光合作用产生限制性影响。相反由于空气污染加得、云量和大气混浊度等增加，太阳辐射中生理有效辐射还会相对增加，对林木生长可能还会有利，或者至少不会带来不利影响。

从上述分析可见，未来气候变化，随着大气中 CO_2 浓度升高，地球温室效应加强，气温升高，我国季风气候将加强，全国部分地区降水量可能增加，对我国林木生长来说可能利多弊少，林木生长和生产力将有可能提高。

3.2 气候变化与育林及森林经营

气候条件是育林和森林经营工作的重要基础条件，未来的气候变化，将对育林及森林经营工作产生影响。

育林工作包括林木种子生产、苗木培育、造林及幼林抚育等；森林经营包括间伐、疏伐、主伐等生产环节。随着气候的变化，这些生产环节中所采用的技术措施和方法也会受到影响，发生一定的变化。

3.2.1 气候变化与林木种子生产

林木结实、种子的成熟期、种子品质、种子采集、种子处理和贮存、良种培育等种子生产过程都与气候条件有着密切的关系。随着未来气候的变化，林木种子生产过程也会发生相应的变化。如果未来气候变暖，而降水量仍能满足各地林木生长发育的需要，林木的结实量将增加，种子成熟期将随各地积温的增加而缩短、采种期将发生一定程度的改变，种子品质如种实大小、饱满度、千粒重、发芽率等将随林木光合速度增强而得到改善，良种培育如种子园、母树林、采穗圃等的培育速度将加快，这是有利的一面。同时也存在不利的一方面，由于温度升高，种子的呼吸作用将加强，种子处理及贮存的技术难度将增加，种子的寿命将会缩短。

3.2.2 气候变化与苗木培育

随着未来气候变暖，林木播种期将提早，苗木生长季加长，年生长量增加，苗木出圃可能提前，这对我国北方的育苗工作是有利；而对我国南方的育苗工作则增加了防高温、防日灼及干旱的工作，同时也增加了灌溉和除草的工作量。随着气候变暖、气温升高，苗圃病虫害发生世代将增多，病虫繁殖加快，有可能适应气候变化发生新的病虫害，因而防病治虫的任务会加重。不过总的来看，只要苗圃管理得好，由于苗木生长季增长，苗木产量和质量有可能提高。

3.2.3 气候变化与造林

未来气候变暖对造林工作的影响，首先表现在造林树种选择上，由于气温升高，各种森林类型地理带依次向北推进，使各地的适生树种也随之向北延伸，从而造成向北造林树种增多，造林树种选择范围扩大。例如随着气温升高、气候带北移，生长在我国南方亚热带的杉木、马尾松等树种，有可能越过黄河，作为造林树种来选择。从造林季节看，由于在温带生长的树种都在冬季到来前结束生长进入休眠期，休眠期的长短除与树种的生物学特性有关外，则直接受气候条件的影响。未来气候变暖，林木生长期延长，休眠期缩短。造林季节一般是在林木眠期即将结束，起苗定植后不久，温度上升，降水量增多，这时造林苗木容易成活。这样我国大范围温带树种的造林季节将随着未来气候变暖而提前。而在我国春季风大、干旱的华北、西北地区，春季造林苗木易干枯，多采用雨季造林；在我国热带、南亚热带地区，林木无明显休眠期或在干季休眠，为保持林木水分平衡也多在雨季造林、如果未来气候变化使我国大部分地区降水量增多，雨季造林时间有可能延长，造林成活率也会提高。气候变暖，林木生长速度加快，从造林到林冠郁闭、形成森林小气候的时间缩短，这样造林的初植密度也应比现在小，可节约一定数量的种苗，还可以降低造林成本。此外，各地造林整地、栽植方法、造林方式等都是适应当地气候而采取的一整套技术措施，随着当地气候的变化也会有相应的变化。

3.2.4 气候变化与幼林抚育

未来气候变暖，可使幼林生长加快，林木提早郁闭，形成森林环境，这对幼林的形成与稳定，抵抗造林地不良环境是有利的。但是，随着气候变暖，造林地上杂草和灌木的生长速度也会加快，增加了对幼林地除草、割灌和松土等幼林抚育的次数和难度，幼林郁闭后的修枝、疏伐等频度也会增加，对幼林地通过抚育调节光、热、水、气及土壤改良等工作要求更高，其技术措施的理论依据、测算方法及实施等也将发生一定变化。对于防护林、经济林的抚育管理则要求集约化。

3.2.5 气候变化与引种

引种工作是根据气候相似性原理进行的，随着各地气候的变化，过去已经引种成功的树种，或许有的不能适应变化了的气候，使其存在受到威胁。如果进行新的引种工作，则必须注意各地气候的未来变化趋势，选择引种的气候适应性范围和幅度更宽的树种，以免造成目前引种可以成功，但未来气候变化后引种失败的危险。未来气候变暖，造成气候带北移，这样在引种过程中，南种北移的风险减小，而北种南移的风险加大。所以现在的引种要考虑未来的气候变化，慎重进行。

3.2.6 气候变化与森林经营

未来气候变暖，将使林木生长加快，成熟期缩短，对森林经营的强度也应相应地加强。例如为调整林分密度、改善林内环境条件、促进林木生长或结实等所进行的间伐、疏伐、透光伐等的强度将增加，最后的主伐年龄、轮伐期将缩短。随着温度升高和湿度增大，防治病虫害的任务将加重。

3.3 气候变化与森林保护及灾害防治

未来气候变暖，使林木生季延长，同时也会引起森林病虫害发生的可能性增加，使害虫的繁殖速度加快，有些害虫每年可能会增加 1~3 个世代，有些害虫的虫口将呈指数增加。这样林木遭受病虫危害的可能性增大，病虫害的防治将成为林业生产中的突出问题。由于气候变暖，森林火灾的危险性将增大。不仅在我国北方，而且在我国南方更趋炎热的条件下，发生森林火灾的次数可能会增加，防火任务会更艰巨，森林火险预测、预报及防火措施等都需要进一步加强。未来气候变暖使我国季风活动加强，这就使台风、寒潮、高温、大风、暴雨等能带来各种气象灾害的天气过程增加，各种气象灾害如霜冻、低温寒害、日灼、雪害、冻拔、风害、干旱、洪涝等可能增多，从而使林业上防灾减灾的任务相应加重。

总之，未来气候变化对林业生产会带来一定的影响，既有有利的一面，也有不利的一面，但总的来说，利大于弊。

4 森林对气候变化的影响

森林是地球上除海洋外最大的生态系统，是陆地生态系统的主体。地球上森林面积约占陆地面积的 30%。森林是地球陆地上功能最完善，结构最复杂，生物种类最丰富、生产量最大和最重要的生态系统。它与农田、草原、湖泊等类型的生态系统在地球表面镶嵌而成为地球生物圈。在生物圈中，森林占有很重要的地位，对维护生物圈的稳定和各种生物层序、维护生物多样性与地球生态平衡具有特殊作用。森林作为一种下垫面是影响气候的因子之一，也会对气候的稳定与变化产生一定的影响。

4.1 森林对大气中 CO_2 增加及未来气候变暖的影响

森林通过光合作用，从大气中吸收大量 CO_2，制造碳水化合物，以有机碳的形式固定 CO_2 于森林中。因此，森林是大气中 CO_2 的主要消耗者，也是大气中 CO_2 的固定和贮存者。森林对自然界碳素以 CO_2 形式的循环有着重要作用。根据(1)式可得到：

$$M_{CO_2} = \frac{6CO_2}{6C} \times C_B = 3.67 C_B \quad (g) \tag{3}$$

(3)式中 M_{CO_2} 是形成 1g 生物量所吸收的 CO_2 量；6 CO_2/6C 是根据(1)式中植物进行光合作用时，吸收 6 个 CO_2 分子形成一个 6 碳的碳水化合物，其比值是形成一碳素需要吸收的 CO_2 量；C_B 是 1g 生物量中含碳素的量，C_B 取平均值为 0.5。故 $M_{C_2} = 1.84$g，即形成 1g 生物量需吸收 1.84gCO_2。以此可推算出地球上森林及其他生物的年 CO_2 固定量(见表 5)。

表 5　地球生物年固定量

地类	总生物量(10^9t)	生物量年产量		CO_2 年固定量	占大气中 CO_2 量的
		产量(10^9t)	%	(10^9t)	百分比(%)
森林	2024	65	42	119.6	6.6
农地	330	9	6	16.6	0.9
草地	628	15	9	27.6	1.5
其他	178	11	7	20.2	1.1
陆地合计	3160	100	64	184	10.1
海洋合计	1406	55	36	101.2	5.6
总计	4566	155	100	285.2	15.7

从表 5 可见，地球生物量总量为 4.566×10^{12} t，年生物量生产量为 1.55×10^{11} t，其中森林所具有的生物总量为 2.024×10^{12} t，森林生物量年生产量为 6.5×10^{10} t。均占地球生物量总量及年产量的 40% 以上，占地球陆地生物量总量及年产量的 65% 左右。森林从大气中吸收、固定和贮存的 CO_2 最多，占陆地全部固定量的 60% 以上，是其它任何生态系统都无法相比的。地球生物年固定大气中的 CO_2 量占大气中 CO_2 总量 1.2×10^{11} t 的 15.7%，而森林占 6.6%。

我国现有森林占国土面积的 12.98%，如果到本世纪末达到 15% 下世纪中期达到 20%，其对大气中 CO_2 的年固定量可见表 6。

表 6　我国森林覆盖率与年 CO_2 固定量

森林覆盖率(%)	木林生物量年产量(10^9t)	年固定 CO_2 量(10^9t)	占大气中 CO_2 量的百分比(%)
12.98	1.55	2.85	0.16
15	1.79	3.29	0.18
20	2.39	4.40	0.24

由上可见，森林的存在可大量吸收和贮存大气中的 CO_2，对引起气候变暖的温室效应能起到缓解的作用。

当今大气中 CO_2 浓度上升，一方面是由于工业的发展大量燃烧石油、煤、天然气等矿质燃料，增加了向大气中排放 CO_2 的量。据统计全球通过矿质燃料燃烧向大气中年排放的 CO_2 量已达 56 亿 t；另一方面，地球上森林急剧减少也是不可忽视的因素。目前地球上森林面积每年减少 2000 万 hm^2 以上，而新造的林不到毁林面积的 10%。由于毁林每年向大气中排放的 CO_2 量在 12 亿 t 以上。现在全球年 CO_2 排放总量约为 70 亿 t，毁林增加的 CO_2 排放量占 17% 以上。大规模毁林不仅减少了森林对 CO_2 的固定量(约减少 0.4 亿 t)，同时也增加了排放量，二者合计可使大气中 CO_2 的增加量达 12.4 亿 t 以上。因此，大面积砍伐森林也是使地球变暖的因素之一。

保护和发展森林，减少对森林的破坏，积极开展造林绿化工作，扩大森林面积，是缓解温室效应增强和地球变暖、维护地球的正常气候和地球生态平衡的有效措施之一。

4.2　森林对地球水分循环的影响

一般多年平均的水量平衡方程可表示为：

$$N = V + A \tag{4}$$

式中 N 为降水量，V 为蒸发量，A 为径流量。对陆地的水量平衡方程可表示为：

$$N_L = V_L + A_L \tag{5}$$

海洋的水量平衡方程可表示为：

$$N_S = V_S + A_S \tag{6}$$

全球水量平衡方程为：

$$N_G = V_G \tag{7}$$

森林对地球水分循环的影响，主要是通过影响陆地水量平衡方程中的分量而影响到全球降水量和蒸发量的变化。所以森林的作用主要是影响地方水量的分配和水分的陆地小循环，起调节地方气候的作用。对地球水分大循环的影响虽然不大，但也还是有一定意义的，由公式(4)-(7)可加以证明。因为森林蒸散量比裸地及其他植被要大 10%~30%，森林面积扩大会引起陆地蒸发量的增加，即 V_L 增大会引起 V_G 增大；V_G 增大，N_G 也会随之增加，全球的水分循环必将发生一些变化。

据大量研究表明，地球年平均降水量为 1000mm，与其相当的水量为 $5.1 \times 10^5 km^3$。据我们对全球水量平衡的研究结果表明：全球森林的存在使蒸发量增加了约 $5.55 \times 10^3 km^3$ 的水量，相当于全球蒸发量的 1.1%，根据(7)式可以得出森林能使全球降水量增加 1.1%，相当于全球所降水量增加 11mm。由于陆地内源水汽产生的降水量平均仅占陆地降水的58%，故森林对陆地降水量的增加量仅为 $5.55 \times 10^3 km^3$ 的 58%，即 $3.22 \times 10^3 km^3$，相当于增加陆地降水量 3% 左右或使陆地降水量增加 22.4 mm。故大面积森林的存在有使地方空气湿度增大，降水量少量增加的作用，对调节地方气候防止干旱有一定的作用。上述结果与R. Lee 等人的研究结果是一致的。

森林对我国水量平衡的影响，据我们的研究结果列于表 7。

表 7   森林对我国水量平衡的影响

森林覆盖率(%)	增加降水量(mm)	增加蒸发量(mm)	减少径流量(mm)
12.98	14	21	7
	2.3%	6.3%	2.5%
15	16.2	24.3	8.1
	2.7%	7.3%	2.9%
20	21.6	32.4	10.8
	3.6%	9.8%	3.9%

从表 7 可知，我国现有森林使降水量增加了 2.3% 或年增加降水量 14 mm，蒸发量增加6.3% 或 21mm，径流量减少 2.5% 或 7mm。如果到下世纪中期，我国森林覆盖率达 20%，则降水量可增加 3.6%，蒸发量可增加 9.8%，径流量减少 3.9%。

无论从全球还是从我国来看，森林有微量增加降水量和蒸发，减少径流量的作用。由于森林蒸发 1kg 水需消耗 $2.5 \times 10^6 J$ 热量，从而也会对地球的热状况发生影响，有一定缓解气温升高的作用。故从森林对地球水分循环的影响看，森林对未来气候有一定降温增湿的作用。

4.3   森林对地球热量状况的影响

森林作为一种下垫面，具有与海洋类似的特性，如其热容量较大，可达 $2.3 \times 10^6 J/m^3 \cdot ℃$；蒸发耗热量比其他地表大 10%~30%；反射率较小，如针叶林为 10% 左右，阔叶林 15% 左右，而草地、农地等则均在 20% 以上，从卫星照片上看，森林几乎像海洋一样，有着暗的地表；森林与海洋类似，夏季增温慢，温度较低，冬季降温也较慢，温度较其它表面高，能起到调节温度的作用，缓解温度上升或下降的起伏与波动；森林蒸发量仅次于海洋，有提高空气湿度，影响地球水分循环的作用。森林生物体与海洋相比又有其自己的独特性，如森林能进行光合、蒸腾等一系列生理活动，消耗大量的能量；森林是以乔木为主体的植物群落，其高度可达 30~50m，内有多种层次，物种丰富。森林的存在增加了地表粗糙度，对近地层气流也会有影响，其影响高度可达几十米。可见森林对地球热量状况是有一定影响的，在未来气候变化过程中，森林在一定程度上具有调节和缓解气候变化的作用。

参考文献

［1］肖兴基等．二氧化碳和其它痕量气体对全球气候和生态环境的影响．农村生态环境，1990(1)：39 -42.

［2］曹银真．大气 CO_2 浓度的变化及其气候环境效应．地理科学，1991，11(1)：48 -57.

［3］丁一汇，气候变化对生态系统和农业的影响．气象，1990，15(5)：3 -8.

［4］贺庆棠主编．气象学．北京：中国林业出版社，1987.

［5］北京大学等．植物地理学．北京：人民教育出版社，1980.

［6］贺庆棠．用生物量法对植物群体太阳能利用率的初步估算．北京林业大学学报，1986，8(3)：52 -59.

［7］He Qingtang. Wasserbilanz und Pblanzenprodution in China, München, 1986：29 -63.

［8］贺庆棠等．中国植物的可能生产力——农业和林业的气候生产量．北京林业大学学报，1986(2)：84 -97,

［9］贺庆棠．森林对环境能量和水分收支的影响，北京林业大学学报，1984(2)：17 -35.

生态林产业——中国林业发展之路[*]

贺庆棠

（北京林业大学）

林业是国民经济的一个重要产业，也是社会公益事业，具有生态、经济和社会三大效益，在保护环境、促进经济和社会发展中有着极其重要的地位和作用。为了充分发挥林业的多功能、多效益，经营和发展林业，应以生态经济学理论为指导，走一条生态经济协调发展之路，即生态林产业发展道路，以实现林业的高产、优质、高效、稳定和持续发展，为我国社会主义现代化做出更大贡献。

1 生态林产业的概念

生态林产业是把林业的公益性和产业性紧密结合在一起，充分利用当地自然条件和自然资源发展林业，在不断增加森林资源，发挥林业的生态环境保护和改良作用的基础和前提下，科学开发和合理利用林地内一切物质资源所形成的产业，它既能满足人们的经济利益，促进当地经济和社会发展，又能为人类生存创造良好的生态环境。这种把林业的生态环境保护和改良目标与繁荣经济促进当地社会发展目标融合在一起，互相促进，同步协调发展所形成的产业，我们称为生态林产业。

生态林产业是森林生态系统与林业经济系统融合在一起的复合系统，也称为社会林业生态经济系统。在这个系统中，森林生态系统是人类生存的自然环境，也是人类社会经济活动的物质基础和基本条件，对林业经济系统建立和发展起着基础性决定作用[1]。发展林业经济系统必须依赖森林生态系统，否则是无源之水、无本之木。破坏了森林生态系统，不仅破坏了人类生存环境，也摧毁了林业经济系统。同时，林业经济系统对森林生态系统也有反作用，可使其向正反馈或负反馈方向变化。因此，只有二者同步协调发展，才能实现林业效益的良性循环。

经营和发展生态林产业，首先要遵循自然生态规律，同时也要运用市场经济原则，前者是基础，后者是条件[2]。不按生态规律经营森林生态系统，会破坏生态平衡，危及生态环境，也会损害林业经济系统，造成生态危机与林业经济危困，这方面历史和现实的教训，对我国林业的影响是极其深刻的。反之，如果不考虑经济条件和经济原则，人们也不能达到合理利用自然和森林的目的，难以从森林获取更好的经济利益，满足人类日益增长的物质文化需要。因此，发展生态林产业，必须按自然生态规律与经济原则统一的要求进行组织，也就是要按生态经济学理论和规律来经营和发展生态林产业。使生态林产业既能满足人们的经济利益，又能满足人们长远和根本的生态利益，做到长短利益结合，生态和经济利益相得益彰。发展林业如果只顾经济利益，忽视长远的生态利益，用杀鸡取卵、竭泽而渔的办法，其

---

* 世界林业研究，1993. 12. 第 6 期。收稿日期：1993 – 08 – 10。

后果将破坏生态平衡，带来生态灾难，不仅危及当代，而且祸害子孙；相反，"唯自然生态观"忽视人们的经济利益，也是不会被群众接受的，林业也难发展。因此，用"生态经济观"发展生态林产业，既符合国情，也是林业发展的客观规律。

生态林产业是在保护和发展森林资源，发挥森林生态效益的基础和前提下，开发利用林地内各种物质资源，这些资源有土地资源、气候资源、水资源、生物资源、地下资源（如矿产）和地上景观与风景资源等等。因而生态林产业具有广泛的生产门路，它包括种植业、养殖业、采集业、加工业、旅游业以及文化娱乐、医疗保健等多种服务业，是以林产业为主的多种复合产业体系。无论从生产的深度或广度来看，生态林产业都具有巨大的生产潜力，值得进一步开拓。

2　广泛采用生物技术和市场经济原则经营和发展生态林产业

生态林产业与单纯为获取经济利益为目的的林产业不同，它是以长远生态利益为基础，生态和经济利益互相促进，协调发展的新兴产业体系。为了使其高产、优质、高效、稳定和持续发展，除了必须遵循市场经济原则如等价交换、价值规律，供求规律，流通规律和竞争规律，资金积累和扩大再生产等规律外，充分利用生物技术具有特别重大的意义，它将引起林业的产业革命，使我国林业现代化。

生物技术多种多样，在林业上具有极其广泛的应用前景。例如，将基因工程、酶和细菌工程、生态工程、育种学和仿生学等一系列生物技术引入生态林产业，创造新品种、新工艺和新产品，重点培养繁殖快、生长周期短、生物产量高、抗性强、质量好的各类森林生物。将机械化、自动化和电脑控制设备等现代技术引入各种森林生物培植、养殖或加工利用等生产过程中，使生产立体化、综合化、工厂化，可产生更大生态经济效益[3]。除此之外，当前发展我国生态林产业，最基本的生物技术是充分利用生态学原理，开拓生态工程新技术，以改变我国林业某些不合理现状，拓宽林业生产门路，提高林业的生态经济效益。这些有重要指导意义的生态学原理和技术有：

2.1　生态系统中生物互利和共生原理与技术

正确选择生物组合，扬其互利，避其相克，使森林结构合理稳定，生态经济效益提高。如营造混交林，在纯林中引入共生互利树种和生物，改善我国大面积人工纯林不良结构，提高抗性和稳定性，扩大生物生产的品种和规模，获得更大的生态经济效益。

2.2　生态系统能量转化和物质循环原理与技术

可模拟、创造或改造已有森林，使能量多级利用，物质流动形成良性循环。例如，可发展立体林业和混农林业（agroforestry）模式，做到乔灌草、林果药、林粮菜等多层次利用能量和物质，充分挖掘林地潜力，提高生物产量，发展多种产业，同时也有利于改善生态环境。

2.3　生态系统食物链网状结构原理和技术

使物质多级利用多级多层生产，增加食物链上生产环、减耗环或加工环节。如可设计链环式农林牧业模式、在林内饲养家禽和动物，粪便用以肥田，还可在林内养蜂、培育食用菌、生产绿色食品等增加食物链上生产环，也可通过抚育间伐或采集业增加加工环或减耗环。增加新环节意味着广开财路，扩大生产门路，缩短生产周期，加快生态系统的运转，提高生态效益。

2.4 生态系统平衡和多样性原理和技术

对生态系必须多种经营，保持生物多样性。既有利于维持生态平衡，使生态系繁荣稳定，提高生态效益，又有利于开展多种生物生产，增加加工产业物质和原料，增加经济效益。

2.5 生态位原理和技术

这是生态林产业主体经营的重要科学依据。可在未饱和生态位林地引入——对应的其他生物种，也可用重叠生态位的潜在优势，引入不导致竞争和对抗的生物种，增加生物产量，充分发挥林地生产潜力，又可获取更好生态效益。

2.6 生物与环境相适应的原理和技术

因地制宜科学规划森林分布，使森林水平与垂直地带性与当地环境相适应；因地制宜适地适树，合理配置森林生物种群，提高造林成活率，林地生产力和成材率。

2.7 生态系统演替原理和技术

研究和利用干扰影响，加快演替或缩短演替过程，使森林向顶极群落发展，以缩短林业周期，获取更大生态经济效益。

生态学中还有许多原理和技术可运用于发展生态林产业中，尚待我们去发掘。

3 结束语

经营和发展生态林产业，有利于维持生态平衡，改善生态环境，开辟更广泛的生产门路，繁荣林业经济，促进当地经济和社会发展；也有利于调动广大人民群众的积极性，共同努力，实现我国森林资源和林业经济的双增长，生态环境的不断改善，对持续发展的林业将产生深远的良好影响。因此，经营和发展生态林产业是我国林业发展的正确道路。

参考文献

[1] 张建国等. 生态林业论. 林业经济问题，1992：1 – 30.

[2] 张建国. 森林生态经济问题研究. 北京：中国林业出版社，1986：80 – 96.

[3] 毕木天. 生物技术与生态学. 光明日报，1993 – 7 – 25.

几种植被能量平衡的差异[*]

徐 明　　　　　　贺庆棠
（北京市气象局农业气象中心）　（北京林业大学）

　　能量平衡是形成植被小气候的物理基础，是研究植被生态效益的重要组成部分。国内外对此都进行过不少研究，但对黄土高原地区的研究较少，尤其是按不同植被类型进行比较的研究更少。本研究对此进行初步探讨，为进一步研究各种植被的生态效益提供依据。

1　研究地区概况及观测内容

　　研究地区位于山西省吉县红旗林场（$35°53' \sim 36°21'$N，$110°27' \sim 117°7'$E），海拔 1250 ~ 1300m。根据该地区植被特点，选择 4 种植被（裸地为对照）进行定点观测。其基本情况列于表 1。

表 1　观测场下垫面概况

指标	下垫面			
	草地	沙棘林	油松林	刺槐林
植被类型	自然植被	自然植被	人工纯林	人工纯林
年龄	1	8 ~ 11	16	22
平均高（m）	0.20	1.7	3.5	11.6
郁闭度（%）	100（盖度）	1.0	0.9	0.7

注：草地以芦草为主。

　　在观测期内选择典型天气，每小时观测一次。观测内容列于表2。

表 2　能量平衡观测内容

观测高度	观测内容
作用面上 1.5m	总辐射（Q）、漫射（D）、反射（R）、气温（T）、湿度（e）、
作用面上 1 m	风速（V）
作用面上 0.2 m	气温（T）、湿度（e）
1/2H（树高）	树体温度（Tt）
地面（0cm）、地面下 5、10、15、20cm	地温（Ts）、土壤湿度（W）、土壤容重（d）

注：林下植被很少以地面为作用面。

* 华北农学报，1994，第 2 期。1993 - 04 - 17 收稿。本研究为国家"七五"攻关课题。

2 研究方法

根据能量平衡原理，植被作用层的能量平衡方程可表达为：

$$B = LE + H + Q_s + Q_D + IA + Q_A \tag{1}$$

（1）式中 B 为净辐射，LE 为潜热通量，H 为显热通量，Q_s 和 Q_D 分别为土壤热通量和植被有效贮热量，IA 为植物新陈代谢能，Q_A 为作用层内空气的有效贮热量。一般情况下 IA 和 QA 在能量平衡方程中占的比例很小（<2%），可以忽略[1,2,5]。有效辐射（F）采用 M. E. 别尔梁德公式计算，其中的订正项（ΔI）用（2）式计算[4]。

$$\Delta I = \frac{Q(1 - \alpha) - F - LE - Q_s - Q_D}{1 + \dfrac{b}{4\varepsilon\delta(273 + t)^3}} \tag{2}$$

（2）式中 Q 为太阳总辐射，α 为反射率，ε 为灰体系数，这里取 0.95；δ 为斯蒂芬—波尔兹曼常数，即 $5.67 \times 10^{-8} \text{W/m}^2 \cdot \text{k}^{-4}$；$t$ 为气温（℃）；b 为比例系数，当（2）式的分子项大于零时，$b \approx 3$；当（2）的分子小于零时，$b \approx 1$[4]。在计算机上采取反复迭代的方法，先忽略 ΔI，计算 F 和 B 的值，然后代入（2）式求 ΔI，这样反复迭代，直到所要求的精度。

潜热通量（LE）和显热通量（H）采用波文比能量平衡法计算。波文比的计算公式为：

$$\beta = \frac{C_p \dfrac{\partial T}{\partial z}}{L \dfrac{\partial q}{\partial z}} = 6.41 \times 10^{-4} \cdot P \frac{\Delta T}{\Delta e} \tag{3}$$

（3）式中 P 为测点气压（mb），ΔT 和 Δe 分别为温、湿度梯度，q 为比湿。当 β 接近 -1 或出现逆温现象时，采用空气动力学的方法计算 LE 和 H[9]。

土壤热通量（Q_s）采用 Г. X. 采依金公式计算[2,3]。植被有效贮热量（Q_D）用（4）式计算，即

$$Q_D = C_D W_D \frac{\Delta t}{\tau} \tag{4}$$

（4）式中 C_D 为鲜植物体的比热，W_D 为单位面积生物量鲜重（g/cm²），$\Delta t/\tau$ 为 τ 时间内植物体温度的平均变化率。

3 研究结果

3.1 辐射平衡的差异平衡

到达植被上层的太阳辐射一部分被植被反射，一部分穿过植被透射到地面，剩余部分被植物吸收，为植物进行各种生理活动提供能源。与此同时植被也向外发射长波辐射。由于植被的种类、生物学特性和群体结构等的差异，故不同植被的反射率、透射率、吸收率以及它们发射的长波辐射和有效辐射都不尽相同。

3.1.1 日平均辐射状况的差异

表 3 反映了晴天各下垫面的日平均辐射状况。由此可见，裸地和各种植被得到的太阳总辐射（Q）差别不大，为 322 ~ 327W/m²。林地得到的总辐射比较少，大约只有林上的 25%，刺槐林地略大于油松林地。植被的反射率明显小于裸地，四种植被的反射率以草地最大，刺槐林次之，沙棘林再次之，油松林最小。各种植被之间有效辐射（F）差异不很明显，林地的

有效辐射较小，大约只有裸地的一半。林分得到的净辐射大于草地，草地又大于裸地，但三种林分之间的差别不大。林地得到的净辐射很少，不到林上净辐射的1/5。

表3　各下垫面晴天日平均辐射状况

下垫面	总辐射 Q （W/m²）	反射率 α （%）	有效辐射（F） （W/m²）	净辐射（B） （W/m²）	B/Q （%）
裸地	322.63	23.55	67.82	178.83	55.43
草地	321.64	16.71	74.70	193.19	60.06
沙棘林上	326.77	14.06	76.86	203.97	62.42
油松林上	325.00	13.93	71.07	208.66	64.20
油松林地	81.40	18.43	33.53	32.87	40.38
刺槐林上	324.80	14.68	67.47	209.65	64.55
刺槐林地	85.94	20.03	35.74	32.99	38.39

3.1.2　日间变化过程的差异

各下垫面反射率的日间变化趋势基本一致，曲线都呈"凹"型（图1）。沙棘林的反射率变化曲线与油松林非常接近。各下垫面的净辐射日间变化趋势也基本一致，曲线都呈"凸"型（图2）。净辐射最大值出现的时间，草地稍早一点，裸地稍晚一点，三种林分最大值出现的时间都在12:00～13:00。

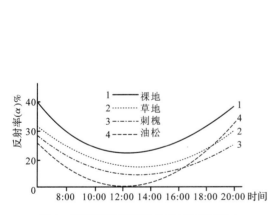

图1　反射率日间变化曲线（28天平均）

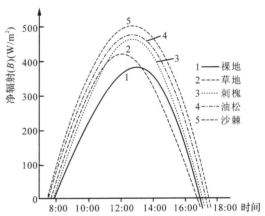

图2　净辐射日间变化曲线（晴天平均）

3.2　不同植被能量平衡的差异

能量平衡以净辐射为基础，它与植被类型有密切的关系。下面着重探讨不同植被能量平衡中各分量之间的差异。

3.2.1　能量平衡日平均状况差异

表4和表5分别为能量平衡各分量的日间平均状况和它们占净辐射的百分比。从表中可以看出林分的潜热通量最大（112～120W/m²），草地次之（约93W/m²），裸地最小（约71W/m²）。在林分中又以刺槐林为最大，油松林次之，沙棘林最小。潜热通量的差异反映了日平均蒸散量的差异（图3）。林分的蒸散量大约是草地的1.3倍，而草地又是裸地的1.3倍，可见在生长季中林分所消耗的水分远大于草地和裸地。

表4 观测期白天能量平衡各分量的平均状况

指标	裸地	草地	刺槐林地	刺槐林	油松林地	油松林	沙棘林
净辐射（W/m²）	166.53	195.21	35.43	209.50	29.88	207.43	208.29
土壤热通量（W/m²）	50.53	31.19	14.64	14.64	14.43	14.43	15.46
植被贮热量（W/m²）	0.00	0.00	0.00	1.86	0.00	3.09	0.00
潜热通量（W/m²）	71.33	93.34	14.84	120.08	10.57	117.36	112.09
显热通量（W/m²）	44.68	70.68	5.75	69.28	4.88	68.55	80.73
波文比（β）	0.6263	0.7572	0.3872	0.5769	0.4617	0.5841	0.7203
蒸散量（mm/d）	1.32	1.68	0.28	2.21	0.18	2.16	2.02

显热通量主要消耗于近地面层空气的湍流运动，从平均状况看，显热通量都小于潜热通量。植被的显热通量大于裸地，而四种植被的显热通量从大到小依次为：沙棘、草地、刺槐林和油松林（表4）。

由于裸地直接吸收太阳辐射，其土壤热通量较大（约为50W/m²）；林冠层的遮挡使林地的土壤热通量较小，只有14～18W/m²；草本植物比较矮，对太阳辐射的透射率较林分大，故草地的土壤热通量介于林地和裸地之间，约为30W/m²。在三种林分中灌木林（沙棘）的土壤热通量最大，刺槐林次之，油松林最小（表4）。土壤热通量占净辐射的比例也因下垫面而异，裸地为30%，草地约为16%，林分为7%～8%。

植被有效贮热量（Q_D）是植被与周围大气之间进行交换的能量。草地和沙棘林的生物量很小，故其 Q_D。从研究结果看，Q_D 的日平均值很小，刺槐林为1.86W/m²，油松林为3.09W/m²（见表4），它们占净辐射的比例也很小，刺槐林和油松林分别为0.89%和1.49%（表5）。因此在以天为单位计算能量平衡时略去 Q_D 对结果不会造成大的影响。

表5 能量平衡各分量占净辐射的百分比

分量	裸地	草地	刺槐林地	刺槐林	油松林地	油松林	沙棘林
土壤热通量	30.34	15.98	41.32	6.99	48.29	6.96	7.42
植被贮热量	0.00	0.00	0.00	0.89	0.00	1.49	0.00
潜热通量	42.83	47.82	41.89	57.32	35.37	56.58	53.81
显热通量	26.83	36.21	16.23	33.07	16.33	33.05	38.76

3.2.2 能量平衡日间变化过程的差异

随着一天中太阳高度角的变化，能量平衡各分量也发生相应的变化，但它们的变化规律因下垫面的性质和天气状况而有所差异。图4为不同植被（包括裸地）潜热通量的日间变化曲线，从图4可看出，裸地、草地和刺槐林的曲线为"单峰"型，最大值出现在中午前后，裸地稍晚一点，显然它们的蒸散强度与太阳辐射强度的日变化是一致的；而油松林和沙棘林的曲线为"双峰"型，中午前后出现"午休"现象。沙棘林"午休"出现的时间比油松林稍早。可见沙棘林与油松林的蒸散强度与太阳辐射强度的日变化不完全一致。中午太阳辐射过强时，植物体含水量下降，导致气孔关闭，从而使蒸腾减弱。这是植物为维持体内水分平衡而进行的自卫反应。不同植物的气孔对光的反应不同，这与植物自身的结构和生理特性有关。

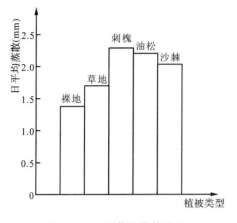

图3 日平均蒸散量的差异

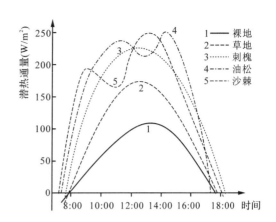

图4 潜热通量日间变化曲线(晴天平均)

图5为不同植被(包括裸地)显热通量的日间变化曲线。从图5可以看出曲线都为"单峰"型,最大值出现在12：00~13：00。

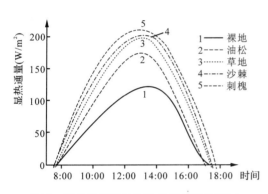

图5 显热通量日间变化曲线(晴天平均)

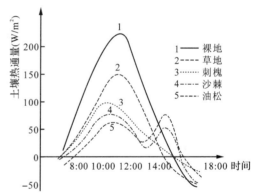

图6 土壤热通量日间变化曲线(晴天平均)

图6为不同下垫面土壤热通量的日间变化曲线。从图6可以看出,裸地、草地和刺槐林的日间变化趋势比较接近,都为"单峰"型,最大值出现在11：00~12：00。油松林和沙棘林的曲线为"双峰"型,第一个峰值出现在10：00~11：00,第二个峰值出现在15：00左右。土壤热通量的这种波动与土壤含水量有关,上午随着蒸散的加强,土壤含水量不断下降,午后(13：00左右)土壤的热容量出现最低值,这就会导致土壤热通量减少。下午随着蒸散的减弱和土壤含水量的回升,土壤热通量也会再次回升,在15：00左右出现第二个高峰。如果土壤的含水量较高,这种波动就不太明显,曲线呈"单峰"型,反之波动就比较显著,曲线呈"双峰"型。

图7为油松林和刺槐林植被有效贮热量(Q_D)的日间变化曲线。从图7可以看出,油松林的日变幅大于刺槐林,说明油松林吸热和放热都较刺槐林快。这是由于油松林单位面积的生物量较大,同时树体又较刺槐林小,容易与周围环境进行热量交换。从图7还可以看出,Q_D在一天中有正、有负,这样全天的平均值可能较小,但在某些时刻的值却比较大(±30W/m²)。因此在以小时为单位计算能量平衡时,Q_D的作用就比较显著,可达净辐射的20%,这样就不宜忽略Q_D[5]。

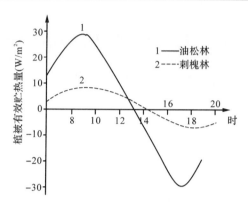

图7 植被有效贮热量的日间变化曲线(28天比较)

4 结论与建议

在所研究的四种植被中,草地的反射率最大(16.7%),阔叶林(沙棘和刺槐)次之(14.1%~14.7%),油松林最小(13.9%)。

刺槐林的日平均蒸散量略大于油松林,油松林比沙棘林大0.14mm/d,沙棘林比草地大0.34mm/d。从有效利用水分的角度看,在该地区干旱的阳坡应首先发展草本植物和灌木,在水分条件较好的地方,在同等条件下应优先发展油松。

从潜热通量的日间变化曲线看,草地和刺槐林为"单峰"型,没有"午休"现象,而油松林和沙棘林为"双峰"型,有"午休"现象。

以天为单位计算能量平衡时,植被有效贮热量(Q_D)可以忽略;但以小时为单位计算能量平衡时,植被有效贮热量(Q_D)不宜忽略。

鸣谢 在研究过程中得到北京林业大学水土保持系孙立达教授、朱金兆副教授以及山西省吉县林业局等单位的大力支持,特致谢意。

参考文献

[1]贺庆棠,刘祚昌.森林的能量平衡.林业科学,1980,16(1):24-33.

[2]高素华,庄立伟,黄增明等.橡胶林的热量平衡.气象学报,1987.(3):25-31.

[3]翁笃鸣,陈万隆,沈觉成等.小气候与农田小气候.北京:农业出版社,1981.

[4]黄润本.气象学与气候学.北京:高等教育出版社,1986.

[5]方长明,高荣孚.油松人工林的能量平衡和蒸腾蒸发.北京林业大学学报,1988(2):31-37.

[6]裴步祥.蒸发与蒸散的测定与计算.北京:气象出版社,1989.

[7]徐德应.用能量平衡波文比法测定海南岛热带季雨林蒸散初试.热带、亚热带生态系统研究,1984(3).

[8]洪启发,王仪洲,吴淑真等.马尾松幼林小气候.林业科学.1963,8(4):275-286.

[9]Black TA, McNaughton KG. Average Bowen ratio method of calculating evapotranspiration applied to a Douglas-fir forest. Boundary-Layer Mete-oro, 1972, 2:466-475.

[10]Fritschen LJ. Evapotranspirations of field crops determined by the Bowen-ratio method. Agron J, 1965, 58:339-342.

清水河流域防护林体系信息管理系统的研究[*]

毕华兴　吴斌　　　　　　贺庆棠　　　　　　朱金兆

（ 北京林业大学水土保持学院） （北京林业大学科研处） （北京林业大学）

防护林体系生态经济效益的评价，涉及到林学、地学、社会科学、生态经济学等多种学科，信息量大。同时，各种信息不仅随时间在不断变化，而且存在着空间结构上的变化。因此，如何正确评价和把握防护林体系的生态经济效益，是当前林学界重要课题之一。由于小流域是一个由自然、社会、经济组成的复杂的巨大系统，影响水土流失的因素很多，各因子之间的关系复杂，加上研究方法、手段落后，给研究与管理工作带来很多困难，存在如下问题：① 收集到的大量数据、资料分散地保存在各职能部门或个人手中，且调查缺乏统一的分类标准，数据难以共享，信息难以流通；② 数据主要以文字报告、统计表格和专题地图的形式表达或存储，其信息的查询检索和综合提取困难，限制了资料的应用效果；③ 传统的定性分析不能充分利用资料，数据中蕴含的大量有用信息不能提取，信息的开发利用处于较低水平；④ 难在平面图上表现立体地形、地貌，而且一些地形要素，如坡度、坡长、坡向等靠传统方法量测出来的误差较大，影响了数据的分析；⑤ 人工绘制小流域内各种专题图件费时、费力，编制水土保持规划费用高、速度慢、精度低。

以上问题在很大程度上影响了防护林体系水土保持效益的评价以及流域管理，而遥感技术和计算机技术等高新技术的引入，便为小流域科学管理提供了可能（图1）。

由图1可见，遥感技术可加强信息源的观测手段。智能化地理信息系统不仅可替代手工整理资料，而且可替代人工建立模式，将使常规研究方法提高到现代化高技术研究阶段。

上述模式的实现，关键在于 GIS 的应用。将 GIS 应用于水土保持，特别是将其应用于效益评价中来，可以对流域生态效益的变化进行动态监测，并且能够更直观、更形象和快速准确地反映不同治理措施和不同土地利用方式下的流域生态系统内、外部效益的变化，从而使流域生态系统评价系统的资源共享，提高信息利用率。这一技术在水土保持效益评价方面很少被应用，尚处于起步阶段，而在防护林体系效益评价中还未被开发和应用。

正是在处理各种空间信息、信息动态管理方面，GIS 可以发挥极其有效的作用。它不仅可以从微观上解决局部防护林体系生态经济效益评价的问题，而且可以解决区域性防护林体系综合效益评价和预测问题。应用 GIS 可以有效地解决防护林体系属性数据管理、图形图像的叠置分析和空间处理，更有效地反映各种信息的空间变化，解决防护林体系的空间规划、效益的空间评价问题，为防护林体系建设、小流域水土保持综合治理提供理论和实践依据。所以，将 GIS 应用于水土保持科学，对水土保持理论和实践应用方面都将起到很重要的作用。

本文就是基于上述目的，在地理信息系统（GIS）的支持下，研制、开发了防护林体系信息管理系统，将山西省吉县清水河流域作为试验区，以实现对流域自然资源治理开发措施及

＊ 北京林业大学学报，1994.10. 第4期。1993－09－10收稿。

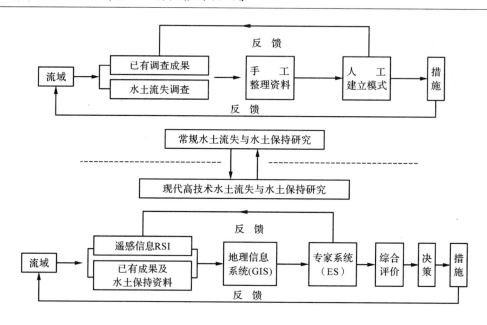

图1　用手工处理水土流失调查成果与用遥感及 GIS 处理成果的方法对比

其影响在时间和空间的变化发展进行动态跟踪监测，揭示其动态变化规律，从而丰富和完善防护林体系建设的理论体系。

1　研究区概况

清水河发源于山西省吉县高天山，向西经曹井、川庄、城关、东城，在蛤蟆滩注入黄河。全长59.24km，河道纵坡14.7%，流域面积624.4km²。水文站设在县城，水文站以上河长36.3km²，流域面积434.6km²。正常年径流量1697m³，最大洪峰流量1050m³/s，多年平均输沙量353万t，侵蚀模数7441t/km²·a，最大平均含沙量335kg/m³，最小平均含沙量8.91kg/m³。清水河流域位于吕梁山脉大背斜的南端，海拔440~1820m，地势东高西低。表层为第四纪风积黄土覆盖，下为第三纪红土。清水河两岸及一些沟底为二迭纪的红色砂岩。高天山、人祖山及河岸有三叠纪的红色砂岸和砂质岩出露。清水河流域属暖温带大陆性气候。冬季寒冷干燥，夏季热，多东南风。春旱，多西北风。年平均气温10℃，极端最低气温-20.4℃，极端最高气温38.1℃。年降水量546.76mm，降雨集中，年变幅大，6~9月降雨占全年的69.5%。该地区土壤主要为褐土，可分为三个亚类。在石质山和土石山主要分布有天然次生残林。黄土丘陵区植被稀疏，退耕地上有沙棘、达乌里胡枝子和蒿类。一般荒坡上生长有白草、宾草、铁杆蒿等。人工林主要为刺槐、油松和杨树等。农作物主要是小麦、玉米、谷子、豆类等。

清水河流域（水文站以上）有曹井、川庄、城关（部分）三个乡，根据1986年统计共有人口17311人，大牲畜3870头，猪、羊17683只。

2　系统分析与设计

2.1　清水河流域防护林体系信息管理系统的系统分析

系统分析清水河流域防护林体系的现状，运用结构化系统分析方法，确定管理系统的逻辑功能，以满足对防护林体系各种生态和经济效益的评价和预测以及水土保持规划的要求。它的任务是在明确系统目标的基础上，开展对系统的深入调查、研究和分析，然后得出系统的结构方案。

结构系统分析中最主要的就是数据流程分析，它以逻辑的方式表达系统的数据和走向，并指出系统中各逻辑功能及联结方式，可以使人们对系统的结构有一个清晰的认识。本系统的数据流程分析采用数据流程图来表示(见图2)，它明确地表示了系统的输入、处理和输出三大部分的数据和功能流程。

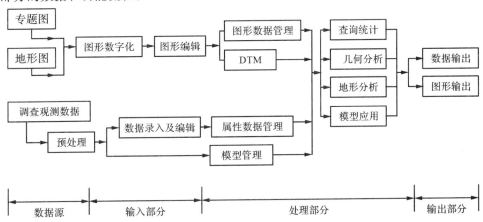

图2　清水河流域防护林体系信息管理系统数据流程图

2.2　系统设计

为了满足用户和设计员的设计目的，本系统的结构是自顶向下扩展的、层次化暗盒模块结构。该系统的顶层共由4个模块组成，包括属性数据库管理、图形数据库管理、模型分析和接口技术。除了每个模块独立运行外，各模块之间又可精密地联系在一起。每个模块又自上而下逐步分解成小的相对简单的暗盒模块，实现输入、处理和输出三大功能。其系统总体设计如图3所示。

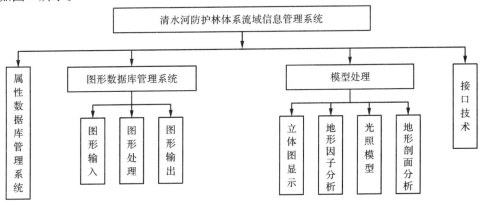

图3　清水河流域信息管理系统结构与功能图

2.2.1　属性数据库管理子系统

数据是实现系统功能的基础，为了对清水河流域防护林体系建设现状有明确的认识，需掌握其基本特征、分布范围及生长状况，建立相应的属性数据库，为防护林体系生态效益的评价打下基础。本数据库由输入、检索、查询、评价和预测系统等部分组成，实现了数据的增加、删除、修改、更新、查询、统计及报表打印等功能。其结构如图4所示。

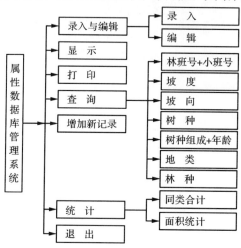

图4 属性数据库管理子系统总体设计

2.2.2 图形管理子系统

2.2.2.1 图形数据结构

数据结构是计算机存储数据的组织方式。在地理信息系统中常用的数据结构有两种，即栅格数据结构(Grid 或 Raster)和矢量数据结构(Vector)。在栅格数据结构中，地理实体使用网格单元的行和列作为位置标识符，常用于地质、气候、土地利用和地形等面状要素；在矢量数据结构中，地理实体用一系列(X, Y)坐标作为位置标识符，常用于描述线状分布的地理要素，如河流、道路、等值线等。

为了吸取各自的优点，系统采用了两种图形数据结构，相应地增加了这两种数据格式的转换功能。

2.2.2.2 系统结构和功能

在 GIS 的支持下，建立图形数据库。图形管理子系统主要由三部分组成，其结构如图5所示。

(1)输入部分。输入部分是图形数据的录入和修改，它是系统的首要工作。本系统采用手扶跟踪数字化仪输入，数据格式采用矢量记录格式。

(2)图形处理。图形处理部分由以下几部分组成。① 图形变换：主要是对图形存储的两种数据格式的相互转换；② 图形操作：主要指对图形的运算；③ 几何分析：主要指对图形完成一些诸如面积、长度的计算及信息提取等操作。

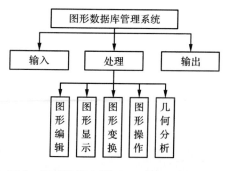

图5 图形数据库管理子系统总体设计

(3)输出部分。地理信息系统产品是指经由系统处理和分析，可以直接提供给专业规划人员或决策人员使用的各种地图、图表、图像、数据报表或文字说明。地图图形输出是地理信息系统产品的主要表现形式，它包括各种类型的点位符号图、动线图、点值图、等值线图、三维立体图以及行式打印机地图等。

2.2.3 模型处理子系统

处理是实现系统功能的关键,它建立于各类处理模型。为了流域各方面的分析评价,该系统应用了数字地形模型(DTM)。该模型是定义于二维区域上的一个有限的向量序列,它以离散分布的点来模拟连续分布的地形。按平面上等间距规则采样或内插所建立的数字地形模型,为栅格数据的数字地形模型,可写成矩阵形式

$$DTM = \{Z_{i,j}\}\ i=1,\ 2,\ \cdots,\ m \quad j=1,\ 2,\ \cdots,\ n$$

其中:$Z_{i,j}$ 为格网结点 i,j 上的地形属性数据。

DTM 的建立,可以得到如下功能(图 6 所示)。

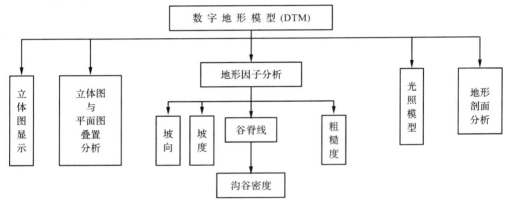

图 6 数字地形模型功能图

(1)三维立体显示。将平面的地形图以立体方式来显示,能够直观、明了地了解研究区的实际情况。

(2)典型剖面的绘制与分析。这里提供自动绘制地形剖面图的方法,包括任意地形剖面的内插算法,剖面上地理变量的自动叠加和表示,剖面图的解释和应用。

(3)日照强度的分析。日照强度的分析是指在一个已知的地理区域内,通过坡度、方位和太阳在不同季节以及一天内的不同时间所处的位置等参数,来计算研究区每一点在某一时刻接受的日照强度。其计算公式为:

$$E = \left[\begin{matrix} \beta G \sin h\ (a\cos t + b\sin t + \cos\theta\sin h) \\ 0 \end{matrix} \right.$$

当 $E=0$ 时,表示阴暗;当 $0<E<100$ 表示不同的日照强度。

式中:β ——大气透过率(与太阳高度和大气状况有关);

G——太阳常数;

h——太阳高度角(由球面三角公式推求);

t——时角;

a,b——坡面方程系数;

θ ——坡度。

(4)地形因子的自动提取。根据空间矢量的分析原理,建立数字高程模型每一格网点的标准矢量 P_{ij}。对于每个由相邻 4 个格网点确定的地表微分单元,计算其基本矢量,再由基本矢量可得到地表单元法矢量 n_{ij}。

根据法矢量，就可进行地表单元各种地形因子的自动提取，包括坡度分析、坡向分析、地表粗糙度计算、谷脊特征分析等。从而得到：坡度分级图、坡向分级图、粗糙度分级图，为水土保持科学提供直接的理论依据。

2.2.4 属性数据库与图形数据库的接口技术

由于输入计算机的图形只是原始的图件，只有在基本图件中填入（即赋入）用户需要的各种信息，才能获得相应的各种专题图。但是，在信息的赋入过程中，不仅费时费力，而且很容易出错，同时不好管理。而属性数据库存有众多的专题功能，为了发挥其综合功能及各子系统的优点，编制了属性数据库到图形数据库的接口，从而大大简化了工作，而且以友好的界面方式要求用户输入各项信息，在短时间内达到预期效果。

新生成的属性数据文件可以和相应的图形文件结合（即自动赋值），形成新的专题图件。接口技术相当复杂，研究内容相当繁多，如相互检索、查询等等。由于条件所限，本系统中接口技术只是一个开端，有待于进一步研究。

3 试验结果

在上述分析和设计基础上，软件实现以清水河流域为典型试验流域，输入土地利用现状、林种、树种等属性，同时输入地形图（主要用于生成 DTM 模型）和土地利用现状图，建

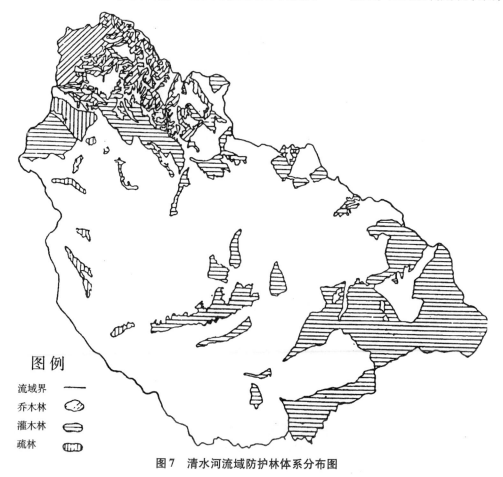

图7 清水河流域防护林体系分布图

立了清水河流域属性数据库和图形数据库。应用数字地形模型分析和处理，得到了清水河流域各种专题图。如在已经建立好的"清水河流域土地利用现状"数据库中提取防护林要素，将其属性数据库用接口技术赋予图形数据库，得到了清水河流域防护林体系分布图(见图7)。

参考文献

［1］黄杏元等．地理信息系统概论．北京：高等教育出版社．1990. 2 – 17.

［2］张马英等．地理信息系统技术的发展趋势．测绘科技通信，1989，14（49）：4 – 7.

［3］李壁成等．小流域水土保持信息系统的建立与利用．水土保持学报，1988，3（3）：26 – 32.

［4］张忠．小流域水土保持信息系统的开发及其应用．北京：北京林业大学水土保持学院．1992.

［5］马蔼乃．水土保持中的软科学．水土保持时代趋势．黄河水利委员会水土保持处，1989. 62 – 92.

西山人工油松林林冠结构和能量平衡的研究[*]

贺庆棠　　　　　　　　吕　星
（北京林业大学）　　　（云南省地理研究所）

1　研究方法

1.1　实验地概况

观测点位于北京西山北京林业大学妙峰山实验林场（N39°54′，E116°28′），海拔375m，坡度22°，东南坡向，土壤为60cm深的褐土。实验林分是33年生人工油松（*Pinus tabulaeformis*）纯林，平均高6.4m，平均胸径8.6cm，郁闭度0.83，密度3570株·hm^{-2}，由于人为活动影响，林下植物和枯落物稀少。

1.2　研究方法

林分内设1个7.5m的观测塔，从林地向上观测0.5、2.0、6.9、8.4m处的空气温湿度；1.0、8.4、10.4m处的风速；林冠下2.5、3.9、4.45、4.9、5.39m高的林冠内的太阳辐射；7.75m高的太阳入射辐射和林冠反射辐射，以及3.5m高的树干内部温度。在林内机械布置60个点，测定林冠下太阳辐射。林下土壤温度的测定深度是0、5、10、15和20cm。使用通风干湿表测空气温湿度，电子风速仪（林内用热线风速仪）测风速，曲管地温表测土壤温度，用温度表测树干温度，天空辐射表测林冠下辐射，多功能太阳辐射仪测林冠内辐射，入射和反射辐射用自记仪记录天空辐射表的电压信号，选择生长季典型天气，每小时观测一次。

1987年10月进行了油松林的一级侧枝特征、生物量和树干解析。按等株数径阶将样地（27m²）林木划分为5级，每级选1株标准木，另加一株林分平均木，合计6株样木。将样木伐倒，以4m为区分段，测量一级侧枝的着生高、枝长、斜长和水平长；称量树干、不带叶枝、带叶枝、1年生叶和1年生以上叶的重量。分别从1年生和1年生以上叶中随机抽取10束针叶，测算叶面积。在树干每一区分段的下端和胸高处取圆盘做树干解析。

根据能量守恒原理，森林的热量平衡方程为：

$$R_n = LE + V + M + \eta + LA$$

式中：R_n——净辐射；LE——潜热通量；

V——显热通量；M——土壤热通量；

η——植被蓄热变化。

通过波文比能量平衡法求算潜热和显热通量，M和η之和称为森林贮热通量B。LA是同化CO_2的耗热量，经计算在能量平衡方程中其数值很小，可忽略不计。

　＊　北京林业大学学报增刊，1994.12.

2 研究结果

2.1 林冠结构的基本特征决定于枝系在主干上的分布和排列方式以及叶面积指数的空间分布

倾角是决定树冠形态的重要因子之一。油松林侧枝的倾角变化,主要分布于 0~30°间,占全部枝条数值的 76%。

由于侧枝存在一定的弯曲,缩小了树冠的扩展范围,用侧枝的弯曲率 λ(其斜长与枝长之比)来描述,经计算侧枝的弯曲率近于常数 0.9356,变异系数 5.7%。

由于侧枝倾角的空间变化,导致了侧枝的枝长和水平长在空间扩展上的差别。我们认为水平长不仅描述了树冠形态,而且能更好地反映树木个体间的相互关系。侧枝平均最大水平长 0.98m,林分平均冠幅(1.96m)出现于 3.43m 高处。

叶面积指数直接与林分生产力的高低有关,是生产力构成的重要因素,也是林冠特征的重要标志。经测定,样地叶生物量为 12.80t·hm^{-2},叶面积指数为 8.2。大部分叶量和叶面积指数分布在 4~6m 空间中,分别占总数的 81.2% 和 80.3%,可以认为林分物质的积累主要集中在这一高度。从林冠向下,累计叶面积指数(LAI)为"S"型分布,即有累计

$$LAI = \frac{5.096}{1 + 364.357 \mathrm{e}^{-1.919(8-H)}}$$

$$(H < 8)$$

式中:H—高度(m)。

2.2 油松林冠对太阳辐射的作用

林冠的特征决定了它对入射太阳辐射的反射、透射和吸收的特点,以及由此而引起的林内太阳辐射分布的空间变化。

2.2.1 林冠的反射率、透射率

坡面接受的太阳辐射由于受坡度、坡向及周围山体遮荫影响,其实际强度与水平面有一定差别。晴天上午样地接受的太阳辐射能大于平面,下午则相反,全天总计,8 月上旬前略低于水平面,此后则相反。林冠接受太阳辐射最大值出现于 10:00~12:00,夏季极值可达 0.78kW·m^{-2},日总量变化为 80~350kW·m^{-2}。

把样地坡面与太阳入射光线之间的夹角定义为坡面太阳高度角($h\alpha$)。随坡面太阳高度角的增大,反射率减少,用 26 个晴天 250 个时段的反射率(P_r)和坡面太阳高度角的观测数据进行统计分析,结果表明两者近反双曲线关系:

$$p_r = \frac{100}{5.857 + 4.987 \times 10^{-2} h\alpha}$$

$$(r = 0.6358)$$

观测林分的日平均反射率变化为 8.8%~12.1%,平均为 10.7%。晴天的日平均反射率高出阴天的 1%~2%,平均相差 1.3%。观测期内未发现林冠反射率有季节变化。

与反射率不同,林冠对太阳辐射的透射随坡面太阳高度角的增高而增大。林冠透射率的最大值出现于 10:00~11:00,约为 22%。观测林分的日平均透射率为 8.5%~16.2%,平均 11.4%,阴天透射率大于晴天。

由于坡面太阳高度角的季节变化,透射率有规律的变化。从 6 月下旬开始,透射率不断

减少，6~9月的日平均透射率分别为15.8%、12.3%、9.8%和9.7%。晴天的日平均透射率（P_t）同其最大坡面太阳高度角（h_m）有如下关系：

$$p_t = 84.99e^{-0.1225LAI/\sin h_m}$$

2.2.2 林内太阳辐射的水平分布

由于林冠的作用，林冠下及林冠内的太阳辐射水平分布变化较大。固选择典型天气，在一天中坡面太阳高度角最大时，在林冠下12m样线上测30个点的太阳辐射。经谐波分析抽取出三个主要周期（表1）。从表（1）可以看出林冠下太阳辐射在水平方向上有两个比较有规律的周期。第一个周期2.0m左右，同林分平均冠幅1.98m吻合，证明两邻林木间的太阳辐射较树冠下的大；第二个周期为1.0左右，这可能是由于测线部分线段穿过树冠的弦线。

图1是根据26个晴天观测数据绘制的林冠内太阳辐射等值分布图，从中可以看出中午前后，各层获得太阳辐射多，其梯度较小，早晚则相反。下层针叶只有在中午时间才能获得充足的光能进行光合作用。

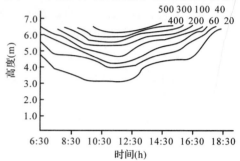

图1 林冠内辐射等值分布（W·m⁻²）

表1 林冠下太阳辐射水平周期 单位：m

日期（月.日）	第一主周期	第二主周期	第三主周期
6.20	6.00	2.00	1.00
7.12	2.40	1.30	0.85
8.10	0.87	1.56	1.73
9.9	2.08	1.73	1.30

2.3 油松林能量平衡与蒸发散

2.3.1 油松林的能量平衡

图2、图3是能量平衡各分量的日变化。净辐射 R_n 白天主要受制于入射辐射 Q，与 Q 有相同的变化趋势，日间最大值可达571W·m⁻²。R的日总量变化很大，晴天最大值为248.4kW·m⁻²（6月20日），阴天最小为95.0kW·m⁻²（9月10日）。

白天土壤从外界获得能量，土壤热通量 M 为正值；夜间释放贮存的热量，M 为负值。不同日期释放热量不同，白天 M 最大31.7kW·m⁻²（6月20日），最小3.1kW·m⁻²（9月25日），M/R_n 变动于3.8%~16.4%，平均11%。从6月20日后，M 呈不断下降趋势。植被贮热通量 η 一般在9~10时出现一天中最大值；下午15~16时，R_n 仍为正，η 开始变为负值。6月20日，白天 η/R_n 是4.3%，夜间则为26.2%，昼夜间 η 基本平衡，但其对能量平衡方程的作用是不同的。整个

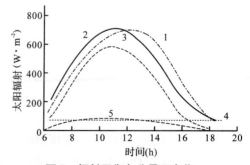

图2 辐射平衡各分量日变化

1. 水平面入射辐射 2. 坡面入射辐射 3. 净辐射
4. 有效辐射 5. 反射辐射（1987.6.20）

观测期白天 η/R_n 变动于 1% ~ 10%，未发现 η 有明显的季节变化。森林贮热量平均占净辐射的 15%。

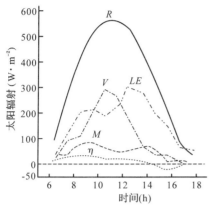

图3　能量平衡各分量日变化
（1987.6.20）

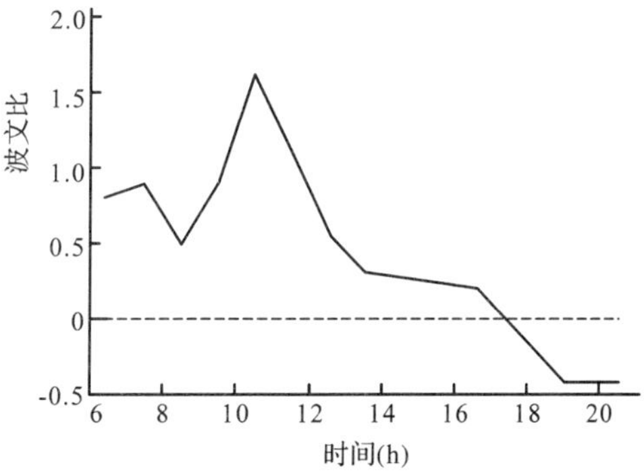

图4　波文比的日变化
（1987.6.20）

显热通量 V 和潜热通量 LE 是能量平衡方程中数值较大的两个分量，对森林气候形成有特殊作用。白天大部分净辐射消耗于显热和潜热上，$(V+LE)/R_n$ 变动于 73% ~ 93%，平均为 85%，其中 V 为 26%，LE 为 59%。

波文比的大小反应了显热与潜热的相对消涨。一天中，除早晚个别时间波文比为负值外，其余时间波文比都为正值，并且大部分时间都小于 1（图4），日平均波文比变动于 0.23 ~ 1.23，平均 0.48。说明油松林的蒸发散耗热大于其乱流热交换。据观测显热的日总量最大值 80.1 kW·m^{-2}，最小值 9.9 kW·m^{-2}；潜热则分别为 167.7 kW·m^{-2} 和 35.5 kW·m^{-2}。

2.3.2　能量平衡法与土壤水分平衡法对森林蒸发散估计的比较：

用能量平衡法估计出晴天油松林的蒸发散（E）为 2.4 ~ 4.0 mm·d^{-1}，平均 3.1 mm·d^{-1}。

根据观测，9月份降雨少，在无雨日可以假设土壤水分的减少量 $\triangle WA$ 为油松林的蒸散量 E。用中子水分仪获得 $\triangle WA$ 和能量平衡法估算的 E 列于表2。可看出，两种方法估算的逐日结果有一定差异，其差值有正有负，最大差值 0.8 mm·d^{-1}，最大相对误差为 47.1%，平均相对误差 15.7%，但两者的变化范围和平均值几乎是一致的。经过 Wilcoron 配对符秩检验，差异不显著，对于较长时间，两种观测结果是一致的。

2.4　油松林的光能利用率

对森林而言，直接测定光合作用计算光能利用率很困难，一般用生物量计算。森林形成 1g 生物量约需要 19.6 kJ 能量，消耗 1.83g CO_2，产生 1.34g O_2。

样地每年接受太阳辐射约 91.257 MW·m^{-2}，生长季 63.691 MW·m^{-2}。

经估算，过去 10 年样地油松林光能利用率 u_1 和生长季光能利用率 u_2 平均分别为 0.31% 和 0.45%。整个生长季林分的生长量为 3.87 t·hm^{-2}，相应光能利用率为 0.14% 和 0.20%。可见其光能利用率尚较低，存在较大生产潜力。

收集整理了一些研究者对北京西山油松林生产力的测量结果，并同生物圈第一性生产力模型的计算结果列入表3。各种计算方法的结果差别很大，其中以年平均温度的计算结果尤为突出，是实测值的 281%。

北京市油松林面积2.4万hm^2，利用净生产力估算，北京市的油松林每年固定9.29万t CO_2和生产6.79万t O_2，其数量是很小的。因此，迅速恢复该区森林植被、保护环境显得十分重要。

表2　9月份油松林蒸发散　　　　　　　　　单位：$mm \cdot d^{-1}$

日期 （月.日）	E	$\triangle WA$	$E-\triangle WA$	$\dfrac{\mid E-\triangle WA \mid}{1/2 \mid E+\triangle WA \mid}$	土壤含水率 %
9.7	2.6	1.8	0.8	0.364	15.2
9.8	2.8	2.5	0.3	0.113	14.6
9.9	2.3	2.4	-0.1	0.043	13.8
9.10	1.3	2.1	-0.8	0.471	13.2
9.13	2.3	2.8	-0.5	0.196	11.5
9.14	1.2	0.9	0.3	0.286	10.7
9.15	2.8	2.8	0.0	0.000	10.4
9.17	2.5	2.7	-0.2	0.077	9.9
9.19	1.8	1.8	0.0	0.000	9.1
9.20	2.4	2.2	0.2	0.087	8.6
9.21	2.2	1.9	0.3	0.146	8.1
9.23	0.9	1.0	-0.1	0.105	7.5
平均	2.1	2.1		0.157	

表3　油松第一性生产力的比较

项目	计算方法			
	实测	以年平均温算	以年降水量算	以生长季长度算
第一性生产力 PP(t・$hm^{-2} \cdot a^{-1}$)	5.48	15.40	10.26	9.29
相对百分率 RP(%)	100	281	187	170

3　结论

（1）油松侧枝的倾角主要分布于0°~30°之间；侧枝弯曲率近于常数0.94；叶面积指数8.2，集中分布于4~6m空间中。

（2）油松林日平均反射率变动于8.8%~12.1%，晴天反射率大于阴天，没有明显的季节变化；林冠日平均透射率同坡面太阳高度角和叶面积指数有关，变动于7.5%~18.3%，阴天大于晴天；林冠下太阳辐射水平分布有周期性变化，周期约为平均冠幅的倍数。

（3）以森林净辐射为100%，各分量的比是：土壤热通量11%，森林植被贮热通量4%，显热通量26%，潜热通量59%；日平均波文比变动于0.23~1.23间，平均0.48。

（4）9月份，能量平衡法和土壤水分平衡法对油松林蒸发散估计均为2.1mm・d^{-1}，两种方法得到的结果比较一致。

（5）实验林分正处速生阶段，过去10年的平均光能利用率0.31%，整个生长期平均0.14%；北京市现有油松林每年固定9.29万t CO_2，生产6.79万t O_2；平均生产力5.48t・$hm^{-2} \cdot a^{-1}$。

参考文献

［1］洪启发等．马尾松幼林小气候．林业科学，1963，8(4)：275－286.

［2］贺庆棠，刘祚昌．森林的热量平衡．林业科学．1980，16(1)：40－47.

［3］翟明普．北京西山地区油松元宝枫混交林生物量营养元素循环的研究．北京林业大学学报，1982，10(4)：67~79.

［4］北京市林业局．北京市林业资源及区划．1983.

［5］陈灵芝等．北京西山(卧佛寺附近)人工油松林群落学特性及生物量的研究．植物生态学与地植物学丛刊，1984，8(3)：173－181.

［6］刘国琛．小良热带人工阔叶混交林林冠蒸散测定研究．热带亚热带森林生态系统研究，1984，2(2).

［7］H. 里恩，R. H. 惠梯克等著．生物圈第一性生产力．王业蘧译．北京：科学出版社，1985.

［8］贺庆棠．用生物量法对植物群落太阳能利用率的初步研究．北京林业大学学报．1986，(3)：52－59.

［9］S. 西格尔著．非参考统计．北星译．北京：科学出版社．1986.

［10］刘春江．北京西山地区人工油松栓皮栎混产林生物量和营养元素循环的研究．北京林业大学学报，1987，9(1)：1－11.

［11］方长明．人工油松林的能量平衡和蒸发散．北京林业大学学报．1988，10(2)：31－37.

［12］Jarvis，P. G.. Exchange properties of coniferous forest canopies. X Ⅵ IUERO World Congress 1976, Division Ⅱ, 1976：91－98.

气候变化对中国森林植被的可能影响*

贺庆棠　袁嘉祖　逄　瀛

（北京林业大学森林资源与环境学院）

现代工业的兴起和发展，一方面促进了全世界社会经济的高速发展，另一方面又带来了严重的生态环境问题，如：温室效应加剧，臭氧层变化，生物多样性锐减，水土流失和沙漠化扩大，大气污染、噪声、酸雨增多，海平面上升，风暴潮频繁等。它已严重地影响社会经济的发展，引起了人们的普遍担忧和国际社会的关注。

全球气候变化对策专家组编写的《中国科学技术蓝皮书（气候）》[1]和叶笃正先生主编的《中国的全球气候变化预测研究》[2]表明：虽然这些预测未来气候变化的速度、幅度和地域范围不完全一致，但总的气候变化趋势是气温升高，干旱加剧，无疑将影响我国的种植制度和森林植被的地域分布及生产力。

1　4个敏感森林树种变化趋势的仿真试验结果

我们并不着重研究温室气体对未来气候会产生何种影响，只是研究可能出现的气候变化对森林分布的影响。我国主要树种分布是：东北地区是兴安落叶松和红松；西北地区是云杉和冷杉；华北地区是华北落叶松、油松；华中地区是杉木和马尾松；西南地区是云南松。尽管水热条件是制约林木生长的主要因素，但并不像农作物那样敏感。因此，我们首先用柑橘、橡胶树、桉树和杉木四个对气候比较敏感的树种，根据它们的生物学特性对水热条件的要求，在未来60a内可能发生的气候变化条件下，应用系统动力学的方法进行模拟，预测这些树种的地理位移趋势和生态适宜性的空间分布区。

由于大气环流系统和森林生态系统是多目标、多因素、高阶次、非线性、多重反馈的复杂系统，系统关系复杂、相互制约和促进，并有结构关系模糊性、指标数据灰色性和时间序列的多变性。所以预测未来气候变化引起的树木分布，凭人的经验和简单的数学模型难以作出准确判断，必须利用生态学和大气物理学的观点、控制论的原理与方法，借助计算机来寻求未来多种气候变化对树种分布的变化趋势。我们的思路是从不同树种的地域分布与气候因素关系的历史资料，设想多个温度与降水的组合方案进行模拟实验，从而确定各树种的时空变化。

系统动力学（SD）是以实际系统的客观存在和内在联系为基础，通过系统分析，从微观结构建模，构造系统的基本结构，进行模拟系统的动态行为。它是定性与定量相结合的一种数值模拟方法，被称做动态仿真法。通过仿真实验，掌握了系统变化规律，就可以采取适当的政策措施，使系统朝着人们所希望的目标发展，所以又被称为政策和策略实验室。因此我们用SD理论来研究气候变化对中国森林植被分布的可能影响。

---

*　北京林业大学学报增刊，1994.12.

SD 模型属于结构模型，由系统边界、因果关系图、系统流程图、构造方程和模型参数等部分组成。

系统边界是指本系统所研究的问题，选择对树种分布影响较重要的 24 个状态变量、28 个流率变量、6 个辅助变量和 68 个参数作为研究对象，分为温室气体、海洋、森林植被等三个子系统，构成因果关系图，从中找出与树种分布有关的各变量之间的因果关系。由于因果关系图不能区别不同性质的变量，因此按照因果关系图中变量的三元关系构造三元矩阵，即有关系为 1、无关系为 0、负关系为 –1，通过系统诊断，分离出系统中的物质流、信息流及各种变量，将因果关系图转化为系统流程图。

我国气候变化及树种分布趋势预测模型的系统变量可表示为：

$$\pi\ (Q)\ =\ (L,\ R,\ A,\ C)$$
$$\pi\ (S)\ =\ (I,\ F)$$

式中：$\pi\ (Q)$ ——系统变量集合；

$\quad\quad L$——状态变量集合；

$\quad\quad R$——流率变量集合；

$\quad\quad A$——辅助变量集合；

$\quad\quad C$——参数集合；

$\quad\quad \pi\ (S)$ ——系统的关系集合；

$\quad\quad I$——信息流耦集合；

$\quad\quad F$——物质流耦集合。

状态变量的一般形式为：

$$\frac{\mathrm{d}L}{\mathrm{d}t} = f(L_i,\ R_i,\ A_i,\ C_i)$$

其差分方程形式为：

$$L\ (t + \Delta t) = L\ (t) + f(L_i,\ R_i,\ A_i,\ C_i)\Delta t$$

SD 模型方程用 DYNAMO 语言编程序，采用龙格—库塔（Rung-Kutta）法对状态方程求数值解，流率方程、辅助方程等则由状态方程导出。先用实际历史数据检验仿真模型的有效性，然后预测未来发展趋势（具体模型和流程图略）。仿真基期为 1990 年，步长为 10a，中止时刻为 2050 年。通过调整温度和水分等调控参数，即可模拟出各种气候变化条件下各树种的位移趋势。限于篇幅，仅列出杉木与柑橘分布的变化（如表 1 和表 2）。

由表中看出：在气温每 10a 上升 0.2~0.5℃，相应降水每年升高 1.02% 的情况下，杉木分布区的北限将从 N33.4° 推移到 N37.1°，推移了 2.7°，海拔下限从 800m 升至 912.3m，上升 112.3m；柑橘分布区的北限从 N37° 推移到 N40.6°，海拔上限从 1200m 升至 1312.3m，上升 112.3m。总之，随着未来温度升高和降水增加，杉木与柑橘都将出现北移趋势，而且南部高海拔地区的杉木和柑橘面积将大幅度缩小，这两个树种都不能向西转移。因为四川盆地污染气体不易扩散，气溶胶（SO_2）形成的酸雨较多，抑制温室气体的增温效应，气温偏低 0.1℃。

表1 未来60a内杉木分布的可能变化

年份	降水量（mm）		1990年 20℃	2000年 20.3℃	2010年 20.6℃	2020年 20.9℃	2030年 21.2℃	2040年 21.5℃	2050年 21.8℃
1990	1600	纬度	33.4	34.1	34.6	35.2	35.8	36.4	37.1
		海拔（m）	800.0	846.2	892.9	938.6	984.8	1031.1	1077.2
2000	1616.3	纬度	33.4	34.1	34.6	35.2	35.8	36.4	37.1
		海拔（m）	772.5	818.7	864.9	911.1	957.3	1003.5	1049.1
2010	1632.8	纬度	33.4	34.1	34.6	35.2	35.8	36.4	37.1
		海拔（m）	745.1	791.3	837.4	883.6	929.8	976.1	1022.2
2020	1649.5	纬度	33.4	34.1	34.6	35.2	35.8	36.4	37.1
		海拔（m）	717.6	763.8	810.0	858.2	902.4	948.6	994.8
2030	1666.4	纬度	32.4	34.1	34.6	35.2	35.8	36.4	37.1
		海拔（m）	690.1	736.3	782.5	828.7	874.9	921.1	976.3
2040	1683.5	纬度	33.4	34.1	34.6	35.2	35.8	36.4	37.1
		海拔（m）	662.6	708.8	755.0	801.2	847.4	893.6	939.8
2050	1700.8	纬度	33.4	34.1	34.6	35.2	35.8	36.4	37.1
		海拔（m）	635.1	681.3	727.5	773.7	819.9	866.1	912.3

表2 未来60a内柑橘分布的可能变化

年份	降水量（mm）		1990年 20.0℃	2000年 20.3℃	2010年 20.6℃	2020年 20.9℃	2030年 21.1℃	2040年 21.5℃	2050年 21.5℃
1990	1000	纬度	33.4	34.1	34.6	35.2	35.8	36.4	37.1
		海拔（m）	1200.0	1246.2	1292.4	1388.6	1384.8	1431.1	1477.2
2000	1010.2	纬度	33.4	34.1	34.6	35.2	35.8	36.4	37.1
		海拔（m）	1172.5	1218.7	1264.9	1311.1	1357.3	1403.5	1449.7
2010	1020.5	纬度	33.4	34.1	34.6	35.2	35.8	36.4	37.1
		海拔（m）	1452.1	1191.2	1237.4	1283.6	1329.8	1376.1	1422.2
2020	1030.9	纬度	33.4	34.1	34.6	35.2	35.8	36.4	37.1
		海拔（m）	1117.6	1163.8	1210.0	1256.2	1302.4	1348.6	1394.8
2030	1041.4	纬度	33.4	34.1	34.6	35.2	35.8	36.4	37.1
		海拔（m）	1090.1	1136.3	1182.5	1228.7	1274.9	1321.1	1367.3
2040	1052.1	纬度	33.4	34.1	34.6	35.2	35.8	36.4	37.1
		海拔（m）	1062.6	1108.8	1155.0	1201.2	1247.4	1293.6	1339.8
2050	1062.8	纬度	33.4	34.1	34.6	35.2	35.8	36.4	37.1
		海拔（m）	1035.1	1081.3	1127.5	1173.7	1219.9	1260.1	1312.3

2 水热土综合指数预测华北落叶松分布变化趋势

华北落叶松是我国北方的主要树种，分布在山西、河北北部、内蒙古南部、宁夏、陕西、甘肃一带，海拔 $1800 \sim 2000m$，且随着纬度降低而升高。

树种在长期生长过程中，形成了自己特有的分布区。由于环境条件的不同，其生产力会有些差异，这种差异可由相应的生态条件来表达。各树种都有生物学特性，林木生产力是各个环境因子综合的结果，其表达式为：

$$G = G_{max} \cdot F(\theta_1, \theta_2, \cdots, \theta_n)$$

式中：G 为树木在特定分布区的生长量，单位面积上的生长量为生产力（m^3/hm^2）；G_{max} 为由树种生物学特性决定的最大生长量；$F(\theta_1, \theta_2, \cdots, \theta_n)$ 为树木生长的生态指数，$\theta_i \in (0, 1)$，$i = 1, 2, \cdots, n$；这里只考虑热量 θ_1，水分 θ_2 和土壤 θ_3 三个因子，所以研究树木生态适应性的关键是确定 $F(\theta_1, \theta_2, \cdots, \theta_n)$ 的具体形式。

2.1 热量评价指数的确定

树木生长主要在温暖季节，所以我们利用华北落叶松分布区 $\geq 0℃$ 积温和生产力描绘成曲线如图1所示。显然，$\geq 0℃$ 积温和生产力呈二次抛物线关系。抛物线的顶点是华北落叶松生态适应性的热量最适值。记热量指数为1，抛物线两端点为生态适应范围的上下限，其热量指数记为0，由此得到华北落叶松的热量评价指数表达式为：$GT = 4(D_{max} - D)(D - D_{min}) / (D_{max} - D_{min})^2$

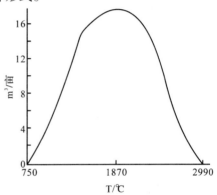

图1 华北落叶松生产力与 $\geq 0℃$ 积温关系

式中，$D_{max} = 2990℃$，为林木所在地 $\geq 0℃$ 适应范围的上限值，$D_{min} = 750℃$，为下限值，$D = 1870℃$ 为最适值，$D = (D_{max} + D_{min})/2 = 1872$ ℃

同理，得温度最适值 $T = 15.2℃$，上限值为 $26.8℃$，下限值为 $5.7℃$。

2.2 水分评价指数的确定

华北落叶松分布的水分和生产力的关系仍然是呈二次抛物线关系，其表达式为：

$$GH = 4(H_{max} - H)(H - H_{min}) / (H_{max} - H_{min})^2$$

式中：$H_{max} = 1000mm$，为华北落叶松水分指数适应范围的上限值；$H_{min} = 828mm$，为下限值；$H = 914mm$，H 为最适值，$GH \in [0, 1]$。

2.3 水热评价指数的确定

水分和热量对林木生长具有一定互补性，当二者配合达到最佳状态时，林木就有最大生产潜力；当某一因素不适合时，就会影响林木正常生长，因此水热评价指数表达式为：

$$GTH = GT \cdot GH$$

式中 $GTH \in [0, 1]$。水热指数与华北落叶松生产力指数 PI 之间的关系为：

$$PI = 0.83898 + 1.4326 \times 10^{-0.3} \times 294.425^{GTH}$$

拟合样本数为 $N = 60$，$R = 0.7471 > r_{0.01}$

水热指数 GTH 与华北落叶松每公顷材积生长量之间的关系为：

$$r = 1.73 \times 1.67^{GTH}$$

式中：r 为材积生长量（$m^3/hm^2 \cdot a$）。拟合样本数 $N = 16$，$R = 0.85 > r_{0.01}$。

2.4 水热土评价指数的确定

影响林木生长的主要因子是气候和土壤。因此，我们在五台山、恒山选择 60 块标准地，测定了土层厚度、母岩类型、土壤类型、pH 值、表层有机质含量、阳离子代换、海拔高度和坡位等，经逐步回归筛选出影响华北落叶松生产力的 3 个主要因子，即水热指数、有机质含量 A 和阳离子代换 B。其权重（偏相关系数）分别为 0.273，0.381 和 0.333，据此得到华北落叶松综合评价指数为：

$$EI = 0.273 \ (GTH - GTH_{min}) \ / \ (GTH_{max} - GTH_{min})$$
$$+ 0.381 \ (A - A_{min}) \ / \ (A_{max} - A_{min}) \ + 0.233 \ (B - B_{min}) \ / \ (B_{max} - B_{min})$$

将测试数据代入上式即可求得各标准地上综合评价指数的结果。将求得的生产力指数作为因变量，综合评价指数为自变量，得生产力指数回归方程为：

$$PI = -0.71 + 0.035^{EI}, R = 0.9424 > r_{0.01}, N = 58$$

这一结果与水热指数和生产力之间关系相比较，二者变化规律是一致的，即生态条件和生产力之间关系符合指数变化。

2.5 气候变化对华北落叶松分布的影响

将气候变化预测值代入上述有关表达式，可以确定分布下限，与现实分布相对照，就可以确定分布区下限提高幅度和分布区向北、向高海拔推移的范围。由于华北落叶松喜寒湿，所以当增温 1℃时，分布区南限可向北推移 1~2 个纬度，海拔升高 100~200m；当增温 2℃时，南限向北推移 3 个纬度，海拔升高约 200~300m；当增温 3℃时，南限可向北推移 3~4 个纬度，海拔升高 300~400m。这时恒山海拔 2400m 处是最适宜区，因北限水分不足，不会向北推移很远，所以分布区缩小呈带状分布。

各地生产力的下降幅度约在 0.1~1.0m³/hm²·a，且气候变化幅度与生产力下降幅度呈正相关关系。

3 其他主要树种分布的变化趋势

中国森林将受到气候变化的影响。具体来讲，东北兴安落叶松所受影响不大，红松将向东南方扩展，火灾可能性增大；华北的油松北限可越过阴山山脉；占我国南方森林 1/2 面积的马尾松分布区将大大缩小；西南地区的云南松分布还将退化为灌丛草原。

若按照农业部门的估计，到 2030 年气温上升 1℃左右、降水增加 5%，那么，CO_2 浓度增加，气温和降水对森林生长有利的影响被干旱等不利因素所抵消，这种气候变化程度对中国森林植被分布和生产力不会造成重大影响。

4 中国森林的碳源与碳汇功能

全球 40 亿 hm² 森林，已毁掉 20 亿 hm²，储藏的碳相当于大气的中总碳量 7000 亿 t，平均每公顷储存 100~200t 碳量。目前人类活动所释放的碳总量约 70 亿~80 亿 t，其中矿物燃料占 60 亿 t，砍伐森林和烧毁生物量释放约 10 亿 t，占 15%。若每年营造森林 1000 万 hm²，20 年营造 2 亿 t，方可储存现在人为排放 CO_2 的 10%~15%。因此要造 10 亿 hm² 才能全部吸收 70 亿~80 亿 t CO_2，但 30a 后才能见效。

中国现有森林 1.337 亿 hm²，覆盖率 13.9%，占宜林地的 50.4%；蓄积量 101.37 亿 m³，单位面积蓄积量在下降，生物量只有 160t/hm² 。1984～1988 年森林总蓄积量为 80.045 亿 m³，含碳素 80 亿 t，同期净消耗森林蓄积量 5088 万 m³。释放碳 5088 万 t，所以中国目前基本上是森林的碳积累高于森林的碳释放。林业部（现为国家林业局）计划 2000 年森林覆盖率达到 15%，2050 年达到 26%，即把宜林地全部造完。每年需营造 207 万 hm²，到 2050 年这些新造林平均林龄 28a，平均生物量 56t/hm²，平均储碳 28t/hm²，估计可储碳 32.5 亿 t，约相当于 1995～2015 年能源生产累计排放 CO_2 的 16%，所以我们提倡大力造林，控制滥砍乱伐，减缓温室气体是有效的措施。正如 1991 年联合国环境与发展大会秘书长莫里斯·斯特朗先生指出的那样："在推动环境与经济领域一体化运动情况下，为了协调国家经济利益和全球范围的环境保护方面取得一致意见，没有任何别的利益比森林更重要了"。

参考文献

［1］全球气候变化对策专家组. 全球气候变化及其对策//国家科委社会发展司主编. 中国科学技术蓝皮书（气候）. 北京：国家科委，1990.

［2］叶笃正主编. 中国的全球气候变化预测研究. 北京：气象出版社. 1992.

［3］IPCC. 气候变化科学评估. 气候变化的可能影响. 应付全球气候变化的反应战略. IPCC 1990 年度研究报告.

［4］赵宗慈. 模拟人类活动影响气候变化的新进展. 应用气象学报，1993，4（4）.

［5］王其藩. 系统动力学. 北京：清华大学出版社，1988.

［6］徐华清. 中国能源发展中 CO_2 排放量预测及减消对策. 北京：中国科学院能源研究所，1993.

［7］贺庆棠. 森林对地气系统碳素循环的影响. 北京林业大学学报，1993,15(3)：132—139.

［8］袁嘉祖，马钦彦，康惠宁，高孟宁. 气候变化对中国林业的可能影响及减缓 CO_2 排放量林业对策的经济分析. 北京林业大学学报，1994.

气候变化对我国红松林的影响[*]

卫　林　王辉民　王其冬　刘允芬

（中国科学院自然资源综合考察委员会）

贺庆棠　袁嘉祖　邵海荣　宋从和

（北京林业大学）

1990 年 5 月，政府间气候变化委员会（IPCC）预测，若温室气体排放量得不到有效遏制，下个世纪末全球平均温度将比现今高 3℃左右，温室效应诱发全球增温，必将引起气候带北移，改变降水分布、能流物流通量结构与生物的有序性，从而直接影响森林的种群结构、分布与生物的多样性。

红松（*Pinus Koraiensis*）是我国四大林区之首——东北林区的优势树种之一，总蓄积量达34 547万 m³，由它为主组成的温带针阔叶混交林是该地区典型的地带性植被。由于红松属典型温带湿润型山地大乔木树种，对温湿状况适应的生态幅较窄，因此我国现今红松自然分布区仅局限于东北的小兴安岭、张广才岭、完达山及长白山等东部山地（见图 1），而且主要集中在温湿度变幅较小的山腹地带。随着人类活动日益增强而导致未来气候剧变可能对红松树种的影响已引起普遍关注，因为它不仅直接关系到红松的生存发展、东北林区的兴衰，而且还直接影响到整个东北大平原的生态平衡与农林业生产的发展。

要阐明未来气候变化对红松的影响，必须首先弄清温度、水分对红松生长、发育及产量的精确定量关系。为此，本文在对我国红松分布范围、生态习性等广泛深入调查的基础上，依据环境因子对树木生长的影响具有阶段性、不等性与综合性以及树木对限制因子的耐受性原理，建立了一个能反映红松年生长量与温湿度因子间关系的模式，并据此式分析了各种可能气候变化对红松的影响，旨在为我国经济发展战略决策和制定气候变化的有关对策提供依据。

1　模式的建立

温度和降水是决定陆地表面生物多样性和分布的主要环境因子，它们与植物生长、产量、分布等关系可分别用二次曲线来表示，并存在三个基点，即最高点、最低点与最适宜点。在直角坐标中，取横轴为温度，纵轴为水分，设 T_1、T_2、T_0 分别代表植物三个基点温度；W_1、W_2、W_0 分别代表植物三个基点水分。通过 T_1、T_2、W_1、W_2 分别引平行于轴的直线构成图 2。由图中不难看到：

（1）处于长方形 ABCD 内各点的温度、水分状况适宜植物生长，以外侧不适宜。

（2）长方形内各点对植物的适宜性并不完全相同，其中 Q_0 点最优，而偏离 Q_0 点，无论温度增高或降低，水分增加或减少，适宜性都会随之下降，而且偏离越远、适宜性就越差。

---

* 地理研究，1995. 3. 第 1 期。收稿日期：1994 – 01 – 10，收到修改稿日期：1994 – 11 – 01。

（3）如令 Q 表征植物的生产力，显然 Q_0 点生产力最高，偏离 Q_0 点愈远则生产力愈低。因此围绕 Q_0 点存在着一系列闭合的等产曲线。

（4）长方形边框上各点的适宜性也不相同，其中各边框线段中点 Q_1、Q_2、Q_3、Q_4 相对边框上其他各点较优，都是一个因子处于最适状态，另一个因子处于适生的极限，因此，经过 Q_1 点的等产线不会再与 AD 线段有第二个交点，同理，经过 Q_2、Q_0、Q_4 的等产线也不会再与 AB、BC、CD 线段有第二个交点，这就是说等产线是条曲线而非折线。

（5）处于边框上的四个顶点适宜性最差，两个因子都处于植物适生范围的极限，其中对喜温热植物又以 A、C 二点最差，这是由于高温干旱（C 点）与低温潮湿（A 点）比起高温潮湿（B 点）、低温干旱（D 点）更难忍受。而对喜温凉湿润植物则以 B、D 二点最差。

图1 我国红松林分布状况
Ⅰ红松云冷杉暗针叶混交林
Ⅱ红松椴枫桦等混交林
Ⅲ红松沙松千金榆等混交林

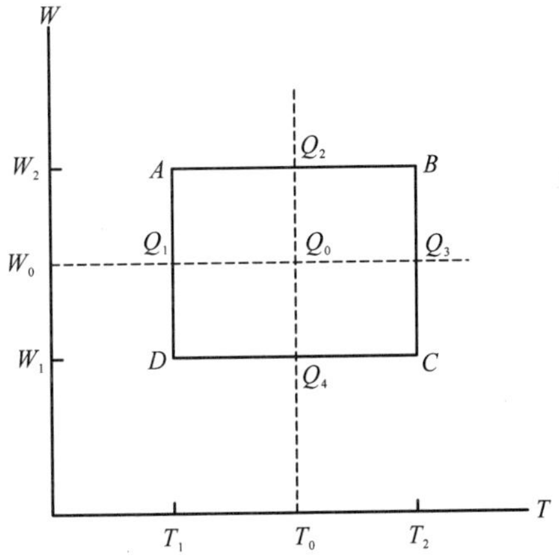

图2 影响植物生长的温度和降水三基点

综合以上情况，如果假设：①对植物生长除温度、水分二因子外，其他影响因子都能满足丰产要求，处于最适宜状态。②当水热因子偏离最适宜点 Q_0 时，无论是温度升高或降低一个单位、对植物生产都具有相同的影响，水分因子也是如此。

那么，在上述条件下，围绕 Q_0 点的等产线是一组与横轴有一定夹角的近似于椭圆的曲线。下面就根据上述图形，给出植物生产力与水热因子间的定量关系，$Q_f(W, T)$ 的具体表达式。为简便起见，抽取其中任意一个图形来讨论（见图3a）

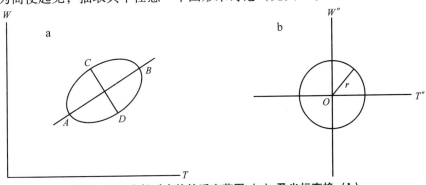

图3 植物生长对水热的适宜范围（a）及坐标变换（b）

设类椭圆长轴 AB 与横轴夹角为 θ，圆心坐标为 T_0，W_0。

（1）将坐标轴逆时针旋转 θ 角，由坐标旋转公式得：

$$T' = T\cos\theta + w\sin\theta \qquad W' = -T\sin\theta + W\cos\theta \qquad (1)$$

（2）令 $T'' = (T' - T'_0)/m \quad W'' = W' - W'_0 \qquad (2)$

式中 $m = A'B'/C'D'$

将坐标原点平移至类椭圆圆心，并调整横纵轴长度单位得图 3b，该圆方程为：

$$r^2 = T''^2 + W''^2 \qquad (3)$$

（3）令植物生产力 Q 与 T'' 间的关系为二次曲线，即

$$Q = a + bT'' + cT''^2 \qquad (4)$$

则将此曲线 Q 轴旋转一周，即可得 Q 与 T''、W'' 关系为：

$$Q = a + br + cr^2 \qquad (5)$$

式中

$$r = \sqrt{\left[\frac{(T - T_0)\cos\theta + (W - W_0)\sin\theta}{m}\right]^2 + [-(T - T_0)\sin\theta + (W - W_0)\cos\theta]^2}$$

式（5）即所求的植物生产力与温度、水分间的定量关系——$W - T$ 模式的通式。

为求得红松年生长量与水热因子关系 $W - T$ 模式的具体表达式，本文利用李文华等在我国长白山区对各种典型红松类型中的红松进行的树干解析、样木称重以及伍业纲、韩进轩在长白山东岗地区红松树木年轮测定所积累的资料[2,3]，经分组平均后得图 4。由图得 $\theta = 108°$，$T_0 = 19.8℃$，$W_0 = 830\text{mm}$，用 θ、T_0、W_0 与所得资料一起计算，得红松年生长量 $W - T$ 模式如下：

$$Q = 9.23 - 0.015104r - 0.0000107r^2 \qquad (6)$$

这里

$$r = \sqrt{\left[\frac{120(T - 19.8)\cos108 + (W - 830)\sin108}{1.486616}\right]^2 + [-120(T - 19.8)\sin108 + (W - 830)\cos108]^2}$$

上式复相关系数为 0.93，回归显著性检验 $F = 132$，达显著相关水平。

式中 Q 为单株红松地上部分年生长量（kg），T、W 分别为 7 月平均气温与年降水量。

由（6）式可以看到，红松年生长量 Q 与温度、降水之间并非简单的线性关系，而是与温度、降水偏移最适宜点的差值平方和的平方根成二次曲线关系。

为进一步检验（6）式，将东北各地 7 月平均气温与年降水量资料代入，得到各地红松年生长量分布图 5。考虑红松为多年生大乔木，稳定生长区必须保证每年都有一定的生长量。而按各地多年平均气温降水资料建模，由于使用的是平均气候资料，它本身包含着一定的波动，因此不宜取由模式计算的年生长量 $Q = 0$ 作为红松稳定生长区与非稳定生长区的界限值。根据地区实际与平均气候资料本身存在的波动，本文取最大生长量的 40%，即 $Q = 3.7\text{kg/株}$，作为红松稳定生长区与非稳定生长区间的界限值。按此标准进行计算、结果红松分布除大兴安岭东坡与实验情况略有出入外，其他地区（包括年生长量的高低值区）均与实际情况相符。至于大兴安岭东坡目前无红松分布，据调查主要原因并非水热条件不适，而是由于当地山林火灾较多，过火红松种子萌芽率低，竞争不过落叶松的结果。由此可见，（6）式不仅具有足够的精度，而且有着较好的广延性。

需要指出的是，$W - T$ 模式是一个适合研究各种生物与水热因子关系的模式，但在将它具体运用时，必须注意坐标选取，坐标单位调节以及保持（5）式为二次曲线等问题，比如

水热因子可用年平均气温、月均气温、生长期积温以及年降水量、生长期降水量、水热系数、湿润度、干燥度等各种形式表示，应用（5）式时却不能不加选择任意取用，必须针对具体研究对象及其特性，在大量调查、试验与分析的基础上，选择确能反映研究对象本质的关键因子，如本文计算红松年生长量选用最热月平均气温与年降水量，是依据红松为温带湿润型树种，不耐高温，气温上升到22℃即停止生长，光合速率下降等实验结果选定的[1.5.6.7]

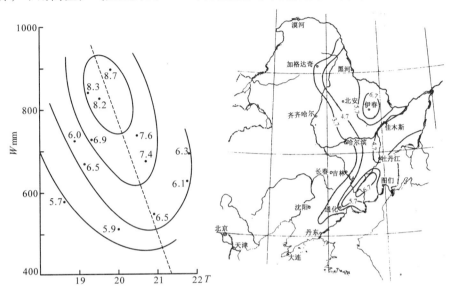

图4　吉林安图7月平均气温、年降水量与红松年生长量的关系　　　图5　红松年生长量分布状况

2 ．分析结果

对（6）式求偏导和全微分，可分别求得降水不变温度变化、温度不变降水改变以及温度降水同时变化三种情况，气候对红松生长的影响。

2.1　温度变化的影响

以目前各地实际平均气温为基数，给以不同的温度变化 ΔT（ $\Delta T = 1℃$ ， $2℃$ ， $3℃$ ），由（6）式求得降水不变条件下，不同增温对红松水平分布的影响（见图6）。红松不耐高温，因而在本底温度较高的北纬50°以南地区，随气候变暖，红松北界迅速向北退缩，大约温度每增加1℃，南界向北退缩1~2个纬度。而在北纬50°以北，本底温度相对较低地区，当气温增加1~2℃时，有利于红松生长，西界略有向西扩张的趋势。但当温度升高3℃时，由于水热失调，西界迅速东移至北纬45℃以南。总的来看，适宜红松稳定生长区域界限随温度增高而退缩近似呈线性关系，而适生面积的减少却与温度增高近似呈几何数关系。例如，目前东径126°以东，北纬41°以北广大地区，大体来说都适宜红松生长，但若温度增加3℃，整个东北地区适宜红松稳定生长区域就仅仅局限于长白山的部分山地。

气候变暖不仅影响红松的水平分布，对垂直分布也有很大影响，由长白山西坡海拔最低点沈阳（43m），经开原（98m）、四平（164m）、盘石（271m）、辉南（306m）、柳河（362m）、通化（402m）、抚松（430m）、敦化（523m）、靖宇（549m）、安图（591m）、东岗（774m）、长白（1016m）、到天池（2623m）14个站组成的垂直剖面资料计算结果（见表1）可以看出，在目前气候状况（T），适宜红松垂直分布海拔范围为280～1100m，最适分布区海拔范围为450～900m，年生长量最大海拔高度为700m，而当温度分别增加1℃（T+1）、2℃（T+2）、3℃（T+3）时，红松适宜分布区、最适分布区的上下限以及最大年生长量区的海拔高度均随温度升高而增高，大约气温每增加1℃，下限上升100～150m，上限上升150～200m，由于山体面积上小下大，与水平分布一样，气候变暖将使红松适生面积迅速减小。

图6　降水不变、增温对
红松林水平分布的影响

—气温不变　- -气温增加1℃

-·-气温增加2℃　··.气温增加3℃

图7　气温不变、降水增加对
红松分布的影响

—降水不变　- -降水增加20%

-·-降水增加40%

表1　降水不变、增温对红松垂直分布的影响

温度（℃） 海拔（m）	适宜分布区	最适分布区	最大生长量区
T	280～1100	450～900	700
T+1	450～1300	600～1100	850
T+2	550～1450	700～1250	1000
T+3	720～1650	850～1450	1200

2.2　水分变化的影响

红松性喜湿润，但对水分也有适度要求，降水的增加或减少都会对红松的生长和分布产生影响（图7）。随着降水增加，在北纬45°以北地区，红松分布的西界将向西扩张，45°以南，红松分布南界则将向北收缩。产生这种现象的原因在于北部地区年降水少，一般不足600mm，而南部较多，一般都在700～1000mm之间，故北部地区红松的适宜性随降水增加而增大，西界向西扩展，而南部地区红松适宜性下降，南界北移。反之，若降水减少，则45°以北红松适生西界迅速东移。特别是当降水减少40%时，由于水分严重亏缺，整个北部地区将不再适宜红松生长了。在45°以南，虽然南界基本保持不变，但适生区面积却明显减小，尤其是当降水减少40%时，能保证红松稳定生长的区域就仅局限于长白山区的安图、

抚松、通化、草河口一线的狭长地带。

在垂直变化上（长白山西坡），若气温不变，无论降水增减，都将使适宜红松生长的海拔下限高度上升，这是由于西坡各点雨量大体都在 700 ~ 800mm 之间，接近红松对水分的最适要求，因此降水变化，红松的适宜性必将下降，尤其是在增减 40% 情况下（见表2）更为明显。

2.3 温度降水同时变化的影响

在植物生理与林业技术水平不变情况下，温度降水同时变化对红松的影响，可直接由（6）式给出。考虑到目前各种气候模式的预测结果仍带有很大的不确定性，作为例子，本文仅对平均气温增加 1℃，降水增减 20% 情况下的影响加以分析。

表 2 气温不变，降水增减对红松生长量垂直分布的影响

站名	最热月均温（℃）	年降水量（mm）	海拔高度（m）	降水增加40%	降水增加20%	降水不变	降水减少20%	降水减少40%
天池	8.6	1333	2623	0	0	0	0	0
长白	18.4	695	1016	6.3	6.5	5.6	4.1	2.2
东岗	20.1	817	774	6.0	7.9	8.5	6.8	4.7
安图	19.8	670	591	8.0	9.0	7.4	5.6	3.7
靖宇	20.6	767	549	5.5	7.2	7.7	6.5	4.6
敦化	19.8	621	523	8.8	8.3	6.8	5.1	3.2
抚松	21.9	763	430	3.1	4.5	5.0	4.6	3.4
通化	22.2	740	402	4.1	5.3	5.7	5.1	3.6
柳河	22.5	750	362	1.9	3.1	3.6	3.3	2.3
辉南	22.4	686	306	2.7	3.7	3.8	3.3	2.1
盘石	22.7	711	271	1.9	2.8	3.1	2.7	1.7
四平	23.6	660	164	0	0.6	0.7	0.4	0
开原	23.8	678	98	0	0	0.2	0	0
沈阳	24.6	734	43	0	0	0	0	0

（1）水平分布范围的变化　气温增加 1℃，无论降水增加或减少 20%，与原来相比，红松水平分布范围增加显著减小（见图8），二者间所不同的是，降水增加时减少的面积小些。如以原水热条件下红松分布面积 39324km^2，为 100%，则气温增加 1℃，降水增加 20% 的面积约为变化前的 73.7%；气温增加 1℃，降水减少 20% 的面积仅约为变化前的 23.9%。

（2）垂直分布范围的变化　与水平分布变化相似，当温度增加 1℃，降水增减 20% 时，红松适生的最高、最低与最适海拔高度，均将有明显的变化（见图9），与原来气温降水情况相比，气温增加 1℃，由于下限高度上升了 150m 左右，因此无论降水增减，红松适生范围均将缩小，不过，由于水分条件不同，增加要比减少降水时垂直分布的范围宽广些。如降水增加 20% 时，适宜红松生长的海拔高度范围为 450 ~ 1350m，降水减少 20% 时则为 450 ~ 1100m，二者垂直分布范围相差约 250m。

（3）年生长量的变化　气温与降水的变化除直接影响红松的水平与垂直分布外，还对

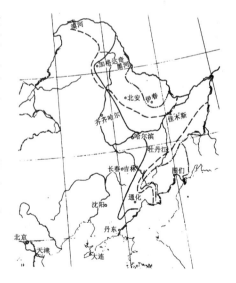

图 8 气温增加 1℃、降水增减对
红松水平分布的影响

——气温降水不变　- - 降水增加 20%
- ... - 降水减少 20%

红松的年生长量有明显的影响。当温度增加1℃、降水增加20%，本区中气温相对较低，降水较少的西北部与东南部一些山地，年生长量平均增长率约为28.7%，而原气温较高，降水较丰富的地区则有所降低，约降低41.8%，全区总平均约降低18.3%；而当温度增加1℃，降水减少20%时，全区各地生长量均有不同程度下降，全区约平均下降45.9%。

考虑到气候变化对红松适生区域和生长量的双重影响，实际气候变暖对红松的影响要比单项分析的大，但由于受实际资料的限制，目前尚无法对这种影响做出较精确的估算。这里仅从总体上做一粗浅分析。

设原气候条件与温度增加1℃、降水增加20%和温度增加1℃、降水减少20%时，红松适生区域面积分别S_0、S_1、S_2，相应的每株红松年生长量分别为q_0、q_1、q_2。假定红松的密度均为n，则三种气候条件下，红松的年总生长量分别为$Q_0 = nS_0q_0$，$Q_1 = nS_1q_1$和$Q_2 = nS_2q_2$。气候变化引起的总生长量的变化可以用相对变化率$(Q_x - Q_0) / Q_0 \times 100\%$表示，将上述适生区域的面积与生长量的单项分析结果（见表3）代入得气温增加1℃、降水增加20%和气温增加1℃、降水减少20%时，东北红松总生长量将分别比气候变化前减少39.7%和87.1%。

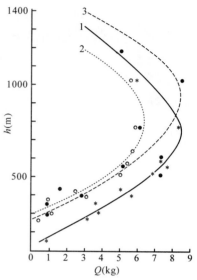

图9　森林热量平衡分量的日变化

1——T = T，W = W　气温降水不变
2——T = T，W = 0.2W　降水减少20%
3——T + 1，W + 0.2W　降水增加20%

表3　不同气候状况下红松分布区面积与单株年生长量的变化

气候状况	温度降水不变	温度增加1℃降水增加20%	温度增加1℃降水减20%
适生区域面积	S_0	$0.737S_0$	$0.239S_0$
单株年生长量	q_0	$0.817q_0$	$0.541q_0$

参考文献

[1] 中国科学院林业土壤研究所. 红松林. 北京：中国林业出版社，1978.
[2] 李文华等. 1980，长白山北坡主要森林类型的生物量. 森林生态系统研究，1980（1）.
[3] 伍业纲，韩进轩. 东北红松生境区划方法研究. 自然资源学报，1990，5（4）.
[4] 卫林. 反映生物性状特征的 W－T 模式. 自然资源. 1993（6）.
[5] 韩进轩. 东北红松林分布区气候因素的主分量分析. 生态学杂志，1986（5）.
[6] 陈大珂. 红松阔叶林系统发生评述. 东北林学院学报，1982.
[7] 周正等. 小兴安岭红松人工幼林生长规律. 东北林学院学报，1982.

气候变化对马尾松和云南松分布的可能影响*

贺庆棠

（北京林业大学森林资源与环境学院）

袁嘉祖　陈志泊

（北京林业大学基础课教学部）

随着社会生产力的发展、人口增加、盲目垦殖、草场超载、大片森林、草原被毁。特别是现代工业的发展，一方面促进了社会经济的高速增长，另一方面又带来了生态环境问题如水土流失和沙漠化扩大，生物多样性锐减，大气中 CO_2、CH_4、NO_2 浓度增大，温室效应加剧，气候变暖，生态环境和噪音污染严重，酸雨增多，海平面上升，风暴频繁等等，无疑将对森林树种地域分布带来影响。但是，由于目前国内外对气候预测的方法还存在着一些差异；再者，我国气候变化不仅南北有别，将来东西之间是否有差别，目前还存在着争议；而且，气候还存在着波动的特征，如灾害性气候等，所有这些因子都可能对预测的结果产生影响。因此，本文乃是多种预测方案中的一种，是在基于前述气候变化特征的基础上，就我国南方马尾松、云南松两个对气候变化比较敏感的树种，根据它们的生物学特性和对水热条件的要求，利用 Holdridge 生命地带分类模型，应用生态信息系统预测它们的地理位移趋势。

虽然目前有关气候变化对树种分布影响的研究方法很多，如系统动力学方法等，但是，作者认为，以往的方法只能以数字的形式来说明结果，因此这种表现结果的方法不生动、不直观。如果既能以数字的形式，又能以图形的形式来表现出变化的结果，将使结果更生动、直观。因此，本文利用生态信息系统方法来研究气候变化对树种分布区的影响。

1　马尾松和云南松的生物学特性及其目前分布区气候特点

马尾松林是我国东南部湿润亚热带地区分布最广、资源最丰富的森林群落。马尾松性喜光、喜湿、耐土壤瘠薄，适于温暖湿润气候地区生长，分布区年平均温度 14～21℃，年降水量 800～1000mm。其分布范围是：北界至秦岭—伏牛山—淮河一线，与暖温带油松林相连接；南界抵广西百色和雷州半岛北部，与云南松林和热带海南松林相交错；西界达四川青衣江流域，和亚热带西部地区的代表树种云南松林相替代；此外在台湾省也有分布。

云南松林是云贵高原上常见的主要针叶林，也是我国西部偏干性亚热带的典型代表群系。它的分布以滇中高原为中心，东至贵州、广西西部，南达云南西南部，北到藏东、川西高原，西至中缅国境线，大约在北纬 23°～29°N，东经 98°30′～106°30′E 之间，分布区呈不规则的多角形；分布区气候属高原季风类型，冬暖夏凉，夏秋季雨量集中，冬春干旱严重、干湿季分明[1]。

*　北京林业大学学报，1996.3. 第 1 期。1995 – 04 – 04 收稿。

2 Holdridge 生命地带分类模型图解

美国植物学家 L. R. Holdridge（1957～1967）创立的用生物温度（BT：Biotemperature）与可能蒸散率（PER：Potenoial Evapotranspiration Rate）的生命地带（Life Zone）分类模型，以其简明、合理及与植被类型的密切联系而受到广泛采用。近年来地理学家进行的许多试验表明：在计算各种植物群落分布的不同方法中，Holdridge 的方法被认为是符合实际的植被—气候分类系统（Watt 1973）；生态学家对这一方法也有较高评价（Whittaker 1975，Ricklef 1976）。

Holdridge 分类系统的基本原理和计算方法如下。

2.1 生命地带的概念

在地球表面的植被类型及其分布主要决定于热量、降水与湿度3个气候要素，而湿度又取决于热量和降水。植物群落组合可以在上述3个气候变量的基础上予以限定，这种组合就称作"生命地带"（张新时，Holdridge 生命地带分类及其修正）。生命地带有双重意义，它们既指一定的植被类型，又包含产生该类型的温度与降水的一定数值幅度。因此，生命地带是气候作用与植被相结合的产物；具体来说是热量带与湿度区及其所规定的植被类型的综合表现（综合体）。这样，既可以从气候资料来计算出某一地区的潜在植被类型，也可以根据野外观测的植物群落来确定该地区的气候状况及其指标。

从生命地带的这一概念和原理出发，对于某一特定树种，也只能生长并分布在某一特定的生命地带内；换言之，当决定生命地带的热量、降水与湿度3个气候要素发生变化时，该树种的分布范围将可能会随之发生变化。

2.2 生命地带的指标

由于在生物温度（BT）、降水（P）、可能蒸散率（PER）这三个重要的气候变量与一定植被类型之间的等价性及密切相关性，就可能从生物学的尺度来衡量和评价这些气候因子。对于热量来说，Holdridge 采用了年平均生物温度作为指标。他将生物温度限定在出现植物营养生长的范围内，一般认为是在0℃到30℃之间，日均温低于0℃与高于30℃者均排除在外。其计算式为：

$$BT = \sum t/365 \text{ 或 } BT = \sum T/12$$

式中，BT 为年平均生物温度（℃），要求满足条件：日均温 0℃ $< t <$ 30℃，月均温 0℃ $< T$ $<$ 30℃。

可能蒸散率是温度的函数。Holdridge 根据实验数据用可能蒸散与降水的比率来确定，即

$$PET = BT \times 58.93$$

$$PER = PET/P = BT \times 58.93/P$$

式中 PET 为年可能蒸散（mm），PER 为可能蒸散率，P 为年降水（mm）。

Holdridge 以生物温度、降水与可能蒸散率所构成的等边三角形图解来决定植被类型的位置，据此来确定植被类型与其气候条件的关系，从而划分生命带。

2.3 生命地带的基本单位及其量度梯度

在 Holdridge 图解中，温度、降水与可能蒸散率对植被影响的量度具有对数的关系。图解中每个六角形的植物群系单位和气候参数与其相邻单位的差异都是一倍。如生命地带的温

度界限是 1.5、3、6、12 与 24℃，每一温度带界限是其前者的一倍；各带降水界限的增值率亦为一倍，即 125、250、500、1000、2000，4000 与 8000 可能蒸散率的梯度亦然。该分类模型图解见图 1。

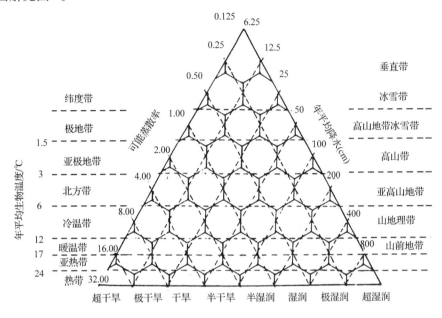

图 1　Holdridge 生命地带分类图解

3　利用 Holdridge 模型预测 2050 年马尾松和云南松生长分布区

由上述可知，Holdridge 生命地带分类模型乃是关于植被与气候之间相互关系的理论。虽然在同一分布区的各植物种的生态特征不可能完全相同，但是，既然这些植物种能存在于同一分布区，那么它们都表现了对该分布区气候特征的适应性，也即该分布区的气候特征决定了它们的存在。本文就是从该点出发，把植被与气候之间相互关系的理论应用到树种与气候之间的相互关系上的，这也是利用 Holdridge 生命地带分类模型预测气候变化对树种分布影响的一种尝试。

本文是利用生态信息系统（EIS）来对两个树种的分布进行预测的，生态信息系统中有许多数据库，如植被分布、年均温、降水量等，都是利用现有资料储存到计算机中。我们就应用 Holdridge 生命地带模型对全国的区域进行分类，扫描经纬网，从数据库中读出每个地理点（由经纬度确定）的年均温值、降水量，用来确定该地点的植被生物类型。而模型中，考虑到分类编码方便，将年均温度编在首位，降水量编在第二位，蒸发散编在末位，形成三位编码。而每一个小三角形对应一种植被类型。然后，通过对每一地理点的气温、降水量和蒸发散值对其进行编码值计算，如符合马尾松和云南松的生长条件，则在图上画出色块标记，而对其余所有树种均不标示。根据马尾松、云南松的生物学特性及对水、热条件的要求，根据 Holdridge 模型编写相应程序，可求得该两个树种的植被类型值，二者分别为 136、145。以此值作为颜色值绘图，分别见马尾松、云南松分布图（目前分布）。由于"温室效应"的作用，气温、降水量等都会发生变化，根据中国科学院大气物理所预测，未来 50a 内到（2050 年），全球气温将可能升高 3.0～3.3℃。我国靠近海洋，气温将可能升高 2.3～

2.8℃[2]。本文假设在气温每10a上升0.2~0.5℃，相应降水量升高1.02%的情况下，经计算，到2010、2030、2050年时，马尾松的分布区北界在水平方向上将可能由现在的34°N左右分别北移至35.5°N，37.6°N和40°N左右，即可能向北推移大约6°N；在垂直方向的分布，其海拔上限将可能由现在的800m升高到1130m左右。原因在于，虽然在今后几十年内，气温升高，降水增加，但新增加的降水远不能补偿由于气温升高而引起的蒸发强度增加所需要的水分，所以未来气候总的变化趋势是向暖干方向发展。由于北方干旱，所以马尾松不会向北推移很远，因而马尾松南北方向分布区缩短；由马尾松原分布区和未来分布区，经计算机测算，其面积将可能由目前的1300.85万hm²，减少到1040.85万hm²，即可能减少260万hm²（图2）。云南松北移趋势不明显，但可

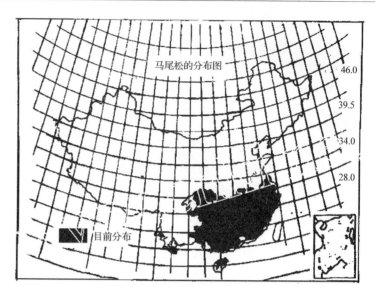

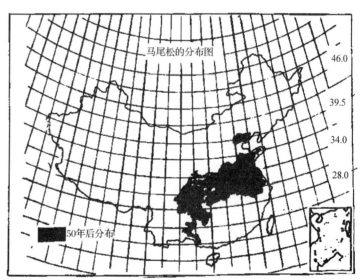

图2 马尾松1990年和2050年的生长分布区示意图

能有向东（沿海）移动趋势，这是由于秦岭一带的大地域影响，使其北移受到限制造成的；但其分布面积减少，其面积将由目前的443.53万hm²可能减少到221.76万hm²，即可能减少221.77万hm²（图3，其计算方法同马尾松）；其在垂直方向上的变化，即分布的海拔上限将由现在的2800m可能升高到3077.6m。分别见马尾松、云南松分布图（50a后）。

对于马尾松、云南松所损失的面积，若更换树种，重新造林，按每公顷210美元计算，即便不考虑通货膨胀因素，也需（260+221.77）×10 000×210 = 10.12亿美元。

在本文研究过程中，未考虑水、热在空间的不匀质性与时间配合上的不同步性，也没有考虑可能产生的气候不稳定性、灾害性气候较频繁与强度发生的可能性，以及各种不同植被随气候变化而产生的进化和适应性。

　　致谢　在研究过程中，承蒙中国科学院植物研究所植被数量生态开放实验室提供了本研究所需要的气象资料、植被分布资料、有关的参考资料和充足的上机时间，并自始至终得到杨奠安副研究员的热情帮助，在此一并表示衷心的感谢。

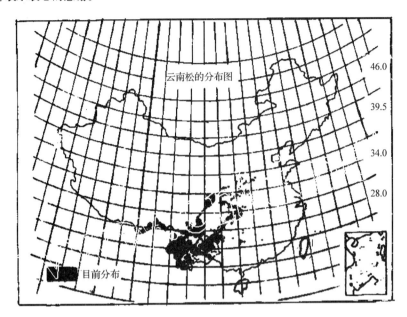

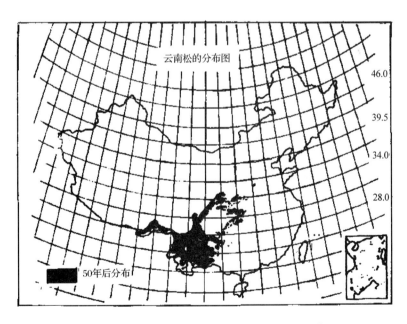

图3　云南松1990年和2050年的生长分布区示意图

参考文献

　　[1]　中国植被编辑委员会编著．中国植被．北京：科学出版社，1980. 235 – 238

　　[2]　贺庆棠，袁嘉祖，逢瀛．气候变化对中国森林植被的可能影响．北京林业大学学报，1994，16(4)：1 – 3.

华北落叶松生态适应性的定量分析与评价[*]

李建国　陈国海

（中国林业科学研究院林业研究所）

贺庆棠　邵海荣

（北京林业大学）

　　树种的生态适应性研究，一直是森林生态学的重要内容，国内外对此均作了大量研究[1-4]，生态适应性研究的任务有二：①确定影响树木生长发育和分布的生态条件及其变化规律；②是选择恰当模型描述生态因子间的相互作用规律。目前的研究多集中于探讨影响树种生长、发育和分布的生态因子，并对其时空分布规律作出探讨[3]，但主要是概括其生态适应的范围和数值。由于气象资料的短缺，对于森林上限树种，只能大约估计[1,2]。而有关根据生态因子间相互作用规律，建立其生态适应性数量化模型，进而揭示其对树种影响的规律尚未见报道[4]。

　　本文在实测气象资料的基础上，建立了推算华北落叶松（*Larix Principis-rupprechtii*）分布区内各地气象条件的统计方程，进而推算其气候生态条件，并根据生态因子间对树木发生作用的规律，尝试建立了评价其气候生态适应性的数量化理论模型。并对模型的应用作了探讨。它是合理规划树种发展的基础。

1　研究方法

　　本项研究在华北落叶松天然分布区各主要林区中未经人为破坏，病虫害较轻的天然林中布设标准地，同时还搜集了有关资料，选取林分每公顷蓄积量年生长量作生产力指标。

　　根据在华北落叶松天然分布区内各气象站所搜集的资料，采用统计相关法对其分布区各气象要素作了推算，进而得到其气象生态指标的范围。所有资料均是 10a 以上的台站资料。

　　在此基础上，根据生态因子间相互作用的规律，建立了生态适应性的数量化评价指标体系。

2　研究结果与分析

2.1　华北落叶松分布区气象要素的推算

　　由于华北落叶松是森林上限树种，须根据现有台站的气象资料对其实际气象条件作出推算。为此，建立了推算其气象要素的统计方程。结果见表1、表2。推算的因子主要有水分和热量因子。因为热量受地形条件的影响较降水小，所以分3片分别建立各要素随海拔条件变化的方程。而降水则按不同山体建立随高度变化的方程，并限定了推断的海拔范围。并对推断结果进行了检验，结果良好。

　　* 生态学报，1996.4. 第2期。收稿日期：1993 – 07 – 19，修改稿收到日期：1995 – 02 – 10。

表1 降水量订正表

地点	相关方程	相关系数	危险率 a	显著程度	样本数 n	适宜海拔范围（m）
关帝山区	$P = 139.08 + 0.39 \times H$	0.96	0.001	＊＊	10	1000～2600
管涔山区	$P = 205.47 + 0.22 \times H$	0.872	0.01	＊＊	11	1000～2500
太岳林区	$P = 289.41 + 0.27 \times H$	0.95	0.01	＊＊	12	1400～2300
恒山	$P = 35.85 + 0.31 \times H$	0.94	0.01	＊＊	15	1200～2300
五台山	$P = 262.22 + 0.20 \times H$	0.97	0.001	＊＊	10	1100～2800
百花山	$P = 347.55 + 0.16 \times H$	0.87	0.01	＊＊	8	1400～2300

注：＊＊表示极显著

表2 热量要素订正表（各月平均气温的高度递减率△和 R 值）

月份	山西片			河北片		
	太岳山	管涔山	关帝山	恒山	五台山	敖包山
	Δ（℃/m）		R	Δ（℃/m）		R
1	-0.0045		-0.96	-0.0055		-0.98
2	-0.0055		-0.98	-0.0055		-0.96
3	-0.0058		-0.98	-0.0054		-0.98
4	-0.0061		-0.97	-0.0055		-0.98
5	-0.0001		-0.95	-0.0058		-0.98
6	-0.0071		-0.99	-0.0060		-0.98
7	-0.0066		-0.99	-0.0059		-0.98
8	-0.0064		-0.98	-0.0055		-0.99
9	-0.0058		-0.97	-0.0055		-0.99
10	-0.0053		-0.98	-0.0059		-0.99
11	-0.0048		-0.97	-0.0056		-0.95
12	-0.0044		-0.97	-0.0052		-0.95
≥0℃积温	-1.5993		-0.97	-1.5993		-0.99
年平均气温	-0.0057		-0.99	-0.0056		-0.97

2.2 华北落叶松气候生态指标的确定

经推算得到华北落叶松天然分布区的气候条件，以全分布区最低的下限和最高的上限之间的气候幅度作为其气候生态适应范围，但这只是华北落叶松的一般气候要求，并不能作为其气候生态指标。通过研究分布下限及生产力与不同的水热因子的关系发现，进入逐步回归方程的只有最冷月（1月）平均温度，最热月（7月）平均温度，年≥0℃的积温，温暖指数，年降水量和湿度指数。因此，以上述6个影响华北落叶松分布和生长的主导因子作为其气候生态指标。和半峰完公式[2]计算其最适范围，以其天然分布中生产力最高点的关帝山海拔2200m处的气象要素值作为最适值，得到了华北落叶松气候生态指标及其数值，列入表3。

表3　华北落叶松气候生态指标

项目	最热月平均温度（℃）	最冷月平均温度（℃）	温暖指数（℃）（*WI*）	≥0℃的年积温（℃）	年降水量（mm）	湿度指数（*HI*）
一般范围	10.9～18.7	-20.1～-11.3	38～32	751～2990	465～1000	5.7～26.8
最适范围	13.9～17.3	-17.2～-14.5	65～71	1239～2058	818～1000	8.6～14.2
最适值	14.9	-15.6	63	1870	950	15.2

表3中的温暖指数 *WI* 和湿度指数 *HI*，是为了研究华北落叶松的水热条件而提出来的。其中，温暖指数 *WI* 是指全年月平均大于0℃的累积温度，其计算公式如下：

$$WI = \sum_{i=1}^{12} (T_i) \tag{1}$$

上式中 $i = 1，2，\cdots，12$，T_i 为各月大于0℃的月平均温度。湿度指数 *HI* 为由降水量和温暖指数而确定的大气温度指标，其计算公式为：

$$HI = P/WI \tag{2}$$

上式 *P* 为分布点的年降水量，*WI* 为温暖指数。

2.3　华北落叶松生态适应性的定量分析与评价

2.3.1　基本原理

生态适应性范围内，生态条件的变化对树木生长的作用是不一样的。这种变化在地理分布上具有区域性。在特定的分布区内，树木的生长量与树种的生物学特性和水热条件都有关系。实际观察到的林木生长量是林木在其可能潜在生长量基础上经过各种不良环境条件综合作用后所能达到的数值。所以，可以用分布区相应的水热条件的变化表达生产力的差异，它们之间的关系可以用下式表达：

$$G = G_{max} \cdot F(\theta_1，\theta_2) \tag{3}$$

上式中，*G* 为树木在某一特定分布区的生长量，G_{max} 为由树种生物学特性决定的最大生长量，$F(\theta_1，\theta_2)$ 为树木生长的水热指数（θ_1 为热量因子，θ_2 为水分因子），其值在 0～1 之间变动。所以，分析和研究生态适应性的关键是确定 $F(\theta_1，\theta_2)$ 的具体形式及数值。

根据生态因子间相互作用规律以及其对树木生长和分布的影响规律，生态适应性的数量化评价模型应满足以下几个条件：A：模型中水热条件的代表因子应是影响树种生长和分布的关键因子。B：能够体现水热条件的地理变异规律。C：能够反映水热因子间相互作用规律，即综合的水热作用随单一水、热条件的变化规律，以及水热条件的互补变化规律。为此目的，本文首先建立评价华北落叶松生态适应性的热量和水分指数，然后建立其水热评价指数。

2.3.2　华北落叶松生态适应性数量化评价指标体系的建立

2.3.2.1　华北落叶松热量评价指数的建立

首先选取影响华北落叶松分布和生长的主导因子≥0℃的年积温，假设生态适应的上，下限处的热量指数为0，而最适处其值为1，选取下述模型对热量进行评价，模型的表达式如下：

$$F(\theta_1) = GTI = \frac{4(DEGD_{max} - DEGD)(DEGD - DEGD_{min})}{(DEGD_{max} - DEGD_{min})^2} \tag{4}$$

上式中，*DEGD* 为树木所在地≥0℃的年积温，$DEGD_{max}$、$DEGD_{max}$ 分别为≥0℃年积温范围的上、下限值，$DECD_{max} = 2990℃$，而 $DECD_{min} = 750℃$。此时，$GTI = 0$，而最适处的 $DEGD = 1/2（DEGD_{max} + DEGD_{min}）= 1870℃$，此时 $GTI = 1$，该模型满足条件 A 和 B，并与实际情况相符，具体结果见表4。

2.3.2.2 华北落叶松水分评价指数的建立

同理，应用限制华北落叶松分布和生长的主导水分因子湿度指数建立其水分评价指数，假设最适处的水分指数为1，上、下限处的水分指数为0，则水分指数用下式表达：

$$F（\theta_2） = GMI = \frac{4（HI_{max} - HI）（HI - HI_{min}）}{（HI_{max} - HI_{min}）^2} \tag{5}$$

上式中，*HI* 为华北落叶松树木所在地的湿度指数，HI_{max} 为其适应范围的上限值（26.8），HI_{min} 下限值（5.7）。此时，$GMI = 0$，最适处 $HI = 1/2（HI_{max} + HI_{min}）= 15.2$，且 $GMI = 1$，具体结果见表4，模型（5）式也符合条件 A 和 B。

2.3.2.3 华北落叶松水热评价指数的建立

水分和热量综合作用于树木的分布和生长。二者对树木的作用具有一定的互补性，但这种互补作用是有限度的，只有在一定范围内才起作用，只有在二者配合达到最佳时，树木才能有最大生长潜力，其中一个条件非常不适合的时候，树木不可能正常生存和生长。根据这一原理，水热指数如下式：

$$F（\theta_1, \theta_2） = GMTI = F（\theta_1）· F（\theta_2） = GTI · GMI \tag{6}$$

因为 *GTI* 和 *GMI* 的数值在0~1之间变化，*GMTI* 亦在0~1之间变化，天然分布区水热指数的分布列入表4，在最适的水分和热量条件下，$GMTI = 1$，而在边缘处，水热指数为0，此时，水分和热量指数均为0。以上分析看出，*GMTI* 满足 A，B，C 3 个主要条件。它充分表达了华北落叶松的综合水热条件。

表4　华北落叶松天然分布区 *GTI*、*GMI*、*GMTI* 值

地点	项目	上限	最适值	下限值
管涔山	*GTI*	0.27	0.98	0.67
	GMI	0.76	0.87	0.32
	GMTI	0.21	0.85	0.21
关帝山	*GTI*	0.49	1.00	0.67
	GMI	0.49	1.00	0.64
	GMTI	0.28	1.00	0.43
五台山	*GTI*	0.00	0.96	0.49
	GMI	0.00	0.79	0.19
	GMTI	0.00	0.76	0.10
恒山	*GTI*	0.94	1.00	0.49
	GMI	0.90	0.85	0.25
	GMTI	0.85	0.85	0.12
太岳山	*GTI*	0.94	0.98	0.92
	GMI	0.97	0.95	0.61
	GMTI	0.91	0.93	0.56

（续）

地点	项目	上限	最适值	下限值
雾灵山	GTI	0.92	0.86	0.49
	GMI	0.57	0.51	0.29
	GMTI	0.52	0.44	0.14
围场	GTI	0.67	0.68	0.00
	GMI	0.21	0.21	0.00
	GMTI	0.14	0.14	0.00

2.4 华北落叶松水热指数的生态学意义

根据水热指数的计算模型，绘制了 GMTI 与 HI 及≥0℃年积温的三维关系图（见图1）。

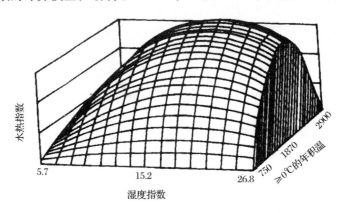

图1 水热指数与湿度指数和≥0℃年积温的三维关系图

从图可见，当 GMTI 的值较高时，其等值线呈似圆形，说明在此范围内温湿之间有较明显的互补作用；当 GMTI 值很小时，其等值线趋于方形，说明温湿之间的互补作用在减弱，而较差的生态因子越来越起到较大的限制作用，这揭示了生态因子的综合作用规律随单一生态因子的改变而发生变化的矛盾转移，这就体现了温湿互补的动态变化规律，它说明，水分和热量对树木生长和分布作用的相关性，这种相关性不是固定不变的，而是随环境条件的变化而发生改变。所以，用水热指数这一定量化的数学模型不但能揭示影响树木生长（包括生产力）和分布的主导因子，亦能揭示在其生态适应范围内，主导因子的地理变化规律及其相互影响、相互制约、相互补充的动态变化规律，它不同于以往对生态适应性的静态分析与描述，也不同于以往只是描述其生态适应幅度而描述了生态适应幅度内的变化规律。

2.5 水热指数的应用

2.5.1 水热指数和生产力的关系

华北落叶松水热指数和生产力之间的关系符合如下关系：

$$y = 173 \times 1.67^x \quad R = 0.85 \tag{7}$$

式中，y 为生产力，其单位是 $m^3/hm^2 \cdot a$；x 为水热指数，建立方程的样本数 $n = 16$，经 F 检验结果显著。从上述模型可以看出，随水热条件变好，其生产力呈指数式增加，这似乎与（3）式相矛盾，其实不然。在（3）式中，G_{max} 为潜在的最高生产力，而（7）式中，y 为林分的实际生产力。用（7）式可以预测其生产力变化。

2.5.2 华北落叶松天然分布区生态适应性等级的划分

因为水热指数综合反映了华北落叶松的水热条件，可用它划分其天然分布区生态适应性等级，根据 *GMIT* 值的大小及温湿之间互补规律，划分 3 个等级，1 级区（最适宜区）的值为 0.85 ~ 1.00，该区水热搭配最佳，互补明显。3 级区（一般区）的 *GMTI* 为 0.00 ~ 0.49，该区水热互补不明显。2 级区（适宜区），水热指数 *GMTI* 为 0.50 ~ 0.84，水热互补介于上述二区之间。据此划分华北落叶松天然分布区生态适应性等级，具体结果见图 2，同时给出各级区的具体情况（见表 5）。

Ⅰ 最适宜区
Ⅱ 适宜区
Ⅲ 一般区

图 2 污染物浓度季节变化

表 5 各级区主要指标值

项目	最适区	适宜区	一般区
水分指数	0.92 ~ 0.99	0.69 ~ 0.92	0.16 ~ 0.62
热量指数	0.92 ~ 0.99	0.85 ~ 0.99	0.25 ~ 0.85
水热指数	0.86 ~ 1.00	0.69 ~ 0.82	0.04 ~ 0.49
≥0℃的年积温度（℃）			
≥0℃	1551 ~ 1870	1790 ~ 2310	2270 ~ 2838
湿度指数	13.2 ~ 15.2	10.3 ~ 13.3	6.6 ~ 9.6
最热月平均温度（℃）	13.9 ~ 14.9	14.8 ~ 16.6	16.1 ~ 16.4
最冷月平均温度（℃）	− 17.2 ~ − 14.5	− 18.6 ~ − 19.3	− 19.5 ~ − 20.1
年总降水量（mm）	717 ~ 955	672 ~ 695	502 ~ 633
温暖指数（℃）	52.3 ~ 66.0	58.8 ~ 69.4	61.6 ~ 76.6
生产力（m³/hm². a）	12.9 ~ 20.0	8.9 ~ 10.3	8.8

从区划结果看，山西省除恒山林区外，均属最适区，它构成了我国华北落叶松的主体，生产力高，在生产和经营上均具有重要的战略意义。河北省大部属于适宜区范围内。冀北山地，内蒙古敖包山，北京的百花山，大马群山属于边缘区，只有零星分布，生产力低，急需人工恢复，并妥善保存种质资源。以上区划结果，从水热状况出发，形成的分异与其他因子，特别是生产力的分异是一致的，也与生产实践中所形成的共识一致。

3 基本结论与讨论

（1）本文给出了华北落叶松气候生态指标及其数值，它表达了华北落叶松的气候生态要求。

（2）本文建立了定量评价华北落叶松生态适应性的指标体系，包括热量指数，水分指数和水热指数。该指数体系考虑了其水热条件的空间变异及水热因子相互作用规律，能恰当评价其水热要求，同时也反映了水热条件的动态变化规律。

（3）本文应用水热指数对华北落叶松的生态适应性作了等级区划，结果与实际情况相符。

（4）本文提出和建立的华北落叶松生态适应性数量化评价模型，只考虑了水热因子。

但是，影响其分布和生长的其他因子仍在发生作用。如何修正和补充使之进一步完善，须做进一步的工作。生态适应性等级区划也过于定性化，进一步的工作当与地理信息系统结合，拓展其应用的精度和广度。

参考文献

［1］徐化成. 油松天然林地理分布和种源区划分. 林业科学, 1981, 3（2）: 108 - 124.

［2］徐文铎. 中国东北主要植被类型的分布与气候的关系. 植物生态学与地植物学学报, 1996, 4（4）: 254 - 262.

［3］张士增. 红松的生长与气候生态因子的关系研究. 植物研究, 1988, 6（4）: 161 - 162.

［4］Pntman R J. Principle of Ecology Grzxrm Helm. London and Canberra, 1984.

用 Gash 模型估算单场降雨的林冠截留量（简报）[*]

张新献

（北京园林科学研究所）

贺庆棠

（北京林业大学）

计算林冠截留量的模型很多，Gash 模型（1979）是介于静态与动态之间的一种解析模型（analytical model），已被国内外学者广泛应用，并证明它是计算林冠截留的良好模型。然而学者们大多是预测一个时段（如一年、一个季度和一个生长季等）的林冠截留量，对于单次降雨的截留量，Gash 模型预测的准确性如何，至今很少见诸文献。因此，下面主要在这方面对 Gash 模型进行讨论和应用。

1　资料的获取

本试验从 1992 年 7 月 4 日至 1992 年 9 月 11 日，于太岳山油松人工林共获取 22 次降雨资料。这 22 次降雨中，降雨量在 2.4mm 和 52.8mm 之间，包括小雨、中雨和大雨。

2　Gash 模型中的参数的确定

Gash 模型实质上把一次降雨的截留损失分为两部分，一部分是林冠枝叶截留 I_c，另一部分是树干截留 I_s。表达式：$I = I_c + I_s$。

2.1　林冠枝叶截留量 I_c

$$I_c = \begin{cases} (1 - P - P_t)\ P_g & \text{（不能使林冠饱和的降雨的截留）} \\ (1 - P - P_t)\ P_g' + \dfrac{E}{i}\ (P_g - P_g') & \text{（使林冠饱和的降雨的截留）} \end{cases}$$

其中 $P_g' = -\dfrac{RS}{E} \ln\left[1 - \dfrac{E}{R}\ (1 - P - P_t)^{-1} \right]$

2.2　树干截留 I_s

$$I_S = \begin{cases} S_t & \text{（大于 } \dfrac{S_t}{P_t} \text{ 的降雨）} \\ P_t P_g & \text{（小于 } \dfrac{S_t}{P_t} \text{ 的降雨）} \end{cases}$$

上面各式中：P——自由透流系数；

　　　　　　P_t——干流率；

　　　　　　S——林冠蓄水量；

＊　安徽农业大学学报，1997. 第 1 期。张新献，男，1966 年生，硕士，助研。收稿日期：1996 - 01 - 24。

S_t——树干蓄水量；

R——平均降雨强度；

i——一次降雨的平均降雨强度；

E——林冠截留水蒸发率；

$P_{g'}$——林冠饱和降雨量；

P_g——一次降雨的降雨量。

在上述参数和数值中，我们可以运用下述方法确定。

林冠蓄水容量 S：L. Krowe（1983）提出的延长降雨透流关系曲线，当方程 $T=0$ 时的降雨量即为 S。由此求得 $S=1.37\text{mm}$。

自由透流系数 P：Aston（1979）提出的 $P=1.0-0.5LA1$，其中 $LA1$ 为叶面积指数，本文降雨资料来自一油松人工林，其叶面积指数 $LA1=13.0^{[7]}$，故 $P=0.35$。

干流率 P_t 和树干蓄水量 S_t：据干流—降雨的回归方程系数为 P_t，常数项为 S_t，故 $P_t=0.10$，$S_t=0.11$。

截留水蒸发速率 E：将林冠饱和以上降雨的总截留量减去林冠和树干蓄水容量，其差值除以总降水时间即得 $E=0.15\text{mm/h}$。

平均降雨强度 R：将 22 次降雨的降雨强度算术平均，求得 $R=5.19\text{mm/h}$。

3 结果和分析

用 Gash 模型对 22 次降雨的林冠截留量的计算结果如表 1 所示。

从表 1 可以看出，总体上，预测值和实测值基本一致。不过，降雨量在 6mm 以下时，预测的误差普遍较大，如 2.9mm 和 3.5mm 的降雨量时，相对误差分别达 128.57% 和 118.57% 之多，而降雨量在 10mm 以上时，其预测的准确性就大大的提高了，相对误差一般都在 ±10% 左右（16.7mm 的降雨量例外）。下面对 Gash 模型的估算误差做些分析。

正如前面提到的，Gash 模型是介于动态模型和静态模型之间的一种解析模型，它在更客观地反映林冠截留的同时，作了一些假设，从而使模型简单，容易使用。这些假设具有普遍的合理性的同时，也不同程度地造成一定的估算误差，其程度大小随降雨的实际状况而定，具体分析如下：

假设一 两次降雨间隔时间足够长，使上次截留在林木的水（S）全部蒸发。

如果两次降雨的间隔时间较短，上次的截留降水没有完全蒸发掉，而仍然以 S 值计算这次截持量，便会造成估算值高于实际值的误差。

假设二 林冠截持降水达饱和值（S）以前，没有滴流发生。

事实上当降雨强度较大时，林冠没有饱和前，林冠上层便会出现滴流$^{[1]}$，以 S 值计算截留量则估算值偏大。换句话说，以上两种假设在某些情况下造成的误差来源于林冠蓄水量 S。显然当降雨量较小时，S 占降雨的百分率增大，由此引起的相对误差便会偏大。例如据资料记载表中 2.9mm 和 3.5mm 的两场降雨属于阵性降雨，雨强以小时记达 18.8mm 和 14.0mm，这是造成太大误差的主要原因。

假设三 林冠截留蒸发率（E）和降雨强度（R）按平均值计算。

这就隐含着一个假设条件，即一次降雨的气象条件不变，我们知道降雨有间隙性的特点，例如，据资料记载表中 16.7mm 的降雨，降雨历时达 23.0h，降雨间隙气温有所升高，从而会使实际林冠截留水蒸发率大于 E，结果产生较大误差。当然这次误差偏大也不排除在实测中有人为造成的因素。

综上所述，应用 Gash 模型计算截留量，降雨量较大（10mm 以上）时，准确性较高，而对于小的降雨量（10mm 以下），误差偏大，不宜使用 Gash 模型计算。

表 1　Gash 模型计算的截留量与实测值对照

雨量 （mm）	实测值 （mm）	计算值 （mm）	差值 （mm）	相对误差 （%）	雨量 （mm）	实测值 （mm）	计算值 （mm）	差值 （mm）	相对误差 （%）
2.4	0.8	1.43	0.63	78.75	9.4	1.6	1.77	0.17	10.63
2.7	1.4	1.55	0.15	10.71	10.7	1.7	1.91	0.21	12.35
2.9	0.7	1.60	0.90	128.57	11.4	2.2	2.25	0.05	2.27
3.5	0.7	1.53	0.83	118.57	11.8	1.5	1.60	0.10	6.67
4.0	1.5	1.60	0.1	6.67	12.2	2.4	2.28	−0.12	−5.00
5.6	1.2	1.56	0.36	40.00	12.9	2.3	2.38	0.08	3.48
6.1	2.1	2.28	0.18	8.57	15.4	1.7	1.77	0.07	4.12
7.2	2.2	2.10	−0.10	−4.55	16.0	3.0	3.20	0.20	6.67
7.9	1.8	1.81	0.10	0.56	16.7	2.9	2.30	−0.6	−20.69
8.7	1.7	2.03	0.33	19.41	19.0	2.0	1.87	−0.13	−6.50
9.2	4.1	4.01	0.01	0.24	52.8	4.2	4.42	0.22	5.24

参考文献

［1］Willam J Massman. The derivation and validation of a model for the interception of rainfall by forests, A ric M eteo ro l, 1983, 28：261 − 281.

［2］J. H. C. Gash. Analytical model of rainfall interception by forests, Quart JRM etSoc, 1979, 105：43 − 45.

［3］I. J. Jackson. Relationships between rainfall parameters and interception by tropical forest. Journal of Hydro logy, 1975, 24：215 − 283.

［4］R. C. Johnson. The interception, throughfall and the comparison with other up land forests in the U K. Journal of Hydrology, 1990, 118：281 − 287.

［5］Aston A. R. Rainfall interception by eight small trees. J Hydrol, 1979, 42：383 − 396.

［6］RoweL K. Rainfall interception by an evergreen beech forest, Nelson, New Zealand. J Hydro l, 1983, 66：143 − 158.

［7］宋从和等. 山西太岳林区森林生态定位站油松人工林叶面积及林内光状况的调查初报. 北京林业大学学报, 1992, 14（增刊）：1.

治水在于治山　治山在于兴林[*]

——试论森林植被与洪水的关系

贺庆棠　　余新晓

（北京林业大学）

今年全国大范围洪水为什么持续时间这么长？水位这么高？防洪形势这么严峻？痛定思痛，为了根治水患，我们有必要对这次洪水灾害进行深刻的反思，不能仅以水论水，而应当深入分析治水—治山—兴林的辩证关系。

1　特大洪水的成因与危害

今年入汛以来，我国一些地方发生了特大洪水，由于山洪水量级大、涉及范围广、持续时间长，洪涝灾害非常严重。据初步统计，全国共有 29 个省（自治区、直辖市）遭受了不同程度的洪涝灾害，受灾面积 3.18 亿亩，成灾面积 1.96 亿亩，受灾人口 2.23 亿人，死亡 3004 人，倒塌房屋 497 万间，直接经济损失估计达 1666 亿元。江西、湖南、湖北、黑龙江、内蒙古和吉林等省（自治区）受灾最重，在长江流域和东北地区不少江（河）段洪水水情（洪水水位、洪峰流量、洪水径流量、洪水历时等）都超过历史最高记录。今年长江流域洪水和 1954 年洪水比较，水位全面超过历史最高水位，然而流量却小于 1954 年的洪水流量，有些河段今年流量比 50 年代少 1 万多立方米/秒。

造成今年洪水灾害的原因无疑是多方面的，有自然因素，也有人为因素。直接原因是由于厄尔尼诺现象造成大气环流异常所形成的的过量雨水，全国洪灾地区降雨量比常年同期多 1 倍以上，有些地区降雨量比常年同期多 2~5 倍；现有防洪工程标准低，老化失修，险工隐患多，病险水库堤防较多，全国七大江河防洪能力偏低；大量湖泊和河滩地被围垦，降低了湖泊的调蓄能力和河道行洪能力。毋庸置疑，这些都是造成洪涝灾害的重要原因，但是由于陡坡开荒、毁林开荒和乱砍滥伐林木造成区域性和全流域性的生态环境恶化，从而使水土流失加剧，河道湖泊淤积严重，这也是造成今年特大洪水灾害的极其重要原因之一。

目前在人类所能及范围内，改善江河上游山区的生态环境，维护山区生态平衡是治水的根本。江河上游的森林植被是防御和阻缓江河洪水的天然屏障。但是，长期以来由于人工采伐和破坏，致使我国主要江河上游森林特别是天然林面积大幅度减少，生态防护功能减退，水土流失面积急剧扩大。森林植被破坏的直接后果是严重的水土流失，水土流失又造成河道和湖泊的淤积，河床抬高，水库库容减少，并在中下游造成许多"悬河"、"悬湖"，从而使江河水极易泛滥成灾。长江流域由于长时期过度的樵采和人为破坏，以及不合理的耕作方式，致使森林植被大幅度减少，从 20 世纪 50 年代到 80 年代，仅长江三峡库区 19 个县，森

---

* 国土经济，1998.12. 第 6 期。

林面积减少 1/3 ~ 1/2，个别县的森林覆盖率不足 3%，长江上游川江流域森林覆盖率只有 3% ~ 6%，仅为 50 年代初期的 1/3 ~ 1/5。森林植被的破坏使生态环境急剧恶化，全流域水土流失面积已由 50 年代的 36 万 km^2 增加到 56 万 km^2，水土流失面积占全流域面积的 31.1%，年土壤侵蚀量达 22.4 亿 t，尤其是中上游地区水土流失更加严重，水土流失面积达 51 万 km^2，占全流域的 92%，年土壤侵蚀量达 18.5 亿 t，占全流域的 83%。与 50 年代相比，四川省水土流失面积从 9.46 万 km^2 增至 24.7 万 km^2，湖南省从 1.8 万 km^2 增加到 4.0 万 km^2，长江流域侵蚀量已发展到与黄河不相上下。侵蚀产生的大量入江泥沙，淤积在下游，使荆江段河床高出地面 10m 以上，成为"悬江"。目前长江流域水土流失形成的岩石裸露面积正以 5% ~ 7% 的速度增加。全流域每年损失的水库库容量达 12 亿 m^3。从 50 年代到 80 年代，流域内的湖泊面积由 2.2 万 km^2 锐减为 1.2 万 km^2，损失调蓄能力 100 多亿 m^3。解放以来，洞庭湖年泥沙淤积量达 1 亿 t，湖面面积从 50 年代初的 4300 多万 km^2 缩小到 2600 多万 km^2，调洪能力从 293 亿 m^3 减至 174 亿 m^3。鄱阳湖由原来的 5000km^2，减少到现在的 2900km^2，下降了 40%，江汉湖泊群原为 8000km^2，现在减少到 2000km^2，下降了 75%。东北辽河流域的森林覆盖率虽然由新中国成立初期的 12.9%，提高到了目前 18.6%，但由于全流域范围内森林资源少，分布不均衡，林相残破，林分质量差，林种结构不合理，中幼林多，成熟林少，森林质量下降，从而导致现有森林生态功能低下，抗御自然灾害能力弱。目前全流域水土流失面积为 9172.52 万亩，占流域面积的 25.9%，侵蚀模数平均为 2000 ~ 3000t/km^2·a，部分区域高达 5000 ~ 10000t/km^2·a，成为"小黄河"。

2 蓄水于山，蓄水于林

森林是陆地生态系统的主体，是地球生命系统的支撑，是人类赖以生存发展的重要资源，是自然界功能最完善、最强大的资源库、基因库、蓄水库、贮碳库、能源库，它具有调节气候、涵养水源、保持水土、改良土壤、减少污染、保持生物多样性等多种功能，是实现环境与发展相统一的关键和纽带。森林生态系统具有不可替代的、强大的生态环境改善和保护功能和作用。充分发挥江河上游山地流域（集水区）森林生态系统理水调洪、防蚀抗冲的主导作用，协调好林—土—水之间的关系，蓄水于山，蓄水于林，就可以从根本上改变全流域的生态环境，抗御和减缓洪水的危害，实现保护生态环境和可持续发展。

2.1 森林生态系统蓄水调节功能

森林生态系统以其高耸的树干和繁茂的枝叶组成的林冠层，林下茂密的灌木和草本植物形成的下木和活地被物层以及林地上富集的枯枝落叶层与发育疏松而深厚、结构优良的土壤层截持和蓄储大气降水，从而对大气降水进行重新分配和有效调节，发挥着森林生态系统特有的水文生态功能。

2.1.1 森林生态系统林冠截持降水功能

森林截持降水是森林生态系统最重要的水文生态功能，也是森林生态系统发挥其他水文生态功能的基础。森林生态系统对降水的截持作用大大地减少了进入林地而可能产生洪水的水量。据观测统计，我国主要森林生态系统的年林冠截留量平均值变动在 134.0 ~ 626.7mm 之间，均值为 283.3mm，变动系数为 4.27% ~ 40.53%，林冠截留率的平均值变动于 11.40% ~ 34.34%，均值为 21.64%，变动系数为 86% ~ 55.05%。

2.1.2 森林生态系统枯落物持水功能

森林通过林冠和枯落物对降水的截留、缓冲，森林土壤增加了水分的入渗，从而减少了地表径流并延缓了径流的汇流时间，森林枯落物有很强的持水能力，一般吸持的水量可达其自身干重的 2~4 倍，各种森林枯落物的最大持水率平均为 309.54%，变动系数为 23.80%。林地枯枝落叶层的最大持水量在不同的森林生态系统中也有很大的不同，其最大持水量平均为 4.18mm，变动系数为 47.21%。

2.1.3 森林生态系统土壤蓄水功能

森林固定、改良土壤，使森林土壤具有较大的蓄水能力，并提高土壤的水分入渗率和渗透率，使大量的水分下渗成为地下水，对减少洪水量，延缓洪水过程有重要的作用，森林土壤是森林涵养水源的主要场所，森林土壤的蓄水能力与土壤的孔隙状况密切相关。由于瞬时间高强度的降水，土壤不可能与降水同步将其全部降水贮存起来，而产生地表径流。土壤非毛管孔隙是土壤重力水移动的主要通道，因此，土壤的降水贮存能力与土壤的非毛管孔隙更为密切。各种森林生态系统土壤层（0~60cm）的蓄水量，其非毛管孔隙蓄水量变动为 36.42~142.17mm，平均为 89.57mm，变动系数为 31.06%；最大蓄水量为 286.32~486.60mm，平均为 383.22mm，变动系数为 17.19%，四川省西北部原始高山云杉、冷杉林土壤水分的稳渗率 300mm/h，采伐地 120~130mm/h。1m 深森林土壤的最大蓄水量为 30mm。

2.2 森林生态系统的调洪缓洪功能

森林生态系统的多项森林水文功能的综合，实现调节洪水，减缓洪水的功能。在东北小兴安岭林区，无林集水区（面积 120hm^2）和原始红松林集水区（面积 66.9hm^2）的对比研究中发现，在一次降水过程中，无林集水区在降水后 2~3h 径流即开始增加，到第 5 个小时，也就是降水强度最大时，径流量猛增，到第 8 个小时，流量达到最大值。而原始红松林集水区则不然，降水后 3~5h 流量缓慢增加，到 5 个小时后，流量开始较大增加，第 10 个小时达到峰值。无林集水区比有林集水区洪峰到来早两个小时，且洪峰流量是有林集水区的 3.7 倍，森林对洪水的减缓作用是比较显著的。

在黄河中游黄土高原，根据对森林拦蓄洪水作用分析，发现森林作用首先突出地表现在对洪水径流量的减少上。根据该地区有林与无林大、小流域资料计算，黄土高原林区每年迅期洪水总量不超过 1000m^3/km^2，而其他非林地区，均在 6000m^3/km^2 以上，黄土丘陵沟壑区达到 31000m^3/km^2。黄土高原森林对洪峰的削减作用更为明显，洪峰径流模数林区比非林地区要小 10 倍，小流域甚至要小到百倍以上。森林对洪水的汇集过程也有显著的缓衡作用，森林流域的洪水历时一般比无林流域延长 2~6 倍以上，且随着流域面积的增加，延长的倍数也有随之增加趋势；同时峰前历时明显滞后约 3~15 倍左右，且洪峰削减平均也在 90% 以上。

森林的削峰能力即使在特大暴雨的情况下，绝对值还是很可观的。如四川 1981 年 7 月的洪水，波及 107 个县，据资料分析不同森林覆盖其洪水特征值相差较大，涪江和沱江降水量相近似，但沱江的径流系数是涪江的 1.3 倍，也就是说森林覆盖率大的涪江流域（12.3%）比森林覆盖率小的沱江流域（5.4%）少产洪水径流 30% 左右。岷江是长江上游地区重要的一级支流，流域森林覆盖率 1968 年为 22%（多林期），1986 年 16%（少林期）根据流域森林水文模型的模拟，少林期森林覆盖率下降后，导致模拟周期内的年最大洪峰流量平均增大 290m^3/s，增加了 14.4%。

2.3 森林生态系统防蚀减少功能

地表径流是引起流域水文变化的主要因子，是洪水流量的主要成分，同时也是造成水土流失的一个重要因素，森林对地表径流具有良好的调节功能，随着森林覆盖率的增加，地表径流的形成和土壤侵蚀明显减少。根据长江三峡库区不同土地利用状况土壤侵蚀量的计算，林地、灌丛、草地和农地的年侵蚀量，分别占三峡库区总侵蚀量的 6.19%、10.76%、23.05% 和 60.0%，以农地为最大，达 9.45×10^7 t/a，年入江泥沙量也以农地为最高，占三峡库区入江泥沙总量的 46.16%，林地最少，仅占 5.95%，灌丛和草地则分别占 12.42% 和 35.45%，水土流失的发展与森林植被的破坏和演变有着极为密切的关系，据调查分布在长江中上游神农架林区、川东平行岭农区、川东南边缘山地和巴东、兴山、秭归县偏僻山区的亚热带常绿阔叶林、常绿针叶林、落叶阔叶林、竹林等、覆盖率在 90% 以上的地段，侵蚀模数在 500t/km² · a 以下，属无明显流失区；覆盖率在 90% ~ 70% 的地段，侵蚀模数在 500 ~ 2500t/km² · a，属轻度流失区；覆盖率降至 50% ~ 30% 的地段，侵蚀模数相应增至到 5000 ~ 8000t/km² · a，属强度流失区；覆盖率下降到 30% 以下，在坡度大于 25 度的地段，则发生强烈流失，侵蚀模数高达 8000 ~ 13000t/km² · a。

3 治水先治山，治山需兴林

我国由于生态环境恶化，洪涝灾害有增无减，使人民生命财产遭受巨大损失，因此使人们认识到治水工作要从传统的单纯的"堵截"和"疏导"就水治水的观念中解脱出来，树立现代的治水观。坚持治山治水并重，树立治山为本、山水并治的综合治理观念和治水方针。我国是一个贫水的国家，如何有效地积蓄利用水资源应该是治水的基本出发点。实行上"蓄"、中"堵"、下"泄"相结合，治上与治下相结合，治源与治流相结合，工程措施与生物措施相结合，在大力兴修水利工程的同时，也要大力植树造林，发挥森林的生态调节作用，让大范围的降水尽可能涵养于国土之中，涵养于森林之中，让潜在的洪水转化为持续稳定的径流，变水害为水利。因此，以林为本，兴林治山，合理利用国土资源，扩大以森林为主的绿色植被，建立稳定的生态环境保护体系是现代治水的根本。

为了从根本上改善我国生态环境条件，充分发挥森林植被理水调洪、防蚀减灾的重大作用。为此提出以下几点建议：

（1）强化全社会对林业战略地位的认识，增强全民族发展林业的意识。森林是实现环境与发展相统一的关键和纽带，从某种意义上说，治理贫穷根本在于治理环境，治理环境根本在于植树造林。保护生态环境就是保护生产力，改善生态环境就是发展生产力。要搞好环境建设和生态建设，首先要搞好林业建设，林业建设是环境建设和生态建设的首要任务和核心内容。林业的兴衰，直接关系到环境的改善和经济的发展。没有林业的持续发展，就没有农业乃至整个国民经济的发展，因此要从维护生态环境和促进经济发展出发，不断深化对林业地位和作用的认识，把林业工作放在整个国民经济发展和社会进步的全局来考虑，放在优先的位置来发展。增强广大人民群众的绿化观念，使植树造林、绿化祖国、改善生态环境成为全民族的自觉行动。

（2）坚决贯彻执行国务院决定，全面保护森林资源。国务院已决定，年内全面停止对天然林的采伐，将长江、黄河中上游的 51 个重点森工企业和地方森工企业全面停止采伐，转向造林。力争通过十几年的努力，使我国生态环境有较大的改善，明显减少水土流失，改变长江、黄河等大江大河泥沙严重淤积状况。同时对过度开垦和围垦的土地，有计划有步骤退耕还林、还牧、还湖，维护生态平衡，改善生态环境。8 月 23 日，四川省宣布：为保护森林资源，改善长江上游生态环境，从 9 月 1 日起，四川省阿坝等地区立即无条件全面停止天然林采伐，关闭木材交易市场，全面启动天然林资源保护工程。

（3）加强林业生态工程建设，充分发挥森林在陆地生态系统中的主体作用。从 1978 年起，我国先后确立了改善生态环境、防治水土流失、扩大森林资源为主要目标的十大林业生态工程，它们是三北防护林体系建设工程、长江中上游防护林体系建设工程、沿海防护林体系建设工程、平原绿化工程、太行山绿化工程、防沙治沙工程、淮河太湖流域综合治理防护林体系建设工程、黄河中游防护林工程、辽河流域综合治理防护林体系建设工程、珠江流域综合治理防护林体系建设工程。在立项的十大林业生态工程中，已启动的有三北防护林体系建设工程、长江中上游防护林体系建设工程、沿海防护林体系建设工程、平原绿化工程、太行山绿化工程和防沙治沙工程等 6 项林业生态工程，这些工程发挥了显著的生态、经济和社会效益。但是由于多方面的原因，工程建设的发展还不平衡，不利于工程巨大作用的发挥。因此，应当进一步加快林业生态工程建设，特别是长江、黄河流域生态环境重点治理工程的步伐。

（4）依法治林，实施森林生态效益补偿制度。在全国人大新近修改通过的《中华人民共和国森林法》中进一步突出和确立了林业在环境与发展中的地位和作用，使森林资源的保护和发展得到强有力的法律保障。林业是一项公益事业，为了确保林业的持续发展，应尽快完善和全面实施森林生态效益补偿制度。

（5）依靠科教兴林对策，通过人才培养，实现知识与科技创新，推进林业生态、天然林保护等重大生态工程的进程。同时在国家重点基础研究、科技攻关项目的研究中，加强森林植被对生态环境的作用及其调控机理方面的研究，在林业生态、天然林保护等重大工程项目中，应增加科技投人的比例，提高科技成果转化率、工程的科技含量、加速科技产业化进程。

参考文献

［1］温家宝. 关于当前全国抗洪抢险情况的报告——1998 年 8 月 26 日在第九界全国人民代表大会常务委员会第四次会议上. 光明日报，1998 - 8 - 27（2）.

［2］中华人民共和国林业部. 长江、黄河流域生态环境林业重点治理工程实施规划. 1997.

［3］王志宝主编. 森林与环境——中国高级专家研讨会文集. 北京：中国林业出版社，1993.

［4］王礼先，余新晓. 森林水文学. 北京林业大学，1991.

［5］刘世荣，温远光等著. 中国森林生态系统水文生态功能规律. 北京：中国林业出版社，1996.

［6］林业部长江中上游防护林建设办公室. 长江中上游防护林建设文件汇编（第一辑）. 1992.

［7］杨玉坡等著. 长江上游（川江）防护林研究. 北京：科学出版社，1993.

［8］王礼先，K. N. Brooks 主编，长江中上游水土保持及环境保护. 北京：中国林业出版社，1995.

［9］杜榕恒，史德明等编著，长江三峡库区水土流失对生态与环境的影响，北京：科学出版社，1994.

［10］张志达主编. 全国十大林业生态建设工程. 北京：中国林业出版社，1997.

新世纪森林气象学的研究展望[*]

贺 庆 棠

（北京林业大学资源与环境学院）

21 世纪刚刚来到，新世纪作为林学的重要组成部分之一的森林气象学将如何发展，在现代林学中将起什么作用，其研究方向怎样，会有哪些新的特点，所有这些问题都是长期从事森林气象学教学、科研和生产工作的科技人员、专家、教授所关心的。对这个问题，笔者提供如下看法和意见供参考。不当之处请批评指正。

1 现代林学及其与森林气象学的关系

从原始社会到农业社会（包括奴隶社会、封建社会），森林虽然是人类生活的摇篮，同时也是不断被破坏的对象，特别是农业的发展更是以毁灭森林、刀耕火种开始的。18 世纪西方工业革命开始后，砍伐森林达到了前所未有的数量和速度，当时的林学是以采伐利用木材为研究对象的，林业是以开采利用为中心，以满足工业化的需要。随着工业化进程，森林大量被砍伐，早期工业化的国家出现了木材资源枯竭现象，开始认识到必须从事营林工作，林学也随之逐步转到以营林和永续利用为中心，这方面要首推德国，他们提出了"法正林"的永续经营模式。到 20 世纪中期以来，地球环境问题成为了人类生存和发展越来越突出的问题，引起了人们的普遍关注。不合理的人类活动，特别是乱砍滥伐森林所带来的水土流失、水源破坏以及各种灾害频繁发生，遭受"大自然的报复"，迫使人们逐步认识到森林对维护地球生态平衡、改善环境起着不可替代的巨大作用，从而使林学从以采伐利用为中心转到营林和永续利用为中心，最后发展到现代以全面论述森林的经济、社会和环境三大功能，并以环境功能为中心和重点的现代林学或称环境林学阶段。

人类对森林的认识，从历史上看也经历了漫长的过程。人们认识森林是从单株树木具有可用性开始的，如做工具、建筑房屋及烧材等等，进一步，人们逐渐认识到树木形成的群体不仅具有经济价值，而且还有防风、保持水土等生态功能。随着人们认识的深化，才改变人们只见树木、不见森林的现象，认识到森林与孤立木或树木群体有着本质的不同，森林具有经济、生态和社会三大功能。到 20 世纪 40 ~ 50 年代，人们更进一步认识到森林是一个复杂的生态系统。从系统的角度认识森林，使人们的认识又一次发生了新的飞跃，认识到在陆地生态系统中。森林占有 30% 左右的面积，是陆地生态系统的主体。森林在陆地上分布广泛，森林生物量占地球生物量的 60% 以上；森林的结构复杂，生物多样性极其丰富，全球 50% 以上生物种生活在森林之中；森林具有多种效益及多种功能，与人类生存和发展具有极其密切的关系；森林对维护地球生态平衡，保护和改善地球环境有着极其重要作用。因而森林成为世界各国人民共同关注的焦点之一，人们对森林的认识已经从经济利用发展到现代以维护

* 北京林业大学学报，2001. 1. 第 1 期

生态平衡、改善环境为重点的现代森林观，也就是森林生态系统观。

森林对环境的作用，人们的认识也是逐渐深化的。18世纪中叶工业革命在欧洲兴起后，大量木材用于工业生产，加速了对森林的砍伐和破坏，大面积森林采伐后，造成严重的水土流失，地方气候恶化，从而促使几乎整个欧洲对森林的环境作用和永续经营森林研究的兴起。人们十分关心由有林地变为无林地后，可能引起的环境变化。于是欧洲一些国家，如德国、瑞士、法国、捷克、奥地利等国的一些气候工作者开始了对森林影响气候和环境的研究，他们先后在林内与林外建立观测站作对比观测，得到一些研究结果后，即出版了阐明森林对局地和地方气候与环境具有良好影响的专著。森林的这种良好作用被德国著名气候学和小气候学家 R. 盖格尔（R. Geiger）称之为森林的福利作用。由此使人们认识到森林对局地及地方环境的影响。随着林学的发展，人们对森林作用的认识得到了进一步加深，20世纪50年代以来，地球环境问题成为了突出的问题，使许多学者和专家从研究森林对环境的局地和地方作用，转向深入研究森林对更大范围包括国家、洲及全球环境的影响，而且出了一批成果，证明了森林对调节大气中 O_2、CO_2、水分和热量的局地、地方、国家以致全球的循环都有一定的影响和作用。森林既是地球 CO_2 之源，也是 CO_2 之汇，对于当今地球气候变暖能起一定遏制作用[1]；森林是大气中 O_2 的生产者之一；森林通过影响陆地蒸发、径流等水分循环因子，从而调节地方及全球水分循环，能起到一定涵养水源、保持水土、增加河川径流历时，减小洪枯比，减少水旱等灾害[2-5]。森林能减小地球反射率，增加对太阳能的吸收，改变地球热量平衡，调节空气温度。如果没有森林，地球气候会变得极端。森林能增加地表粗糙度，影响地表气流流动速度和方向。所有这些，使人们认识到森林对地球及其环境的不可忽视的重要作用。森林既是人类产生和生活的摇篮，又是繁衍的家园；既是人类不可缺乏的资源，又是人类重要的生存环境；同时森林在改善地球环境，维持地球生态平衡中有着特殊的重要作用。近些年的研究成果表明：热带森林对地球环境的影响十分重要[4]。热带森林面积占地球森林面积比例大，生物量和蓄积量多，生物物种极其丰富，热带林的结构复杂、层次多，同时又处于地球上水、热条件最丰富的地方，这里的大气环流规模最大，并影响南北两个半球环流及水热交换等。所以，热带森林对热带水、热状况及环流的影响可随大气环流而波及南北半球，可以这样比喻热带森林，它相当于地球的"胸部"，对地球环境发挥着"心脏和肺"的功能，可见其对地球水热等状况影响之重要。所以现在研究森林对全球的影响，人们特别重视热带森林。

由于对森林及森林环境作用认识的深化及现代林学的发展，人们对森林的经营管理以及森林利用的方式也发生了很大变化。在营林、森林经营管理和森林利用上由过去以木材为核心，转变为以发挥森林的生态环境作用为核心和重点，全面发挥森林的生态、经济和社会功能作为营林、森林经营管理和森林利用的指导思想，以实现森林的永续利用和可持续发展为目的。现代的营林工作，已经在逐步改变分林种营造新林，如用材林、防护林等等，美国的"新林业"和德国"接近自然的林业"，都强调改变营林工作过分分林种营造新林，提倡营造形成稳定的发挥森林多功能多效益的新林，才能使林业可持续发展。分林种的营林，如营造速生丰产用材林或工业人工林，在许多国家虽较快地解决了用材需要，但随之而来的地力衰退、病虫害严重等一系列问题，形成不稳定的森林和林业。在森林的经营管理方面，已经由长期以乔木为主，以生产优质木材为核心，转向为以充分发挥森林的多功能、多效益的整个森林生态系统的经营管理[4]。对森林的利用，也由对树干的利用，发展到对全树的利用，现在已开始逐步向全林的全方位利用发展。无论是营林、森林经营管理还是森林利用，都采取了大量现代技术手段包括物理、化学、生物等各种各样手段，其中高新技术也开始进入林业系统。

在林学的研究方法上，许多现代科学的新方法和手段也在不断渗透，如采用包括分子生物学、基因工程、卫星遥感遥测等等。

总之，现代林学与传统林学相比，是在传统林学的基础上，向更广更深更新的方向发展和变化。现代林学突出了环境作用，包括物理环境（如太阳辐射、大气、温室气体、水、土等）、生物环境（植物、动物、微生物）和人类环境与森林的相互影响和作用。

森林气象学是研究森林与气象和气候相互关系的学科，也就是研究森林的物理环境问题：森林与太阳辐射、大气、水、土等的关系[6~8]，气象及气候条件与森林的相互作用。所有这些都与森林生态系统不可分割，因此森林气象学的研究必须用现代林学观、森林观来开展工作，同时现代林学观和森林观也对森林气象学的研究提出了更高要求和提供了更加广阔的领域。

2　新世纪森林气象学的研究展望

现代林学是把森林生态系统的营建、经营管理和利用为研究对象，以发挥森林生态系统的生态环境功能为核心，全面发挥森林生态系统的多种效益和多种功能为目的的学科。森林气象学也要从系统的高度来研究森林生态系统与气象或气候条件的关系。所以，面向新世纪的森林气象学要用现代林学观和森林观为依据，站在系统的角度开展研究。我个人认为，新世纪森林气象学的研究应注意下列问题：

（1）森林—大气—土壤连续系统的结构、功能及对环境影响，对各种灾害的影响，包括对气象及气候灾害如低温、干旱、洪涝、风暴等等。

（2）森林—大气—土壤连续系统的生产力。

（3）人类对森林—大气—土壤连续系统的影响。

展望21世纪森林气象学的研究与发展，森林气象学的研究方向是：

第一，从对森林的分割研究（如林内与林外对比等）走向对森林生态系统整体的系统研究；

第二，从森林生态系统对局部影响的研究（包括局地、区域等）转向对更大范围（包括省、国家、大陆及全球等）影响的研究；

第三，向更加宏观和更加微观的方向发展，宏观包括热带森林和全球森林对气象及气候的影响的研究，微观方向是与生理生化结合向分子水平发展，以完善正在形成的生理气象学的理论和方法的研究，以促进林业科研和生产的发展；

第四，密切地结合人类行为进行研究，促进人与森林环境和谐相处，促进人类健康水平提高，为我国在21世纪实现可持续发展战略作出贡献；

第五，开展多学科交叉研究，加深理论基础，使研究方法和手段更加现代化。

参考文献

[1] 贺庆棠. 林业气象学的研究与进展//贺庆棠主编. 中国林业气象文集. 北京：气象出版社，1989：1-6.

［2］卫林. 国外防护林气象研究概况//贺庆棠主编. 中国林业气象文集. 北京：气象出版社，1989：6-11.

［3］申双和. 国外森林蒸散的测定、计算与模拟. 中国农业气象，1991，12（1）：51 -56

［4］曾庆波. 热带森林生态系统研究与管理. 北京：中国林业出版社，1997.

［5］周晓峰. 小兴安岭西南部森林对洪水径流的影响. 生态学杂志，1995（4）：8-11.

［6］Constantin J. The energy budget of a forest: field measurements and comparison with the forest-la-ndat-mosphere modle（FLAME）. Journal of Hydrology，1998，212/213（1/4）：22 -35.

［7］Intz Jaeger. Twenty years of heat and water balance climatology at the Hartheim pine forest. Germany Agriculture and Forest Metcorology，1997，84：25 -36.

［8］Tajchanan S. T. Water and energy balance of a forested Appalachia watersheld. Agriculture and Forest Meleorology，1997，84：25 -36.

森林与空气负离子[*]

邵海荣　贺庆棠

（北京林业大学）

大气中除含有氮气、氧气、二氧化碳、水汽和悬浮在大气中的各种气溶胶粒子外，还有一些离子化空气。离子化空气包括空气的正离子和负离子。近年来，关于空气离子，特别是负离子对人体的保健作用，受到人们普遍关注。

空气分子是由原子组成的，原子是由原子核和电子组成的。原子核带正电荷，电子带负电荷。当正电荷和负电荷的数量相等时，空气分子和原子呈电中性。当空气分子受到外界条件如电离剂的作用后，获得足够的能量，而使原子核外围的价电子之一脱离原子核的束缚而跃出轨道变成自由电子，使失去电子的中性分子或原子变成带正电荷的离子，中性分子或原子捕获逃逸出来的自由电子时，则变成带负电荷的离子。空气负离子就是带负电荷的单个气体分子和轻离子团的总称，大气中空气负离子和空气正离子总是同时存在的，大气离子一般只带有一个单位的正电荷或负电荷，其电量等于一个电子所带的电量，即 1.6×10^{-9} C。大气离子按其体积的大小可分为小离子和大离子。具有分子尺度大小的离子，叫小离子或轻离子，其直径大约 $10^{-8} \sim 10^{-7}$ cm。大气气溶胶粒子吸附了小离子后，带上了正电荷或负电荷，成为大离子或重离子，其体积比小离子大成千上万倍。除此之外，当一个空气离子周围聚集着几个中性分子时，就构成了中等大小的离子，其大小介于小离子和大离子之间。大气离子的寿命是很短的，只有几十秒至数分钟。这是由于一部分正、负离子互相碰撞，或与地面碰撞中和而失去电性；一部分大离子由于有较大的体积，容易碰到带异性电荷的离子而中和失去电性；还有一部分离子与大气中的气溶胶粒子碰撞后降至地面而消失。通常一代空气离子的寿命最多只有几分钟。在人口众多、工厂密集的城市、工矿区，空气离子的寿命会更短一些，仅有几秒钟，在林区、海滨、瀑布周围，离子的寿命稍长，也不过 20 分钟左右，但大气中的离子数却相对恒定，说明自然界中存在着源源不断产生离子的过程。

中性分子或原子外围的价电子只有从电离剂获得足够的能量，才能脱离原子核的作而变成自由电子。大气中存在着许多电离剂，近地气层中主要有 3 种电离剂——地壳中的放射性物质、大气中的放射性物质和宇宙射线与紫外线。

1　地壳中的放射性物质

岩石和土壤中含有镭、铀、钍等放射性元素。它们不断放出 α 射线、β 射线、γ 射线、其中 α 射线在土壤中的贯穿能力较差。很少能从地壳辐射到离地面十几厘米以上的大气中，故对大气的电离作用极小。β 射线的贯穿能力比 α 射线强。电离剂电离作用的大小用电离率来表示，以每立方厘米空气，每秒钟电离出一对正、负离子，作为一个电离率的单位，用 I

* 世界林业研究，2000. 第 1 期。

表示。在地面上 β 射线产生的大气电离率约为 1I，到 10m 高处约为 0.1I。γ 射线的贯穿能力最强，在地面上产生的大气电离率约为 3I，1000m 高处约为 0.3I。可见，地壳中放射性物质对大气的电离率是随高度增加而减小的。地壳中的放射性物质是低层大气电离的主要原因。

2 大气中的放射性物质

大气中含有镭、氡等微量放射性物质。它们主要来自地壳中的放射性物质。岩石和土壤中的放射性元素，在土壤与大气进行气体交换时，它会从土壤逸出而进入大气。另外，工业排放的放射性污染物也是大气中放射性物质的来源。这些放射性物质借助上升气流和大气湍流可扩散到距地面 4~5km 高度的大气中。大气中的放射性物质的电离作用，以 α 射线为最大，其次是 γ 射线和 β 射线。其电离率在近地面层可达 5I，所以大气中的放射性物质是近地层大气最主要的电离源。

实际上大气中放射性物质的电离作用是很微弱的。在接近矿泉和地质断层的地方，放射性物质的浓度要大得多，因此大气离子的浓度也比其他地区大得多。另外，大气中放射物质突增时，如空中原子弹爆炸等，会造成大气离子数量的骤增。

3 宇宙射线和太阳紫外线

宇宙射线是高能量粒子流和它们在大气中产生的放射性粒素。宇宙射线进入大气后与空气分子碰撞，会使高层大气发生电离，也可能击破原子核，将电子、中子、介子、质子等释放出来，而产生具有较大能量的次生粒子。这些次生粒子又能使其他空气分子电离，形成"雪崩效应"，这种电离过程一直可以到达中下层大气。宇宙射线对大气的电离作用，因高度不同而异，在近地面为 2I，5km 高度约为 10I。

太阳紫外线也能使空气分子发生电离，但紫外线穿过臭氧层时，大部分被臭氧吸收了，故它对 30km 以上的高层大气的电离作用较大，而对低层大气的电离作用较小。

除上述之外，大气中的很多物理过程，如火山爆发、森林火灾、光电效应、海浪、闪电、雷暴、尘暴、雪暴以及其他形式的放电现象等等，也能使空气分子电离，但这些都是次要电离剂。

空气离子的浓度，就小离子而言，大陆上平均离子浓度为 750 个/cm³，负离子浓度为 650 个/cm³，但分布很不均匀，有的地方平均只有 50 个/cm³，有的地方平均可达 1000 个/cm³，甚至更多。一般正离子浓度大于负离子浓度，其比值平均为 1.15。海洋上离子浓度略小，但数量级相同。大离子浓度变化范围很大，难以得出平均值，大离子浓度与大气含尘有关，每立方厘米空气中约有几百至几万个。大气浑浊时，大离子浓度就大。反之，当大气晴朗干洁时，大离子浓度就小。根据大离子形成的原因，显然小离子和大离子浓度之间存在着相互制约的关系。当大离子浓度增大时，由于被捕获的小离子数增多，致使小离子浓度相应减少。城市上空的小离子数比海洋和乡村少，就是这个原因。

总之，每立方厘米空气中约含有 10^2~10^4 个离子。近地层每立方厘米空气中的中性分子数目约为 3×10^{19} 个，相比之下，空气中的离子数目是微乎其微的。

大气中离子浓度的分布是很不均匀的，随天气条件、土壤条件、时间、地点和高度的不同而有很大差异。

小离子浓度在近地气层常常随高度增加而增大，而大离子浓度则随高度增加而减少。据测定，高层楼房室内的小离子数量多，而低层楼房室内的大离子数量较多。不同天气条件下，空气离子浓度不同。一般空气离子浓度与土壤和空气温度成正相关，而与相对湿度和风速成负相关。在阴霾有雾的天气，小离子浓度会大大减少，而大离子浓度会增大，晴天无尘时小离子浓度明显增大。空气离子浓度随时间的变化虽然随地区的不同而有很大差异，但一般小离子的日变程是，最大浓度出现在夜间后期和晨间早期，因此时空气相对比较澄清，有时中午出现第 2 个高值。最小浓度出现在午前几个小时，有时黄昏出现第 2 次低值。大离子的日变程则相反。一年当中，小离子浓度以夏季最大，因为夏季空气相对比较清洁。而冬季浓度较小，因为冬季逆温使空气污染严重，加上冬季风沙大，雾多，使空气中悬浮颗粒物增多所致。对于不同的地点、空间，一般室外大于室内，室内又大于公共场所，在有空调的房间里，因空气要经过很长的通风管道和一系列的空气净化处理，而使空气离子几乎全部丧失。在有许多土人操作的厂房里以及其他公共场所，空气离子浓度也会大大减少。吸烟产生的烟雾促进空气离子消失，据测定，一天中平均大约只有 25 ~ 100 个/cm^3，重工业区约220 ~ 400 个/cm^3，人口稠密的城市，由于汽车频繁行驶、树木稀少、飘尘较多，城市大气污染严重，空气离子浓度远远小于农村和旷野。值得注意的是，在有森林和各种绿地的地方，空气小离子浓度会大大提高。这是因为森林多生长在山区，山地岩石中含放射性物质较多；尤其是在高山上紫外线、宇宙射线较强；太阳光照射到森林植物枝叶上会发生光电效应；山林下土壤疏松，岩石和土壤中的放射性元素容易逸出土壤而进入空气；树木与花卉释放出的芳香挥发性物质等都能使林区空气发生电离现象，加上绿地和树木有除尘作用，使林区及绿地空气中的小离子不仅浓度高，而且寿命较长。有资料表明，森林的负离子浓度比城市室内可高出 80 ~ 1600 倍，森林覆盖率达到 35% ~ 60% 时，空气离子浓度最高，森林覆被率低于 7% 的地方，负离子浓度仅为上述的 40% ~ 50%。森林与其他类型绿地相比，空气负离子浓度也可高出近一倍。所以植树种草，搞好城市和居民区绿化，就等于为城市和居民区安装了空气调节器和负离子发生器。海滨和瀑布周围，由于水滴飞溅和破碎时发生喷筒电效应，即水喷溅时，水滴截断分裂也可使空气发生电离，所以海滨和瀑布附近负离子浓度也很高。据测定，喷泉在喷水前负离子浓度为 300 个/cm^3，喷水后 10min 负离子浓度可骤增到30 万个/cm^3。因此，可以把喷泉看成是一个大型的负离子发生器

　　空气离子，尤其是空气负离子有降尘、灭菌的功能，并能调节人体的生理机能，因此对人体有保健作用。人们都有这样的感受，当置身于喧闹的都市，当长时间待在有空调的房间里，当狂风飞沙之后、天气阴霾的时候，就会感到头晕乏力、胸闷、疲劳，工作效率低下。反之，当置身于绿色的大自然中，就会感到头脑清醒，周身舒适。近年来的许多研究表明，空气负离子像食物中的维生素一样，对人和动物虽然需要不多，但长期缺少，就会影响机体的正常生理活动，甚至引起疾病。负离子的保健作用主要表现在：

　　（1）能调节神经系统功能，使神经系统的兴奋和抑制过程正常化。

　　（2）可加强新陈代谢，促进血液循环，使血红细胞带电量增加，血沉减少，血小板和血蛋白增加，红细胞上升，白细胞减少。

　　（3）可促进人体内形成维生素及贮存维生素的作用。

　　（4）能使肝、肾、脑等组织的氧化过程加速，并提高其功能。

　　（5）能使气管壁松弛，加强管壁纤毛活动，改善呼吸系统功能。

　　（6）正离子能使血管收缩，负离子使血管扩张，改善循环系统功能。

　　负离子不仅有上述保健功能，对一些疾病还有治疗作用。据有关资料报道，充满负离子的森林空气对气管炎、冠心病、脑血管疾病、神经衰弱等 20 多种疾病都有一定的疗效。

　　森林含有丰富的空气负离子资源，是保护人类健康取之不尽，用之不竭的宝贵财富。保护森林，增加绿地，不仅能改善环境，美化环境，而且将大大有利于人类健康。

　　空气负离子对人体的保健作用和辅助疗效大小与空气负离子浓度有关。医学家研究表明，空气负离子浓度达到 700 个/cm³ 以上时才有益于人体健康，当浓度达到 10000 个/cm³ 以上时才能治病，当负离子浓度大于或等于正离子浓度时，才能使人感到舒适，并对多种疾病有辅助治疗作用。

　　关于空气负离子浓度的分级评价方法，目前我国尚无统一的评价标准，国外一般采用安培等提出的空气质量分级标准，日本空气净化协会规定的空气洁净度指标也与此类似，该评价方法的计算公式是：

$$CI = \frac{负离子浓度}{1000} \times \frac{1}{q}$$

　　式中：CI——空气质量评价指数；

　　　　　q——单极系数，可由下式表示：

$$q = \frac{n^+}{n^-}$$

表示正离子数与负离子数之比。

按空气质量评价指数可将空气质量分为 5 个等级，如下表：

空气质量分级标准表

等级	A 级	B 级	C 级	D 级	E 级
清洁度	最清洁	一般清洁	中等清洁	容许	临界值
CI	>1.0	1.0～0.7	0.69～0.50	0.49～0.30	0.29

参考文献

[1] [澳] S 图梅. 大气气溶胶. 北京：科学出版社，1984.

[2] 日本空气净化协会. 空气清净，1970，7 卷 6 号.

[3] 夏廉博. 医疗气象学. 上海：上海知识出版社，1984.

一类非线性微分方程空间周期解的存在性及唯一性[*]

宋国华　李秀琴

（北京建设筑工程学院）

窦家维

（西安交通大学理学院）

贺庆棠

（北京林业大学）

近年来，关于微生物连续培养数学模型

$$\begin{cases} \dot{s} = q\,(s_0 - s)\ -\ \dfrac{1}{\delta}\,\mu\,(s)\,x_1 \\[2mm] \dot{x_1} = \mu\,(s)\,x_1 - qx_1 - \alpha\gamma\,(x_1)\,x_2 \\[2mm] \dot{x_2} = \gamma\,(x_1)\,x_2 - qx_2 \end{cases} \qquad (**)$$

讨论的结果大多数是周期解的存在性[1-3]。对全局稳定性，特别是唯一性的结果甚少。本文讨论一类食物链系统的微生物连续培养数学模型解的全局稳定性、周期解的存在性及唯一性。

为了讨论方便，作变换：$\bar{t} = qt$，$\bar{s} = \dfrac{s}{s_0}$，$\bar{x_1} = qx_1$，$\bar{x_2} = ax_2$（$\bar{t}$，$\bar{s}$，$\bar{x_1}$，$\bar{x_2}$ 仍记为 t，s，x_1，x_2），则（$**$）变为：

$$\begin{cases} \dfrac{\mathrm{d}s}{\mathrm{d}t} = 1 - s - \dfrac{x_1}{s_0 q^2 \delta}\mu\,(s_0 s) \\[3mm] \dfrac{\mathrm{d}x_1}{\mathrm{d}t} = \dfrac{x_1}{q}\mu\,(s_0 s)\ - x_1 - x_2\gamma\,\Big(\dfrac{x_1}{q}\Big) \\[3mm] \dfrac{\mathrm{d}x_2}{\mathrm{d}t} = \dfrac{x_2}{q}\mu\,(s_0 s)\ - x_2 \end{cases} \qquad (**)'$$

根据实验结果，我们取微生物增长率 $\mu\,(s)\ = \dfrac{m_1 s}{k_1 + s}$（Monod 形式），$\gamma\,(x_1)\ = \dfrac{m_1 x_1}{k_2 + x_1} - k$（Monod 具有内在代谢形式），这时（$**$）$'$变为：

---

[*]　辽宁省自然科学基金和北京建筑工程学院基础基金资助课题。

　系统科学与数学，2000.10. 第4期。收稿日期：1997 - 04 - 21，收到修改稿日期：2000 - 01 - 05。

$$\begin{cases} \dfrac{\mathrm{d}s}{\mathrm{d}t} = 1 - s - \dfrac{x_1}{s_0 q^2 \delta} \dfrac{m_1 s_0 s}{k_1 + s_0 s} \\[3mm] \dfrac{\mathrm{d}x_1}{\mathrm{d}t} = \dfrac{x_1}{q} \dfrac{m_1 s_0 s}{k_1 + s_0 s} - x_1 - x_2 \left(\dfrac{m_2 \dfrac{x_1}{q}}{k_2 + \dfrac{x_1}{q}} - k \right) \\[3mm] \dfrac{\mathrm{d}x_2}{\mathrm{d}t} = \dfrac{x_2}{q} \left(\dfrac{m_2 \dfrac{x_1}{q}}{k_2 + \dfrac{x_1}{q}} - k \right) - x_2 \end{cases} \qquad (1)$$

这里 s_0，δ，q，m_1，m_2，k，k_1 和 k_2 都是正常数，$s(t)$ 表示营养基的浓度，$x_1(t)$、$x_2(t)$ 分别表示微生物的浓度，其生态意义见文[2]。根据模型的实际意义，我们只须在

$$\Omega = \{(s, x_1, x_2) \mid s \geqslant 0, x_1 \geqslant 0, x_2 \geqslant 0\}$$

内讨论系统（1）即可。

定理1　系统（1）存在解平面

$$\pi: 1 - s(t) - \frac{x_1(t)}{s_0 \delta q} - \frac{x_2(t)}{s_0 \delta} = 0$$

并且系统（1）从 Ω 内出发的轨线，当 $t \to +\infty$ 时，终将趋于解平面 π。

证　设 $z(t) = 1 - s(t) - \dfrac{x_1(t)}{s_0 q \delta} - \dfrac{x_2(t)}{s_0 \delta}$，则由系统（1）得：

$$\begin{cases} \dfrac{\mathrm{d}z}{\mathrm{d}t} = -z \\[3mm] \dfrac{\mathrm{d}x_1}{\mathrm{d}t} = \dfrac{x_1}{q} \dfrac{m_1 s_0 \left(1 - \dfrac{x_1}{s_0 q \delta} - \dfrac{x_2}{s_0 \delta} - z\right)}{k_1 + s_0 \left(1 - \dfrac{x_1}{s_0 q \delta} - \dfrac{x_2}{s_0 \delta} - z\right)} - x_1 - x_2 \left(\dfrac{m_2 \dfrac{x_1}{q}}{k_2 + \dfrac{x_1}{q}} - k \right) \\[3mm] \dfrac{\mathrm{d}x_2}{\mathrm{d}t} = \dfrac{x_2}{q} \left(\dfrac{m_2 \dfrac{x_1}{q}}{k_2 + \dfrac{x_1}{q}} - k - q \right) \end{cases} \qquad (2)$$

由（2）式的第一个方程可得 $z(t) = z(0) \mathrm{e}^{-t}$，显然，当 $t \to +\infty$ 时，$z(t) \to 0$，就是说系统（2）的每一个解都以 $z = 0$ 为其 ω 极限集，亦即系统（1）从 Ω 内任意点 (s, x_1, x_2) 出发的每一轨线，当 $t \to +\infty$ 时，终将趋于解平面：

$$\pi: s(t) + \frac{x_1(t)}{s_0 q \delta} + \frac{x_2(t)}{s_0 \delta} = 1$$

由定理1可知，要研究系统（1）轨线的性质，只须研究在解平面 π 上，即 $z = 0$ 解平面上系统（1）轨线的性质即可，亦即要研究如下二维系统：

$$\begin{cases} \dfrac{\mathrm{d}x_1}{\mathrm{d}t} = \dfrac{x_1}{q} \dfrac{m_1 s_0 \left(1 - \dfrac{x_1}{s_0 q \delta} - \dfrac{x_2}{s_0 \delta}\right)}{k_1 + s_0 \left(1 - \dfrac{x_1}{s_0 q \delta} - \dfrac{x_2}{s_0 \delta}\right)} - x_1 - x_2 \left(\dfrac{m_2 x_1}{q k_2 + x_1} - k \right) \overset{\mathrm{def}}{=\!=} f_1(x_1, x_2) \\[3mm] \dfrac{\mathrm{d}x_2}{\mathrm{d}t} = \dfrac{x_2}{q} \left(\dfrac{m_2 x_1}{q k_2 + x_1} - k - q \right) \overset{\mathrm{def}}{=\!=} f_2(x_1, x_2) \end{cases} \qquad (3)$$

引理1　如果 $s_0 > \dfrac{k_1 q}{m_1 - q}$，$\delta\lambda_1 > k_2\lambda_2$，$m_2 > (k + q)$ 时，系统（3）存在三个有限远平衡点：

$$E_0 (0, 0), \quad E_1 (q\delta\lambda_1, 0), \quad E_2 (x_1^*, x_2^*)$$

这里

$$\lambda_1 = s_0 - \frac{k_1 q}{m_1 - q}, \quad \lambda_2 = \frac{k + q}{m_2 - (k + q)}$$

x_1^* 和 x_2^* 满足下面方程：

$$\begin{cases} \dfrac{m_2 x_1^*}{q k_2 + x_1^*} - k - q = 0 \\[4mm] \dfrac{x_1^* m_1 s_0 \left(1 - \dfrac{x_1^*}{s_0 q \delta} - \dfrac{x_2^*}{s_0 \delta}\right)}{q k_1 + q s_0 \left(1 - \dfrac{x_1^*}{s_0 q \delta} - \dfrac{x_2^*}{s_0 \delta}\right)} - x_1^* - q x_2^* = 0 \end{cases} \tag{4}$$

引理1通过简单的计算可直接得到。关于 E_2 的存在性见文[1]。

引理2　在引理1的条件下，系统（3）的三个平衡点的性态为：

（1）E_0 和 E_1 是鞍点；

（2）E_2 是指标为 $+1$ 的非鞍初等平衡点，当：

$$\frac{x_2^* [m_2 - (k + q)] (q\lambda_2 - k)}{m_2 \lambda_2 k_2} < \frac{m_1 k_1 k_2 \lambda_2 \delta}{(k_1\delta + s_0\delta - \lambda_2 k_2 - x_2^*)^2}$$

时，E_2 是不稳定的；当：

$$\frac{x_2^* [m_2 - (k + q)] (q\lambda_2 - k)}{m_2 \lambda_2 k_2} > \frac{m_1 k_1 k_2 \lambda_2 \delta}{(k_1\delta + s_0\delta - \lambda_2 k_2 - x_2^*)^2}$$

时，E_2 是稳定的。

引理2通过简单的计算也可直接得到。

定理2　当条件

（1）$\dfrac{x_2^* [m_2 - (k + q)] (q\lambda_2 - k)}{m_2 \lambda_2 k_2} < \dfrac{m_1 k_1 k_2 \lambda_2 \delta}{(k_1\delta + s_0\delta - \lambda_2 k_2 - x_2^*)^2}$

（2）$k_2 (k + \sqrt{km_2}) \geqslant s_0\delta (m_2 - k)$

同时成立时，系统（1）在 Ω 内围绕 (s_1^*, x_1^*, x_2^*) 外围存在唯一稳定的周期解。

证　由定理1知，解平面 π 是系统（1）的 ω 极限集，而且平衡点 (s_1^*, x_1^*, x_2^*)（这里 $s_1^* = 1 - \dfrac{x_1^*}{s_0\delta q} - \dfrac{x_2^*}{s_0\delta}$）位于解平面上，下面只须证明在 π 上围绕 E_2 存在唯一稳定的周期解，即得本定理的证明。

首先证明周期解的存在性。

由引理2可知，当本定理条件（1）成立时，平衡点 E_2 是不稳定的，E_0 和 E_1 是鞍点，当 $\delta\lambda_1 > k_2\lambda_2$ 时，有 $x_1^* < q\delta\lambda_1$。所以 E_1 位于 E_2 的右侧。而由系统（3）知，$x_2 = 0$ 是积分直线。

考虑直线 $L_1 = x_1 = 0 \ (x_2 \geqslant 0)$，由系统（3）知

$$\frac{\mathrm{d}x_1}{\mathrm{d}t}\bigg|_{L=0} = kx_2 \geqslant 0, \ x_2 \geqslant 0$$

即系统（3）的轨线通过 $L_1 = 0$ 时，是由左向右穿入的。只有当 $x_2 = 0$ 时，等号才成立。

再考虑直线 $L_2 = s_0\delta - \dfrac{x_1}{q} - x_2 = 0$ $(x_1 \geqslant 0)$，由系统（3）知

$$\left[\frac{1}{q}\frac{\mathrm{d}x_1}{\mathrm{d}t} + \frac{\mathrm{d}x_2}{\mathrm{d}t}\right]_{L_2=0} = -s_0\delta < 0$$

即系统（3）的轨线通过 $L_2 = 0$ 时，是由外部向内部穿入的。

设 $L_2 = 0$ 与两个坐标轴（ $x_2 = 0$ 和 $x_1 = 0$ ）交点分别是 A 和 B（见图 1）。由 E_0ABE_0 构成一个关于系统（3）的轨线不出的闭折线，由引理 2 知，此时 E_2 是非鞍的初等平衡点，并且是不稳定的。即由闭折线 E_0ABE_0 和不稳定点 E_2 一起构成 一个广义的 Poinceré-Bendixson 环域，于是在 E_2 外围至少存在一个稳定的周期解。

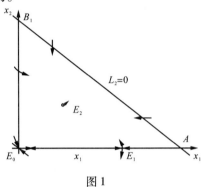

图 1

其次，证明周期解的唯一性。

因为 $x_1 = 0$ 和 $x_2 = 0$ 分别是系统（3）的无切直线和积分直线，于是取

$$M\ (x_1,\ x_2)\ = \mathrm{const},\ B\ (x_1,\ x_2)\ = \frac{1}{x_1x_2} > 0$$

而区域

$$D = \left\{(x_1,\ x_2)\mid x_1 > 0,\ x_2 > 0,\ \frac{x_1}{q} + x_1 < s_0\delta\right\} \setminus \left\{(x_1,\ x_2)\mid (x_1 - x_1^*)^2 + (x_2 - x_2^*)^2 < \varepsilon,\ \varepsilon > 0\right\}$$

即 D 为闭折线 E_0ABE_0 去掉平衡点 E_2 的小邻域（如图 1），显然，D 内无平衡点。

由系统（3）知，在 D 内有

$$W \equiv \frac{\partial}{\partial x_1}\frac{M}{}f_1B + \frac{\partial}{\partial x_2}\frac{M}{}f_2B + \frac{\partial}{\partial x_1}\ (f_1B)\ + \frac{\partial}{\partial x_2}\ (f_2B)$$

$$= \frac{1}{x_1x_2}\left\{\frac{m_2x_1x_2}{(qk_2 + x_1)^2} - \frac{kx_2}{x_1} - \frac{m_1k_1x_1}{q^2\delta\left[k_1 + s_0\ \left(1 - \dfrac{x_1}{qs_0\delta} - \dfrac{x_2}{s_0\delta}\right)\right]^2}\right\}$$

$$= -\frac{m_1k_1}{q^2x_2\delta\left[k_1 + s_0\ \left(1 - \dfrac{x_1}{q\delta s_0} - \dfrac{x_2}{\delta s_0}\right)\right]^2} + \frac{f\ (x_1)}{x_1^2\ (qk_2 + x_1)^2}$$

现代林学、森林与林业[*]

贺庆棠

（北京林业大学资源与环境学院）

近两个多世纪以来，对林学、森林与林业的认识已发生了很大变化，无论从深度和广度上都有许多新的发展，林学经历了传统林学的各个阶段向现代林学的转变。现代林学成为了以森林生态系统的营建、经营管理和利用为研究对象，以发挥森林生态系统的生态环境功能为核心，全面发挥森林生态系统的多种效益和多种功能为目的的学科。对森林的认识，也经历了由单株树木到树木群体到森林生态系统的变化。由于上述对林学及森林认识的深刻变化，人们对林业的认识也就从长期形成的以木材利用为中心，转变到以发挥森林生态系统的生态环境作用为核心和重点，全面发挥森林生态系统的生态、经济和社会功能作为林业的指导思想和目标，以实现林业的可持续发展。

从原始社会到农业社会（包括奴隶社会、封建社会），森林虽然是人们生活的摇篮，同时也是不断被破坏的对象，特别是农业的发展更是以毁灭森林刀耕火种开始的。19世纪西方工业革命开始后，砍伐森林达到了前所未有的数量和速度，当时的林学正是以采伐利用木材为研究对象的，林学以开采利用为中心，来满足工业化的需要。随着工业化进程，森林大量被砍伐，早期工业化的国家出现了木材资源枯竭现象，此时开始认识到必须从事营林工作，林学也随之逐步转到以营林和永续利用为中心上来。这方面要首推德国，他们提出了"法正林"的永续经营模式。20世纪中期以来，地球环境问题成为了人类生存和发展越来越突出的问题，引起了人们的普遍关注。不合理的人类活动，特别是乱砍滥伐森林所带来的水土流失、水源破坏以及各种灾害频繁发生，人类遭受到了"大自然的报复"，迫使人们逐步认识到森林对维护地球生态平衡、改善环境起着不可替代的巨大作用，从而使林学从以开采利用为中心转到以营林和永续利用为中心，发展到以全面发挥森林的经济、社会和环境三大功能，并以环境功能为中心和重点的现代林学，也可称之为环境林学阶段[1]。因此，现代林学是以森林生态系统营建、经营管理和利用为研究对象，以发挥森林生态系统的生态环境功能为核心，全面发挥森林生态系统的多种效益和多种功能为目的的学科。

从历史上看，对森林的认识也经历了漫长的过程。人们认识森林是从单株树木开始的，单树木具有可用性，如作工具、建筑房屋及薪炭材等，随后又逐渐认识到木材不仅有多种用途，而且由树木形成的群体还有防风、保持土壤等作用。随着认识的深化，人们才改变只见树木，不见森林的现象、认识到森林与孤立木或树木群体有着质的不同，它具有经济、生态和社会三大功能。到20世纪40~50年代，人们对森林的认识更进了一步，并发生了新的飞跃，认识到森林是一个复杂的生态系统。在陆地生态系统中，森林占有30%左右的面积，是陆地生态系统的主体，因其在陆地上分布广泛，具有巨大的生物量，森林生物量占地球生

* 中南林学院学报，2001.3. 第1期。收稿日期：2000 – 09 – 18。

物量的60%以上。森林的结构复杂，生物多样性极其丰富，全球50%以上生物种生活在森林之中。森林具有多种效益及多种功能，与人类的生存和发展有着极其密切且不可分割的关系，森林对维护地球生态平衡，保护改善地球环境有着极其重要的作用，因而成了全球各国人民共同关注的焦点之一。人们对森林的认识已经从经济利用发展到以维护生态平衡、改善环境为重点的现代森林观，也就是森林生态系统观。

在森林对环境的作用方面，人们的认识也是逐渐深化的。19世纪中叶工业革命在欧洲兴起后，大量木材用于工业生产，加速了对森林砍伐和破坏。大面积森林被采伐后，造成严重的水土流失和地方气候的恶化，从而促使几乎整个欧洲对研究森林的环境作用和永续经营森林的兴趣，人们十分关心由有林地变为无林地后，可能引起的环境变化，如德国、瑞士、法国、捷克、奥地利等国的一些气候工作者开始了对森林影响气候和环境的研究，他们先后在林内与林外建立观测站作对比观测，得到一些结果后，即出版了专著阐明森林对局地和地方气候与环境的良好影响。德国著名气候学和小气候学家R·盖格尔（RGeiger）称之为森林的福利作用。由此使人们认识到森林对局地及地方环境的影响[2]。随着林学的发展，人们对森林作用认识得到了进一步加深，20世纪50年代以来，地球环境问题成为了突出的问题，使许多学者和专家从研究森林对环境的局地和地方作用，转向深入研究森林对更大范围包括国家、洲及全球环境的影响，而且出了一批成果，证明了森林对调节大气中O_2、CO_2、水分和热量的局地、地方、国家以致全球的循环都有一定的影响和作用。森林既是地球CO_2之源，也是CO_2之汇，对当今地球气候变暖能起一定遏制作用；森林是大气中O_2的生产者之一；森林通过影响陆地蒸发、径流等水分循环因子，从而调节地方及全球水分循环，能起到一定涵养水源、保持水土、增加河川径流历时、减小洪枯比、减少水旱等作用；森林能减小地球反射率，增加对太阳能的吸收，改变地球热量平衡，调节地球温度及空气温度，没有森林，地球气候会变得极端，森林能增加地表粗糙度，影响地表气流流动速度和方向。所有这些，使人们认识到森林对地球及其环境有着不可忽视的极其重要的作用。森林既是人类不可缺乏的资源，又是人类的重要生存环境，同时它在改善地球环境，维持地球生态平衡中有着特殊重要作用。近些年的研究成果表明：热带森林对地球环境的影响十分重要，热带森林面积在地球森林面积中所占比例大，生物量和蓄积量多，生物物种极其丰富，热带林的结构复杂层次多，同时又处于地球上水、热条件最丰富的地方，这里大气环流规模最大，并向南向北影响南北两个半球环流及水热等的交换，热带森林对热带水、热状况及环流的影响可随大气环流而波及南北半球。可以这样比喻热带森林，它如地球的"胸部"，对地球环境起着"心脏和肺"的作用，可见其对地球水、热等状况影响之重要，所以现在研究森林对全球的影响，人们特别重视热带森林。

由于对森林及森林环境作用的认识深化和现代林学的不断发展，人们对林业包括对营林和森林的经营管理以及森林利用的认识也发生了很大变化。由过去长期在营林、森林经营管理和森林利用上以木材为核心，也就是大木头挂帅的指导思想，转变到以发挥森林的生态环境作用为核心和重点，以全面发挥森林的生态、经济和社会功能作为林业包括营林、森林经营管理和森林利用等的指导思想，以实现森林的永续利用和可持续发展为目的。现代的营林工作，已经在逐步改变分林种营造新林，如用材林、防护林等。美国的"新林业"和德国"接近自然的林业"，都强调改变营林工作过分分林种营造新林，他们认为只有提倡营造形成稳定的发挥森林多功能、多效益的新林，才能使林业可持续发展，因为在许多国家虽然通过分林种的营林如营造用材林或工业人工林，较快的解决了用材需要，但地力衰退、病虫害严重等一系列问题接踵而来，不能形成稳定的可持续森林或林业。在森林的经营管理面，已经由长期经营管理森林中的以乔木为主，以生产优质木材为核心，转向到了以充分发挥森林的多功能多效益的整个森林生态系统的经营管理[3]。对森林的利用，也由对树干的利用，发展到对全树的利用，现在已开始逐步向全林的全方位利用发展。在林业上无论是营林、森林经营管理还是森林利用，都采取了大量现代技术手段，包括物理、化学、生物等，其中高新技术也开始在林业上应用。

面向新世纪，正确认识现代林学、森林与林业，对于发展我国森林资源，充分发挥森林生态系统的作用，搞好林业建设有着十分重要的意义。

参考文献

[1] 贺庆棠. 森林环境学 [M]. 北京：高等教育出版社，1999：1 – 27.

[2] 贺庆棠. 林业气象学的研究与进展 [A] //贺庆棠. 中国林业气象文集 [C]. 北京：中国林业出版社，1989：1 – 6.

[3] 曾庆波. 热带森林生态系统研究与管理 [M]. 北京：中国林业出版社，1997：20 – 35.

利用锥形量热仪分析树种阻火性能*

田晓瑞[1)]　贺庆棠[2)]　舒立福[1)]

锥形量热仪由美国国家标准技术研究所（NIST）20 世纪 80 年代推出，可以测定热释放速率、失重速率、CO 和 CO_2 释放速率等十几种参数，数据的采集和处理完全由计算机控制。与对燃烧的传统测试方法（氧指数法、垂直燃烧法、水平燃烧法等）相比，这种测试方法有测试参数较多、实验结果与材料在实际火灾中的表现更加相近，实验结果与实际情况关联性大的优点[1~3]。

1　材料来源

1999 年 11 月自安徽青阳县九华山采样，树种有木荷、茶树、火力楠、女贞、石楠、枇杷、马尾松和杉木。选取 15~20 年生大树，在阳面树冠中部采取带叶片的小枝，当场测定树叶含水率，并把样品带回实验室测定。

2　研究方法

利用锥形量热仪（ASTM E1354 – 90，ISO　5660 – 1）测定样品的阻火性。样品在垂直水平方向上 60kW/m² 辐射强度，外部点燃条件下进行测试。根据测试结果，利用计算机辅助分析，确定材料的阻火特性。

3　结果与讨论

3.1　木荷燃烧过程分析

目前我国现有防火林带选用的主要树种是木荷。木荷的防火能力强也在实践中得到证明。木荷防火林带在一定程度上可以阻隔高强度火。但对木荷鲜叶和落叶的燃烧条件和过程还不了解，为了进一步阐明防火林带的阻火机理，我们对木荷鲜叶与落叶的燃烧过程进行了分析。

植物材料的分解燃烧过程可分为 3 个阶段：①水分蒸发或干燥阶段：在 100~150℃ 之间，可燃物热分解的速度缓慢，主要是水分受热蒸发逸散，木材的化学组成，没有明显变化。②预炭化阶段：加热温度在 150~270℃，可燃物受热分解的速度加快，可燃物的化学成分发生明显的分解反应，比较不稳定的组成如半纤维素，受热分解生成 CO、CO_2 和少量乙酸等物质。③炭化阶段：加热温度升到 270~450℃。在这一阶段，可燃物热分解反应剧烈，产生大量热分解产物，生成的气体中 CO 和 CO_2 的量逐渐减少，而碳氢化合物如甲烷、

---

* 北京林业大学学报，2001. 1. 第 1 期. 2000 – 07 – 30 收稿

由"九五"国家攻关专题"森林火灾综合防御技术研究"（960200104）资助

1）中国林业科学研究院森林保护研究所，100091，北京；第一作者，男，29 岁，博士 2）北京林业大学资源与环境学院，100083，北京

乙烷和烯烃类，则逐渐增加[4]。

比较不同重量的木荷鲜叶与落叶在 45kW/m²，辐射强度下的失重曲线（图 1、图 2），可以看出 7.0、10.5 和 14.0g 木荷叶的失重曲线有大致相同的趋势。样品的量越大，燃烧需要的时间越多。失重曲线可以分成两个阶段，第一阶段开始失重快，主要是水分和其他挥发物的逸失。第二阶段是燃烧后期的灰化阶段。比较木荷鲜叶与落叶的失重曲线，可以看出落叶燃烧快，失重速率也大。这也说明在自然状态下，落叶更易于被点燃。

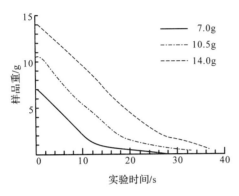

**图 1　45 kW·m⁻² 辐射强度下不同重量
木荷叶失重曲线**

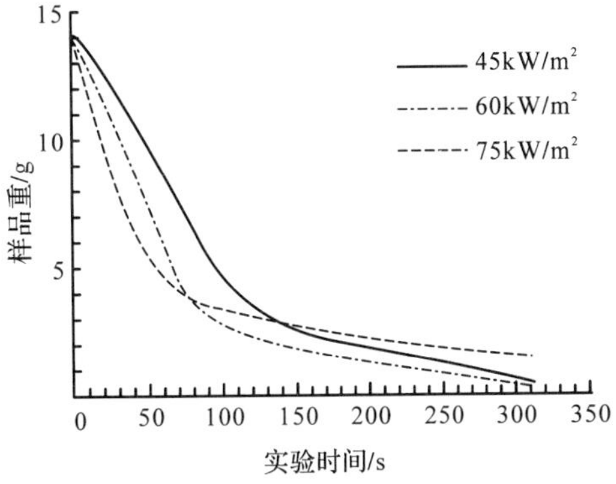

图 2　不同辐射强度下木荷（落叶）失重曲线

相同重量的木荷叶片在不同辐射强度下，失重过程也大致相同（图 3）。75kW/m² 辐射强度下，树叶的失重最快，在 43s 就进入第二阶段，而 60kW/m² 辐射强度和 45kW/m² 辐射强度下的失重曲线拐点分别在 78s 和 115s。这与火灾中可燃物燃烧过程一样，在高强度火灾中，可燃物重量损失快，火烧蔓延速度快。

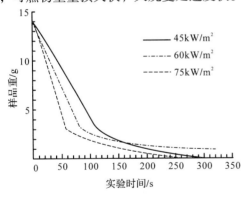

图 3　不同辐射强度下木荷失重曲线

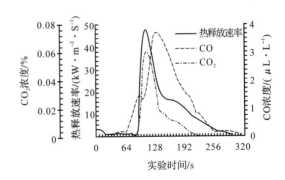

图 4　45kW/m² 辐射强度木荷 CO、CO₂ 和热释放速率

图 4 是 45kW/m² 辐射强度木荷叶（7.0g）CO、CO_2 和热释放速率曲线。由曲线可以看出，热释放速率曲线与 CO 和 CO_2 的释放曲线非常相似，尤其与 CO_2 的释放过程密切相关。在燃烧过程中，首先有 CO 的释放（26s），随着受热时间的增加，树叶开始燃烧并释放出 CO_2（82s），热释放也迅速增加，并基本和 CO_2 同时达到高峰（96s），最高热释放速率达到 48kW/m²·s。由于辐射强度相对较低，树叶含水率高，燃烧不充分，所以，在燃烧过程中始终有 CO 的释放。CO 释放高峰（112s）迟于 CO_2 的释放高峰，CO 最高浓度为 $3.7\mu L/L$。这也说明木荷的叶燃烧不易充分燃烧，它的防火能力强，适宜作防火林带树种。

3.2 不同树种燃烧性的比较

通过测定9个树种的含水率（结果如表1），可以看出，女贞的相对含水率和绝对含水率都比较高，马尾松针叶含水率最低，其他树种叶片含水率中等。含水率的多少会影响到树叶在受热过程中其质量变化和热释放过程。

表1 各树种叶片含水率

树种	拉丁文	相对含水率（%）	绝对含水率（%）
茶树	*Camelia sinesis*	61.8	162.1
火力楠	*Michelia macclurei*	58.8	142.7
马尾松	*Pinus massniana*	60.0	150.0
木荷	*Schima superba*	61.1	157.0
女贞	*Ligustrum lucidum*	67.8	210.6
枇杷	*Fribotrya japonica*	58.2	139.3
杉木	*Cunninghamia lanceolata*	62.7	168.3
油茶	*Camellia oleifera*	54.7	120.6

有效燃烧热表示的是某一瞬间、所测得热释放速度与其质量损失速度之比值。该值反应可燃性挥发物气体在气相火焰中燃烧程度。图5表示的有效燃烧热曲线最前一段是树叶受热阶段。水分蒸发、表物质挥发、可燃气体如甲烷、乙烯和可燃性液体如丙酮、甲醇和醋酸的释放。点燃后热释放速率迅速增加，陡峰是高温分解物燃烧的结果。由于树叶含水量大，受热初始阶段先是水分的大量蒸发，而后是水分和其他可燃性挥发物的释放。实验结果表明女贞的有效燃烧热峰值最高，说明其可燃性气体燃烧最充分，这与其燃烧时发生轻微爆炸有关系。茶树、木荷、杉木、马尾松等树种的有效燃烧热曲线形状大致相同，到达峰值的时间也都在125s左右，只有枇杷有效燃烧热曲线峰值低（14MJ/kg），有效燃烧热释放时间短，也说明其可燃性挥发物气体燃烧程度低。上述过程伴随最大失重率高峰（图6）。峰后，由于表层碳形成绝缘层，并进入燃烧阶段，热释放速率下降。热由传导、对流、辐射到达下层树叶，底层可燃物形成的气体通过缝隙出来。

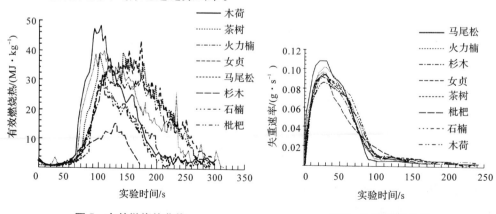

图5 有效燃烧热曲线　　　　　　图6 失重速率曲线

火发生指数 *FPI* 表示火险程度[5]，它是着火感应时间（*TTI*）与热释放速率峰值

（RHR_{peak}）的比值：$FPI = TTI/RHR_{peak}$。

表2 锥形量热仪对不同树种的试验结果

树种	着火感应时间 （s）	热释放速率（峰值） （$kW \cdot m^{-2} \cdot s^{-1}$）	火发生指数 （$s\ m^{-2} \cdot kW^{-1}$）
茶树	64	78	0.82
火力楠	38	29	1.31
马尾松	16	26	0.62
木荷	72	61	1.18
女贞	62	92	0.67
枇杷	16	18	0.89
杉木	20	25	0.80
油茶	32	26	1.23

FPI 值越大，抗火能力越强。茶树、木荷和火力楠的抗火能力强，马尾松和杉木比较易燃。女贞也比较易燃，不宜作为防火林带树种。

4 结论与讨论

通过锥形量热仪实验测定，比较一些树种树叶的燃烧过程，发现茶树、木荷和火力楠的抗火性强，适宜作防火树种。利用锥形量热仪测定各树种的燃烧较简便易行，但这些实验结果更适合于对低强度火烧蔓延的情况。因为锥形量热仪的最高辐射量只有 $100kW/m^2$，这远远小于高强度火灾的辐射。随着辐射强度的增强，树种之间的燃烧性差异也越来越小。这也表明，防火林带对于中低强度火烧非常有效，而对极端条件下的高强度火作用不大。

参考文献

［1］Cilman J W, Ritchie SJ, Kashiwagi T, *et al*. Fire-retardant Additives for Polymeric Materials I. Char Formation from Silica Gel-Potassium Carbonate. Fire and Mererals, 1997, 21: 23 – 32.

［2］Fu Yu Hshieh. Beeson H D. Flammability Testing of Flame-retarded Epoxy Composites and Phenolic Composites. FIRE AND MATERIALS, 1997, 21: 41 – 49.

［3］Baggaley R G, Hornsby P R, Yahya R, *et al*. The Influence of Novel Zinc Hydroxystannate-Coated Fillers on the Fire Properties of Flexible PVC. FIRE AND MATERIALS, 1997, 21: 179 – 185.

［4］Gandhi P. Przybyk L, Grayson S J. Electric cables applications (Chapter 16). Heat Release in Fires. Elsevier. London, U K. Eds. V. Babrauskas and S. J. Grayson. 1992. 545 – 564.

［5］Wickstrom Ulf, UIF Goransson Full-scale/Bench-scale correlations of wall and ceiling linings (Chapter 13). Heat Release in Fires. Elsevier. London, UK, Eds V Babrauskas and SJ Grayson, 1992, 461 – 487.

Chemostat 系统中 Hopf 分支的存在性[*]

宋国华　李秀琴

（北京建筑工程学院）

窦家维

（西安交通大学）

贺庆棠

（北京林业大学）

Chemostat 系统是用于描述在实验室内连续培养微生物变化过程的数学模型，它是一个简化了的湖泊、海洋等模型[1,2,3,4]，本文将 Hopf 分支理论应用于 Chemostat 系统中，讨论其周期解的存在性。

考虑微生物增长对营养基的消耗率是营养基浓度的函数 $\delta(s)$ 和微生物增长率为一般函数 $\mu(s)$ 时，Chemostat 模型

$$\begin{cases} \dfrac{ds}{dt} = (s_0 - s)Q - \dfrac{\mu(s)x}{\delta(s)} \\ \dfrac{dx}{dt} = [\mu(s) - Q]x \\ s(0) = s_0, x(0) = x_0 > 0 \end{cases} \tag{1}$$

这里 $\delta(s)$ 和 $\mu(s)$ 具有以下性质：

(i) $\delta(s)$ 和 $\mu(s)$ 均是营养基浓度 s 的函数；

(ii) $\delta(0) \neq 0, \mu(0) \neq 0$；

(iii) 对任意的 $s > 0$ 有 $\delta(s) > 0, \delta'(s) > 0, \mu'(s)$ 不定号，$\mu'(s) > 0$；

(iv) 存在唯一的 $b > 0$，使得 $\mu(b) = Q$。

为了讨论问题方便，对系统(1)作无纲量化变换，令 $\tau = Qt, \bar{s} = \dfrac{s}{s_0}, \bar{x} = \dfrac{x}{s_0}$，并记 $\mu(\bar{s}s_0) = \mu(s), \delta(\bar{s}s_0) = \delta(s)$，则系统(1)变为($\tau, \bar{s}, \bar{x}$ 仍记为 t, s, x)

$$\begin{cases} \dfrac{ds}{dt} = 1 - s - \dfrac{\mu(s)}{Q\delta(s)} \overset{\text{def}}{=} f_1(s,x) \\ \dfrac{dx}{dt} = \left(\dfrac{1}{Q}\mu(s) - 1 \right)x \overset{\text{def}}{=} f_2(s,x) \end{cases} \tag{2}$$

引理 1 系统(2)在 R_+^2 内，当 $b \geqslant 1$ 时，只有一个平衡点 $N_o(1,0)$；当 $b \leqslant 1$ 时，除有平衡点 N_o 外，还有一个正平衡点 $N(b, x^*)$，其中 $x^* = (1 - b)\delta(b) > 0$。

* 系统科学与教学，2001.10. 第4期。北京建筑工程学院博士启动基金和院基础基金资助课题。收稿日期：2000 – 06 – 15，收到修改稿日期：2001 – 05 – 20。

定理 1　系统(2)在平衡点 N_o 处不存在 Hopf 分支,而当条件

(1) $b < 0$;

(2) $\delta(b) = \dfrac{Q(1-b)\delta'(b)}{Q+(1-b)\mu'(b)}$

(3) $Q(1-b)\delta''(b) - \delta'(b)[Q+(1-b)\mu'(b)] \neq 0$

成立时,平衡点 N 处存在 Hopf 分支。

如果在(2)中,取 $\delta(s) = A + Bs$,$\mu(s) = \dfrac{ms}{k+s} - l$,其中 A、B、m、k 和 l 均为正常数,则(2)变为

$$\begin{cases} \dfrac{ds}{dt} = 1 - s - \dfrac{x}{Q(A+Bs)}\left(\dfrac{ms}{k+s} - l\right) \\ \dfrac{dx}{dt} = \left[\dfrac{ms}{Q(k+s)} - \dfrac{l}{Q} - 1\right]x \end{cases}$$

若记 $\bar{m} = \dfrac{m}{Q}$,$\bar{l} = \dfrac{l}{Q}$,则上式化为($\bar{m}$, $\bar{l}$ 仍记为 m,l)

$$\begin{cases} \dfrac{ds}{dt} = 1 - s - \dfrac{x}{A+Bs}\left(\dfrac{ms}{k+s} - l\right) \\ \dfrac{dx}{dt} = \left(\dfrac{ms}{k+s} - l - 1\right)x \end{cases} \tag{3}$$

系统(3)的平衡点对应于系统(2)的平衡点为 $E_0(1,0)$,$E_1(\lambda, x^*)$,这里 $\lambda = \dfrac{k(1+l)}{m-(1+l)}$,$x^* = (1-\lambda)(A+B\lambda)$,$b$ 对应于 λ,而 $\delta(b) = \delta(\lambda) = A+B\lambda$,这时,对应于定理 1 中平衡点 N 存在 Hopf 分支的条件为

(1) $m > (1+l)(k+1)$;

(2) $\dfrac{A}{B} = \dfrac{[m-(1+l)(k+1)][k(1+l)^2 - mkl] - mk^2(1+l)}{[m-(1+l)]\{mk+[m-(1+l)][m-(1+l)(k+1)]\}}$;

(3) $Qkm + [m-(1+l)(k+1)][m-(1+l)] \neq 0$。

由于 $E_1(\lambda, x^*)$ 在 R_+^2 内的条件 $0 < \lambda < 1$ 可得, $m > 1+l$,而当条件(1)成立,即 $m > (1+l)(k+1)$ 时,必有 $m > 1+l$,从而有 $Qkm + [m-(1+l)(k+1)][m-(1+l)] > 0$,即

由(1)成立,可推得(3)成立,于是平衡点 E_1 存在 Hopf 分支的条件可叙述为下面的定理。

定理 2　系统(3)当条件

(1) $m > (1+l)(k+1)$;

(2) $\dfrac{A}{B} = \dfrac{[m-(1+l)(k+1)][k(1+l)^2 - mkl] - mk^2(1+l)}{[m-(1+l)]\{mk+[m-(1+l)][m-(1+l)(k+1)]\}}$

成立时,在平衡点 E_1 处存在 Hopf 分支。

下面讨论在定理 2 的条件下,系统(3)周期解的存在性。

为了讨论方便,将(3)改写成下面的等价形式

$$\begin{cases} \dfrac{\mathrm{d}x}{\mathrm{d}t} = x\,[\,g\,(s)\,-\,1\,] \\[2mm] \dfrac{\mathrm{d}s}{\mathrm{d}t} = 1 - s - \dfrac{g\,(s)}{F\,(s)}x \end{cases} \tag{4}$$

这里 $g(s) = \dfrac{ms}{k+s} - l$, $F(s) = A + Bs$。

在上述无纲量化变换后,系统(4)存在两个平衡点 $E_0(1,0)$ 和 $E_1(s_1,x_1)$ 的条件是

$$m > 1 + l, \quad \lambda < 1 \tag{5}$$

这里 $s_1 = \lambda = \dfrac{k(1+l)}{m-(1+l)}$, $x_1 = F(\lambda)(1-\lambda) = (A+B\lambda)(1-\lambda)$,而这时平衡点 E_1 稳定的条件变为当

$$\dfrac{A}{B} < \dfrac{[m-(1+l)(1+k)]\,[k(1+l)^2 - mkl] - mk^2(1+l)}{[m-(1+l)]\,\{mk + [m-(1+l)]\,[m-(1+l)(k+1)]\}} \overset{\mathrm{def}}{=} R \tag{6}$$

时为不稳定的,当 $\dfrac{A}{B} > R$ 时 E_1 为局部稳定的。为探索 $\dfrac{A}{B} = R$ 时,系统(4)极限环的存在性,下面将坐标原点平移到平衡点 E_1,为此,令 $u = x - x_1, v = s - s_1$ 则(4)式变为

$$\begin{cases} \dfrac{\mathrm{d}u}{\mathrm{d}t} = (u + x_1)\,[\,G\,(v)\,-\,1\,] \\[2mm] \dfrac{\mathrm{d}v}{\mathrm{d}t} = 1 - (v + s_1) - \dfrac{G\,(v)}{f\,(v,\varepsilon)}\,(u + x_1) \end{cases} \tag{7}$$

这里

$$G(v) = g(v + s_1) = \dfrac{m(v+s_1)}{k+(v+s_1)} - l = \dfrac{m(v+s_1)}{\bar{k}+v} - l \tag{8}$$

$$\bar{k} = k + s_1 \tag{9}$$

$$f(v,\varepsilon) = F(v + s_1) = A[1 + (\bar{R} + \varepsilon)(v + s_1)] \tag{10}$$

$$\bar{R} = \dfrac{1}{R} = \dfrac{[m-(1+l)]\,\{mk + [m-(1+l)]\,[m-(1+l)(k+1)]\}}{[m-(1+l)(1+k)]\,[k(1+l)^2 - mkl] - mk^2(1+l)} \tag{11}$$

$$\varepsilon = \dfrac{B}{A} - \bar{R} \tag{12}$$

下面研究当 $\varepsilon \to 0$,即当 $\dfrac{B}{A} \to \bar{R}$ 时,系统(7)的定性性质。

考虑系统(7)关于平衡点(0,0)的线性化系统,即

$$\begin{cases} \dfrac{\mathrm{d}u}{\mathrm{d}t} = [\,x_1 G'(0)\,]v \\[2mm] \dfrac{\mathrm{d}v}{\mathrm{d}t} = \Big[-\dfrac{G(0)}{f(0,\varepsilon)}\Big]u - \Big[1 + \dfrac{\mathrm{d}}{\mathrm{d}v}\Big(\dfrac{G(v)}{f(v,\varepsilon)}\Big)\Big|_{v=0} x_1\Big]v \end{cases} \tag{13}$$

这里 $G(0) = 1$, $G'(0) = \dfrac{m-(1+l)}{\bar{k}}$, $f(0,\varepsilon) = A[1 + (\bar{R} + \varepsilon)s_1]$, $f'(0,\varepsilon) = A(\bar{R} + \varepsilon)$。

系统(13)的特征值为

$$r(\varepsilon) = \frac{1}{2}\left[-\Gamma(\varepsilon) \pm \sqrt{\Gamma^2(\varepsilon) - 4G'(0)(1-s_1)}\right] \tag{14}$$

这里，$\Gamma(\varepsilon) = 1 + \left(1 - \dfrac{1+l}{m}\bar{k}\right)\dfrac{m-(1+l)}{\bar{k}} - \dfrac{\left(\dfrac{m}{1+l} - \bar{k}\right)(\bar{R}+\varepsilon)}{\dfrac{m}{1+l} + (\bar{R}+\varepsilon)\bar{k}}$

由简单的计算，可得 $\Gamma(\varepsilon)$ 具有下列性质。

引理 2　(i) $\Gamma(0) = 0$ ；

(ii) $\Gamma'(\varepsilon) = -\dfrac{(1-\lambda)\left(\dfrac{m}{1+l}\right)^2}{\left[\dfrac{m}{1+l} + (\bar{R}+\varepsilon)\bar{k}\right]^2} < 0$ ；

(iii) $\lim\limits_{\varepsilon \to \pm\infty} \Gamma(\varepsilon) = 2 + mk - [m-(1+l)]\dfrac{1+l}{m} - \dfrac{m}{1+l}\dfrac{1}{\bar{k}}$ 。

由 $\bar{R}$ 的表达式可知，当条件 (5) 成立，并且 $mk(1+l) > [m-(1+l)(1+k)]$ $[(1+l)^2 + ml]$ 时，$\bar{R} < 0$；当 (5) 成立，并且 $mk(1+l) < [m-(1+l)(1+k)]$ $[(1+l)^2 + ml]$ 时，$\bar{R} > 0$。我们只讨论 $\bar{R} > 0$ 的情形。

由特征值 $r(\varepsilon)$ 的表达式可知，如果 $m > 1+l$ 且 $k < m-(1+l)$ 则存在一个区间 $[-\beta, \beta]$，使得 $\varepsilon \in [-\beta, \beta]$ 时，$\Gamma^2(\varepsilon) - 4G'(0)(1-\lambda) < 0$，因此，如果 $\varepsilon \in [-\beta, \beta]$，则 R_e $[\gamma(\varepsilon)] = -\dfrac{1}{2}\Gamma(\varepsilon)$，而由引理 2 知，

$$\frac{\mathrm{d}}{\mathrm{d}\varepsilon}R_e[r(\varepsilon)]\Big|_{\varepsilon=0} = \frac{1}{2}\frac{(1-\lambda)\left(\dfrac{m}{1+l}\right)^2}{2\left[\dfrac{m}{1+l} + \bar{R}k\right]^2} > 0 \tag{15}$$

根据 (15) 和引理 2 知，当 $\varepsilon = 0$ 时，特征值是纯虚数且和复平面的虚轴相交。由文 [5] 知，系统 (7) 存在一个一维参数族周期解。如果系统参数 A 和 B 在微生物增长对营养基的消耗率为正时，则系统 (7) 等号的右边也可看作一个向量变量的向量值函数：

$$X_\varepsilon(Z) = \begin{pmatrix} (u+x_1)[G(v)-1] \\ 1-(v+s_1) - \dfrac{G(v)}{f(v,\varepsilon)}(u+x_1) \end{pmatrix}$$

这里

$$Z(t) = \begin{pmatrix} u(t) \\ v(t) \end{pmatrix}$$

它是解析的。由 Hopf 分支定理，我们得到存在一族实周期解。特别在 (Z, ε) — 空间 $((Z, \varepsilon) \subset R^3$ 的一个邻域中) 存在一个 $Z' = x_\varepsilon(z)$ 的一维参数族的周期解 $(Z(t, \mu), \varepsilon(\mu))$ 使得当 $\mu \to 0$ 时，$Z(t, \mu) \to 0, \varepsilon \to 0$。进一步，这些周期解有周期 $T(\mu)$，而且有当 $\mu \to 0$ 时，$T \to \dfrac{2\pi}{|\tau(0)|}$，在这里

$$\frac{2\pi}{|\tau(0)|} = \frac{\pi\bar{k}}{2(1-\lambda)[m-(1+l)]}$$

综上所述有下面的定理：

定理 3　当 $\varepsilon \to 0$ 即 $\frac{A}{B} \to R$ 时，系统(7) 在平衡点 E_1 外围存在周期解，该周期解的周期

$T(\varepsilon)$，当 $\varepsilon \to 0$ 时 $T(\varepsilon) \to \dfrac{\pi \bar{k}}{2(1 - \lambda)[m - (1 + l)]}$。

利用文[8] 的方法可以得到，当 $\dfrac{A}{B} = R$ 并且条件

$$B \sqrt{mk(1 - \lambda)} > x_1 \frac{[m - (1 + l)]^2}{mk} - \frac{mkB}{m - (1 + l)}$$

成立时，平衡点 E_1 是系统(7) 的稳定的一阶细焦点。并且当 $0 < \dfrac{A}{B} - R \ll 1$ 时，在 E_1 外围存在

的周期解是稳定的。

由本文的讨论可知，只有当微生物增长对营养基的消耗率非常数时才会出现分支，而当微生物的增长对营养基的消耗率是常数时分支现象不会出现，这一现象是很有意义的，在实际应用中也是很有价值的[6,7]。

参考文献

[1] 陈兰荪等. 非线性生物动力系统. 北京：科学出版社，1993.

[2] Hsu S B, Hubell S P and Waltman P. A mathematical theory for single-nutrient competition in Continuous culture of micro-organism. *SIAM. J. Appl. Math.*, 1997, 32：366 – 383.

[3] Smith H L and Waltman P. The Theory of the Chemostat, Cambridge University Press, 1994.

[4] 阮士贵. 恒化器模型的动力学. 华中师范大学学报（自），1997，31：377 – 397.

[5] 雷晋干，马亚南. 分支问题的逼近理论与数值方法. 武汉：武汉大学出版社，1993.

[6] Crooke P S and Tanner R D. Hopf Bifurcatings for a variable yield continuous fermentation model. Int. Engng. Sci., 1982, 20（3）：439 – 443.

[7] Dai G and Xu CX. Constant rate Predator harvested predator-prey system with Holling-typel functional response. Acta. Math. Scientia（in Chinese），1994，14：134 – 144.

[8] 张锦炎. 常微分方程几何理论与分支问题. 北京：北京大学出版社，1981.

南方林区防火树种的筛选研究*

田晓瑞[1)]　　舒立福[1]　乔启宇[2)]　贺庆棠[3)]　李　红[1)]

利用防火林带可以有效地防止森林火灾的发生，树种的防火性能是防火林带发挥防火效益的基础。防火树种要求有较强的抗火能力、适宜的生物学生态学特性和造林学特性[1,2]。因此，要对树种的抗火性、生物学生态学特性和造林学特性进行综合评价，确定研究地区的防火树种。筛选防火树种的方法有很多，但基本上都是根据测定的一些化学成分组成和燃烧指标进行综合判别，没有实际物理意义。为了改进防火树种的筛选方法，我们根据研究地区森林火灾的特点，测定了树叶的燃烧性及其间接指标，分析了各树种的生物学生态学特性及其造林学特性，利用层次分析方法，确定优良的防火树种。

1　试验材料

在广东郁南县长乐林场选取木荷、火力楠、杨梅等48种树种，每种树种选定2~3株生长良好的树木作为样株，在阳面的中部采集树叶样品。采下后用塑料袋密封带回室内，部分鲜样用于含水率的测定，部分样品在80℃条件下烘16h至恒重，用粉碎机粉碎后，装入塑料袋，密封备用。

2　研究方法

2.1　燃烧性能的测试

2.1.1　发热量的测定

采用GR3500型氧弹卡计测量，其计算公式为：

$$Q_V = \frac{W_卡 \Delta T}{M} \tag{1}$$

式中，$W_卡$为蒸馏水的摩尔数，ΔT为温差，M为样品绝干重。

自然状态下样品的发热量计算公式为：

$$Q_{自然} = Q_V(1-k) \tag{2}$$

式中，$Q_{自然}$为自然发热量（J/kg），Q_V为干物质发热量（J/kg），k为相对含水率（%）。

本文提到的发热量均指自然状态下，单位质量物质燃烧放出的总热量（见表1）。

———————————

*　北京林业大学学报，2001.9.第5期。2001-02-10收稿。

*　"九五"国家攻关专题"森林火灾综合防御技术研究"（960200104）和国家自然科学基金重点项目（59936140）共同资助

1)　中国林业科学研究院森保所，100091，北京；第一作者，男，29岁，博士生；2)北京林业大学工学院，100083，北京；3)北京林业大学资源与环境学院，100083，北京

表1　各树种的测定结果
TABLE1　Test results of tree species

序号	树种	拉丁学名	叶总放热量（kJ·kg^{-1}）	炭化时间（s）
1	阿丁枫	*Altingia chinensis*	9714.03	18.0
2	侧柏	*Platycladus orientalis*	6875.96	8.6
3	茶树	*Camellia sinesis*	8990.57	16.6
4	刺栲	*Castanopsis hystrix*	10976.79	10.2
5	大叶桉	*Eucalyptus robusta*	7788.40	17.1
6	大叶相思	*Acacia auriculaformis*	9275.95	14.7
7	枫香	*Liquidambar formasona*	9396.38	13.8
8	柑橘	*Citrus lepta*	7685.49	16.2
9	格氏栲	*Castanorsis kawakamit*	7015.87	13.7
10	观光木	*Tsoongiodendron oclurum*	6764.33	9.3
11	旱冬瓜	*Almus nepalensis*	9693.52	21.2
12	黑荆	*Acacia mearnsii*	9010.06	17.3
13	灰木莲	*Manglietia glauca*	6965.39	24.3
14	火力楠	*Michelia macclurei*	9626.76	20.5
15	福建柏	*Fokienia nodginsii*	9556.28	13.7
16	交让木	*Daphniphyllum macrapodum*	6217.33	15.2
17	卷斗栎	*Cyclobalanopsis pachyloma*	9900.13	12.9
18	苦槠	*Castanorsis scierophylla*	10035.14	8.9
19	拉氏栲	*Castanopsis lomintii*	9525.09	11.7
20	柳杉	*Cryptomeria fortunei*	8353.81	13.5
21	窿缘桉	*Eucalyptus exerta*	9079.07	12.1
22	罗浮栲	*Castanopsis sclerophylla*	9685.89	14.6
23	椤木石楠	*Photinia davidsoniae*	8201.13	19.0
24	马蹄荷	*Exbucklandia populnea*	8226.80	22.2
25	马尾松	*Pimus massoniana*	11819.88	9.6
26	毛竹	*Phyllostachys pubescens*	11034.94	23.1
27	米饭花	*Vaccinium sprengelii*	6734.93	19.6
28	米老排	*Mytilaria laosensis*	8493.17	16.3
29	木荷	*Schima superba*	7768.89	23.4
30	楠木	*Phoebe bonrnei*	10110.84	15.8
31	女贞	*Ligustrum lucidum*	9854.03	17.8
32	枇杷	*Erioboya japonica*	9833.78	15.3
33	青冈栎	*Cyclobalanopsis glauca*	8089.04	10.7
34	润楠	*Mschilus yunnanensis*	8515.04	12.4
35	山杜英	*Elaeocarpus sylylvestris*	9588.32	12.9

（续）

序号	树种	拉丁学名	叶总放热量（kJ·kg⁻¹）	炭化时间（s）
36	杉木	*Cunninghamia lanceolata*	9657.96	9.4
37	珊瑚	*Viburnum awabuki*	7415.43	22.7
38	深山含笑	*Michelia maudiae*	7384.12	15.8
39	圣诞树	*Acacia dealbata*	8676.94	16.2
40	石栎	*Lithocarpus glaber*	11059.97	15.2
41	台湾相思	*Acacia confuse*	8531.25	21.1
42	甜槠	*Castanopsis eyrui*	10226.80	15.3
43	尾叶桉	*Eucalyptus urophylla*	10829.18	16.2
44	细柄阿丁枫	*Aitingia gracilipes*	9377.08	21.9
45	杨梅	*Myria rubra*	10200.46	17.0
46	油茶	*Camellia oleifera*	8718.15	22.3
47	樟树	*Cinnamomum camphora*	9996.38	14.7
48	棕榈	*Trachycarpus fortunei*	9009.75	18.7

2.1.2 叶燃烧速度的测定

取相同叶面积的鲜叶在同样火强的电炉（垫上石棉网）上烧，观测叶片炭化（即烤焦）和灰化（有焰燃烧成灰分）的时间。重复 3 次，误差超过 10% 时，要增加实验次数。

2.2 生物学生态学特性调查

调查或测定研究树种的树皮厚度、树冠结构、自然整枝性能、叶质和厚度等，并选择标准木测定生长量和叶面积。计算叶面积相对重叠指数，用其表示各树种的叶面积的差异程度，其计算公式为：

$$叶面积相对重叠指数 = \frac{单株叶面积}{冠幅 \times 树高}(\%) \qquad (3)$$

3 结果分析

3.1 层次的确定

采用层次分析法将影响树种防火性能的各因素进行综合评判[3]，先将各项评判指标按类目的大小及隶属关系分成 3 个层次，分层结果见图 1。

B 层指标中，树种燃烧特性、生物学生态学特性及造林学特性下属的指标，通过查阅资料和专家咨询，用打分法将定性指标定量化，打分采用 4 分或 3 分制，得分越高表示防火性能越好。调查取样在林中进行，避免孤立木，调查取样时间在一个防火期内完成。

3.2 各层次类目、指标权重确定及一致性检验

根据各指标对抗火性能的贡献率，确定各指标的权重 λ_j，$\sum_{j=1}^{n} \lambda_j = 1, j = 1, 2, \cdots, n$。各目标的权重是根据专业知识，用相对比较方法来确定的。n 个因素两两比较其重要性，得到权重判断矩阵。两因素比较结果的确定方法为：1，3，5，7，9 分别表示同等重要、略为重

要、比较重要、非常重要和绝对重要，2，4，6……表示两判断之间的中间状态对应值。求出每个判断矩阵的最大特征值 λ_{max}，λ_{max} 所对应的单位特征向量即为各指标的权重。

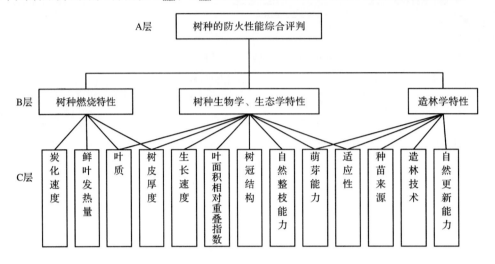

图1 层次结构图

当判断距阵完全一致时，$\lambda_{max} = n$；当判断距阵不完全一致时，一般有 $\lambda_{max} \geq n$。采用随机性指标 CR 作为一致性检验的指标，判断矩阵的一致性检验方法为：

$$CR = CI/RI \tag{4}$$

式中，$CI = (\lambda_{max} - n)/(n-1)$，$n$ 为判断矩阵的阶数，λ_{max} 为判断矩阵的最大特征值，RI 为随判断矩阵阶度而变的常数。RI 的值与 n 的关系见表2。

表2 与 n 对应的 RI 值

n	1	2	3	4	5	6	7	8
RI	0.00	0.00	0.58	0.91	1.12	1.24	1.32	1.41

当 $CR < 0.1$ 时，判断矩阵达到满意效果，否则需要重新调查。

B 层指标的判断矩阵见表3。

表3 B 层指标的判别矩阵

	树种燃烧特性 u_1	生物学生态学特性 u_2	造林学特性 u_3
树种燃烧特性 u_1	1	5	7
生物学生态学特性 u_2	1/5	1	3
造林学特性 u_3	1/7	1/3	1

$\lambda_{max} = 3.10$，对应的特征向量（即权重）为（0.696，0.225，0.079）。一致性检验结果为 $CR = 0.08 < 0.1$，达到满意效果。

B 层指标中树种燃烧特性的判断矩阵见表4。

表4 树种燃烧特性的判断矩阵

	炭化速度 C_1	鲜叶发热量 C_2	叶质 C_3	树皮厚度 C_4
炭化速度 C_1	1	7	3	5
鲜叶发热量 C_2	1/7	1	1/3	1/3
叶质 C_3	1/3	3	1	1/2
树皮厚度 C_4	1/5	3	2	1

$\lambda_{max} = 5.31$，对应的特征向量（即权重）为（0.555，0.063，0.168，0.215）。一致性检验结果为 $CI = 0.063$，$CR = 0.069 < 0.1$，达到满意效果。

B层指标中树种生态生物学抗火特性的判断矩阵见表5。

$\lambda_{max} = 8.69$，对应的特征向量（即权重）为（0.083，0.052，0.083，0.067，0.144，0.258，0.051，0.262）。一致性检验结果为 $CI = 0.098$，$CR = 0.070 < 0.1$，达到满意效果。

B层指标中造林学特性的判断矩阵见表6。

表5 树种生物学生态学特性的判断矩阵

	叶质 C_3	叶面积相对重叠指数 C_5	生长速度 C_6	树皮厚度 C_4	树冠结构 C_7	自然整枝能力 C_8	萌芽能力 C_9	适应性 C_{10}
叶质 C_3	1	2	2	2	1/2	1/3	1/2	1/6
叶面积相对重叠指数 C_5	1/2	1	1/2	1/2	1/3	1/5	2	1/3
生长速度 C_6	1/2	2	1	2	1/3	1/5	2	1/2
树皮厚度 C_4	1/2	2	1/2	1	1/2	1/5	2	1/5
树冠结构 C_7	2	3	3	2	1	1/2	3	1/3
自然整枝能力 C_8	3	5	5	5	2	1	5	1/2
萌芽能力 C_9	2	1/2	1/2	1/2	1/3	1/5	1	1/5
适应性 C_{10}	6	3	2	5	3	2	5	1

$\lambda_{max} = 5.28$，对应的特征向量（即权重）为（0.074，0.342，0.271，0.195，0.119）。一致性检验结果为 $CI = 0.097$，$CR = 0.06 < 0.1$，达到满意效果。

根据每一元素的权重，计算各因素对于目标层相对重要性的权重（见表7）。

表6 造林学特性的判断矩阵

	萌芽能力 C_9	适应性 C_{10}	种苗来源 C_{11}	造林技术 C_{12}	自然更新能力 C_{13}
萌芽能力 C_9	1	1/4	1/3	1/2	1/2
适应性 C_{10}	4	1	2	3	2
种苗来源 C_{11}	3	1/2	1	2	3
造林技术 C_{12}	2	1/3	1/2	1	3
自然更新能力 C_{13}	2	1/2	1/3	1/3	1

表7　各个指标相对于目标层的权重

层次 C	层次 B			层次 C
	B_1	B_2	B_3	
	0.696	0.225	0.079	总权重
C_1	0.555	0	0	0.386
C_2	0.063	0	0	0.044
C_3	0.168	0.083	0	0.136
C_4	0.215	0.067	0	0.165
C_5	0	0.052	0	0.012
C_6	0	0.083	0	0.019
C_7	0	0.144	0	0.032
C_8	0	0.258	0	0.058
C_9	0	0.051	0.074	0.017
C_{10}	0	0.262	0.342	0.086
C_{11}	0	0	0.270	0.021
C_{12}	0	0	0.195	0.015
C_{13}	0	0	0.119	0.009

总权重随机一致性指标 $CR = \sum a_j CI_j / \sum a_j RI_j$，$CI = 0.055$，$RI = 1.19$，$CR = CI/RI =$ 0.047 < 0.1，因此，层次总权重符合一致性要求。

3.3　各树种抗火能力总排序

把不用量纲的目标项目换算成统一的效用单位，根据各指标对防火性能的作用，选择公式（5）或（6）对原始数据进行归一化处理。

$$U = 1 - 0.9\,(V_{max} - V) \,/\, (V_{max} - V_{min}) \tag{5}$$

$$U = 1 - 0.9\,(V - V_{min}) \,/\, (V_{max} - V_{min}) \tag{6}$$

式中，U 为归一化值，V 为测定值，V_{min} 为归一化值中的最小值，V_{max} 为归一化值中的最大值。

（5）式为递增关系，（6）式为递减关系。

根据公式 $\overline{\omega}_i = \sum_{j=1}^{n} \lambda_j U_{ij}$ 计算各树种的综合评价值，依 $\overline{\omega}_i$ 值的大小确定各树种的抗火次序。

给各树种的生物学生态学特性和造林学特性指标打分[4]。在防火树种评判的指标中总发热量采用递减关系式标准化，其他指标如炭化速度、灰化速度、树叶质地、叶面积相对重叠指数、树皮厚度、树冠结构、自然整枝能力、树木萌发能力、树木环境适应性、种苗来源、造林技术和自然更新能力等13个指标采用递增关系式标准化。

将各指标的标准化数据分别乘以其对总目标的相对权重值，得到各树种的得分（表8）。根据表8结果，利用系统聚类分析的方法把这些树种划分成4类。

一级防火树种：木荷、油茶、马蹄荷、旱冬瓜、杨梅、细柄阿丁枫6个树种；

二级防火树种：米老排、火力楠、米饭花、阿丁枫、珊瑚、甜槠、棕榈、椤木石楠、台湾相思、交让木、毛竹、青冈栎、女贞；

一般树种：柑橘、灰木莲、黑荆、石栎、窿缘桉、卷斗栎、深山含笑、尾叶桉、楠木、茶树、格氏栲、枫香、圣诞树、罗浮栲、枇杷；

表8 树种抗火能力排序

树种	综合值	抗火能力顺序
木荷	0.915 1	1
油茶	0.841 7	2
马蹄荷	0.839 4	3
旱冬瓜	0.811 6	4
杨梅	0.794 2	5
细柄阿丁枫	0.783 9	6
米老排	0.760 0	7
火力楠	0.756 1	8
米饭花	0.749 9	9
阿丁枫	0.703 0	10
珊瑚	0.688 0	11
甜槠	0.677 5	12
棕榈	0.676 3	13
椤木石楠	0.675 9	14
台湾相思	0.661 1	15
交让木	0.658 2	16
毛竹	0.626 4	17
青冈栎	0.621 7	18
女贞	0.612 1	19
柑橘	0.601 8	20
灰木莲	0.598 7	21
黑荆	0.571 4	22
石栎	0.571 3	23
窿缘桉	0.569 3	24
卷斗栎	0.552 4	25
深山含笑	0.548 6	26
尾叶桉	0.541 4	27
楠木	0.535 0	28
茶树	0.529 2	29
格氏栲	0.515 5	30
枫香	0.502 1	31
圣诞树	0.489 4	32
罗浮栲	0.489 3	33
枇杷	0.475 5	34

（续）

树种	综合值	抗火能力顺序
柳杉	0.471 5	35
大叶相思	0.459 0	36
福建柏	0.458 0	37
山杜英	0.444 8	38
樟树	0.442 7	39
大叶桉	0.429 9	40
苦槠	0.401 7	41
刺栲	0.390 0	42
杉木	0.380 7	43
润楠	0.376 2	44
拉氏栲	0.342 8	45
观光木	0.330 8	46
侧柏	0.322 0	47
马尾松	0.299 8	48

抗火能力差的树种：柳杉、大叶相思、福建柏、山杜英、樟树、大叶桉、苦槠、刺栲、杉木、润楠、拉氏栲、观光木、侧柏、马尾松。

4　讨论

目前南方的防火林带主要采用木荷，树种单一。通过对防火树种的筛选，可以为今后营造防火林带选用树种提供参考依据。防火林带也提倡多树种造林，有利于提高森林生态系统的稳定性。利用层次分析法筛选防火树种是比较合理的，得出的结论与实践结果基本一致。

生物防火是目前森林防火的主要对策之一，本文主要是对南方一些树种的防火能力进行了研究，今后还需对温带树种的防火性能进行研究，以满足温带地区营造防火林带的生产需要。

参考文献

［1］Bambang H S, Watanabe H, Takeda S. Use of vegetative fuelbreaks in industrial forest plantation areas in Indonesia. Wildfire, 1994（2）：14 – 16

［2］陈存及，何宗明，陈为华等. 37 种针阔树种抗火性能及其综合评价研究. 林业科学，1995，31（2）：133 – 143.

［3］齐欢. 数学模型方法. 武汉：华中理工大学出版社，1994.

［4］中国树木志编委会编. 中国主要树种造林技术. 北京：中国林业出版，1987.

［5］覃尚民，石清峰主编. 中国主要植物热能. 北京：中国林业出版社，1994.

［6］赵廷宁. 黄土高原主要树种的两种化学成分含量及其对树木热值的影响. 北京林业大学学报，1993，15（2）：54 – 58.

气候变化与中国荒漠化防治[*]

贺庆棠

（北京林业大学资源与环境学院）

1 气候变化与温室效应

气候变化由来已久，它不是一种新的现象。气候变化一直推动着地球生物与非生物的演化过程。

大量研究结果表明[1]，自 19 世纪末以来，全球气候变暖，特别是自 20 世纪 80 年代以来，全球气候加速变暖，已引起了人们的普遍关心。从 1854～1990 年的 130 多年中，全球平均气温上升了 0.6℃（图 1）。由世界冰川监测机构编纂的数据分析表明，过去 100 多年中冰川出现了全球性的后退，瑞士的劳斯冰川在 130 年间后退了 2km。过去 100 年中全球海平面的实测变化上升 10～20cm。所有这些事实都是地球气候加速变暖的可靠证据。

当代气候加速变暖的原因，普遍认为与温室气体在大气中大量聚集，大气温室效应增强有关。

由于工业化和人类活动的影响，造成近百年来大气中温室气体如 CO_2（二氧化碳）、CH_4（甲烷）、N_xO（氮氧化物）、CFC（氟氯烃）等大量聚集。温室气体能让太阳辐射无阻挡的穿过到达地球表面，而对地球表面放射的长波红外热辐射具有强烈的吸引和阻挡作用，阻止了地球向宇宙空间散失热量，造成地面及大气增温，地球变暖。温室气体起着像玻璃温室一样的作用，这种作用称为大气的温室效应。

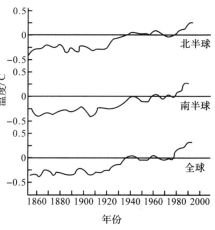

图 1 南、北半球和全球地面年平均气温随时间的变化情况

大气温室效应随着温室气体在大气中数量的增加而增强。从 1860 年工业革命开始到现在，大气中 CO_2 浓度已由 $280\mu L/L$ 上升到 $353\mu L/L$，增长 26%。目前的年增长速度 $1.8\mu L/L$，即 0.5%；大气中 CH_4 增加了 1.15 倍，CFC 及 N_xO 也有明显增加见表 1。据估计，CO_2 产生的温室效应约占全部温室气体总温室效应 61%，CH_4 为 15%，是最主要的温室气体。按目前大气中温室气体增长速度计算到 2030 年，CO_2 等温室气体将增加到 550 $\mu L/L$ 以上，即工业化前浓度的 2 倍。随着大气中温室气体浓度增加，大气温室效应增强，与之对应的出现了地面气温升高，地球气候变暖[1]。

但是，也有的科学家认为，这也未必能证明是地球气候变暖的唯一原因，因为气候变化

---

* 北京林业大学学报，2001.9. 第 5 期。2001 - 03 - 06 收稿。

是一个非常复杂的过程，除了受人类活动的影响外，自然界还有许多诸如火山爆发、太阳活动、地磁场变化、地球自转与公转速度、宇宙的变化以及海洋变化等因素的影响。这些影响因素中，有的因素可能引起气候变暖，有的因素则引起相反的作用，所以造成气候变暖的原因仍然还具有不确定性，不能简单归于温室气体的增多，当然也不是说温室气体没有影响。

2 未来气候变化的预测

近30年来，世界各国的气候学家已创建了大量的气候模式，用来预测气候变化。根据各国政府间气候变化专门委员会第一工作组（简称 IPCC，WGI）的报告，目前国际上使用比较普遍的气候模式大约有20余个，包括全球三维大气环流模式，耦合全球混合海洋与海冰模式。应用这些模式做的气候变化的数字模拟试验，均取得了一定的成果。从英国气象局模式（UKMO）、美国戈达德研究所模式（GISS）、美国国家大气研究中心模式（NCAR）（又称共同气候模式 CCM）、美国普林斯顿大学物理流体动力学实验模式（GFDL）和美国俄勒冈州立大学模式（OSU）5 个模式，模拟结果看（见表2），当 CO_2 倍增时，全球平均温度的增加范围是 2.8~5.2℃，预测全球平均降水量增加 7%~15%，几乎都相差一倍，但与 20 世纪 80 年代中期所有大气环流模式（GCM）平衡响应模式的最佳估计值升温 1.5~4.5℃大体一致。

表1　人类活动引起的温室气体变化

温室气体	CO_2	CH_4	CFC－11	CFC－12	N_xO	其他
工业化前浓度 (1750－1800) / $(\mu L \cdot L^{-1})$	280	0.8	0	0	2.88×10^{-4}	
目前浓度 (1990) / $(\mu L \cdot L^{-1})$	353	1.72	1.28	0.484	3.1×10^{-4}	
目前年变化量	1.8	0.015	10	0.017	8×10^{-7}	
目前年变化速率/%	0.5	0.5	0.4	0.4	0.25	
预测浓度 (2050) / $(\mu L \cdot L^{-1})$	400~500	1.8~3.2	0.2~0.6	0.5~1.1	3.5~4.0	
大气滞留期/a	50~200	10	65	130	150~170	
分子温室效应	1	21~25	17	500~2000	250	
相对温室效应	61%	15%	9%	4%	11%	

表2　5种大气环流模式预测结果（取自 Goodess1992）

	UKMO	GISS	NCAR	GFDL	OSU
纬度×经度	5°×7.5°	7.83°×10°	4.5°×7.5°	4.5°×7.5°	4°×5°
垂直分层	11	9	9	9	2
全球升温/℃ ($2 \times CO_2$)	5.2	4.2	3.5	4.0	2.8
全球降水变化/% ($2 \times CO_2$)	+15	+11	+7.1	+8.7	+7.8

据大部分模型预测，当全球大气中 CO_2 增长为当前水平的 2 倍时，全球气温将上升 1.5~3.0℃。随着对各种模型的改进和模式水平分辨率的提高，预测结果为，当未来 60~70a 后 CO_2 倍增的情况下，全球平均温度将上升 1.3~2.3℃。其中北半球增温 1.56~2.76℃，最佳估计 2.5℃，全球降水量增加 3%~15%，北半球中纬度大陆部分地区夏季降水略有减少，冬季略有增加。

据 IPCC1990 年研究报告对未来气候变化情景的预测为：情景 A，在温室气体正常排放下，21 世纪全球平均气温上升速度为 0.3℃/10a（有 0.2 ~ 0.5℃/10a 的不确定性），因此，到 2025 年全球平均气温比 1990 年升高 1℃，21 世纪末上升 3℃左右。情景 B，若温室气体逐渐减排，全球平均年温上升速度为 0.2℃/10a 或 0.1℃/10a。陆地变暖比海洋迅速，高纬度地区冬季变暖大于全球平均，区域性气候变化与全球平均状况有所不同。

应当指出的是：各种模型预测结果都建立在假设大气中 CO_2 浓度为工业化前的倍增浓度即（$2 \times CO_2$）条件下，很显然这些结果并未充分考虑其他自然因素对气候变化的影响，因此其结果仍然具有不确定性，不过可作为参考。

3 我国未来气候变化的可能情景

我国未来气候变化的可能情景，赵宗慈（1990）[2]用国外 5 种大气环流模式在 CO_2 浓度倍增的条件下进行模拟，其结果见表 3。由表 3 可见，5 种模式对地面气温变化的趋势相当一致，但数值上有明显差异。冬季变暖幅度（$\triangle t$）平均为 3.1 ~ 5.7℃，夏季为 1.8 ~ 5.1℃略小于冬季；冬季降水增加幅度（$\triangle R$）0.1 ~ 0.4mm/d，夏季降水变化范围为 −0.1 ~ 0.6mm/d。

上述模拟结果在各大区域的分布主要特征是：冬季增温是普遍的，且纬度越高，增温值越大，最大增温值出现在东北地区，增温 4 ~ 6℃；华南和西南地区增温较小，为 2 ~ 4℃。冬季平均增温为 3.1 ~ 5.7℃。

夏季增温最明显的是西北地区，增温为 3 ~ 5℃。华中、华南、华东和西南地区增温幅度较少，增幅为 2 ~ 3℃。夏季平均增温 1.8 ~ 5.1℃。

未来中国降水状况也有明显变化，尤以夏季为甚。东北和华北地区夏季降水可能增加，西北地区可能减少。冬季华北地区降水可能减少。

综上所述，由于 CO_2 倍增，中国东北及南方沿海地区有变暖、变湿趋势，而华中、华北、西北大部分地区有可能变暖变干。

以后赵宗慈（1993）[3]又以 7 个 GCM 模型进行了预测。取其结果的平均，得到中国在 CO_2 倍增条件下，气候变化情景是：到 2050 年中国大部分地区可增暖 0.5 ~ 1.0℃，其中东北北部的大兴安岭地区和四川盆地增暖较强约为 0.75℃，东南部增暖幅度最小，不超过 0.5℃。另外 2 个变暖中心在新疆北部和西藏西部。年降水量变化，东经 95° 以东为减少地区，减少幅度最大为 7.5%。降水有 2 个减少中心地区，一个在山东半岛，减少幅度为 7.5%，另一个在云南南部的西双版纳地区，减少幅度为 4.6%。东经 95° 以西为增加地区，增加的幅度最大为 2.2%。西藏西部有一个降水减少地区，减少幅度为 2.5%（见图 2、图 3）。

表 3 CO_2 加倍条件下，中国气温与降水

模式	12 月 ~ 次年 2 月 $\triangle t$/℃	6 ~ 8 月 $\triangle t$/℃	12 月 ~ 次年 2 月 $\triangle R$/（mm·d^{-1}）	6 ~ 8 月 $\triangle R$/（mm·d^{-1}）
GFDL	3.5 ~ 6.0	1.5 ~ 6.0	0.2 ~ 0.6	1.0 ~ 2.0
GISS	3.5 ~ 5.5	2.0 ~ 6.0	− 0.1 ~ 0.1	− 0.1 ~ 0.1
NCAR	2.0 ~ 6.0	0.0 ~ 4.0	0.4 ~ 0.7	− 0.2 ~ 1.0
OSU	2.5 ~ 3.5	2.0 ~ 3.5	0.1 ~ 0.4	0.3 ~ 0.6
UKMO	4.0 ~ 7.5	3.5 ~ 6.0	− 0.1 ~ 0.1	0.5 ~ 1.5
平均	3.1 ~ 5.7	1.8 ~ 5.1	0.1 ~ 0.4	− 0.1 ~ 0.6

　　根据气候变化的阶段性、周期性及大气环流、太阳活动、火山活动、深层海洋变化、地温等自然因素与气候变化的关系，中国 46 位长期从事气候预测的专家对我国未来气候变化趋势的评论是（据 1990 年国家科委社会发展司《全球气候变化对策专家组研究报告》）：在从现在起到 21 世纪中期，总的气候变化趋势是增暖，特别是 2030 年以后的增暖更加显著，但在增暖过程中，仍然会有 20～30 年时间尺度和 0.5～1.0℃气温变化幅度的气候波动，而且增温幅度可达 2℃，我国可能再次出现 3 000 年前出现过的现象，即天山、祁连山的小冰川以及青藏高原和东北大部分地区多年冻土都趋于消失。

　　随之而来的是随气候变暖冰川融化而使海平面上升[4]，中国未来海平面上升情况如表 4。从表中看出，到 21 世纪末，我国沿海将有 9 万 km² 左右被淹没，约有 2000 多万人口要向内陆转移。

表4　21 世纪中国海平面上升趋势

年份	2030	2050	2100
辽宁至天津沿海	10.8～12.0	18.5～20.0	56.6～63.2
山东半岛东南部	0	1.7～3.8	27.8～34.4
江苏至广东	12.9～14.1	21.4～23.5	61.6～68.1
珠江口附近	5.3～6.5	10.8～12.0	43.4～50.0
广东至广西北部湾	13.0～14.2	21.5～23.7	61.7～68.3

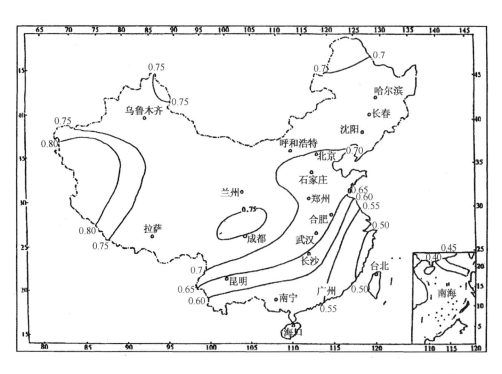

图2　2030 年各地年平均温度（℃）增加情况示意图（根据赵宗慈 1993 年提供的资料绘制）

　　由上述可知，无论是在中国未来 CO_2 倍增的条件下用各种气候模型所作预测结果，还是我国知名的气候专家根据人为因素与自然因素预测结果，未来我国气候变化趋势是变暖变干，到 2050 年以后年均温可能增加 2～3℃，年降水量有所减少，最大可达 7%～8%。我国东部降水量普遍减少，而西部局部地区年降水量有所增加，也只不过 1%～3%，但夏季明显减少。

4 我国未来气候变化与荒漠化防治

我国未来气候变化总的趋势是变暖变干，广大的西北地区无论夏季，冬季还是全年平均温度都是增温的，夏季增温最明显，可高达 3~5℃，而年降水量（见图 3）普遍变化在 −1%~1%，而夏季降水量则可能有明显减少。因此我国西北广大地区与全国其他地区相比，未来气候将更为变暖变干，这无疑对我国西北广大地区生态环境带来更加严酷和不利影响，如果任之发展则必然使西部干旱、半干旱地区更加扩大，荒漠化进一步扩展和推进，给西北地区人民生活和经济发展带来更大阻碍和危害。这一问题必须引起我们高度重视，要在新世纪开发大西北的过程中，处处、事事、时时都要把未来西部地区气候这种可能变化以及其可能带来的影响纳入各种规划、计划、措施和行动中，防范于未然，付诸于行动，切不可麻痹大意，无所顾忌，更不可忽视。要从未来气候变化可能带来的坏处着想和着手，预防在先，工作在前，使之立于不败之地。这就是说，从战略上必须考虑到气候变化对西部现实和长远的作用和影响，立足于保护好现有绿洲和植被，在此基础上逐步扩大绿洲和植被的面积，减少荒漠化土地，以此为指导思想，做好战略上规划和部署。

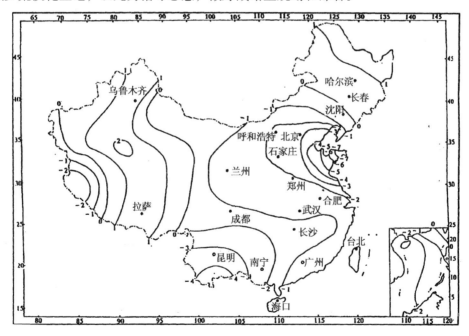

图 3 2030 年各地年平均降水量（%）的变化示意图

（负值为减少，正值为增加，根据赵宗慈 1993 年提供的资料绘制）

同时在战术上也要做出具体的对策。我个人认为应采取以下对策[5]。

（1）尽快实施南水北调的西线调水。西部大开发，生态建设先行，而生态建设成效的关键是解决好生态用水的问题，在未来气候更加变暖变干的条件下，没有水不仅不能搞好生态建设，就是想保护好现有绿洲和植被，也是困难的。因此，在西部大开发中各项建设都需要水的情况下，尽快增加西部用水来源，就成为了西部开发中首要的和迫切需要尽快解决的根本问题，尽快实施西线调水满足西部开发和建设需要已经刻不容缓，必须尽快上马，做好水的开源工作。

（2）合理用水，节约用水。面对西部未来气候更加变干变暖，水的问题一方面要开源，调外来水解决西部普遍缺水的一部分问题，同时也要充分合理用好西部本身的各种水资源。根据中国工程院关于我国水资源调查研究报告，我国西部地区的水资源人均占有量比东部还多，虽然西部暖干少雨，蒸发量比东部大几倍至几十倍，但仍然还存在水资源使用不合理，水资源浪费的问题，推广科学的合理节水技术，节水还是大有潜力的。例如发展旱作农业、径流集水农、林、牧业，节水灌溉，选育抗旱品种，实行精作，集约管理。

在合理用水中要划分好生产用水、生活用水、生态用水的比例数量，切不可挤占生态用水，以保证生态环境保护和建设与其他工农业生产及人民生活协调发展，并且要把生态用水放在重要位置，防止生态用水不足、生态环境恶化和破坏。

（3）选育优良抗旱高产农、林、牧生产品种，以及优良防沙治沙改善环境和发展沙产业的乔、灌、草本植物。要用分子生物学及现代基因工程的手段，加速培养抗旱生物品种，使之既能满足沙产业开发与发展需要又能满足防沙治沙改善生态环境的需要。

（4）在西部大开发中，搞好防沙治沙，防止荒漠化扩大，减少沙化土地面积。要以生物措施为主、工程措施及其他各种措施相结合；治沙与发展沙产业相结合；改善生态环境与发展经济相结合；重点防治与逐步推进相结合。

（5）科学治沙，防止沙漠化，人才为本。我国荒漠化土地面积大，治理难度大，必须依靠科学技术来治沙防沙发展沙产业，现有的科研机构有限，人才不足是影响西部大开发中开展防沙治沙的根本问题，必须引起各级政府足够重视，并采取特殊政策和特殊措施加以解决。

（6）转变观念，加快改革步伐，建立有效的机制，制定相应的防沙治沙防止荒漠化和发展沙产业的有关政策，以政策调动人的积极性，促进防沙治沙事业发展。

参考文献

［1］徐德应著．气候变化对中国森林环境影响研究．北京：中国科学技术出版社，1997：26－30.

［2］赵宗慈．人类活动与气候变化在中国的可能影响∥国际科联环境委员会中国委员会．1990年年会会议论文集．1990.

［3］赵宗慈．模拟人类活动影响的气候变化的新进展．应用气象学报，1993，4（4）：15－20.

［4］贺庆棠主编．森林环境学．北京：高等教育出版社．1999：30－44.

［5］贺庆棠．气候变化对林业生产的影响．北京：科学出版社，1993：353－366.

张家界国家森林公园大气污染物浓度变化及其评价[*]

石 强

（深圳职业技术学院管理系）

贺庆棠[+]

（北京林业大学资源与环境学院）

吴章文

（中南林学院森林旅游研究中心）

随着中国旅游业的快速发展，旅游环境问题亦变得越来越严重[1]，迅速增多的宾馆酒店设施及车辆交通工具所排放的大量废气污染物往往使生态旅游地的大气成分发生变化，有时甚至造成严重的污染，危及游客的身心健康[2]。但在过去的研究中，少有针对具体的旅游地的大气污染方面的研究。因此，对生态旅游地的大气成分进行监测评价，并在此基础上寻求对策，对于实现生态旅游地的可持续发展具有重要意义。本文利用湖南湘西土家族自治州环保局（1984，1986 年）、中南林学院森林旅游研究中心（1988 ~ 1989 年）及张家界市环境保护监测站（1993 ~ 1999 年）等单位在张家界国家森林公园（以下简称公园）境内测得的大气质量数据，分析了公园内大气污染物浓度的变化及其规律，并对旅游开发利用对公园大气质量的影响进行了评价，为公园的大气污染治理提供了依据。

1 污染源分析

旅游地空气污染程度与污染物种类、浓度、持续时间及出现时间等有关，其中污染物种类与燃料种类和燃烧方式有关，污染物浓度则与燃料种类、用量、燃烧方式、排放方式、气象因子、地形地势等有关[3~7]。公园内大气污染源包括生活用锅炉、灶具及机动交通工具。生活锅炉、灶具根据燃料类型又分为燃煤、油、气锅炉和灶具。1998 年以前，公园内的锅炉和灶具除了有很少一部分烧电以外，其余都以煤作为燃料。直到 1998 年下半年，公园管理处要求公园内所有燃煤炉、灶限期改为烧油、烧气、烧电，才有较少一部分燃煤单位改烧柴油。公园内由于没有工厂和寺庙，因而不存在工业污染和香、烛烟气污染问题[8,9]。因此，公园内的大气污染主要为燃煤和交通工具所释放的 SO_2、NO_x、CO、粉尘等。从表 1、表 2 和表 3 可以看出，公园内的大气污染物绝大部分来源于公园内生活锅炉和灶具，而来自

---

[*] 北京林业大学学报，2002.7. 第 4 期。2002 - 03 - 29 收稿。

国家林业局"森林资产评估"项目（96 - 24）资助。

第一作者：石强，男，1970 年生，博士，讲师。主要研究方向：生态旅游开发与管理及环境影响评价。电话：0755 - 26731124 Email：shiqiang70@163. net，地址：510085，深圳市南山区西丽湖深圳职业技术学院管理系。

[+] 责任作者：贺庆棠，男，1937 年生，博士，教授。主要研究方向：森林气象学及森林环境学。电话：010 - 62338089，地址：100083，北京海淀区清华东路 35 号北京林业大学资源与环境学院。

于交通工具的废气则相对较少。由此可以确定公园内的主要污染源为燃煤锅炉和灶具，产的主要污染物为 SO_2、NO_x、粉尘等。

表 1　1981～1998 年公园燃煤用量及污染物排放量*

项目	1981 年	1982 年	1985 年	1990 年	1995 年	1998 年
用煤量	70	500	1 200	2 300	6 300	6 100
SO_2 排放量	4.2	30	72	138	378	366
NO_x 排放量	0.25	1.81	4.34	8.33	22.81	22.08
烟尘排放量	6.44	46.00	1 100.40	211.60	579.60	561.20

注：表中用煤量数据来源于公园管理处，煤的含硫率按 6%计算，灰分率 30.7%从张家宾馆、银泉宾馆和有色山庄实际测定而得，其他排放系数参见参考文献[4]。

表 2　1997，1998 年公园锅炉用油及产生污染物量*

项目	1997 年	1998 年
用油量	20	30
SO_2 排放量	0.01	0.02
NO_x 排放量	0.17	0.25
烟尘排放量	0.03	0.05

注：表中用煤量数据来源于公园管理处，油的硫含量率按 1.5%计算，其他排放系数参见参考文献[4]。

表 3　公园内交通工具年排污量估测

低速行驶时污染物排放系数/(g·km^{-1})			交通工具在公园内年行驶里程累积/km	公园内交通工具排污量/t		
CO	SO_2	NO_x		CO	SO_2	NO_x
25.4	0.15	1.35	328 500	8.22	0.05	0.44

注：表中排放系数来自参考文献[10]；行驶里程累积按平均每 1min 有一辆车进出公园，并在公园行驶 3km 计算，每天按 10h 计，则全年为 657 000km，除以淡季影响因子 2 得 328 500km。

张家界国家森林公园大气污染源主要位于旅游接待区锣鼓塔、水绕四门、袁家界。锣鼓塔旅游接待区位于金鞭溪的上游，海拔 620m，呈一近似南北走向的山间峡谷。公园内的绝大部分宾馆、酒楼、饮食店、商店、摊位、农贸市场等均位于该区内，该区拥有燃煤锅炉最多时达 29 台，大灶 70 多个，小灶 200 多个，年烧煤 5 000t 左右，其大气污染物排放量占公园总排放量的 80%以上。（水绕四门位于公园的东北角，区内有生活锅炉 1 台，大灶 4 个，小灶 10 余个，其大气污染物排放量占公园总排放量的 3%）以下。袁家界为近年来新开发的景区，位于公园北端，其接待区现有生活锅炉 3 台，大灶 9 个，小灶 20 余个，年烧煤 800t 左右，其排污量约占公园总排污量的 12%左右。花溪裕在 1990 年以前曾为公园职工生活区，有茶炉 1 台，大灶 2 个，小灶数个。这些炉灶在 1990 年即停止使用。公园各游览区中，除了黄石寨顶有 4 个燃油大灶释放少许废气外，其他游览区几无大气污染物产生。

公园用煤量受游客量的时间分布及游客活动规律的影响而表现出一定的分布特点。根据我们从张家界宾馆、银泉宾馆及有色山庄的调查结果显示，公园 1 年中的用煤高峰期为 5～10 月这 6 个月，此半年的用煤量占了全年的 70%左右，从 1 周的用煤量分布来看，星期五、六、日为用煤高峰日，约占 1 周中用煤量的 55%。用煤量月分布和日分布特点与公园游客量的分布特点存在着显著的一致性。在 1 天中，以晚餐用煤最多，早餐次之，中餐用煤最少。

2 污染物浓度的变化规律

2.1 污染物浓度的改变

1984 年，公园在作环境质量本底调查时，接待区锣鼓塔的 SO_2、NO_x、TSP 的监测值分别为 0.016 5，0.001，0.045 mg/m^3（表 4）。而到 1997 年 7 月，以上 3 项指标的测值已变为 0.281 6，0.021 5，0.465 2mg/m^3，分别增加 16.1 倍、20.5 倍和 9.3 倍。公园核心景区黄石寨在 1984 年的测定中 3 项指标值均为 0.000mg/m^3。表明当时公园景区空气质量还相当清洁。但到 1997 年 7 月测定时，3 项指标值已分别变为 0.038 5、0.015 4、0.096 5mg/m^3。表明旅游开发利用导致了公园大气污染物浓度的显著增大，即使在公园的核心景区也受到了大气污染物的侵扰。从多年平均值来看，锣鼓塔和黄石寨的 SO_2、NO_x、TSP 浓度分别为 0.142 1、0.013 7、0.203 0mg/m^3 和 0.018 8、0.009 7、0.051 1mg/m^3。前者的 3 项指标值分别是后者的 7.6 倍、1.4 倍和 39.8 倍。说明旅游开发利用对公园接待区和游览区大气质量影响程度的差异是相当显著的，大气污染主要发生在接待区。接待区大气污染物浓度已超过了素以空气污染严重著称的峨眉山风景区[11]。

2.2 公园大气污染物浓度变化规律

污染物的释放量是影响旅游地大气污染物浓度的主导因子，它与燃料用量密切相关，而这又直接与旅游地所接待的游客数量有关。游客的年际、季节变化及日活动规律会引起旅游地燃料用量的变化，并由此导致旅游地大气污染物浓度呈现出一定的变化规律。从统计分析的结果看，张家界国家森林公园大气污染物浓度变化也表现出一定的规律性。

表 4　1984 年公园大气污染物浓度　　　　　　　　　单位：mg·m^{-3}

污染物	SO_2	NO_x	TSP
锣鼓塔	0.016 5	0.000 1 0	0.045 0
黄石寨	0.000 0	0.000 0 0	0.000 0

2.2.1 日变化

旅游地大气污染物的排放主要发生在用餐的前后。因而其大气污染物浓度的高峰值也常出现在用餐时段。从多年的统计结果看，公园接待区锣鼓塔的 SO_2、NO_x、TSP 浓度在 1 天内的变化具有较大的波动和极大的相似性。在 5 次测定中，以 19：00 的测值最大（其 SO_2、NO_x、TSP 浓度值分别为 0.198 9、0.046 0、0.284 2mg/m^3），16：00 的测值最小（其 SO_2、NO_x、TSP 浓度值分别为 0.085 2、0.040 9、0.121 8mg/m^3）；在一日三餐就餐时段（7、13、19 时）内，以晚餐时段的测值最大，其次为早餐，午餐时段的测值最小；在非用餐时段内的两次测定中，以 10 时的测值较大（其 SO_2、NO_x、TSP 浓度值分别为 0.099 4、0.035 8、0.142 1mg/m^3）；而 16 时的测值较小；用餐时段的测值大于非用餐时段的测值（见图 1）。

核心景区黄石寨的大气污染物浓度日变化与接待区锣鼓塔大气污染物浓度日变化存在明显的差别。从图 1 可以看出，除了 13 时的测值高一些外，其他各时段的测值比较接近。这一方面是由于黄石寨景区接待设施少，且以柴油做燃料，释放污染物少；另一方面是由于离接待区较远，受接待区大气污染影响小，加之海拔高，污染物易于扩散。因此，其大气污染物浓度很小。13 时的测值较之其他时间的测值偏高，主要原因在于有部分游客中午在山顶的黄石寨山庄、松涛馆餐厅、洗尘轩茶厅用餐及品茶，这些接待设施燃油产生少量污染物，从而导致山顶大气污染物浓度小幅升高。而早晚餐在山顶用餐的人较少，因而燃油量少，对空气的污染很小。

2.2.2 季节变化

受气候舒适期及节假日、假期等因素的影响，旅游地在不同季节所接待的游客数量差异较大，由此产生淡旺季之分。张家界国家森林公园的旅游旺季为每年的 5～10 月，接待的游客量占全年的 78% 左右，其中 7 月份接待的游客量约占全年的 1/6。游客集中分布必然导致燃料用量的集中分布，公园旅游旺季的用煤量占了全年用煤量的 70% 左右，其中 7 月份的用煤量占全年用煤量的 1/8 以上。同时，7 月还是

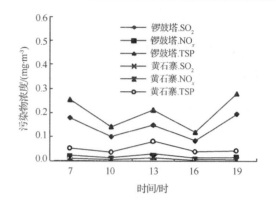

图1 污染物浓度日变化

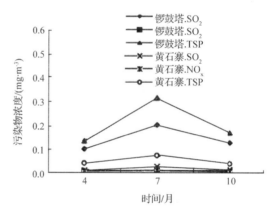

图2 污染物浓度季节变化

公园全年月均风速最小的月份，在离地 150cm 的高度，日均风速仅 0.1～0.4m/s，静风频率高达 80%[12]。公园用煤量分布及小气候特点使得园内大气污染物浓度也表现出明显的季节性差异（如图2），尤以公园接待区锣鼓、塔表现最为明显。在每年春（4 月）、夏（7 月）、秋（10 月）季进行的 3 次测定中，以夏季的污染物浓度最大（其 SO_2、NO_x、TSP 浓度值分

别为 0.204 3、0.013 2、0.318 2 mg/m³），其次为秋季（其 SO_2、NO_x、TSP 浓度值分别为 0.128 8、0.009 6、0.171 9mg/m³），最小为春季（其 SO_2、NO_x、TSP 浓度值分别为 0.102 7、0.007 9、0.135 7mg/m³）。

2.2.3 年变化

人们外出旅游除了受收入、时间、偏好等个人因素影响外，还受战争、治安状况、国家政策、地方流行疾病、地震、火山爆发、洪灾、森林火灾等多种

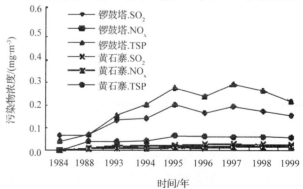

图3 污染物浓度年际变化

社会和自然因素的影响。这些因素对旅游地造成的影响往往持续时间较长，少则1年，多则数年甚至数十年，由此产生旅游地游客数量的年际变化。旅游地游客数量的年际变化必然引起旅游地大气污染物排放量的年际变化。从图3可以看出，从1984～1999年，除1996年、1998年及1999年3年外，公园大气污染物浓度从总体上看呈增长趋势。1996年、1998年空气污染物浓度下降主要受当年湘西地区及长江流域大洪水的影响，而1999年则主要是由于公园燃料结构的改变，部分宾馆酒楼已改烧煤为烧油，从而减少了污染物的排放量。

3 大气质量影响单项评价

旅游地燃煤所释放的SO_2、NO_x、TSP在量上是不等的，对游客及其它生物的危害也是不同的。因此，在进行旅游地大气质量影响评价时，有必要对SO_2、NO_x、TSP进行单项评价，以弄清各污染物因子对大气质量的影响程度。在单项评价中常用到的一些指标包括检出率、超标频率、单项指数、污染分担率等[3,4]。本研究分别计算了张家界国家森林公园SO_2、NO_x、TSP的单项指数及其污染分担率，并在此基础上计算出公园污染物超标率。

3.1 评价标准

根据国家《大气质量环境标准》（GB3095-82）2.1条规定，凡"为国家规定的自然保护区、风景游览区、名胜古迹和疗养地等"，划为大气质量一类区，执行大气质量一级标准，超过一级标准即算超标。为此，本研究中有关大气质量评价所用标准为GB3095-82中的一级标准（表5）。

表5 大气质量评价标准　　　　　　　　　　　　　　　　　　单位：$mg \cdot m^{-3}$

标准项目	SO_2	NO_x	TSP
GB3095-82 一级	0.05	0.05	0.15

3.2 污染物浓度超标情况分析

在所有监测项目中，只有公园接待区锣鼓塔的SO_2、TSP两项指标的单项指数大于1，其余指标的单项指数均小于1。对照区黄石寨的空气质量一直优于国家一级标准。公园接待区锣鼓塔SO_2的单项指数大多在2.0以上，平均值为2.8，最大值达5.6，即公园实测最大浓度超出国家标准4.6倍。在总共26次监测中，有22次超标，超标频率为84.6%。锣鼓塔的TSP单项指数多为1.0以上，平均值1.1，最大值2.5，超标频率为61.5%。锣鼓塔的NO_x单项指数均小于1，全部符合国家一级标准，超标频率为零。

3.3 污染分担率分析

污染分担率是用来反映各污染物对空气质量改变的贡献率，它用单项指数百分率来表示。污染物的污染分担率越大，表明其对空气质量改变所起的作用也越大。从表6可以看出，在公园接待区的SO_2、NO_x、TSP 3项指标中，以SO_2的分担率最大，达64.7%，而其他两项指标的污染分担率分别为10.7%和24.6%。说明引起公园接待区大气质量下降的主要污染物为SO_2，其次为空气中的粉尘，NO_x则基本上不影响公园接待区的空气质量。对照区黄石寨3项指标的污染分担率大小比较接近，不像接待区那样差异明显。主要原因在于黄石寨山顶接待设施所用燃料为柴油，而非煤炭，释放的污染物中NO_x的含量高，SO_2含量大大降低，导致3种排放物污染分担率大小比较接近。

表6 污染物分担率 单位:%

污染物	SO$_2$	NO$_x$	TSP
锣鼓塔	67.4	10.7	24.6
黄石寨	33.5	37.0	29.5

从以上分析可以看出,旅游开发建设已对张家界国家森林公园的大气环境造成了严重的污染,污染源主要来自于公园接待区的燃煤锅炉,污染物主要为SO$_2$。为了降低公园大气污染,保护公园生态环境,各有关职能部门应采取切实可行的措施,减少公园境内用煤量,改烧低硫煤、油、气和电,改善燃料结构,同时安装脱硫装置,并逐步采取"关掉一批,迁出一批"等办法减少公园境内的接待设施(污染源)存量,从而将公园的大气污染降到最低程度,让张家界这颗人类自然遗产的明珠更加璀璨。

参考文献

[1] 孙玉军,韩艺师,彭绍兵. 旅游风景区索道对环境的影响及其管理. 北京林业大学学报, 2001, 23(3):97-100.

[2] 朱忠保. 环境生态保护学. 北京:中国林业出版社, 1992.

[3] 叶文虎,栾胜基. 环境质量评价学. 北京:高等教育出版社, 1994.

[4] 李玉文. 环境分析与评价. 哈尔滨:东北林业大学出版社, 1999.

[5] Blackwood L G. The application of standard normal logarithm transformation in statistics *Environmental Monitoring and Assessment*, 1995, 35:55-75..

[6] Hunter C, Green H. *Tourism and the environment:A sustainable relationship?* London , UK:Routledge, 1995.

[7] 贺庆棠. 森林环境学. 北京:高等教育出版社, 1999.

[8] 刘汉洪. 南岳衡山的"旅游公害"及其防治对策. 旅游学刊, 1991, 6(1):35-38.

[9] 黄艺,吴楚材,邓金阳等. 张家界国家森林公园环境质量评价//张家界国家森林公园课题组主编. 张家界国家森林公园研究. 北京:中国林业出版社, 1991.

[10] 史捍民. 区域开发活动环境影响评价技术指南, 北京:化学工业出版社, 1999.

[11] 朱晓帆. 峨眉山环境现状研究. 四川环境, 1997, 16(2):9-17.

[12] 吴章文. 张家界国家森林公园旅游气候的研究//张家界国家森林公园课题组主编. 张家界国家森林公园研究. 北京:中国林业出版社, 1991.

旅游开发利用对张家界国家森林公园
大气质量影响的综合评价[*]

石 强

（深圳职业技术学院管理系）

吴章文

（中南林学院森林旅游研究中心）

贺庆棠[*]

（北京林业大学资源与环境学院）

1 评价模型的建立

大气质量的好坏是由多种因子综合决定的，而非某一个因子单独决定。单一性因子很难表达整个大气质量的状况，但若将全部因子的变化情况都罗列出来，就显得繁杂，而且表达效果也不佳。为此，人们一直希望能有一个相对简单的综合性指标来反映大气质量的好坏。从 20 世纪 60 年代开始，人们便开始了这方面的研究，提出了多种数学评价模型，主要包括均值型指数模型、上海大气质量指数模型、分级评价模型、美国污染物标准指数评价模型（PSI）、格林大气污染综合指数模型、橡树岭大气质量指数模型、加拿大大气质量指数模型等[1~7]。这些数学模型的基本处理方法是：首先对各种大气污染物进行标准化（无量纲化）处理，使其变成可以在同一尺度上相互比较的无量纲变量，然后经过一系列的综合运算，得到一个无量纲的"指数"。这个指数被称为"大气质量指数"。目前，在我国应用的"大气质量指数"有多种，比较常用的有"均值型大气质量指数"、"沈阳大气质量指数"及"上海大气质量指数"等[4~5]。上海大气质量指数模型（见（1）式）既考虑了分指数的平均值，又适当兼顾了分指数中的最大值，因而适用于各污染物分担率差异较大的情形，能较全面、客观地评价大气质量状况。

$$I = \sqrt{\max\left(\frac{C_i}{S_i}\right)\left(\frac{1}{n}\sum_{i=1}^{n}\frac{C_i}{S_i}\right)} \qquad (1)$$

式中：I——上海大气质量指数；

C_i——污染物 i 的实测值（均值）；

---

* 2002 - 03 - 16 收稿。

* 国家林业局"森林资产评估"（96 - 24）项目资助。

第一作者：石强，男，1970 年生，博士，讲师。主要研究方向：生态旅游开发与管理及环境影响评价。电话：0755 - 26731124　Email：shiqiang70@163. net　地址：518055 深圳市南山区西丽湖深圳职业技术学院管理系。

责任作者：贺庆棠，男，1935 年生，博士，教授。主要研究方向：森林气象及森林环境学。电话：010 - 62338089，地址：100083 北京市海淀区清华东路 35 号北京林业大学资源与环境学院。

S_i——污染物 i 的环境质量标准；

n——污染物种类数。

大气污染物对人体的危害与其种类、浓度及接触时间长短有关。相同浓度的不同污染物气体对人体的危害程度不同，同一污染物随着浓度的增高及接触时间的延长，对旅游者产生的危害也越大。而人体对各种污染物气体的忍受也有一个最大的浓度阈值。超过此值，就会对人体健康产生不良影响[8]。为此，国家环保局对我国城乡居民生活区大气有害物质的最高允许浓度做了规定（见表1）。当大气中有害气体浓度达到或超过此标准时，就必须采取措施进行大气污染治理。

表1　居民生活区部分大气污染物最高允许浓度标准

污染物	SO_2	NO_x	TSP
浓度标准/（mg·m^{-3}）	0.15	0.15	0.15

随着近年来人们经济收入的增加、闲暇时间的增多、生活空间环境质量的日益恶化及保健意识的逐渐增强，生态旅游作为一种有效的保健途径已成为许多城市居民的重要需求，到森林中去呼吸新鲜的空气已成为人们开展森林生态旅游的重要目的之一。相对于一般旅游形式而言，生态旅游要求旅游地应具有空气清新、湿润、干洁、绿视率高等特点，能为广大游客提供一个集观光、休闲、疗养、保健于一体的优良环境。因此，对生态旅游地而言，其大气质量评价指标及标准应与一般旅游地尤其是与一般城市生活区有所不同。本研究根据环境污染危害阈值浓度原理，在上海大气质量评价模型中加入了大气危害评价因子，建立了生态旅游地大气质量评价指数模型（EAL）（见（2）式），其中危害评价因子的含义为生态旅游地对游客危害最大的大气污染物的最大浓度与居民生活区该污染物最高允许浓度之比。

$$EAI = \sqrt{\max\left(\frac{C_i}{S_i}\right)\left(\frac{1}{n}\sum_{i=1}^{n}\frac{C_i}{S_i} + \frac{C_{\max(F_{\max})}}{C_{\max(F_{\max})\text{生}}}\right)} \tag{2}$$

式中，EAI 为生态旅游地大气质量指数；$C_{\max(F_{\max})}$ 为对人体健康危害最大的污染物的最大（平均）浓度；$C_{\max(F_{\max})\text{生}}$ 为居民生活区允许的危害最大污染物的最大浓度；$C_{\max(F_{\max})}/C_{\max(F_{\max})\text{生}}$ 为危害评价因子；其他符号含义同（1）式。

生态旅游地大气质量指数模型因加入了大气危害评价因子，其计算结果将比原模型偏大，用原评价标准来评判大气污染程度时，将可能导致评判结果偏重。但这对生态旅游地的大气污染控制和防治来说具有预警作用，有利于生态旅游地大气污染的控制和防治，因而是可以接受的。

2　评价标准的确定

目前还没有专门的旅游地大气质量指数标准，故本研究仍用原上海大气质量指数分级标准来评判（见表2）。

表2　上海大气质量指数分级标准

I 值	<0.6	0.6~0.9	1.0~1.9	2.0~2.8	>2.8
级别	清洁	轻污染	中污染	重污染	严重污染

3 张家界国家森林公园大气质量综合评价

分别用（1）式和（2）式对张家界国家森林公园的大气质量进行评价，并对两者的评价效果进行比较，有关评价结果见表3～5。

需要说明的是，在求算上海大气质量指数（I）时，参与计算的污染物包括SO_2、NO_x、TSP及Pb4种[5]。本研究因缺少公园大气中Pb的监测数据，故只用SO_2、NO_x、TSP 3项指标的浓度参数来进行计算。由于张家界国家森林公园生活接待区所产生的各种污染物中，以SO_2的污染分担率最大；同时在SO_2、NO_x、TSP3种主要污染物中，以SO_2对人体的毒性最大；此外，在一日5次测定中，以19:00的测值最大。因此，本研究以公园19:00的SO_2浓度值作为公园接待区的危害评价因子参数。参与计算的原始数据来源于王资荣、赫小波（1984年）[9]，黄艺、吴楚材、邓金阳等（1988～1989年）[10]，张家界市环境监测站（1993～1999年）等个人和单位在张家界国家森林公园接待区锣鼓塔（受污染区）和黄石寨山顶（对照区）的测定值。

3.1 大气质量日变化综合评价

从表3可以看出，公园接待区锣鼓塔的大气质量指数在一日中的任何时候都高于对照区黄石寨，其大气污染程度远远大于黄石寨，最低污染级别也属中等污染，19时的污染级别已达到严重污染的紧急水平。对照区黄石寨的大气质量在一天中的大部分时间都处于清洁水平，只是中午时出现轻度污染现象。从日变化幅度来看，接待区的日变化明显，而对照区的日变化不明显。

表3 公园大气质量指数及污染级别日变化

地点	指数模型	7:00	10:00	13:00	16:00	19:00
锣鼓塔	上海大气质量指数	2.4	1.5	2.1	1.3	2.8
	大气污染级别	重污染	中等污染	重污染	中等污染	重污染
	生态旅游地大气质量指数	2.7	1.6	2.3	1.5	3.2
	大气污染级别	重污染	中等污染	重污染	中等污染	严重污染
黄石寨	上海大气质量指数	0.4	0.2	0.6	0.3	0.3
	大气污染级别	清洁	清洁	轻污染	清洁	清洁
	生态旅游地大气质量指数	0.5	0.3	0.7	0.4	0.4
	大气污染级别	清洁	清洁	轻污染	清洁	清洁

3.2 大气质量季节变化综合评价

从季节变化来看，接待区各月大气质量指数均远大于对照区，接待区空气质量最好时也属中等污染水平，属旅游旺季的夏季（7月份），空气则受到严重污染。对照区黄石寨各月大气质量指数都小，春季（4月）和秋季（10月）的大气质量属于清洁水平，而夏季（7月分）的大气质量指数为0.6，表明在旅游旺季期间，核心景区的大气也受到了轻度污染（见表4）。同样，接待区各季节大气质量变幅大于对照区黄石寨。

表4 公园大气质量指数及污染级别月变化

地点	项目	春季（4月）	夏季（7月）	秋季（10月）
锣鼓塔	上海大气质量指数	1.3	2.6	1.6
	大气污染级别	中等污染	重污染	中等污染
	生态旅游地大气质量指数	1.5	3.1	1.9
	大气污染级别	中等污染	严重污染	中等污染
黄石寨	上海大气质量指数	0.3	0.4	0.3
	大气污染级别	清洁	清洁	清洁
	生态旅游地大气质量指数	0.4	0.6	0.4
	大气污染级别	清洁	轻污染	清洁

3.3 大气质量年变化综合评价

由表5可以看出，随着旅游业的发展，公园接待区的大气质量呈逐渐恶化的趋势。1984年，锣鼓塔的大气质量指数为0.4，表明在旅游开发之初接待区的空气还相当清洁。进入80年代中后期，锣鼓塔的接待设施建设进入白热化阶段，仅1986～1990年5年间，锣鼓塔新增宾馆酒楼17处。大量接待设施的增加导致公园接待区用煤量剧增，废气排放量亦随之猛增，空气污染由此加重。到1988年，接待区空气质量指数为1.2，表明公园接待区的大气已受到中等污染。进入90年代，虽然公园接待设施建设步伐已大大减慢，但仍修建了5处接待设施，加之游客量大大增加，公园燃料用量及污染物排放量也随之大大增加，接待区大气污染进一步加重。到1994年，接待区空气质量指数升至2.2，表明接待区大气已受到重污染，而到1997年，接待区的空气质量指数达到3.0，表明公园接待区大气已受到严重污染。1998年，受长江流域大洪水的冲击，公园游客数量有所下降，接待区用煤量减少，废气排放量随之减少，大气污染程度有所减轻，但仍为重污染水平。1999年，公园管理处采取强制措施，勒令接待区的宾馆酒楼改变燃料结构，部分宾馆酒楼已改烧煤为烧油，由此公园空气质量开始好转，虽然接待区的大气质量仍为重污染，但较之1998年，污染指数降低0.2。

表5 公园大气质量指数及污染级别年变化

地点	项目	1984年	1988年	1993年	1994年	1995年	1996年	1997年	1998年	1999年
锣鼓塔	上海大气质量指数	0.3	1.0	1.6	2.0	2.5	2.3	2.7	2.5	2.4
	大气污染级别	中等污染	中等污染	中等污染	重污染	重污染	重污染	重污染	重污染	重污染
	生态旅游地大气质量指数	0.4	1.2	1.9	2.2	2.6	2.5	3	2.8	2.6
	大气污染级别	中等污染	中等污染	重污染	重污染	重污染	重污染	严重污染	重污染	重污染
黄石寨	上海大气质量指数	0.0	0.2	0.3	0.4	0.5	0.5	0.5	0.4	0.4
	大气污染级别	清洁	清洁	清洁	清洁	清洁	清洁	清洁	清洁	清洁
	生态旅游地大气质量指数	0.0	0.3	0.5	0.5	0.5	0.5	0.6	0.5	0.5
	大气污染级别	清洁	清洁	清洁	清洁	清洁	清洁	轻污染	清洁	清洁

对照区黄石寨的年大气质量指数大多在0.5以下，为清洁水平，只有1997年的大气质

量指数达到 0.6，属于轻度污染。

从大气质量指数变幅来看，公园接待区的年变幅远远大于对照区黄石寨的年变幅。1984年到 1997 年间，接待区的大气质量指数增加了 2.6，而黄石寨的同期变幅为 0.6，表明公园接待区大气质量恶化程度快于对照区。

3.4 新模型与原模型评价结果的比较分析

从表 3～5 可以看出，用生态旅游地大气质量指数模型（新模型）计算的大气质量指数值比上海大气质量指数模型（原模型）计算的指数都要大，其增幅为 0.1～0.5，由此产生了公园大气污染等级评判的差异性。

在公园大气污染日变化评判中（见表 3），用原模型的评判接待区 7：00、13：00、19时的大气污染等级不存在差别，都为重污染。而用新模型进行评判，19：00 的大气污染程度与 7 时和 13 时的污染程度产生了差异，19：00 的大气污染等级属于严重污染，7：00 和13：00 则属重污染。根据前面关于公园大气污染物浓度日变化的分析可知，新模型的评价结果更具合理性。

对于公园大气污染月变化和年变化，新模型的评判结果仍更具合理性。从表 4 可以看出，用原模型评判接待区 7 月的大气污染等级为重污染，而用新模型评判的结果为严重污染。对于核心景区黄石寨 7 月的大气污染程度，用原模型评判的结果为清洁，而用新模型评判的结果则为轻污染。至于公园大气污染年变化，用原模型评判 1997 年的大气污染等级为重污染，而用新模型评判的结果为严重污染（见表 5）从公园大气污染月变化及年变化的实际情况来看，用新模型评判的结果也更具合理性。

从上面关于原模型和新模型评判效果的分析可知，新模型比原模型的评判结果更合理、更客观、更科学，适合用于生态旅游地大气污染的综合评价。

应该说，自 1982 年成立以来，张家界国家森林公园旅游业发展取得了巨大的经济效益，但同时我们也应看到，公园内接待设施的泛滥及车辆的增多所释放的大量废气已对公园接待区的大气质量造成了严重的污染。必须采取各种措施减少公园境内的大气污染，改善公园的生态环境，实现公园的可持续发展，将张家界国家森林公园建设成为供全人类观光、休闲、疗养、保健的生态旅游胜地。

参考文献

［1］ Blackwood L G. The application of standard normal logarithm transformation in statistics. *Environmental Monitoring and Assessment*, 1995, 35：55 –75.

［2］ Hammitt W E, Cole D N. *Wildland recreation ecology and management*. New York：JohnWily and Sons, 1987.

［3］ Rao S T, Visalli J R J. Wildland recreation euology and management. Air Pollution Control Association, 1981, 31（8）：851.

［4］ 李玉文. 环境分析与评价. 哈尔滨：东北林业大学出版社, 1999.

［5］ 叶文虎, 栾胜基. 环境质量评价学. 北京：高等教育出版社, 1994.

［6］ 奥托兰诺 L. 环境规划与决策. 北京：中国环境科学出版社, 1988.

［7］ 刘晓兵, 保继刚. 旅游开发的环境影响研究进展// 保继刚主编. 旅游开发研究 ——原理·方法·实践. 北京：科学出版社, 1996.

［8］ 贺庆棠. 森林环境学. 北京：高等教育出版社, 1999.

[9] 王资荣, 赫小波. 张家界国家森林公园环境质量变化及对策研究. 中国环境科学, 1988, 8 (4): 45-48.

[10] 黄艺, 吴楚材, 邓金阳等. 张家界国家森林公园环境质量评价//张家界国家森林公园课题组主编 张家界国家森林公园研究. 北京: 中国林业出版社, 1991.

北京地区植物表面温度的初步研究[*]

贺庆棠　　　　　　阎海平　任云卯　侯　智　　　杜建军

（北京林业大学资源与环境学院）　（北京市西山试验林场）　（北京市林业局）

植物表面温度是其暴露于大气中的茎和叶的表面温度。它受到太阳辐射，大气温度、风等气象因子影响，也受到植物本身构造和特性的影响，造成了植物表面温度的差异。过去对这一现象有过一些研究，但系统地研究不同植物表面的温度在国内外还少见[1~8]。为了探讨北京地区各种植物表面温度状况，研究不同植物之间以及它们与地表和铺装表面在不同季节表面温度的差异，为合理配植绿化植物，更好起到调节和改善城乡小气候和地方气候的作用，优化和美化生态环境，提高北京地区绿化水平，我们于 2000~2003 年对北京市城乡不同地区的主要乔木、灌木、草本植物和花卉植物共 52 种与铺装面及非植物自然表面（包括水面、干湿土壤表面等）进行了表面温度的对比观测。观测时间选在不同季节的白天进行。观测所用仪器是美国制造的便携式非接触测温仪，它是一种单点极光瞄准，红外线测表面温度仪，测定目标不小于测点 2 倍，测温范围为 -30~400℃，误差不超过 0.1℃，仪器型号为 RAYST20，仪器重量不到 1kg，似手枪式压动板机即可直接读出所测目标的表面温度值。对每一种植物观测时测其东南西北不同方向取其平均值。

1　各种植物表面温度状况

我们于 2001 年 5 月 15 日和 16 日两个晴天，从 7：00~18：00，在北京林业大学校园内，连续对下列植物表面每 2h 测定 1 次温度，所得结果见表 1。

表 1　不同表面温度状况排序

表面种类	7：00~18：00 平均表面温度	与干土表面差	与水泥路面差	表面种类	7：00~18：00 平均表面温度	与干土表面差	与水泥路面差
干土表面	38.9	—	—	早园竹 *Phyllostachys propinqua*	26.0	-12.9	-11.0
水泥地面	37.0	—	—	地被菊	25.5	-13.4	-11.5
墙壁表面	30.0	-8.9	-7.0	*Dendranthemax grandiflora* Groundcover Group			

＊　北京林业大学学报，2005.5. 第 3 期。收稿日期：2004 - 04 - 26。

基金项目：北京市林业局课题（2000 - 13）。

第一作者：贺庆棠，博士，教授，博士生导师。主要研究方向：森林的生态环境效益。电话：010 - 62338921 Email：heqt@ casru. net 地址：100083 北京林业大学资源与环境学院。

（续）

表面种类	7：00～18：00 平均表面温度	与干土表面差	与水泥路面差	表面种类	7：00～18：00 平均表面温度	与干土表面差	与水泥路面差
牡丹 *Paeonia suffruticisa*	29.8	−9.1	−7.2	旱柳 *Salix matsudama*	25.5	−13.4	−11.5
核桃 *Juglans regia*	28.6	−10.3	−8.4	桑树 *Morus alba*	25.3	−13.6	−11.7
侧柏 *Platycladus orientalis*	28.1	−10.8	−8.9	水杉 *Metasequoia glyptostroboides*	25.2	−13.7	−11.8
紫杉 *Taxus cuspidate*	28.0	−10.9	−9.0	黄栌 *Cotinus coggygria*	25.1	−13.8	−11.9
圆柏 *Sabina chinensis*	27.5	−11.4	−9.5	泡桐 *Paulownia fortunei*	25.1	−13.8	−11.9
紫玉兰 *Magnolia liliflora*	27.5	−11.4	−9.5	榆叶梅 *Prunnus triloba*	25.1	−13.8	−11.9
金银木 *Lonicera maackii*	27.4	−11.5	−9.6	白蜡 *Fraxinus chinensis*	25.0	−13.9	−12.0
月季 *Rose chinensis*	27.1	−11.8	−9.9	金枝槐 *Sophora japonica* 'Jin Zhi'	24.9	−14.0	−12.1
油松 *Pinus tabulaeformis*	26.9	−12.0	−10.1	紫叶黄栌 *Continus coggygria* var. *purpureus*	24.6	−14.3	−12.4
蒙椴 *Tilia mongolica*	26.8	−12.1	−10.2	臭椿 *Ailanthus altissima*	24.5	−14.4	−12.5
东方草莓 *Fragania orientalis*	26.8	−12.1	−10.2	柿子 *Diospyros kaki*	24.4	−14.5	−12.6
爬山虎 *Parthenocissus tricuspidata*	26.4	−12.5	−10.6	加杨 *Populus × canadensis*	24.1	−14.8	−12.9
银杏 *Ginkgo biloba*	26.1	−12.8	−10.9	杭白菊 *Dendranthema × grandiflora* 'Hang Bai'	21.6	−17.3	−15.4

　　由表 1 可知，各种植物表面与干土表面相比，在干旱的北京的春季，可降温 9.1～17.3℃；与水泥铺装路面相比较，可降低表面温 7.2～15.4℃。阔叶树木表面温度比干土地低 12.1～17.3℃，比水泥路面 10.2～15.4℃；针叶树木表面温度比干土地低 10.8～12.0℃，比水泥路面低 8.9～10.1℃。从表 1 还可见，针叶树木表面温度（如侧柏、圆柏、油松、紫

杉等）比阔叶树木（如泡桐、臭椿、白蜡、加杨等）要高 2.5℃左右，个别的如加杨表面温度为 24.1℃，而侧柏表面温度为 28.1℃，相差达 4℃。

表2　各种植物表面日最高温度　　　　　　　　　　　　　　　单位：℃

表面种类	日最高温度	表面种类	日最高温度	表面种类	日最高温度	表面种类	日最高温度
干土面	49.2	油松	31.2	黄栌	29.8	加杨	28.2
水泥路面	44.6	圆柏	30.8	银杏	29.6	旱柳	28.2
砖墙壁	38.8	侧柏	30.8	臭椿	29.2	桑树	28.2
月季	34	地被菊	30.4	紫叶黄栌	29.0	东方草莓	27.8
杭白菊	33.0	榆叶梅	30.2	蒙椴	28.8	紫玉兰	27.8
爬山虎	32.8	金银木	30.0	金枝槐	28.8	早园竹	26.8
牡丹	31.6	白蜡	29.8	水杉	28.8		
紫杉	31.2	核桃	29.8	泡桐	28.6		

注：2001 - 05 - 16 在北京林业大学校园测定。

由表2可知，各种植物表面最高温度排列顺序与白天平均表面温度排序基本是一致的，仅个别有出入。表3是将52种植物分为针叶树、阔叶树、灌木和花卉植物3类表面温度状况的比较。

从表3可知，各种植物表面温度以阔叶树表面温度最低，其次是花卉植物和灌木，针叶树表面温度最高。这是因为北方阔叶树叶子一般比其他植物叶子叶片大，角质层少，蒸腾作用较强，降温更显著[8]。表3还显示，墙面垂直绿化有明显降温作用，在最高温时有爬山虎绿化的墙面比裸露墙面温度可低达 8.8℃。

表3　表面温度对比　　　　　　　　　　　　　　　　　　　　单位：℃

表面种类	白天平均		最高温度	
	值	与水泥面差	值	与水泥面差
水泥路面	37.0	—	—	44.4
砖墙面	30.0	-7.0	38.8	-5.8
爬山虎	28.8	-8.2	30.0	-14.6
花卉和灌木	26.9	-10.1	29.8	-14.8
针叶树	27.6	-9.4	31.0	-13.6
阔叶树	25.1	-11.9	28.9	-15.7

表4　针叶树种表面温度差异　　　　　　　　　　　　　　　　单位：℃

	白皮松	云杉	偃松	油松	圆柏	青海云杉	雪松	冷杉	紫杉
表面温度	17.6	17.8	18.2	17.6	18.2	18.4	17.8	18.2	18.6

注：北京植物园中树木园 2001 - 04 - 12T15 时测定。白皮松 *Pinus bungeana*、云杉 *Picea asperata*、偃松 *Pinus pumila*、油松 *Pinus tabulaeformis*、青海云杉 *Picea crassifolia*、雪松 *Cedrus deodora*、冷杉 *Abies fabri*。

表5   阔叶树种表面温度差异   单位：℃

树种	加杨	白蜡	蒙椴	泡桐	紫玉兰	臭椿	金枝槐	桑树	榆叶梅	柿树	旱柳	银杏	早园竹
表面温度	23.8	23.8	24.2	25.0	25.4	25.6	25.6	25.8	26.0	26.2	26.2	26.4	27.8

注：北京林业大学校园 2001 – 05 – 16T12：00 观测。

除了植物表面温度外，我们还对铺装表面及非植物的自然表面（包括干、湿土地表面、水面、石头表面等）与植物表面进行了对比观测。

表6   春季各种表面温度比较   单位：℃

表面种类	干土	水泥路面	裸墙面	空气温度	植物表面	湿土表面
表面温度	38.2	33.8	30.0	25.5	24.4	23.2

注：2001 – 05 – 16 晴，市区测定，白天平均温度。

表7   夏季各种表面温度比较   单位：℃

表面种类	表面温度	测定时间	地点
水泥路面	34.2	10：00	黑龙潭
花岗石表面	30.6	10：00	黑龙潭
空气温度	25.5	10：00	黑龙潭
植物表面	24.8	10：00	黑龙潭
水面	20.4	10：00	黑龙潭
水泥路面	41.4	11：10	密云县五座楼林场
砖墙面	36.4	11：10	密云县五座楼林场
裸地	30.6	11：10	密云县五座楼林场
空气温度	26.3	11：10	密云县五座楼林场
植物表面	25.8	11：10	密云县五座楼林场

注：2001 – 06 – 20 测定。

由表6、7可知，在春夏季地面增温时期各种表面温度由高至低排列顺序为：干土 > 水泥路面 > 砖墙表面 > 石头表面 > 裸土表面 > 空气温度 > 植物表面 > 湿土表面 > 水面。因此植物表面温度是除湿土表面和水面以外，在增热时期降温最好的绿化材料。

我们观测到各种植物表面温度，不仅春季如此，在暖季晴天都符合上述规律，即其表面温度排列顺序由低到高为阔叶树、花卉植物和灌木、针叶树。

在北京地区同是针叶树，由于其本身枝叶构造和特性的差异，在同一时间观测其表面温度也有差异（见表4），其差值9个树种间为1.0℃；阔叶树种的差异大得多（表5），其差值可达4℃。一般来说叶片愈大，叶片蒸腾量愈大，表面温度愈低；反之，叶片愈小，蒸腾量会减少，温度较高。阔叶树表面温度差异比针叶树大是因为阔叶树种之间叶片大小及叶面积大小差别较大的关系[8~10]。

2   各种植物表面温度的日变化和季节变化

从下页图可见，各种表面温度日变化规律是一致的，即一天中以 13 ~ 14 时达最高值。这是因为各种表面此时积累的热量达到了最大值，此后各种表面失去的热量多于积累的热量，温度逐渐下降。

各种植物表面温度也随季节变化而变化（见表8，以加杨为例）。

表8　不同季节加杨表面温度变化　　　　　　　　　　　　　　　单位:℃

季节	加杨温度	气温	加杨与气温差	地温	加杨与地温差
春（4月19日未发叶）	15.0	16.1	−1.1	22.5	−7.5
夏（7月13日）	30.1	31.2	−1.1	35.8	−5.7
秋（9月18日）	23.1	26.2	−3.1	28.8	−5.7
冬（11月1日已落叶）	14.4	12.9	+1.5	14.8	−0.4

注：2001年在顺义共青林场渡假村测定，白天平均温度。

由表8说明，加杨不同季节表面温度都低于地温，低0.4～7.5℃，同时与气温相比基本上也是低的，但在冬季时稍高（表8中为1.5℃）。这种情况的出现是因为冷季植物表面

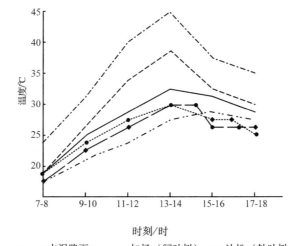

各种表面温度的日变化

白天可直接吸收一部分太阳辐射的热量，而此时植物处于休眠期，蒸腾量很少所致[8]。

表9　不同季节针叶树表面温度变化　　　　　　　　　　　　　　单位:℃

季节	油松	气温	侧柏	气温	测定时间
春	17.2	18.2	19.5	22.2	2001 − 04 − 12
夏	26.2	29.8	30.4	31.0	2001 − 07 − 19
秋	22.3	24.8	24.6	25.2	2001 − 09 − 06

注：昌平蟒山公园测定。

由表9可见，针叶树也是暖季温度都低于气温。

3　草坪表面温度状况

城市绿化中，草坪占有一定比例，为了研究其不同季节表面温度变化，我们分别在城区、郊区及公园对人土栽植的草坪表面温度进行了观测（见表10）。

表10 草坪表面温度的季节变化 单位:℃

地点	时间	季节	草坪	气温	草坪与气温差	水泥路面	草坪与水泥路面温差
北京植物园热带温室前	2001 – 04 – 12T09 – 30	春季	21.9	15.1	+6.8	16.4	+5.5
北京植物园树木园	2001 – 04 – 12T15 – 10	春季	21.8	18.2	+3.6	17.2	+4.6
北京植物园碧桃园	2001 – 04 – 12T15 – 40	春季	14.8	12.0	+2.8	—	—
密云水源林站前	2001 – 06 – 20T11 – 00	夏季	33.4	26.3	+7.1	34.2	-0.8
顺义共青林场度假村	2001 – 07 – 13T11 – 15	夏季	32.0	32.0	0	—	—
顺义县东海虹村	2001 – 07 – 13T13 – 00	夏季	32.5	31.8	+0.7	51.2	-18.7
阜成门北大街	2001 – 08 – 29T10 – 30	夏季	29.2	28.2	+1.0	35.0	-5.8
西单广场	2001 – 08 – 29T11 – 00	夏季	31.0	29.3	+1.7	41.0	-10.0
北京林大校园广场	2001 – 08 – 29T11 – 25	夏季	30.4	29.1	+1.3	39.2	-8.8
北京林大校园广场	2001 – 09 – 06T10 – 00	秋季	33.8	25.4	+8.4	31.8	+2.0
蟒山公园	2001 – 09 – 22T13 – 00	秋季	22.1	21.9	+0.2	—	—
百望山公园	2001 – 10 – 26T11 – 52	秋季	16.0	14.4	+1.6	—	—
小龙门	2001 – 11 – 06T11 – 50	冬季	3.0	5.2	-2.2	—	—
北京林业大学	2001 – 11 – 08T13 – 00	冬季	15.7	16.4	-0.7	16.0	-0.3
北京林业大学气象站	2001 – 11 – 08 白天平均	冬季	8.9	11.9	-3.0	—	—

由表10可知,草坪表面温度春、夏、秋3季都比气温高,而冬季又比气温低;与水泥路相比,夏季有明显降温效应,春秋天有时比水泥路面还高,而寒冬时又比水泥路面低,说明草坪在北京干旱春季由于温度高蒸腾量大,耗水量更大。由于春、夏、秋3季,草坪温度高于气温,而各种针阔叶树木和灌木及花卉植物表面的温度都比气温低[8~11],因此草坪在绿化中运用,无论是从旱季的耗水量和对城郊区炎热季节的降温调温作用都不如乔木、灌木和花卉植物[9~11]。

4   结论与建议

(1)在我们测定的52种植物中,可分为阔叶树、针叶树、灌木和花卉植物4类,暖季表面温度的排序从高到低为:针叶树、灌木和花卉植物、阔叶树。

(2)暖季各种表面温度的排序从高到低为:干土表面、水泥路面,砖墙表面、花岗石表面、裸土表面、空气温度、植物表面(针叶树 > 灌木和花卉植物 > 阔叶树)、湿土表面、水面。

(3)针叶树不同种间表面温度差异较小(一般1~2℃),阔叶树不同种间表面温度差异较大(一般3℃以上)。

(4)气温有年变化和日变化,各种表面温度也均有日和年变化,但各种表面每日最高温度都比气温提前1~2h,一般在13:00~14:00出现。暖季树木表面分结温度一般低于气温和地温,但冷季比气温稍高的森林,可达1.5℃。因此,暖季或升温季树木表面有明显降温作用,冷季或降温季节树木有升温作用。

(5)城市和郊区人土栽植的草坪,与水泥路面相比,草坪表面温度夏季显著降低、春秋又升高,寒冬时又比水泥面低。草坪与树木和其他植物相比,暖季和冷季调温作用较差,春季干旱期因其表面温度。较其他植物和树木表面温度高，耗水量更多。因此，在我国北方城市绿化中，不宜人工栽植大面积草坪。草坪用来覆盖地面，对防止土地裸露、尘土飞扬有良好作用，夏季比水泥路面及裸地等表面存在显著降温作用，故在北京的绿化中适量、小面积栽种草坪也是必要的，应提倡乔、灌、花、草相结合。

（6）根据上述研究结果，我们建议：为使北京绿化发挥更大改善生态环境、调节地方气候的作用，在绿化中除了坚持生物多样性原则实行乔、灌、草、花相结合外，适当多栽叶片小、叶面积也少的阔叶树种，也要加大花卉植物的栽种数量，因为它们暖季降温和冷季升温作用较明显，而在春早季节所需灌水量也少。不宜人工栽植大面积草坪，适量、小面积栽种草坪也是必要的。同时，种草坪也要加入零散分布的，一定量树木和花卉植物及灌木，以改善环境，调节局部气候，使春早季节减少灌水量。

参考文献

［1］HE Q T. Wasserlilanz and Pflanzenproduction in China ［J］. Deutschland Universitat Munchen. 1986，7：63 - 75.

［2］SHARPE P J H，WAL KER J，PENRIDGE L K，*et al*. Spacial consideration in physiology of tree growth ［J］. Tree Physiology，1986，2：410 - 425.

［3］JOYCE L A，FOSBERG M A，COMANOR J M，Climate change and America's forests ［R］. General Technical Report RM ~ 187. San Francisco：USDA Forests Service，1990.

［4］WOODWARD F I. Climate and plant distribution ［M］. Cambridge：Cambridge University Press，1987：174.

［5］贺庆棠主编. 气象学 ［M］. 北京：中国林业出版社，1996：52 - 90.

［6］贺庆棠主编. 森林环境学 ［M］. 北京：高等教育出版社，2001：144 - 241.

［7］贺庆棠主编. 中国森林气象学 ［M］. 北京：中国林业出版社，1996.

［8］王沙生主编. 植物生理学 ［M］北京：中国林业出版社，1996.

［9］施昆山主编. 当代世界林业 ［M］. 北京：中国林业出版社，2002：185 - 193.

［10］周晓峰主编. 中国森林生态环境 ［M］. 北京：中国林业出版社，1999：32 - 53.

［11］徐德应，郭泉水，闫洪. 气候变化对中国森林影响 ［M］. 北京：科学出版社，1997：75 - 93.

北京地区空气负离子浓度时空变化特征的研究[*]

邵海荣　贺庆棠

（北京林业大学资源与环境学院）

阎海平　侯　智　李　涛

（北京市西山试验林场）

　　1889 年德国科学家 Elster 和 Geital 首先发现了空气负离子的存在，1902 年 Aschkinass 和 Caspari 等肯定了空气负离子存在的生物学意义。空气负离子对人体的影响是一位德国医生在 1931 年发现的，以后空气负离子一直是一些发达国家所积极研究的课题。几十年来国外对负离子的医疗保健作用做了大量研究，已有许多临床应用的报道，另外对空气离子的测试方法，一些参数的确定以及负离子与植物的相互影响方面的研究也较多。我国对负离子的研究起步较晚，自 1978 年从国外引进第一台生物滤器，即我国负离子发生器的前身，至今也已经过了 80 年代初和 90 年代初的两个发展高潮。目前我国的研究侧重于自然或人为环境中空气负离子浓度的测定，空气负离子在医疗保健上的作用及其机理的研究，用于改善生活和工作环境质量的负离子发生器的开发等。各种用途的负离子发生器已有数十种之多，但由于测试手段的不完善，影响着负离子研究的深入，因此负离子的研究仍是一门新兴的学科。近几年，我国林业工作者开始关注森林对空气负离子浓度的影响，并着手开展了这方面的研究。但是森林对空气负离子影响的情况，尚缺少系统定量的研究。本课题旨在研究森林中空气负离子的状况及其对空气质量的改善作用。以期对今后城市绿化树种的选择，林分结构调整，森林旅游资源开发，营造生态效益更高的森林。

1　研究方法

1. 1　测点的选择

　　测点的布局是从市中心向西和西北方向设点。市区选择了市中心的西单路口向西到二环、三环、四环各路口，这些测点的下垫面多为水泥或沥青路面。然后测点布局向郊区各区县延伸。郊区共选择了海淀、昌平、顺义、房山、门头沟、密云、平谷、延庆县等 8 区县的山林和 11 个林场、自然保护区，它们分别是西山林场、北京植物园、共青林场、十三陵林场、百花山林场、五座楼林场、雾灵山林场、小龙门林场、黑龙潭公园、蟒山森林公园、松山自然保护区。这些测点的下垫面则多为森林和其他植被等绿地。主要绿地类型有针叶纯林、阔叶纯林、针阔混交林、灌木、草地。除此之外，还选择了水库、水渠瀑布、溪流等测

　　*　北京林业大学学报，2005. 5. 第 3 期。收稿日期：2004 年 – 04 – 26。

　　基金项目：北京市林业局课题（2003 ~ 13）。

　　第一作者：邵海荣，教授。主要研究方向：森林的环境效益。电话：010 – 62337587 地址：100083 北京林业大学资源与环境学院。

点。森林树种主要有侧柏（*Platycladus orientalis*）、油松（*Pinus tabulaeformis*）、白皮松（*Pinus bungeana*）、落叶松（*Larix principis-rupprechtii*）、圆柏（*Sabina chinensis*）、加杨（*Populus × canadensis*）、刺槐（*Robinia pseudoacacia*）、水杉（*Metasequoia glyptostroboides*）、元宝枫（*Acer truncatum*）、黄栌（*Cotinus coggygria*）、碧桃（*Prunes persica* f. *duplex*）、银杏（*Ginkgo biloba*）、山杏（*Prunes sibirica* var. *ansu*）及栎类（*Quercus* sp.）等。

1.2 观测时间

自 1999 年至 2002 年的每年春、夏、秋、冬 4 季各选择数天，分别进行昼夜白天的每小时或每两小时 1 次的观测，以及一些零星观测。

1.3 观测项目和使用的仪器

主要观测项目有空气正、负离子浓度（个/cm³）测定，用 DLY - 3G 型大气离子测量仪。由于空气正负离子浓度瞬时变化很大，测量时每个测点每次观测都取 4 个方向，每个方向读数 3 次，共 12 个读数，取平均值。空气温度和空气相对湿度的测定，使用 DHM - 2 型通风干湿表。风向、风速的测定，用 DFM - 6 型三杯轻便风向风速表。气压测定，用空盒气压表。

2 结果与分析

北京地区空气离子的总体情况见表 1，四环以内的市区空气负离子浓度平均为 407 个/cm³，正离子浓度平均为 837 个/cm³，平均单极系数为 2.06，如果郊区考虑进去，则北京地区空气负离子浓度平均为 732 个/cm³，正离子浓度平均为 899 个/cm³，单极系数平均为 1.23。可见郊区的植被使北京的空气负离子浓度增加了近一倍，单极系数减小了约 60%。

表 1 北京地区空气离子平均浓度   单位：个/cm³

	负离子平均浓度	正离子平均浓度	单极系数
市区	407	837	2.06
郊区	823	916	1.11
全市	732	899	1.23

2.1 北京地区空气离子浓度水平分布的一般特征

空气离子在大气中的分布实际是很不均匀的，水平方向上的分布有很大差异，时间上有明显的日、年变化。

2.1.1 自然条件下空气离子的水平分布特征

根据我们的测定，北京地区空气正、负离子平均浓度均以市中心最低，空气负离子浓度约为 100 ~ 200 个/cm³，空气正离子浓度约为 300 ~ 400 个/cm³，四环路以内的市区，空气负离子浓度约为 300 ~ 400 个/cm³，空气正离子浓度约为 350 ~ 750 个/cm³；近郊区县空气负离子浓度约为 600 ~ 1 000 个/cm³，空气正离子浓度约为 700 ~ 1 100 个/cm³；远郊区县空气负离子浓度约为 1 200 ~ 1 500 个/cm³，空气正离子浓度约为 1 200 ~ 1 400 个/cm³。北京市区及郊区各区县

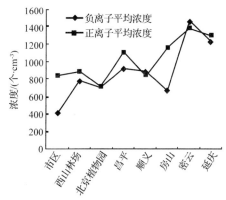

图 1 北京不同地区空气离子平均浓度

1999～2002 年间空气离子平均浓度如图 1 所示。

上述分布明显呈现出空气负离子平均浓度由市中心向郊区逐渐增大的趋势，且空气负离子浓度增大的速度大于空气正离子浓度。这种趋势的形成，一是由于四环以内市区人流、车流明显高于郊区，使得大气气溶胶粒子的密度增大，使空气负离子损失消耗增多；二是由于市区路面以水泥、沥青路面为主，阻隔了来自于土壤的电离源；三是市区树木和绿地明显少于郊区，且离市区越远树木和绿地越多之故。

2.1.2　北京有林地区空气离子浓度分布特征

自 1999 年开始我们多次在不同季节对北京北部和西北部山区的各种林地和自然保护区的空气离子浓度状况进行测定。测定结果表明，有林地区空气负离子浓度均比无林地区高。就年平均情况而言，针叶林中的空气负离子平均浓度要高于阔叶林。据不完全统计，针叶林平均浓度为 942 个/cm³，阔叶林平均浓度为 774 个/cm³，不同季节针、阔叶林对空气负离子浓度的影响是不同的，春、夏季节阔叶林的空气负离子浓度高于针叶林，夏季阔叶林中空气负离子浓度平均为 1 136 个/cm³，而针叶林为 1 084 个/cm³；秋冬季节则针叶林的空气负离子浓度高于阔叶林，秋季针叶林为 845 个/cm³，阔叶林为 521 个/cm³。详见表 2。

表 2　不同林地空气离子平均浓度

林分	郁闭度	胸径（cm）	树高（m）	负离子平均浓度（个·cm⁻³）	正离子平均浓度（个·cm⁻³）
油松林	0.9	26	15	787	1 010
侧柏林	0.9	18	10	700	820
水杉林	0.9	28	25	1 196	1 350
白皮松林	0.8	25	16	966	1 028
落叶松林	0.9	23	18	995	1 503
圆柏林	0.8	18	10	1 007	1 205
加杨林	0.8	27	26	566	1 015
刺槐林	0.8	22	15	852	991
元宝枫林	0.9	12	10	958	690
银杏林				914	1 261
黄栌林	0.8	8	4	695	659
碧桃林	0.6	6	3	649	1 093

针叶林中的空气负离子浓度比阔叶林高，我们认为主要原因为针叶树是常绿树种，秋、冬季的空气负离子浓度要明显高于落叶的阔叶林。

上述结论是经大量测定数据得到的平均结果。实际上森林中空气负离子的情况是很复杂的，与森林的年龄、长势、结构等也有关系，需具体情况进行具体分析。一般生长旺盛的成熟林增加空气负离子的作用要好于幼龄林和过熟林，如 2001 年 4 月 26 日 14 时在北京西山林场百望山元宝枫林内测得的空气负离子浓度为 1 436 个/cm³，而同时在百望山侧柏林中测得的空气负离子浓度仅为 457 个/cm³，这是因为当时元宝枫林的长势比侧柏林旺盛得多，光合作用强，使得林中氧气量增多之故。同一树种也有类似的情况，如 2001 年 7 月 13 日 15 时在昌平蟒山森林公园长势较差的侧柏林中测得空气负离子浓度为 740 个/cm³，而同时在不远处长势良好的侧柏林中测得空气负离子浓度达到 1 307 个/cm³，林分结构对空气负离子浓度也有一定的影响，同一树种的单纯乔木结构的林分要比有下木和地被物的林分空气负离子浓度低。2001 年 7 月 13 日 11 时在北京顺义区共青林场单纯乔木结构的加杨林内测得空气负离子浓度为 631 个/cm³，而同时在顺义区东部的一片有灌木和地被物的加杨林内测得空气负离子浓度为 1 183 个/cm³，比前者多了 552 个/cm³。

2.1.3 溪流、喷泉、瀑布附近地区空气负离子水平

溪流、喷泉、瀑布均属于动态水，动态水能增加周边地区的空气负离子水平，这已被许多研究所证实。2001 年 6 月 19 日在密云黑龙潭进行测定，测定结果是沟底清泉旁空气负离子浓度为 2 458 个/cm³，主潭边为 3 205 个/cm³，主潭中央距瀑布约 10m 处空气负离子浓度达到 3 651 个/cm³。2001 年 7 月 19 日在延庆县松山自然保护区内测定的结果是，三叠水泉边空气负离子浓度为 2 198 个/cm³，由这些测定结果可以看出，在溪流、瀑布等有流动水的附近，空气负离子水平明显高于北京市的平均水平，约比北京市的平均空气负离子浓度高出 5 ~ 8 倍，比有林地区的平均水平也高出 3 ~ 4 倍。

动态水能增加空气负离子水平的原因是水在高速运动时水滴会破碎，水滴破碎后会失去电子而成为正离子，而周围空气扑获电子而成为负离子。这种效应就是所谓的喷筒电效应或瀑布效应[1]。在大型喷泉附近喷筒电效应尤为明显。另外，动态水在喷溅时对空气中的气溶胶粒子也起到淋洗作用，使空气清洁度增大，再加上增加了空气湿度等，这些原因共同造成了动态水能增加空气负离子的效应。水的流速越大，其喷筒电效应越强[2]。

至于静态水，据我们测定其增加空气负离子的效应极微，远不及动态水。但由于观测次数不够多，尚不能下结论。这里不做具体论述，有待进一步探讨。

2.1.4 北京地区室内空气负离子水平的基本特征

据我们观测，北京市内一般门窗关闭的室内空气负离子浓度平均小于 100 个/cm³，在打开门窗的室内空气负离子浓度则平均增加到 200 ~ 300 个/cm³；而在郊区门窗关闭的室内空气负离子浓度平均可达到 200 个/cm³ 左右。2000 年 11 月 23 日 10 时在北京林业大学主楼一办公室内测得空气负离子浓度为 57 个/cm³，而同时在打开门窗的办公室内测得的空气负离子浓度 238 个/cm³。

室内空气负离子浓度水平明显低于室外，这是因为建筑物的墙壁和地面使室内空气与自然离子产生过程隔绝的缘故[1,3]。因此，在室内和在空气被污染的城市中工作的人们所呼吸的空气中的离子数远比自然环境中的离子数要少得多。但在研究中我们发现，在摆放了绿色植物的室内，空气负离子浓度有明显提高。2002 年 12 月 23 日 11 时在北京西山林场无绿色植物的办公室内测得空气负离子浓度为 229 个/cm³，而同时在摆放了两盆绿萝的小会议室内测得空气负离子浓度为 443 个/cm³，比前者多了 214 个/cm³。并发现室内绿色植物越多，气负离子浓度有越高的趋势，如在植物温室中空气负离子浓度则更大。2000 年 11 月 21 日在北京林业大学苗圃大温室内测得空气负离子浓度为 1 538 个/m³，而在北京植物园大温室的热带雨林区测得空气负离子浓度达到 2 312 个/m³，足以说明室内面积越大，绿色植物越多，空气负离子浓度就越高[2]。可见室内适当养一些绿色植物是有益的，植物叶片应经常保持清洁，叶片一旦落上灰尘，其增加负离子的作用就会降低。

2.2 空气离子浓度随时间变化的特征

2.2.1 空气离子浓度的日变化特征

空气离子浓度的日变化与大气气溶胶含量的日变化密切相关。据我们观测，一天中空气正、负离子浓度均为白天大于夜间。如 2002 年 11 月 21 日在北京西山林场卧佛寺分场院内

测得空气离子浓度的日变化结果是，白天空气负离子浓度平均为 461 个/cm³，夜间平均为 320 个/cm³，白天比夜间大 40% 左右；白天空气正离子浓度平均为 633 个/cm³，夜间平均为 509 个/cm³，白天比夜间大 20% 左右。

因为空气离子浓度的日变化曲线波动较大，难以看出其随时间的变化特征，我们用滑动平均法，滑动长度取 5h，将日变化曲线上的短于滑动长度的周期大大削弱使日变化趋势明显的显示出来[4]。

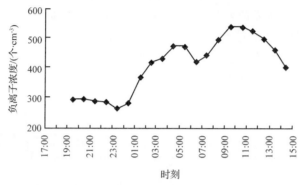

图 2　空气负离子浓度日滑动平均曲线（滑动长度取 5h）

图 2 是根据 2002 年 11 月 21～22 日北京西山林场卧佛寺分场院内观测资料的 5h 滑动平均值绘制的。由图可见空气负离子浓度的日变化规律类似于双波型，一天中空气负离子浓度最大值大约出现在 9：00～11：00 时，次大值大约出现在 4：00～5：00。最小值大约出现在 23：00 前后，次小值大约出现在 6：00～7：00。空气正离子浓度的日变化规律与负离子浓度的日变规律相类似，这里不再赘述。

在人烟比较稠密的地方，空气离子浓度随时间的变化还与人们的活动有关。在人流和车流量的高峰时段，空气离子浓度常常出现较大波动。如 2000 年 11 月 2 日在北京林业大学校门口观测，16：00～18：00 前后正值中小学放学时间，测点附近人、车流量明显增加，空气离子浓度明显偏低。14：00 空气负离子浓度为 415 个/cm³，16：00 为 294/cm³，18：00 为 238 个/cm³，到了 20：00 又升高到 739 个/cm³。可见人们的活动使得空气离子日变化情况变得比较复杂。

一天中空气离子浓度的日变幅，一般是正离子大于负离子。2002 年 11 月 22 日在北京西山林场卧佛寺分场院内测得的结果是，空气负离子浓度日变幅为 540 个/cm³，而正离子为 687 个/cm³，正离子比负离子多 147 个/cm³。观测中还发现空气离子浓度日变幅与离子迁移率有关，离子越小，即迁移率越大的离子，其日变幅越小。在有林地区，由于植物的滞尘作用，使大气气溶胶粒子含量的日变化不大，所以空气离子浓度日变化也不明显。如 2000 年 11 月 1 日在顺义区共青林场观测到，加杨林中白天的变幅为 419 个/cm³，而在周边只有矮绿篱、地面全部为水泥路面的场部院内，白天空气负离子浓度的变幅达到 1 160 个/cm³。

2.2.2　空气离子浓度的年变化特征

空气离子浓度除具有日变化特征外，还有明显的年变化特征。按气候资料统计上的规定，我们以 3～5 月为春季，6～8 月为夏季，9～11 月为秋季，12、1、2 月为冬季进行统计。统计结果见表 3。由表可见，北京地区一年中空气负离子浓度以夏季最高，平均为 1 132 个/cm³，冬季最低，平均为 373 个/cm³，年变幅为 759 个/cm³，春、秋季次之。但春季大于秋季, 春季比秋季约大 70 个/cm³。这与北京地区春温高于秋温, 加之近代气候变暖, 春季植物和树木发叶较早有关。空气正离子浓度一年中也是夏季最高, 冬季最低, 年变幅比空气负离子略小。但空气正离子浓度是秋季大于春季, 这与空气负离子情况相反, 秋季比春季大 133 个/cm³, 说明森林和绿地春、夏季节在增加空气负离子浓度上起了较大的作用。

表3 北京地区不同季节空气离子平均浓度 单位: 个·cm⁻³

	春	夏	秋	冬	年变幅
空气负离子浓度	647	1 132	577	373	759
空气正离子浓度	748	1 196	881	589	607

3 结论与建议

(1) 北京地区空气负离子浓度从市中心向近郊、远郊逐渐增大。市区平均为 200 ~ 400 个/cm³, 近郊区平均为 700 ~ 1000 个/cm³, 远郊区平均为 1 200 ~ 1 500 个/cm³。

(2) 有林地区空气负离子浓度明显高于无林地区, 有林地区空气负离子浓度平均为 700 ~ 1 200 个/cm³, 是市区的 2 ~ 5 倍。有林地区单极系数比无林地区小, 多层林比单层林空气负离子浓度大, 针叶林和阔叶林在不同季节各有优势。因此对结构不好的林分可进行适当改造, 增加多层林和针阔混交林, 以更大发挥森林增加空气负离子的作用。

(3) 溪流和瀑布在增加空气负离子上有极为明显的作用, 因此市区可适当增加喷泉和活动水面等, 以弥补市区过多的水泥路面和过多的人流、车流对空气质量的负面影响。

(4) 室内空气负离子水平明显低于室外。打开门窗和摆放绿色植物可使室内空气负离子浓度提高。

(5) 空气负离子浓度有明显的日、年变化特征。一天中白天空气负离子浓度的平均值大于夜间, 日变化曲线为双波形, 两个峰值分别出现在凌晨和上午, 因此人们晨练在上午日出以后进行为好。一年中以夏季空气负离子浓度最大, 冬季最小。

(6) 空气离子浓度随地域和时间的不同而时刻不停地变化着, 上述结论是在 1999 ~ 2002 年大量观测数据基础上得出的, 不代表任何具体时间、具体地点的情况。

参考文献

[1] 麦金泰尔 D A. 室内气候 [M]. 龙惟定译. 上海: 上海科学出版社, 1998: 154 - 155.

[2] 薛茂荣, 马维基, 孙志德. 城市公园空气负离子的调节作用 [J]. 环境科学, 1984 (1): 77 - 78

[3] 魏凤英. 现代气候统计诊断预测技术 [M]. 北京: 气象出版社, 1999: 47 - 48.

[4] 关佛运, 张华山, 李官贤. 室内空气离子浓度及其改善措施 [J]. 中国公共卫生, 1994, 1 (3): 97 - 98.

[5] 孙景祥. 大气电学基础 [M]. 北京: 气象出版社, 1987: 23 - 30.

[6] 章澄昌. 大气气溶胶教程 [M]. 北京: 气象出版社, 1995: 261 - 263.

[7] 邵海荣, 贺庆棠. 森林与空气负离子 [J]. 世界林业研究, 2000, 13 (5): 19 - 23.

[8] 李安伯. 空气离子研究近况 [J]. 中华理疗杂志, 1998 (2): 100 - 104.

[9] KRUEGER A P. The biological effects of air ions [J]. Biometeorology, 1985, 29 (3): 205.

[10] 钟林生, 吴楚材, 肖笃宁. 森林旅游评价中的空气负离子研究 [J]. 生态学杂志, 1998, 17 (6): 56 - 60.

中国岩溶山地石漠化问题与对策研究*

贺庆棠　陆佩玲

（北京林业大学资源与环境学院）

我国岩溶地貌地区主要集中成片分布在南方的云南省、贵州省和广西壮族自治区等省区。据初步估算：广西有岩溶地貌面积约 8.95 万 km^2，占广西总面积 23.6 万 km^2 的 37.8%；贵州省有 10.9 万 km^2，占贵州总面积 17.6 万 km^2 的 62%；云南省有 8.15 万 km^2，占云南总面积 39.0 万 km^2 的 20%。滇、黔、桂 3 省合计有岩溶地貌约为 28.0 万 km^2，占 3 省区总面积的 35% 左右，人口有 3 000 万以上。除此之外，在其他南方省区还有零星分布，估计全国共有岩溶地貌面积在 30 万 km^2 以上，约占国土面积的 3%。而我国黄土高原为 58 万 km^2，占国土面积的 6%。可见我国岩溶地貌地区所占面积为半个黄土高原面积，也是很可观的。

长期以来岩溶地貌地区由于每年降雨量较多（1 000 ~ 1 700mm）[1~2]，受到雨水侵蚀和冲刷，再加上人为不合理的耕作制度，樵采和乱砍滥伐以及放牧等使植被和森林遭到严重破坏，已经造成许多地方土壤流失殆尽，仅剩下基岩及石块成为光板地，寸草不生，这是岩溶地区土壤流失后的荒漠景观，也称石漠化。石漠化是石质荒漠化土地的简称，是指在亚热带湿润地区岩溶极其发育的自然环境下，受人为活动干扰，造成植被严重破坏和土壤严重侵蚀，基岩大面积裸露，地表呈现类似荒漠化景观的土地退化。石漠化是荒漠化的一种特殊表现形式。在岩溶地貌地区石漠化的面积逐年在增加，平均每年石漠化面积约为 2 500 km^2，并不比沙漠化扩展速度慢。目前石漠化已占到岩溶地区的 1/2 面积以上（17.6 万 km^2 面积）[3~4]。大片的石山和石头地，完全失去了生产力，使这些偏远落后的山区，经济更加困难，人民生活更加贫穷，已威胁到人们的生存，成为我国南方山区的心腹之患。

1　石漠化的成因

岩溶地貌的称谓是由亚得里亚海岸的喀斯特高地而得名。喀斯特岩溶地貌地区是由碳酸盐类岩石（石灰岩、白云岩）形成的，它们不易风化，而易溶蚀，故称岩溶。晚三叠世中期以后，燕山运动使西南岩溶区全面隆升成陆，受到这些地区水的侵蚀和冲刷，形成群峰峭拔壁立，奇峰怪石千姿百态，有的山如石柱、石峰，有的山开天窗，有的形成天坑、天生桥和溶洞，岩溶洼地深谷幽溪，有的地层断塌成为叠水及各种各样瀑布，还有地下溶塘、溶孔、溶隙、地下河、地下湖、地下溶洞，以及洞中千奇百怪的石芽、石笋、石钟乳等形成极其特殊又美丽壮观的景色。其典型代表是最先发现的喀斯特高地，而我国广西的桂林素有

---

　* 北京林业大学学报，2006.1. 第 1 期。收稿日期：2005 – 01 – 24。

　第一作者：贺庆棠，教授，博士生导师。主要研究方向：森林气象与森林环境。电话：010 – 62338089。地址：100083 北京清华东路 35 号北京林业大学。

"山水甲天下"之美称，贵州黄果树瀑布是我国第一大瀑布。

岩溶地貌地区的石灰岩，经过了亿万年的生物成土作用，才形成有机质和腐植质丰富具有肥力和生产力的土壤。据测算，大约每形成1cm厚的土壤约需上百年的时间。由于石灰岩不易风化而易溶蚀的特点，石灰岩上形成的土壤没有 C 层（母质层），基岩因受水侵蚀，多缝隙，不保水。裸露而无植被固定的土壤极易被水溶蚀、侵蚀和冲刷，冲刷光土壤成为仅剩母岩（石灰岩）的光板地即石漠化。石漠化地区生态破坏是极难逆转和恢复的，要使这些地区在生物作用下重新形成土壤，需要至少数百年至数千年之久[4]。

造成岩溶地貌地区石漠化的原因，除了因南方降雨较多，岩溶地区石灰岩上发育的土壤易溶蚀和被冲刷外，最主要的原因还是人为的破坏加速了石漠化的形成[5]。主要表现有：

（1）不合理的耕作制度：①陡坡（坡度25°以上）开荒或种地；②顺坡方向耕种；③石缝、石窝种杂粮，陡坡、顺坡和石缝、石窝点种等耕作方式，在耕种过程中使土壤疏松，降雨时雨水冲刷造成大量土壤流失，长久则形成岩石裸露——石漠化。在岩溶山地如贵州的安顺市至黄果树瀑布的沿途，我们经常看到陡壁的石山上，在石头缝间还点种玉米等杂粮，石缝间仅有不到碗口大小的土地，人为耕作1～2年土壤就流失殆尽。

（2）任意放牧：岩溶地区山高坡陡土壤浅薄，植物本来稀少，任意放牧，成群的牛羊满山遍野采食，不仅破坏了宝贵的植被，而且踩踏土壤，破坏土壤结构，造成降雨时发生土壤流失。

（3）樵采和破坏树木，乱砍滥伐森林：长期以来，石漠化地区生活燃料主要靠樵采杂草灌木作薪柴，靠砍伐树木或用林木盖房、做家具与农具。由于当地经济落后，生活贫穷，所谓"靠山吃山"，造成植被包括树木和森林不断受到破坏，使石灰岩地区本来保水能力差的土壤，缺少了植被更加失去了涵养水源的作用，降雨时，土地失去了固定物，造成山洪泥石流频繁发生，使大量土壤流失形成石漠化。

（4）采石、采煤、采矿、修路及各项建筑用地等滥采乱挖造成植被和土壤破坏，而又未及时采取水土保持措施，造成大量土壤流失。

岩溶地貌地区的石漠化，是在以人为因素为主的各种因素作用下逐步形成的，开始是土层逐年变薄，土壤逐年流失，随着人为破坏的加剧，发展到最后土壤流失殆尽形成石漠化。石漠化是岩溶地貌演变中的生态环境恶化的顶极状态，完全石漠化地区一片死寂，寸草不生，荒无生物，完全失去了人类生活和生存的条件，成为生态灾难区。

2 石漠化的危害

石漠化地区岩石裸露，岩层漏水性强，储水力低或无储水能力，降雨时水无阻挡地顺坡而下，极易发生山洪、滑坡和泥石流，给人民生命财产带来严重灾害，雨过天晴则立即形成缺水干旱，水旱灾害频繁发生，几乎连年旱涝相伴，是我国山洪、泥石流多发地带。

我国石漠化地区多处于偏远山区，交通不便，经济欠发达，这里的人民以农牧业为生。由于生态环境严重恶化，可耕地在石漠化不断扩大的条件下逐年减少，许多农民只能在石缝里种点玉米杂粮，广种薄收，真是"种了大片地，收不到一袋粮"。为了温饱他们不得不在陡峭山坡开荒耕作、刀耕火种，"一年种，二年荒，三年只见大石头"，还有采樵和放牧，直到砍伐树木和林木，使石漠化地区少有的植被不断被破坏，土壤流失更加剧，形成了"植被破坏越严重，土壤流失越严重，石漠化地区越扩大，人民生活越贫困"的恶性循环。

现在居住在石漠化区的人口有 800 多万，多数生活在贫困线以下，尚未达到温饱，是我们扶贫的重点地区，是值得我们特别关注的问题。

石漠化给当地人民的生存带来了极大威胁。石漠化地区年降雨量都在 1 000mm 以上，天上常下雨，地下水也丰富，形成"地表水贵如油，地下水滚滚流"，就是涵养水源功能差，生活生产用水紧缺。广西壮族自治区的百色地区 9 个县的石漠化地区，农民饮水要从数千米至数十千米以外去取水，根本没有生产用水可用[6-7]。南方石漠化地区与我国西北地区相比较，前者是水多无用，后者是缺水可用，两者都是"水"起因，产生两种完全不同的景观。

石漠化地区位于珠江、长江的上游，由于严重的土壤侵蚀，导致河床淤高，淤塞中道，危及长江和珠江沿岸及下游人民群众生命财产安全。贵州最大的乌江渡水电站，库区 5 年淤积近 2 亿 m³ 泥沙和山石，已严重影响电站的安全和寿命[6]。贵州省著名的旅游风景区，我国第一大瀑布黄果树瀑布，因这一地区日益严重的石漠化，不仅在枯水期水量及瀑布宽度明显减少，而在雨季水量也有减少，问题日益严重，不少专家断言：如果不解决这一地区日益严重的石漠化问题，黄果树瀑布将会干涸[8]。

在石漠化地区，形成石山石岭，光山秃峰，无数山头白花花一片的石头海洋[9]，生态破坏，河水山溪断流，山地气候夏季变热，冬季变冷，石头之灾与石头之害威胁着这一地区人民的生存和生命财产安全，也影响着当地的经济发展和脱贫致富。

3　石漠化防治对策和建议

石漠化给当地生态环境带来了灾难，给人民生命财产和生产生活带来了极大威胁，也是当地贫穷落后的根源，为了使当地人民脱贫脱难，走上生态健康、生活小康之路，防治石漠化刻不容缓。

防治石漠化的对策，首先要立足于保护好岩溶地貌地区尚未发生石漠化的地方，防止其发生石漠化；同时对已发生石漠化的地区多管齐下，综合治理，使其生态环境逐步恢复并向良性方向发展，实现经济发展，生态改善，脱贫致富的目标。

3.1　具体对策

（1）防治石漠化要以人为本，从源头上治起。石漠化产生的主要原因是人为的不合理的经营活动，根本原因是贫穷。人们为生活所迫，破坏了生态环境，造成了石漠化之灾。因此，治理石漠化，从解决当地人民生存和生活问题入手，治理石漠化与治贫脱贫致富相结合，"农民不富，石漠化难治"。治理石漠化一定要坚持长远利益与近期利益相结合，生态效益与经济效益相结合，经济发展与生态改善相结合的原则，使天、地、人和人口、资源、环境协调发展[9]。

（2）科学规划，调整产业结构，改进生产方式，兴办石灰石产业，开辟多种生产门路，切实解决石漠化地区人民的吃、穿、花钱和烧柴等问题。治理石漠化要以县为单位制订科学规划[10]，要从本县实际出发，制定出产业发展和脱贫致富规划和生态环境建设与治理石漠化的规划，县属各乡镇要按规划制定出执行计划，分年实施，要使调整产业结构，改进生产方式，兴办石灰岩产业，开辟多种生产门路以及生态建设项目落到实处。虽然石漠化地区资源相对贫乏，但石灰岩到处都是，还有岩溶地貌形成的优美风景资源到处都有，故发展石灰岩产业及旅游业是这些地区的"金饭碗"，可惜尚未引起当地人足够的重视，开发为脱贫致富的产业。

（3）在石漠化地区要广泛深入宣传和严格执行《中华人民共和国水土保持法》，也要发动村寨群众制定村规民约等多种方式，严格管理和制止对生态环境的破坏，包括采取科学合理的耕作制度，不允许陡坡开荒，石缝、石窝点种粮食作物，不允许任意放牧，提倡圈养，严厉打击滥伐盗伐森林和树木，各种建设用地如采石、采矿、修路等要采取严格的水土保持措施等[11]。

（4）多管齐下，综合治理[11]。防治石漠化关系到当地广大人民群众的切身利益，各级政府都要落实责任制，国家发改委和国家林业局要拨出专项经费用于治理工作，各省区也应有配套资金，做到责任和资金双落实，才能使治理见成效。治理要多管齐下，必须采用法律、政策、生态、工程等多种手段综合治理。在石漠化地区要进一步搞好封山育林育草、荒山造林、退耕还林（草）等植被和林业生态建设，恢复林草植被，恢复和改善生态环境；要帮助群众转变生产和生活方式，改善生存条件，要逐步使石漠化地区以农牧业为主转变为多种产业多种经营，农、土、副、商和旅游产业齐发展，要调整石漠化地区能源结构，加快农村能源建设步伐，改变生活燃料主要靠薪柴的单一能源结构为用煤、沼气、太阳能、风能等多种能源，以减少森林资源的消耗和对植被的破坏；要控制好石漠化地区人口增长，对于已完全不能适宜人类生存的石漠化地方，要实施生态移民，让生态环境自然得到恢复；要鼓励和支持企事业单位、个人和非公有制经济组织参与石漠化治理，加快治理步伐，扶持当地脱贫致富。

（5）依靠科技防治石漠化。要靠科技治理石漠化，认真落实防治技术措施，才能收到实效。要以系统生态学、恢复生态学、生态经济学和水土保持与荒漠化防治理论指导石漠化的防治。要落实以防止石漠化地区土壤流失为核心的技术措施，如在石山上封山育林育草，陡坡退耕还林，山坡农地修梯田，实行等高线水平耕作，保土砌墙，改良土壤，荒山造林种草，开发岩溶水，修山塘、积水池，实行小流域治理，理水护土，提供生产用水，种植适生经济作物，改漫山樵采为坡下房后营造成片薪炭林，改任意放牧为圈养牲畜，实行秸秆还田，每户建沼气池，以沼气代烧柴，石缝、石窝改种竹、木、药，不种粮食不耕作等防止土壤流失技术措施。事实证明，只要各项综合措施落实到位，防治石漠化就会见成效。以广西平县果化镇龙色村为例[7~8]，以前是全地区出名的 30 个特困村之一，岩石裸露度达 90%以上，人均纯收入仅 94 元，群众生活极度贫穷。自从大力封山育林，采取多种措施防治石漠化以后，植被迅速得到恢复和增加，土壤流失减少，又有效地改良了 1 067hm² 耕地，原来干涸的 8 眼泉水也实现了四季清水长流，现在当地农民人均纯收入已达 1 835 元。

事实证明，只要石漠化这个南方地区心腹之患引起了各级领导的重视，依靠广大民群众积极参与，以科学技术综合治理石漠化，就一定能遏制和治理好石漠化之灾，使当地山清水秀，人民富足。

3.2 几点建议

（1）建议国务院将"石漠化防治"作为西部开发众多生态环境问题中重中之重，列入专项重点生态建设和治理项目，并拨出专项经费进行治理。

（2）在国家林业局设立"石漠化防治中心"，负责领导、规划、指导、协调、组织治理工作，作为六大林业工程并行的第七大林业生态工程。

（3）建议组建石漠化研究机构如在北京林业大学设立石漠化防治研究所，科技部将

"关于石漠化防治"课题列入国家攻关项目，为科学治理石漠化开展科技攻关。

参考文献

［1］贺庆棠．森林环境学［M］．北京：高等教育出版社，1999．

［2］贺庆棠．中国森林气象学［M］．北京：中国林业出版社，2001．

［3］韦茂繁．广西石漠化及其对策［J］．广西大学学报（哲学社会科学版），2002，24（2）：42－47．

［4］毕于远．贵州省岩溶地区的生态环境问题［J］．中国农业资源与区划，1997，18（4）：52－56．

［5］袁道光．岩溶环境学［M］．重庆：重庆出版社，1998．

［6］苏维词．贵州喀斯特山区生态环境脆弱性分析［J］．山地学报，2000，18（5）：429－434．

［7］李育才．关于我国西南部地区石漠化治理情况的调查报告［N］．中国绿色时报，2001－06－11．

［8］郑北鹰．石漠化不容漠视［N］．光明日报，2004－06－30．

［9］罗中康．贵州喀斯特地区荒漠化防治与生态环境建设浅议［J］．贵州环保科技，2000（1）：7－10．

［10］王礼先．林业生态工程学［M］．北京：中国林业出版社，1998．

［11］王礼先．水土保持学［M］．北京：中国林业出版社，1995．

植物物候对气候变化的响应[*]

陆佩玲[1]　于强[2]　贺庆棠[1]

（1. 北京林业大学资源与环境学院

2. 中国科学院地理科学与资源研究所）

　　研究由环境因子驱动的植物发育期的物候学（Phenology）是一门古老学科，物候学主要是研究自然界动植物与环境条件（气候、水文、土壤条件）周期性变化之间相互关系的科学[1]。物候学研究植物的生长荣枯、动物的季节活动，从而了解气候变化对动植物影响以及自然季节变化规律[2]。由环境因子驱动的植物和动物的季节活动对环境变化敏感并且容易观测[3]。因而，物候是气候变化的重要感应器。近100年来，尤其是在最近20多年，气候变暖已成为全球关注的重要问题。物候对全球变暖的响应研究正在成为物候研究的一个新的热点领域[4]。本文将简要概述国内外气候变化对植物物候影响的研究进展，并对我国将来物候研究提出建议和展望。

1　植物物候对气候变化响应的研究意义

1.1　物候研究的意义

　　植物物候是指植物受生物因子和非生物因子如气候、水文、土壤等影响而出现的以年为周期的自然现象，它包括各种植物的发芽、展叶、开花、叶变色、落叶等现象。物候是监测气候对植被影响优秀仪器，气候变化可以通过物候年变化（如叶片的展开、开花）等来监测[5]。当研究对生物圈有影响的因子时，研究气候变化对植物发育的影响非常重要[6]。物候易于观测和理解，物候资料和物候的变化容易被普通大众所接受，能作为气候变化对生态影响的感应器，因此，必须建立基于气候变化公约的物候监测计划[7]。

　　基于21世纪温室气体的增加，科学家预测地球上温度将继续升高 1.4 ~ 5.8℃，这将对地球上的自然系统和人类社会产生相当大的后果，过去10年的气候变化已大大影响到物候期，20世纪温度的升高已经延长了生长季平均3个星期，将来的气候变化将毫无疑问影响到自然历[8]。物候资料对于管理农业和林业、控制病虫害、保护生物多样性以及人类健康起了关键性的作用[9]。Sparks[1]指出生态学家和政策决策者目前对物种将怎样受气候变化影响非常关注，不幸的是关于动植物的监测很少，无法显示物种响应气候的长期趋势。

　　物候是由环境因子驱动的动植物季节性活动的传统学科，已经发现与全球气候变化的研究有密切关系[10]。物候对环境监测起到越来越重要的作用，它能监测与生态系统有关的气

---

　　* 生态学报，2006. 3. 第3期。基金项目：国家自然科学基金资助项目（40328001）。

　　收稿日期：2005 - 07 - 13；修订日期：2005 - 12 - 20。

　　作者简介：陆佩玲（1964 ~ ），女，江苏苏州人，博士，副教授，主要从事森林气象和森林生态研究。E - mail：pl-lu2004@ yahoo. com. cn

候参数[11]。物候观测为植物生长和发育模型的设计和试验提供了资料，由温度驱动的热量累积对植物发育有很大影响，因此，自然物种的物候观测能用来描述气候[12]。目前全球气候变化研究焦点在于物种如何响应过去以及将来的气候变化[13,1]。Chmielewski[14]认为在确定植物如何响应区域气候条件和气候变化方面，物候观测是最敏感的资料之。因此，近来物候已经成为生态研究的重要热点之一[15]，它在全球模型、全球监测和气候变化问题方面的研究具有重要作用[10,12,16,17]。物候在气候变化研究中对全球模型、遥感和影响评估非常重要[7]。从以上分析看出，物候研究具有重要的理论意义，同时在生产实践上具有很大的应用潜力。

1.2   物候是国际前沿关注的焦点之一

国际生物气象学会（ISB，International Society of Biometeorology）物候委员会的主要宗旨是加强对气候变化影响植物动态的理解；监测动植物物候和生物多样性的变化，为生态系统全球变化监测和预报形成一个有效地的研究系统。全球物候监测网（GPM，Global Phenological Monitoring）创始于国际生物气象学会"植物动态、气候和生物多样性"委员会，全球物候监测园主要建立在中纬度地区，选择了大量物种观测气候的物候响应，它的主要目标是连接局地物候监测网，鼓励建立和增加全球物候观测网，进一步加强世界物候学家之间的交流与合作，收集物候研究信息和建立资料库，鼓励气候变化、全球变化监测、农业、人类健康等方面的物候研究；物候学家已经建立了物候信息国际互联网站，如欧洲物候观测网（EPN，The European Phenology Network）和英国物候观测网（UKPN，The United Kingdom Phenology Network）等[18]。

2   气候变化对植物物候的影响

就气候变化而言，物候是生态系统响应的感应器，由气候驱动的植物动态变化将影响到物种之间的相互作用和最终影响到生态系统的组成和结构，生物多样性也将响应这种变化，已经有许多关于气候变化对生态系统影响方面的研究[1,13,19~22]。

近50年来，随着全球变暖，我国北方绝大部分地区，夏季明显增长，平均增长5.8d；冬季变短，平均缩短5.6d，春夏季明显提早，秋冬明显推迟. 季节变化势必引起作物生长季和成熟期的变化[23]。徐雨晴等[24]分析了北京近50a春季物候的变化规律及其对气候变化的响应，近十几年来北京春季物候持续偏早，与北京近年持续的暖冬相一致，估计未来10多年春季物候仍持续偏早。郑景云、葛全胜等[25~26]根据中国科学院物候观测网络26个观测点的物候资料，分析了近40a我国木本植物物候变化及其对气候变化的响应，研究得到由于20世纪80年代以后我国大部分地区春季增温及秦岭以南地区降温，东北、华北及长江下游等地区物候期提前，西南东部、长江中游等地区物候期推迟。

长期物候观测资料对环境监测非常重要，由于有大量的观测资料，物候趋势在欧洲已经被研究[7,27~29]，仅欧洲国际物候园（IPG，International Phenology Garden）就已经总结了欧洲中西部地区区域尺度的物候观测资料[29,30]，这些研究显示现在的春季物候比50a前提前10~20d，变化速率在物种之间、地区之间和年际之间有差异。Sparks和Carey[1]用200年Marsham物候观测资料发现冬季温度的升高与某些植物开花提前相关，在过去80a里爱沙尼亚春季提前了8d。英国的物候趋势已经被Fitterd等[31]以及Sparks和Carey[1]所描述，总的预测是全球温度升高3.5℃，春季开花将提前2周左右。Walkovszky[6]比较了匈牙利1851~

1994 年期间 3 个不同时段刺槐树开花期图，发现开花期明显提前了 3~8d，这种变化可能与春季平均温度有关。大量的物候研究报道了春季物候的提早[15]。Ahas[7] 在欧洲爱沙尼亚 3 个观测点，收集了 132a 云雀到来的资料，78a 银莲花、樱桃树、苹果树和紫丁香开花期等物候资料，分析结果是在过去 80a 里，春季物候已经平均提前 8d。Sparks[9] 研究了英国 11 个植物物种 58a 的平均开花时间，结果表明由于气候变暖，春季和夏季物种的开花时间将会进一步提前。从 1951 起瑞士已经开始了全国物候观测，清楚的趋势是春季物候的提前和秋季物候的推迟[28]。Ahas[32] 研究得到欧洲中西部春季物候提前 4 周，白桦树、苹果和紫丁香的春季物候每年提前 0.3d。

物候对气候变化的监测有贡献[33]。物候期对气象条件的年际变化极其敏感，尤其在中纬度春季[34]，长期的物候记录提供了在特定地点某个生物对气候变化响应[1]。研究显示在北美东北和西北部物候也有显著变化，在过去的 40a 里春季物候平均提前 4~5d[35,36]。Beaubien 和 Freeland[35] 报道了加拿大 Edmonton/Alberta 白杨树在 1990~1997 年中首次开花时间每 10a 提前 2.7d；1936~1996 年期间樱桃树的春季首次开花时间每 10a 提前 1.3d。

3 气候变化对植物生长季的影响

近年来，大尺度范围内陆地植被生长季的确定已经成为全球气候变化重要的科学问题。物候生长季成为一个全球陆地碳循环模型和净初始生产力模型的重要参数[37]，植物物候发生的时间和物候生长季长度是估算季节和年际气候变化对陆地植被影响，及其估算植被对 CO_2 季节循环作用的主要状态变量。一些研究已经显示出在北半球生长季节的伸长[16,38]。

陈效逑[39] 探讨了德国中部 Taunus 山区 3 个地点的树木物候生长季节与气温生长季节年际波动特征之间的关系，春季温度越高，温度 >5℃ 初日越早，物候生长季越长；春季温度越低，>5℃ 初日越晚，物候生长季越短。为了用陆地数据标准化植被指数（NDIV）资料获得精确的生长季估算，建立局地生长季和区域生长季之间以及表面物候生长季和卫星感应生长季之间的相互关系，这是研究全球变化影响的关键[40]。

Myneni[16] 利用 1981~1991 年卫星资料注意到在北纬 45°~70°N 生长季延长了 8d。Menzel[3~42] 分析了欧洲 1959~1996 年期间国际物候园物候观测资料发现，叶片展开每年已经提前了 6.3d，而叶片变色每年已经推迟了平均 4.5d，因此平均年生长季增长了 10.8d。Chmielewski 等[14] 利用 1969~1998 年国际物候园物候资料，研究了近年来欧洲气候变化对植物发育的影响，研究结果是在早春 2~4 月份变暖 1℃ 将导致生长季提前 7d，年平均气温增加 1℃ 将导致生长季节延长 5d。Menzel[30] 分析了德国 20 种植物 1951~2000 年物候观测资料，研究发现春季温度每上升 1℃ 物候提前 2.5~6.7d，生长季延长 2.4~3.5d。

4 植物物候与气候变化模拟模型的研究

物候是研究由环境因子特别是气候因子驱动的季节性植物活动，因此已经逐渐被生物圈模型学家关注[10,16]。植物生长季是植被冠层光合作用活跃期，它是驱动陆地初始生产力和全球碳循环的主要因素，目前物候模型在区域生态系统模拟模型[43,44]和生物圈—大气圈综合环流模型中起了相当显著的作用[45]。Schwartz[17] 认为物候模型将最终提供关键性的参数，这个参数在全球气候模拟中是必需的，目前这些值都来自于卫星遥感资料[45]。

确定植物物候响应环境变化的类型和机制，对预测气候变化对植物和植物生态系统的影响是非常必要。过去研究主要注重某一植物开花期预测模型的研究上，还没有研制出比较不同植物的物候期模型[1]。近100a来，学术界对植物物候的研究有两个主要方面：（1）注重植物发育期与非生物环境因素如光周期、平均温度、积温、水分和积雪等之间的关系；（2）注重植物物候的遗传基础和自然过程[46]。

为了定量研究气候变化对植物生长的影响，有必要开发各种物候模型用来描述气候驱动与植物物候响应之间的因果关系。物候模型或物候—气候模型是相当经验性的，它们的建立要求对长期观测资料进行统计分析，在一些文献刊物中，有大量的模型描述物种物候对温度的响应，模型方法有各种统计分析模型[47]、机理模型[48]，这种模型通常仅仅基于温度的影响，或考虑温度与光周期或其他光因子的综合影响[49,50]；有关水分与物候之间相互关系的研究就相应很少。通用模型通常是精确描述资料的统计模型，然而作为统计模型，并不能描述气候与物种之间的机理关系，它们估算将来气候变化的潜力是有限的[12]。

Snyder[51]认为热量通常被用来预测植物物候发育速率，发育速率作为空气温度的函数，随温度的增加接近与线性增加，热量如度-小时、度-天被用于定量计算物候发育速度。植物发育预报通常是用度-日方法进行，如适当的界限温度和基本温度的选择，以及累积温度起始时间的准确选择等，有计算温度曲线的积分法、三角形方法、正弦波方法等[52,53]。另外，模型的改进可以是用度-日方法计算加入上限温度或加入影响物候的其他环境因子如水分、光量和光质[54,55]。模拟物候期最古老最广泛使用的是积温方法，累积某一界限温度以上平均温度被做为独立变量，如树木发芽，瞬时温度被认为直接同发芽速率有关，而积温代表芽的发育状态，按传统的积温方法，芽的发育速率假设同温度是线性关系，然而已经提出了不同的响应函数[56]，在动力发芽模型中，这种响应有时代替温度的线性函数[49]。Sparks[9]表明开花期对温度的响应被认为是接近线性关系。在 Marsham 物候资料的分析中曲线关系是很明显的[1]。Ahas[57]利用爱沙尼亚1948～1996年3个气象站24个物候期编辑了物候历，并分析了气候变化上下2℃变化后物候的可能变化，用线性统计分析显示春季和夏季物候提前，而秋季推迟。Leinonen[56]评论了不同的动力物候模型方法，并利用一个基于过程的森林生态系统模型估算了光合作用持续时间对北方针叶林净初始生产力和总初始生产力的重要性，模型预测到由于气候变暖导致了光合作用持续时间的延长。

局地尺度上物候模型的近期进展是充分地改进区域物候模型，自从20世纪80年代，几种物候模型已经被改进[58,59]，这些基于过程的模型，它们的假设是基于物候对各种环境变量响应的实验结果，即使它们是在局部地区拟合的，但允许大尺度的预测。物候模型的尺度能力从来没有被预测过，是因为无论在内部条件[48,60]还是在外部条件下拟合总是不精确，通过模型拟合方法和模型统计假设的改进[59,61]，模型的有效性已得到改进。Chuine[62]利用19世纪末美国俄亥俄州物候资料以及20世纪 Ontario、Quebec 与 Maryland 空中花粉资料进行了研究，结果显示特殊物种物候模型尽管是在局部地区拟合的，但也能预报区域性物候，植物 *Ulmus americana* 的开花时间每年提前0.2d，此模型能预测与气候变化有关的物候趋势。

从个体树种物候到区域生态系统物候的移植，首先要求估算在局部尺度开发的物种物候模型在区域尺度上的有效性。在个体生物尺度上已经初步得到研究，但是目前必须外推到气候模型的区域尺度和全球尺度，遥感资料已经起了重要的作用，如冠层覆盖度标准差植被指数（NDVI）[63]、叶面积指数[64]和生产力等资料，某些研究已经用 NDVI 资料来估算区域物候[65]，以及开发区域尺度的物候模型。遥感技术的发展通过产生同生物圈有关的精确而广泛的资料库，也对物候的发展规律做出了贡献[66]。White 等[42]提出了一个基于温度和积温的落叶阔叶林生长物候回归模型，从个体树木物候到区域生态系统物候的过渡，首先要求估算局地尺度物种物候模型在区域尺度上的有效性，NDIV 资料提供了植被物候，空中花粉资料提供的是生产力物候，进一步说，NDVI 提供了整个生态系统的响应而没有考虑遗传特征，空中花粉资料提供了遗传因素对气候的响应，虽然物候不能被用在初始生产力模型中，但它能有效地反映全球气候变化对植被的影响[67]。

随着全球变化和气候年际变化发生，物候资料被认为是生物圈响应精确模型必要的输入项[10,18]。描述由气候季节性驱动影响树木物候的机理模型将得到开发和试验，仅仅用这种模型可以就气候变化对森林生态系统功能和生产力影响做出评估[33,68]。Kramer[23]利用模型预测到温度升高 1℃植物 *Fagus sylvatica* 展叶将提前 3.6d。Kramer 等[69]综述了与北方针叶林、温带落叶林和地中海针叶林森林生态系统有关的物候模型，将这些物候模型耦合到基于过程的估算不同气候变化对生长影响的森林模型中，结果显示各类森林物候都大大影响到一定气候变化下的生长发育，然而这些物候模型、生长模型、参数变量的获得等方面都有很多不确定性。预报野生植物开花期对人类活动特别是对农事活动都是有用的，Cenci 等[70]根据意大利中部（Guidonia）1960～1982 年 500 个物种开花期原始资料，建立了 57 个野生物种开花期预报 3 个物候—气候模型。

森林树木发芽、落叶、光合作用开始和结束时间等物候期和生长季都对北方森林年光合生产力有很大影响[16]，随着全球温度的升高，物候变化可能是影响将来北方森林碳储存潜力最重要的因子之一，春季温度强烈影响发芽期或光合作用，在北方森林生态系统模型中，树木物候是最重要的过程之一，春季温度是影响树木发芽时间最重要的因子之一，建立发芽期与气象因子（如月平均气温）的经验模型[47]，但需要精确的气象资料如日平均温度、最低和最高温度等。动力模型方法给出更精确的预测，发芽动力模型主要基于春季发芽率依赖于气温这个事实，这个模型通常包含一个确定的界限温度，低于这个界限温度发育速度为零，而高于这个界限温度就假设有一个定量的温度响应（线性或非线性的）[16]。

5 结语

目前全球特别是欧美国家关于植物响应气候变化的研究已经取得了很大进展，我国物候研究也取得了一定的成果，但下列诸方面的研究尚有待加强：

（1）应该加强我国物候期出现时间、物候期同生物因子和非生物因子的关系以及同一物种及不同物种之间物候的相关关系的研究。气候变化将引起物种物候的变化，这将导致物种之间生产和竞争的改变以及物种之间相互作用的变化，这也应该是研究的重点。

（2）尽管我国拥有大量的长期物候观测资料，但是监测评估和预测气候引起物候变化方面的研究很少，有待进一步加强。在我国有价值的历史物候资料没有被充分利用，并由于目前资料拥有者不知道用它做什么或没有资金来对资料作数字化处理而面临资料的浪费和毁坏。

（3）在我国区域和国家物候监测网之间几乎没有或仅有有限的合作和交流，缺少资料综合的途径；不同学科之间和学科内部（如生态、农业和人类健康等），对物候的监测、资料储存、资料分析和研究结果等方面缺少交流和有效的利用；没有看到物候资料潜在有效性，必须促进物候资料在我国乃至全球气候变化研究方面的实际应用。应该利用已有的长期物候观测资料提出有关生态、农业和人类健康方面的科学决策。

（4）气候变化对生态系统、农业和人类健康的影响，在全球、中国、区域等各个尺度，同环境和社会经济政策有密切联系。为了有效监测、评估和预测气候引起的物候变化及其影响，必须加强国际间的合作，有效利用来自不同国家的物候资料。报纸和电视等新闻媒介应当关注物候的变化，物候监测的信息和研究结果应该通过网络来介绍，并要开发面向学校的教育资料。

参考文献

［1］Sparks T H, Carey P D. The responses of species to climate over two centuries: an analysis of the Marsham phenologieal record, 1736~1947. Journal of Ecology, 1995, 83: 321 – 329.

［2］Zhang F C. Phenology. Beijing: Meteorology Press, 1985.

［3］Menzel A, Fabian P. Growing season extended in Europe. Nature, 1999, 397: 659.

［4］Fang X Q, Yu W H. A review of phenology responses to global climate warming. Geography Science Advance, 2002, 17: 714 – 717.

［5］Rötzer T, Wittenzeller M, Haeckel H, et al. Phenology in central Europe-differences and trends of spring phenophases in urban and rural areas. International Journal of Biometeorology, 2000, 44: 60 – 66.

［6］Walkovszky A. Changes in phenology of the locust tree (*Robinia pseudoacacia*) in Hungary. International Journal of Biometeorology, 1998, 41: 155 – 160.

［7］Ahas R. Long-term phyto-, ornitho-and ichthyophenological time-series analyses in Estonia. International Journal of Biometeorology, 1999, 44: 119 – 123.

［8］Van Vliet A J H, Schwartz M D. Editorial: Phenology and Climate: The timing of life cycle events as indicators of climatic variability and change. International Journal of Climatology, 2002, 22: 1713 – 1714.

［9］Sparks T H, Jeffree E P, Jefree C E. An examination of the relationship between flowering times and temperature at the national scale using long-term phenological records from the UK. International Journal of Biometeorology. 2000, 4 : 82 – 87.

［10］Schwartz M D. Green-wave phenology. Nature, 1998, 394: 839 – 840.

［11］Penuelas J, FilellaI. Phenology: responses to awrming world. Science, 2001, 294: 793 – 795.

［12］Spano D, Cesaraccio C, Duce P, et al. Phenological stages of natural species and their use as climate indicators. International Journal of Biometeorology, 1999, 42: 124 – 133.

［13］Fitter A H, Fitter R S R. Rapid changes in flowering time in British plants. Science, 2002, 296: 1687 – 1691.

［14］Chmielewski F-M, R? tzer T. Response of tree phenology to climate change across Europe. Agriculture and Forest Meteorology, 2001, 108: 101 – 112.

［15］Schwartz M D. Advancing to full bloom: planning phenological research for the 21st century. International Journal of Biometeorolog. 1999, 42: 113 – 118.

［16］Myneni R B, Keeling C D, Tucker C J, et al. Increased plant growth in the northern high latitudes from 1981 to 1991. Nature, 1997, 386: 698 – 702.

［17］Schwartz M D. Monitoring global change with phceology: the case of the spring green wave. International Journal of Biometeorology, 1994, 38: 18 – 22.

［18］Van Vliet A J H, dc Croot R S, Bellens Y, et al. The European phenology Network. International Journal of Biometeorology, 2003, 47: 202 – 212.

［19］Crick H Q P, Sparks T H. Climatie change related to egg-laying trends. Nature, 1999, 399:

423 – 424.

[20] Post E, Stenseth NC. Climatie variability, plant phonology, and northern ungulates. Ecology, 1999, 80: 1322 – 1339.

[21] Roy D B, Sparks T H. Phenology of British butterflies and climate change. Global change Biology, 2000, 6: 407 – 416.

[22] Walther G R, Post E, Convey P. Ecological responses to recent climate changes. Nature, 2002, 416: 389 – 395.

[23] Jiang YD, Ye D Z, Dong W J. Regional climate change from the point of view of seasona lity in China. Climate Change Communication, 2004, 3 (2): 8 – 9.

[24] Xu YQ, Lu P L, Yu Q. Response of tree phenology to climate change forrecent 50 years in Beijing. Geogriphical Research, 2005, 24 (3): 412 – 420.

[25] Zheng J Y, Guo Q S, Hao ZX. The effect of climate change on plant phenology in late 50 year in China. Science Bulletin, 2002, 47 (20): 1582 – 1587.

[26] Zneng J Y Guo Q S. Zhao H X. The response of plant phenology to climate change in late 50 year in China. China Agriculture Meteorology, 2003, 24 (11): 28 – 32.

[27] Wielgolaski, F. E Klaveness. D. Norwegian plant phenology, a brief review of historical data, and comparison of some mean first flowering dates (mFFD) for this and last century. International Journal of Biometeorology. 1997, 14: 208 – 213.

[28] Defila C, Clot B. Phytophenological trends in Switzerland. International Journal of Biometeorology, 2001, 45: 203 – 207.

[29] Menzel A, Estrella N, Fabian P. Spatial and temporal variability of the phenological seasoning Germany from 1951 – 1996. Global Change Biology, 2001, 7: 657 – 666.

[30] Menzel A. Plant phenological anomalies in Germany and their relation to air temperature and NAO. Climatic changed, 2003, 57: 243 – 263.

[31] Fitter A H, Fitter R S R, Hami I T B. *et al.* Relationships between first flowering date and temperature in the flora of a locality in central England. Function Ecology. 1995, 9, 55 – 60.

[32] Ahas R, Aasa A, Menzel A, no. Changes in European spring phenology. International Journal of Climatology, 2002, 22: 1727 – 1738.

[33] Kramer K, Friend A D, Leinonen I. Modelling comparison to evaluate the importance of phenology for the effects of climate change in growth of mixed temperature-zone deciduous forests. Climate Research, 1996, 7: 31 – 41.

[34] White M Z, Running S W, Thornton P E. The impact of growing season length variability on carbon assimilation and evapotranspiration over 88 years in the eastern US deciduous forest. International Journal of Biometeorology, 1999, 42: 139 – 145.

[35] Beaubien E g. Frecland H J. Spring phenology trends in Alberta, Canada: links to ocean temperature. International Journal of Biometeorology, 2000, 44: 53 – 59.

[36] Schwartz M D, Reiter B. E. Changes in North American spring International Journal of climatology, 2000, 20: 929 – 932.

[37] Kaduk J, Heimann M A. Prognostic phenology scheme for global terrestrial carbon cycle models. Climate Research, 1996, 6: 1 – 9.

[38] Keeling C D, Chin J F S. Whorf T P. Increased activity of northern vegetation inferred from atmospheric CO_2 measurements. *Nature*, 1996, 382: 146 – 149.

[39] Chen X. The relationship of trees phenology growth season and temperature growth seasons: an example

of Taunus mountains in the middle of German. Acta Meteorology Sinica, 2000, 58: 721 – 737.

[40] Chen X, Tan Z, Schwartz M D, *et al* Determining the growing season of land vegetation on the basis of plant phenology and satellite data in Northern China. International Journal of Biometeorology, 2000, 44: 97 – 101.

[41] Menzel A. Trends in phenologlcal phases in Europe between 1951 and 1996, International Journal of Biometeorology, 2000, 44: 76 – 81.

[42] White M A, Thornton P E, Running S W. A continental phenology model for monitoring vegetation responses to interannual climatic variability. Global Biogeochemistry Cycles, 1997, 11: 217 – 234.

[43] Running SW, Nemani R R. Regional hydrolic and carbon balance response of forests resulting from potential change. Climatic Change, 1991, 19: 349 – 368.

[44] Goetz S J, Prince S D. Remote sensing of net primary production in boreal forest stands. Agricultural and Forest Meteorology, 1996, 78: 149 – 179.

[45] Sellers P J, Bounoua L, Collatz GJ. Compari of radiative and physiological effects of doubled atmospheric CO_2 on climate. Science, 1996, 271: 1402 – 1406.

[46] Pric M V, Waser N M. Effects of experimental warming on plant reproductive phenology in a subalpine meadow. Ecology, 1998, 79 (4): 1261 – 1271.

[47] Maak K, Storch H Von. Statistical downscaling of monthly mean air temperature to the beginning of flowering of *Galanthus nivalis* L. in Northern Germany. International Journal of Biometeorology, 1997, 41: 5 – 12.

[48] Kramer k. Selecting a model to predict the onset of growth of Fegus Sylvaa. Journal of Applied Ecology, 1994, 31: 172 – 181.

[49] Häkkinen R, Linkosalo T, Hari P. Effect of dormancy and environmental factors on timing of bud burst in Betula pendulum. Tree Physiol. 1998, 18: 707 – 712.

[50] Lemos Filho J P de, Villa Nova N A, Pinto H S. A model including photoperiod in degree days for estimating *Hevea* bud growth. International Journal of Biometeorology, 1997, 41: 1 – 4.

[51] Snydcr R L, Spano D. Determining degree-day thresholds from field observations, International Journal of Biometeorology, 1999, 42: 177 – 182.

[52] DeGaetano A, Knapp W W. Standardization of weekly growing degree-day accumulations based on differences in temperature observation and method. Agricultural and Forest Meteorology, 1993, 66: 1 – 19.

[53] Yin X, Kropff M J, McLaren G. Visperas RM. A nonlinear model for crop development as a function of temperature. Agricultural and Forest Meteorology, 1995. 77: 1 – 16.

[54] Caprio J M. Flowering dates and potential evapotranspiration and water use efficiency of *Syringa vulgaris* L. at different elevations in the western United States of America. Agricultural and Forest Meteorology, 1993, 63: 55 – 71.

[55] Wilhclm W W, McMastcr G S. The importance of the phyllocron in studying the development of grasses. Crop Science, 1995, 35: 1 – 3.

[56] Leinonen I, Kramer K. Application of phenological models to predict the future carbon sequestration potential of boreal forests. Climatic Change, 2002, 5: 99 – 113.

[57] Ahas R, Jaagus J, Aasa A. The phenological calendar of Estonia and its correlation with mean air temperature. International Journal of Biemcteorology, 2000, 44: 159 – 166.

[58] Hunter A F, Lechowicz M J. Predicting the time of budburst in temperature trees. Journal of Applied Ecology, 1992, 29: 597 – 604.

[59] Chuine I, Cour P, Rousseau D D. Selecting models to predict the timing of flowering of temperate trees: implications for tree phenology modeling. Plant, Cell and Environment, 1999, 22: 1 – 13.

[60] Kramer K. A modeling analysis of the effects of climatic warming on the probability of spring frost damage

to tree species in The Netherlands and Germany Plant, cell and Environment, 1994, 17: 367 – 378.

[61] Chuine I, Cour P, Rousseau D D. Fitting models predicting dates of flowering temperature-zone trees using simulated annealing Plant, Cell and Environment. 1998, 21: 455 – 466.

[62] Chuine I, Cambon G, Comtois P. Scaling phenology from the local to the regional level: advances from species-specific phenological modals. Global Change Biology, 2000, 6: 943 – 952.

[63] Yoder B J, Waring R H. The Normalized difference vegetation index of small Douglas-fir canopies with varying chlorophyll concentrations Remote Sensing of Environment, 1994, 49: 81 – 91.

[64] Spanner M A, Pierce L L, Running S W, et al. The seasonality of AVHRR data of temperature coniferous forests: relationships with leaf area index. Remote Sensing of Environment, 1990, 33: 97 – 112.

[65] Moulin S, Kergoat L, Viovy N, et al. Global scale assessment of vegatation pheology using NOAA/AVHRR satellite measurements. Journal of Climate, 1997, 10: 1154 – 1170.

[66] Liideke M B K, Ramgo P H, Kohlmiacr G H. The use of satellite NDVI data for the validation of global vegatation phenology models. Ecological Modeling, 1996, 91: 255 – 270.

[67] Osborne C P, Chuine I, Viner D, el al. Olive phenology as a sensitive indicator of future climatic warming in the Mediterranean. Plant, Cell and Environment, 2000, 23: 701 – 710.

[68] Kramer K. Modelling comparison to evaluate the importance of phenology for the effects of climate change on growth of temperature-zone deciduous trees. climate Research, 1995, 5: 119 – 130.

[69] Kramer K, Leinonen I, Loustau D. The importance of phenology for the evaluation of impact of climate change on growth of boreal, temperate and Mediterranean forests ecosystems: an overview. International Journal of Biometeorology, 2000, 44: 67 – 75.

[70] Cenci C A, Ceschia M. Forecasting of the flowering time for wild species observed at Guidonia, central Italy. International Journal of Biometeorology, 2000, 44: 88 – 96.

再论现代林学、森林与林业*

——对北京林业发展之初议

贺庆棠　　　　　　　　　颜　帅

（北京林业大学资源与环境学院）（北京林业大学期刊编辑部）

近两个多世纪以来，对林学、森林和林业的认识发生了很大的变化。无论从深度和广度上都有许多新的发展。2000 年初笔者曾发表《现代林学、森林与林业》一文[1~2]。随着时间的变化，这方面内容又有新的扩展，感到有必要"再论"，作适当补充及完善，以正确反映现实。同时正确认识现代林学、森林与林业，对中国林业特别是北京林业发展有着重要意义。

1　再论现代林学、森林与林业

1.1　现代林学

　　回顾林学的发展史，从原始社会到农业社会（包括奴隶社会、封建社会），森林虽然是人类生活的摇篮、生存的资源，同时也是被不断破坏的对象。特别是农业的发展更是从毁灭森林、刀耕火种、毁林开荒开始的。19 世纪西方工业革命开始后，砍伐森林达到了前所未有的数量和速度。林学作为一门学科当时正是以采伐利用木材为研究对象，逐步发展起来的。林学以开发利用森林为中心，以满足工业化不断发展的需要。随着工业化进程，森林大量被砍伐，早期工业化国家出现了木材枯竭现象，由此开始认识到必须从事营林及如何保持森林的再生与永续利用问题，林学也随之逐步转到以营林及森林永续利用为中心上来。这要首推德国，他们适时提出并推行了"法政林"的永续经营利用模式。20 世纪中期以来，地球环境问题成了人类生存利发展越来越突出的问题，引起了各国的普遍关注。不合理的人类活动，造成了地球大气、水、土壤等严重污染，特别是乱砍滥伐所带来的水土流失、土地荒漠化、水源破坏、各种自然灾害频繁发生，人类遭受到大自然的"报复"，迫使人们逐步认识到森林对维护地球生态平衡、改善环境起着不可替代的巨大作用，从而使林学以营林和永续利用为中心，发展到全面发挥森林的环境功能为中心和重点的环境林学阶段。但是，地球上的森林不仅具有巨大的生态效益，而且是"绿色金子"，也是一笔巨大的财富，是不可忽视的。森林既是公益事业，也是一个重要的产业。它具有生态、经济、社会、文化、保健、医疗、旅游休闲、运动和娱乐以及科研等多种功能和多种效益。只利用森林的生态效益和功能，忽视其他多功能、多种效益的认识显然是片面的。因此到 21 世纪初，人们对森林的认识又有了进一步深化。林学由以发挥森林的环境功能

---

　　*　北京林业大学学报（社科版），2007. 3. 第 1 期。收稿日期：2006 - 11 - 24。

　　第一作者：贺庆棠，博士，教授。主要研究方向：林学。地址：100083 北京林业大学。

为中心的环境林学阶段，发展到全面发挥森林生态系统的多种功能和多种效益的现代林学阶段。我们不能"只见木材，不重生态"，也不能"只重生态，忽视产业及其他多功能多效益"；要充分合理利用森林生态系统这种宝贵资源为人民谋福利，并做到可持续发展、永续利用。

这样，我们把现代林学定义为：是以森林生态系统的营建、恢复、改造、经营管理和合理利用为研究对象和研究内容，以全面发挥森林生态系统的经济、生态、社会、文化、医疗保健、旅游休闲、运动和娱乐以及科研等多种功能和多种效益为目的，并做到森林可持续发展、永续利用的学科。

1.2 森林

从历史上看，对森林的认识也经历了漫长的过程。人们认识森林是从"只见树木，不见森林"开始，只知它可用作薪材、家具、房屋、农具等，随后又逐渐认识到树木群体还有防风、保持水土等多种作用，认识到森林与孤立木与树木群体有着质的不同——它具有生态、经济和社会多种功能。至 20 世纪 40 ~ 50 年代，人们对森林的认识更进了一步，认识到森林是一个更复杂的"生物地理群落"，也就是一个复杂的生态系统。在陆地生态系统中，森林占有 30% 左右的面积，是陆地生态系统的主体。在陆地上森林分布广泛，有占地球60% 以上巨大的生物量；森林结构复杂，生物多样性丰富，50% 以上生物物种生活在森林中；森林有多种效益和多种功能，与人类生存发展有密不可分的关系，成为人类共同关注的焦点之一。人们对森林的认识已从单纯的利用木材，发展到全面发挥其多功能和多效益，已从单株树木发展为系统全面的森林观。森林不是仅有单株树和树木群体，而是一个复杂的森林生态系统。用系统观来认识森林，这就是现代森林观[3~6]。多功能经营管理和开发利用森林已成为全球共同发展趋势[7]。

1.3 森林对环境的影响

19 世纪中叶工业革命在欧洲兴起后，大量木材用于工业生产，加速了对森林的砍伐和破坏。大面积森林被砍伐后，造成严重水土流失和地方气候恶化，促使几乎整个欧洲对研究森林的环境影响和永续经营森林的迫切需求，人们十分关心有林地变为无林地后，可能引起的环境变化。如德国、瑞士、法国、捷克、奥地利等国的一些气候工作者开始了森林影响气候和环境的研究工作，先后在林内外建立对比观测站，得到一些成果后出版了专著。德国著名气候和小气候学家 R. 盖格尔（Geiger）把森林对环境的良好影响称为福利作用，由此使人们开始认识到森林对地方气候和环境有着良好影响。20 世纪 50 年代以来，地球环境问题成了突出的问题，许多学者和专家从研究森林对地方及局部影响，转向深入研究森林对大范围包括国家、洲及全球环境影响而且出了一批成果，证明了森林对调节大气二氧化碳、氧气、水分和热量的局部、地方、国家以至全球的循环都有一定影响。森林既是地球二氧化碳之源，也是二氧化碳之汇，对当今气候变暖能起到一定遏制作用。森林是大气中氧气的生产者之一；森林通过影响陆地蒸发、径流等水分循环因子，从而起到调节地方及全球水分循环，起到一定涵养水源、保持水土、增加河川径流历时、减少洪枯比、减少水旱灾害等作用；森林能减小地球反射率，增加太阳能的吸收，改变地球热量平衡，调节地球及大气温度。没有森林，地球气候会变得极端。森林还能增加地表粗糙度，影响地表气流的流动方向及速度。所有这些使人们认识到森林对地球及其环境有着不可忽视的极其重要的作用。森林是人类不可缺少的资源，又是人类重要生存环境，同时它在改善地球环境，维持地球生态平衡中有着特殊重要作用。

近些年的研究表明：热带森林对地球环境影响十分重要。热带森林面积在地球所占比例比较大，生物量和蓄积量多，生物物种极其丰富，热带林结构复杂层次多，同时也处于地球上水热资源最丰富的地方。这里大气环流规模最大，影响到南北两个半球的环流及水热交换。热带森林的影响可随大气环流而波及南北半球。因此，人们把它比喻为地球之"胸"，起着地球"心脏"和"肺"的作用，可见其对地球水、热状况之影响。所以研究森林对全球影响，人们特别重视热带森林。

1.4 林业

随着对森林环境影响认识的深化和现代林学的不断发展，林业也由大木头挂帅，单纯采伐业，发展为全面发挥森林多功能、多效益的多种产业的复合产业及公益事业，以实现森林的永续利用和林业可持续发展。现代林业已经正在淡化或改变分林种营建和经营森林，而是按森林生态系统多功能、多效益来营建和经营森林。美国弗兰克林提出的"新林业"和德国推行的"接近自然的林业"都强调改变营林工作过分分林种营建森林。他们认为只有提倡营建形成稳定的发挥多功能、多效益的森林，才能使林业可持续发展[7]。在许多国家虽然分林种营林如用材林或工业人工林、防护林、商品林等较快地解决了用材之需或某一单一功能作用的发挥，但这些森林往往是单一树种，引起地力衰退、病虫害严重等问题接踵而来，不能形成稳定而持续发展的森林和林业，被人们称为"绿色沙漠"。林业在森林经营管理方面，已经由长期经营管理森林中乔木为主，以生产优质木材为核心，转向了以充分发挥森林多功能、多效益的森林生态系统的经营管理[7,8]。对森林的利用也由单一树干利用发展为全树利用，现在已开始转向全林全方位利用发展，混农林业、混药林业、林果结合、林茶结合等复合林业已经在大发展。在林业上无论是营林、森林经营还是森林利用，不仅全面采用现代经营管理，而且用了大量现代技术，其中高新技术也开始在林业上应用[5,9]。

2 对北京林业发展之初议

新中国成立后北京林业如我国林业一样有着巨大的发展和变化，取得了十分惊人的成绩，在这里不再叙述。对于未来北京林业的发展，有些不成熟看法，提出来供参考。

2.1 北京林业定位问题

北京市辖区范围广大，城区有 4 个，近郊区有 4 个，远郊区县有 10 个，共 18 个区县。地形从西南经西和北部至东北为燕山山脉包围，华北平原的北端是城市的城区、近郊区和部分远郊区，山地面积占北京总面积的 60%。北京有山、有水、有平原、有水库，水库有密云水库、怀柔水库、十三陵水库、官厅水库以及潮白河、永定河等多条河流和它们的支流；人工开凿的有京密引水渠以及人工挖凿成的昆明湖；还有湿地。北京的范围广、地形复杂，各种地类都有。因此，在这块土地上发展林业，绝不能单向定位，笼统地提发展生态林业是片面的。应该是"宜树则树、宜花则花、宜草则草、宜灌则灌、宜经济林则经济林、宜水源涵养林则水源林、宜用材林则用材林、宜水保林则水保林、宜风景林则风景林"。各种林草花木都要因地制宜，适于种什么就种什么，不能人为错位，我们再也不能干吃力不讨好、不科学的事了。这个教训一定要深刻地吸取。根据前面的论述，我们认为在北京，地域如此广大、地理环境如此复杂多样的地方，全市林业定位应为多功能林业。至于北京各个辖区的定位，在多功能林业的总体目标下，也可按地类和各自特点来确定以某种功能的发挥为主，也要兼顾多功能，以充分发挥森林的多功能、多效益，以充分利用土地生产率，提高林业产量、质量和效益。

2.2 北京林业和园林的布局问题

在城区林业和园林建设上，应让森林走入城市，让城市融入森林，让自然回归城市。要充分发挥城市林业与园林的效用，保持大气中二氧化碳与氧气的平衡，减少二氧化碳在城市中的积累量，缓解温室效应及其引起的城市热岛效应（重点解决好北京6个强热中心、5个次热中心），吸收固定北京城中有害有毒物质，减轻城市噪声及电磁辐射污染，净化空气和土壤。要使城市林业与同林有机结合，体现城市绿岛包括公园、楼旁、屋旁绿点与街道及交通线成绿线，以及城边绿带，城郊森林的完整林网与风景林景观体系。构建以各种功能的林木和树种为主体，森林与各种植被有机结合，以花草林木构筑景观多样性、生态系统多样性和生物物种多样性，形成城市公园及园林绿地、道路、河流成林网，近郊、远郊森林公园及自然保护区和风景林，多功能林协调配置的城市森林与公园的网络体系。

在城乡结合部的北京平原区，除了合理构建以防风固沙为土的几道围城森林与五河十路工程及林网外，主要按农林复合系统网络来构建农业、林业与园林。以区县及乡镇所在地及居民区为点，构建花园式城镇居民及风景林、果木林等。农林复合系统中的森林不仅要起到保护农田、提高农田产量和质量的作用，而且要把建在这些宝贵肥沃农地上的各种森林，包括防护林、经济林、果木林等做到高产优质，产生多种效益。那种认为农林复合系统中林业仅是防卫者，不是财富，也不经营的认识是不对的。对于围城森林及五河十路工程，也要突出多功能高效益。

北京的山区包括近山区及远山区。近山区应以经济林、花卉、各种药材及野菜为主。而远山区则把重点放在培育用材林、水源涵养林及多用途林业（包括旅游休闲林、水土保持林等），做到一林多用，多功能多种效益，克服单打一的旧林业思想。通州永乐镇营造万亩生态林，生态环境变好了，但农民生活来源缺少了，这就是单打一带来的结果。北京山区是较贫困的地区，所谓"希望在山，致富在林"，只要我们以多功能多效益为指导思想，发展林业，开发森林生态系统，从地下到地上全方位地利用，"钱途无量"，将为山区人民脱贫致富走山富裕之路。

2.3 北京森林质量问题

我国森林资源质量差、生态功能低下是林业面临的突出问题，北京也是如此。新中国成立后我国也包括北京营造了大面积人工林，虽然先绿起来了，这也是林业上的必须选择和无法绕行阶段，是应充分肯定的，是对世界一大贡献。但是人工林带来一系列需要解决的问题。人工林质量低、不稳定，我国90%人工林为纯林，生物多样性低，不能形成完整健康的食物链，生态脆弱，易生病虫害及被外来物种侵入，保持水土力差，涵养水源仅为天然林1/10。我国人工林面积已达5000多万公顷，是新西兰、印度尼西亚、巴西三国森林的1.65倍，但年产量仅及上述三国的15%～20%，木材产量仅达三国的17%。因此，适当改造、修复和经营已有的人工林使其稳定、优质、高产是迫切任务。北京应在这方面带头，把已有林经营管理好。

要使北京林业走出低水平重复低质量的状况，要充分认识森林和绿地面积和覆盖率的增长是量的增长，森林的稳定、优质、高产和多功能多效益的最大发挥是质的飞跃，二者紧密结合，才能造就繁荣发达、造福人类的林业。

北京发展林业和园林的目标应是多功能、多效益、网络化、精细化、稳定、高产、优质、高效、多彩林业和园林业。要实现这一目标，一是改造管理好现有人工林，同时保护和经营管理好已存的极少天然林和大面积次生原有林；要大力恢复退化的森林生态系统。封山育林是利用自然力恢复生态系统最好的办法，既省工又省钱，又能较好利用地力避免人工造林带来的弊端。长期以来人们忽视大自然这种自然修复力，做了很多吃力不讨好的事。在干旱缺水地方栽杨树，形成成片"小老头林"就是例子。在光热水土条件适宜地方，应通过封林保护、禁伐、禁渔、禁牧，排除人为干扰，用自然力完成树木和杂草花木自我更新演替。而对一些自然条件差、不能恢复森林或本来就不长树的地方，应着眼于育灌育草，顺其自然，因地制宜，不可强求一律。在某些地方天然林封育无法恢复或很难恢复的地方，可以"宜乔则乔，宜灌则灌，宜草则草"，顺其自然，模仿自然，发展接近自然的林业。接近自然的林业既不是天然林也不是传统意义上的人工林，而是一种模拟本地原生的森林群落中的树种成分和林分结构、人工重组的森林生态系统，这比营造针阔混交与多树种混交人工林更接近自然的本原。接近自然的林业将在退耕还林及北京防护林、风景林和多功能林等的建设中发挥很好作用。须知大自然的自我修复力所形成的自然美是不可能人工全面再造的。生物多样性、生态系统和食物链人类是难以全面"克隆"和再造的。

2.4 北京林业多功能再造问题

（1）处理好人与自然的关系。要充分发挥自然力的作用为人类服务。人力是有限的，而自然力是伟大的，"人力胜天"并不科学，因此我们主张在宜林的地方利用自然力天然下种、封山育林、退耕还林，或靠自然力为主搞接近自然的林业，这样形成的生态系统优于人工林生态系统。

（2）营建多功能森林。森林本身就是具有多功能多效益，对它就应该多功能经营，不可过分严格划分林种。尽管人们会根据其经营和利用目的不同，而突出森林的某种功能，如防护林以发挥防护功能为主，但防护林也可根据其处于光热水土的不同条件同时作为木材利用收获，也可培植经济林木及作饲料林与薪炭林，还可农林牧结合，有多种用途这样比单打一的经营不仅效率高，同时还可收到多方面效益。把森林的多功能视为其本性，全力开发再造，就可大大提高林业生态、经济、社会等多种效益，做到一举多得、一林多用，成为多功能林业为主。

（3）森林的功能多少大小决定于其结构，结构决定功能，功能决定质量，更决定森林经营。在北京兴林造园工作中，要根据当地水热土等条件安排适合的结构，做到天然与人工结合，天然为主，多树种结合，以乡土树种为主；乔灌草花结合，以乔木为主，用材林、风景林、防护林（包括水土保持林、防沙林、水源涵养林）、经济林等多林种结合，以生态多功能林业为主。

总之，北京林业和园林发展要以多功能经营为指导，全面发挥森林的多种效益，使林业和园林走上稳定、优质、高产、高效、精细和可持续发展之路，使北京城乡大地山川更加秀美，实现大地园林化。

参考文献

[1] He Q T. Modern forest science, forest and forestry. Forestry Studies in China, 2000, 2（1）：24 – 27.

[2] 贺庆棠. 现代林学、森林与林业. 中南林学院学报, 2001, 21（1）：14 – 16.

[3] 贺庆棠. 森林环境学. 北京：高等教育出版社，2001. 144 – 200.

[4] 贺庆棠. 中国森林气象学. 北京：中国林业出版社. 1996. 50 – 130.

[5] 贺庆棠. 林业气象学的研究与进展//中国林学会林业气象专业委员会主编. 中国林业气象文集 [C]. 北京：中国林业出版社，1989. 1 – 6.

[6] 贺庆棠. 气象学. 北京：中国林业出版社，1996. 40 – 100.

[7] 施昆山. 当代世界林业. 北京：中国林业出版社，2002. 185 – 193

[8] 罗菊春. 抚育改造是森林生态系统经营的关键性措施. 北京林业大学学报，2006，28（1）：112 – 124.

[9] He Q T. Wasser Blanz und pflanzenproduktion in China. Deutechland Universitat Munchen，1986，7：63 – 80.

Modern Forestry Science, Forest and Forestry

He Qingtang

(Beijing Forestry University)

In recent two centuries, the ideas on forestry science, forest and forestry have been greatly changed. Much progress on them has been made from the depth and the width. Experiencing the traditional forestry stage, forestry science shifts to modern forestry, which becomes a new subject with the establishment, management and use of forest ecosystem as the research subject, the realization of ecological benefits as the core and the exertion of integrated and multiple benefits of forest ecosystem as the objective. People's understanding on forest has changed from individual tree, to trees community to forest ecosystem. Due to the deep changes of ideas on forestry and forest, the ideas on forestry science shifted from the wood production as the core to the realization of ecological benefits of forest ecosystem as the emphasis, exertion of multi-benefits of forest as the guideline and goal for sustainable forestry development.

Forest was either the cradle of human survival or the destroyed object from primary society to agricultural society including slave society and feudal society. The agricultural development, especially, started from slash-and-burn cultivation. After western industrial revolution in 19th century, the quantity and speed of cutting forest had been extremely high. At that time, forest science took the forest harvesting and use as the research object and core for meeting the requirements of industrialization. Plenty of forest was cut with the industrialization development; therefore, timber exhaustion appeared in some countries where the industrialization process began earlier. Gradually, people realized that silviculture activities were necessary. Accordingly, forest science shifted to silviculture and sustainable use. Germany took the first in this aspect, and they put forward "normal forest" as the model for sustainable forest use. Since the middle of this century, environment has become the obvious issue for human survival and development and been more and more concerned. Some irrational human activities such as indiscriminate logging resulted in soil and water erosion, water source destruction and frequent natural disasters, and people suffered from the revenge of nature. Deep lessons forced people to understand that forest plays an indispensable role in maintaining ecological balance and improving ecological environment. Forest science also changed its core to plantation and sustainable use from forest harvest and use. It currently becomes modern forestry, which covers bringing the ecological, social and economic benefits into play completely with the environment benefits as the core. It is called as environmental forest stage. In a word, modern forestry is the subject with the establishment, management and use of forest as the research subject, the implement of ecological benefits of forest ecosystem as the core, and the use of its multiple benefits as the objective.

The ideas on forest experienced a long process historically. At first, people took the forest as individual trees which can be used for tools, fuel and building houses. Then they realized that tree community has not only economic use but windbreak and soil and water protection use as well. They further realized that forest is essentially different from individual trees or tree community in that forest has economic, social and ecological benefits. The idea on forest took a new leap in 1940 ~ 1950's. From the point of system, forest is a complicated ecosystem whose area occupies about 30 percent of land ecosystem. So forest is the principle part of land ecosystem with the wide distribution, great biomass which is more than 60 percent of the total land ecosystem's, complicated structure, rich biodiversity (more than 50 percent of the species in the world live in forest) and multiple benefits. It plays an important role in maintaining ecological balance and protecting and improving environment and is concerned as the focus in the world. In conclusion, the ideas on forest developed from its pure economic benefits to its multi-benefits with the core of maintaining ecological balance and improving environment. Therefore, the modern idea on forest is a forest ecosystem idea.

People's understanding on forest's role in environment came into being gradually. In the middle of 19th century plenty of forest was cut for industrial production with the industrial revolution development. As a result, large area cutting resulted in serious soil and water erosion and local climate change. This forced people to be interested in environmental benefits and sustainable management of forest in whole Europe. Environment change resulted from forested land into wild land was much concerned. In some Europe countries such as Germany, Swiss, France, Czechic and Austria, some climate experts began to do some researches on forest effects on climate and environment. They established observation stations and did some comparative researches in and outside a forest and published their monograph with the conclusion that forest had a positive effect on local climate and environment based on their observations. R. Geiger, the famous climatologist and microclimatologist in Germany called this effect as the welfare effect of forest. Since 1950's, environment became an essential issue, many experts shifted their research to forest effects on environment at country, region and global levels. They declared that forest has the adjusted effect on oxygen, CO_2, water and thermal quantity at atmosphere and C cycle at local, country, region and global levels. Forest is both the source and the collection of CO_2; it has an effect on global warmth. As one of producers of CO_2, forest can adjust water cycle at local and global level and play an important role in soil and water conservation, water source protection, prolonging the river runoff time and decreasing the rate of flood to low water through the effects on land evaporation and runoff. It can decrease the earth reflection rate to increase the absorption of solar energy, change global thermal balance, adjust global and atmosphere temperature. In addition, it can lower the land surface coarse degree, and change the flow speed and the direction of surface air current. All of these make people get to know the non-negligible and extremely important function of forest to the Earth. Forest is either the original and living cradle or the reproducing home of human being. Forest is both the indispensable resource and the important existing environment for the human being, and it plays a special vital part in improving the environment and maintaining the ecological balance of the Earth at the same time. The research results of recent years indicate: The tropical rainforest has a great influence upon the environment of the Earth. The tropical rainforest, with a big biomass and wood stores, and with an extremely rich-ness of species and complex structural lays, occupies a large proportion of the forest area on the Earth. The tropical rainforest is situated on the belt on the Earth where the water and heat are the richest, and where the dimension of atmospheric circulation is the largest. The latter has an influ-ence upon atmosphere circulation and the exchange of heat and water on both the Northern hemi-sphere and the Southern hemisphere. The tropical rainforest can affect the water, heat and circula-tion of the tropics and this effect can spread to both the Northern and Southern hemisphere through the atmosphere circulation. The tropical rainforest can be thus analogized as the "chest" of the Earth, it has a function of "heart and lung" to the environment of the Earth, and it has a very vital influence upon the water and heat on the Earth. Because of this, when people are studying the influ-ence of forest on the Earth now, they put a special stress on the tropical rainforests.

Due to the deepening cognition of the function of forest and its environment, and also with the development of modern forestry science, the understanding of forestry which include plantation, management and utilization has changed greatly. In the long past, the core of plantation, manage-ment and utilization was for wood, that is, a leading thought of big timber was in command. But now, this has changed into a leading thought whose core and focal point are to develop the ecological and environmental function of forest. and into a leading thought of full developing the ecological, economical and social function of forest which also include plantation, management and utilization. In this way the aim of permanent utilization and sustainable development of forest can be realized. In the operation of modern plantation, planting according to the forest kind such as timber forest and shelter-forest is altering. The "New forestry" in America and the "Near nature forestry" in Germany both stress changing the planting that excessively according to forest kinds in the plantation of new forests, advocate planting stable forests which can develop their multiple effects thus to realize the sustainable development of forest. In many countries, though the plantation according to forest kinds such as timber forest or man-made forest for Industry resolved the need for wood rapidly, but the fol-lowing problems were the degradation of soil productivity and the serious forest diseases and insect pests. The results were that the desired stable and sustainable forests could not come into being. As to the management of forest, the main and core of management has already changed from a long peri-od of dealing with the trees for the aim of good wood to a forest ecological management of full develo-ping the multiple function and effects of forest About the utilization of forest, there comes a using trend of a whole tree and even all aspects of a whole forest other than the trunk of a tree. In forestry, no matter in the plantation, or in the management, or in the utilization, people used many modern technology and measures including physical, chemical, biological technology and measures and so on, among which there were some hi-fi technologies.

Facing with the new century, it has very important significance to have a right cognition of mod-ern forestry science, forest and forestry for the expanding of the forestry resources, the full develo-ping of the function of forestry ecosystem, and the good construction of our forestry industry.

Effects of Forest on the Budgets of Water, Energy and Gases in the Environment[*]

He Qingtang   Song Conghe

(College of Forest Resources and Environment,
Beijing Forestry University)

Introduction

There exist mutual effects between forest and the environment. As in many other countries, scientists still hold disputes about the extent of forest effects on the environment. In order to understand these effects and make the best use of them, it is important to study forest effects on water and energy exchange on the global and regional scale.

Based on the calculation of the global balance of water and energy, this paper studied the effects on the global budgets of water, energy, and oxygen and carbon dioxide in the aerosphere. We also presented quantitative estimation of forest effects on these aspects in China at present and at the time when forest coverage reaches 30%.

Effect of forest on the energy exchange in the earth-aerosphere system

Based on the calculation of БУДЫКО and some new first hand data, the energy budgets of earth surface, aerosphere and the earth-aerosphere system is calculated and showed in Table 1 and Table 2.

Table1   The annual average value of the components of global energy balance

items	$\times 10^3$ cal/cm^2 · year	$\times 10^{21}$ cal/globe · year
total solar radiation	140	714. 0
erath reflection	23	117. 3
earth absorbtion	117	596. 7
long wave radiation	43	219. 3
radiation budget	74	377. 4
latent heat on earth	62	316. 2
sensible heat	12	61. 2

* This paper is written in honour of Professor Baumgartner who is celebrating his 75th birthday this year. Mr. He Qingtang, formly his student, now the President of Beijing Forestry University, thanks Professor Baumgartner's instruction and would like to send his best wishes with this paper.

Table 2   Energy balance on the continent and in the ocean

surfaces	$\times 10^3\,cal/cm^2 \cdot year$			$\times 10^{21}\,cal/globe \cdot year$		
	radiation budget	latent heat	sensible heat	radiation budget	latent heat	sensible heat
continent	47	26	21	69.8	38.3	31.3
ocean	85	77	8	307.8	277.9	29.9
global	74	62	12	377.4	316.2	61.2

In a time span of one year, the equation of global energy balance can be written as:

$$B = LE + H + Al \qquad (1)$$

where LE is latent heat. H is sensible heat. Al is the energy fixed by photosynthesis. Generally, the radiation balance of any surface can be written as:

$$B = Q\ (1 - r)\ - L_n \qquad (2)$$

where Q is the total solar radiation on the surface; r is the surface reflectivity; L is the surface long wave net radiation.

It is confirmed by observational experiments that there is no significant difference between the total solar radiation on forested area and that on clear space, but forest reflectivity is significantly less than that of any other surfaces except water (He Qingtang 1980), as is verified by observation from man-made satellites. The fact that the low reflectivity allows forested land to absorb more energy than other surfaces is one of the major courses that make forest climate distinct.

According to M. Kirchner's (1977) calculation, the global reflectivity will decrease by 0.6% if all the forest on earth is cut clear. Further calculations show that the earth will absorb 4.28×10^{21} cal ($714 \times 10^{21} \times 0.6\%$, see Table 1) less solar energy without forest.

On the global scale, the earth loses 219.3×10^{21} cal of energy through long wave radiation. Because the annual mean air temperature in forest is about 1.0℃ lower than in the open air (A. Baumgartner 1956), the long wave net radiation of forest is slightly smaller than that in the clear space. Forest can prevent the earth form losing 0.65 % of the long wave net radiation, namely 1.43×10^{21} cal.

Owing to its smaller reflectivity and long wave net radiation, the energy budget of forested land is bigger than that of the clear space. In some places, it can be 10% ~30 % bigger. The bigger radiation balance of forest allows the earth to get 5.17×10^{21} cal/year more energy, representing 1.5% of the global radiation budget (377.4×10^{21} cal/year). The extra energy forested land get is mainly consumed by evapotranspiration (ET). Many a experiment show that forest ET is larger than any other terrestrial surfaces to the extent of 5% ~30% (He Qingtang et al 1961, R. Keller 1961).

Generally speaking, the latent heat consumed by forest ET repsents 60% ~70% of its energy budget, and the sensible heat represents 20% ~30% of the budget. This increases the latent heat by 3.33×10^{21} cal/year, consisting of 1.05% of the global latent heat, 316×10^{21} cal/year (see Table 2), 8.7% of the terrestrial latent heat, 38.3×10^{21} cal/year. The increased latent heat can evaporate $5.55 \times 10^3\,km^3$ of water or 11 mm of water in depth.

Though the lower annual temperature weakens the thermodynamic eddy exchange between forest and the atmosphere, the surface roughness and the high velocity of vertical blending significantly strengthens the aerodynamic eddy exchange. Thus the global sensible heat exchange of forested land (H_f) is bigger than that of the clear space (H) (A. Baumgartner 1971). Assuming that H_f is 20% bigger than H, we calculate that the extra sensible heat can be as much as 2.1×10^{21} cal/year, representing 3.4% of the global annual sensible heat, 61.2×10^{21} cal/year, and 6.7% of the terrestrial annual sensible heat, 31.3×10^{21} cal/year (see Table 2).

In the equation of energy balance of forest, the energy fixed by photosynthesis or assimilation is relatively small. According to Lieth's (1974) calculation, the annual Energy fixed by forest is about 0.277×10^{21} cal, consisting of 40% of the energy fixed by the vegetation on earth, and 65% of the energy fixed by terrestrial plants, Conclusively, our quantitative estimation of forest effects on the components of the global energy balance is listed in Table 3 and Table4.

Table 3　Effects of forest on global radiation budgets

items	reflective radiation	long wave net radiation	energy budget
energy discrepancy ($\times 10^{21}$ cal/year)	4.28	1.43	5.71
percentage in the global amount	3.65	0.65	1.50

Table 4　Effects of forest on the components of the global energy balance

items	B	H	LE	Al
energy discrepancy ($\times 10^{21}$ cal/year)	5.71	2.10	3.33	0.28
percentage in terrestrial amount	8.2	6.7	8.7	65
percentage in global amount	1.5	3.4	1.0	40
percentage in total terrestrial solar radiation	2.7	1.0	1.6	0.13
percentage in the total global solar radiation	2.10	0.3	0.46	0.04

Table 3 and 4 show that the energy discrepancies caused by forest are all 1% less than the total global solar radiation, 3% less than total terrestrial solar radiation. Thus we conclude that forest effects are negligible on the global energy balance, and are limited on terrestrial energy balance, But the energy fixed by forest constitutes a considerable proportion in the energy fixed by vegetation. Without forest, the vegetation-fixed energy would decrease by 40% on a global scale, and by 65% on the continent. In addition, the higher global reflectivity and bigger long wave net radiation would result in loss of 1.5% of global radiation budget, which is about 5.71×10^{21} cal/year.

The energy loss means less evaporation and sensible heat exchange. Accordingly, the air temperature and humidity would decrease, and this effect continues to as high as 30km. The boundary layer air temperature decrease by 0.7℃ (S. Manabe, R. We Therald 1967). Moreover, precipitation might change. Further study need to be carried out to predict the physical phenomena and processes in the atmosphere caused by effect of forest on global energy balance. But infering from the fact that the effects of forest on global energy balance are negligible, we predict that the precipitation won't change to a great degree. According to the annual solar energy distribution in China which was published by the National Meteorological Bureau, we calculated the forest effects on water and energy budget, The average annual solar radiation flux density is $140 \times 10^3 cal/cm^2 \cdot year$ in China, and $120 \times 10^3 cal/cm^2 \cdot year$ in forested areas. That is to say we can get a total amount of 13.44×10^{21} cal from the sun annually in China. Assuming that the reflectivity of forested land is 10% less, and the sensible heat exchange on forested land is 20% more than those of the grass land, and the air temperature is 1℃ lower than in the open air, and the latent heat takes away 60% ~ 70% of solar energy, and the energy fixation rate is 0.5% of solar energy, we estimated forest effect on the energy balance in China both at present and in the future when forest covers 30% of the country which is listed in Table 5.

Table 5　Effects of forest on energy balance in China

forest coverage	items	rQ	L	B	LE	H	Al
12%	energy variation ($\times 10^{21}$ cal/year)	0.146	0.035	0.181	0.0513	0.1224	0.0073
	percentage in total solar radiation	1.09	0.26	1.35	0.38	0.92	0.05
30%	energy variation ($\times 10^{21}$ cal/year)	0.345	0.083	0.428	0.121	0.290	0.0173
	percentage in total solar radiation	2.57	0.62	3.19	0.90	2.16	0.13

The extant forest increases the radiation budget by 0.181×10^{21} cal/year which constitutes 1.35% of the total solar energy in China, sensible heat by 0.0513×10^{21} cal/year, the fixed energy by 0.0073×10^{21} cal/year, It consumes 0.1224×10^{21} cal/year on ET. Which is equivalent to the energy needed for the evaporation of $0.204 \times 10^3 km^3$ of water or 21mm of water in depth.

　　When forest coverage reaches 30%, the radiation budget will increase by 0.428×10^{21} cal/year which is 3.19% of the total solar energy in China, sensible heat by 0.121×10^{21} cal/year, and the fixed energy by 0.0173×10^{21} cal/year. The forest will consume 0.28×10^{21} cal/year on ET, which is equivalent to the energy needed for the evaporation of $0.483 \times 10 km^3$ of water or 50 mm of water in depth.

Effects of forest on water exchange in the earth-aerosphere system

　　In a time span of one year, the terrestrial water balance equation can be written as

$$P = E + R \tag{3}$$

where P is precipitation; E is evapotranspiration; R is runoff. On the global scale, the water balance equation is

$$P_G = E_G \qquad (4)$$

where P_G is the global average annual precipitation, E_G is the global average evapotranspiration.

Table 6   Components of water balance calculated by authors

authors	years	P_L	E_L	$R_L = R_S$	P_S	E_S	$P_G = E_G$	$P_G = E_G$ (mm)
БУДЫКО	1963	107	61	46/48	404	452	512	1000
Mira Atlas	1964	108	72	36	412	448	520	1020
Mather	1970	106	69	37	382	419	488	955
Fortak	1971	107	62	45	405	450	510	1000
Baumgartner	1973	111	71	40	385	425	496	973
Qingtang	1983	110	64	46	417	463	527	1033

Table 7   Components of the global water balance

components	P_L	E_L	R_L	R_S	E_S	P_S	$P_G = E_G$
water in volume ($\times 10^3 \mathrm{km}^3$)	110	64	46	−46	463	417	527
water in depth (mm)	738	430	308	−127	1282	1155	1033

* The inferior letters, L and S, represent land and sea respectively.

Based on Professor Baumgartner's (1975) research, we calculated the terrestrial and oceanic precipitation, runoff and evaporation with a computer using the data in Table 2 and some new first hand data. Evaporation here is treated as a surplus item. The result is listed in Table 6 together with the results calculated by other scientists. We also convert it into water in depth (mm) listed in Table 7.

The global annual precipitation (1033 mm) is about 40 times the water in the atmosphere. This indicates that the water in the atmosphere circulates 40 cycles a year. In other words, it takes 9 ~ 10 days for a complete circulation.

Effect of forest on evaporation

As it is discussed above, forest evapotranspiration is bigger than that in the clear space. It is due to the bigger energy budget, larger evaporating surface and the root systems. According to Table 4, forest increased the global energy consumption on evaporation by 3.33×10^{21} J/year, equivalent to the energy needed for the evaporation of 5.55×10^3 km^3 water. Without forest on earth, the terrestrial evaporation would decrease by 8.7% or 37 mm of water in depth. On the global scale, the evaporation would decrease by 0.05% or 11 mm of water in depth. Compared with the oceanic evaporation, the effect of forest on evaporation is quite limited.

Effect of forest on precipitation

Whether forest can increase precipitation is a question which has been studied by scientists from all over the world for more than a century, however, there are still disputes on the question. But quite a few scientists now tend to belive that forest effect on precipitation is limited to the extent of 3% ~ 5% (G. Flemming. et al. 1982) of the global total precipitation (*GTP*). Many experiments comfirm that precipitation won't be affected by a small area of forest. The extra water (5.55×10^3

km^3) increased by forest will undoubtedly be part of precipitation, which is only 1.05% of *GTP*, 527 × 10^3 km^3.

To what extent forest effects the total terrestrial precipitation (*TTP*) is determind not only by forest evapotranspiration, but also by the proportion of water coming from ocean and inland in *TTP*. The more the water coming from ocean is bigger the effect of forest on *TTP*. As for *TTP*, the part coming from inland, the called terrestrial external precipitation (*TEP*), and the remaining is called terrestrial internal precipitation (*TIP*). In contrast, the water coming from inland in the oceanic precipitation is called oceanic external precipitation (*OEP*), and oceanic internal precipitation (*OIP*) for the remaining. БУДЫКО and his colleagues research showed that external and internal precipitation dominate on the continent and the sea respectively. Based on their calculation, we computed that 58% of the inland evaporated water transforms into *TIP* which is 36% of total *TTP*. In the inland dry zones, *TIP* only constitutes 13% of *TTP* (see Table 8), 58% of forest evapotranspiration (5.55 × 10^3 km^3) which is equivalent to 21.6mm of water in depth forms 2.9% in the 738mm TTP. Taking these figures in equation (3), R will increase by 2.331 × 10^3 km^3 or 15.5mm, consisting of 5.1% of the total terrestrial runoff, 308mm. See Table 9.

Table 8   Relationship between *TIP* and evaporation

continent name	P (km^3)	*TEP* (km^3)	*TIP* (km^3)	*TEP/P*	E (km^3)	*TIP/E*
Europe	75400	5310	2230	0.70	4745	0.47
Asia	25700	15860	9840	0.62	15138	0.65
Africa	21410	15080	6330	0.70	15439	0.41
North America	16150	9790	6360	0.61	9217	0.69
South America	28400	16900	11500	0.60	15132	0.76
The Pacific	34700	3040	430	0.88	3071	0.14
Polar Continent	119.6	114.4	5.2	0.97	52	0.10
Total Continent	102789.6	66094.4	36695.2	0.64	62794	0.58
Deep Inland	6089	5432	657	0.89	5054	0.13
Asia Deep Inland	2600	2200	400	0.85	2000	0.20

Table 9   Effects of forest on global water balance (× 10^3 km^3)

items	P_L	E_L	$R_L = R_S$	E_S	P_S	$P_G = E_G$
with extant forest	110	64	46	463	417	527
without forest	106.78	58.45	48.33	463.9	415.57	522.35
variation	3.22	5.55	2.33	0.9	1.43	4.65
variation rate	−2.9	−8.7	+5.1	+0.2	−0.3	−0.9

Without forest, not only the characteristics of the terrestrial water balance will change, but also those of the ocean water balance. As all the functional systems in natual, elements within the earth-aerosphere system are mutually related and selfad justable. The giant ocean are dominates the water and energy balance in the earth-aerosphere and the boundary layer climate. Forest changing can only modify the characteristics of the global water and energy balance to a very limited extent.

Whether and how far forest affects the precipitation in forested and its marginal areas, and unforested regions is so complicated that it can't be answered simply by a yes or no. Since the atmosphere never stops flowing, regional precipitation is mainly determined by global air circulation and weather systems. Forest can only provide a little more moisture into the atmosphere. On one hand, whether the extra moisture can change into rainfall depends on a series of complex physical processes which is affected by many other factors, on the other hand, even though the extra moisture can change into rainfall, the moving atmosphere will probably carry it far away. Though higher precipitation in the forested areas was not occasionally observed, there still lacks evidence to show that it results from forest other than other factors. Only when the forested areas are as vast as thousands of miles, and the atmosphere move slowly or is relatively static over it, can some of the evaporated moisture rain back. But one thing is certain that not all the evaporated water rains back, and the increased precipitation is much limited.

Forest on earth is mainly distributed in tropical areas and areas between 50 ~ 70 degrees of northern latitude. Up to now, many observations in the tropical areas show that forest can only increase the precipitation by 1% ~ 2% (R. Geiger 1961, J. Kittredge 1948) . Similar observations show that forest can increase the precipitation by about 1% ~ 2%, no more than 3% ~ 5% (G. Flemming 1982) in areas between N50° and N70°. Only HecTepoB et al. observed 10% increase or more. But Geiger et al. (1961) held that the increased precipitation results from error caused by low wind speed in the forest, not from forest itself.

Table 10   Effects of forest on water balance in China

frest coverage	items	precipitation		evaporation		runoff	
		mm	$\times 10^3 km^3$	mm	$\times 10^3 km^3$	mm	$\times 10^3 km^3$
12.7% (at present)	with extant forest	589.4	5.66	372.5	3.58	216.9	2.08
	without forest	575.4	5.53	351.5	3.38	223.9	2.15
	variation	14	0.133	21	0.204	7	0.071
	variation rate	-2.4		-5.6		+3.2	
30% (in the future)	with extant forest	575.4	5.53	351.5	3.38	223.9	2.15
	without forest	604.8	5.84	401.5	3.86	206.9	1.98
	variation	33	0.314	50	0.483	17	0.17
	variation rate	+5.7		+14.2		-7.6	

On the whole, modern science and technology is not so advanced as to answer the questions whether or how far forest affects regional precipitation.

Professor He Qintang (1983) computed the components of water balance in China showed in Table 10. Forest evapotranspiration was calculated using data in Table 5, and we assume that 65% of forest evapotranspiration rains, runoff is treated as a surplus item.

As it is showed in Table 9, forest increased the precipitation by 2.4 %, runoff decreased by 3.2% if we assume 65% of forest evapotranspiration rains on the continet. When forest covers 30% of China, we will get 5.6 % more precipitation, 13.4% more evaporation, and 7.8% less runoff. Actually, not all the 5.6% more precipitation descends within China. So the real figures will be smaller than those in Table 9. In dry zones, large areas of forest do provide a large amount of moisture in the atmosphere, but most of the moisture won't rain, as is showed in Table 8 that the *TIP* only constitutes 13% of the precipitation in deep inland. So large scale afforestion in these areas may deplenish the underground water, and worsen the hydrological conditions. This has to be taken into consideration in the development of forestry.

Effect of forest on gas exchange in the earth-aerosphere system

The major gases which forest exchanges with the atmosphere are, O_2 and CO_2. The amount of O_2 released by forest photosynthesis is 20 times as much as it is consumed by its perspiration. So forest is one of the O_2 producers. In photosynthesis, plant emit 1 mol of O_2 by absorbing every mol of CO_2. In other words, each gram of CO_2 consumption by forest will resuct in emission of 0.73 grams of O_2, or forest consumes 1.83 grams of CO_2 to produce 1 gram of dry organic matter, and 1.34 grams of O_2. According to these relationships and Lieth's estimation of global annual dry matter production, we calculated the global annual CO_2 consumption and O_2 production by vegetation showed in Table 11.

Although only 10% of the earth is covered with forest, 42% of the O_2 in the atmosphere is produced by forest. The global annual O_2 production is 208×108 tone, and the total amount of O_2 in the atmosphere is 1.3×10^5 tone which is 6250 times as much as the annual production. The daily human O_2 consumption is about 0.5 kg per capitia. Assuming that the global population is 5 billion, the total annual human O_2 consumption is about 9.1×10^8 tone. Burning and organic decomposition use 3.0×10^9 tone, and 1/5 of the annual production respectively. So the global annual O_2 consumption is only a minor part of its annual production. It is unnecessary to worry about the depletion of O_2 in the atmosphere. Forest annual production of O_2 is only 70 mL/m^3 of the total amount of O_2 in the atmosphere.

At present, the total amount of CO_2 in the atmosphere is about 1.8×10^{12} tone, about 0.03% of the total weight of atmosphere, 5.14×10^{15} tone. Plant photosynthessis fixes284×10^9 tone/year of CO_2 which is 15.7% of the total CO_2 weight in the atmosphere. Forest fixes 119×10^9 tone/year which is 6.6% of the total amount of CO_2 in the atmosphere and 42% of the total amount of CO_2 fixed by plants. It is not difficult to conclude that forest can significantly decrease the amount of CO_2 in the atmosphere.

Table 11　Global annual CO_2 consumption and O_2 production by vegetation（$\times 10^9$ tone)

surface	dry matter percentage	O_2 production	percentage in global O_2 production	CO_2 consumption	percentage in total CO_2 amount
forest	65	87	42	119	6.6
agricultural land	9	12	6	17	0.9
grass	15	20	10	27	1.5
others	11	15	7	20	1.1
terrestrial total	100	134	65	183	10.1
oceanic total	55	74	35	101	5.6
global total	155	208	100	284	15.7

When forest coverage reaches 30% in China, the annual O_2 production and CO_2 consumption was calculated and showed in Table 12.

Table 12 Annual O_2 production and CO_2 consumption by forest in China ($\times 10^9$ tone)

forest coverage	dry matter production	O_2 annual production	percentage in global annual O_2 production	CO_2 annual production	percentage in total CO_2 amount
12. 7%	1. 55	2. 08	1. 0	2. 84	0. 16
30%	3. 68	4. 93	2. 4	6. 73	0. 37

* The dry matter production in the table is calculated by dividing forest fixed energy which is show in Table 6 by 4. 7 kcal which is needed for producing a gram of dry matter.

The extant forest in China can produce $2. 08 \times 10^9$ tone/year of O_2. Assuming that the human population is 1 billion in China, we estimated that the human consumption of O_2 is $0. 183 \times 10^8$ tone/year, about 8. 8% of the annual O_2 production by forest CO_2 consumption by forest is $2. 84 \times 10^9$ tone/year, about 0. 16% of the total amount in the atmosphere, When the forest coverage reaches 30% , forest annual consumption of CO_2 can be as high as 0. 37% of the total amount of CO_2 in the atmosphere.

Conclusion

(1) Forest coverage change on the earth can affect the water and energy balance, and O_2 and CO_2 content in the atmosphere on a regional or global scale, but the effects are negligible on the global scale, limited on the continent and relatively significant on regional scale. However, the giant ocean area dominates the water and energy balance in the earth-aerosphere system.

(2) When forest coverage increases from 12. 7% at present to 30% in the future in China, energy budget will increase by from 1. 35% to 3. 19% , energy fixed by forest from 0. 05% to 0. 13% , evapotranspiration from 5. 6% to 13. 4% , rainfall from 2. 4% to 5. 6% , and runoff decrease by from 3. 2% to 5. 6% . O_2 and CO_2 content in the atmosphere will also be affected to some extent.

(3) With regard to the relationship between forest and its environmental hydrological conditions, the major afforestation region in China should be in southwest (including northeast) and southwest region, In the west and northwest region, only when hydrological conditions meets afforerstion standards, can some shelter forest be developed with special considerations given to specific site.

Literature Cited

A Baumgartner. 1956. Untersuchung uber der Warme and Wasserhaushalt eines jungen Wald bericht. d. dt. Wetterdiestes 5.

A Baumgartner. 1971. Wald als austauschfakator in der grenzschicht Erd/Atmosphare, Forstw, Cbl, 90: 174 – 182.

A Baumgartner. 1971. Einfluss energetsche faktor auf Klima Produktion and Wasserumsatz inbewaldeten Einzugsgebieten. IOFROKNOF camsvill USA. 34.

A Baumgartner. E. Reichel. 1975. Die Weltwasser bilanz. R. oldenbourg verlag 17 – 19.

G. Flemming. 1982. Wald, Wetter, Klima. VEB Berlin. 64 – 65.

H. Lieth. 1974. Basis und grenze fur die menschheitsentwicklung staffproduktion der Pflanzen Umschau. (6):

169 – 174.

He Qingtang. 1980. Energy flow in forest ecosystem. Natural Resources. (3): 64 – 71.

He Qingtang, Liu Zhuochang. 1980. Energy balance of forest. Forestry Science. (1): 24 – 33.

He Qingtang. 1983. Wasserbilanz und pflanzenproduktion in China Uni. Munchen.

J. Kittredge. 1948. Forest influence. Mc Graw-Hill Book, New York.

М. И. БУДЫКО 1974. МИРОВОЙ БОДНЫЙ БАЛАНС НВОДНЫе Ресурси Землигидоме. 91 – 104.

M. Kirchner. 1977. Anthropoene einflusse auf die Oberflachenalbedo und die parameter desaustausches an der grenze Erd/Atrnosphare. Uni. Munchen Meteo. Institute, W. Mitt. Nr. 31.

National Meteorological Bureau. 1976. Climatic atlas of the People's Republic of China. Atlas Press.

R . Geiger. 1961. Das klima der Bodennahen luftschicht. Vieweg braunschweig.

R. Keller. 1961. Gewasser und Wasserhaushalt des Festlandeds. Berlin 520.

S. Manable, R. Wetherald. 1967. Thermal equilibrium of the atmosphere with a given distribution of relative humidity. J. Atmos. Sci (24): 241 – 259.

Wasserbilanz und
Pflanzenproduktion in China

He Qingtang

ZUSAMMENFASSUNG

Das Gebiet der Volksrepublik China umfaßt 9, 560, 779 km². Darin leben über 1 Milliarde Einwohner, deren Lebensmittel jedoch in einem viel kleineren Gebiet gewonnen werden müssen, weil weite Teile des Lundes Wüsten und Gebirge sind. Dazu kommt, daß Trockenzeiten und Hochwasser die Nahrungsmittelproduktion zeitweise erheblich behindern. Obwohl der Bevö lkerungszuwachs jährlich nur 1% ~ 2% beträgt, ist Vorsorge für die Sicherstellung der Ernährung zu treffen. Mit dieser Untersuchung wird festgestellt, wie großdas natürliche, klimatisch begründete Produktionspotentialist, und wie es durch künstliche Bewässerung ausgewertet werden kann.

Zunächst sind durch Karten der Niederschlags-, Verdunstungs und Abflußhöhen die natürlichen Grundlagen kartiert und das Land klimatologisch klassifiziert worden. Sodann ist mit Hilfe des Miami-Modells und des Thornth-waite-Memorial-Modells die potentielle Pflanzenproduktion berechnet worden. Mit den Ergebnissen wurde das Land in fünf Gebiete für land-und forstwirtschaftliche Produktion unterteilt. Anhand der hydrologischen Verhältnisse wurden schließlich der Wasservorrat, der Wasserbedarf und die Beregnungsbedürftigkeit ermittelt.

1 EINLEITUNG

Das Wasser ist eine der wichtigsten Ressourcen der Erde. Es hat in nahezu allen Lebensbereichen eine entscheidende Funktion, u. a. als Baustoff bei der Photosynthese der Pflanzen, als Bestandteil der Organismen sowie als Energie-regler für den Wärmehaushalt der Erde. "Ein Teil der Wasservorräte befindet sich in stetigem Kreislauf und Aggregatswechsel, indem es von Wasser- und Landflächen der Erde verdampft und nach Kondensation in der Atmosphäre als Niederschlag in fester oder flüssiger Form wieder zu den Erdoberflächen abgesetzt wird " (BAUMGARTNER und REICHEL, 1975) . Dieser Wasserkreislauf wird in der Wasserbilanz mengenmässig erfaßt.

Die Kenntnis der einzelnen Komponenten der langjährigen Wasserbilanz——Niederschlag, Abfluß, Verdunstung—— ist also u. a. durch die enge Kopplung des Wasserhaushaltes mit dem Energiehaushalt mittels der Verdunstung von großer Bedeutung. Zwar haben BAUMGARTNER und

REICHEL（1975）sowie BUDYKO（1977）eine Weltwasserbilanz aufgestellt, doch existiert für China eine detaillierte Wasserbilanz bis jetzt noch nicht. Vom ZENTRALEN WETTERDIENST CHINAS（1978）, der den Klimaatlas von China herausgab, wurde bisher lediglich eine karte der mittleren jährlichen Niederschlagshö he angefertigt.

Weitere Verwendung finden die Wasserbilanzkomponenten Niederschlag und Verdunstung bei einem der wichtigen biologischen Probleme der Gegenwart, bei der Bestimmung der potentiellen Produktion an Trockensubstanz der Pflanzendecke, d. h. der Mengen an organischer Substanz, die unter den gegebenen Klimabedingungen pro Flächeninhalt maximal erzeugt werden kö nnen（HUBER, 1975）.

Die Abschätzung dieser Mengen ist für die Land- und Forstwirtschaft von großer Bedeutung, um geeignete Maänahmen zu treffen, damit diese Ressourcen optimal genutzt werden können. Erste Abschätzungen sind von LIEBIG（1862）unternommen worden. Sein Wert für die jährliche globale Pflanzenproduktion von 230 bis 240 $\times 10^9$t CO_2 entspricht etwa 130 bis 140 $\times 10^9$t Trockensubstanz. LIETH（1974）hat zwei mathematische Modelle-das Miami-Modell und das Thornth-waite-Memorial-Modell, das auch Lieth-Box-Modell genannt wird-für die quantitativen Beziehungen zwischen klimatischen Faktoren und der Pflanzenproduktion erstellt. Mit diesen Modellen sind die Pflanzenproduktion auf der Erde berechnet und Pflanzenproduktivitätskarten gezeichnet worden. LIETH's Wert für die jährliche globale Produktion der Pflanzen an organischer Trockensubstanz ist mit 155. 2 $\times 10^9$t etwa 10% bis 20% höher als derjenige von LIEBIG. LIETH nimmt an, daßdie neueren Werte recht zuverlässig sind, da mehrere Autoren, z. B. WHITTAKER UND LLKENS,（1973）, unabhängig voneinander zu ähnlichen Zahlen gelangt sind.

Genau wie bei der Wasserbilanz sind Untersuchungen über die gesamte jährliche Pflanzenproduktivität in Abhängigkeit von Klimafaktoren für ganz China bisher nicht vorgenommen worden. Lediglich für einzelne Gebiete Chinas, z. B. für die nordchinesische Tiefebene（Abb. 1）, hat ZHU KOZHEN（1963）die Getreideproduktion in Abhängigkeit von Sonnen-strahlung, Lufttemperatur und Niederschlag abgeschätzt; durch die Chinesische Wissenschaftliche Akademie und das Physiologische Institut Shanghai wurde die Reis- und Wei-zenproduktion in Abhängigkeit von der Sonnenstrahlung bestimmt.

2 GLIEDERUNG DER V. R. CHINA UND PROBLEMATIK

Die Volksrepublik China umfaßt 9, 560, 779 km². Darin leben über 1 Milliarde Menschen, wovon sich in der westlichen Landeshälfte nur 5% befinden. Die Menschen drängen sich in den östlichen Provinzen der Tiefebenen und an den Küsten.

Eine übersicht über die Topographie des Landes enthält die Abb. 1.

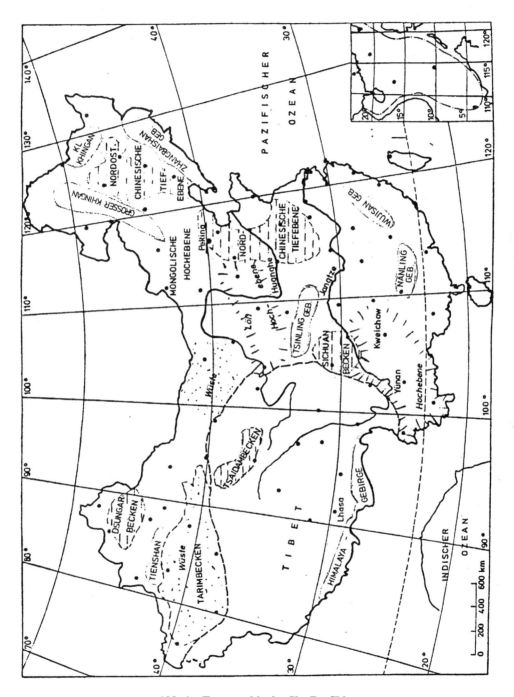

Abb. 1 Topographie der V. R. China

Eine weitere übersicht ist durch die Abb. 2 gegeben, in der die Oberflächenformen und die Landschaftsgliederung dargestellt sind. Die natürliche Landschaft ist in 41 Einheiten gegliedert. Diese Einheiten decken sich zum Teil mit den 29 Verwaltungsprovinzen des Staates. Der Charakter der Landschaften und Provinzen wird durch die weiteren Karten in dieser Arbeit vor allem aus klimatischer und hydrologischer Sicht beleuchtet.

Eines der großen Probleme des Landes ist die Sicherstellung der Nahrungsmittelproduktion. Die Konzentration der Bevölkerung in den Ostprovinzen hat klimatische Ursachen. Weite Teile des Landes sink für die Agrarproduktion und für Forstwirtschaft wegen arider oder Gebirgsverhältnisse ungeeignet. Darüber hinaus engen Trockenzeiten und Hochwasser im Bereich der Ströme die Produktion zeitweise ein. Die Agrarproduktion ist eine Frage des Wasserhaushaltes. Die Schlüsselfunktion für die Pflanzenproduktion zu beawerten ist das Ziel dieser Untersuchung.

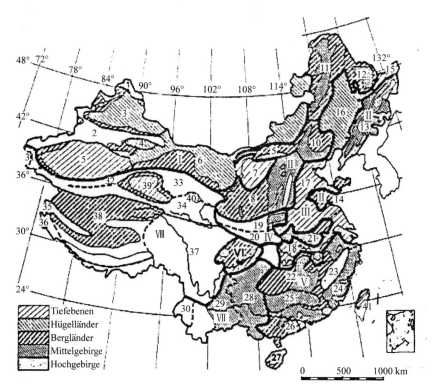

Abb. 2 Oberflächenformen und Landschaftsgliederung der V. R. China
(nach: Albrecht et al. , 1980)

I	Nordwestchinesische Hochgebirge	4	Turfansenke
	und Becken	5	Tarimbecken (Takla Makan)
	1 Altai	6	Mongolisches Plateau (Gobi)
	2 Tienshan	7	Ordosplateau
	3 Dsungarisches Becken	II	Nordostchinesische Randgebirge

3 WASSERHAUSHALT IN CHINA

Im Begriff Wasserhaushalt sind alle hydrologischen und wasserwirtschaftlichen Aspekte untergebracht. Dominierend für den Wasserhaushalt sind das Niederschlagsdargebot durch den Niederschlag, der Aufbrauch des Wassers durch die Verdunstung und die Verlagerung des Wassers im Abfluβder der Ströme und der Flüsse sowie im Grundwasser. Das Wasser haushalten und bewirtschaften war in den alten Chinareichen politische Grundregel. Die Ansiedlungen liegen an den groβen Stromsystemen. Hochwasserschutz und Wasserumleitungen durch Kanäle für Bewässerung der Felder sind überall gegenwärtig.

3.1 Die Wasserbilanz

Zur Quantifizierung der Wasserumsätze ist die Aufstellung von Wasserbilanzen vorteilhaft. Die allgemeine Wasserbi-lanzgleichung lautet:

$$N = V + A \pm \triangle S \tag{1}$$

mit N: Niederschlag

V: Verdunstung

A: Abfluβ

$\triangle S$: Änderung des Speichers

Für das langjährige Mittel kann angenommen werden, daβ sich diese Gleichung reduziert zu:

$$N = V + A \qquad\qquad (2)$$

Das Ziel in den folgenden drei Abschnitten ist es nun, diese drei Komponenten an jedem der durch ein äquidistantes Gitternetz vorgegebenen Gitterpunkte zu bestimmen. Dieses Gitternetz umfaßt 1827 Gitterpunkte, von denen jeder einzelne eine Fläche von 4900 km² repräsentiert (Abb. 3).

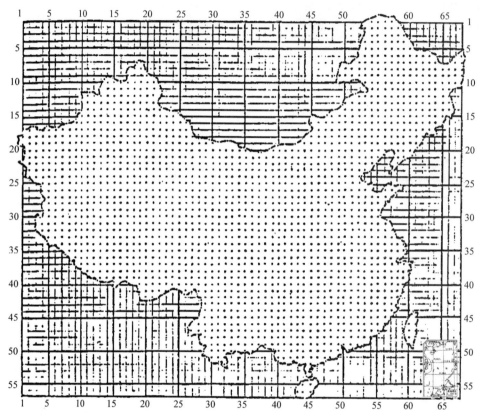

Abb. 3   Einteilung der V. R. China in ein äquidistantes Gitternetz

3.2   Niederschlag

Die mittlere jährliche Niederschlagshöhe der Jahre 1951-1970 in China wurde vom ZEN-TRALEN WETTERDIENST CHINAS (1978) in Kartenform dargestellt. Mit Hilfe dieser Niederschlagskarte (siehe Abb. 4) wurden die mittleren jährlichen Niederschlagshöhen an den Gitterpunkten der Abb. 3 ermittelt.

Die Abb. 4 zeigt eine generelle Abnahme des Niederschlags von Südosten nach Nordwesten, mit dem Maximum im Himalaya-Gebirge (ca. 4000 mm/Jahr) und dem Minimum im Tsaidambzw. Tarim-Becken (<20 mm/Jahr). Für die großen Niederschlagshöhen, besonders im Luv der Gebirge, im Südosten (ca. 2000 mm/Jahr) bzw. in den südlichen Teilen der Provinzen Yünan und Guangxi (ca. 1800 mm/Jahr) und im Himalaya-Gebirge sind der ostasiatische bzw. der indische Sommermonsun verantwortlich. Dagegen werden das Hochland von Zentraltibet, das Tarim-, Tsaidam- und Dsungar-Beckcen sowie die Innere Mongolei von keinerlei Monsunwinden erreicht, so daßhier nur wenig Niederschlag fällt (0-100 mm/Jahr). Lediglich im Luv des Tienshan-Gebirges steigt die jährliche Niederschlagssumme bis auf ca. 400 mm an, was durch die bis dorthin reichenden feuchten Luftmassen, die aus dem Nordeismeer kommen, zu erklären ist.

3.3 Verdunstung

Die Verdunstung einer vegetationsbedeckten Erdoberfläche, die Evapotranspiration V, setzt sich folgendermaßen zusammen:

$$V = E + T + I \qquad (3)$$

mit: Evaporation E: Verdunstung durch eine leblose Oberfläche, z. B. Boden oder Wasser

Transpiration T: Verdunstung lebender Objekte bei Pflanzen über die Stomata

Interzeptionsverdunstung I: Verdunstung des vorübergehend auf Oberflächen zurückgehaltenen Niederschlagswassers.

3.3.1 Potentielle Verdunstung

Da die aktuelle Verdunstung erheblich von der Wassernachleitung beeinflußt wird, die im wesentlichen nicht von aktuellen meteorologischen Parametern abhängt, wurde der Begriff der potentiellen Verdunstung eingeführt. Man versteht darunter die unter den gegebenen Klimabedingungen maximal mögliche Verdunstung, wenn Wasser im Überschußvorhanden ist. Bei freien Wasserflächen ist also die aktuelle gleich der potentiellen Verdunstung, während bei den meisten anderen Oberflächen die tatsächliche Verdunstung zumindest zeitweise durch Wassermangel oder andere Widerstände, z. B. im Boden, eingeschränkt ist. Die Kenntnis der potentiellen Verdunstung ist u. a. in der Bewässerungstechnik und beim Talsperrenbau sehr wichtig (KELLER, 1961).

Aus der großen Anzahl von Formeln zur Berechnung der potentiellen Evapotranspiration sind jene von PENMAN und von THORNTHWAITE die bekanntesten. Die THORNTHWAITE-Formel (1948) stützt sich ausschließlich auf die Lufttemperatur als maßgebendes Klimaelement und ist in nachstehender Form für Grünland gültig:

$$V_p = 16 \cdot (10 \cdot t_m/I)^a \cdot F \qquad (4)$$

mit V_p = monatliche potentielle Evapotranspiration in mm

t_m = Monatsmittel der Lufttemperatur in℃

I = Jahressumme des monatlichen Wärmeindexes $= \sum_{n=1}^{12} i_n$

i = monatlicher Wärmeindex $= (t_m/5)^{1.514}$

$a = 0.000000675 \cdot I^3 - 0.0000771 \cdot I^2 + 0.01792 \cdot I + 0.49239$

F = Anpassung bezüglich Monatslänge und potentieller Sonnenscheindauer in Abhängigkeit von der geographischen Breite

Zur Bestimmung der potentiellen Verdunstung nach THORNTHWAITE wurden-analog zum Niederschlag-die Monats-und Jahresmitteltemperaturen an den Gitterpunkten mit Hilfe der Temperaturkarten des ZENTRALEN WETTERDIENSTES CHINAS (1978) ermittelt (siehe z. B. Abb. 5). Danach nimmt die mittlere Jahrestemperatur in China generell sowohl von Süden (ca. 22℃) nach Norden (ca. −4℃) als such von Südosten (ca. 20℃) nach Westen (ca. −8℃) ab. Das

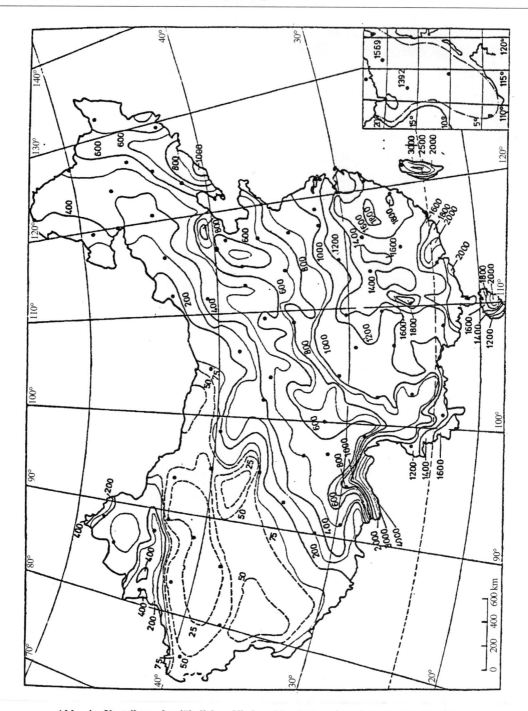

Abb. 4　Verteilung der jährlichen Niederschlagshöhen（mm）in der V. R. China

Minimum der berechneten mittleren jährlichen potentiellen Verdunstung liegt mit 300mm im Hochland von Zentraltibet（Abb. 6）. Die höchsten Werte sind in den Provinzen Kwangsi（Guangxi）und Kwangtung（Guangdong）zu finden（ca. 1200mm）.

3.3.2　Wirkliche Verdunstung

Da für die vorliegende Untersuchung keine zufriedenstellenden Abfluß- Werte von China zur

Verfügung standen, konnte die wirkliche Verdunstung nicht als Differenz von Nieder - schlag und Abfluβberechnet werden, sondern muβte mit Hilfe einer empirischen Formel, welche die Wasserhaushaltskomponenten mit Klimaelementen verbindet, bestimmt werden. Es wurde hier die weltweit gültige Formel von TURC (1954) ausgewählt, der die Berechnung der wirklichen jährlichen Verdunstung aus jahresmitteltemperatur und Jahressumme des Niederschlags zuläβt:

$$V = \frac{N}{\sqrt{0.9 + \left(\frac{N}{L}\right)^2}} = \frac{1.054 \cdot N}{\sqrt{1 + \left(\frac{1.054 \cdot N}{L}\right)^2}} \tag{5}$$

mit: V = wirkliche, mittlere jährliche Verdunstung in mm

N = mittlere jährliche Niederschlagssumme in mm

L = maximale Verdunstung in mm

$L = 300 + 25 \cdot T + 0.05 \cdot T^3$

T = mittlere jährliche Lufttemperatur in °C

Gleichung (5) ist gültig für:

$$N^2/L^2 > 0.1 \text{ bzw. } N > 0.316 \cdot L.$$

Wenn $N/L < 0.316$ ist, dann kann $N = V$ gesetzt werden.

Die Gleichung (5) gilt allerdings nur für gröβere Flächen, bei denen sich die speziellen geographischen Gegebenheiten ausgleichen (KELLER, 1961).

Aus Abb. 7, in der die TURCsche Gleichung graphisch Verdeutlicht wird, ist zu entnehmen, daβdie Verdunstung einen von der Jahresmitteltemperatur abhängigen Grenzwert, selbst bei noch so hohem Jahresniederschlag, nicht überschreiten kann.

Da nach den Abb. 4 and Abb. 5 die Jahresmitteltemperatur und der mittlere Jahresniederschlag generell von Südostchina nach Nordwestchina abnehmen, muβdie wirkliche Verdunstung nach TURC ein ähnliches Aussehen haben, was Abb. 8 bestätigt. An einzelnen Orten in den Trockengebieten ist die wirkliche Verdunstung gleich Null, da dort fast kein Niederschlag fällt.

Die Verteilung der wirklichen in Verdunstung in Abb. 8 stimmt recht gut mit den Ergebnissen von BAUMGARTNER und REICHEL (1975) sowie BUDYKO (1977) überein. Hauptdaten der Wasserbilanzgröβen sind im Anhang, Tab. I, enthalten.

3.4 Bewässerung

Um in einem Pflanzenbestand die hö chste Produktivität zu erreichen, muβden Pflanzen ausreichend Wasser zur Verfügung stehen. Zur Abschätzung des maximalen Wasserbedarfs kann die potentielle Evapotranspiration herangezogen werden (HUBER, 1975). Die Differenz zwischen potentieller und wirklicher Verdunstung liefert dann die maximale Bewässerungsmenge (absolutes Verdunstungsdefizit)

$$B = V_P - V \tag{6}$$

Durch die minimalen Werte der wirklichen Verdunstung in den Trockengebieten (Taklamakan-Wüste und Tsaidam-Becken) steigt die maximale Bewässerungsmenge nach Nordwestchina hin an

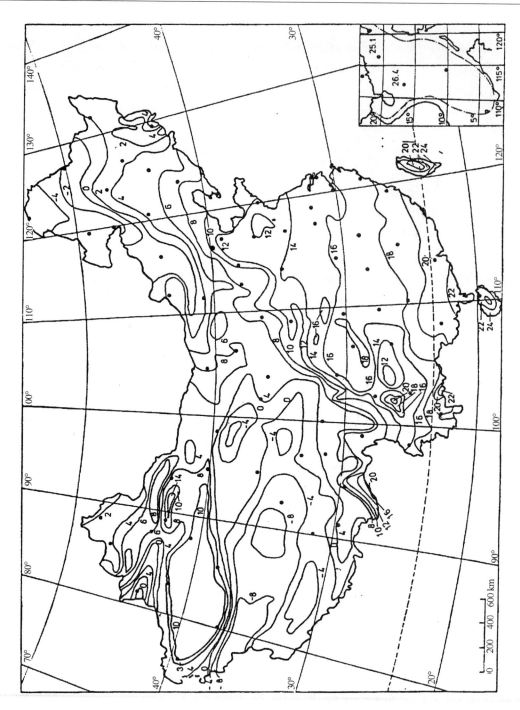

Abb. 5   **Verteilung der Jahresmittel der Lufttemperaturen (℃) in der V. R. China**

（Abb. 9）. In Südostchina müßten also 100～200mm Wasser pro Jahr zugeführt werden, um eine maximale Pflanzenproduktivität zu erreichen. Es gibt nach diesen Berechnungen in China kein Gebiet, in dem nicht bewässert werden müßte. In Tab. Ⅱ im Anhang sind die maximalen Bewässerungsmengen für 66 Stationen aufgeführt. Der maximale Wert ist hier in Hotian (746 mm/

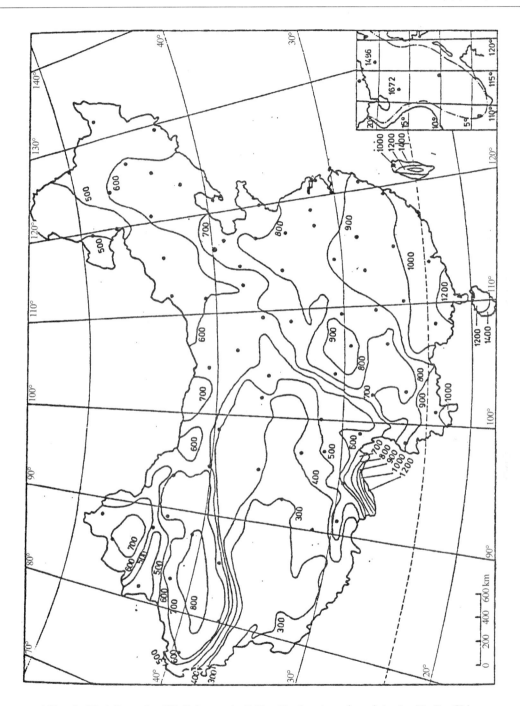

Abb. 6 Verteilung der jährlichen potentiellen Verdunstung (mm) in der V. R. China

a) , der minimale in Tengchung (20 mm/a) zu finden.

Als relatives Verdunstungsdefizit wird hier der Quotient aus wirklicher und potentieller Verdun-stung V/Vp Bezeichnet. Dieses Verhältnis beinhaltet im Grunde dieselbe Aussage wie die maximale Bewässerung, läßt aber keine Aussage über die Quantität der nötigen Bewässerung zu. Die Vertei-lung dieser Verhältniszahl ist in Abb. 10 aufgetragen.

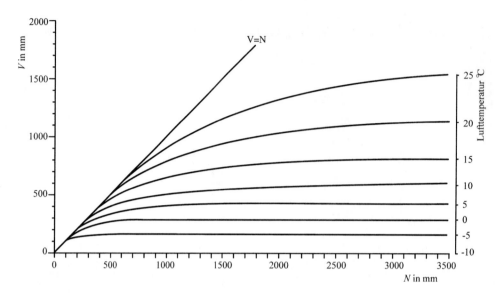

Abb. 7   Nomogramm zur Bewertung der realen Verdunstung nach der Formel von TURC (1954)

3.5   Trockenheitsindex

Zur Abstufung feuchter und trockener Klimate wird hier ein Trockenheitsindex I_T verwendet, der als Quotient zweier für die Pflanzenproduktion sehr wichtiger Faktoren, nämlich potentieller Verdunstung V_p und Niederschlag N, gebildet wird (potentielles Verdunstungsverhältnis):

$$I_T = \frac{V_P}{N} \tag{7}$$

Ist dieser Index kleiner als 1.0, so ist das Klima des entsprechenden Gebietes feucht. Je größere Werte der Index annimmt, desto trockener ist das Klima. Die Verteilung dieses Trockenheitsindexes für China (mittlere potentielle Jahresverdunstung nach THORNTHWAITE/mittlerer Jahresniederschlag) zeigt Abb. 11. Der Index nimmt auf dem Festland Werte zwischen 0.3 und 80 an.

Mit Hilfe dieses Trockenheitsindexes kann man nun das Klima von China klassifizieren, was für die Land- und Forstwirtschaft von großer Bedeutung ist. Mit dem Klassifikationsschema in Tab. 1 erhält man die in Abb. 12 dargestellte Einteilung Chinas in fünf Klimazonen.

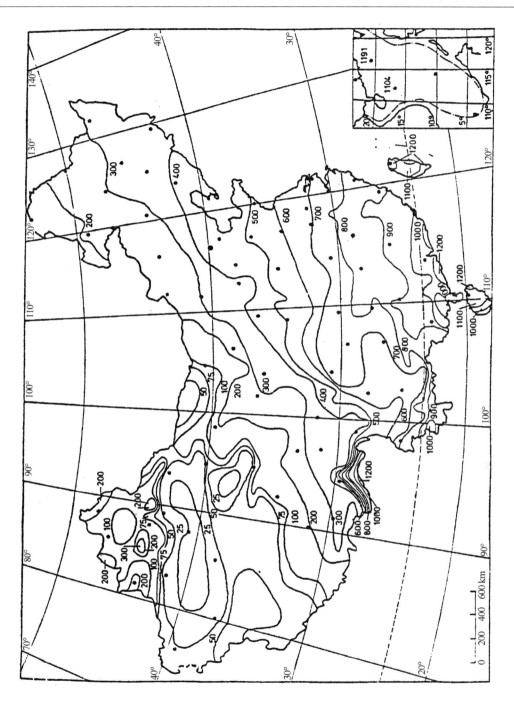

Abb. 8   Verteilung der wirklichen jährlichen Verdunstungshöhen (mm) in der V. R. China

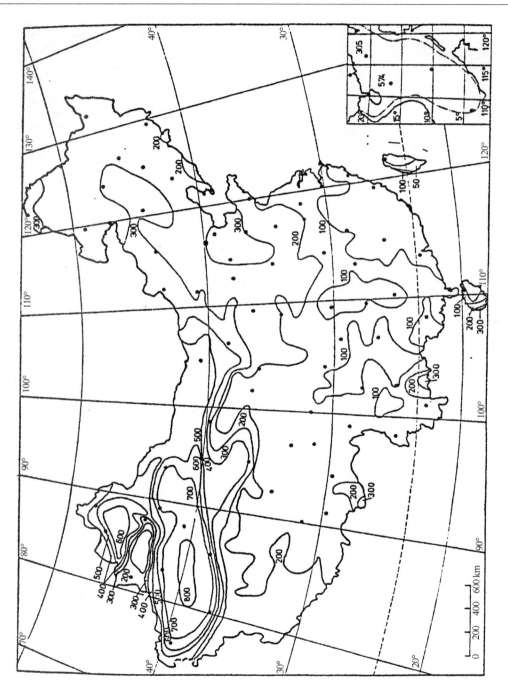

Abb. 9 Verteilung der mittleren Summe der potentiellen

Bewässerungshöhe（mm）= V_p-V in der V. R. China

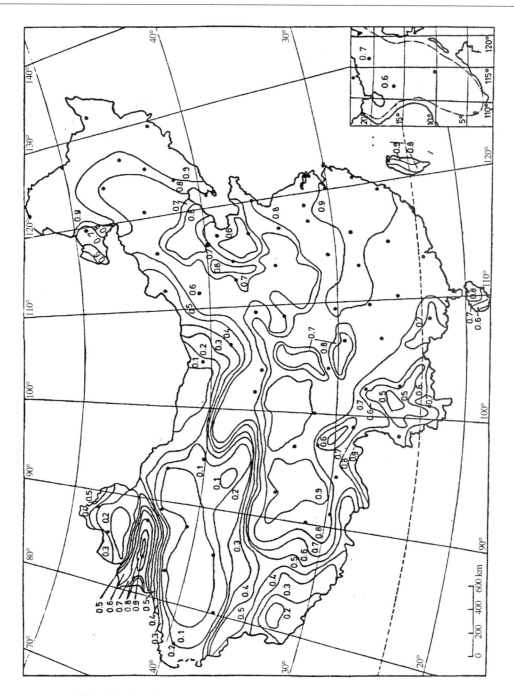

Abb. 10 Verteilung des Jahresmittels des Verdunstungsquotienten V/V_p

(aus wirklicher Verdunstung V zur potentiellen Verdunstung V_p) in der V. R. China

Tab. 1 Klimaklassifikation der V. R. China nach Trockenheitsindex V_p/N und mittlerer jährlicher Nidedrschlagshöhe N

Klimagürtel	Trockenheitsindex	jährl. Niederschlagshöhe（mm）	Flächenanteil in %
Waldklima	<1.0	über 600mm	40
Waldsteppenklima	1.0~1.4	400~600	24
Steppenklima	1.5~1.9	200~400	6
semiarides Klima	2.0~3.9	100~200	8
arides Klima	≥4.0	Unter100	22

Die Klimate sind folgendermaßen zu charakterisieren：

– Waldklima

Das Waldklima umfaßt mit einem Flächenanteil von 40% den größten Teil Chinas. Es erstreckt sich in West-Ost-Richtung von Lhasa bis Shanghai. in Nord-Süd-Richtung von Lanchow bis Chanchiang und im Nordosten zwischen Aihu und Luta sowie zwischen Changchun und Yenki.

– Waldsteppenklima

Das Waldsteppenklima hat nach dem Waldklima den zweitgrößten Flächenanteil in China und weist seine größte Ausdehnung in der Löß-Hochebene und im westlichen Teil der nordchinesischen Tiefebene auf.

- Steppenklima/semiarides Klima

Diese beiden Klimazonen sind relativ schmale übergangszonen mit ihren größten Ausdehnungen westlich der nord chinesischen Tiefebene bzw. in Tibet.

– arides Klima

Diese Klimazone umfaßt alle Trockengebiete, wie z. B. das Tarim-, das Dsungar-, das Tsaidam-Becken, die innere mongolische Wüste sowie Teile Tibets. Es ist nach der hier verwendeten Einteilung die drittgrößte Klimazone Chinas.

Nach dieser Einteilung Chinas in Klimazonen sind die Zonen "Waldklima" und "Waldsteppen-klima" für die Land- und Forstwirtschaft günstig. In den anderen Zonen ist die Pflanzen-produktion zwar auch möglich, aber nur in kleinen Gebieten, in denen genügend Wasservorräte（Grundwasser, Seen und Flüsse）vorhanden sind. Land- und Forstwirtschaft auf grossen Flächen würde dort die ökologische Bilanz zerstören. Das Steppenklima ist nur für die Viehzucht geeignet. Die semiaride Zone ist das Übergangsgebiet zwischen dem Steppenklima und dem ariden Klima und daher ökologisch unstetig. Dies bedeutet, daßman dieses Gebiet durch geeignete Maßnahmen in Grasland umwandeln kann；Wenn man aber nichts unternimmt, wird es sich wahrscheinlich in ein arides Gebiet verwandeln.

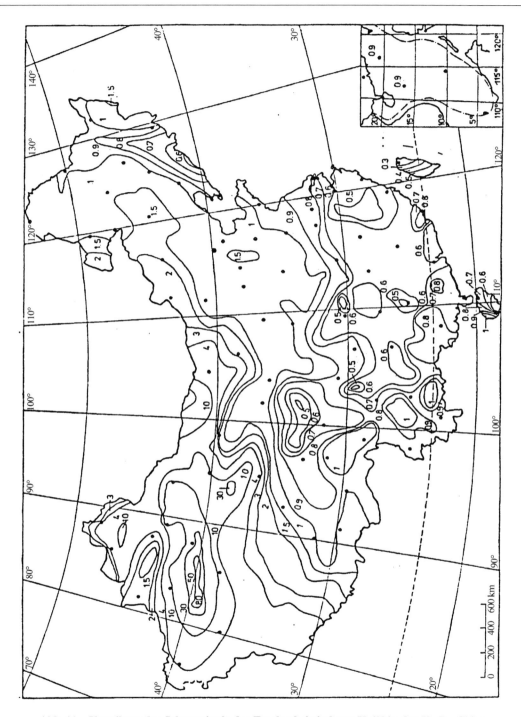

Abb. 11 Verteilung des Jahresmittels des Trockenheitsindexes V_p/N in der V. R. China

Für den zur Zeit im Nordwesten, Norden und Nordosten China entstehenden Waldstreifen wäre demnach der Grenzbereich zwischen waldsteppen- und Steppenklima der beste Standort, da dort mehr Wasser zum Wachstum zur Verfügung steht und somit der Wald seine schützende Rolle besser wahrnehmen Kann. Da jedoch nach BAUMGARTNER (1971 ~ 1982) und HE (1961 bis1981) die

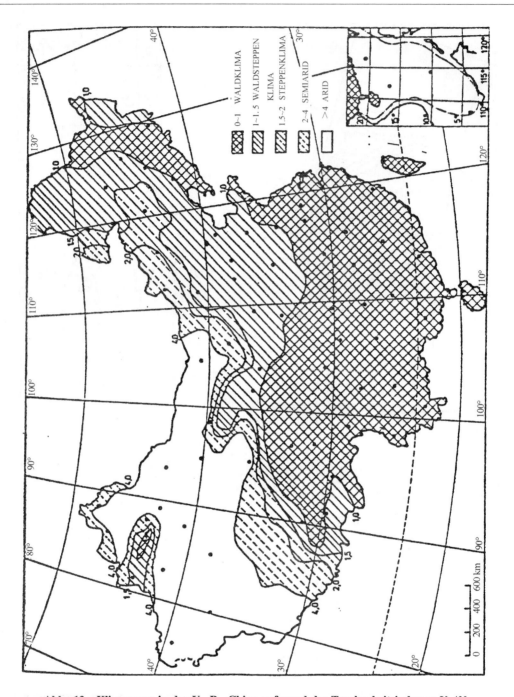

Abb. 12 Klimazonen in der V. R. China aufgrund des Trockenheitsindex es V_p/N

Verdunstung von Wald etwa 30% bis 40% höher als die von Gras- und Ackerlund ist, ist es ratsam, einen lockeren Waldstreifen anzubauen, damit vom Wald nicht zuviel Wasser verbraucht und die ökologische Bilanz nicht zerstört wird.

3. 6 Abfluβ

Nachdem in den Abschnitten 3. 2 und 3. 3 Niederschlag (aus dem Klimaatlas von China) und Verdunstung (mit Hilfe der Formel von TURC) ermittelt wurden, läβt sich nun der Abfluβals Differenz dieser beiden Wasserbilanzkomponenten bestimmen. Genauso wie der mittlere Jahresnieder-schlag und die mittlere wirkliche Jahresverdunstung nimmt der mittlere Jahresabfluβvon Nordwesten (0 mm) nach Südosten (900 mm) am Rande von Wujisan- und Nanling-Gebirge zu (Abb. 13),

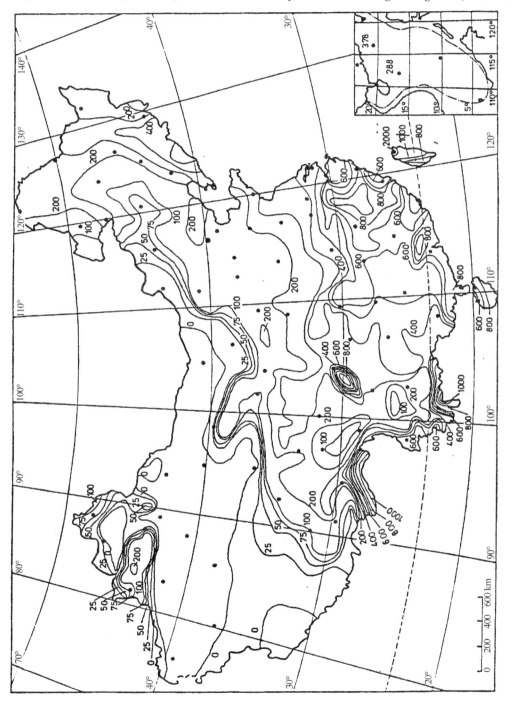

Abb. 13   Verteilung der mittleren Jahressumme der Abfluβhöhe (mm) in der V. R. China

was darauf zurückzuführen ist, daβder Niederschlagsgradient in dieser Richtung wesentlich gröβer als derjenige der Verdunstung ist. Auffällig ist die Singularität am sehr steilen Aufstieg vom Sin-chuan-Becken zum Hong-Duan-Gebirge, welche auch bei BAUMGARTNER und REICHEL (1975) sowie BUDYKO (1977) zu finden ist.

Der mittlere jährliche Abflußkoeffizient K, d. h. der Quotient aus AbflußA und Niederschlag N

$$K = \frac{A}{N} \qquad (8)$$

hat in China sein Maximum mit 0.7 am Oberlauf des Jangtze Kiang und des Huanghe Ho (Abb. 14). Von dort nimmt er sehr rasch zum Tsaidam-Becken hin ab. Im ganzen südöstlichen Teil nimmt er Werte zwischen 0.3 und 0.5 an.

Sämtliche bisher berechneten Größen, außer der maximalen Bewässerungsmenge, sind für die 66 Stationen in Tab. I im Anhang aufgeführt.

4 POTENTIELLE PFLANZENPRODUKTION

Die ausreichende Pflanzenproduktion bedeutet für China ein Problem. Einerseits sind zwar-außer in einem kleinen Teil Tibets und Nordostchinas-die Wärmebedingungen dafür ausreichend, was anhand der Globalstrahlungsverteilung in China in der Abb. 15 ersichtlich ist. Andererseits wird aber die Pflanzenproduktion durch das Wasserangebot sehr eingschränkt, das von Südosten nach Nordwesten stark abnimmt, wie in Kapitel 3 dargestellt wurde.

In den folgenden Abschnitten soll, in Ermangelung experimenteller Werte, die potentielle Primärproduktion von Pflanzen, die vor allem von günstigen Umweltbedingungen abhängt, mit Hilfe dreier von LIETH (1974) vorgestellten Formeln abgeschätzt werden. Die nachfolgenden ersten beiden Gleichungen wurden aus einem Datensatz (jeweils jährliche Produktivität, jährliche Niederschlagssumme, mittlere Jahrestemperatur) von etwa 50 weltweit verteilten Stationen statistisch gewonnen.

$$TSP_T = 3000 / (1 + e^{1.315 - 0.119 \cdot T}) \qquad (9)$$

$$TSP_N = 3000 \cdot (1 - e^{-0.00664 \cdot N}) \qquad (10)$$

$$TSP_V = 3000 \cdot (1 - e^{-0.0009695 \cdot (V - 20)}) \qquad (11)$$

mit: TSP_T = jährliche Trockensubstanzproduktion in Abhängigkeit von der mittleren Jahrestemperatur in $g/m^2 \cdot a$

TSP_N = jährliche Trockensubstanzproduktion in Abhängigkeit von der jährlichen Niederschlags-summe in $g/m^2 \cdot a$

TSP_V = Jährliche Trockensubstanzproduktion in Abhängigkeit von der wirklichen jahresverduns-tung in $g/m^2 \cdot a$

T = mittlere Jahrestemperatur in ℃

N = jahresniederschlagssumme in mm

V = wirkliche Jahresverdunstung in mm

Die Zahl 3000 steht für ein angenommenes, natürliches, groäflßchiges Produktionsmaximum

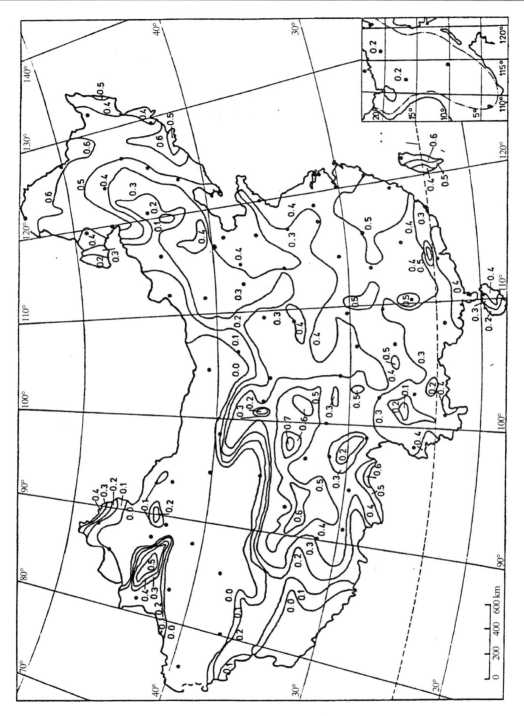

Abb. 14 Verteilung des mittleren jährlichen Abflußkoeffizienten A/N in der V. R. China

von 3000 g/m^2 · a. Die ersten beiden Gleichungen (9 und 10) sind unter dem Namen "Miami - Modell" bekannt geworden, wobei immer der kleinere der beiden Werte (TSP_T oder TSP_N) für einen bestimmten ort maßgebend ist. Die dritte Gleichung (11) trägt den Namen "Thornthwaite-Memorial -Modell", wobei neben der wirklichen Verdunstung V auch die potentielle Verdunstung V_P

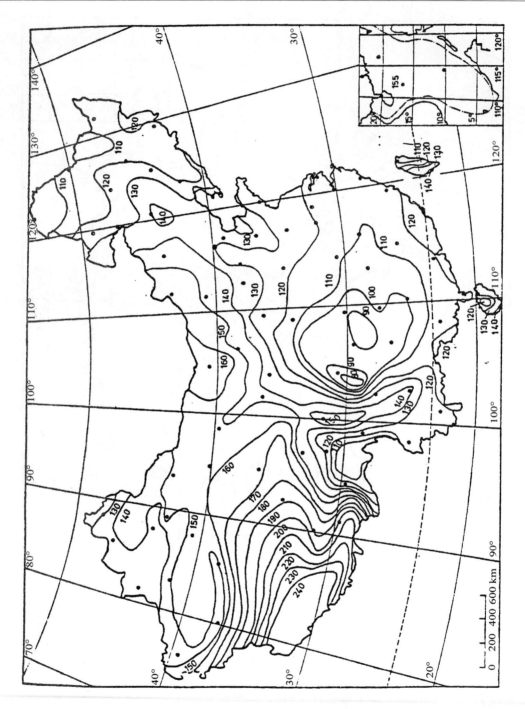

Abb. 15 Verteilung der jährlichen Globalstrahlung（kcal/cm² · a）in der V. R. China
verwendet wird.

Die fundtionellen Beziehungen zwischen der Trockensubstanz-produktion und den steuernden Klimaelementen Temperatur und Niederschlag sind in den Abb. 16 und 17 dargestellt.

In der Nebenskala zur Temperatur（Abb. 16）ist die Nieder-schlagshöhe angegeben, die herrschen sollte, um die potentielle Produktionshöhe zu erreichen（siehe hierzu auch die Tab. Ⅵ im

Anhang）. Eine tabellarische Übersicht dieses Zusammenhanges ist im Anhang, Tab. Ⅲ, gegeben.

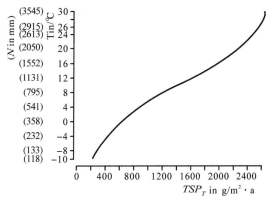

Abb. 16 Beziehung zwischen der Trockensubstanzproduktion TSP_T (g/m^2 · a)

und der Lufttemperatur T (℃) ; nach Gleichung (9)

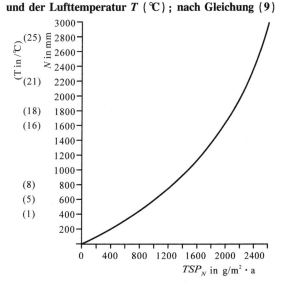

Abb. 17   Beziehung zwischen der Trockensubstanzproduktion TSP_N (g/m^2 · a) und der

Niederschlagshöhe N (mm) ; nach Gleichung (10)

In der Nebenskala zur Niederschlagshöhe (Abb. 17) ist die temperature angegeben, die etwa herrschen sollte, damit die potentielle Produktionshöhe erreicht wird (siehe hierzu auch die Tab. Ⅶ im Anhang). Eine tabellarische über-sicht über diesen Zusammenhang ist im Anhang, Tab. Ⅳ, gegeben.

Obwohl vor allem, lokal gesehen, außer der Temperatur und dem Niederschlag noch andere Faktoren, wie Boden oder Dünger, eine wesentliche Rolle für die Pflanzenproduktion spielen, gibt LIETH (1974) für das "Miami-Modell" einen Vertrauensbereich von 60% ~ 75% an.

Da zusätzlich zur Abhängigkeit der wirklichen Verdunstung von den verschiedenen Klimaelementen die Beziehung zwischen Transpiration und Nettoassimilation nahezu linear ist-je größer die wirkliche Verdunstung, desto größer ist die Nettoassimilation-, sollte das "Thornthwaite-Memorial-

Modell" exakter als das "Miami-Modell" sein.

Nach LIETH (1974) ist das "Thornthwaite-Memorial-Modell" erfolgreich für Nordamerika angewandt worden, wobei die Produktivitätskarten auch quantitativ ausgewertet wurden. In Mozambique wurde mit Hilfe des "Miami-Modells" versucht, die regionale Produktivitätsssteigerung durch Veränderung des Wasserfaktors quantitativ vorherzusagen, nachdem das Wasser aus dem Cabora-Staudamm zur Verfügung stand (LIETH, 1974). HUBER (1975) für Chile und ENDERS (1979) für den Nationalpark Berchtesgaden (Bundesrepublik Deutschland) haben ebenfalls mit diesen Modellen Produktivitätskarten erstellt, wobei ENDERS zwischen der Produktion für Wald-Busch- und Grünland unterscheidet.

4.1　Anwendung des "Miami-Modells"

Die Jährliche Trockensubstanzproduktion in Abhängigkeit von der mittleren Jahrestemperatur nach der Gleichung (9) des "Miami-Modells" wurde für jeden Gitterpunkt berechnet und in Abb. 18 in Form von Isolinien dargestellt (siehe auch Tab. III im Anhang). Obwohl die Beziehung zwischen Temperatur und Pflanzenproduktion nicht linear ist (siehe Abb. 16), ergibt sich eine Produktionsverteilung, die einähnliches Aussehen hat wie die Verteilung der Temperatur (vgl. Abb. 5). Die Pflanzenproduktion nimmt ebenfalls von südden nach Norden sowie von Osten nach Westen ab, wobei die Abnahme von Süden nach Norden größer ist als die von Osten nach Westen. Die Isolinien verlaufen im Osten fast breitenkreisparallel. Im Sinchuan-Bek-ken (ca. 2000g/m^2 · a) ist die Produktivität dagegen höher als in gleicher geographischer Breite am Unterlauf des Jangtze Kiang (ca. 1800g/m^2 · a). Das Maximum der berech-neten Pflanzenproduktion mit 2400g/m^2 · a ist bei Chanching im äußersten Süden zu finden, das Minimum mit 300g/m^2 · a im Hochland von Zentraltibet. Ein sekundäres Minimum gibt es im äußersten Norden am Amur-Fluß.

Weiter erkennt man in Abb. 18, daßim Tarim-Becken aufgrund der Temperatur dieselbe Pflanzenproduktion zu erreichen ist wie in Peking und der nordchinesischen Tiefebene (ca. 1500g/m^2 · a). Außerdem ist die innere mongolische Wüste mit der nordostchinesischen Tiefebene (ca. 1000g/m^2 · a) vergleichbar.

Zusammenfassend kann also festgestellt werden, daßin China aufgrund der Temperaturverhä ltnisse eine hohe pflanzliche Produktivität möglich ist.

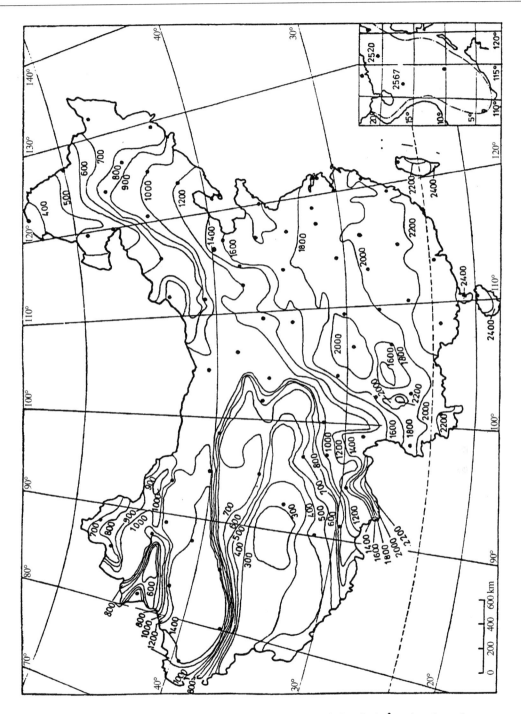

Abb. 18 **Potentielle jährliche Trockensubstanzproduktion (g/m² · a) aufgrund der Temperaturverhältnisse in der V. R. China**

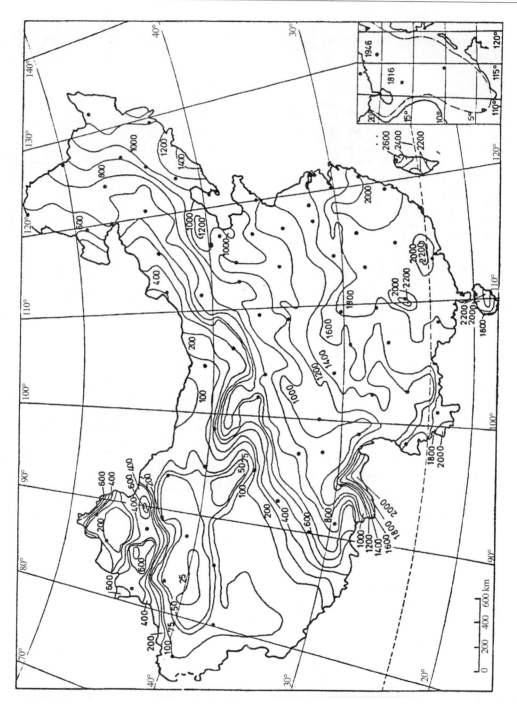

Abb. 19 Potentielle jährliche Trockensubstanzproduktion（g/m² · a）
aufgrund der Niederschlagsverhältnisse in der V. R. China

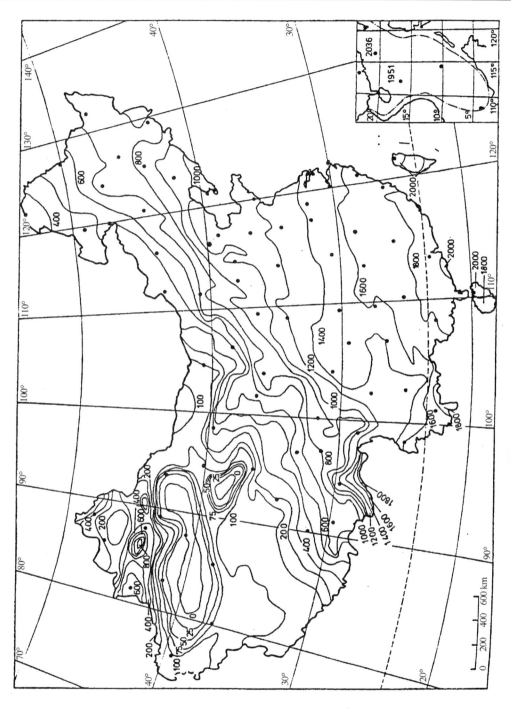

Abb. 20 Potentielle Trockensubstanzproduktion ($g/m^2 \cdot a$) aufgrund der
wirklichen Verdunstung in der V. R. China

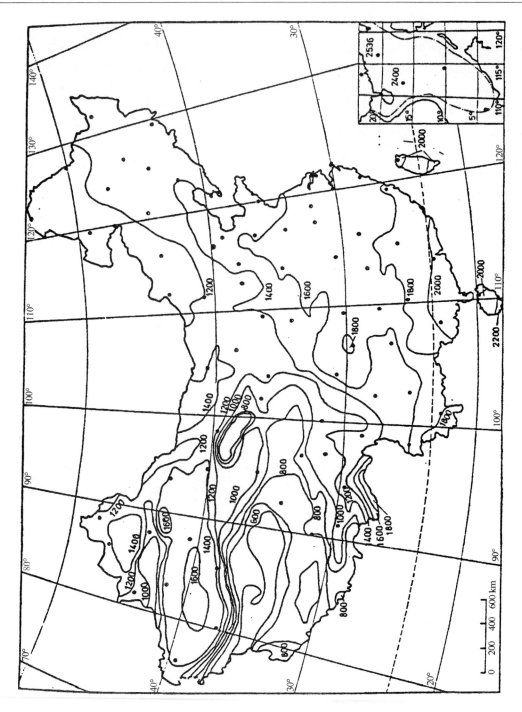

Abb. 21 Potentielle Pflanzenproduktion (g/m² · a) aufgrund der
potentiellen Verdunstung in der V. R. China

Dieselben Berechnungen wurden für die Gleichung (10) des "Miami-Modells" durchegführt, und die Ergebnisse sind.

in der Abb. 19 dargestellt (siehe auch Tab. IV im Anhang). Aufgrund der Niederschlagshöhen ergibt sich ebenfalls ein Anstieg der Primärproduktion von Nordwesten (Minimum ca. 0 -25 g/m$^2 \cdot$ a) nach Südosten (Maximum ca. 2200 g/m$^2 \cdot$ a), wo demnach bezüglich des Niederschlags günstigste Bedin -gungen herrschen. Tiefere Werte als mit der Temperatur werden vor allem im Norden (Provinz Heilungkiang) und im Luv des Himalaya - Gebirges erreicht, d. h. dort wird die Pflanzenproduktion durch den Niederschlag beschränkt.

Die möglichen Steigerungsraten der Pflanzenproduktion einzelner Gebiete Chinas sind Tab. 3 zu entnehmen. Die Steigerungsraten liegen zwischen 5% und 1200 %. So wäre zum Beispiel durch Bewässerung in den Trockengebieten eine Pflanzenproduktion zu erzielen, wie sie für das Einzugsgebiet des Jangtze Kiang errechnet wurde. Könnte man also den Jangtze Kiang von Südostchina nach Nordwestchina umleiten, würde die Wüste in Ackerland and Waldgebiete umgewandelt werden können.

4. 2 Anwendung des "Thornthwaite-Memorial-Modells"

Das Ergebnis der Berechnung der potentiellen Trockensubstanzproduktion über die Gleichung (11) unter Benutzung der wirklichen Verdunstung (entsprechend Abb. 8) ist in der Abb. 20 enthalten; siehe hierzu auch die Daten im Anhang, Tab. V.

Da die hier verwendete "wirkliche Verdunstung" auf der Formel (5) von TURC (1954) basiert, die sich auf die Jahresmitteltemperatur und die Jahresniederschlagshöhe stützt, ist dieÄhnlichkeit der Ergebnisse des "Miami-Modells" und des "Thornthwaite-Memorial-Modells" nicht überraschend. Diese Ähnlichkeit wird sowohl beim Vergleich der Abb. 20 und 21 als auch aus der Tab. 2 deutlich, in der die nach den verschiedenen Methoden berechneten Produktionen.

Tab. 2   Vergleich der berechneten potentiellen Pflanzenstoffproduktionen
(g/m$^2 \cdot$ a) in der V. R. China nach den Gleichungen (9), (10) und (11)

Gebiete	TSP_T	TSP_N	TSP_{T+N}	TSP_V
Moho	< 400	< 700	< 400	< 400
Kleiner Khinganling	600 ~ 800	900 ~ 1000	600 ~ 800	600 ~ 700
Großer Khinganling	400 ~ 700	600 ~ 800	400 ~ 700	400 ~ 600
Shanziang-Ebene	700 ~ 800	900 ~ 1000	700 ~ 800	600 ~ 700
Zhangbaishan	700 ~ 1200	900 ~ 1400	700 ~ 1200	700 ~ 1000
Nordostchines Tiefebene	700 ~ 1200	800 ~ 1200	700 ~ 1200	700 ~ 900
Innere mongolische Steppe	600 ~ 800	500 ~ 700	500 ~ 700	500 ~ 600
Nordchinesische Tiefebene	1500 ~ 1800	1000 ~ 1200	1000 ~ 1200	1000 ~ 1200
Lößplateau	1100 ~ 1600	800 ~ 1100	800 ~ 1000	700 ~ 1000
Qingling	1600 ~ 1800	1300 ~ 1400	1300 ~ 1400	1200 ~ 1300
Flußgebiet des Jangtze	1800 ~ 2000	1500 ~ 1800	1500 ~ 1800	1400 ~ 1600
Südlich von Nanling	2200 ~ 2400	2000 ~ 2200	2000 ~ 2200	1800 ~ 2000

(Forts.)

Gebiete	TSP_T	TSP_N	TSP_{T+N}	TSP_V
Sichuanbecken	2000 ~ 2100	1400 ~ 1600	1400 ~ 1600	1300 ~ 1500
Yünan- und Kweichowplateau	1600 ~ 2000	1400 ~ 1600	1400 ~ 1600	1300 ~ 1500
Südlicher Teil von Yünan	2000 ~ 2300	1800 ~ 2100	1800 ~ 2100	1600 ~ 1900
Luv des Himalaya	1000 ~ 2100	1000 ~ 2100	1000 ~ 2100	900 ~ 1700
Östlicher Teil von Tibet	800 ~ 1100	800 ~ 1000	800 ~ 1000	700 ~ 900
Zentraltibet	300 ~ 500	50 ~ 200	50 ~ 200	50 ~ 200
Tarimbecken	800 ~ 1500	20 ~ 100	20 ~ 100	0 ~ 100
Tsaidambecken	700 ~ 800	50 ~ 100	50 ~ 100	0 ~ 100
Innere mongolische Wüste	1100 ~ 1200	100 ~ 200	100 ~ 200	100 ~ 200
Dsungarbecken	800 ~ 1000	200	200	200
Nördlicher Teil des Xinjiang	800 ~ 1100	600 ~ 700	600 ~ 700	500 ~ 600
Insel Tainan	2300 ~ 2400	2200 ~ 2600	2200 ~ 2400	2000 ~ 2100
Insel Hainan	2400	1800 ~ 2100	1600 ~ 2200	1900 ~ 2000
Insel im süd-chinesischen Meer	> 2500	> 1800	> 1800	> 1800

verglichen sind. Anhand der Abb. 21, in der die maximal mögliche Pflanzenstoffproduktion dargestellt wird, zeigt sich jedoch, daß die maximalen Werte südlich von Yünan, wie sie durch das "Miami-Modell" erzielt werden, bei Verwendung des "Thornthwaite-Modells" nicht auftraten.

Von besonderem Interesse ist, wie die Pflanzenstoffproduktion gesteigert werden kann, wenn der Fehlbetrag des Niederschlages durch Bewässerung soweit aufgefüllt wird, daß die wirkliche Verdunstung zur potentiellen Verdunstung anwächst. Die Absch? tzung ist nach der Berechnung der Pflanzenproduktion mit Hilfe der Werte der potentiellen Verdunstung möglich, die für Abb. 6 nach der Thornth-waite-Verdunstungsformel (4) ermittelt wurde. Die maximal mögliche Pflanzenstoffproduktion, d. h. die Produktion bei immer ausreichendem Wasserangebot, vor allem über Bewässerung, ist aus der Abb. 21 zu ersehen.

Die möglichen Steigerungsraten ergeben sich aus der Differenz TSP_{V_p}-TSP_V und die relative Steigerung $\triangle$p berechnet sich zu jeweils:

$$\triangle p = 100 \cdot [TSP_{V_p} — TSP_V] / TSP_V \tag{12}$$

Die mglichen Steigerungsraten der einzelnen Gebiete Chinas sowie die erforderlichen Bewässerungsmengen sind der Tab. 3 zu entnehmen

Tab. 3 Mittlere Jahressummen von wirklicher Verdunstung V

(in mm), potentieller Verdunstung V_p nach Thornthwaite (in mm),

Bewässerungsmenge B (in mm), Pflanzenproduktionen TSP_V und TSP_{V_p} (jeweils in g/m² · a)

sowie Differenz $\triangle$ (sowohl in g/m² · a als auch in %) zwischen TSP_{V_p} und TSP_V

Gebiete	V	Vp	B	TSP_V	TSP_P	$\triangle$	$\triangle\%$
Innere mongolische Steppe	200 ~ 300	500 ~ 600	300	500 ~ 600	1100 ~ 1200	600	100 ~ 120
Nordchinesische Tiefebene	400 ~ 600	700 ~ 800	200 ~ 300	1000 ~ 1300	1500 ~ 1600	400 ~ 500	40
Lößplateau	300 ~ 400	500 ~ 700	300	700 ~ 1000	1100 ~ 1400	400 ~ 500	40 ~ 50
Qingling und Huaiho	500 ~ 700	700 ~ 900	200	1200 ~ 1400	1500 ~ 1700	300	20 ~ 25
Flußgebiet des Jangtze	700 ~ 800	800 ~ 900	100	1400 ~ 1600	1600 ~ 1700	100 ~ 200	7 ~ 13
Südlich des jangtze bis Nanling	800 ~ 900	900 ~ 1000	100	1600 ~ 1800	1700 ~ 1900	100	5 ~ 6
Südlich von Nanling	900 ~ 1100	1000 ~ 1300	100 ~ 200	1800 ~ 2000	1900 ~ 2100	100	5 ~ 6
Sichuanbecken	600 ~ 800	700 ~ 900	100	1300 ~ 1500	1500 ~ 1800	200 ~ 300	15 ~ 20
Yüunan-kweich-ow-Plateau	600 ~ 700	800	100 ~ 200	1300 ~ 1500	1500 ~ 1600	100 ~ 200	7 ~ 13
Östlicher Teil von Tibet	300 ~ 500	500 ~ 600	100 ~ 200	700 ~ 900	1000 ~ 1300	300 ~ 400	43
Tarimbecken	20 ~ 50	600 ~ 800	500 ~ 700	0 ~ 100	1400 ~ 1600	1400 ~ 1500	1400
Tsaidambecken	20 ~ 50	400 ~ 500	300 ~ 400	0 ~ 100	800 ~ 1000	800 ~ 900	800
Innere mongolishe wüste	50 ~ 100	600 ~ 700	400 ~ 600	100 ~ 200	1300 ~ 1400	1200	600 ~ 1200
Dsungarbecken	100	700	600	200	1400 ~ 1500	1200 ~ 1300	600 ~ 650
Nördlicher Teil des Xinjiang	100 ~ 200	600	400 ~ 500	500 ~ 600	1000 ~ 1200	500 ~ 600	100

5 KLASSIFIKATION DER V. R. CHINA NACH DER PFLANZENSTOFF-PRODUKTION

Die Einteilung Chinas in Pflanzenproduktionsgebiete wurde auf der Basis des "Thornthwaite-Memorial-Modells" unter Verwendung der wirklichen Verdunstung als Eingangsgröße (Abb. 20) vorgenommen. Eine solche Einteilung ist vor allem für die Land- und Forstwirtschaft vorteilhaft, da in diesen Gebieten jeweils annähernd gleiche Maßnahmen zur Erhöhung der Pflanzenproduktion getroffen werden müssen. Das Ergebnis dieser Einteilung geben Abb. 22 und Tab. 4 wieder.

5.1 Landesgliederung nach allgemeiner Produktion

- Jianguan

Dieses Gebiet, das beinahe den gesamten Südosten China südlich des Jangtze Kiang umfaßt, hat zwar die größte Pflanzenproduktion ($> 1500 \text{g/m}^2 \cdot \text{a}$), ist aber mit einem Flächenanteil von 18% nur das drittgrößte.

- Zhongyuan-Gebiet

Das Zhongyuan-Gebiet hat ungefähr dieselbe Größe wie das Jianguan-Gebiet. Es umfaßt die Hochebenen von Yünan und Kweichow und zieht sich über das Sichuan-Becken und das Quinling-Gebirge zur nordchinesischen Tiefebene hin. Die potentielle Pflanzenproduktion beträgt hier $1000 \sim 1500 \text{g/m}^2 \cdot \text{a}$.

- Dongxin

Dieses Gebiet, im wesentlichen ein 200 bis 1000 km breiter Streifen, der sich von Lhasa bis nach Nordostchina erstreckt, hat mit 28% den größten Anteil an der FlächeChinas. Die potentielle Pflanzenproduktion beträgt hier $500 \sim 1000 \text{g/m}^2 \cdot \text{a}$.

- Caohuang

Der größte Teil dieses Gebietes, das mit 15% Flächenanteil das kleinste ist, zieht sich als 100 bis 400 km breiter Streifen von Moho über die innere mongolische Steppe/Wüste nach Südwesttibet. Der kleinere Teil umfaßt das Dsungar-Becken. Im Caohuang-Gebiet kann nur an wenigen Orten Land- und Forstwirtschaft betrieben werden. Die potentielle Pflanzenproduktion ist sehr gering ($200 \sim 500 \text{g/m}^2 \cdot \text{a}$).

- Huangyan

Das nach dieser Einteilung zweitgrößte Gebiet beinhaltet das Tarim- und Tsaidam-Becken und das Hochland von Zentraltibet. Die potentielle Pflanzenproduktion beträgt hier unter $200 \text{g/m}^2 \cdot \text{a}$.

Tab . 4 Die potentiellen Pflanzenstoffproduktionen in der V. R. China, bezogen auf die wirkliche Verdunstung.

Nummer	Gebiet Name	Bereiche der $\text{g/m}^2 \cdot \text{a}$	Produktion $\text{t/hm}^2 \cdot \text{a}$	Fläche in China %
1	Jianguan	>1500	15	18
2	Zhongyuan	1000 ~ 1500	10 ~ 15	17
3	Dongxin	500 ~ 1000	5 ~ 10	28
4	Caohuang	200 ~ 500	2 ~ 5	15
5	Huangyan	<200	2	22

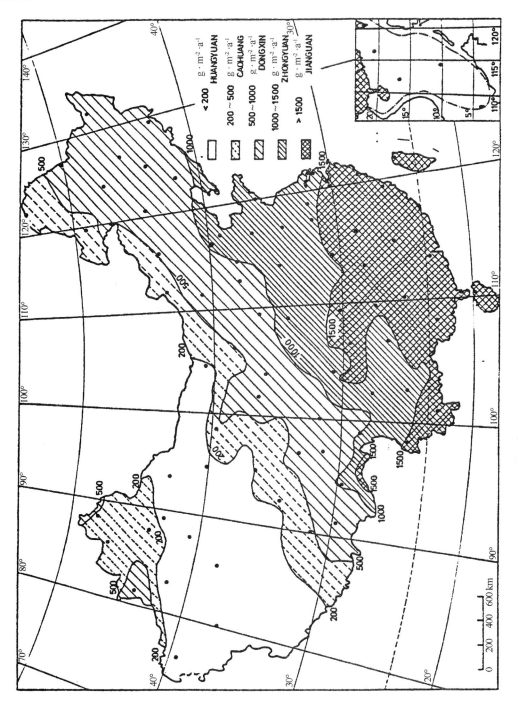

Abb. 22 Einteilung der V. R. China in Pflanzenproduktionsgebiete

5. 2　Getreideproduktion

Zur Abschätzung der GETREIDEPRODUKTION in diesen fünf Pflanzenproduktionsgebieten wurde angenommen, daßdiese die Hälfte der Trockensubstanzproduktion ausmacht:

$$G = 0.5 \cdot TSP_V \tag{13}$$

Entsprechende Daten sind in den Tab. 5 bis 10 enthalten.

5. 3　Holzproduktion

Der Abschätzung der HOLZPRODUKTION wurde vom Autor folgende Gleichung zugrunde gelegt:

$$H = \frac{0.6TSP_V\left(1 + \dfrac{Mg}{100}\right)}{Wg} \tag{14}$$

mit: H = Holzproduktion in $\text{m}^3/\text{hm}^2 \cdot \text{a}$

TSP_V = Trockensubstanzproduktion in $\text{kg}/\text{hm}^2 \cdot \text{a}$

Mg = Wassergehalt des Holzes (relativ zu Sg) in % (nach Untersuchungen an 93 Baumarten in China beträgt der durchschnittliche Wassergehalt. ca. 100% von Sg)

Wg = Holzgewicht bei bestimmtem Wassergehalt pro Festmeter in kg/m^3

$\quad\quad$ = 1000 $\cdot$ Sg $\cdot$ (1 + Mg/100) (s. INSTITUT FüR HOLZFOR-CHUNG, 1976)

Sg = Trockenholzgewicht in g/cm^3 (nach Untersuchungen an 207 Baumarten in China ist das durchschnittliche Trockenholzgewicht 0. 5 g/cm^3)

Der Faktor 0. 6 gibt das durehschnittliche Verhältnis von Stammholzgewicht zu Gesamtgewicht (einschl. BlÄtter, Äste, Zweige, Wurzeln) an.

Die mit diesen Annahmen berechneten Getreide- und Holzproduktionen sind in den Tab. 5 bis 10 zusammen mit den entsprechenden Klimabedingungen und Trockensubstanzproduktionen enthalten.

5. 4　Produktivität der Verdunstung

Als "Produktivität der Verdunstung" ($= L_W$) wird hier in allgemeiner Form der Quotient aus Evapotranspiration V und Trockensubstanzproduktion TSP_V bezeichnet:

$$L_W = \frac{V}{TSP_V} \tag{15}$$

Bezogen auf die refine Getreidemasseproduktionändert sich diese Gleichung unter Einbeziehung von Gleichung (13) zu:

$$L_{WG} = \frac{V}{G} \tag{15a}$$

bezogen auf die Holzvolumenproduktion, unter Einbeziehung von Gleichung (14) zu:

$$L_{WH} = \frac{V}{H} \tag{115b}$$

Dieses Verhältnis gibt also an, wieviel Wasser verdunstet werden muß, um eine bestimmte Menge an Trockensubstanz zu erzeugen. Obwohl nicht die Evapotranspiration, sondern der physiologische Vorgang der Transpiration sehr eng mit der Stoffproduktion gekoppelt ist (POLSTER, 1950), wurde hier für diese großflächige Betrachtung die Evapotranspiration verwendet. Die berechneten Werte von L_W (siehe hierzu Tab. 6) sind deshalb wahrscheinlich zu groß, aber in Ermangelung besserer Daten mußte damit vorliebgenommen werden.

5.5 Nutzeffekt der Globalstrahlung

Der für die jeweilige Stoffproduktion verfügbare Teil der Globalstrahlung ist in den Tab. 7 bis 10 angegeben, wobei folgende Beziehungen zugrunde gelegt wurden:

allgemein:
$$S = \frac{TSP \cdot b}{Q} \times 100\% \qquad (16)$$

für Getreide:
$$S_G = \frac{0.5 \cdot 4.1 \cdot TSP}{Q} \times 100\% = \frac{2.05 \cdot TSP}{Q} 100\% \qquad (17)$$

für Holz:
$$S_H = \frac{0.64 \cdot 4.7 \cdot TSP}{Q} 100\% = \frac{2.82 \cdot TSP}{Q} 100\% \qquad (18)$$

mit: S, S_G und S_H = Nutzeffekt der Trockensubstanzproduktion an der Globalstrahlung in %

b = Faktor (für Getreide: b = 4.1kcal/g

für Holz: b = 4.7kcal/g)

TSP = Trockensubstanzproduktion in g/hm$^2 \cdot$ a

Q = Globalstrahlung in kcal/hm$^2 \cdot$ a

Tab. 5   Jahresmittel bzw. Jahressummen der Klimaparameter und Pflanzenproduktion in den verschiedenen Gebieten der V. R. China

Gebiet		Jiangnan	Zhongyuan	Dongxin	Caohuang	Huangyan
	Q					
Klima-	kcal/m$^2 \cdot$ a	90 ~ 120	80 ~ 140	110 ~ 150	130 ~ 200	140 ~ 240
bedin-	T (℃)	15	8 ~ 15	(-3) - (+8)	(-6) - (+4)	(-8) - (+10)
gung	N (mm)	1100	600 ~ 1100	300 ~ 1100	100 ~ 300	100
	V (mm)	700	400 ~ 700	200 ~ 800	100 ~ 200	100
Production an	g/m$^2 \cdot$ a	1500	1000 ~ 1500	500 ~ 1000	200 ~ 500	200
Trocken-	t/hm$^2 \cdot$ a	15	10 ~ 15	5 ~ 10	2 ~ 5	2
substanz	Getreide					
ökono-	(t/hm$^2 \cdot$ a)	7.5 ~ 10.5	5.0 ~ 7.5	2.5 ~ 5.0	1.0 ~ 2.5 *	–
Mische	Mittel (t/hm$^2 \cdot$ a)	9.0	6.25	3.75	1.75 *	–
	Holzvorrat m^3/hm$^2 \cdot$ a	18.0 ~ 25.2	12 ~ 18	6 ~ 12	1.4 ~ 6.0 *	–
produktion	Mittel (m^3/hm$^2 \cdot$ a)	21.6	15	9	4.2 *	–

Q: Globalstrahlung

T: Lufttemperatur

N: Niederschlagsmenge

V: wirkliche Verdunstung

∗ : nur für einen Teil des Gebietes

Tab 6   Leistungsfähigkeit der Verdunstung in der V. R. China

		Jianguan	Zhongyuan	Dongxin	Caohuang	Huangyan
V (mm/a)		700 ~ 1200	400 ~ 700	200 ~ 500	100 ~ 200	100
TSP_V (g/m^2 · a)		1500 ~ 2100	1000 ~ 1500	500 ~ 1000	200 ~ 500	200
L_W allgemein (in g/g)	Bereich	467 ~ 571	467 ~ 400	400 ~ 500	400 ~ 500	500
	Mittel	519	434	450	450	500
L_{WG} für Getreide (in t/t)	Bereich (· 10^3)	0.93 ~ 1.14	0.80 ~ 0.93	0.80 ~ 1.00	1.0 ~ 0.8 *	–
	Mittel (· 10^3)	1.06	0.88	0.93	0.86 *	
L_{WH} für Holz (in t/m^3)	Bereich (· 10^3)	0.39 ~ 0.48	0.33 ~ 0.39	0.33 ~ 0.42	0.33 ~ 0.42 *	–
	Mitte (· 10^3)	0.44	0.37	0.39	0.36	

L_W: Leistungsfähigkeit der Verdunstung

*: nur in einigen Gebieten Getreide- und Holzproduktion möglich

Tab. 7   Nutzeffekt der Sonnenenergie für die Pflanzenproduktion in der V. R. China

Gebiet	Globalstrahlung Q (10^9 kcal/hm^2 · a)	Produktion TSP_V (10^6 · kcal/hm^2 · a)	Landwirtschaft Energie $TSP_V · b$ (10^6 kcal/hm^2 · a)	Landwirtschaft Nutzeffekt $S(\%)$	Forstwirtschaft Energie $TSP_V · b$ (10^6 · kcal/hm^2 · a)	Forstwirtschaft Nutzeffekt $S(\%)$
Jiangnan	9 ~ 14	15 ~ 21	61.5 ~ 86.1	0.65	70.5 ~ 98.7	0.75
Zhongyuan	8 ~ 14	10 ~ 15	41.0 ~ 61.5	0.48	47.0 ~ 70.5	0.55
Dongxin	11 ~ 15	5 ~ 10	20.5 ~ 41.0	0.23	23.5 ~ 47.0	0.26
Caohuang	13 ~ 20	2 ~ 5	8.2 ~ 20.5	0.88	9.4 ~ 23.5	0.10
Huangyan	14 ~ 24	<2	–	–	–	–

Tab. 8   Nutzeffekt der Sonnenenergie für Land- und Forstwirtschaft in der V. R. China

Gebiet	Getreide TSP (t/hm^2 · a)	Getreide 0.5 · TSP · b (10^6 kcal/hm^2 · a)	Getreide Nutzeffekt $S_G(\%)$	Holz H (m^3/hm^2 · a)	Holz TSP (t/hm^2 · a)	Holz 0.6 · TSP · b (10^6 · kcal/hm^2 · a)	Holz Nutzeffekt $S_H(\%)$
Jiangnan	30.8 ~ 43.1	0.33	8.0 ~ 25.2	9.0 ~ 12.6	42.3 ~ 59.2	0.45	7.5 ~ 10.5
Zhongyuan	20.5 ~ 30.8	0.24	12.0 ~ 18.0	6.0 ~ 9.0	28.2 ~ 42.3	0.33	5.0 ~ 7.5
Dongxin	10.3 ~ 20.5	0.12	6.0 ~ 12.0	3.0 ~ 6.0	14.1 ~ 28.2	0.16	2.5 ~ 5.0
Caohuang	4.1 ~ 10.3	0.04	2.4 ~ 6.0	1.2 ~ 3.0	5.6 ~ 14.1	0.06	1.0 ~ 2.5
Huangyan	–	–	–	–	–	–	–

Tab. 9 Maximaler Nutzeffekt der Sonnenenergie für die Pflanzenproduktion in der V. R. China

Gebiet	TSP_{V_P} ($g/m^2 \cdot a$)	($t/hm^2 \cdot a$)	Landwirtschaft $0.5 \cdot TSP_{V_P} \cdot b$ ($10^6 kcal/hm^2 \cdot a$)	Nutzeffekt $S_G(\%)$	Forstwirtaschft $0.6 \cdot TSP_{V_P} \cdot b$ ($10^6 kcal/hm^2 \cdot a$)	Nutzeffekt $S_H(\%)$
Jiangnan	1600 ~ 2500	16 ~ 25	65.6 ~ 102.5	0.73	75.2 ~ 117.5	0.84
Zhongyuan	1400 ~ 1600	14 ~ 16	57.4 ~ 65.6	0.60	65.8 ~ 75.2	0.68
Dongxin	800 ~ 1400	8 ~ 14	32.8 ~ 57.4	0.34	37.6 ~ 65.8	0.39
Caohuang	600 ~ 1400	6 ~ 14	24.6 ~ 57.4	0.24	28.2 ~ 65.8	0.28
Huangyan	600 ~ 1600	6 ~ 14	24.6 ~ 65.6	0.23	28.2 ~ 75.2	0.26

Tab. 10 Maximaler Nutzeffekt der Sonnenenergie für Land- und Forstwirtschaft in der V. R. China

Gebiet	Getreide TSP_{V_p} ($t/hm^2 \cdot a$)	Mittelwert von TSP_{V_p} ($t/hm^2 \cdot a$)	Nutzeffekt $Sp(\%)$	H ($m^3/hm^2 \cdot a$)	Holz TSP_{V_p} ($t/hm^2 \cdot a$)	Mittelwert von H ($m^3/hm^2 \cdot a$)	Nutzeffekt $Sp(\%)$
Jiangnan	8.0 ~ 12.5	10.25	0.36	19.2 ~ 30.0	9.6 ~ 15.0	24.6	0.50
Zhongyuan	7.0 ~ 8.0	7.50	0.30	16.8 ~ 19.2	8.4 ~ 9.6	18.0	0.41
Dongxin	4.0 ~ 7.0	5.50	0.17	9.6 ~ 16.8	4.8 ~ 8.4	13.2	0.24
Caohuang	3.0 ~ 7.0	5.00	0.12	7.2 ~ 16.8	3.6 ~ 8.4	12.0	0.17
Huangyan	3.0 ~ 8.0	5.50	0.12	7.2 ~ 19.2	3.6 ~ 9.6	13.2	0.16

Der Prozentsatz des Nutzeffektes der Trockensubstanzproduktion an der Globalstrahlung bei der gesamten forstwirtschaftlichen Produktion liegt demnach immer über dem vergleichbaren der gesamten landwirtschaftlichen Produktion; jedoch kann in China nie mehr als etwa 1% der Globalstrahlung zur Pflanzenproduktion ausgenutzt werden (vgl. Tab. 7 und Tab. 9). Ebenso liegt dieser Nutzeffekt bei der reinen Holzproduktion höher als bei der reinen Getreideproduktion (vgl. Tab. 8 und Tab. 10). Diese Nutzeffekte der reinen Stoffproduktion sind jedoch immer geringer als die der gesamten Stoffproduktion. Durch Bewässerung (potentielle Verdunstung) läβt sich die Ausnutzung der Globalstrahlung zur Pflanzenproduktion (Sp) nur wenig steigern (vgl. Tab. 7 und 8 mit Tab. 9 und 10).

6 SCHLUSSFOLGERUNGEN

Die Ergebnisse dieser Untersuchung zeigen eine starke Differenzierung der Produktionsbedingungen für Nahrungsmittel in der V. R. China, die sich zwar mit den Erfahrungen weitgehend deckt, aber hinsichtlich der berechneten Werte durch systematische Erhebungen im Lande überprüft werden muβ. Insbesondere müssen die theoretischen Daten der Trockensubstanzproduktion mit den Werten von Felderhebungen verglichen werden. Dies war beabsichtigt, aber wegen fehlender Unterlagen bisher nur teilweise (Tab. IX im Anhang) möglich. Schlieβlich ist der zur Produktionssteigerung erforderliche Wasserbedarf anhand der sicherlich in China vorhandenen Messungen der hydrologischen und agrarmeteorologischen Dienste zu verifizieren.

7 LITERATURVERZEICHNIS

Albrecht, D. ; v. Dewitz, U. ; Goedecke, M. K. ; Müggenburg, N. ;chneider, T. (1980) : Landnutzungs-planung in China. Oberbaumverlag, Berlin

Baumgartner, A. (1971a): Einflußenergetischer Faktoren auf Klima, Produktion und Wasserumsatz in bewaldeten Einzugsgebieten. IUFRO-Konf. Gainesville, USA, S. 34

Baumgartner, A. (1971b): Der Wald als Austauschfaktor in der Grenzschicht Erde/Atmosphäre. Forstw. Cbl. 90, S. 174~182

Baumgartner, A. ; Matsuda, M. (1975):ökosystematische Simulation des Nutzeffektes der Sonnenenergie für Wälder. Forstw. Cbl. 94, S. 89~104

Baumgartner, A. ; Reichel, E. (1975): Die Weltwasserbilanz. R. oldenbourg Verlag, München

Baumgartner, A. (1978): Klimatische Funktionen der Wälder. Ber. Landw. 55, S. 708 ~ 717

Baumgartner, A. (1982): Wald und Biosphäre. Allgemeine Forst - Ztg. Heft 37, S . 615 ~ 621

Budyko et al. (1977): Atlas of World Water Balance. UdSSR National Committee for the international Hydrological Decade UNESCO Paris

Enders, G. (1979): Theoretische Topoklimatologie. Nationalpark Berchtesgaden, Forschungsberichte, S. 70 ~ 73

He Qingtang (1961): Transpiration eines Kiefernwaldes. Forschungsberichte der Forstw. Fakultät der Univ. Peking

He Qingtang (1964): Energiebilanz in einem Lärchenbestand in Nordostchina. Agrarmeteorologische Konferenz Chinas 1964. Ber. der Forstw. Fakultät der Univ. Peking

He Qingtang (1979): Meteorologie. Lehrbuch der Forstwissenschaftlichen Fakultät. Forstw. Verlag Peking, S. 152 ~ 170

He Qingtang (1980a): Energiehaushalt des Waldökosystems Komplex-Untersuchung der Akademie Chinas, S. 64 ~ 71.

He Qingtang (1980 b): The heat balance in Forest stands. Forstw. Chinas Heft 1, S. 24 ~ 33

He Qingtang (1981): Klima und forstwirtschaftliche. Produktion in Peking, Peking Forst-Ztg. , S. 9 ~ 17

Huber, A. (1975): Beitrag zur Klimatologie und Klimaökologie von Chile. Dissertation Forstw. Fak. , München, S. 67 ~ 77

Institut für Holzforschung (1976) : Handbuch der Holzproduktion in China, Jiangshi Provinz, China

Keller, R. (1961): Gewä sser-und Wasserhaushalt des Festlandes. Eine Einführung in die Hydrogeographie. Berlin, Leipzig

Landwirtschaftsministerium China (1985): Landwirtschaftliches Jahrbuch von China. Landwirtschaftsverlag. S. 143 ~ 150

Liebig, J. v. (1862): Briefe von Justus von Liebig (Archiv)

Lieth, H. (1974): Basis und Grenze für die Menschheitsentwicklung. Stoffproduktion der Pflanzen, Umschau 74, Heft 6, S. 169~174

Polster, H. (1950): Die physiologischen Grundlagen der Stofferzeugung im Walde. Untersuchungen über Assimilation, Respiration und Transpiration unserer Hauptholzarten. München

Thornthwaite, C. W. (1948): An approach towards a rational classification of climate. Geograph. Rev. 38, S. 55~94

Turc, L. (1954): Le bilan d'eau des sols. Relations entre les précipitations, 1'evaporation et 1'écoulement. Ann. Agron. 5

Whittaker, R. H.; Likens, G. E. (1973) : The Biosphere and Man. Journal of Human Ecology

Zentraler Wetterdienst Chinas (1978): Klimaatlas der V. R. China. Peking

Zhu Kozhen (1979): Einige Eigenschaften des Klimas in China und Getreideproduktion. Zhu Kozhen Werk, S. 455~465

Tab. I   Wasserhaushalt in China

ORT	T	N	Vp	V	KV	λ	K	I_T
	℃	mm/a	mm/a	mm/a		mm/a		
Moho	−5.0	390	456	156	0.4	234	0.6	1.2
Aihun	−2.6	490	510	213	0.4	277	0.6	1.0
Hailar	−2.3	350	485	202	0.4	148	0.6	1.4
Manchouli	−0.1	240	520	192	0.8	48	0.2	2.2
Tsitsihar	2.1	480	573	289	0.6	191	0.4	1.2
Nunkiang	−0.1	480	520	241	0.5	239	0.5	1.1
Kiamusze	2.0	570	575	302	0.5	268	0.5	1.0
Barbing	3.2	540	608	316	0.6	224	0.4	1.1
Changchun	5.0	590	626	354	0.6	236	0.4	1.1
Ulanhat	4.3	370	617	283	0.8	87	0.2	1.7
Yenki	4.0	550	576	331	0.6	219	0.4	1.0
Shenyang	7.4	720	658	420	0.6	300	0.4	0.9
Tungliao	5.8	390	645	304	0.8	86	0.2	1.7
Silinhat	1.0	270	536	214	0.8	56	0.2	2.0
Chihfeng	6.5	400	636	315	0.8	85	0.2	1.6
Chinchow	9.0	570	689	410	0.7	160	0.3	1.2
Yinkow	8.1	710	670	432	0.6	278	0.4	0.9
Tantung	7.9	1030	640	470	0.5	560	0.5	0.6
luta	9.3	750	666	463	0.6	287	0.4	0.9
Shanhaikwan	9.0	670	696	439	0.7	231	0.3	1.0
Changkiakow	6.1	440	611	327	0.7	113	0.3	1.4

（Forts.）

ORT	T	N	Vp	V	KV	λ	K	I_T
Peking	10.2	710	757	471	0.7	239	0.3	1.1
Tiensin	12.1	590	780	462	0.8	128	0.2	1.3
Shikiachwang	12.3	570	779	456	0.8	114	0.2	1.4
Taiyuan	8.4	470	611	346	0.7	124	0.3	1.3
Tatung	6.2	490	606	346	0.7	144	0.3	1.2
Erhlinhat	4.0	160	583	155	1.0	5	0.0	3.6
Huhehat	4.0	410	550	294	0.7	116	0.3	1.3
Psotov	4.5	400	609	296	0.7	104	0.3	1.5
Litsing	12.1	550	787	444	0.8	106	0.2	1.4
Tsingtao	11.8	690	745	495	0.7	195	0.3	1.1
Tsinan	11.9	710	789	503	0.7	207	0.3	1.1
Linfen	9.9	590	697	430	0.7	160	0.3	1.2
Yinchwan	8.1	270	642	250	0.9	20	0.1	2.4
Tengkow	6.3	140	652	140	1.0	0	0.0	4.7
Yulin	7.5	420	641	333	0.8	87	0.2	1.5
Yunan	9.0	610	657	422	0.7	188	0.3	1.1
Sian	12.3	590	746	465	0.8	125	0.2	1.3
Paoki	12.1	720	720	510	0.7	210	0.3	1.0
Tienshut	10.1	570	646	425	0.7	145	0.3	1.1
Kuynan	5.9	510	564	348	0.7	162	0.3	1.1
Lanchow	8.0	460	631	356	0.8	104	0.2	1.4
Mintsin	6.6	190	630	184	1.0	6	0.0	3.3
Heicheng	7.5	47	721	47	1.0	0	0.0	15.3
Sining	4.2	310	489	255	0.8	55	0.2	1.6
Kueiteh	−0.1	500	403	259	0.5	241	0.5	0.8
Dunhuang	9.0	50	704	50	1.0	0	0.0	14.1
kiayukuan	5.8	140	592	140	1.0	0	0.0	4.2
kiuchuan	6.5	100	627	100	1.0	0	0.0	6.3
Dachaidan	2.2	40	486	40	1.0	0	0.0	12.1
Chayu	12.5	1700	808	660	0.4	1040	0.6	0.9
Linzhi	14.0	690	659	495	0.7	195	0.3	1.0
Lhase	3.9	530	517	325	0.6	205	0.4	1.0
Shigatse	3.0	270	328	226	0.8	44	0.2	1.2
Laqu	−1.0	490	342	242	0.5	248	0.5	0.7
Yushu	−0.1	500	428	259	0.5	241	0.5	0.9
Shizuznho	0.1	70	363	70	1.0	0	0.0	5.2

(Forts.)

ORT	T	N	Vp	V	KV	λ	K	I_T
Punan	− 2. 5	75	330	74	1. 0	1	0. 0	4. 4
Gaize	− 3. 9	73	317	71	1. 0	2	0. 0	4. 3
Aletai	1. 9	250	550	210	0. 8	40	0. 2	2. 2
Tazheng	5. 9	260	630	235	0. 9	27	0. 1	2. 4
Klamay	8. 1	120	734	120	1. 0	0	0. 0	6. 1
Yilin	5. 0	320	517	265	0. 8	55	0. 2	1. 6
Ulumxi	5. 0	320	638	265	0. 8	55	0. 2	2. 0
Kshi	10. 1	55	736	55	1. 0	0	0. 0	13. 4
Akshu	8. 0	75	633	75	1. 0	0	0. 0	8. 4
Kurie	10. 1	52	719	52	1. 0	0	0. 0	13. 8
Hami	8. 0	40	677	40	1. 0	0	0. 0	16. 9
Xinxinxia	5. 9	76	607	76	1. 0	0	0. 0	8. 0
Sache	10. 1	50	738	50	1. 0	0	0. 0	14. 8
Hotian	10. 3	40	786	40	1. 0	0	0. 0	19. 6
Yutian	10. 1	45	752	45	1. 0	0	0. 0	16. 7
Qiemo	10. 1	25	753	25	1. 0	0	0. 0	30. 1
Mangyan	2. 5	25	484	25	1. 0	0	0. 0	19. 4
Lienyunkang	13. 0	920	779	585	0. 6	335	0. 4	0. 8
Suchow	13. 9	870	867	594	0. 7	276	0. 3	1. 0
Chengchow	14. 1	670	840	527	0. 8	143	0. 2	1. 2
Siangfan	15. 5	910	876	645	0. 7	265	0. 3	1. 0
Nanyang	14. 6	840	853	601	0. 7	239	0. 3	1. 0
Hanchung	14. 2	890	754	607	0. 7	283	0. 3	0. 8
Kwangyuan	15. 9	900	853	652	0. 7	248	0. 3	0. 9
Wuhan	16. 6	1300	929	777	0. 6	523	0. 4	0. 7
Ichang	16. 3	1200	881	746	0. 6	454	0. 4	0. 7
Wanhsien	17. 9	1190	891	797	0. 7	393	0. 3	0. 7
Joerhkai	2. 0	590	440	305	0. 5	285	0. 5	0. 7
Chengtu	16. 3	980	874	688	0. 7	293	0. 3	0. 9
Chungking	18. 5	1150	941	805	0. 7	345	0. 3	0. 8
Iping	18. 3	1170	889	805	0. 7	365	0. 3	0. 8
Kongting	11. 8	830	562	535	0. 6	295	0. 4	0. 7
Kantse	5. 7	650	512	377	0. 6	273	0. 4	0. 8
Sichang	18. 2	900	868	705	0. 8	195	0. 2	1. 0
Kweiyang	15. 8	1240	826	736	0. 6	504	0. 4	0. 7
Kumning	15. 5	900	765	642	0. 7	258	0. 3	0. 8

（Forts.）

ORT	T	N	V_p	V	KV	λ	K	I_T
Siakwan	18.0	650	820	572	0.9	78	0.1	1.3
Shinku	12.5	850	699	556	0.7	412	0.3	0.8
Tengchung	15.5	1400	771	751	0.5	649	0.5	0.6
Kingku	20.3	1300	1048	913	0.7	387	0.3	0.8
Shanghai	15.3	1170	859	706	0.6	464	0.4	0.7
Nanking	16.0	1020	870	683	0.7	337	0.3	0.9
Penypu	14.6	920	861	626	0.7	294	0.3	0.9
Hofei	15.6	990	874	672	0.7	318	0.3	0.9
Hangchow	16.3	1100	890	766	0.6	534	0.4	0.7
Nigpo	16.1	1330	884	763	0.6	567	0.4	0.7
Nanchang	17.0	1570	944	837	0.5	733	0.5	0.6
Changshe	17.1	1390	956	813	0.6	577	0.4	0.7
Kishow	17.0	1420	892	814	0.6	606	0.4	0.6
Foochow	18.3	1810	1014	929	0.5	881	0.5	0.6
Nanping	18.2	1630	952	899	0.6	731	0.4	0.6
Hengyang	18.0	1370	959	844	0.6	526	0.4	0.7
Kweilin	18.7	1800	993	948	0.5	852	0.5	0.6
Kanchow	19.0	1550	1003	922	0.6	628	0.4	0.6
Amoy	20.9	1450	1084	980	0.7	470	0.3	0.7
Shinkwan	20.0	1600	1081	977	0.6	623	0.4	0.7
canton	21.8	1770	1165	1100	0.6	670	0.4	0.7
Wuchow	20.8	1540	1157	1000	0.6	540	0.4	0.8
Linchow	20.5	1370	1110	942	0.7	428	0.3	0.8
Nanning	21.3	1300	1174	949	0.7	351	0.3	0.9
Posch	20.1	1180	1110	866	0.6	314	0.3	0.9
Chanchiang	23.2	1410	1307	1057	0.7	353	0.3	0.9
Swatow	22.0	1850	1170	1127	0.6	723	0.4	0.6
Haikon	23.0	1800	1279	1168	0.6	632	0.4	0.7
Chiai	21.5	2000	1213	1127	0.6	873	0.4	0.6
Taipei	21.8	3500	1363	1278	0.4	22222	0.6	0.3
Koshslung	24.0	1990	1350	1267	0.6	723	0.4	0.7
Tungsha-insel	25.1	1569	1496	1191	0.8	378	0.2	0.9
Hsisha-insel	26.4	1392	1678	1104	0.8	288	0.2	0.8

Tab. II Bewässerungsmenge B in China

ORT	V_P	V	B	B	ORT	V_P	V	B	B	ORT	V_P	V	B	B
	mm/a	mm/a	mm/a	t/hm²·a		mm/a	mm/a	mm/a	t/hm²·a		mm/a	mm/a	mm/a	t/hm²·a
Moho	456	156	309	3090	Mintsin	630	184	446	4460	Joerhkai	440	305	135	1350
Aihun	510	213	287	2970	Heicheng	721	47	674	6740	Chengtu	874	688	186	1860
Hailer	485	202	283	2830	Sining	489	255	234	2340	Chungking	941	805	136	1360
Manchouli	520	192	328	3280	Kueiteh	403	259	144	1440	Iping	889	805	84	840
Tsitsihav	573	289	284	2840	Dunhudow	704	50	654	6540	Kongting	562	535	27	270
Nunkiang	520	241	279	2790	Kiayukwan	592	140	452	4520	Kaptse	512	377	135	1350
Kiamusze	575	302	273	2730	Kinchuam	627	100	527	5270	Sichang	868	705	163	1630
Harbing	608	316	292	2920	Dachziden	486	40	446	4160	Kweiyang	826	736	90	900
Changchun	626	354	272	2720	Chayn	808	660	148	1480	Kunming	765	642	123	1230
Ulanhat	617	283	334	3340	Linzhi	659	495	164	1640	Siakwan	820	572	248	2480
Yenki	576	331	245	2450	Lhaza	517	325	192	1920	Shihku	699	556	143	1430
Shenyang	658	420	238	2380	Shigatse	328	226	102	1020	Tengchung	771	751	20	200
Tungliao	645	304	341	3410	Laqu	342	242	100	1000	Kingku	1048	918	130	1300
Silinhat	536	214	322	3220	Yushu	428	259	169	1690	Shanghai	859	706	153	1530
Chihfeng	636	315	321	3210	Shizuanko	363	70	293	2930	Nanking	870	683	187	1870
Chinchow	689	410	279	2790	Punan	330	74	256	2560	Pengpu	861	626	235	2350
Yinkow	670	432	238	2380	Gaize	317	71	246	2460	Hofei	874	672	202	2020
Tantung	640	470	170	1700	Aletai	550	210	340	3400	Hangchow	890	766	124	1240
Luta	666	463	203	2030	Tazheng	630	235	395	3950	Ningpo	884	763	121	1210
Shanhaikwan	696	439	257	2570	Klamay	734	120	614	6140	Nanchang	944	873	107	1070
Changkiakow	611	327	284	2840	Yilin	517	265	252	2520	Changsha	956	813	143	1430
Peking	757	471	286	2860	Ulumzi	638	265	373	3730	Kishow	892	814	78	780
Tientsin	780	462	318	3180	Kshi	736	55	681	6810	Foochow	1014	929	85	850
Shikiachawang	779	456	323	3230	Akshu	633	75	558	5580	Nanping	952	899	53	530
Taiyuan	611	346	265	2650	Kurle	719	52	667	6670	Hengyang	959	844	115	1150
Tatung	606	346	260	2600	Xinxinxia	607	76	531	5310	Kweilin	993	948	45	450
Erhlinhat	583	155	428	4280	Sache	738	50	688	6880	Kanchow	1003	922	81	810
Huhehat	550	294	256	2560	Hotian	786	40	746	7460	Amoy	1084	980	104	1040
Paotow	609	296	313	3130	Yutian	752	45	707	7070	Shinkwan	1081	977	104	1040
Litsing	787	444	343	3430	Qiemo	753	25	728	7280	Canton	1165	1100	65	650
Tsingtao	745	495	250	2500	Mangyan	484	25	459	4590	Wuchow	1157	1000	157	1570
Tsinan	789	503	286	2860	Lienyunkang	779	585	194	1940	Liuchow	1110	942	168	1680
Linfen	697	430	267	2670	Suchow	867	594	273	2730	Nanning	1174	949	225	2250
Yinchwan	642	250	392	3920	Chengchow	840	527	313	3130	Poseh	1110	866	244	2440
Tengkow	652	140	512	5120	Siangfan	876	645	231	2310	Chanchiang	1307	1057	250	2500
Yulin	641	333	308	3080	Nanyang	853	601	252	2520	Wenchow	966	903	63	630
Yünan	657	422	235	2350	Hanchung	754	607	147	1470	Swatow	1170	1127	43	430
Sian	746	465	281	2810	Kwangyuan	853	652	201	2010	Haikou	1279	1168	111	1110
					Wuhan	929	777	152	1520	Taipei	1363	1278	85	850
					Tchang	881	746	135	1350	Koohsiung	1350	1267	83	830
					Wanhsien	891	797	94	940	Tungsha – insel	1496	1191	305	3050
										Shisha-insel	1678	1104	574	5740
										Paoki	720	510	210	2100
										Tienshui	646	425	221	2210
										Kuyuan	564	348	216	2160
										Lanchow	631	356	275	2750

Tab. Ⅲ Beziehung zwischen der Lufttemperatur T und der potentiellen Pflanzenproduktion TSP_T

T ($^\circ$C)	TSP_T ($g/m^2 \cdot a$)	T ($^\circ$C)	TSP_T ($g/m^2 \cdot a$)
−10	227	11	1496
−9	253	12	1585
−8	282	13	1673
−7	314	14	1761
−6	349	15	1846
−5	387	16	1929
−4	429	17	2010
−3	475	18	2087
−2	524	19	2161
−1	577	20	2231
0	635	21	2297
1	697	22	2359
2	762	23	2417
3	832	24	2471
4	905	25	2521
5	982	26	2567
6	1062	…	…
7	1145		
8	1231		
9	1318		
10	1406		

Tab. Ⅳ Beziehung zwischen dem Niederschlag N und der potentiellen pflanzenproduktion TSP_N

N (mm/a)	TSP_N ($g/m^2 \cdot a$)	N (mm/a)	TSP_N ($g/m^2 \cdot a$)	N (mm/a)	TSP_N ($g/m^2 \cdot a$)
25	49	1025	1481	2025	2218
50	98	1050	1507	2050	2231
75	146	1075	1531	2075	2244
100	193	1100	1555	2100	2256
125	239	1125	1579	2125	2268
150	284	1150	1602	2150	2280
175	329	1175	1625	2175	2292
200	373	1200	1648	2200	2304
225	416	1225	1670	2225	2315
250	459	1250	1692	2250	2327
275	501	1275	1713	2275	2338
300	542	1300	1735	2300	2349
325	582	1325	1755	2325	2359
350	622	1350	1776	2350	2370
375	661	1375	1796	2375	2380

（ Forts. ）

N (mm/a)	TSP_N (g/m² · a)	N (mm/a)	TSP_N (g/m² · a)	N (mm/a)	TSP_N (g/m² · a)
400	700	1400	1816	2400	2390
425	738	1425	1835	2425	2401
450	775	1450	1855	2450	2410
475	812	1475	1873	2475	2420
500	848	1500	1892	2500	2430
525	883	1525	1910	2525	2439
550	918	1550	1928	2550	2448
575	952	1575	1946	2575	2457
600	986	1600	1963	2600	2466
625	1019	1625	1980	2625	2475
650	1052	1650	1997	2650	2484
675	1084	1675	2014	2675	2492
700	1115	1700	2030	2700	2501
725	1146	1725	2046	2725	2509
750	1177	1750	2061	2750	2517
775	1207	1775	2077	2775	2525
800	1236	1800	2092	2800	2533
825	1265	1825	2107	2825	2540
850	1294	1850	2122	2850	2548
875	1322	1875	2136	2875	2555
900	1350	1900	2150	2900	2563
925	1377	1925	2164	2925	2570
950	1404	1950	2178	2950	2577
975	1430	1975	2192	2975	2584
1000	1456	2000	2205	3000	2591

Tab. V Beziehung zwischen der wirklichen Verdunstung V

und der potentiellen pflanzenproduktion TSP_V

V (mm/a)	TSP_V (g/m² · a)	V (mm/a)	TSP_V (g/m² · a)	V (mm/a)	TSP_V (g/m² · a)	V (mm/a)	TSP_V (g/m² · a)
20	0. 0	800	1591. 7	1700	2411. 5	2600	2754. 1
30	28. 9	825	1625. 4	1725	2425. 6	2625	2760. 0
40	57. 6	850	1658. 3	1750	2439. 3	2650	2765. 7
50	86. 0	875	1690. 4	1775	2452. 8	2675	2771. 3
60	114. 1	900	1721. 8	1800	2465. 9	2700	2776. 8

(Forts.)

V (mm/a)	TSP_V (g/m^2 · a)	V (mm/a)	TSP_V (g/m^2 · a)	V (mm/a)	TSP_V (g/m^2 · a)	V (mm/a)	TSP_V (g/m^2 · a)
70	142. 0	925	1752. 4	1825	2478. 7	2725	2782. 1
80	169. 5	950	1782. 3	1850	2491. 1	2750	2787. 4
90	196. 8	975	1811. 4	1875	2503. 3	2775	2792. 4
100	223. 9	1000	1839. 9	1900	2515. 2	2800	2797. 4
125	290. 4	1025	1867. 7	1925	2526. 8	2825	2802. 3
150	355. 2	1050	1894. 8	1950	2538. 2	2850	2807. 0
175	418. 6	1075	1921. 3	1975	2549. 2	2875	2811. 6
200	480. 4	1100	1947. 1	2000	2560. 0	2900	2816. 1
225	540. 7	1125	1092. 3	2025	2570. 5	2925	2850. 5
250	599. 6	1150	1996. 9	2050	2580. 8	2950	2824. 8
275	657. 1	1175	2020. 9	2075	2590. 9	2975	2829. 0
300	713. 2	1200	2044. 4	2100	2600. 7	3000	2833. 1
325	768. 0	1225	2067. 3	2125	2610. 2	3025	2837. 1
350	821. 4	1250	2089. 6	2150	2619. 6	3050	2841. 0
375	873. 6	1275	2111. 4	2175	2628. 7	3075	2844. 8
400	924. 5	1300	2132. 7	2200	2637. 6	3100	2848. 5
425	974. 2	1325	2153. 4	2225	2646. 2	3125	2852. 2
450	1022. 7	1350	2173. 7	2250	2654. 7	3150	2855. 7
475	1070. 1	1375	2193. 5	2275	2663. 0	3175	2859. 2
500	1116. 3	1400	2212. 8	2300	2671. 0	3200	2862. 5
525	1161. 4	1425	2231. 7	2325	2678. 9	3225	2865. 8
550	1205. 4	1450	2250. 1	2350	2686. 6	3250	2869. 0
575	1248. 4	1475	2268. 0	2375	2694. 1	3275	2872. 2
600	1290. 3	1500	2285. 6	2400	2701. 4	3300	2875. 2
625	1331. 3	1525	2302. 7	2425	2708. 6	3325	2878. 2
650	1371. 2	1550	2319. 4	2450	2715. 6	3350	2881. 1
675	1410. 2	1575	2335. 7	2475	2722. 4	3375	2884. 0
700	1448. 3	1600	2351. 6	2500	2729. 0	3400	2886. 8
725	1485. 5	1625	2367. 1	2525	2735. 5	3425	2889. 5
750	1521. 7	1650	2382. 3	2550	2741. 9	3450	2892. 1
775	1557. 1	1675	2397. 0	2575	2748. 0	3475	2894. 7

Tab. VI **Beziehung zwischen der Lufttemperatur T sowie dem Niederschlag**
N und der potentiellen Pflanzenproduktion TSP_T

T (℃)	TSP_T (g/m² · a)	N (mm/a)	T (℃)	TSP_T (g/m² · a)	N (mm/a)
−10	227	118	8	1231	795
−9	253	133	9	1318	871
−8	282	149	10	1406	953
−7	314	167	11	1496	1039
−6	349	186	12	1585	1131
−5	387	208	13	1673	1229
−4	429	232	14	1761	1331
−3	475	259	15	1846	1439
−2	523	289	16	1929	1552
−1	577	322	17	2010	1669
0	635	358	18	2087	1792
1	697	398	19	2161	1919
2	762	441	20	2231	2050
3	832	489	21	2297	2185
4	905	541	22	2359	2324
5	982	547	23	2417	2367
6	1062	658	24	2471	2613
7	1145	724	25	2521	2762

Tab. VII Beziehung zwischen dem Niederschlag N sowie der Lufttemperatur
T und der potentiellen Pflanzenproduktion TSP_N

N (mm/a)	TSP_N (g/m² · a)	T (℃)	N (mm/a)	TSP_N (g/m² · a)	T (℃)	N (mm/a)	TSP_N (g/m² · a)	T (℃)
25	49	−23	1025	1481	11	2025	2218	20
50	98	−17	1050	1507	11	2050	2231	20
75	146	−14	1075	1531	11	2075	2244	20
100	193	−11	1100	1555	12	2100	2256	20
125	239	−10	1125	1579	12	2125	2268	20
150	284	−8	1150	1602	12	2150	2280	21
175	329	−7	1175	1625	13	2175	2292	21
200	373	−5	1200	1648	13	2200	2304	21
225	416	−4	1225	1670	13	2225	2315	21
250	459	−3	1250	1692	13	2250	2327	21
275	501	−2	1275	1713	14	2275	2338	22

（Forts.）

N (mm/a)	TSP_N (g/m²·a)	T (℃)	N (mm/a)	TSP_N (g/m²·a)	T (℃)	N (mm/a)	TSP_N (g/m²·a)	T (℃)
300	542	−2	1300	1735	14	2300	2349	22
325	582	−1	1325	1755	14	2325	2359	22
350	622	0	1350	1776	14	2350	2370	22
375	661	0	1375	1796	14	2375	2380	22
400	700	1	1400	1816	15	2400	2390	23
425	738	2	1425	1835	15	2425	2401	23
450	775	2	1450	1855	15	2450	2410	23
475	812	3	1475	1873	15	2475	2420	23
500	848	3	1500	1892	16	2500	2430	23
525	883	4	1525	1910	16	2525	2439	23
550	918	4	1550	1928	16	2550	2448	24
575	952	5	1575	1946	16	2575	2457	24
600	986	5	1600	1963	16	2600	2466	24
625	1019	5	1625	1980	17	2625	2475	24
650	1052	6	1650	1997	17	2650	2484	24
675	1084	6	1675	2014	17	2675	2492	24
700	1115	7	1700	2030	17	2700	2501	25
725	1146	7	1725	2046	17	2725	2509	25
750	1171	7	1750	2061	18	2750	2517	25
775	1207	8	1775	2077	18	2775	2525	25
800	1236	8	1800	2092	18	2800	2533	25
825	1265	8	1825	2107	18	2825	2540	25
850	1294	9	1850	2122	18	2850	2548	26
875	1322	9	1875	2136	19	2875	2555	26
900	1350	9	1900	2150	19	2900	2563	26
925	1377	10	1925	2164	19	2925	2570	26
950	1404	10	1950	2178	19	2950	2577	26
975	1430	10	1975	2192	19	2975	2584	26
1000	1456	11	2000	2205	20	3000	2591	27

Tab. VIII   Potentielle Pflanzenproduktion an Trockensubstanz in China

| | TSP in g/m² · a berechnet | | | | | | TSP in g/m² · a berechnet | | | | |
ORT	mit T	mit N	mit $T+N$	mit V	mit V_p	ORT	mit T	mit N	mit $T+N$	mit V	mit V_p
Moho	386	684	386	370	1051	Lanchow	1230	789	789	834	1340
Aihun	493	833	493	511	1037	Mintsin	1111	355	355	441	1339
Hailar	508	622	508	486	1088	Heicheng	1187	92	92	77	1479
Manchouli	629	441	441	460	1152	Sining	920	558	558	611	1096
Tsitsihar	769	818	769	724	1244	Kueiteh	629	847	629	620	930
Nunkiang	577	818	577	578	1152	Dunhuang	1317	97	97	85	1454
Kiamusze	762	945	762	717	1248	Kiayukwang	1046	266	266	329	1277
Harbing	846	903	846	748	1303	Kiukuan	1103	192	192	223	1334
Changchun	982	972	972	829	1332	Dachaidan	775	78	78	57	1090
Ulanhat	927	653	653	675	1318	Chayu	1629	2029	1629	1386	1602
Yenki	905	917	905	780	1250	Linzhi	1566	1102	1102	1107	1385
Shenyang	1179	1140	1140	964	1383	Lhasa	897	889	889	767	1147
Tungliao	1046	684	684	722	1363	Shigates	831	492	492	543	774
Silinhat	696	492	492	514	1180	Laqu	577	833	577	580	804
Chihfeng	1103	699	699	746	1348	Yushu	629	847	629	620	980
Chinchow	1317	945	945	944	1431	Shiguanho	640	136	136	141	848
Yinkow	1239	1127	1127	987	1402	Punan	498	145	145	153	778
Tantung	1222	1486	1222	1060	1355	Gaize	433	141	141	144	750
Luta	1344	1176	1176	1047	1396	Aletai	755	458	458	504	1025
Shanhaikwan	1317	1077	1077	1001	1442	Tazheng	1054	475	475	564	1339
Changkiakow	1070	760	760	772	1308	Klamay	1239	229	229	277	1498
Peking	1424	1127	1127	1062	1531	Yilin	982	574	574	634	1352
Tientsin	1593	972	972	1045	1564	Kshi	1415	107	107	100	1501
Shikiachwang	1611	945	945	1034	1562	Akshu	1230	145	145	155	1344
Taiyuan	1103	818	818	812	1308	Kurle	1415	101	101	91	1476
Tatung	1078	833	833	812	1300	Hami	1230	78	78	57	1413
Linfen	1397	972	972	983	1092	Xinxinxia	1054	147	147	158	1301
Erhinhat	905	302	302	368	1261	Sache	1415	97	97	85	1504
Hunghat	905	714	714	699	1205	Hatian	1433	78	78	57	1572
Paotow	943	699	699	704	1305	Yutian	1415	88	88	71	1524
Litsing	1593	917	917	1011	1573	Qiemo	1415	49	49	14	1526
Tsingtao	1566	1102	1102	1107	1514	Mangyan	796	49	49	14	1086
Tsinan	1575	1127	1127	1121	1576	Lienyunkang	1673	1371	1371	1265	1562
Yinchwan	1239	492	492	599	1358	Suchow	1751	1316	1316	1280	1680
Tengkow	1086	266	266	329	1374	Chengchow	1769	1077	1077	1164	1622
Yulin	1187	730	730	785	1356	Siangfan	1888	1360	1360	1363	1691
Yünan	1317	999	999	968	1382	Nanyang	1812	1282	1282	1291	1662
Sian	1611	972	972	1051	1515	Hanchung	1777	1338	1338	1301	1572
Paoki	1593	1140	1140	1134	1478	Kwangyuan	1921	1349	1349	1374	1662
Tienshui	1415	945	945	974	1364	wuhan	1978	1734	1734	1559	1757
kuyuan	1054	861	861	817	1229						

Forts. Tab. Ⅷ Potentielle Pflanzenproduktion an Trockensubstanz in China

TSP in $g/m^2 \cdot a$ berechnet[*]

ORT	mit T	mit N	mit T + N	mit V	mit V_p
Ichang	1953	1647	1647	1515	1698
Wanhsien	2079	1638	1638	1587	1710
Joerhkai	762	972	762	742	1003
Chengtu	1953	1434	1434	1430	1689
Chungking	2124	1602	1602	1598	1771
Iping	2109	1620	1620	1598	1708
Kangting	1566	1271	1271	1179	1231
Kantse	1037	1051	1037	877	1138
Sichang	2102	1349	1349	1455	1681
Kweiyang	1912	1683	1683	1501	1626
Kunming	1888	1349	1349	1358	1543
Siakwan	2087	1051	1051	1243	1618
Shihku	1629	1293	1293	1215	1446
Tengchung	1888	1815	1815	1523	1551
Kingku	2251	1734	1734	1737	1892
Shanghai	1871	1620	1620	1457	1669
Nanking	1904	1476	1476	1422	1684
Pengpu	1812	1371	1371	1332	1672
Hofei	1896	1445	1445	1405	1689
Hangchow	1953	1734	1734	1544	1709
Ningpo	1937	1759	1759	1540	1701
Nanchang	2009	1942	1942	1641	1775
Changsha	2017	1807	1807	1609	1789
Kishow	2009	1831	1831	1610	1711
Poochow	2109	2098	2098	1757	1855
Nanping	2102	1983	1983	1720	1784
Hengyang	2087	1792	1792	1650	1792
Kweilin	2139	2092	2092	1779	1832
Kanchow	2160	1928	1928	1748	1843
Amoy	2290	1854	1854	1817	1930
Shinkwan	2230	1963	1963	1813	1908
Canton	2346	2073	2073	1949	2011
Wuchow	2284	1920	1920	1893	2003
Linchow	2264	1792	1792	1772	1957
Nanning	2316	1734	1734	1781	2019
Poseh	2237	1629	1629	1678	1957
Chanchiang	2428	1823	1823	1902	2138
Wenchow	2071	2092	2071	1725	1801
Swaton	2359	2121	2121	1974	2016
Eaikon	2416	2092	2092	2014	2107
Chiai	2328	2204	2204	1974	2056
Taipei	2346	2706	2346	2113	–
Kaohsiung	2470	2199	2199	2104	2173
Tungsha-Insel	2520	1946	1946	2036	2536
Hsisha-Insel	2567	1851	1815	1951	2400

* mit T: Potentielle Pflanzenproduktion an Trockensubstanz mit Hilfe der Temperatur berechnet

mit N: Potentielle Pflanzenproduktion an Trockensubstanz mit Hilfe der Niederschlagsmenge berechnet

mit $T + N$: Potentielle Pflanzenproduktion an Trockensubstanz mit Hilfe der Temperatur und der Nidedrschlagsmenge berechnet

mit V: Potentielle Pflanzenproduktion an Trockensubstanz mit Hilfe der wirklichen Verdunstung berechnet

mit Vp: Potentielle Pflanzenproduktion an Trockensubstanz mit Hilfe der potentiellen Verdunstung berechnet

Tab. IX   Produktivität (in kg/hm² · a) des Getreides in China ;
TSP_V: berechnet nach Thornthwaitc - Memorial - Modell, TSP : tatsächliche Produktivität
(aus: LANDWIRTSCHAFTSMINISTERIUM CHINA, 1985)

Gebiete	TSP_V	TSP	Gebiete	TSP_V	TSP
Helongian	3000	3588	Sichuan	7200	8325
Jilin	4000	4665	Kweichow	7500	8175
Liaoling	4500	4703	Yünan	6800	7293
Hebei	4800	4218	Beijing	5310	6232
Shandong	5600	5816	Tienjing	5230	4050
Jianshu	7000	8682	Shanxi	3900	3926
Zhejian	8600	10440	Neimongu	2000	2373
Fujiang	9000	12640	Linxia	3000	3397
Gandong	9700	12210	Zhanxi	3500	3825
Ganxi	9000	9855	Gansu	1800	1912
Helang	6000	6435	Qinhai	2000	2482
Hubei	7800	8550	Xinjing	1700	2498
Anhui	7000	7110	Shanghai	7290	7785
Hunan	8200	9690	Xizhan	2200	2580
Jianxi	8200	8340	(Tibet)		

报刊访谈文章摘选

森林生态学家贺庆棠教授[*]

贺庆棠，男，1937年3月生，湖北仙桃人，中共党员，北京林业大学校长，生态学博士生导师。1960年在北京林学院（现北京林业大学）毕业并留校从事教学和科研工作。1981年至1983年赴德国留学，获慕尼黑大学林学院林学博士学位。回国后继续在北京林业大学任教，并先后担任林学系主任、副校长、校长职务。兼任国家林业局科技委常委，中国林业教育学会副理事长，国务院学位委员会学科评议组成员，国家自然科学奖评审专家组成员，中国林学会理事、森林气象专业委员会主任，中国防治荒漠化培训中心主任，北京市学位委员会委员。

长期以来，贺庆棠教授以森林对环境的影响及森林生产力作为主要研究方向。在他发表、出版的50多篇论文和5部专著中，涉及这一领域的占大多数。他研究过北京市绿化改善气候的效益，在《林业科学》上发表过林内太阳辐射、采伐迹地小气候研究、森林的热量平衡等方面的论文。作为森林气象学奠基人盖格尔的第二代学生，在慕尼黑大学深造期间，他研读了大量文献，摘录了30多万字的笔记，详尽收集了国内外有关资料和数据。他绘制了我国水量平衡各分量的分布图，分别以温度、降水、温度和降水、蒸发量等计算了我国各地的植物可能生产力，绘制了全国产量等值线图，划分了产量区，计算了各区农业和林业气候产量、蒸发系数和太阳能利用率，为发展我国林业植物生产提供了定量依据。

他就未来气候变化对森林分布和林业产生的影响进行了科学的预测；对黄土高原水土保持林的生态效益进行了深入研究。他还进行了全球森林及我国森林对地气系统碳素循环的影响、华北落叶松的生态适应性、分布范围及生产力的现状、森林生态系统的能量流动等方面的研究。他还就全球环境污染和资源破坏等问题提出了治理对策，并就我国沿海防护林体系建设方案提出了自己的构想。他还进行了中国林业布局问题的探讨。

他参加的"七五"国家科技攻关项目"黄土高原水土保持林生态效益研究"获国家科技进步二等奖。作为主持人之一，主持"长江中上游典型流域防护林体系与水土流失、水文生态效益信息系统研究"、"三北防护林体系区域性生态效益研究"等"八五"国家科技攻关课题；参加了部级重点科研项目"山西太岳林区油松人工林生态系统定位研究"；参加了"八五"国家重大基础研究项目即攀登计划中的"我国未来（20～50年）生存环境变化趋势的预测研究"，主持其中的未来环境变化与森林部分。1998年特大洪水之后，他在有关研讨会上宣读了《治水在于治山，治山在于兴林》论文，对防止洪灾的再次发生，提出了重要见解。

尽管管理工作十分繁忙，但他始终坚持在教学科研一线工作。他指导的硕士生已有8名毕业；指导了博士生进行"生态效益的计量评价"、"长江中上游防护林体系综合效益"、

---

* 北京林业大学学报，"北京林业大学教授"，1991年第1期。

"生态旅游资源的分析与评价"等方面的研究；指导博士后完成了"暖温带阔叶林的生态效益研究"。他主编的全国林业院校统编教材《气象学》两次获部级教材二等奖，新近又获部级科技进步三等奖。他任主编的《森林环境学》、《中国森林气象学》已经定稿，即将出版发行。

担任学校主要领导工作十多年来，他为学校的建设和发展做了大量工作，曾被北京市教育工会评为依靠教职工办学的先进校长。

我只是一棵树[*]

作为中国唯一的林业最高学府的校长、著名林业专家，贺庆棠教授集数十年心血教书育人，探索科技，并常怀忧患，不断敲响的警钟使人们意识到必须保护环境。而森林是至关重要的环节。人类对自然的改造同时带来了一系列不良后果，森林被砍伐，空气被污染，某些局部环境开始恶性循环。和洪荒时代的地球相比，今日的世界早已变了模样。

14 岁少年的绿色梦想

1952 年，只有 14 岁的贺庆棠初中毕业了。县里没有高中，他和 20 多个男女同学一起考到了省城武汉，成了全县的骄傲。

可供他选择的有两所学校。前苏联的电影中康拜因手的形象深深打动了少年的心。他放弃了学习商业的机会，带着憧憬走进了华中农学院的大门，也走进了林业科学领域这个绿色的世界。

虽然就读的是一个林业中级班，但任教的大都是大学的资深教授，著名林学家陈植等的精彩讲授，使他很快喜欢上了创造绿色生命的事业，下定了把自己的一生都献给林业的决心。他成了品学兼优的学生，并担任了团支部书记。

中专毕业后，贺庆棠来到了偏远的贵州。在那里开始了最初的奋斗。在当时，到边远地区工作是青年学生的理想和抱负，是一种骄傲和自豪。不满 18 岁的他扑在了林业工作上，尽管条件艰苦，他却干得很出色。一年之后，他被保送到北京林学院深造。

学习和实践相结合，使他受益匪浅。在兴隆县调查土壤分布，跑遍了中条山调查华山松、窝窝头、稀粥和丰富的实践教给他许多在教室里学不到的知识。

毕业留校后不到一年，他就走上了讲台。这时他并没有想到 37 年后，他会成为这所学校的一校之长。

慕尼黑　向他打开绿灯

欧洲松、欧洲枫、欧洲云杉点缀的德国慕尼黑城。当中国刚刚吹起的改革开放春风，把贺庆棠送到慕尼黑大学林学院之后，他不但经过了有一米以上降雪的冬季和气候温和、雨量均匀的夏天，也感受到了这个森林气象摇篮的独特的小气候。

作为一名公派出国的访问学者，贺庆棠像一只勤劳的蜜蜂，不停地在学科前沿酿造着浓蜜。他要充分利用先进手段和优越条件，研究和解决中国的实际问题，创建有中国特色的学术理论。他研读了大量的参考文献，摘录了 30 多万字的笔记，详尽地收集了国内外有关的资料和数据，开始在一片处女地上耕耘。

他在我国地图上均匀地选取了 1840 个点。获取了这些点上的温度、降水、蒸发等水热因子的多年平均资料。这数不胜数的数据，光输入计算机就用了一个多月时间。他绘制了我国水量平衡各分量的分布图，而后分别以温度、降水、温度和降水、蒸发量等计算了我国各地的植物可能生产力，绘制了全国产量等值线图，划分了产量区，计算了各区农业和林业气候产量，

蒸发系数和太阳能利用率。这些卓有成效的工作，为发展我国林业植物生产提供了定量数据依据，对于实施人为的经营措施、充分利用气候资源，提高植物产量具有重要的意义。

在治学严谨的德国，获取博士学位需要走过一段十分漫长的道路，一般要用 5 年，多的用 7 年。贺庆棠仅用两年时间完成的研究是如此出色，以至于校方破格允许其参加博士答辩。他回国后不到一年导师就来函催促，由于工作脱不开身，直到 1986 年 7 月，他才有机会参加早该举行的答辩会。德语免试，4 门专业课免试，进修时写就的论文早已印好，并寄往世界各国著名的图书馆。这并非意味着严肃的校方对他网开一面，而是他在进修期间的出色作为给他打开了绿灯。

紧张异常的答辩结束以后，年迈的导师上前一步向他表示祝贺，德国同行们打开了香槟酒。戴上黑色的博士帽之后，贺庆棠又飞回了祖国。

在科学道路上跋涉

随着研究工作的深入，贺庆棠越来越感到森林与环境间的研究十分重要，越来越自觉地投身于这一研究之中。尽管他当了系主任、副校长、校长，行政领导工作越来越重，但他一如既往地在科学研究领域里攀登、跋涉着。

他就未来气候变化对林业产生的影响进行了科学的预测，为人们描绘了一幅未来的绿色图画，地球气候变暖，将使森林分布范围扩大，宜林地面积增加，森林结构趋于复杂，地球森林覆被率和生产率普遍提高，对于林业生产利大于弊。

从全球森林及我国森林对地气系统碳素循环影响研究中，他得出了结论：石化燃料燃烧引起大气中 CO_2 浓度增加的影响是第一位的。森林大量吸收大气中的 CO_2 并加以贮存，对缓解温室效应、防止地球变暖有重要的作用。由此，他测算出了全球及我国森林对 CO_2 的年吸收量，为研究世界及我国生存环境变化与森林的关系奠定了基石。

据说，在我国从大的、宏观的角度来研究区域性的、全球性的森林与环境问题的人为数不多，而贺庆棠则是其中之一。他撰写的《森林的热量平衡》论文，被誉为森林气象学的经典之作，不但从理论上探讨了森林引起的能量再分布及地温、气温变化规律。而且解决了观测和计量的方法问题；他探索森林与环境能量和水分收支的影响，开创了定量分析森林对环境作用的先河。

近年来，我国在森林与环境研究领域取得了多方面的进展。贺庆棠则是此领域的学术带头人。他研究森林生态系统的能量流动，评估森林与气候的相互作用，估算北京地区的植物气候生产力，创建新的边缘学科——森林气象生态学。他提出了全球环境污染和资源破坏的对策，发表了我国沿海防护林体系建设的构想，探讨了中国林业布局的问题。在他的眼前，是一个个新的目标。在他的身后，是一串串坚实的足迹。

贺庆棠是校长，同时又是博士生导师，他举办研究生的高级讲座，指导研究生。他主编的全国林业院校统编教材《气象学》，初版和修订版均获部级教材二等奖，发行量已达数万册。作为学校领导，他一直以林业建设为主科，以森林生物学和环境科学为特色的综合性林业大学为奋斗目标。他坚持不懈地狠抓教学质量，抓学科建设，抓科学研究，抓综合改革。在这位一校之长的脑海里，日思夜想的是使学校早日进入国家重点建议的 100 所高校的行列。这项被简称为 "211" 的工程始终萦绕在他的心间。他知道，未来需要更多的人才，未来需要更多更好的森林与环境方面的人才。这是他奠定的事业得以发展、延续的保证。

对他来说，不断地揭示森林与环境之间的奥秘是一项神圣的事业。事业的发展与辉煌就是他的一切，而他自己只不过是使这项神圣的事业走向发展与辉煌的铺路石。

我只是一棵树

贺庆棠喜欢步行。下班的路上经常有人和他边走边谈，于是，他回到家里总是很晚。对他来说，随时倾听来自学校方方面面的声音尤为重要。

1993 年 7 月，他担任了全国唯一的重点林业高校的校长职务，人们从他身上更多地看到依靠群众、团结同志的作风，他办公室的门总是大敞大开的。

中国革命史教师走上讲台，一看吃了一惊，校长就坐在学生中间。社科系交流教学经验，校长又是不请自到。他说，"只有经常地深入教学科研第一线，才能摸到学校的脉搏。

吕梁大山里的方山科学试验点，出现了校长的身影。他不满足于听取主持人的汇报，非要爬上高山亲眼看看山上的刺槐和白榆长得到底有多高多粗。

黄土高原上的吉县科研基地，印下了校长的脚印，作为"三北黄土区防护林区域性生态效益"研究的主持人之一，他经常忙中偷闲，在这片荒芜的土地上播种绿色的金子。

尊重党委书记，不仅仅因为他比自己年长，更因为党政一心才能把学校办好。信任其他几位校领导，不仅仅因为他们比自己年轻，更因为众人拾柴火焰才高。

贺庆棠这样用他专业的语言概括他的内心世界："我只是一棵树。广大师生员工才是事业的森林。"

全心全意依靠教职工办好北京林业大学[*]

——记北京林业大学贺庆棠校长

贺庆棠同志是从 1993 开始担任北京林业大学校长的。几年来，贺校长和其他校党政领导一道，坚持全心全意依靠教职工办学的方针，在学校的各项工作中，充分尊重教职工当家做主的权利，大力支持教代会依法行使民主管理和民主监督职权，从而极大地调动了教职工建设学校的积极性和创造性，使我校的各项工作年年有新发展，岁岁有新面貌。

一、全心全意依靠教职工建设中国一流的林业大学

北京林业大学是全国唯一的一所重点林业大学，1952 年建校以来，为国家培养了大量的林业建设人才。但是在"文化大革命"中，学校被迫搬迁云南，颠沛流离达 10 年之久，直到 1979 年才返回北京原校址继续办学。学校因此遭到了极大的破坏，校园被侵占，图书资料流失严重，等等。在校党委的领导下，经过广大师生员工的努力，学校很快恢复到了"文化大革命"前的规模和水平。进入 90 年代以后，面对 21 世纪的呼唤和科学技术的挑战，国家对教育工作越来越重视，相继颁布了教育改革和发展纲要、教师法、教育法等，使我国的教育事业有了突飞猛进的发展。随着高校改革的发展和深入，我校的发展也进入到了关键的阶段，"211 工程"的预审和立项，校园文明建设的验收，党建与思想政治工作先进校的评估等项工作相继进行，这些工作每一项都关系到学校的前途和命运，每一项都与全校教职工的切身利益密切相连。校党委提出了"只争朝夕，各方面工作都要争一流"的号召，贺校长更是身体力行，全力以赴地投入到繁重的工作中。同时他还十分注意调动广大教职工的积极性。在各种会议上和各种场合，号召全校教职工积极行动起来，为学校未来的更美好贡献力量。1994 年 12 月召开的第二届教代会第三次会议上的主题是"全校动员起来，为早日进入'211 工程'，而努力奋斗"，提出了我校争进"211 工程"的优势和存在的问题，希望代表们群策群力，共同出主意。

北京林业大学想办法，发扬成绩堵漏洞，带领全校教职工为学校早日进入"211 工程"而努力奋斗。由于学校领导充分尊重教职工的民主权利，激发了教职工的主人翁责任感，调动了教职工的积极性和创造性，全校拧成一股绳，各项工作在有限的时间里高效率地进行，使"211 工程"预审顺利通过。这种上下一条心争创一流的精神，在 1996 年建设文明校园活动中和 1997 年迎接党建和思想政治工作先进校的过程中，都得到了充分的体现，学校的工作也得到了专家和评委的高度评价。

＊ 北京教工，1997. 第 6 期。

二、支持和尊重教代会的民主管理和民主监督权力

贺校长说：教代会制度是学校管理体制的重要组成部分，是全心全意依靠工人阶级的根本方针在高等学校的具体体现。因此，学校各级行政领导一定要支持和尊重教代会的民主管理和民主监督权力，保护代表的民主参与的积极性。每年的教代会上，贺校长总是认真地参加，并听取代表们对学校工作的意见，解答代表们提出的问题。1996 年的教代会上，有的代表组在大会发言时对学校的教学工作提出了尖锐的批评。对此，有的同志担心学校领导接受不了。可贺校长在会后的第二天就带着有关职能部门的领导来到社科系等单位现场办公，了解教学工作情况，解决教学上存在的问题。贺校长虚心听取教代会代表的意见，及时解决代表们提出的工作作风问题，深受代表们的欢迎，也使教职工与校领导的心贴得更紧了。

三、重视和了解工会、教代会工作

作为一校之长，贺校长的工作是十分繁重的，而繁重的工作，使他身患高血压等疾病。但不管任何时候，他总是把教代会、工会的工作放在心上。为了贯彻中央（1989）12 号文件精神，贺校长和党委一班人经过认真的讨论，于 1995 年 3 月印发了《中共北京林业大学委员会关于加强工会、教代会工作的意见》，要求学校各级党组织必须牢固树立广大教职工是学校主人的观念，必须树立全心全意依靠广大教职工办好学校的思想，充分认识学校的工会、教代会工作的重要性及其特点。并规定学校各级党组织每学期要专门听取 1~2 次工会工作汇报。从而使我校的工会、教代会工作的进一步发展有了制度上的保证。

在贺校长等校党政领导的重视和支持下，我校工会、教代会紧紧围绕学校的中心任务开展工作，在学校的各项改革和建设中发挥了积极的作用，得到了校领导的好评和教职工的赞誉，也获得了上级工会的各种奖励。1996 年获全国教育工会先进集体称号。1997 年又获得了市总工会颁发的"模范职工之家"称号。每次市教育工会来校验收或检查工会、教代会工作，贺校长总是挤时间积极参加，从校行政的角度对工会、教代会工作给予高度的评价。特别是在对我校申报优秀建家单位进行验收时，贺校长正病休在家，但仍坚持抱病参加了验收小组召开的党政领导座谈会，使参加验收的市教育工会的领导和兄弟院校的同志们深受感动。

揭示森林与环境间的奥秘[*]

——记北京林业大学校长贺庆棠教授

1992 年 6 月的巴西，成了举世瞩目的地方。在这里召开的联合国环境发展大会，一致通过了"关于森林的原则声明"，标志着国际社会对森林在环境与发展中的重要性的关注。

贺庆棠教授急步走在京城的校园里。初夏的微风拂在脸上，来自热带的消息令他浑身发热、为之振奋，因为所从事的研究是当今热点。他深刻地认识到：研究森林对环境的影响以及环境对森林的作用，对于解决全球环境与发展问题有着重要的理论和实践意义，也是科学研究的最紧迫、最重要、最前沿的问题。

他一直奋战在这一重要研究领域的最前沿。风风雨雨几十年，坎坎坷坷几十年，认认真真几十年。他用自己的努力，艰难地探索着森林与环境间的千丝万缕的联系；他用自己的双手，不倦地揭示着森林与环境间的无穷无尽的奥秘。

33 年前的早春，贺庆棠像棵幼树在北林校园里扎下了根。自那时起，他一直以研究森林对环境的影响，特别是森林对气候的影响及森林生产力作为重要研究方向。在他发表的50 篇论文及出版的几部专著中，这一领域的研究成果占绝大多数。

欧洲松、欧洲枫、欧洲云杉点缀的德国慕尼黑城，是贺庆棠事业道路上的加油站和新起点。当刚刚吹起的改革开放春风，把他送到慕尼黑大学林学院之后，他不但经过了有一米以上降雪的冬季和气候温和雨量均匀的夏天，也感受到了这个森林气象学摇篮的独特的小气候。

早在 1892 年，盖格尔就在这里为森林气象学奠基。他的第一代学生（鲍姆加特纳）如今也已成为世界著名的森林气候和生物气候专家。作为第二代学生，贺庆棠师从名门，汲取了一脉相传的理论营养，自然学有所成，进展迅速。

慕尼黑大学林学院给予贺庆棠的只是阳光、空气、水。为使中国早日在这一研究领域步入世界先进行列，才是他苦苦探索与孜孜以求的内在动力。

作为一名公派出国的访问学者，听些课、参加点科研就可以了。但贺庆棠却像一只勤劳的蜜蜂，不停地在学科前沿酿造着浓蜜。他要充分利用先进手段和优越条件，研究和解决中国的实际问题，创建有中国特色的学术理论。

他研读了大量的参考文献，摘录了 30 多万字的笔记，详尽地收集了国内外有关的资料和数据，贺庆棠开始在一片处女地上耕耘。

他在我国地图上均匀地选取了 1840 个点，获取了这些点上的温度、降水、蒸发等水热因子的多年平均资料。这数不胜数的数据，光输入计算机就用了一个多月时间。他绘制了我国水量平衡各分量的分布图，而后分别以温度、降水、温度和降水、蒸发量等计算了我国各

_____

* 中国教育报，1994. 1. 27.

地的植物可能生产力，绘制了全国产量等值线图，划分了产量区，计算了各区农业和林业气候产量、蒸发系数和太阳能利用率。这些卓有成效的工作，为发展我国农林业植物生产提供了定量数量依据，对于实施人为的经营措施、充分利用气候资源、提高植物产量具有重要的意义。

他的导师由衷地笑了。他为眼前的这位中国学者在短期内取得的成果所赞叹。他一再劝得意的门生留下来继续研究，而贺庆棠却执著地回到了祖国的怀抱。

在治学严谨的德国，获取博士学位需要走一段十分漫长的道路，一般要用 5 年，甚至 7 年，贺庆棠仅用两年时间完成的研究工作是如此出色，以至于校方破格允许其参加博士答辩。他回国后不到一年导师就来函催促，由于工作脱不开身，直到 1986 年 7 月，他才有机会参加早该举行的答辩会。德语免试，4 门专业课免试，进修时写就的论文早已印好，并寄往世界各国著名的图书馆。这并非意味着严肃的校方对他网开一面，而是他在进修时期的出色作为为自己开启了绿灯。

紧张异常的答辩结束以后，年迈的导师上前一步向他表示祝贺，德国同行们打开了早已准备好的香槟酒。戴上黑色的博士帽之后，贺庆棠又飞回了祖国。

随着研究工作的深入，贺庆棠越来越感到森林与环境间的研究十分重要，越来越自觉地投身于这一研究之中，尽管他当了系主任、副校长、校长，行政领导工作越来越重，但他一如既往地在科学研究领域里攀登、跋涉。

他就未来气候变化对林业产生的影响进行了科学的预测，为我们描绘了一幅未来的绿色图画：地球气候变暖，将使森林分布范围扩大，宜林地面积增加，森林结构趋于复杂，地球森林覆被率和生产率普遍提高，对于林业生产利大于弊。

他对黄土高原水土保持林生态效益进行了深入的研究，为理论和生产实践提供了科学的指针：水土保持林使投射到这一地区的太阳辐射能发生重新分配，改变了水热状况，使区域性气候得到改善。但密度过大，不能形成良好的经济效益和促进森林资源的增长。

从全球森林及我国森林对地气系统碳素循环影响研究中，他得出了结论：石化燃料燃烧引起大气中 CO_2 浓度增加的影响是第一位的。森林大量吸收大气中的 CO_2 并加以贮存，对缓解温室效应、防止地球变暖有重要的作用。由此，他测算出了全球及我国森林对 CO_2 的年吸收量，为研究世界及我国生存环境变化与森林的关系奠定了基石。

从华北落叶松的生态适应性、分布范围及生产力的现状研究入手，他对其随气温和降水量变化而变化的状况进行了预测：未来的温度升高 2℃，华北落叶松的分布范围将缩小，其分布北界南移，垂直分布高度上升。

他撰写的《森林的热量平衡》论文，被誉为森林气象学的经典之作，不但从理论上探讨了森林引起的能量再分布及地温、气温变化规律，而且解决了观测和计量的方法问题；他探索森林与环境能量和水分收支的影响，开创了定量分析森林对环境作用的先河。

他研究森林生态系统的能量流动，评价森林与气候的相互作用，估算北京地区的植物气候生产力，创建新的边缘学科——森林气象生态学。他提出了全球环境污染和资源破坏的对策，发表了我国防护林体系建设的构想，探讨了中国林业布局的问题。在他的眼前是一个个新的目标。在他的身后，是一串串坚实的足迹。

据说，在我国，从大的、宏观的角度来研究区域性的、全球性的森林与环境问题的人为数不多，贺庆棠则是其中的一个。

据说，在我国近年来在森林与环境研究领域取得了多方面的进展。贺庆棠则是我国此领域的学术带头人。

贺庆棠作为博士生导师，一校之长，他现在在繁忙的教书治校之余，仍挤时间继续自己的科研。他作为主持人之一，正在主持"长江中上游典型流域防护林体系与水土流失、水文生态效益信息系统研究"和"三北防护林体系区域性生态效益研究"两项"八五"国家科技攻关课题。他还参加了林业部重点科研项目"山西太岳林区油松人工林生态系统定位研究"。他身为森林与环境方面的专家，参加了攀登计划即"八五"国家重大基础研究项目"我国未来（20～50年）生存环境变化趋势的预测研究"，主持其中的未来环境变化与森林部分。

对他来说，不断地揭示森林与环境之间的奥秘是一项神圣的事业，不断地造就林业建设的高级人才是神圣的事业。而他愿意在这项神圣事业中作一块铺路石。

为人类生存环境持续发展做贡献[*]

——访北京林业大学校长贺庆棠教授

本报通讯员　铁铮　本报记者　林和文

　　贺庆棠，1937 年生，湖北仙桃人。1960 年毕业于北京林学院林学专业，后到德国留学，获林学博士学位。森林生态学与森林气象学教授，博士生导师。兼任林业部科学技术委员会常委，森林气象专业委员会主任，中国林业教育学会副理事长。

　　新年伊始，万象更新。记者走进全国重点林业高校北京林业大学，迎面而来的是一股改革开拓的春风。

　　"本世纪末下世纪初全球最大的问题是人口、环境、资源和粮食问题。而林业在解决后三大问题上都起着重大的作用。"在校长办公室里，贺庆棠教授了解了记者的来意后，开门见山地给我们描绘了一幅未来世界的画卷。据他介绍，森林属于再生资源，既包括木质的，又包括非木质的；既包括高等植物和低等植物，也包括动物和微生物。人类生存所必需的许许多多东西，都蕴藏在浩瀚的林区。更重要的是，林业可以持续生产，持续发展，所以和人类的生存与发展关系更为密切。

　　随着人类对环境资源问题的日益重视，社会对林业高等院校的要求也越来越高。北京林业大学作为全国林业院校的排头兵，感到了一种使命感和紧迫感。如何以崭新的面貌迎接 21 世纪，如何适应未来社会发展的需要而办学，一直是学校领导班子思考的问题。近年来，林业部把北京林业大学作为综合改革试点高校，在探索条块结合、开放式办学机制方面采取了重大举措。贺校长说，北林大和北京林业管理干部学院在全国范围内率先进行了普通高校和成人高校联合办学的改革尝试，实现了紧密型联合办学，在大事统筹、各具特色、优势互补、资源共享、避免重复建设，发挥规模效益、提高办学质量方面，取得了显著成绩，形成了包括专科、本科、硕士、博士、博士后、成人教育、管理干部培训和留学生教育在内的完整的高等林业人才培养体系，成为我国高等林业建设人才和管理人才培养的重要基地。北林大和中国林业科学研究院联合培养研究生，实行统一招生、统一培养、统一管理、统一分配，使师资力量和学科总体实力大大增强，研究生培养的条件也大为改善。

　　谈到人才培养，贺校长说，厚基础、广知识、重实践和动手能力，逐步形成复合型、开拓型人才的培养模式，是北林大教学改革的重要方向。近些年来，学校根据 21 世纪林业科学的发展趋势，结合行业发展和市场需求，调整了专业结构和学科建设，扶持优势学科，改造老专业、拓宽培养方向、增设新专业。同时采取大学科多方向的模式，淡化专业界限，促进学科间的交叉渗透，使学校形成以林学为主、以森林生物学和环境学科为特色，文理结

---

　　* 光明日报，1997．1．11．收入《大学校长访谈录》．北京：光明日报出版社．

合、理工渗透、文理工管协调发展的学科专业新格局。

贺校长长期从事林业教育和科研工作，在森林与环境的研究领域成果颇丰，对林业科学的发展脉搏把握得很准。他告诉记者，有人称 21 世纪是生物学的世纪是有一定根据的。发展生物技术，不但要重视高新技术，还要重视普通生物技术和传统生物技术的开发与应用。北林大将筹建生物学院，以适应这一需要。他还说，我们的原则是不搞小而全，更不搞大而全，而是要办出特色、办出优势、办出水平。我国花卉业发展潜力很大，学校要充分发挥在花卉教育和科研方面的优势，筹建花卉学院，培养更多的高质量花卉人才，奉献更好的花卉研究成果。

"办我特色，办我名牌，办我质量。"贺校长用简洁而概括的语言，表述了他和全体教职员工的努力目标和奋斗方向。

校长第一事*

——北京林业大学贺庆棠校长答记者问

本刊记者　珊　时
本刊特约记者　张勇文

贺庆棠教授，林学博士、博士生导师、北京林业大学校长。

贺校长还担任林业部科学技术委员会委员、中国林学会常务理事、森林气象专业委员会主任、中国林业教育学会常务副理事长、中国高等教育协会理事，著有森林与环境方面的论著40余篇。享有政府特殊津贴。

记者：贺校长，您一定同意这个观点：大学校长首先是一名教育专家、一名像蔡元培先生那样的大教育家。我们了解到，50年代您在基层的林业局做过局长，80年代又赴德国慕尼黑大学留学，以后又长期在高校工作——您的履历告诉我们，您既有专业方面的造诣又深谙管理之要旨，那么我们就更迫切地想知道您的教育目标是什么？

贺校长：我的目标是，在我的任内，为使北京林业大学跻身于国际水平奠定扎实的基础。在考察了美、日、德等发达国家特别是林业较发达的国家的林业教育机构之后，我认为具有国际先进水平的林业高等教育的主要标志是：专业设置面宽，能主动适应经济建设及社会发展的需要；形成一定的教育规模，有完整的人才培养层次，毕业生质量高；有包括仪器设备、图书资料、实验基地和社会设施等在内的较好的办学条件；有实力较强、结构合理的师资队伍；承担较大量的科研项目，有充足的科研经费，大多数项目的科研水平达到学科发展的前沿，并与生产有密切联系；管理水平高，办学效益好；国际学术联系和交流广泛，在国际林业活动中较活跃。

记者：您的这番话使我联想到清华老校长梅贻琦先生一生的追求：一流的人才，一流的设备，一流的教授。不同的是您的使命是现在和未来。同时有趣的是，我听到很多大学校长在说，他们要操心的事情多如牛毛，甚至包括大家的衣食住行。那么着眼于使命，您能不能用最简短的语言告诉我们，在纷繁的头绪里，有没有什么"第一"的东西？为了实现您的教育理想，您甚至天天在想着它？

贺校长：这件事情就是："211工程"。

"211工程"是一项旨在推动我国高等教育达到国际先进水平的跨世纪的教育改革和发展规划。我们北京林业大学新一届领导班子自上任之日起，就把积极跻身于"211工程"作为头等大事来抓。因为，能否尽快进入"211工程"，关系到北京林业大学的地位和发展。

---

* 中国大学生，1994，第1期。

为实现这个目标，我们学校制定了进行综合改革的"248 工程"计划。

记者：愿听其详。

贺校长："2"是指从现在起用两年时间（1993—1994 年），转换学校办学机制，理顺多方面的关系，初步建立起主动适应社会主义市场经济体制的办学体制和管理体制的框架，争取进入国家"211 工程"计划。办学规模达到 2500 人。

"4"是指用四年时间（1993—1996 年）在充实、完善办学体制和管理体制的基础上深化改革，使学校的教学、科研和管理水平上一个台阶。办学规模达到 3000 人。

"8"是指用八年时间，即到 2000 年，建立起主动适应社会主义市场经济体制的林业高等教育体制；学校大多数学科和专业达到国内一流，教学质量、科研水平和管理水平进入国际先进水平的大学行列。办学规模达 4000 人。

记者：请原谅我的"刨根问底"：实现"248"设想，跻身"211"，要做的最重要的事情又是什么呢？

贺校长：我想应该是加快改革的步伐。

在社会主义公有制的基础上建立市场经济体制，将极大地冲击高度集中的计划经济体制下形成的教育观念和办学体制。目前，困扰学校建设和发展的主要问题有三，一是传统的教育体制和运行机制不适应日益深化的经济、政治、科技体制改革的需要；教育思想、教学内容和教学方法程度不同地存在着脱离经济建设实际的现象；学校缺乏办学活力，教学规模效益差。二是落后的管理体制和经验式、过程化的管理方式影响到教职工积极性的充分发挥；工作慢节奏、管理低效益、分配大锅饭的问题还没有从根本上得到解决。三是教育投入不足，教学经费严重短缺；教职工生活待遇偏低、住房条件差、工作和生活条件亟待改善。逐步解决这些矛盾。学校才能在经济与科技的激烈竞争中求得发展。

记者：确实，对教学、管理体制缺乏活力，教学内容陈旧等现状，校长、教授、大学生均深感焦虑。牵牛要牵牛鼻子，而"牛鼻子在哪里"？北京市委副书记李志坚同志在一次研讨"市场经济与大学生成才"的座谈中出了这个题。对此，您有何见解？

贺校长：一句话：校内综合改革势在必行。我想，大多数的校长都会有这个同感和共识。

学校的综合改革的内容包括教育教学、科研、管理改革及发展校办产业四个方面。实际操作上以学科建设为龙头，以教育教学改革为核心，以教育体制和管理机制的转换为着力点，深化改革，抓好校办科技产业的起步与发展。

拿我校的情况来说，学校目前有 3 个国家级和 5 个部级重点学科要瞄准学科前沿和国际先进水平，在人员、经费、仪器设备等方面重点加以扶持，抓好梯队人才培养和使用。完善学科管理制度、建立检查评估体系，定期检查评估重点学科，引进竞争机制，原则上条件成熟一个上一个。到本世纪末，国家重点学科由现在的 3 个增加到 8～10 个，并滚动式地进入"211 工程"的重点学科行列。要建立双体系的教学体系，即教学体系和实践体系。依据专业培养目标，从整体上调整课程设置，建立模块式的课程结构，可根据不同的需要，组合调整课程设置。

另外，在教育教学的改革中，还应坚持德育首位，健全和完善学校德育工作规范，联系学生思想实际，结合专业知识教学过程，充分发挥其思想政治教育主渠道的作用，培养又红又专的人才。

在校内管理方面，我们已进行了初步改革，即调整机构、定编定岗精减人员。本着"先撤庙、再请神"的原则，行政机构21个处精简至14个处，科级机构由36个减至21个。后勤改革实行了"一校两制"的做法，争取三年后不要学校拨款，五年走向社会。经过前一时期的改革，行政人员压缩了13.5%，教师和学生的比例由1∶4.1增加为1∶6（招生规模受住宿条件限制），教师的学时数增加了15%～20%，人均奖金增加一倍，取得了初步的成果。

记者：那么再请问校长，您以为使"综合改革"最终成功的关键又何在呢？

贺校长：关键在于教师。

教师是教育的主体。近年来，教师，特别是中青年教师队伍的严重流失已成为困扰高等教育发展的一个亟待解决的问题。由于住房、收入等因素的影响，近年来教师的社会地位实际上呈下降的趋势，我校中青年教师的流失也是较为严重的，学校的教师队伍也存在着不稳定的现象。我认为解决这个问题，一是要靠国家增加对教育的投入，提高教师的待遇；二是要靠教育改革的深化。为了全面提高师资队伍的群体素质，逐步建立一支结构合理、相对稳定的教师队伍，在加快校内综合改革的同时，我们正在实施一项"青年工程"。"青年工程"面对教学、管理、后勤等各方面，但首先是面对一线中青年教师，即通过建立、完善和实行校院（系）两级优秀骨干教师选拔和培养制度，在全校选拔100名40岁以下的优秀中青年骨干教师，实行待遇（收入）、住房、职称、出国进修等方面的政策倾斜，进行1对1的导师培养，把他们推向教学、科研的第一线，并力争在21世纪初培养出20～30名达到国际领先学科带头人的水平。并逐渐推广实施行政管理、思想政治工作以及优秀学生的"青年工程"。1993年底，由系学术委员会推荐，校学术委员会讨论并无记名投票，已评出60名青年教师进入这一工程。这在青年中引起极大震动，我们也为看到"后继有人"而充满了信心。我认为，振兴民族的希望在教育，振兴教育的希望在教师。

记者：据我所知，贵校在本世纪初，即与北大以及清华有很深的渊源，师资力量雄厚；且作为中国首屈一指的林业院校，你们一贯重视服务于国家经济建设主战场，成果颇丰，在国际上也具有很高的知名度。

贺校长：我校于1952年院系调整时建校。其前身是1902年成立的京师大学堂（即北京大学农学院前身）林科，1956年清华的营建系又并入我校。的确，我校集中了一大批学科方面的优秀人才，老一代有留美、留德、留日的，中年一代的留苏归来，他们治学严谨，办事认真，教学质量高。

其次，在专业设置上，从创建时的单科逐步建设和发展，学校现已是一所以森林生物学为基础、森林资源与环境学科为主科，兼有理、工、文科及管理学科的综合性林业大学，较国外同行业学校相比，专业设置更为全面；同时，教学质量近年来有了较大发展，特别是基础课的成绩，如英语四级本科通过率已从前几年的10%达到现在的60%～70%，研究生达100%。数学和计算机等课程也得到了加强。我们还特别注重加强了实践教学体系，学生的知识面广，实践能力和社会工作能力得到了较大提高。另外，自复校以来我校的科研工作也得到较大的发展，特别是林业生物工程和林业信息管理等方面。国际林联（UFRO）去年特别委托我校在京召开年会，会上共有七位我校的青年教师发言并宣读了他们在"树林生理控制因素"等方面的科研论文（成果）。自1980以来，我校共有近30项科研成果达到国际先进水平。这标志着我校在林业科学研究方面的国际地位的提高。同时，带动了国际交流和合作的发展，现有德、比、以等国的科研人员在我校"森林生物中心"共同开展科技合作和交流。自 1981 年以来，我校共与 12 个国家 27 所院校（科研机构）建立了科技交流合作关系，国际间的人员交往逐年增长。因此，我校在 21 世纪达到国际先进水平我们是有基础有信心的。

走出围城*

——北京林业大学校长贺庆棠办学记

去年 7 月，著名森林生态学家贺庆棠教授肩上又压上了一副重担，走上了全国唯一的重点林业高校一校之长的岗位。

在这之前，他的世界里填充的是森林对环境影响的研究。尽管他担任过系主任、副校长等行政职务，但始终未停止在揭示森林与环境间的奥秘的征途上跋涉。

此时，出现在他面前的是一条同样艰难的路。已经有 40 多年校史的北京林业大学如何在激烈的角逐中巩固原有的地位，如何适应林业建设和社会发展的需要以求得更大的发展，如何办成国际一流水平的综合性林业大学，一个个巨大的问号仿佛烙在了新校长的脑海里。

千头万绪，从何抓起？

他久久地思索着。

贺校长熟悉学校，如同熟悉回家的小路。这所绿色学府在许多方面都具有显著优势，为林业建设培养了一批高质量的人才。但在社会飞速发展的今天，学校要想取得新的突破，就必须找到一个新的突破口。

再宽广的河流也是溪水汇聚而成；一把筷子要比一双筷子结实得多。要在短期内、要在现有的办学条件下，取得大几倍甚至几十倍的效益，恐怕只能走联合办学之路。

党委会议上，贺校长明确提出，要进一步解放思想，主动适应经济和社会的发展要求，与其他教学、科研、生产部门开展多形式、多层次的联合办学。

这是与"小而全"、"封闭办学"截然相反的指导思想。贺校长义无反顾，和校领导们一起驾驶着学校的改革之舟进入了一片新的海洋。

校园里白色的玉兰花开了，第一朵联合办学之花亦绽开了笑脸。与我国最高的林业科研机构——中国林业科学研究院联合，共建研究生院，不但开创了高校与科研部门合作培养高层次专业人才的先例，也极大地推动了我国林业研究生教育事业的发展。

由于受教育和科技体制分离的束缚，长期以来这两个"国家队"的联系仅维持在十分有限的范围内。如今，研究生课程教学统一由北京林业大学负责，课程结束后直接进入课题，双方组成导师联合指导研究生论文工作，实验室、实验基地共用。共建大会上，贺校长信心百倍地说："我国第一所林业研究生院的成立，开创了林业研究生教育的新局面，使我国林业研究生培养质量得到了大幅度提高。"

火红的五月里，我国林业高校中第一个校级董事会在北京林业大学诞生，成为学校积极探索新的投资体制和办学机制的标志。几十位董事中既有林业部部长、副部长等林业部机关和直属企事业单位的负责同志、林业厅厅长、园林局局长，也有中国科学院院士、中国工程

院院士等著名专家学者，又有著名企业的老总和社会贤达。他们都将参与学校的重大决策，从而改变了以往单纯依靠校长、书记办学的局面。

除此之外，董事们的重要职责还有：筹措学校发展资金和教学设备及设施。这种具有重大实质意义的联合，对于办学经费不足的学校来说，显得格外的重要。"我们将根据你们的需要，为你们培养高质量的人才。"贺校长紧紧地握着董事们的手，留下了铿锵的诺言。

'94大兴西瓜节开幕之际，北京林业大学的校牌挂在了城南的林业部北京林业管理干部学院的门前。两校联合之后，不但形成了我国最大的林业成人教育和岗位培训基地，而且还使北京林业大学的办学条件得到了改善。新学期伊始，一批新生在大兴报到，缓解了长期困扰学校的校舍不足难题。当然，两者联合的意义远远不止这些。难怪贺校长的脸上露出了微笑。

与一条马路之隔的北京农业工程大学联合办学，也是这首联合交响曲中的一个重要的乐句。远亲不如近邻。教师交叉聘任，图书资料互相开放，实验设备共享，信息情报互换，水电、供暖、维修、交通、医疗等设施互补，使两所学校团结得像一个大家庭。

在这一个个对外联合措施出台的同时，校内联合也在紧锣密鼓地进行着。院系之间的联合，专业与专业之间的联合，实验室之间的联合，构成了这首激越的联合交响曲的和声。

夏天过去了，秋天过去了，冬天过去了，春天过去了，短短的一年过去了。在这短暂的光阴里，贺庆棠校长率领学校领导用全部热情谱就了联合曲，为北京林业大学的发展竖起了一个个里程碑。

但贺校长的心里并不轻松。因为，他十分清楚：联合本身并不是目的。提高办学效益、提高办学质量才是联合的出发点。而要实现这一目标，还需要做大量的、深入细致的工作。他不敢有丝毫的懈怠。

北京林业大学校史上、中国林业教育史上、中国高等教育史上，都留下了北京林业大学在联合办学道路上踩出的足迹，也留下了贺庆棠校长对林业教育事业的一片忠诚，留下了他在谱写这首联合曲时泼洒的滴滴汗水。

贺庆棠：执著探秘[*]

他是谁？

二年苦读获取博士学位；

一校之长未卸科学重任；

森林与环境间奥秘无尽；

科学的道路上艰辛跋涉。

他是北京林业大学教授贺庆棠。

1992 年 6 月，在巴西召开的联合国环境与发展大会，一致通过了《关于森林的原则声明》，这标志着国际社会对森林在环境与发展中的重要性的认识，提到了从未有过的高度。

来自里约热内卢的消息，令贺庆棠教授无比兴奋。他提笔写下了这样一段话："研究森林对环境的影响以及环境对森林的作用，是科学研究的最紧迫、最重要、最前沿的问题。我将继续为之而战。

34 年前的早春，贺庆棠像棵幼树在北京林业大学的校园里扎下了根。自那时起，他一直以研究森林对环境的影响，特别是森林对气候的影响及森林生产力为主攻方向。在他发表的 48 篇论文出版的及多部专著中，这一领域的研究成果占绝大多数。早年，他写过《森林气候学》教材，研究过北京市绿化改善气候的效益，在《林业科学》上发表过林内太阳辐射、采伐迹地小气候、森林的热量平衡等方面的论文。

欧洲松和欧洲枫点缀的德国慕尼黑城，是贺庆棠探索之路上的加油站和新起点。在森林气象学的发祥地，他师从名门，汲取着一脉相传的理论营养。在短短两年的进修后，他便戴上了黑色的博士帽。按照惯例，这段路程一般都要走 5 年。

脚踏祖国的大地，贺庆棠更加投入。尽管他先后担任了系主任、副校长、校长等行政职务，仍一如既往地在揭示森林与环境间的奥秘的道路上艰辛跋涉。

就未来气候变化对林业产生的影响进行了科学预测之后，他描绘出了一幅未来的绿色图画：地球气候变暖，将使森林分布范围扩大，宜林地面积增加，森林结构趋于复杂，地球森林覆被率和生产率普遍提高，对于林业生产利大于弊。

他对黄工高原水土保持林生态效益进行了深入的研究，为理论和生产实践提供了科学的罗盘；他测算出了全球及我国森林对 CO_2 的年吸收量，为研究世界及我国生存环境变化与森林的关系奠定了基石；他撰写的论文《森林的热量平衡》，被誉为森林气象学的经典之作；他探索森林对环境能量和水分收支的影响，开创了定量分析森林对环境作用的先河。

研究森林生态系统的能量流动，评价森林与气候的相互作用，估算植物气候生产力，创

* 中国林业报. 1994. 2. 25

建新的边缘学科，提出全球环境污染和资源破坏的对策，培养大批森林与环境方面的高级人才……在他的眼前，是一个个新的目标；在他的身后，是一串串坚实的足迹。

在我国，从大的、宏观的角度来研究区域性的、全球性的森林与环境问题的人为数不多。贺庆棠教授是其中的一个。

我国近年来在森林与环境研究领域取得了多方面的进展。贺庆棠教授是我国此领域的学术带头人。事业就是一切，而自己只不过是这神圣的事业走向发展与辉煌的铺路石。

于是，人们知道了、记住了，在揭示森林与环境间奥秘的进程中，在造就林业建设高级人才的岗位上，他，森林生态学家、博士生导师、北京林业大学校长贺庆棠教授做出的重要贡献。

深化改革练好内功[*]

——北京林业大学校长贺庆棠访谈录

本报记者　陈建武　张一粟

最近，记者就林业高校争取进入"211 工程"（即面向 21 世纪，重点建设 100 所左右的高等学校和一批重点学科点），加快高校改革的进展情况，采访了北京林业大学校长贺庆棠。

记者：贺校长，北京林业大学是林业系统唯一的国家重点大学，请您谈谈北林的发展情况。

贺校长：北林前身是清朝（1902 年）京师大学堂的林科，以及民国时期的北京大学农学院森林系；解放后，从北大分离出来成了北京农业大学森林系；1952 年院校调整时，又与保定农学院的森林系合并成立了北京林学院；1956 年，北农大的造园专业和清华大学的营建系也并入北林。正是由于这些原因，北林集中了当时林学界的大部分杰出人才，包括汪振濡、范济洲、陈俊愉、陈陆圻等留美、留日的教授。他们带来了北大、清华的严谨治学作风，并且一直传下来。这种良好的作风也为学校的教学、科研打下了坚实的基础，老一辈林学家以及一批 50 年代留苏学者，他们大多数主攻森林生物与环境科学。因此，森林生物与环境科学成了北林科研与教学的优势。

经过几十年的发展，北林已由过去一系一专业发展成为拥有 6 个学院 2 系 2 部 25 个专业的综合性林业大学。目前，学校已有教职工 1405 人，其中教授 75 人，副教授 216 人，他们中有许多是国内著名学者，在国际上也有一定影响。在校学生 2500 名，有 8 个博士点，15 个硕士点，3 个国家的重点学科，5 个部级重点学科，并享有林口唯一的荣誉博士授予权，且即将成为林业院校中唯一的博士后流动站。

记者：请您谈谈北林的改革进程和成效。

贺校长：学校从去年开始进行了管理体制的改革。改革一年多来，全校处级单位由原来的 20 多个减至 15 个，精减人员 13.5%。例如，校总务处由原来的 100 多人精减至 9 人，其他人员分流出去办了 4 个经营服务实体，并实行全员承包。通过考核落实结构工资——岗位津贴加工龄津贴再加业绩津贴（占总额的 60% 以上），有效地调动了教职工的积极性，教师课时量比过去提高了 15%～20%，一改过去教学任务难落实的状况，出现教师们争着上课的好势头。

学校改革的下一步目标是：以学科建设为龙头，教育、教学改革为核心，开展全方位的综合改革。主要包括学科建设、教学科研改革、管理改革和后勤、产业建设和改革 4 个方面。其着眼点是转换机制，理顺关系，建设新的社会主义林业高等教育体制框架。目标是建设以森林生物学和环境科学为特色，以理、工、文、管、商相结合的综合性大学。

---

* 中国林业报，1993.11.30.

记者：为争取早进入"211工程"，学校采取了哪些措施，有何打算？

贺校长：进入"211工程"只是一种形式或标志，最根本的是要以此为契机，使学校跻身于世界先进大学行列，即达到"4个一流"：一是大多数学科达到国内领先水平，把现有5个部的重点学科建设成为国家的重点学科，先使8～10个学科进入"211"；二是人才一流，通过实行学分制、主辅修制和双学位制等，采取双体系、模块式的弹性教学计划，培养出基础扎实、懂业务、有经济头脑和公关意识以及有较强的社会适应性的一流人才；三是出一流的科研成果，凡具备条件的学院都成立研究所，把教学和科研紧密结合起来，形成教学、科研中心；四是管理一流，这是创一流学校的核心，必须通过进一步深化改革，通过转换体制和机制来实现。

为达到国际先进水平，学校拟建立健全保障体系：坚持社会主义办学方向，加强思想政治工作；利用学校的优势，发挥老一辈教授的作用，切实注重对青年人的培养，学校已决定选拔100名40岁以下的面向21世纪的青年骨干教师，从中培养出20～30名大师级的学科带头人。在管理方面，选拔一批骨干人才，加强后勤、教工人员队伍建设；加强产业发展，增强学校的经济实力和自我发展能力。我们提出建设"248工程"的创意，其实施步骤是：2年内理顺各种关系，初步形成社会主义林业高等教育体制新框架；4年内学校整体质量水平上新台阶；8年内重点学科达到国际一流水平，大多数学科全面达到国际先进水平。

记者：进入"211工程"，学校面临哪些挑战？

贺校长：创一流学校，早日进入"211工程"，我们对此充满信心。要实现这一目标，关键在于投入，这是硬件。求发展，练好内功，是我们的办学原则。学校要有好的内部条件，这是软件，只要我们努力工作，坚持深化改革，内部条件是能够具备的。因此，如果投入上去了，目标完全可以实现。我们将扎扎实实地做好各方面的工作，以实际行动，争取早日进入"211工程"。

北京林业大学校长贺庆棠：众人拾柴火焰高*

北京林业大学校长贺庆棠：众人拾柴火焰高*

一件事情，不做则已，做就要做好。

办学更是如此，更要有不怕困难的精神，更要瞄准国际一流

——贺庆棠

贺庆棠，1937年3月生，湖北仙桃人。1960年3月毕业于北京林业大学林学专业。1983年获德国慕尼黑大学林学博士学位。重要社会兼职有林业部科技委常委、中国林学会森林气象专业委员会主任委员，中国林业教育学会常务副理事长。森林生态学和森林气象学专家。1993年7月任北京林业大学校长。

○记事○

贺庆棠教授喜欢步行。下班的路上经常有人和他边走边谈，于是，他回到家里总是饭冷菜凉。对他来说，随时倾听来自学校方方面面的声音尤为重要。

去年7月，他担任了全国唯一的重点林业高校校长职务，但依靠群众、团结同志的作风却没有变，人们出入教学主楼都要出示证件，而他办公室的门却总是大敞大开。

电话铃声骤起。一个学生班长告诉校长大风刮碎了六七块玻璃。下午当他走进教室时发现，玻璃已被装好了。

有位教师对校长说，学生宿舍区有人摆了副台球案子，影响不好。第二天的干部会上，校长就责成有关部门马上撤掉。

那天，中国革命史教师走上讲台，一看吃了一惊，校长就坐在学生中间。那次，社科系交流教学经验，校长又是不请自到。

"只有经常地深入教学科研第一线，才能摸到学校的脉搏。"

吕梁大山里的方山科学试验点，出现了校长的身影。他不满足于听取主持人的汇报，非要爬上高山亲眼看看山上的刺槐和白榆长得到底有多高多粗。

黄土高原上的吉县科研基地，印下了校长的脚印。作为"三北黄土区防护林区域性生态效益"研究的主持人之一，他经常忙中偷闲，在这片荒芜的土地上播种绿色的金子。

尊重党委书记，不仅仅因为他比自己年长，更因为党政一心才能把学校办好。信任其他几位校领导，不仅仅因为他们比自己年轻，更因为众人拾柴火焰才高。

贺校长用他专业的语言这样概括他的内心世界：

"我只是一棵树。广大师生员工才是事业的森林。"

---

* 光明日报，1994. 10. 27.

品森林的能耐之人[*]

——记森林生态学家贺庆棠教授

贺庆棠教授现任北京林业大学校长，他是德国慕尼黑大学博士。33 前的早春，贺庆棠像棵棵幼树在北京林业大学的校园里扎下了根。打那时起，他一直以研究森林对环境的影响，特别是森林对气候的影响及森林生产力作为主要研究方向。在他发表的 48 篇论文及出版的几部专著中，这一领域的研究成果占绝大多数。他写过《森林气候学》教材，研究过绿化改善北京气候的效益，在《林业科学》上发表过林内太阳辐射、采伐迹地小气候研究、森林的热量平衡等方面的论文。

他绘制了我国水量平衡各分量的分布图，而后分别以温度、降水、温度和降水、蒸发量等计算了我国各地的植物可能生产力，绘制了全国产量等值线图，划分了产量区，计算了各区农业和林业气候产量，蒸发系数和太阳能利用率。

随着研究工作的深入，贺庆棠越来越感到森林与环境间关系的研究十分重要，越来越自觉地投身于这一研究中。他就未来气候变化对林业产生的影响进行了科学的预测，为我们描绘了一幅未来的绿色图画。他对黄土高原水土保持林生态效益进行了深入的研究，为理论和生产实践提供了科学的依据。

从全球森林及我国森林对地气系统碳素循环的影响研究中，他得出了重要结论，测算出了全球及我国森林对 CO_2 的年吸收量，为研究世界及我国生态环境变化与森林的关系奠定了基础。从华北落叶松的生态适应性、分布范围及生产力的现状研究入手，他对其随气温和降水量变化而变化的状况进行了预测。

他撰写的《森林的热量平衡》论文，被誉为森林气象学的经典之作，不但从理论上探讨了森林引起的能量的再分布及地温、气温变化规律，而且解决了观测和计量的方法问题；他探索森林与环境能量和水分收支的影响，开创了定量分析森林对环境作用的先河。

他研究森林生态系统的能量流动，评价森林与气候的相互作用，估算北京地区的植物气候生产力，创建新的边缘学科——森林气象生态学。

当然，作为博士生导师的贺庆棠肩上挑的并不只是一副重担。作为教师，他在育人的事业中饱尝酸辣苦甜。他举办研究生的高级讲座，指导研究生。他主编的全国林业院校统编教材《气象学》，初版和修订版均获得部级教材二等奖，发行量已达数万册。作为学校领导，他一直以建设林业为主科，以森林生物学和环境科学为特色的综合性林业大学为奋斗目标。

对他来说，不断地揭示森林与环境之间的奥秘是神圣的事业，不断地造就林业建设的高级人才是一项神圣的事业。事业的发展与辉煌就是他的一切，而他自己只不过是使这一神圣的事业走向发展与辉煌的铺路石。

---

* 中国环境报，1994. 8. 4.

市教育工会召开依靠教职工办好学校
先进表彰大会十位高校党委书记校长受表彰*

贾庆林　张福森　李志坚　陈广文等会见先进人物代表

本报讯（记者 雷雪）11 月 12 日，北京市教育工会召开表彰大会，授予任彦申等 10 位高校党委书记、校长"依靠教职工办好学校的先进党委书记、校长"称号。会前，市委书记、市长贾庆林，市委副书记张福森、李志坚、陈广文，市委秘书长段炳仁，市总工会主席商保坤等领导亲切接见 10 位先进党委书记、校长，并进行了座谈。

在座谈时，贾庆林向 10 位荣获依靠教职工办好学校的先进党委书记、校长表示祝贺。贾庆林说，这次评选活动抓住了一个关键，就是抓住了依靠教职工办好学校的关键，这是发展教育事业的一个重要方面。他说，这次活动搞得很好，今后要继续开展。同时，贾庆林希望市总工会今后能在各条战线开展形式多样、行之有效的活动，最大限度地调动广大教职工的积极性，促进我市各项事业的蓬勃发展，圆满完成党的十五大确定的各项任务。贾庆林等领导还同 10 位先进党委书记、校长合影留念。

在表彰大会上，北京市教育工会宣读了《市教育工会关于授予任彦申等 10 名书记、校长"依靠教职工办好学校的先进党委书记、校长"的称号的决定》，决定授予北京大学党委书记任彦申、清华大学党委书记贺美英、中国人民大学校长李文海、北京师范大学党委书记袁贵仁、北京理工大学党委书记焦文俊、北京邮电大学校长朱祥华、北京林业大学校长贺庆棠、中央财经大学党委书记李保仁、北京医科大学党委书记王德炳、国际关系学院党委书记屈忠等 10 名书记、校长为"依靠教职工办好学校的先进党委书记、校长"的称号。

近年来，在中共北京市委教育工委的领导下，北京市高等学校的党政领导认真贯彻党的全心全意依靠工人阶级的指导方针，从思想上树立了全心全意依靠教职工办好学校的思想，进一步明确了教职工是学校的主体和改革的动力；他们尊重教职工当家做主的权利，保障了教职工在学校的主人翁地位，努力提高学校领导一班人依靠教职工办好学校的自觉性；注意依法保护和调动广大教职工的积极性和创造性，大力加强教职工队伍建设，坚持用邓小平理论武装广大教职工，重视加强对工会、教代会的领导，切实加强了学校教代会制度的建设，从制度上保证了教职工参与学校民主管理、民主监督的权利，支持、尊重学校工会依法独立自主地开展工作。

---

* 北京工人报，1997 - 11 - 15.

目标：国际先进水平*

——访北京林业大学副校长贺庆棠

本报记者　丁付林　沙　琢

11 月 10 日晚，北京林业大学副校长贺庆棠就如何贯彻落十四大精神，办好林业大学问题，在北林宾馆接受了记者采访。

刚一落座，贺副校长就滔滔不绝地说开了："党的十四大提出了今后一个时期的战略任务就是加快改革开放，建立社会主义市场经济体制，集中精力把经济建设搞上去。要完成这一使命，关键在于教育，在于努力提高全民族的思想道德和科学文化素质。因此，高等学校的责任是非常重大的。北京林业大学是部属重点大学，也是全国重点大学。部领导要求我们把这所大学办成国际先进水平的大学，这就更增加了我们的责任感和紧迫感。"

这位副校长说："要把北林大办成国际先进水平的林业大学，首先是要进一步解放思想，转变观念，探索适应加快经济发展、科技进步和扩大改革开放需要的办学新路子。目前，我校基本上仍是计划经济体制下的办学模式，这种模式是与社会主义市场经济脱节的。如果不解放思想，转变观念，主动适应社会主义市场经济的需要，就会在激烈的市场竞争中被淘汰。"

在谈到学校内部管理体制的改革时，这位副校长说，核心内容是人事制度和分配制度的改革，在这方面北林大已开始起步。学校正在给各单位定编、定员、定岗、搞结构工资制，真正落实社会主义按劳分配原则并引入激励机制、竞争机制，对于有突出贡献的个人要敢于奖励。

目前，高等学校的改革仅局限于内部管理体制的改革是很不够的，必须进行综合的和全面的改革，其中包括学科和专业设置、教育思想、教学内容，教学方法，招生分配制度等方面的改革。这位副校长说，学科和专业的设置，总的要求是必须满足市场的需要。我们的高等教育也要像企业那样去找市场，根据市场需求的变化相应地调整学科和专业，确定培养人才的目标。在这一方面，北林大也已开始起步，今天成立的水土保持学院就是我校学科和专业建设改革的组成部分。我们还准备增设森林旅游管理专业、林产品经销专业和林区多种经营专业等新专业，同时改造部分老专业，给老专业注入新的活力。为了面向市场，学校还将开设市场学、经济管理学、公共关系学等一系列新课，拓宽学生知识面，培养复合型人才。

贺副校长，这位 1960 年在北京林学院毕业，80 年代初在联邦德国慕尼黑大学获博士学位的森林生态学教授，深知国际先进水平的林业大学的含义。他说，办一流大学，是要在提高教学质量和效益的同时，放眼世界，与世界五大洲的林业院校、研究机构建立密切联系，加强合作。目前北林大已与美国、德国、日本、加拿大、新西兰等十多个国家的部分林业机构建立了关系。但这还不够，今后应继续寻求新的合作伙伴，加强学术交流。招收留学生。使北林大走向世界。

作为高等教育，有三大功能：一是培养人才，二是出科研成果，三是提高技术产业，进入经济建设主战场，为发展生产力直接服务。在谈到这个问题时，这位副校长说，过去我们强调前两大功能，对第三大功能重视不够。利用高校的科技人才和技术优势，创办校办产业，直接面向市场，参与生产力的发展，既可以收到社会效益，又可以改善办学条件，改善职工生活，是一举多得的。目前，北林大已把校办产业提到了重要位置，成立了由 3 位副校长牵头的校办产业领导小组，学校也成立了产业处。在较短的时间内，校办产业已得到迅速发展。

贺副校长最后告诉记者说，近一两年是北京林业大学改革与发展的关键时刻，既有机遇，也有挑战。我们要抓住有利时机，迎接挑战，深化改革，全方位开放，争取在本世纪末把北林大办成世界先进水平的林业大学。

知名林学家贺庆棠春节期间约见记者，强调——

多功能林业已成发展趋势[*]

本报记者　铁　铮

春节期间，北京林业大学原校长、知名林学家贺庆棠教授约见记者，谈及他近来对林业发展的一些思考。贺教授提出，多功能林业已成发展趋势，不能片面地、笼统地提发展生态林业。

笼统提发展生态林业是片面的

贺教授认为，在许多地区，林业的定位应该是多功能的，笼统地提发展生态林业是片面的。

他说，我们国家范围广、地形复杂、各种地类都有，因此应该宜树则树、宜花则花、宜草则草、宜灌则灌、宜经济林则经济林、宜水源涵养林则水源涵养林、宜用材林则用材林、宜水保林则水保林、宜风景林则风景林。各种林草花木都要因地制宜，适于种什么就种什么，不能人为错位。

北京环境复杂多样，林业定位就应为多功能林业。在多功能林业的总体目标下，可按地类和各自特点来确定以某种功能的发挥为主，兼顾多功能，以充分发挥森林的多功能、多效益，充分利用土地生产率，提高林业产量、质量和效益。

发展多功能林业已成趋势

贺教授说，对森林的认识应该从单纯的利用木材，发展到全面发挥其多功能和多效益。多功能经营管理和开发利用森林已成为全球共同发展趋势。

他指出，随着现代林学的不断发展，林业也由大木头挂帅的单纯采伐业，发展为全面发挥森林多功能、多效益的多种产业的复合产业及公益事业，以实现森林的永续利用和林业的可持续发展。现代林业正在淡化分林种营建和经营森林，而是按森林生态系统多功能、多效益来营建和经营森林。

贺教授注意到，林业在森林经营管理方面，已由长期经营管理森林中乔木为主，以生产优质木材为核心，转向了以充分发挥森林多功能、多效益的森林生态系统的经营管理。对森林的利用由单一树干利用发展为全树利用，并开始转向全林、全方位利用。混农林业、混药林业、林果结合、林茶结合等复合林业方兴未艾。无论是营林、森林经营还是森林利用，开始全面采用现代化经营管理，应用了大量现代技术，其中高新技术也在林业上有所应用。一个现代林业的新时代已经到来。

山区希望在山致富靠林

贺教授说，那种认为农林复合系统中林业仅是防卫者，不是财富，也不需经营的认识是不对的。要让生长在宝贵的、肥沃的农地上的各种林木，包括防护林、经济林等，都做到高产优质，产生多种效益。

＊ 中国绿色时报，2007.3.2.

他建议，北京的近山区应以经济林、花卉、各种药材及野菜为主，远山区则把重点放在培育用材林、水源涵养林及多用途林业，尽量做到一林多用，发挥多功能，实现多种效益，克服单打一的传统林业思想。

他说，我国的山区还比较贫困，希望在山，致富靠林。山区要以多功能、多效益为指导思想发展林业，开发森林生态系统，从地下到地上全方位的加以利用，让林业帮助山区人民脱贫致富。

重视大自然的自然恢复力

贺教授说，要大力恢复退化的森林生态系统。封山育林是利用自然力恢复生态系统最好的办法，既省工又省钱，又能较好利用地力，避免人工造林带来的弊端。

长期以来，人们忽视大自然的自然修复力，做了很多费力不讨好的事。大自然的自我修复力所形成的自然美是不可能人工全面再造的，生物多样性、生态系统和食物链人类是难以全面克隆和再造的。

他强调，在光热水土条件适宜的地方，应通过封林保护、禁伐、禁猎、禁牧，排除人为干扰，用自然力或适当人工促进完成树木和杂草花木自我更新演替。对一些自然条件差、封育无法恢复森林或本来就不长树的地方，应着眼于因地制宜，顺其自然，模仿自然，发展接近自然的林业。

据他介绍，接近自然的林业既不是天然林也不是传统意义上的人工林，而是一种模拟本地原生的森林群落中的树种成分和林分结构，人工重组的森林生态系统。这比营造针阔混交与多种树种混交人工林更接近自然的本原。

为林业的可持续发展增添活力[*]

北京林业大学校长　贺庆棠

　　江泽民总书记和李鹏总理的重要批示，体现了党和国家对加强生态环境建设、保护中华民族生存空间的雄心壮志。对此，我们一定要有足够的认识，要以饱满的政治热情、科学的态度和坚韧不拔的毅力，积极投入到这场改造山河的伟大斗争中去。

　　林业作为一项重要的公益事业和经济发展的产业之一，肩负着改善生态环境和促进经济发展的双重使命，但改善生态环境是林业的首要任务和第一位目标。

　　森林是人类和多种生物赖以生存的基础。如果失去森林的保护，就会发生土壤流失、资源减少、物种消失的危害。1981～1990年的10年间，每年全球森林以0.7%～1.5%的速度急剧减少，尤其是热带雨林的减少更成为世界舆论关注的焦点。荒漠化和水土流失已成为人类当今的两大灾难。我国每年流失泥沙量约50亿吨，以黄河流域最为严重。为从根本上解决这两大问题，必须加强生态环境尤其是林业建设。

　　在世界发展中国家森林急剧消退的背景下，我国森林覆盖率和林木蓄积量实现了同步增长。但是，我国仍属于少林的国家，人均森林面积只有世界人均拥有森林面积的1/5。我国不仅资源相对贫乏，而且管理不善，林地生产力低下，宜林荒山荒地众多，水土流失严重，生态环境恶化，再加上森林分布不均，严重地影响了我国森林持续利用和多种功能的发挥。

　　北京林业大学在森林资源培育和生态环境治理方面具有鲜明特色和较强优势。近40多年为国家输送了大量从事森林资源培育和环境治理的人才；近10多年取得了近200项科技成果，为我国华北、西北地区生态环境的治理提供了重要的技术支撑。

　　作为培养林业高级技术人才的摇篮，北京林业大学在实施"科教兴林"战略中要结合十五大文件的学习，进一步深刻领会江总书记和李鹏总理的批示精神，解放思想，抓住机遇，发挥优势。面向21世纪中国林业的可持续发展，加强生态环境的有关学科建设，培养更多的人才；加大有关生态环境建设的科研力度，积极承担重大科研任务。同心协力，为实现"再造一个山川秀美的西北地区"承担起历史赋予我门的光荣使命。

---

*　中国林业报，1997.11.18.

练好内功　争创一流

北京林业大学校长　贺庆棠

北京林业大学是我国唯一的国家重点林业高等院校。它以林科为主，以森林生物和环境科学为特色，兼有理、工、文、管、商等多种学科。建校以来，经过几代人的艰苦努力，已经壮大成为具有中国特色的新型综合性林业大学。作为我国重要的林业、水土保持、园林教学和科研基地，这所学校为创建中国的高等林业教育事业，推动林业建设的发展做出了突出的贡献。

目前以学科建设为龙头，教育、教学改革为核心的全方位的综合改革正在顺利进行。其着眼点是转换机制，理顺关系，建设新的社会主义林业高等教育体制框架。其最终目标，则是创造"四个一流"，即主要学科专业和师资水平一流，人才培养质量一流，科研水平一流，管理水平和效益一流，使学校跻身于世界先进水平行列。

"四个一流"的具体内容包括：一是大多数学科达到国内领先水平，在建设好现有的国家级重点学科外，把其他部级重点学科建设成为国家的重点学科；二是人才一流，通过实行学分制、主辅修制和双学位制等，培养出基础扎实、懂业务、有经济头脑和公关意识以及有较强的社会适应能力的一流人才；三是出一流的科研成果，把教学科研紧密结合起来，形成教学、科研中心；四是通过进一步深化改革和转换体制与机制，实现管理一流。

为了实现这些目标，我们正在推行"双体系模块式弹性教学计划"。所谓"双体系"指的是理论教育和实践教育两个体系；"模块式"是指适应市场经济需要，由不同组合课程，形成多种模块，随市场需要组装；"弹性"则是指减少部分必修课，增加选修课，可伸可缩。与此同时，还开始实行本专科互转、研究生淘汰制、主辅修制等。在科研改革方面，主动面向主战场，加强应用研究与科技开发和推广。

在利用学校的优势、发挥老一辈教授作用的同时，我们正在加紧建设两支强有力的队伍。一支队伍是由百名青年骨干教师组成的跨世纪教师队伍；另一支则是由50名青年管理干部骨干组成的跨世纪管理干部队伍。这两支队伍将成为学校迈向世界一流的坚实基础。

为此，我们于去年初提出了建设"248工程"的创意。其实施步骤是：2年内理顺关系，初步形成社会主义林业高等教育体制新框架；4年内使学校整体质量水平上一个新台阶；8年内使重点学科达到国际一流水平，大多数学科全面达到国际先进水平。这一宏伟工程在全校师生员工的共同努力下，正在积极稳步地实施之中。

我们根据市场的需要，按"择优、改善、拓宽、增新"的方针，进一步调整专业和学科结构，着力发展社会急需的短线专业，改造和优化传统专业。森林保护专业向果树、观赏植物保护方向拓宽。林业经济管理、林业机械、林业信息管理则在保持特色的基础上向通用型扩展。对于那些相对较宽的专业则根据经济建设需要增设专业方向。传统的林学专业将一分为三，按经济林、果树、野生植物资源等专业方向培养学生。

对现有的实验室、标本室正在抓紧充实和更新，水土保持学、森林生物技术等开放型重点实验室的建设步伐大大加快。学校还强化了科研目标管理，进一步完善和推广"教学、科研、生产"三结合的体制。为了多出成果、出重大成果，学校设立了多项基金，对在教学、科研、科技开发和成果推广中做出贡献的人员给予奖励。

创办国际先进水平的林业大学最重要的是"练好内功"，创造良好的内部条件。我们将扎扎实实地做好各方面的工作，为实现这一目标而尽最大的努力。

加速培养高素质创新人才[*]

北京林业大学校长　贺庆棠

在人类即将跨入辉煌的 21 世纪之际，全球经济的发展进入了一个新的时代，既知识经济起主导作用的时代。正如江泽民同志在庆祝北京大学建校一百周年大会上指出的："知识经济已见端倪"。知识经济时代的来临，既为高等教育的发展提供了前所未有的机遇，也提出了严峻的挑战。以培养社会主义现代化建设人才作为首要任务的高等院校，将义不容辞地担负起为国家培养大批高素质人才的重任。高等教育要转变思想，更新观念，切实推进以培养学生创新素质为目标的教育改革，为培养创新人才创造一个良好的氛围。

转变教育思想，更新教育观念

推行素质教育。原有的教育观念和教育思想由于其时代的特点，已不能完全适应知识经济的需要，传统的应试教育应转到素质教育上来。素质教育是以创造能力的培养作为自身的核心内容，可以说创新意识和创新能力是高素质人才的一个重要标志。因此创新是知识经济和素质教育的内在本质的统一体现，是二者共同的灵魂，在素质教育中要注重培养学生主动获取、驾驭和应用知识、信息的能力，独立思维能力和创造能力，要把创新能力的培养作为素质教育的核心内容来抓。

树立新的教育质量观。采取相应的措施，把创新教育作为今后高校教学改革的核心，树立新的教育质量观，把创新能力和创新意识作为衡量教育质量的核心指标。要深刻认识到没有培养出具有创新能力的人才，就是没有培养出能够适应 21 世纪要求的人才。

处理好几个转变的问题。在深化高等教育改革的进程中，要认真处理好以下几个转变，要由过去主要注意专业知识转向掌握宽厚的基础知识和丰富的人文知识；要由过去主要注重传授和学习已经形成了的知识，转向不仅要很好地传授和学习已经形成了的知识，而且要注意培养实现知识创新、技术创新的能力；要由过去主要根据掌握知识的多少来衡量质量，转向不仅要从掌握知识的多少来衡量质量，而且要特别注意从能力和素质的角度衡量质量；要由过去主要强调全面发展，转向不仅强调全面发展，而且要特别注意个性发展。

切实推进以培养学生创新素质为目标的教育改革

要加强教学管理方面的改革，进行因材施教，实施按类招生，注重学生的个性发展。按类培养，柔性设置专业方向。要不断完善学分制，增加学生学习的自主权和教学制度的灵活性，逐步增加学生在选科、选课方面的自由度，使教学计划更有弹性，为培养学生创新能力提供宽松的外部条件。

在教学方法上，要注重能力的培养。改变以往"填鸭式"、"满堂灌"的教学方式，注重引导学生了解和研究如何获得知识，要"授之以渔"，而非"授之以鱼"，逐步提高学生

* 中国改革报·时代周刊，1999 – 7 – 6。

获取、传播和运用知识的能力，把学生由知识的"仓库"，变成知识的"换代加工厂"。

在教育内容和教学手段方面，要充分利用现代化的教学手段和工具，及时把本学科领域内的最新研究成果传授给学生，使学生能够随时把握本学科领域内的前沿问题，同时教师要清醒地认识到研究是创新之本，要引导和促使学生参加科研活动，加强学生对创新过程的认识和了解，为今后打下良好的基础。

建立适应知识经济和未来要求的全新课程体系和结构。加强本科教学共同基础的教育，将学科基础相同和相似的几个专业打通，减少专业个数、拓宽学科基础，构建专业平台。加强学科间的交叉与渗透，使学科教育更加综合化和通识化，增加学生的灵活性和适应性。

加强师资队伍建设，提高教师的创新素质

教师的创造性素质的高低对学生创新能力的培养至关重要。名师才能出高徒。一方面要优化教师队伍，选择好学科带头人，使那些能站在学科发展前沿，具有较突出的学术成就，同时又与国内外学术界广泛接触和联系的，学风正派的教师担当学科带头人，使他们真正发挥带头人的作用，带动周围的同事向创造性人才发展。另一方面要鼓励教师积极改变教风，即放弃教师的自我权威中心意识，尊重与众不同的观念，鼓励、培养学生的好奇心，探索欲。在教与学中倡导师生相互合作，放弃单纯知识传授，帮助学生形成对事物的主动思考的质疑能力，解决问题的运筹能力和善于使用信息系统提取合成信息的能力和大胆提出有创新的设想方案等。

总之，在迎接知识经济的挑战时，我们要遵循高等教育发展的客观规律，注重培养高素质的创新人才，使我中华民族早日实现科教兴国，科教强国。

联邦德国森林气象研究概况[*]

北京林学院　贺庆棠

1981 年至 1983 年 10 月，我在联邦德国慕尼黑大学林学系生物气候和应用气象教研室，作为森林气象学的访问学者，在 A. Baumgartner 教授领导下，进行了两年多时间的研究工作。现将我所了解的联邦德国森林气象研究概况，作一简单介绍。

一、联邦德国的森林气象研究单位

在联邦德国从事森林气象研究的单位，主要是在大学的林学系和州林业科学研究院。包括下述单位：

1. 慕尼黑大学林学系生物气候和应用气象教研室，也是巴伐利亚州林业科学试验研究院所属的森林气象研究所：这个所成立已有一百多年了，是联邦德国森林气象研究的创始单位，也是世界上最早对森林气象有系统研究的单位。因此它颇具名声，而且一直在国际上对于森林气象的研究处于领先地位。著名森林气候学家 R. Geiger 为前任所长，1965 年他去世后，由他的学生，现今著名森林气象学家 A. Baumgartner 教授任所长至今。这个所现有研究人员 15 人，下设森林气象、森林水文、生物气候和城市气候四个研究组，是目前在联邦德国从事森林气象研究力量最强、人员最多、设备先进、成果倍出的单位。经常有来自世界各国的森林气象学专家访问、讲学并作为客座教授和研究人员在此协作和共同工作。

2. 哥廷根大学林学系生物气象研究所：这个所建立才两年时间，所长是 J. V. Eimern 教授。有研究人员 4 人；主要从事森林热量和水分平衡的研究。

3. 符赖堡大学林学系气象研究所：所长是 A. Kesser，有研究人员 7 人，主要从事森林气候和树木年轮与气候的研究。

4. 黑森州林业科学研究院森林水文研究所：所长是柏林自由大学教授 H. M. Brechtel，有研究人员 10 人。这个所是目前中欧唯一的森林水文研究所。H. M. Brechtel 教授也是联邦德国森林水文研究协会主席。他们主要从事森林水文效益和森林对净化大气，消除噪音作用的研究。

二、主要研究课题和方向

在联邦德国人们对森林的认识，已从传统的获得木材和林副产品，转向注重森林对环境的效益和人类生产和生活的福利作用。因此森林气象的研究重点，已由研究环境对木产量的影响，转向研究森林对环境和人类的效益方面。他们的主要研究课题可归纳为：

1. 酸雨与森林的死亡，森林净化大气作用。

2. 森林对环境水分、热量、空气和土壤的影响，森林改善地方气候的效益和森林对中

---

* 中国农学会农业气象研究会会刊，1984. 2.

欧及全球气候和环境的影响。

3. 森林对流域水分状况的影响，莱茵河流域森林的涵养水源和抗洪作用。森林的水文效益与土地利用。

4. 法兰克福机场附近森林在消除交通噪声及污染的作用。

5. 城市附近森林对城市气候和环境的影响和作用。

6. 森林气候对人类健康、休息和娱乐的影响。

7. 森林生态系统气候产量的估算与森林最佳产量的气候模型探讨。

8. 森林气象灾害如火灾、风倒、雪折等预测和防治。

9. 森林能量包括树木受风摆动的动能等利用。

10. 森林立地气候的研究。

三、研究手段和方法

在联邦德国野外观测工作已实现自动化。上述研究森林气象的单位，均在林内建有长期定位观测塔，塔为钢架，高出林冠 3~5m，各种观测仪器均为有线，遥测，并与数值显示器，贮存器和小型计算机相连，并有自动打印输出设备，无需人力观测。技术员每月检查 1~2次仪器运转情况，出现故障加以排队和必要的维护。室内模拟试验，在人工气候室和风洞中进行。资料加工整理采用计算机。林内需短时内进行多点观测的项目，如太阳辐射的测定，在哥廷根大学生物气象研究所，将天空辐射表和辐射平衡表安装在一米高度的林内长的单铁轨上，使仪器自动游走。短期野外气候调查，在慕尼黑大学生物气候和应用气象教研室则备有汉堡生产的气候观测车，车顶上装有各种观测仪器，并通过导线连接于车内显示器、记录器和小型电子计算机上，野外气候考察十分方便。对于大面积森林和大城市气候的研究，他们还采用在飞机上装有红外摄像仪进行飞机观测。

由于森林气象的观测，往往需要设置众多的测点，而自动化仪器设备，价值昂贵，因此，在联邦德国也只能在重点研究点上布置。一般测点上，他们也仍必须采用一般常规和简易仪器，但多数是自动仪器，有的也要用人力进行观测。如黑森州森林水文研究所，在全州的各处森林中均没有水平衡场和有上千个雨量观测点，他们自己设计制作了简易防蒸发的塑料雨量筒，安置在林内，每半月派人观测一次。

陪同中国林业教育考察团在联邦德国中部林区参观（1984 年载于《南德意志报》）

与联邦德国森林水文研究所所长布莱西特教授在办公室交流
（1983 年 7 月载于《南德意志报》）

在苏特林场交流（载于《南德意志报》）

与南德奥伯斯孚夫县领导交流，
受县长送别与赠书（载于《南德意志报》）

北京林学院讲师贺庆棠先生在德工作签定

（一九八一年十月十一日——一九八三年十月二十日）

中华人民共和国政府奖学金生，讲师贺庆棠先生于 1981 年 10 月 11 日至 1983 年 10 月 22 日在慕尼黑大学林学系生物气候和应用气象教研室工作。

贺先生已掌握的德语知识使他能较快地适应并进入本教研室的学术研究工作。查阅参考文献并和同事们一起开展讨论。他的德语知识使他能在短期内听懂讲课，参加练习课和讨论课。在德两年，他的语言知识得到了进一步提高。现在已能用德文写学术报告了。

在德期间，贺先生特别勤奋，他充分利用时间，翻译与本专业有关的气象、森林水文和气象学论文，他撰写了多篇文章。他在德期间的主要工作是研究中国气候和水分平衡与植物产量的关系，题为"中国水分平衡与植物产量"的论文具有相当高的价值。论文本身就说明了贺先生的学术能力，并为中华人民共和国提供了经济价值十分高的论据。此文进一步论证了生物产量的气候与水文条件，并根据自然产量对中国这块土地进行分类。殷切希望贺先生回国后，在北京继续利用另外一些基本数据扩展这一课题，并用测量仪器检验一下已计算出的产量值，如贺先生能在他完成论文之后再次有机会短期到我们林学系和教研室来，那将是锦上添花。

贺先生利用机会多次参加我们在巴伐利亚森林国家公园里组织的大沃尔水文站野外观测工作，他参观访问哥廷根、汉诺威—明登和符赖堡等地的一些林学系及试验站，也访问了德国中央气象局布朗斯威克农业气象研究站。可以说，他在那些地方收集的资料将促进他在中国的研究工作。

在教研室里，贺先生勤奋好学，任劳任怨，性格开朗，热情待人。他受到了大家的尊敬。他还能很好地向我们介绍中华人民共和国的情况和北京林学院的情况以及林业科学，我们向他表示十分的感谢。我们双方的了解将会有助于进一步加强我们林学系同北京林学院的联系。

衷心祝愿贺先生一切顺利。

慕尼黑大学林学系生物气候与应用气象教研室主任
A. 鲍姆加特纳教授（签字）
1983 年 10 月 20 日于慕尼黑

Lehrstuhl für

BIOKLIMATOLOGIE und ANGEWANDTE METEOROLOGIE
der Universität München

Vorstand:

Prof. Dr. A. Baumgartner

Amalienstranße 52

8000 München 40, 20. 10. 1983

Telefon 21803153

B e u r t e i l u n g

Von Herrn Dozent He Qing-tang, Forstliche Fakultät Peking,
für die Tätigkeit am Lehrstuhl in der Zeit 11. 10. 1981 – 22. 10. 1983.

Herr Dozent He Qing-tang arbeitete als Regierungsstipendiat der VR China in der Zeit vom 11. 10. 1981 bis 22. 10. 1983 am Lehrstuhl für Bioklimatologie und Angewandte Meteorologie der Forstwissenschaftlichen Fakultät der Universität München.

Herr He hatte bereits Kenntnisse der Deutschen Sprache, da-durch wurde die Eingewöhnung, die Einführung in die wissen-schaftlichen Arbeiten des Lehrstuhls, das Literaturstudium und die Diskussion mit den Mitarbeitern erleichtert. Er konnte dadurch auch frühzeitig Vorlesungen, übungen und seminare besuchen. In den zwei Jahren hat er die Sprachkennt-nisse vertieft und ist jetzt in der Lage auch Berichte in deutscher Sprache zu schreiben.

Herr He war wöhrend seines Aufenthaltes ungewöhnlich fleissig. Er nützte die Zeit intensiv für die übersetzung fachlich zuständiger Arbeiten der forstlichen Meteorologie, der Hydrologie und der Klimatologie. Er verfaßte mehrere Artikel. Die Hauptarbeit war die Untersuchung über die Zusammenhänge zwischen Klima sowie Wasserbilanz mit dem Potential der Pflan- zenstoffproduktion in China. Die verfaßte Abhandlung "Wasser-bilnz und Pflanzenproduktion in China" ist von hohem wert. Sie zeigt die große wissenschaftliche Befähigung des Stipen-diaten vnd liefertökonomisch wertvolle Aussagen für die VR China. Sie quantifiziert die klimatischen vnd hydrologischen Bedin-gungen für die Erzeugung von Biomasse und klassifiziert das Land China aufgrund des natürlichen Produktionspotentials. Es ist sehr zu wünschen, daßHerr He nach der Rückkehr dieses Thema in Peking mit zusätzlichen Grunddaten erweitert und die bereechneten produktionswerte mit Messungen überprüft. Und die berchneten Produktionswerte mit Messungen überprüft. Es wäre auch von Vorteil, wenn Herr He nach Abschlußder Abhandlun-gen die Gelegenheit zu einem erneuten, aber kurzen Aufenthalt am Lehrstuhl und der Fakultät bekommen würde.

Herre He hat die Gelegenheit genutzt zur Teilnahme an unseren Feldmessungen z. B. der Hydrologischen station Große Ohe im Nationalpark Bayerischer wald und er hat auch die forstlichen

Fakultäten und Versuchsanstalten in Göttingen, Hann.-Münden und Freiburg sowie die zentrale agrarmeteorologische For-schungsstelle des Deutschen wetterdienstes in Braunschweig besucht. Es darf angenommen werden, daßauch die dort erhal-tenen Informationen seine Arbeit in China fördern werden.

Herr He ist am Lehrstuhl wegen seines Fleißes, seiner Ar-beitsleistung und seines freundlichen und angenehmen Charkakters geachtet worden. Er hat es auch verstanden uns die In-formationen über die VR China, über die Forstwissenschaft und über die Forstliche Universität Peking zu vermitteln. Wir danken ihm dafür sehr. Die erworbenen Kenntnisse werden uns den Ausbau der Kontakte zwischen unserer Fakultät und der Forstlichen Universität Peking erleichtern.

Herrn Dozent He wünscht der Lehrstuhl von Herzen alles Gute für die Zukunft.

Prof. Dr. A. Baumgartner

专家建议：加大石漠化防治力度[*]

本报记者　铁　铮

在 3 月 12 日植树节到来前夕，北京林业大学原校长贺庆棠教授说，生活在石漠化地区的居民已经受到石漠化的严重威胁，石漠化已经成了我国南方山区的心腹之患。他建议国家采取积极有力的措施，加大防治力度，使之恢复森林植被，遏制日益严重的石漠化。

尽管"石漠化"这个名词还不被更多的人们所熟知，但其造成的危害却越来越严重。石漠化不但形成"山光人穷，穷山恶水"的恶性循环，且由于土壤瘠薄、缺水易旱，是造林绿化中最难啃的"硬骨头"。

石漠化景观令人心悸！

亚热带岩溶地区因受雨水冲蚀及人为活动的干扰，植被和森林遭到严重破坏，土壤流失殆尽，只剩下母岩及石块，光板地上寸草不生。贺教授说，这就是岩溶地区土壤流失后的典型的荒漠景观。我国岩溶地貌主要集中成片在云南、贵州和广西等省（自治区），面积在 30 万 km² 以上。这个数字表明，我国的岩溶地貌面积是黄土高原面积的 1/2。

更为严重的是，岩溶地区石漠化面积还在逐年增加，平均每年扩展约 2500km²。目前，石漠化已经占到了岩溶地区的一半以上。在这些地区，大片大片的石山和石头地完全丧失了生产力。偏远落后的山区，经济困难，生活贫穷。贺教授向记者又描绘了另一幅令人心悸的景象。

石漠化危害有多大？

我国石漠化地区多处于偏远地区，群众以农牧业为主，基本呈现"植被破坏越严重，土壤流失越严重，石漠化地区越扩大，群众生活越贫困"的恶性循环。目前居住在石漠化地区的人口有 800 多万，多数生活在贫困线以下。石漠化还给当地人民的生存带来了极大的威胁。由于涵养水源功能差，人们生活和生产用水紧缺，广西百色 9 个县的石漠化地区，农民要从数千米以至数十千米之外的地方运饮用水。

石漠化的危害究竟有多大？贺教授为我们一一例举。石漠化地区夏季灼热，冬季寒冷，水旱灾害频繁发生，几乎连年旱涝相伴，极易引发山洪、滑坡、泥石流。

记者惊讶黄果树瀑布有可能消失。贺教授说，石漠化地区大多数位于珠江、长江上游。由于严重的土壤侵蚀，导致河床淤高，河道不畅，危及长江和珠江沿岸及下游人民生命财产安全。贵州最大的乌江渡水库，5 年淤积近 2 亿 m³ 泥沙和山石，已严重威胁水电站安全和寿命。他还说，我国第一大瀑布——黄果树瀑布因受日益严重的石漠化影响，不仅在枯水期水量明显减少，而且在雨季水量也有所减少，情况日趋严重。有不少专家断言：这一地区的石漠化问题如不解决，黄果树瀑布将会干涸。

* 中国绿色时报，2005 - 3 - 10.

石漠化趋势极难逆转

岩溶地区的石灰岩，经过亿万年的生物成土作用，才形成了有机质和腐殖质丰富、具有肥力和生产力的土壤。据测算，每形成1cm厚的土壤约需上百年的时间。贺教授说，由于石灰岩不易风化但易溶蚀的特点，石灰岩上形成的土壤没有母质层。基岩受水侵蚀，漏水缝隙多，根本不保水。裸露又无植被固定的土壤极易被水溶蚀、侵蚀和冲刷，成为仅剩下石灰岩的光板地。

他进一步说，石漠化地区的生态破坏是极难逆转的。要使这些地区在生物作用下重新形成土壤，需要数百年甚至数千年之久。造成岩溶地貌地区石漠化的原因，除了降雨较多等自然因素外，最主要的原因还是人为破坏加速了石漠化的形成。不合理的耕作制度是主要表现之一。在贵州，陡峭石山上的石缝间，还种着玉米等作物。岩溶地区山高坡陡，土壤瘠薄，植物本来就稀少，还在放牧成群的牛羊，不但破坏了植被，还破坏了土壤结构，造成土壤流失。除此之外，乱砍滥伐森林，采石、采煤、采矿、修路以及各种建筑物的建造等都造成了植被和土壤的破坏，加剧了石漠化。

为人类生存环境的持续发展做贡献[*]

——访北京林业大学校长贺庆棠教授

记者走进我国唯一的重点林业高校北京林业大学，迎面而来的是一股改革开拓的春风。

"本世纪末下世纪初全球最大的问题是人口、环境、资源和粮食问题。而林业在解决后三大问题上都起着重大的作用。"在校长办公室，贺庆棠教授开门见山，给我们描绘了一幅未来世界的画卷。

贺校长告诉我们，森林属于再生资源，既包括木质的，又包括非木质的；包括高等植物和低等植物，也包括动物和微生物。人类生存所必需的许许多多东西，都蕴藏在浩瀚的林区。更重要的是，林业可以持续生产、持续发展，所以和人类的生存与发展关系更为密切。

近年来，作为林业部综合改革试点高校，北京林业大学在面向 21 世纪、主动适应经济建设和发展需要的办学道路上，迈出了坚实的步伐。"学校积极探索 21 世纪我国高等教育的发展趋势和发展规律，在探索条块结合、开放式办学机制方面采取了重大举措。"据贺校长介绍，学校和北京林业管理干部学院在全国范围内率先进行了普通高校和成人高校联合办学的改革尝试。实现了紧密型联合办学，在大事统筹、各具特色、优势互补、资源共享、避免重复建设、发挥规模效益、提高办学质量方面，取得了显著成效，形成了包括专科、本科、硕士、博士、博士后、成人教育、管理干部培训和留学生教育在内的完整的高等林业人才培养体系，成为我国高等林业建设人才和管理人才培养的重要基地；学校和中国林业科学研究院联合培养研究生，开创了普通高校与科研单位联合培养高层次人才的先河，实行了统一招生、统一培养、统一管理、统一分配。联合后师资力量和学科总体实力大大增强，研究生培养条件大为改善，为加速林业高层次人才的培养步伐起到了重要作用。

学校注重把教学和教学改革放在"高于一切、重于一切、先于一切、优于一切"的位置，在教改中取得了较大进展，逐步形成了复合型、开拓型人才的培养模式。贺校长说："在调整专业结构和学科建设方面，我们根据 21 世纪林业科学的发展趋势，结合行业发展和市场需求，坚持扶持优势学科、改造老专业、拓宽培养方向、增设新专业。同时淡化专业界限、促进学科间的交叉渗透，采取大学科多方向的模式，将专业划分为重点学科群，使学校形成了以林学为主、以森林生物学和环境学科为特色，文理结合、理工渗透、文理工管协调发展的、面向 21 世纪、适应经济建设需要的学科专业发展建设新格局。"

"在人才培养方面，我们要坚持厚基础、广知识和重实践，"贺校长说，"学校要把学生的基础打好使他们的基础打得更加深厚。我们的学生不但要学好本专业以及和本专业有关的知识，还要学好更多更全面、更广博的知识，以增强适应能力和后劲。我们主张培养学生的动手能力，加强基础训练，创造更多的实践机会，使他们不但有扎实的理论功底，还要有一定的实践经验和较强的操作水平。"

---

* 中国科学报，1997.9.8.

贺校长说："面向 21 世纪办学，瞄准国际先进水平办学，结合我国经济建设实际办学，是我们的既定方针，我们的原则是不搞小而全，更不搞大而全，而是要办出特色、办出优势，办出水平。"

"办我特色，办我名牌，办我质量。"贺校长用简洁而概括的语言，表述了他和全体教职员工的努力目标和奋斗方向。

附录

主编、副主编及参编书目名录

（一）主编或副主编专著目录

1. 林业气象学 　　　　　　　　　　　　北京：农业出版社　　　　1961 年
（全国林业院校统编教材）
2. 气象学 　　　　　　　　　　　　　　北京：农业出版社　　　　1979 年
（全国林业院校统编教材）
3. 气象学（修订本）主编 　　　　　　　北京：中国林业出版社　　1986 年
（全国林业院校统编教材）
4. 中国水量平衡和植物生产（德文） 　　慕尼黑：慕尼黑大学出版社 1986 年
（专著、博士论文）
5. 国外林业教育的最新趋势与展望　主编　北京：中国林业出版社　　1988 年
6. 中国林业气象文集　副主编 　　　　　北京：气象出版社　　　　1989 年
7. 北京林业大学校史（1952-1992）副主编　北京：中国林业出版社　　1992 年
8. 中国黄土高原治山技术培训项目合作研究论文集　主编
　　　　　　　　　　　　　　　　　　北京：中国林业出版社　　1994 年
9. 森林环境学　主编 　　　　　　　　　北京：高教出版社　　　　1999 年
（面向 21 世纪国家重点教材）
10. 西部开发与生态建设　副主编 　　　　北京：中国林业出版社　　2001 年
11. 中国森林气象学　主编 　　　　　　　北京：中国林业出版社　　2001 年
12. 园艺百科全书（昆明世博会汇编）副主编　昆明：云南人民出版社　　2001 年
13. 北京林业发展论坛论文集　副主编 　　北京：中国农业出版社　　2007 年

（二）参编或有文章收入的书目

1. 北京市园林绿化工作年报（1961-1962）　北京：北京市园林局
2. 木本油料树种选编 　　　　　　　　　北京：中国林科院情报室　1978 年
3. 中国主要树种造林 　　　　　　　　　北京：农业出版社　　　　1978 年
4. 云南省气象局 30 周年论文集 　　　　昆明：云南省气象局　　　1978 年
5. 中国农学会农业气象研究会会刊 　　　　　　　　　　　　　　　1984 年
6. 中国气象学会 60 周年学术年会论文集　北京：气象出版社　　　　1984 年
7. 气候变化对中国农业的影响（专著） 　北京：科技出版社　　　　1993 年
8. 新中国留学归国学人大辞典 　　　　　武汉：湖北教育出版社　　1993 年
9. 森林与环境——中国高级专家研讨会论文集 北京：中国林业出版社　1993 年
10. 中国当代名人大典 　　　　　　　　　北京：中国工商联合出版社 1993 年
11. 中华的骄傲 　　　　　　　　　　　　北京：中国林业出版社　　1993 年
12. 中国大百科全书"大气科学、海洋科学、水文科学"卷
　　　　　　　　　　　　　　　　　　北京：大百科全书出版社　1987 年
13. 中国森林生态系统定位研究 　　　　　哈尔滨：东北林业大学出版社1994 年

14. 世界名人传——英国国际剑桥传记中心（24卷）   1994 年

15. 世界名人传——美国纽约传记中心   1994 年

16. 当代世界名人   北京：世界文库出版社   1994 年

17. 水土保持林体系综合效益研究与评价   北京：中国科学技术出版社   1995 年

18. 中国大学校长名典   北京：中国人事出版社   1995 年

19. 当代世界名人传（中国卷）   香港：香港世界文库出版社   1995 年

20. 中国校长特别卷   北京：城市出版社   1995 年

21. 中国科技 1985—1995   北京：国家科委研究中心编   1995 年

22. 中国新三级学人   杭州：浙江人民出版社   1996 年

23. 全球变化与我国未来生存环境——国家攀登计划成果论文集

       北京：气象出版社   1996 年

24. 中国"八五"科技成果选   北京：科学出版社   1996 年

25. 中国教育专家与教育人才   北京：中国文联出版社   1997 年

26. 大学校长访谈录   北京：光明日报出版社   1998 年

27. 共和国农业专家名录   北京：中国统计出版社   1999 年

28. 绿色里程——老教授论林业   北京：中国林业出版社   1999 年

29. 用绿色迎接 21 世纪   北京：中国林业出版社   1999 年

30. 中国专家人才库   北京：人民日报出版社   2000 年

31. 大学校长书记谈办学（北京高等教育丛书）北京：科学出版社   2001 年

教育管理论文及媒体访谈名录

1. 慕尼黑大学林业专业的学习条例	贺庆棠译自慕尼黑大学文件（德文）	1983 年
2. 西德慕尼黑大学林学系教学概况	林业教育研究	1985 年第 2 期
3. 建设高等林业教育实习基地，提高人才培养质量	林业教育研究	1987 年第 4 期
4. 端正办学指导思想，加快林业高等教育改革（获北京市高教学会优秀论文奖）	林业教育研究	1988 年增刊
5. 论林业高等学校精神文明建设	中国林业教育	1990 年第 3 期
6. 高等院校应制定全面系统科学的德育计划	中国林业教育	1991 年第 1 期
7. 北京林业大学"成人教育"创刊词	北林成人教育	1992 年第 1 期
8. 目标：国际先进水平——访北京林业大学副校长贺庆棠	中国林业报	1992 年 11 月 24 日
9. 加快林业教育改革步伐	中国林业教育	1992 年第 3 期
10. 加快改革步伐，促进学校建设和发展	中国高等教育	1993 年 11 月
11. 沙漠化是大陆未来建设的心腹之患	（美）世界日报	1993 年 6 月 23 日
12. 揭示森林与环境间奥秘的人——记北京林业大学校长贺庆棠（选自《中华的骄傲》）	中国林业出版社	1993 年
13. 深化改革，练好内功	中国林业报	1993 年 11 月 30 日
14. 练好内功，争创一流	中国教育报	1994 年 6 月 16 日
15. 走出围城——北京林业大学校长贺庆棠办学记	中国科学报	1994 年 9 月 23 日
16. 校长第一事——北京林业大学校长贺庆棠答记者问	中国大学生	1994 年第 1 期
17. 品森林的能耐之人——记森林生态学家贺庆棠教授	中国环境报	1994 年 8 月 4 日
18. 贺庆棠：执著探秘	中国林业报	1994 年 2 月 25 日
19. 众人拾柴火焰高——访北京林业大学校长贺庆棠	光明日报	1994 年 10 月 27 日
20. 抓好产学研，实现"211 目标"	林业科技管理	1995 年第 2 期
21. 贺庆棠：我只是一棵树	中华英才	1995 年第 18 期
22. 培养出更多更好跨世纪人才（选自《用绿色迎接 21 世纪》）	中国林业出版社	1995 年
23. 1996 年度北京高校领导干部理论学习体会文章	获中共北京市教育工委二等奖	1996 年

24. 1997 年度北京高校领导干部理论学习体会文章	获中共北京市教育工委三等奖	1997 年
25. 访北京林业大学校长贺庆棠教授	中国科学报	1997 年 9 月 8 日
26. 为林业持续发展增添活力	中国林业报	1997 年 11 月 18 日
27. 为人类生存环境的持续发展做贡献	中国科学报	1997 年 9 月 8 日
28. 全心全意依靠教职工，办好北京林业大学 ——记北京林业大学校长贺庆棠	北京教工	1997 年第 6 期
29. 面向 21 世纪，加快改革步伐，坚持走产学研相结合的道路	林业科技管理	1997 年第 1 期
30. 为人类生存环境持续发展做贡献——访北京林业大学校长贺庆棠教授	光明日报	1997 年 1 月 11 日
31. 诲人不倦的楷模	森林与人类	1998 年第 3 期
32. 抓住机遇，深化改革，开创林业教育新局面	北京高等教育	1998 年第 6 期
33. 调整林业本科教育目标，培养适应 21 世纪的林业本科人才	世界林业研究	1998 年第 6 期
34. 林学专业本科人才素质培养与课程体系建设	北京林业大学学报增刊	1998 年
35. 转变思想，更新观念，培养高素质人才（选自"北京教育丛书"之《大学校长书记谈办学》）	科学出版社	1998 年
36. 面向 21 世纪，建设一流大学	中国林业教育	1999 年第 1 期
37. 科学、求实、创新——学报创刊 20 周年记	北京林业大学学报	1999 年第 1 期
38. 北林知名教授、森林生态学家贺庆棠教授	北京林业大学学报	1999 年第 1 期
39. 生态林产业——中国林业发展之路	人民日报·海外版	1999 年 10 月 11 日
40. 访美归来话教育	中国林业教育	1999 年第 4 期
41. 认清形势迎接挑战	北京林业大学学报	1999 年 12 月 30 日
42. 加速培养高素质创新人才	中国改革报时代周刊	1999 年 7 月 6 日
43. 美国明尼苏达大学自然资源学院的林业本科教育	中国林业教育	2000 年第 1 期
44. 现代林学、森林与林业	科技日报	2000 年 2 月 22 日
45. 历任校长书记话北林	中国林业教育	2002 年第 5 期